Mobilisierung der Frauen

Reihe »Geschichte und Geschlechter«
herausgegeben von Claudia Opitz-Belakhal, Angelika Schaser
und Beate Wagner-Hasel
Band 44

Karin Zachmann ist Professorin im Zentralinstitut
für Geschichte der Technik an der TU München.

Karin Zachmann

Mobilisierung der Frauen

Technik, Geschlecht und Kalter Krieg in der DDR

Campus Verlag
Frankfurt/New York

Das Forschungsprojekt wurde von der Volkswagen-Stiftung gefördert.
Gedruckt mit Hilfe der Geschwister Boehringer Ingelheim Stiftung
für Geisteswissenschaften in Ingelheim am Rhein

Bibliografische Information der Deutschen Bibliothek
Die Deutsche Bibliothek verzeichnet diese Publikation in der Deutschen Nationalbibliografie.
Detaillierte bibliografische Daten sind im Internet über http://dnb.ddb.de abrufbar.
ISBN 3-593-37629-6

Umschlaggestaltung: Guido Klütsch, Köln
Umschlagmotiv: Jungingenieurin Inge Richel, Konstrukteurin im VEB Fahrzeuggetriebewerk »Joliot Curie« Leipzig. Gemälde von Johanna Starke 1964.
Druck und Bindung: PRISMA Verlagsdruckerei GmbH
Gedruckt auf säurefreiem und chlorfrei gebleichtem Papier.
Printed in Germany

Kontakt: Werderstr. 10, 69469 Weinheim, info@campus.de

Inhalt

Vorwort.. 9

Einleitung... 11

I. Frauen als technische Experten – Bildungs- und Berufsbiografien von Promovendinnen und Hochschullehrerinnen in den Ingenieurwissenschaften.......... 29

1. Die Dresdener Promovendinnen.. 33
   1.1 Kulturelles Kapital – Die Akkumulation und Verwertung von technischem Wissen... 34
   1.2 Soziales Kapital – Familien und Kinder als Aktivposten in der Karrierebilanz... 65
   1.3 Politisches Kapital – Mitgliedschaften als Aktien am Staat................... 71

2. Die Promovendinnen der TH Ilmenau.. 77
   2.1 Soziales Kapital – Eltern, Ehemänner und Kinder................................ 79
   2.2 Kulturelles Kapital – Erwerb und Verwendung von Wissen für Schlüsseltechnologien.. 82

3. Die Hochschullehrerinnen in den Ingenieurwissenschaften......................... 86
   3.1 Kulturelles Kapital – Die akademische Sozialisation............................ 87
   3.2 Soziales Kapital – Soziale Herkunft und familiäre Situation................. 98
   3.3 Politisches Kapital – Berufungspolitik im Spannungsfeld von Frauenförderung und Technikpolitik... 103

II. Die bürgerliche und soldatische Erbschaft – Das Berufsbild der Ingenieure und seine Verankerung in der Geschlechterordnung (1850-1950) 116

1. Vom Bildungsbürger zum akademisch gebildeten Praktiker – die Formierung der Allianz von Technik, Krieg und Männlichkeit bis 1914 119
1.1 Akademisierung als Ausgrenzung – Ingenieurausbildung und Frauenstudium an Technischen Hochschulen bis 1890 119
1.2 Folgenreiche Abgrenzungen – Polarisierende Leitbilder in der Techniker- und der Frauenbewegung (1890-1914) 124

2. Menschenführer statt Fachtechniker – Führungsanspruch, Hochschulreform und Frauenstudium in der Weimarer Republik 136
2.1 Das Ingenieurbild in den Konzepten zur Hochschulreform und das Geschlechterverhältnis an Technischen Hochschulen 137
2.2 Die Suche der Pionierinnen nach einem Platz für Frauen in der Technik 149

3. Die Ingenieure als „Soldaten der Technik“ im Nationalsozialismus 152
3.1 Die Denkmuster der nationalsozialistischen Selbstmobilisierung der Ingenieure 153
3.2 Prekäre Assimilationen – Ingenieurinnen in der Rüstungs- und Kriegswirtschaft und in der Emigration 159

4. Die Identitätskrise der Ingenieure nach dem Zusammenbruch des Nationalsozialismus 166

III. Männliche Macht, moderne Technik, emanzipierte Experten? Konflikte und Kompromisse im Kampf um die Ingenieurausbildung (1949-1975) 179

1. Die statistische Repräsentation der Studienreformen 182

2. Debatten, Differenzen und Dekrete zur Umgestaltung der akademischen Ingenieurausbildung 193
2.1 Spezialisten und Spezialhochschulen – Erneuerung nach sowjetischem Vorbild (1949-1957) 194
2.2 School- oder shop-culture – Neuauflage eines alten Konflikts (1958-1961) 209
2.3 Theorie und Praxis – Kurskorrekturen zugunsten der „Verwissenschaftlichung“ der Technik (1962-1964) 222
2.4 Spezialisierung als Profilierung für Forschung, Entwicklung und Fertigung – Der längere Atem der Politik (1965-1971) 233

3. Förderungen und Forderungen – Frauenstudium für Männerberufe und der Systemwettbewerb an der Bildungsfront 249
3.1 Frauenförderung im Studienzugang in der Nachkriegsgesellschaft (1945-1960) 249
3.2 Mobilisierung der Frauen zur Schließung der Bildungslücke (1961-1967) 254
3.3 Frauenförderung und Feminisierungseffekte des Um- und Ausbaus der Ingenieurausbildung (1968-1975) 268

IV. Technische Berufspraxis und Geschlechtssemantik in der verstaatlichten Wirtschaft 277

1. Der politische Kampf gegen die Privatingenieure 278
1.1 Privatingenieure in der Nachkriegszeit (1946-1950) 279
1.2 Die Kammer der Technik als Promotor der Verstaatlichung – Betriebssektionen und Besteuerungspolitik (1951-1954) 281
1.3 Die Zurückdrängung der Privatingenieure und -architekten in der Bauwirtschaft (1950-1966) 286

2. Sozialistische Intelligenzpolitik – Die Platzierung der Ingenieure im Sozialsystem 297
2.1 Privilegierungspolitik der Besatzungsmacht (1945-1949) 298
2.2 Die Privilegierung einer technischen Elite durch die Einzelverträge 300
2.3 Die branchenspezifische Differenzierung des Gehaltssystems 307
2.4 Die internen Hierarchien im Ingenieurberuf oder: Ingenieurarbeit als Leitungstätigkeit 310

3. Die Auswirkungen der Verstaatlichung auf verschiedene Berufsmilieus der Ingenieure und deren geschlechtliche Codierung 318
3.1 Strukturen und Geschlechtercodes im Milieu des geistigen Entwurfs technischer Projekte in der verstaatlichten Wirtschaft 319
3.2 Politische Aufwertung und Feminisierung der Tätigkeiten in der technischen Vorbereitung und Organisation des Fertigungsprozesses 335

Resümee 361

Verzeichnis der Grafiken im Anhang 373

Grafikanhang 375

Verzeichnis der Grafiken und Tabellen im Text 389

Abkürzungsverzeichnis 392

Quellen- und Literaturverzeichnis 395

Vorwort

Bücher erzählen nicht nur Geschichten. Sie haben selbst eine Geschichte, bilden sie doch oft über Jahre hinweg den zentralen Bezugspunkt im Leben ihrer Autoren. Die Arbeit an diesem Buch war ein Abschied und ein Neubeginn. Es hat ermöglicht, die eigene Erfahrung der DDR zu bearbeiten und es hat ermutigt, den Schritt in eine viel größere und buntere wissenschaftliche *community* zu wagen. Während der Arbeit an diesem Buch hat der Schreibtisch sowohl in Radebeul als auch an vier verschiedenen Technischen Universitäten gestanden. Die TU Dresden, an der ich vor sehr vielen Jahren das wissenschaftliche Arbeitsleben begann, war der Ausgangspunkt für dieses Forschungsprojekt und zugleich ein wichtiger Gegenstand der Untersuchungen. Die Erinnerung an viele, lange vor dem Entstehen dieses Buches geführte Gespräche mit Kollegen, mit denen ich zuerst im Bereich für Geschichte der Produktivkräfte und später am Institut für Geschichte der Technik und der Technikwissenschaft zusammengearbeitet habe, sind in dieses Buch eingeflossen. Erika Gerber, Werner Pfuhl, Rolf Sonnemann, Thomas Hänseroth, Klaus Mauersberger, Siefried Richter und viele andere haben wichtige Erfahrungen mit mir geteilt und Freiräume zum Nachdenken und Arbeiten geschaffen.

Das Zentrum für Interdisziplinäre Frauen- und Geschlechterforschung an der TU Berlin hat mit seinem wunderbaren Ausblick vom 20. Stock des Telefunkenhochhauses nicht nur eine weite Sicht über Ost- und Westberlin ermöglicht, sondern auch den Blick für neue wissenschaftliche Fragestellungen und kreative Herangehensweisen geweitet. Durch Karin Hausen wurde der Einstieg in die Frauen- und Geschlechtergeschichte ein spannendes, intellektuelles Abenteuer. Ohne ihr weitsichtiges Interesse an den Frauen im Ingenieurberuf und die vorbehaltlose Förderung des Projektes sowie ihre inspirierenden und sorgfältigen Kommentare zu meinen Texten wäre dieses Buch möglicherweise nicht entstanden. Aus dem kreativen Klima der von ihr und Karen Hagemann, Helga Satzinger und Ulrike Weckel organisierten Forschungskolloquien kamen viele Anregungen für das Buch. Ebenso wichtig war das fördernde Interesse von Wolfgang König, dem diese Arbeit viele Ideen verdankt. Schließlich habe ich in den Berliner Arbeitsphasen sehr von den sowohl in wissenschaftlicher als auch in kulinarischer Hinsicht wertvollen Diskussionen im Arbeitskreis „Frauen nach '45" mit Gunilla Budde, Christiane Eifert, Christine von Oertzen, Rita Pawlowski, Carola Sachse, Irene Stoehr, Dorothee Wierling, Marianne Zepp und Susanne zur Nieden profitiert. Für Kommentare und Ermutigungen bin ich zudem Gabriele Wohlauf und Dorothea Schmidt sehr dankbar.

Am Institut für Geschichte der TU Darmstadt konnte die Arbeit fertig gestellt werden. Mikael Hard hat mit seinen konstruktiven Fragen die Überarbeitung vorwärts gebracht und das Habilitationsverfahren in Gang gesetzt. Für die gleichermaßen inspirierende und angenehme Zusammenarbeit im Darmstädter Schloss bin ich sehr dankbar. Beate Krais danke ich dafür, dass sie mit großer Selbstverständlichkeit meiner Bitte entsprochen hat, ein Gutachten zu übernehmen.

Noch bevor ich an das Zentralinstitut für Geschichte der Technik der TU München berufen wurde, wo endlich die Buchfassung der Arbeit entstand, haben die Münchner Kolleginnen und Kollegen das Projekt unterstützt. Ulrich Wengenroth hat die Ausführung der Studie von Anfang an mit Interesse und großer Zuversicht gefördert, Rohfassungen gelesen, verschiedene Diskussionsforen eröffnet und zur Fertigstellung ermuntert. Johannes Abele, Martina Blum und Thomas Wieland danke ich für kritische Kommentare zu Entwürfen. Margot Fuchs gab neben inhaltlichen Anregungen den Anstoß, eine internationale Zusammenarbeit zur Geschichte der Ingenieurinnen zu organisieren. Diese Zusammenarbeit mit Annie Canel, Ruth Oldenziel, Boel Berner, Irina Gouzevitch, Carroll Pursell und Ruth Schwartz Cowan war als Erfahrung einer Welt ohne Mauern sehr beeindruckend und befruchtend. Schließlich bin ich Andrea Spiegel für die große Hilfe bei der Fertigstellung der Druckfassung außerordentlich dankbar.

Die VolkswagenStiftung hat das Projekt großzügig finanziert. Gedruckt werden konnte das Buch dank eines Druckkostenzuschusses der Geschwister-Boehringer-Ingelheim-Stiftung.

Mit Dietmar Zachmann konnte ich jede Aussage dieses Buches diskutieren. Das war aufregend, anstrengend und großartig. Ich wüsste kein größeres Glück. Georg, Christine und Konrad Zachmann sind während der Arbeit an diesem Buch erwachsen geworden. Ihnen widme ich dieses Buch.

Radebeul, im September 2004.

Einleitung

Technik, Geschlecht und Kalter Krieg sind Phänomene, die das Leben der Menschen in der zweiten Hälfte des 20. Jahrhunderts maßgeblich prägten. Die Technik expandierte in alle Lebensbereiche und wurde zu einer entscheidenden Ressource staatlicher Macht ebenso wie zur Alltagserfahrung der Menschen. Geschlecht geriet als soziales Differenzierungsprogramm in Bewegung und erlangte wachsende Bedeutung für die vielfältigen und tief greifenden gesellschaftlichen Umbauprozesse des 20. Jahrhunderts. Der Kalte Krieg intensivierte diese Umbauprozesse und verlieh der Aufführung von Technik und Geschlecht auf der Bühne der Systemauseinandersetzung eine neue Dynamik. Der Stand der Technik wurde zum Maßstab für die Konkurrenzfähigkeit der Systeme. Und der Geschlechtervertrag der jeweiligen gesellschaftlichen Ordnung hatte großen Einfluss darauf, welche intellektuellen Ressourcen sie im Systemwettstreit zum Einsatz bringen konnten.

Eine der Hauptrollen in der Aufführung dieses Wettstreits wurde dem Ingenieur zugewiesen. In dem Maße, wie Politiker in beiden Machtblöcken dem Zugriff auf die Kompetenz technischer Experten strategische Bedeutung für die Entscheidungskämpfe des Kalten Krieges zuschrieben, rückten Produktion, Vermittlung und Anwendung technischen Wissens ins Zentrum der Systemkonkurrenz. Der Ingenieurberuf gehörte in der zweiten Hälfte des 20. Jahrhunderts zu den am stärksten wachsenden Feldern professioneller Erwerbstätigkeit.

Im Wettstreit der Systeme um die Anzahl technischer Experten hat die DDR einen Sieg davongetragen. Dieser Sieg wurde allerdings durch ihre Niederlage im Kalten Krieg gründlich entwertet. Die deutsche Wiedervereinigung entschied die Systemauseinandersetzung eindeutig zugunsten des demokratisch und marktwirtschaftlich verfassten Systems der Bundesrepublik. Dennoch ist der Erfolg der DDR im Kampf an der technischen Bildungsfront für die deutsche Geschichte des 20. Jahrhunderts durchaus relevant. Er ist zum Einen Bestandteil der biografischen Erfahrung von Männern und Frauen, die in der DDR gelebt und gearbeitet haben und gehört damit zum kulturellen Gedächtnis im vereinten Deutschland. Zum Anderen vermittelt diese Erfolgsgeschichte interessante Erkenntnisse zur Dynamik des Systemwettstreits und seiner Bedeutung für grundlegende gesellschaftliche Strukturveränderungen in der zweiten Hälfte des 20. Jahrhunderts. Die Ausprägung der Wissensgesellschaft wurde zweifelsohne vom Kampf an der technischen Bildungsfront ganz maßgeblich forciert.[1] Dabei ist zu beachten, dass die Auseinandersetzungen über die Verfügbarkeit und den Einsatz technischen Wissens sowohl zwischen als auch innerhalb der sich im Kalten Krieg gegenüber stehenden Systeme geführt wurden. Die vorliegende Arbeit beschäftigt sich mit der systeminternen Dimension dieser Auseinandersetzungen. Es wird untersucht, wie die politische Elite[2] der DDR ihren Anspruch auf das Wissen technischer Experten[3] geltend machte, welche Auswirkungen das auf die Entscheidungsspielräume von technischen Experten hatte und wie sich das in ihrem professionellen Selbstverständnis niederschlug.

Der Untersuchungszeitraum der Arbeit geht über die Jahre der Existenz der DDR hinaus. Er bezieht die Entwicklung des Ingenieurberufs seit der Akademisierung der Ingenieurausbildung im ausgehenden 19. Jahrhundert, die Anfänge des Frauenstudiums an Technischen Hochschulen im Kaiserreich sowie die berufliche Situation der Männer, aber auch der ersten Frauen im Ingenieurberuf in der Weimarer Republik und im Nationalsozialismus ein. Damit kann im Fortgang der Untersuchung auf Kontinuitäten und Brüche in der staatssozialistischen Entwicklung des technischen Bildungs- und Berufssystems verwiesen werden. Die Analyse der systemspezifischen Berufsentwicklung setzt bei den ersten Maßnahmen der sowjetischen Besatzungsmacht zur Bildungs- und Intelligenzpolitik 1945 ein. Sie endet in ihrem strukturgeschichtlichen Teil mit der Betrachtung der Auswirkungen des 1971 erfolgten Machtwechsels von Ulbricht zu Honecker auf die Ausbildungs- und Berufssituation der Ingenieure und Ingenieurinnen. Das biografiegeschichtliche erste Kapitel verfolgt die Bildungs- und Berufsverläufe von Ingenieurinnen bis in die Mitte der 1980er Jahre.

Zwei Hauptwege beschritt die politische Elite der DDR, um den Kampf an der technischen Bildungsfront zu gewinnen. Erstens intervenierte sie in bisher ungekann-

---

1 Szöllösi-Janze sieht in der Wissensgesellschaft ein tragfähiges Konzept zur Erschließung der deutsch-deutschen Zeitgeschichte. Szöllösi-Janze, Wissensgesellschaft. Breitere konzeptionelle Gerüste zur Normalisierung der DDR-Geschichte zu nutzen, schlägt unter anderem Fulbrook vor. Fulbrook, Approaches.

2 Der Begriff der politischen Elite wird hier für politische Entscheidungsträger in den relevanten Institutionen von Partei und Staat angewandt. Dass diese Entscheidungsträger ein in kommunistischen Denktraditionen verwurzeltes antielitäres Selbstverständnis entwickelten, ist für mein Untersuchungsfeld unerheblich. Ausführlich zu Eliten im Sozialismus vgl. den Sammelband von Hübner, Eliten.

3 Dabei fasse ich den Begriff des Experten breiter, als es in der Wissenschaftssoziologie üblich ist. Weingart, Wissenschaftssoziologie, S. 90, Luhmann, Gesellschaft, S. 785 f., Stehr, Arbeit, S. 380 f. Während Experten dort als Akteure der Kopplung von Wissenschaft und Politik gelten, die selbst kein Wissen produzieren, sondern es vermitteln, reproduzieren und anwendbar machen, subsumiere ich auch die Produzenten technischen Wissens unter die Gruppe der Experten. Kriterium für meinen Expertenbegriff ist die Vorstellung, dass Experten als Wissensträger über das Wissen verfügen, auf dass sich die Politik stützen will. Mithin gelten mir auch die Ingenieurwissenschaftler als Experten, zumal sie als Hochschullehrer nicht nur die Aufgabe der Produktion neuen, sondern auch der Vermittlung vorhandenen Wissens haben.

tem Ausmaß in die Produktion, Vermittlung und Anwendung technischen Wissens. Und zweitens versuchte sie, über die Mobilisierung von Frauen für die Technik die Verfügbarkeit über technische Experten beträchtlich zu erweitern. Beides verlangte einen tief greifenden Strukturumbau im Bildungs- und Berufssystem, um maßgeblichen Einfluss auf die Rekrutierung, die Ausbildung und den Einsatz technischer Experten zu erlangen. Obwohl im kontinentaleuropäischen Raum im Unterschied zum angloamerikanischen Kontext schon der bürgerliche Staat einen sehr großen Einfluss auf die Formierung von Berufen gehabt hatte, ging der Einfluss des sozialistischen Staates weit darüber hinaus. Er versuchte, alle Formen einer berufsbezogenen Interessenpolitik seiner Kontrolle zu unterwerfen. Der sozialistische Staat machte Vorgaben zum Zugang in den Beruf. Er nahm über die Ingangsetzung von Ausbildungsreformen Einfluss auf die Auswahl der Wissensbestände, die die Basis für das berufliche Selbstverständnis und den von den Ingenieuren beanspruchten Handlungsraum in der Gesellschaft bildeten.[4] Über Gesetze und Verordnungen zum Recht auf selbständige Berufsausübung, zur Besteuerung selbständiger Ingenieure, zur Altersversorgung und zum Gehaltssystem in der verstaatlichten Wirtschaft definierte der Staat den Platz der Ingenieure im sozialen Verteilungssystem.[5] Seine Auflagen zur strukturellen Gestaltung des Innovationssystems, zum Beispiel zu den Formen der Institutionalisierung von Forschung und Entwicklung oder der arbeitsteiligen Verselbständigung und Aufwertung der Technologie veränderten schließlich auch den institutionellen Rahmen der Ingenieurarbeit.[6] Die Verstaatlichung des Ingenieurberufs erwies sich folglich als ein wesentlicher Bestandteil der politischen Durchherrschung der Gesellschaft.[7] Ihre Mechanismen und Tiefenwirkung sollen in dieser Arbeit für einen bislang von der neueren DDR-Forschung noch wenig untersuchten Bereich deutlich werden.

Die Untersuchung der Verstaatlichung des Ingenieurberufs berührt gleichzeitig das Problem des Verhältnisses der Ingenieure zur Politik, das wiederum in der umfassenderen Frage nach der Beziehung von Wissen und Macht aufgeht.[8] Eine zentrale These vieler Studien zur Berufsgeschichte der Ingenieure besagt, dass die auf das Ziel des bestmöglichen Wirkungsgrades ausgerichteten Handlungsmuster der technischen Praxis die Politikvorstellungen der Berufsgruppe prägten.[9] Viele Ingenieure

---

4 Vgl. dazu Kapitel 2 in Teil III dieser Arbeit.

5 Vgl. dazu Kapitel 1 und 2 in Teil IV.

6 Vgl. dazu Kapitel 3 in Teil IV.

7 Zum Begriff der politischen Durchherrschung als Versuch, das Konzept der totalitären Gesellschaft zu präzisieren vgl. Kocka, Eine durchherrschte Gesellschaft, S. 547-553.

8 Grundsätzlich zum Verhältnis von Wissen und Macht sowie Technik und Politik vgl. Latour, Die Hoffnung.

9 Vgl. dazu Ludwig, Technik und Ingenieure, S. 30 f.; Jarausch, The Unfree Professions, S. 24, 71 f.; Gispen thematisiert das Politikverständnis der Ingenieure anhand ihrer Berufspolitik. Er betont Differenzen, indem er herausarbeitet, dass vor allem Diplomingenieure ein technizisti-

betrachteten politische Fragen als Optimierungsprobleme, die in analoger Weise wie die Organisation und Steuerung technischer Systeme zu lösen seien.[10] Der auf Sachfragen und Machbarkeiten begrenzte Problemhorizont technischen Handelns unterband dabei wirkungsvoll Fragen nach der Legitimität einer schon im Kaiserreich, aber vor allem im Nationalsozialismus auf Krieg und Völkermord ausgerichteten Politik.[11] Der Zusammenbruch des Nationalsozialismus und die nun anstehende Frage nach den Schuldigen für die NS-Verbrechen veranlassten die Ingenieure endlich, die gesellschaftliche Dimension technischen Handelns in größerer Komplexität zu betrachten und über die Verantwortung der Ingenieure in der Gesellschaft neu nachzudenken.[12] Inwieweit sich dieses neue Problembewusstsein in der verstaatlichten Gesellschaft der DDR entfalten konnte, in der die politische Elite den Anspruch auf Steuerung und Kontrolle aller gesellschaftlichen Teilbereiche erhob, dieser Frage wird in der Arbeit nachgegangen.

In ihren Anstrengungen, Frauen als technische Experten zu rekrutieren, konnte sich die politische Elite auf den Geschlechtervertrag der neuen Ordnung stützen. Er beruhte auf dem, die Erwerbsarbeit beider Ehepartner voraussetzenden Familien- und Sozialsystem, das den bürgerlichen, auf einen männlichen Familienernährer und eine Hausfrau und Zuverdienerin gestützten Geschlechtervertrag ablöste. Mit seiner Durchsetzung waren die Geschlechtergrenzen in der Arbeitswelt erneut auszuhandeln. Als ein zentrales Element dieses Aushandlungsprozesses erwiesen sich die Auseinandersetzungen um die Technikkompetenz der Frauen. Gemeinsamer Nenner der Diskussionen war die Behauptung von einem defizitären Verhältnis der Frauen zur Technik, der zwei Denktraditionen zugrunde lagen. Zum einen lebte hier die in den Debatten um die Frauenarbeit im 19. und beginnenden 20. Jahrhundert entwickelte Vorstellung vom inferioren Charakter der weiblichen Arbeitskraft fort, mit der das bürgerliche Familienmodell vom männlichen Haupternährer und der Hausfrau und Zuverdienerin legitimiert worden war.[13] Zum anderen kam das in den Professionalisierungskämpfen ausgeprägte berufliche Selbstverständnis der Ingenieure zum

---

sches Politikverständnis kultivierten, während die nichtakademisch ausgebildeten Ingenieure am Klassenmodell orientierte politische Strategien entwickelten, die das Vorhandensein sozialer Interessengegensätze in Rechnung stellten. Gispen, New Profession, S. 233-333.

10 Diese Politikverständnis fand in den 1920er Jahren breite Resonanz. Maier, Zwischen Taylorismus.

11 Ludwig, Technik und Ingenieure, S. 350.

12 Vgl. dazu Kapitel 4 in Teil II dieser Arbeit.

13 Hausen, Wirtschaften mit der Geschlechterordnung, S. 40-67; Canning, S. 149-169; Zachmann, Die produktive Kraft der Arbeit, S. 185-196. Mit der Durchsetzung des neuen Geschlechtervertrages wurde diese Vorstellung nicht zwangsläufig obsolet. Sie konnte erst überwunden werden, wenn die im bürgerlichen Familienmodell allein an die Frauen verwiesene soziale Reproduktionsarbeit erstens aufgewertet und zweitens der alleinigen Verantwortung der Frauen entzogen worden war.

Tragen, das die Befähigung zum technischen Handeln an Eigenschaften und Zuständigkeiten knüpfte, die im Prozess der Polarisierung der Geschlechtscharaktere im 19. Jahrhundert dem männlichen Pol zugeordnet worden waren.[14]

Die an den Aushandlungsprozessen zur Durchsetzung des neuen Geschlechtervertrages beteiligten Vertreter zogen ganz unterschiedliche Konsequenzen aus der gemeinsamen Behauptung eines defizitären Verhältnisses der Frauen zur Technik. Während die Funktionärinnen der Frauenpolitik ebenso wie die Bildungspolitiker und ein Teil der Gewerkschaftsfunktionäre die Überwindung dieses Defizits zum Programm erhoben, unterstellten Wirtschaftspolitiker, Betriebsleitungen, ein anderer Teil der Gewerkschaftsfunktionäre und große Teile der ingenieurwissenschaftlichen Elite eine Unabwendbarkeit dieses Defizits, das sie als stillschweigende Prämisse in den Neuverhandlungen über die Geschlechtergrenzen in der Arbeitswelt voraussetzten.

Das ambivalente Verhältnis zur Technikkompetenz der Frauen schlug sich in den Ergebnissen der Verhandlungen zur Durchsetzung des neuen Geschlechtervertrages nieder. Während einerseits eine wachsende Anzahl von Frauen Beschäftigungen in der Industrie aufnahm, also in jenem Sektor, der in allen Industriegesellschaften des 20. Jahrhunderts als die wichtigste Arena des technischen Fortschritts galt, wurden in der Verteilung der Frauen auf die verschiedenen Branchen und Tätigkeitsbereiche in der Industrie starke geschlechtsspezifische Segregationsprozesse wirksam. Neue Geschlechtergrenzen verliefen jetzt zwischen feminisierten und nach wie vor männlich dominierten Bereichen der Industrie. Diese Grenzen wurden in der Form eines Lohngefälles markiert, das die Stigmatisierung von Frauenarbeit als inferiorer Tätigkeit reproduzierte. Diese Bewertung verschloss Frauen den Zugang in den Ingenieurberuf auf dem für Männer nicht unüblichen Weg des Aufstiegs aus der Facharbeiterschaft, weil viele Tätigkeiten von Frauen bis in die 1970er Jahre nicht als Facharbeiterberufe anerkannt wurden.[15] Frauen waren für den Zugang in den Ingenieurberuf also auf formale Studienabschlüsse angewiesen, die ihnen wiederum am ehesten Arbeitsplätze in weiblich codierten oder im Zuge des Gesellschaftsumbaus feminisierten Tätigkeitsbereichen des Wirtschafts-, Bildungs- oder Wissenschaftssystems eröffneten. Damit aber fügte der Geschlechtervertrag der neuen Ordnung der ohnehin schon großen Heterogenität des Ingenieurberufs eine neue Dimension hinzu, die der Geschlechterdifferenz. Den Konsequenzen dieser Veränderungen wird nachzugehen sein.

Die Arbeit knüpft an eine Reihe von Denkansätzen, Fragestellungen und Forschungsergebnissen aus der Geschlechter-, der Technik- und der neueren DDR-Geschichte an.

---

14 Hausen, Die Polarisierung; dies., Ingenieure.

15 Zachmann, Frauen, S. 114-115.

Die Geschlechtergeschichte bildete sowohl den inhaltlichen als auch den methodischen Ausgangspunkt für diese Arbeit. Basierend auf Joan Scotts These, dass die Kategorie Geschlecht ein primärer Indikator zur Analyse von Machtverhältnissen ist, weil moderne Gesellschaften die Geschlechterbeziehungen zwar ständig neu, aber stets hierarchisch ordnen[16], habe ich Feminisierungsprozesse und Verschiebungen in der geschlechtlichen Codierung des Ingenieurberufs als Indikatoren für den staatssozialistischen Berufsumbau untersucht. Sie verweisen auf die Orte und Zeiten, in denen sich die arbeitsteiligen und die institutionellen Strukturen im Ingenieurberuf veränderten, Verlagerungen innerhalb des Machtfeldes im technischen Raum stattfanden und sich der Platz der technischen Experten im Sozialsystem verschob.

Auf der inhaltlichen Ebene leitete die für die Geschlechtergeschichte zentrale Fragestellung nach den Mechanismen der Produktion und Reproduktion der strukturellen Ungleichheit zwischen den Geschlechtern das Erkenntnisinteresse dieser Arbeit. Dabei folge ich dem von Karin Hausen entwickelten Ansatz, wonach historische Geschlechterordnungen über die in die Wirtschafts- und Sozialsysteme ein- und in den herrschenden Familienmodellen festgeschriebenen Basisstrukturen der geschlechtsspezifischen Arbeitsteilung zu analysieren sind.[17] Insofern versteht sich die Untersuchung auch als ein Beitrag zur Dekonstruktion der staatssozialistischen Geschlechterordnung. Das staatssozialistische Projekt eines Umbaus der Geschlechterordnung implizierte die Ablösung des auf einem männlichen Familienernährer beruhenden bürgerlichen Familienmodells zugunsten eines auf der Erwerbsarbeit beider Ehepartner gegründeten Familien- und Sozialsystems und führte zu neuen Aushandlungsprozessen über die Geschlechtergrenzen in der Arbeitswelt. Dabei stand auch die Funktion der Technik, eine Trennlinie zwischen den Geschlechtern zu symbolisieren, zur Disposition.

Diese Funktion der Technik findet in der neueren Technikgeschichte wachsende Aufmerksamkeit. Studien zur Geschlechtergeschichte der Technik befassen sich zum Einen damit, welche Geschlechterkonzepte in den Vorstellungen von Technik eingelassen sind.[18] Zum Anderen untersuchen sie, wie die Differenzsemantik des Geschlechts für den Verlauf von Technisierungsprozessen und die Bewertung verschiedener Technikbereiche Relevanz erlangt.[19] Im Kontext dieser Arbeit wird zu untersuchen sein, welcher Zusammenhang zwischen diesen Bewertungen und den Prioritätensetzungen der staatlichen Technikpolitik bestand.

Darüber hinaus boten zentrale technikgeschichtliche Themenfelder wichtige Anknüpfungspunkte. Insbesondere waren die Forschungen zur Bildungs- und Berufsge-

---

16 Scott, Gender, hier besonders S. 45 f.

17 Hausen, Wirtschaften; dies., Frauenerwerbstätigkeit.

18 Oldenziel, Making Technology Masculine.

19 Als Forschungsüberblick hierzu vgl. Lerman, Mohun und Oldenziel.

schichte der Ingenieure,[20] neuere Untersuchungen zur Geschichte technischer Wissenskulturen und Innovationssysteme[21] und die Studien zur intellektuellen Aneignung von Technik[22] grundlegend für die eigene Untersuchung. So wurden die für die deutsche Ingenieurgeschichte zentralen Fragen nach den Bildungstraditionen (shop- oder school-culture), nach der beruflichen Interessenpolitik und vor allem nach dem Verhältnis der Ingenieure zur Politik aufgegriffen und auf den DDR-Kontext bezogen. Die Studien zur Geschichte technischer Wissenskulturen und Innovationssysteme haben meinen Blick für das Selbstbild der Technikproduzenten und die von ihnen favorisierten Lösungsstrategien technischer Probleme geschärft. Einen wichtigen Ansatzpunkt für die Interpretation der Forschungsergebnisse bot die für eine Kulturgeschichte der Technik grundlegende These von der Existenz diskursiver Muster zur intellektuellen Aneignung der Technik. Sie erlaubte es, die Ingenieure und Ingenieurinnen ebenso wie die politische Elite als Rezipienten und Mitgestalter von Diskursen zu sehen, die den mentalen Raum für Technisierungsprozesse schufen.

Schließlich ordnet sich die Arbeit in die nach dem Zusammenbruch der DDR beginnende Aufarbeitung der DDR-Geschichte ein. Von den in diesem Kontext entwickelten Fragestellungen war diejenige nach den Machtstrukturen und Funktionsmechanismen der DDR-Gesellschaft zentral. Die wissenschaftliche Debatte, ob der staatssozialistische Gesellschaftsumbau zu Entdifferenzierung und Homogenisierung[23] oder zur Fragmentierung der DDR-Gesellschaft[24] geführt habe, und in welchem Maße die Akteure in den verschiedenen Handlungsmilieus Spielräume zur Selbstorganisation, Gestaltung und Resistenz bewahren konnten oder auf Grund umfassender staatlicher Interventionen aufzugeben gezwungen waren[25], hat meine Fragen an die Untersuchung des Berufsumbaus im Ingenieurbereich stark inspiriert.

Verschiedene Aspekte der Bildungs- und Berufsgeschichte der Ingenieure in der DDR wurden bislang im Rahmen der historischen, politologischen und soziologischen Forschung bearbeitet. In der bundesdeutschen DDR-Forschung zur Zeit des Kalten Krieges beschäftigten sich, ausgehend von der Frage nach der Reformfähigkeit des Systems, vornehmlich politologische und soziologische Untersuchungen zum Herrschaftssystem mit Problemen der technischen Intelligenz. Thematisiert wurde die wissenschaftlich-technische Revolution sowohl als Konzept zur Legitima-

---

20 Manegold, Universität; Ludwig, Technik und Ingenieure; Ludwig u. König; Lundgreen, Techniker; ders., The Rise of Dominance; Lundgreen u. Grelon, Ingenieure; König, Technical education; Albrecht, Technische Bildung.

21 Wengenroth, Der aufhaltsame Weg; ders., Soziokulturelle Anforderungen; ders., Vom Innovationssystem.

22 Hard, Jamison, The intellectual appropriation.

23 Meuschel, Legitimation; dies., Machtmonopol.

24 Pollack, Die konstitutive Widersprüchlichkeit; ders., Die offene Gesellschaft; ders., Wie modern war die DDR?

25 Kocka, Eine durchherrschte Gesellschaft; Jessen, Die Gesellschaft im Staatssozialismus.

tion der Parteiherrschaft als auch als realer systemübergreifender Prozess, an dem sich die Anpassungs- und Reformfähigkeit des Systems zu erweisen hatte.[26] Studien über Eliten behandelten die Frage nach dem Verhältnis der Technokraten zu den Ideologen und diskutierten, ob die technische Intelligenz Eigeninteressen verfolgte und als Gegenelite funktionierte.[27] Die staatlich forcierte Heranbildung einer weiblichen technischen Intelligenz wurde in diesen Untersuchungen nicht problematisiert. Mit der Veränderung der Berufssituation von Frauen durch neue Technologien, mit Fördermaßnahmen für die Gewinnung von Frauen für Ingenieurberufe und den Umsetzungsproblemen dieser Politik sowie mit den Hintergründen für die Unterrepräsentanz von Frauen in Leitungsfunktionen beschäftigen sich einige kleinere Aufsätze von Christiane Lemke, die allerdings auf die Honecker-Ära konzentriert und strukturell angelegt sind.[28] Das gilt auch für Studien der bundesrepublikanischen DDR-Forschung, die Karrieremuster und Aufstiegsbarrieren sowie Selbstbilder karriereorientierter Frauen thematisieren.[29] Vergleichende Untersuchungen zur Sozialstruktur der promovierenden Intelligenz in der Bundesrepublik Deutschland und der DDR zwischen 1950 bis 1982, in denen biografische Daten aus veröffentlichten Lebensläufen in Dissertationen ausgewertet wurden, haben gezeigt, dass unabhängig vom politischen System analoge geschlechtsspezifische Unterschiede in der sozialen Herkunft, der Studienfachwahl, den Promotionsbedingungen und der familiären Situation der Promovendinnen existierten.[30]

In der DDR entwickelte sich die historische und sozialwissenschaftliche Forschung über Ingenieure beziehungsweise die „technische Intelligenz“ erst seit den 1970er Jahren. Die vornehmlich zur Legitimation der Intelligenzpolitik der SED verfassten Arbeiten von Historikern stellten die Bündnispolitik der SED in den Mittelpunkt der Betrachtung. Das Geschlechterverhältnis in der Technik interessierte sie nicht.[31] Die sich Ende der 1980er Jahre entwickelnde sozialhistorische Forschung zur technischen Intelligenz behandelte Aspekte der institutionellen und quantitativen Entwicklung.[32] Für die Analyse der Berufspolitik erwies sich eine materialreiche Untersuchung zur Geschichte der Kammer der Technik von 1946 bis 1955 als überaus wertvoll.[33] Die erste Arbeit, die sich explizit mit den Frauen an einer Technischen

26 Wissenschaftlich-technische Revolution und industrieller Arbeitsprozeß, Sonderheft des Deutschlandarchivs 1976, Zimmermann, Wissenschaftlich-technische Revolution.

27 Ludz, Parteielite; Baylis, The Technical Intelligentsia.

28 Lemke, Frauen in leitenden Funktionen; dies., Frauen, Technik und Fortschritt; dies., Ingenieurinnen.

29 Deters u. Weigandt; Pfister; Voigt, Qualifikationsprozesse.

30 Belitz-Demiriz u. Voigt; Wienke.

31 Vgl. dazu den Überblick zur historischen Intelligenzforschung in der DDR von Prokop, Zur politischen und sozialen Entwicklung, hier S. 153-157.

32 Thöns; Handke.

33 Stelzner.

Hochschule beschäftigte, wurde 1968 in der DDR als Dissertation vorgelegt.[34] Das Thema war relevant geworden, als im Zuge der neuen Frauenpolitik nach dem SED-Kommunique „Die Frau, der Frieden und der Sozialismus“ vom Dezember 1961 legitimatorische Studien zur Fundierung der Frauenpolitik angeregt wurden. Bernholz, die anhand von Quellen aus dem Sächsischen Staatsarchiv und dem Universitätsarchiv die Anfänge des Frauenstudiums und die Frequenzentwicklung an der Technischen Universität Dresden bis in die 1960er Jahre untersuchte, beschäftigte sich hauptsächlich mit der Frage, wie der Frauenanteil in den naturwissenschaftlichen und technischen Studiengängen erhöht werden könne. Sie vertrat die These, dass die Marginalität von Frauen in den Ingenieurstudiengängen Folge eines geringen Interesses der Frauen für Naturwissenschaft und Technik sei. Dieses deutete sie als „bürgerliches Erbe“, das trotz veränderter gesellschaftlicher Bedingungen fortwirke und durch die sozialistische Erziehung der Studentinnen überwunden werden müsse.

Die in der Hochschulforschung durchgeführten Analysen zur Ingenieurausbildung konstatierten ein Missverhältnis zwischen den quantitativen Dimensionen der Ingenieurausbildung – in der DDR war seit 1970 die jährliche absolute Anzahl der Absolventen von Diplomingenieurstudiengängen größer als in der alten Bundesrepublik - und dem realen Ingenieurbedarf sowie der niedrigen Effizienz des Ingenieureinsatzes.[35] Die Frage nach den Frauen wurde in der Hochschulforschung der DDR erst Ende der 1980er Jahre aufgegriffen. Diese auf die Frauen in der Wissenschaft fokussierten Untersuchungen begannen, die Benachteiligungen von Frauen am Beispiel ihrer Karriereverläufe zu thematisieren.[36]

Die soziologische Forschung der DDR beschäftigte sich mit dem Platz und der Verantwortung der neuen technischen Intelligenz in der Gesellschaft. Aktuelle Probleme der 1970er und 1980er Jahre standen im Zentrum. Diese Arbeiten informieren zeithistorische Untersuchungen über Ergebnisse des Gesellschaftsumbaus und das darüber in der DDR vorhandene Problembewusstsein. Lötsch hob die vertikale Differenziertheit der Intelligenz als ein wichtiges Merkmal hervor und kritisierte, der Prozess der Entdifferenzierung in der DDR raube der Gesellschaft ihre Antriebskräfte.[37] Der Abschnitt über „Die Frau als Ingenieur“ in diesem Band erörtert, dass Frauen nicht in der „ingenieurwissenschaftlichen Leistungsspitze“ vertreten seien, weil sie nach wie vor die Hauptverantwortung für die familialen Reproduktionsaufgaben trügen.[38] Das wird zwar als Vergeudung von „Begabungspotenzial“ problematisiert, aber nicht als Ausdruck der auch im Sozialismus fortbestehenden Geschlechterhierarchie interpretiert. Eine kurz vor der Wende an der Akademie der Gesellschaftswis-

34 Bernholz, Probleme des Frauenstudiums.

35 Wolter, Ingenieurausbildung; ders., Wissenschaftlich-technische Bildung.

36 Hildebrandt.

37 Lötsch, S. 30 ff.

38 Ebenda, S. 117-123.

senschaften verteidigte Dissertation B zum Thema „Sozialstrukturelle Probleme der Entwicklung der natur- und technikwissenschaftlichen Intelligenz unter den Bedingungen der Intensivierung“ beschäftigt sich mit dem Zusammenhang von sozialer Struktur und Leistungsverhalten für die in Forschung und Entwicklung tätige Gruppe der Intelligenz.[39] Anlass für diese Untersuchung war die in den 1980er Jahren immer deutlicher werdende Innovationsschwäche des Systems, für die eine Hauptursache in der Unterschätzung von Forschung und Entwicklung vermutet wurde. In einem als „Exkurs“ beschriebenen Kapitel behandelt die Autorin „Die Frau in Forschung und Entwicklung“. Sie argumentiert, dass die allgemeinen Probleme der Gesellschaft die Frauen in besonderem Maße betreffen, weil sie auf Grund ihrer Doppelbelastung nicht in der Lage seien, Ineffizienzen in der Organisation wissenschaftlich-technischer Arbeit durch Mehrarbeit auszubalancieren. Weitere soziologische Forschungen beschäftigen sich zu Beginn der 1970er und vor allem in den 1980er Jahren mit der Qualifikation und dem Einsatz von Frauen in Forschung und Entwicklung, in der Mikroelektronik und in Leitungspositionen in ausgewählten Branchen der Industrie.[40] Gemeinsamer Nenner ihrer Ergebnisse war die Feststellung, dass die Geschlechterverhältnisse in technischen Handlungsräumen nach wie vor hierarchisch geordnet waren. Auch die soziologische Studentenforschung der DDR liefert zur sozialen Herkunft der Studierenden, der Studienmotivation und des sozialen Ansehens verschiedener Fachrichtungen im Ingenieurbereich wichtiges Material für meine Untersuchung.[41]

Auch die Frauenforschung der DDR ist ausgewertet worden. Eine offizielle „Frauenforschung“ entstand mit der Gründung des Wissenschaftlichen Beirates „Die Frau in der sozialistischen Gesellschaft“ an der Akademie der Wissenschaften im Jahre 1964 de facto als eine Institution zur Politikberatung. Hier wurden Themen bearbeitet wie die Vereinbarkeit von Beruf und Mutterschaft, Aufgaben der sozialistischen Frauen- und Familienpolitik, Fragen der weiblichen Berufsmotivation und -qualifikation, der Bevölkerungspolitik, der Lebensbedingungen allein erziehender Mütter, der Erleichterung der Hausarbeit, aber auch Fragen der Auswirkung der Entwicklung von Wissenschaft und Technik auf die gesellschaftliche Stellung der Frau oder das Vorhandensein geschlechtstypischer Unterschiede in der Sozialisation.[42] Die Bearbeitung dieser wichtigen Forschungsfelder wurde durch das marxistische Paradigma von der Unterordnung der Frauenfrage unter die soziale Frage nachhaltig beeinträchtigt. Die forschungsleitenden Interessen wurden auf einen ökono-

39 Müller-Hartmann, Sozialstrukturelle Probleme.

40 Erhardt u.a., Zu ausgewählten Aspekten; Erhardt u.a., Frauen in höheren Leitungsfunktionen; Weichert; Meyer, Forschungsbericht; Adw, FE-Potential – Leistungsvermögen.

41 Fritsch, Soziale Herkunft; Fritsch u. Rommel, Die Praxis; Rochlitz u.a., Forschungsbericht; ders., Probleme und Aufgaben, S. 161-167; Lischka.

42 Vgl. dazu die Informationen des wissenschaftlichen Beirates „Die Frau in der sozialistischen Gesellschaft“. Erschienen als Manuskriptdruck von 1965 bis 1990 mit jährlich bis zu 6 Heften.

mistischen Funktionalismus reduziert und Frauen nicht als Subjekte in der Gesellschaft, sondern nur als Objekte von Politik thematisiert.[43] Gleichwohl bieten diese Arbeiten interessantes Quellenmaterial. Im Gegensatz zu dieser offiziellen „Frauenforschung“ entstand in den 1980er Jahren in der wissenschaftlichen Kommunikation zwischen Kultur-, Kunst-, Literatur- und Sprachwissenschaftlerinnen, Soziologinnen und Kulturhistorikerinnen eine feministische Frauenforschung in der DDR. Die Forschungen aus diesem kleinen akademischen Zirkel konzentrierten sich auf die kulturellen Konstruktionen und Repräsentationen von Weiblichkeit und Männlichkeit in der Kultur einer Gesellschaft.[44] Vor allem die Forschungen zur Entstehung und Verarbeitung von Frauenleitbildern waren für meine Studie interessant.[45]

In der nach dem Zusammenbruch der DDR rasch expandierenden DDR-Forschung wird eine Reihe von Fragen behandelt, die auch für das Thema dieser Arbeit von zentralem Interesse sind. Jessen hat in seiner Studie über die Professoren im Sozialismus den Hochschulumbau untersucht und festgestellt, dass das Verhältnis von Kontinuität und Diskontinuität in der Berufsentwicklung der Hochschullehrer sehr stark von den fachspezifischen Wissenskulturen und der Situation auf dem gesamtdeutschen Akademikerarbeitsmarkt beeinflusst worden ist.[46] Die Technikwissenschaften galten ihm, ähnlich wie die Naturwissenschaften und die Medizin, als Bereiche, in denen eine starke Kontinuität der disziplinären Wissensbestände eine große Resistenz gegen den systembedingten Berufsumbau ermöglichte. Diese These bedarf gleichwohl einer Differenzierung, denn fachspezifische Wissenskulturen erweisen sich nur aus der Vogelperspektive als relativ homogene Einheiten. Gerade im Bereich der Technikwissenschaften führte das Ausgreifen der Technisierung auf immer neue Bereiche zur immer stärkeren Ausdifferenzierung des Wissens. Die Auseinandersetzungen zwischen politischer Elite und technischen Experten um den Anwendungsbezug dieses Wissens und seine Formierung und Neuordnung zu dem für die Berufsgruppe verbindlichen Wissenskanon bildeten zentrale Elemente des Berufsumbaus, denen in dieser Arbeit nachgegangen wird.

Wichtige Anknüpfungspunkte und Vergleichsmöglichkeiten bieten die Studien zur Sozialgeschichte anderer akademischer Berufe in der DDR.[47] In allen diesen Arbeiten hat die Frage nach der Beharrungskraft traditioneller Berufskulturen im staatssozialistischen Gesellschaftsumbau einen zentralen Stellenwert. Als gesichert kann inzwischen gelten, dass die verschiedenen Berufsgruppen alle, aber in durchaus unterschiedlichem Maße von politischen Interventionen betroffen waren.[48] Die meis-

43 Ausführlich dazu Dölling, Aufschwung.

44 Ebenda.

45 Dölling, Gespaltenes Bewußtsein; Merkel, Leitbilder.

46 Jessen, Akademische Elite, S. 432-435 und ders., Vom Ordinarius, S. 92 f.

47 Ernst; Kleßmann; Schneider; Augustine, Frustrierte Technokraten.

48 So gestattete die politische Klasse offenkundig für eine selbständige Berufstätigkeit im Bereich der Medizin größere Spielräume als im Bereich der Technik und Architektur. Andererseits ver-

ten bisherigen Untersuchungen verzichten darauf, auch den Zusammenhang zwischen der Berufsentwicklung und dem Geschlechterverhältnis zu analysieren. Sie blenden damit eine wichtige Dimension des Berufsumbaus aus. Eine Ausnahme hiervon stellt die Untersuchung von Friedericke Gunilla Budde über Akademikerinnen in der DDR dar. Sie betrachtet insbesondere die Berufssituation von Wissenschaftlerinnen, Richterinnen, Ärztinnen und Lehrerinnen und geht der Frage nach, inwieweit Feminisierungsprozesse in akademischen Berufen Ausdruck für eine Entwertung des Professionalismus durch staatlichen Interventionismus sind. Sie kommt zu dem interessanten Befund, dass Deprofessionalisierungstendenzen durchaus vorhanden sind und den Zugang von Frauen in akademische Berufe erleichtern. Aber ein steigender Frauenanteil führt nicht ausschließlich zur Erosion professioneller Zuständigkeiten, sondern verstärkt auch die Heterogenität durch geschlechtsspezifische Differenzierung innerhalb eines Berufsfeldes.[49] Meine Untersuchung kommt zu dem gleichen Ergebnis. Auch hier verstärkt der Eintritt der Frauen die ohnehin große Heterogenität des Ingenieurberufs.

Studien zur Wissenschafts- und Technikentwicklung in der DDR waren für diese Arbeit ebenfalls von zentralem Interesse.[50] Stokes behandelt in seiner Untersuchung zum Innovationssystem der DDR die ostdeutsche Technikentwicklung als kontingenten Prozess, der nicht linear auf den Zusammenbruch der DDR hinauslief.[51] Die Veränderungen in der Situation von technischen Experten als wichtigen Akteuren im Innovationssystem bearbeitet er jedoch nicht. Eine Vielzahl von Einzelstudien zum Innovationssystem der DDR beschäftigt sich mit systemspezifischen Innovationsblockaden.[52] Diese Studien fragen jedoch nicht nach dem Einfluss der Geschlechterordnung auf das Innovationssystem.

Auch in Studien zum Umbau des Wirtschaftssystems geht es vorrangig um die Gründe für die Innovationsschwäche des Systems.[53] Sie liefern wichtige Erkenntnisse zur ökonomischen Dimension der Handlungsspielräume technischer Experten und regen dazu an, über die spezifischen Wechselwirkungen zwischen technischem und ökonomischem Handeln im Sozialismus weiter nachzudenken. Auch in diesen Arbeiten wird die Relevanz der Geschlechterordnung nicht berücksichtigt und damit eine Chance vergeben, aus der systemspezifischen Verbindung von Wirtschafts- und

---

suchte die politische Klasse in der Medizin ebenso wie im Ingenieurbereich durch die Schaffung neuer Ausbildungsinstitutionen die Kontrolle über das Berufswissen und den Zugang zu diesem Wissen zu erlangen.

49 Budde, Akademikerinnen.

50 Tandler, Geplante Zukunft; Hoffmann u. Macrakis; Mühlfriedel, Zur technischen Entwicklung; Laitko, Umstrukturierung statt Neugründung; Conelly, Stalinismus; Rittig; Reichert.

51 Stokes.

52 Zwei Sammelbände vereinigen eine Vielzahl dieser Studien. Bähr u. Petzina; Abele, Barkleit, Hänseroth.

53 Steiner, Die DDR-Wirtschaftsreform; Baar, Müller u. Zschaler, Strukturveränderungen.

Sozialsystem Einsichten über die Innovationspotenziale der DDR-Wirtschaft abzuleiten.

Der systemspezifische Umbau der Geschlechterordnung steht im Zentrum der inzwischen zahlreichen Untersuchungen zur Frauen- und Geschlechtergeschichte der DDR. Sie thematisieren die Berufstätigkeit der Frauen und ihre Stellung im politischen und kulturellen System der Arbeitsgesellschaft,[54] den Hausarbeitstag als eine von der sowjetischen Besatzungsmacht aus dem Nationalsozialismus übernommene und schließlich von den Frauen in der DDR hartnäckig verteidigte Lösung der Verknüpfung von Produktions- und Reproduktionsarbeit,[55] die Gleichberechtigungspolitik der SED als eine Variante patriarchaler Herrschaft[56] und die alltagsweltlichen Dimensionen des Umbaus der Geschlechterordnung in den Lebensgeschichten der Frauen.[57] Noch kaum bearbeitet wurde bislang allerdings die Frage nach den Auswirkungen des Umbaus der Geschlechterordnung auf die kulturellen Konstruktionen von Männlichkeit und die Bedeutung von Männlichkeitsbildern für die Symbolisierung und Stabilisierung von Machtstrukturen in der DDR.[58] Meine Untersuchung zum systemspezifischen Umbau eines traditionellen Männerberufes ist ein Beitrag zur Aufarbeitung dieser Fragen. Schließlich boten die in den 1990er Jahren erschienen Arbeiten über ostdeutsche Eliten[59] und die Ergebnisse der Bildungs- und der Lebenslaufforschung[60] wichtige Anknüpfungspunkte für diese Arbeit.[61]

Die Untersuchung stützt sich auf ein breites, aber unterschiedlich dichtes Quellenmaterial. Ausgewertet wurden sowohl archivalische Überlieferungen als auch Zeitschriften. Die Bildungs- und Berufsbiografien der Promovendinnen und Hochschullehrerinnen in den Ingenieurwissenschaften wurden auf der Basis einer gruppenbiografischen Erhebung in Kooperation mit den Universitätsarchiven der Technischen Universitäten Dresden, Ilmenau, Freiberg, Chemnitz, Cottbus und Magdeburg, der Bauhaus-Universität Weimar, der Friedrich-Schiller-Universität Jena und der Humboldt-Universität Berlin sowie der Hochschularchive der Fachhochschulen für Technik und Wirtschaft in Zittau, Zwickau und Wismar erarbeitet. Die Entwicklung des beruflichen Selbstverständnisses der Ingenieure bis 1945 konnte mit Hilfe der

54 Einen guten Überblick zum Forschungsstand auf diesem Gebiet gibt Budde, Frauen arbeiten. vgl. weiterhin Ansorg; Clemens, Die aus der Tuchbude; Eichfeld, Frauenerwerbstätigkeit; Heineman, Schüle, Die Spinne.

55 Sachse.

56 Diemer; Gerhard.

57 Vgl. z. B. Jähnert.

58 Eine der ersten Untersuchungen zur DDR-Geschichte, in der Männlichkeit thematisiert wird, ist die von Biess.

59 Einen Überblick hierzu gibt der Sammelband von Hübner, Eliten.

60 Huinink u. Mayer, Kollektiv; Hoerning.

61 Weitere Anknüpfungspunkte aus der modernen DDR-Forschung wurden bereits vorne im Text diskutiert.

Zeitschrift des Vereins Deutscher Ingenieure sowie berufspolitischer Schriften der Ingenieurwissenschaftler und der Ingenieurschriftsteller analysiert werden. Die Schriften führender Vertreterinnen der deutschen Frauenbewegung und die von Helene Lange und Gertrud Bäumer herausgegebene Zeitschrift „Die Frau" gaben Aufschluss über das Verhältnis der Frauenbewegung zur Technik im Kaiserreich und in der Weimarer Republik.

Die drei thematischen Schwerpunktsetzungen zur Aufarbeitung des staatssozialistischen Berufsumbaus im Ingenieurbereich, das waren a) die den Zugang in technische Handlungsräume regelnde Geschlechterpolitik, b) die für die Produktion und Verbreitung des technischen Wissens verantwortliche Ausbildungspolitik und c) die Berufspolitik, die die Bedingungen zur Anwendung des technischen Wissens gestaltete, machten die Nutzung sehr unterschiedlicher Quellenbestände erforderlich.

Die archivalische Überlieferung des sächsischen Ministeriums für Arbeit und Sozialfürsorge im sächsischen Hauptstaatsarchiv Dresden und des Ministeriums für Arbeit der DDR im Bundesarchiv Berlin bildete die Grundlage für die Rekonstruktion der arbeitspolitischen Maßnahmen zur Integration der Frauen in industrielle Erwerbsarbeit. Die im Zusammenhang mit der Verschiebung von Geschlechtergrenzen in der Industrie entstandenen Interessenkonflikte und die Wege zu ihrer Bearbeitung konnten auf Grundlage der Bestände des FDGB, die sich in der Stiftung Archiv der Parteien und Massenorganisationen der DDR (SAPMO) im Bundesarchiv befinden, untersucht werden. Die Aktenüberlieferung der Abteilung Frauen im Zentralkomitee (ZK) der SED enthielt Situationsanalysen zum Stand des Umbaus der Geschlechterordnung und gab Aufschluss über die politischen Bemühungen zur Mobilisierung von Frauen für die Technik.

Die Rekonstruktion der Auseinandersetzungen zwischen ingenieurwissenschaftlicher und politischer Elite um die akademische Ingenieurausbildung erfolgte anhand der Bestände der Abteilung Wissenschaften im ZK der SED, der Aktenüberlieferung der staatlichen Bildungspolitik aus der Deutschen Verwaltung für Volksbildung, dem Volksbildungsministerium und dem Staatssekretariat beziehungsweise Ministerium für Hoch- und Fachschulwesen (HFW), dem Material zur Wissenschafts- und Technikpolitik aus dem Staatssekretariat beziehungsweise Ministerium für Wissenschaft und Technik beziehungsweise seiner Vorläuferorganisation, dem Zentralamt für Forschung und Technik, sowie der Überlieferung des Ministeriums für Schwerindustrie, dem in den 1950er Jahren einige technische Spezialhochschulen unterstanden. Für die Analyse des Standpunktes der Ingenieurwissenschaftler zur Ausbildungspolitik konnte außer den bereits genannten Quellen das Universitätsarchiv der TU Dresden herangezogen werden. Hier waren Senatsprotokolle und Fakultätsratssitzungen der Fakultät für Maschinenwesen besonders aufschlussreich.

Für die Untersuchung der sozialen Dimensionen der Berufsverstaatlichung standen die Bestände des sächsischen und des DDR-Ministeriums für Arbeit sowie die allerdings sehr unvollständig beziehungsweise in einem schlechten Zustand überlieferten Akten der Kammer der Technik (KDT) und des Bundes Deutscher Architekten (BDA) zur Verfügung. Die Überlieferungslücken konnten durch die Akten des Ministeriums für Bauwesen und der Abteilungen für Bauwesen und für Maschinenbau und Metallurgie im ZK der SED weitgehend ausgeglichen werden. Sowohl für die sozialen als auch für die arbeitsorganisatorischen und institutionellen Dimensionen der Berufsverstaatlichung fanden sich aufschlussreiche Situationsanalysen und Maßnahmepläne im Bestand des Staatssekretariats beziehungsweise Ministeriums für Wissenschaft und Technik und seiner Vorläuferorganisation, dem Zentralamt für Forschung und Technik. Die Veränderungen der arbeitsorganisatorischen und institutionellen Bedingungen der Ingenieurarbeit waren ferner aus den Unterlagen aus verschiedenen Bereichen des ZK der SED, insbesondere der Abteilungen für Maschinenbau und Metallurgie und für Bauwesen sowie der Wirtschaftskommission und dem Büro Apel zu erschließen.

Als überaus informative Quellengattung erwies sich außerdem die Zeitschriftenliteratur der DDR. Ausgewertet wurden Frauenzeitschriften[62], von der KDT herausgegebene Zeitschriften[63] sowie Zeitschriften, die von staatlichen Leitungsebenen für bestimmte Politikbereiche publiziert wurden.[64]

Bei der Auswertung der Quellen war zu berücksichtigen, dass sie in einem Kontext entstanden, in dem ein spezifisches Gesellschaftsmodell als Norm und Bezugspunkt existierte. Der Umfang der Überlieferung wurde sehr stark von der normativen Wirkung des Modells beeinflusst. So wurden Kontroversen in Entscheidungsprozessen in relevanten Protokollen ausgeblendet, um den Modellvorstellungen vom Sozialismus als einer interessenhomogenen Gemeinschaft ohne „antagonistische Widersprüche" zu genügen. Berichte wurden geschönt, um das ideale Bild nicht zu zerstören. Wissenschaftliche Untersuchungen wurden verhindert, um dem „Klassenfeind" kein „Propagandamaterial" an die Hand zu geben. Andererseits existiert für viele Bereiche auch eine irreführende Masse von Quellen infolge des umfassenden Steuerungsanspruchs der Gesellschaft. Eine Vielzahl von Prozessen, die in pluralistischen Gesellschaften selbstregulativ ablaufen, produzieren in zentralistisch gelenkten Gesellschaften eine eigene Art von Quellen.

Den genannten Schwierigkeiten konnte durch eine Kombination ganz verschiedener Quellenarten begegnet werden. Die aus den Partei- und Staatsarchiven ermit-

---

62 Das waren die „Frau von heute", die „Für Dich" sowie für die Besatzungszeit der „Deutsche Frauenpressedienst" und das DFD-Organ „Neues Frauenleben".

63 Die ab 1946 erscheinende Monatszeitschrift „Die Technik" sowie die ab 1953 publizierte „Technische Gemeinschaft" wurden ausgewertet.

64 Das war für die Hochschulpolitik die vom Staatssekretariat bzw. Ministerium für HFW herausgegebene Monatszeitschrift „Das Hochschulwesen" und die von 1946 bis 1962 für die Arbeits- und Sozialpolitik von der Hauptverwaltung bzw. vom Ministerium für Arbeit und Gesundheitswesen bzw. Sozialfürsorge und ab 1959 vom Komitee für Arbeit und Löhne bei der Staatlichen Plankommission publizierte Zeitschrift „Arbeit und Sozialfürsorge".

telten Informationen wurden mit den Veröffentlichungen in Zeitschriften abgeglichen und mit Hilfe des Materials, das die Analysen der Frauen-, Hochschul-, Studenten- und Intelligenzforschung produzierten, ergänzt, gewichtet und interpretiert. Des Weiteren wurde ein Dokumentarfilm[65] und Belletristik[66] herangezogen, um gesellschaftliche Wahrnehmungs- und Deutungsprozesse des Berufsumbaus einzubeziehen.

Die Untersuchung beginnt mit einer gruppenbiografischen Studie. Vorgestellt werden die Bildungs- und Berufsverläufe von 158 Frauen, die an der TU Dresden oder der TH Ilmenau zwischen 1948 beziehungsweise 1959 und 1980 promoviert wurden und von 30 Frauen, die zwischen 1957 und 1988 in einer ingenieurwissenschaftlichen Disziplin zur Hochschullehrerin berufen wurden. Es wird analysiert, auf welchen Wegen die Frauen kulturelles, soziales und politisches Kapital erwarben und mit welchem Erfolg für ihre Platzierung im Feld der Technik sie es zum Einsatz brachten. Diese Untersuchung ermöglicht es zum einen, die Frauen als Akteurinnen im staatssozialistischen Berufsumbau sichtbar zu machen und auf Grundlinien des Berufsumbaus zu verweisen, die in den folgenden Kapiteln ausführlich analysiert werden. Zum anderen kommt mit dem biografischen Zugang auch die erfahrungsgeschichtliche Dimension des Berufsumbaus in den Blick.

Im zweiten Teil der Arbeit werden in einem historischen Rückblick zwei Traditionslinien aufgebaut, die im Fortgang der Darstellung als Vergleichsfolie dienten, um die Dimensionen des staatssozialistischen Umbaus des technischen Bildungs- und Berufssystems herausarbeiten zu können. Dafür wurden zum einen die Entwicklung des beruflichen Selbstverständnisses der Ingenieure seit der Akademisierung der deutschen Ingenieurausbildung und seine Verankerung im Koordinatensystem der Zweigeschlechtlichkeit untersucht. Zum anderen wurde die Geschichte des Frauenstudiums an den deutschen Technischen Hochschulen und die Selbstwahrnehmung der Frauen betrachtet, die vor 1945 den Ingenieurberuf ausübten, um den institutionellen Kontext, die Motive und Strategien der Frauen für den Eintritt in den Ingenieurbereich zu analysieren.

Der dritte Teil beschäftigt sich mit der Entwicklung der akademischen Ingenieurausbildung. Hier werden die Auseinandersetzungen zwischen der ingenieurwissenschaftlichen und der politischen Elite um den für die Reproduktion der Berufsgruppe erforderlichen Wissenskanon, die Bedingungen für den Zugang zu diesem Wissen und die institutionellen und organisatorischen Formen der Vermittlung des Wissens untersucht. In diesen Auseinandersetzungen präzisierten die Beteiligten ihre Idealvorstellungen vom Ingenieur als Träger technischen Wissens und Protagonisten

65 Studentinnen. Dokumentarfilm von Winfried Junge (Buch und Regie) über Studentinnen und Assistentinnen an der TH Ilmenau von 1964, DEFA-Dokfilmarchiv.

66 Neutsch, Akte Nora S.; Braun, Tinka; Reimann, Franziska Linkerhand; Morgner, Gauklerlegende; Müller, Weiberkomödie.

technischen Wandels und sie verorteten ihn dabei auch im Koordinatensystem der Zweigeschlechtlichkeit.

Der vierte Teil arbeitet den Einfluss der Verstaatlichung der Wirtschaft und der Zentralisierung der Wirtschaftsleitung auf die sozialstrukturellen und institutionellen Bedingungen der Ausübung des Ingenieurberufs heraus. Es werden die Verstaatlichung der Berufspraxis durch die Zurückdrängung der freiberuflich tätigen Ingenieure und Architekten sowie die Platzierung der Ingenieure im sozialen Verteilungssystem und die damit verknüpften Bewertungen verschiedener Bereiche technischer Praxis untersucht. Das dritte Kapitel dieses Teils nimmt die Auswirkungen der Verstaatlichung auf das Berufsmilieu im Gebiet der Wirtschaft für zwei Tätigkeitsbereiche von Ingenieuren in den Blick. Das ist erstens der Bereich von Forschung, Entwicklung und Konstruktion respektive Projektierung als jener Bereich, der sich mit dem geistigen Entwurf technischer Projekte befasst, und zweitens der Bereich der Technologie als jener Bereich, der sich mit der technischen Realisierung dieser Projekte beschäftigt.

I. Frauen als technische Experten – Bildungs- und Berufsbiografien von Promovendinnen und Hochschullehrerinnen in den Ingenieurwissenschaften

„Ein klarer Fall. Als sie studierte, ging es noch; Ingenieur – das ist zuviel. Das ist die Emanzipierung: Sie macht sich von sich selbst frei. Die Frauen bauen sich nach dem Bild des Mannes um, statt was aus sich zu machen. Als wenn wir alles wären, was der Mensch sein kann. Wozu leben wir? Um die Welt zu tapeziern mit Konstruktionen. Für Wasserhähne und Vergaser. Wir sind mehr die Erben Newtons als die von Marx. Die Natur ist nicht so wichtig wie die Technik, unsre Natur schon gar nicht. Emanzipierung – müsste auch Erotisierung sein, sonst kommt die Frau zu sich, aber Mann und Frau nicht. [...] Lieblosigkeit – das ist unser Laster. Das reibt uns auf."[1]

Mit diesen Worten kommentierte der Parteisekretär Ludwig in Volker Brauns 1972/73 geschriebenem Stück „Tinka" den Konflikt des technischen Direktors Brenner mit der Ingenieurin Tinka. Die Heldin des Stückes, Tinka, war von ihrem Betrieb zum Ingenieurstudium delegiert worden. Ihre Rückkehr als Ingenieurin für Automatisierung fiel mit dem Arbeitsantritt eines neuen Werkleiters zusammen, dessen Aufgabe es war, ein im Aufbau befindliches Automatisierungsprojekt abzubrechen. Tinkas Ausbildung war also umsonst. Sie wird ihr frisch erworbenes technisches Wissen nicht brauchen können. Damit mochte sich Brauns Heldin aber nicht abfinden. Sie lehnte sich auf gegen die devote Haltung jener Männer in der Betriebsleitung, die das Automatisierungsprojekt zuerst auf den Weg gebracht und sie zum Studium delegiert hatten, sich jetzt aber defätistisch dem Beschluss einer übergeordneten Leitung zum Abbruch des Projektes beugten. Die kompromisslose Haltung der Figur Tinka lieferte einem ihrer männlichen Mentoren das Stichwort für die oben zitierte Frage nach den Konsequenzen der Emanzipation für Männer. Musste sich die Aufwertung der Frauen, die Braun über ihre Qualifikation zur Ingenieurin und damit den Eintritt in einen männlich codierten Beruf inszenierte, notwendig am Leitbild der Männer orientieren und erwuchs daraus nicht die Gefahr, dass sich die Emotionalität aus dem sozialen Zusammenleben verflüchtigte?

Volker Brauns Stück hatte einen realen historischen Hintergrund. In den Jahren 1972 und 1973, als er es schrieb, erreichten die Immatrikulationszahlen von Frauen und die Frauenquote unter den Neuzulassungen in den Ingenieurwissenschaften die

---

1 Braun, Tinka, S. 151.

höchsten Werte in der Geschichte der DDR.[2] Parallel dazu aber gab es große Schwierigkeiten in der Vermittlung von Absolventen Technischer Hochschulen auf Arbeitsplätze, da mit dem Machtwechsel von Ulbricht zu Honecker ein technischer Kurswechsel verbunden war, in dessen Folge unter der Ulbricht-Regierung begonnene Investitionsprojekte und auch Automatisierungsvorhaben abgebrochen und deshalb weniger Ingenieure als ursprünglich geplant benötigt wurden.[3] Das aber stellte nicht nur die Planwirtschaft, sondern auch das sozialistische Emanzipationsprojekt in Frage, nachdem die Frauenpolitik der 1950er und 60er Jahre die Mobilisierung der Frauen für die Technik zu einem Hauptweg in die Gleichberechtigung erklärt hatte.[4]

Volker Brauns Drama erklärte vor diesem konkreten historischen Hintergrund die Vorstellung, dass den Frauen mit dem Zugang zum technischen Wissen größere Handlungsspielräume eingeräumt und die Gesellschaft verbessert würde, zur Illusion.[5] Dafür steht das tragische Ende seiner Geschichte. Tinka wird vom technischen Direktor, ihrem ehemaligen Geliebten, auf seiner Hochzeitsfeier mit einer anderen Frau erschlagen. Braun erteilte also der Erwartung, dass die strukturelle Ungleichheit der Geschlechter mit dem Zugang der Frauen zu bislang männlich codierten Räumen abzubauen sei, eine alternativlose Absage.[6] Mit seinem Pessimismus stand Braun keineswegs allein. Auch andere SchriftstellerInnen in der DDR konstruierten in den 1970er Jahren aus der Spannung zwischen Technikkompetenz und Weiblichkeit den tragenden Konflikt ihrer Geschichten. Mit der Architektin Franziska Linkerhand von Brigitte Reimann oder der Konstrukteurin Nora S. von Erik Neutsch gestalteten die Autoren Heldinnen, die mit ihrem Anspruch auf Verbesserung der Gesellschaft an den nach wie vor männlich dominierten Strukturen scheiterten.

Die fiktionale Verarbeitung von Konflikten der Gesellschaft hatte in der DDR eine große Bedeutung, weil die diktatorisch kontaminierte Öffentlichkeit nicht als Austragungsort gesellschaftlicher Widersprüche und Spannungen funktionierte. Film, Theater, bildende Kunst sowie Literatur boten sich als Ersatzmedien an, um das Funktionsversagen der politischen Öffentlichkeit zu kompensieren.[7] Sie brachten Probleme, Widersprüche und Ängste zur Sprache, die von der Politik marginalisiert,

---

2 Vgl. dazu Grafik III/8 in Kapitel 1 von Teil III.

3 Vgl. Kapitel 3 in Teil III, S. 274.

4 Ausführlich dazu Zachmann, Frauen, S. 114-118.

5 Dabei war für ihn der Stoff seines Dramas freilich weit mehr als nur die Illustration eines akuten gesellschaftlichen Konflikts. Das Stück war Ausdruck eines in der DDR-Literatur seit dem Ende der 1960er Jahre anwachsenden Technikskeptizismus, der sich als Reaktion auf die tiefe Technikgläubigkeit der späten Ulbricht-Ära und als „Bestandteil eines politischen Enttäuschungsprozesses“ entfaltete. Emmerich, S. 231-254.

6 Allerdings erschien ihm schließlich dieser ausweglose Schluss doch zu hart und er fügte zwei andere Varianten an, die den Ausgang des Dramas offen hielten.

7 Zur Literatur als Ersatz-Öffentlichkeit vgl. Barck, Langermann u. Lokatis, Jedes Buch, S. 9-12.

verdrängt oder tabuisiert wurden.[8] Damit ermöglichen sie einen unverzichtbaren erfahrungsgeschichtlichen Zugang zur Untersuchung des Gesellschaftsumbaus in der DDR, über den grundlegende gesellschaftliche Wahrnehmungsmuster und Deutungsprozesse erschlossen werden können.

Eine andere, den HistorikerInnen jedoch eher vertraute Materialgrundlage für eine erfahrungsgeschichtliche Annäherung an die DDR-Geschichte bieten biografische Quellen.[9] Mit ihrer Hilfe lässt sich der Gesellschaftsumbau in individuellen Lebensläufen konkretisieren.[10] In der Gestaltung ihres Lebenslaufes verknüpfen die Menschen Handlungsimperative der konkreten Gesellschaft mit Erfahrungen, die das kulturelle Gedächtnis bereithält, um sie in biographische Entscheidungen zu übersetzen. Zur Beantwortung der Frage, inwieweit das staatliche Projekt zur Mobilisierung von Frauen für die Technik gegen die in der Tradition des Ingenieurberufs verankerte männliche Kultur durchsetzbar war, erschließt der biografische Ansatz einen ersten Zugang. Er wird als Pendelbewegung zwischen einer Kollektivbiografie von Frauen im Ingenieurberuf und biographischen Skizzen zu Einzelfällen durchgeführt.[11]

Im Folgenden werden die Bildungs- und Berufsgeschichten von 188 Frauen analysiert, die zum Dr.-Ing. promoviert wurden. Diese Frauen waren in der Industrie, auf dem Bau, im Verkehrswesen, der Landwirtschaft, im Gesundheitswesen oder in der staatlichen Verwaltung, in einem Forschungsinstitut oder an den Hochschulen und Universitäten als Konstrukteurin, Projektantin, Architektin, Entwicklungsingenieurinnen, Verfahrenstechnologinnen, Organisatorinnen in einem Rechenzentrum, Koordinierungsingenieurinnen, Hauptreferentinnen, wissenschaftliche Mitarbeiterin oder auch als Hochschullehrerinnen tätig. Es wird nach dem sozialen, dem kulturellen und dem politischen Kapital gefragt, mit dem sich diese Frauen in der DDR den Weg in die Ingenieurberufe bahnten. Auf der Basis dieser Quellen ist es möglich,

8 Freilich bestimmte auch in diesem Feld die Politik die Grenzen des Sagbaren, was sie in der Kriminalisierung und Ausweisung von Autoren unmissverständlich deutlich machte.

9 So, wie die Analyse der Kunst den Blick auf die informelle Öffentlichkeit erlaubt, eröffnen die Lebensgeschichten ihrer Bürger die Sicht auf jene informellen Strukturen, die einen wesentlichen Teil ihrer Handlungsspielräume in der durchherrschten Gesellschaft ausmachten. Huinink, Individuum, S. 28.

10 Dabei wird unterstellt, dass individuelle Akteure immer auch die Produzenten ihres eigenen Lebens sind. Ebenda, S. 38. Die theoretische Reflexion der biografischen Methode ist in den letzten Jahren sehr viel differenzierter geworden. Einen guten Überblick dazu bieten die Publikationen von Klein und Röckelein.

11 Die Kollektivbiografie ist eine in der Technikgeschichte durchaus gängige Methode, um den Professionalisierungsprozess der Ingenieure zu erforschen. Obwohl die Autoren darin nur Männer erfassen, reflektieren sie nie, dass der Professionalisierungsprozess gleichzeitig ein Formierungsprozess bürgerlicher Männlichkeit war. Vgl. zum Beispiel Lundgreen, Techniker; Gispen, Selbstverständnis; Siegrist, Lebensläufe. Eine erste Gruppenbiografie von Ingenieurinnen, die für den Zusammenhang von Berufs- und Geschlechtssemantik sensibilisiert, hat Margot Fuchs mit ihrer Studie über die Absolventinnen der TH München vorgestellt. Fuchs, Wie die Väter.

Frauen als Akteurinnen des staatssozialistischen Gesellschaftsumbaus und der damit verbundenen Veränderungen im Feld der Technik in den Blick zu bekommen. Das Feld der Technik wird hierbei im Sinne Bourdieus als Teil des sozialen Raumes verstanden, dessen Akteure im Rahmen des durch die spezifische Rationalität des technischen Handelns bestimmten Feldes ihre Verhältnisse zueinander über die von ihnen zum Einsatz gebrachten Kapitalsorten (kulturelles, soziales, politisches, geschlechtliches, ökonomisches Kapital usw.) regeln.[12] Anhand der Bildungs- und Berufsverläufe von Ingenieurinnen lässt sich deren Platzierung im Feld der Technik untersuchen und so ein erstes Bild von den sozialstrukturellen Bedingungen der Ausübung des Ingenieurberufs in der DDR, aber auch von den Verschiebungen im Verhältnis von Berufs- und Geschlechtssemantik gewinnen.[13]

Die Materialgrundlage der Untersuchung bilden drei Datenbanken über Promovendinnen der Technischen Universitäten Dresden (117) und Ilmenau (41) sowie über Hochschullehrerinnen in den Ingenieurwissenschaften (30).[14] Für die Dresdener Promovendinnen konnte auf eine Datenbank zurückgegriffen werden, die unter meiner Anleitung für die Hochschulgeschichtsschreibung eingerichtet worden ist.[15] Die Datengrundlage für die Ilmenauer Studie wurde in Kooperation mit dem Ilmenauer Lehrstuhl für Wirtschafts- und Technikgeschichte erstellt. Für die Datenbank der Hochschullehrerinnen wurden das Hochschulschriftenverzeichnis und Berufungsak-

12 Bourdieu, Praktische Vernunft, Krais, Das soziale Feld der Wissenschaft, S. 35-42.

13 Zum Zusammenhang von Berufs- und Geschlechtssemantik vgl. Wobbe, Instabile Beziehungen.

14 Ausgangspunkt der Materialsammlung für die Datenbanken war das Hochschulschriftenverzeichnis. Auf dessen Grundlage wurden die Dissertationsschriften, die Frauen an Technischen Hochschulen und Ingenieurhochschulen in der DDR bis 1980 angefertigt hatten, erfasst. Das Hochschulschriftenverzeichnis führte allerdings nicht alle erfolgreich abgeschlossenen Dissertationen auf. Besonders in den 1980er Jahren wurde die Diskrepanz zwischen erfolgten und erfassten Promotionen erheblich. Deshalb ist keine vollständige Aussage über die tatsächliche Anzahl der Promovendinnen in den Ingenieurwissenschaften möglich. Aber für das Dresdener und das Ilmenauer Sample konnten die Angaben aus dem Hochschulschriftenverzeichnis durch die Promotionsverzeichnisse in den jeweiligen Universitätsarchiven ergänzt und dadurch hinreichend große Datensätze für die Erarbeitung einer Kollektivbiografie gewonnen werden. Die Dissertationsschriften selbst, namentlich die Titelblätter, Lebensläufe und Danksagungen ermöglichten eine erste Recherche biografischer Daten. Allerdings enthielt nur ein Bruchteil der Dissertationsschriften auch Lebensläufe. Deshalb wurde in Kooperation mit einigen Hochschularchiven die Datensammlung durch Einsichtnahme in die Promotionsakten ergänzt. In der Darstellung konkreter Fälle wurden die Namen jener Frauen, für die das Datenmaterial ausschließlich oder überwiegend aus Akten gewonnen wurde, geändert. In Fällen, wo veröffentlichte Quellen vorlagen, konnten die Namen beibehalten werden.

15 Sie befindet sich im Universitätsarchiv der TU Dresden.

ten im Bundesarchiv ausgewertet sowie eine Recherche in den Universitäts- und Hochschularchiven durchgeführt.[16]
Mit der Fokussierung auf Promovendinnen und Hochschullehrerinnen erfasst die Untersuchung freilich nur eine Gruppe besonders ambitionierter Frauen. Für die Fortsetzung der Bildungskarriere nach der Diplomprüfung entschied sich jeweils nur eine kleine Gruppe der Absolventinnen in den technischen Wissenschaften. Aber immerhin lässt sich für diese Frauen die Bildungs- und Berufskarriere über einen längeren Zeitraum verfolgen. Eine Reihe von Frauen entschloss sich zur Anfertigung einer Dissertation erst nach einigen Jahren beruflicher Tätigkeit. Daher ist für diese Frauen der Berufseinstieg nach dem Hochschulabgang nachvollziehbar. Da zudem ein Teil der Frauen bereits vor der Verteidigung der Dissertation die Hochschule verlassen und ein anderer Teil extern promoviert hatte, kann auch für diese Gruppe ein Stück des Berufsweges außerhalb der Hochschule verfolgt werden. Mithin sind über die Gruppe der Promovendinnen nicht nur Berufsverläufe in der Wissenschaft, sondern auch in der Wirtschaft oder im Staatsdienst nachvollziehbar.

1. Die Dresdener Promovendinnen

Die Technische Universität Dresden hatte als älteste polytechnische Hochschule auf dem Boden der DDR die längste Tradition des Promotionsrechtes in den Ingenieurwissenschaften und schon vor 1945 Frauen zum Dr.-Ing. promoviert. Bis 1945 erwarben in Dresden insgesamt 50 Frauen den Doktortitel.[17] Davon wurden dreizehn Frauen zum Dr.-Ing. promoviert, dieses waren zehn Chemikerinnen, zwei Architektinnen und eine Physikerin.[18] Alle Frauen, die nach 1945 an der TH Dresden zum

16 Aus der Analyse blieben die Hochschullehrerinnen der auf die Chemie spezialisierten Technischen Hochschule Leuna-Merseburg ausgeklammert. Einbezogen aber wurden einige Hochschullehrerinnen mit naturwissenschaftlichen Abschlüssen, wenn sie für eine ingenieurwissenschaftliche Disziplin berufen wurden. Es wurden nur Berufungen bis 1988 berücksichtigt.

17 Vgl. Grafik A/21 im Anhang.

18 Einigen gelangen beachtliche Berufsaufstiege. Informationen über Berufskarrieren sind für drei Chemikerinnen bekannt, die zumindest zeitweilig Laborleiterinnen waren. Die 1928 promovierte Edith Weyde wurde durch eine Erfindung berühmt und stieg in der BASF bis zur Prokuristin auf. Vgl. Roloff, Von der Schmiegsamkeit, S. 95 f., 104. Elsa Pechmann, die 1931 eine Arbeit aus ihrer Tätigkeit im chemischen Labor des Sachsenwerks als Dissertation verteidigt hatte, war dort zumindest bis 1938 Laborleiterin. Vgl. Zachmann, Deutsche Ingenieurinnen, S. 314-324. Die ebenfalls 1931 promovierte Charlotte A. begann ihre Berufslaufbahn als Laborleiterin in Lahmanns Sanatorium, wurde während der Weltwirtschaftskrise arbeitslos, fand im März 1933 eine Arbeit als wissenschaftliche Mitarbeiterin bei Zeiss-Ikon, verlor diese Arbeit im Sommer 1945 und kam 1946 schließlich als Assistentin für Lebensmitteltechnik an die TH Dresden. Dort leite-

Dr.-Ing. promoviert wurden, waren dort also keine Pionierinnen mehr. In der SBZ/DDR war die Technische Universität Dresden jene Einrichtung, die auf Grund ihrer Größe und der Breite ihres Fachrichtungsspektrums in den Ingenieurwissenschaften die meisten Promovendinnen ausbildete. Von 1946 bis 1980 erwarben mindestens 134 Frauen hier den Titel eines Dr.-Ing. Zu ihnen gehörten siebzehn Frauen, die aus Bulgarien (10), der damaligen Sowjetunion (4), Vietnam (2) und Rumänien (1) kamen und bis auf wenige Ausnahmen nach der Promotion wieder in ihre Heimatländer zurückkehrten. Sie sind in die folgende Analyse nicht einbezogen worden. Die Untersuchung gilt den 117 deutschen Ingenieurinnen, die an der Technischen Universität Dresden ihre Doktorprüfung bestanden.

1.1 Kulturelles Kapital – Die Akkumulation und Verwertung von technischem Wissen

Die Dresdener Promovendinnen hatten ihre fachliche Ausbildung (Abitur und Studium) überwiegend im sozialistischen Bildungssystem der DDR erhalten.

Dresdener Promovendinnen nach Geburtsjahrgängen

bis 1918	4
1919 – 1932	12
1933 – 1945	48
nach 1945	53

Dresdener Promovendinnen nach Immatrikulationsjahrgängen

vor 1937	0
1937 – 1940	4
1941 – 1948	0
1949 – 1961	45
1962 – 1972	68

Vier Frauen unseres Samples absolvierten die Reifeprüfung und das Studium in der Zeit der nationalsozialistischen Herrschaft. Weitere vier Frauen erwarben das Abitur in der unmittelbaren Nachkriegszeit und studierten nach Gründung der DDR. Für 99 der 117 Promovendinnen unseres Samples fand sowohl die schulische als auch die akademische Sozialisation unter den Bedingungen des durchweg koedukativen

te sie bis 1949 kommissarisch das Institut für Lebensmittelchemie, aber ihr Arbeitsvertrag als Assistentin wurde erst 1953 entfristet. Universitätsarchiv der TU Dresden, Personalakte.

Bildungssystems der DDR statt, das mit seiner starken mathematisch-naturwissenschaftlicher Ausrichtung und polytechnischen Orientierung den in der deutschen Bildungstradition angelegten Gegensatz zwischen der geistes- und kulturwissenschaftlichen und der natur- und technikwissenschaftlichen Wissenskultur zugunsten Letzterer aufzulösen begann.[19] Nach vielfältigen bildungspolitischen Experimenten konsolidierte sich das Schulsystem mit der Gründung zehnklassiger polytechnischer Oberschulen und der Reorganisation der Abiturstufe am Ende der 1950er Jahre.

74 der 117 Frauen erlernten vor dem Studium einen Beruf, davon 63 einen technischen - oder Bauberuf.

Facharbeiterabschlüsse der Promovendinnen (N = 74, 43 direkt nach dem Abitur immatrikuliert)

16	Mechanikerinnen
08	Zeichnerinnen (Technische, Maschinenbau- und Bauzeichnerinnen)
04	Schlosserinnen
02	Werkzeugmacherinnen
03	Elektroberufe (Elektromonteurin und Betriebselektrikerin)
01	Werkstoffprüferin
07	Maurerinnen
03	Vermessungsfacharbeiterinnen
03	Tischlerinnen
01	Betonfacharbeiterin
06	Textilfacharbeiterinnen
02	Chemiefacharbeiterinnen bzw. Chemiewerkerinnen
01	Plastefacharbeiterin
01	Keramformerin
01	Spielzeugfacharbeiterin
03	Agrotechnikerinnen
01	Facharbeiterin in der Industrie (ohne nähere Angabe)
04	Industriekauffrauen
02	Verkäuferinnen
03	Stenotypistinnen
01	Gebrauchswerberin
01	Krankenschwester

19 Zum Umbau des Bildungssystems vgl. Baske, Allgemeinbildende Schulen, S. 159-201.

Die Mehrzahl der künftigen Promovendinnen hatte also vor dem Studium Technikerfahrungen in der Praxis erworben und dadurch Zugang zu einer Form des Wissens erlangt, das die ingenieurwissenschaftliche Elite spätestens seit dem ausgehenden 19. Jahrhundert zum unverzichtbaren Bestand des für die Berufsausübung der Ingenieure erforderlichen Wissenskanons erhoben hatte.[20] 39 Promovendinnen, das war immerhin ein Drittel der gesamten Gruppe, erwarben den Berufsabschluss im Rahmen der von 1962 bis 1970 an den erweiterten Oberschulen durchgeführten nebenschulischen Facharbeiterausbildung. Diese schulpolitische Innovation verbesserte zweifelsohne die Bildungsvoraussetzungen der Frauen für ein technisches Studium und trug zum Anstieg der Frauenquote in den technischen Studiengängen seit Mitte der 1960er Jahre bei.[21]

Überraschend ist, dass über die zur Gegenprivilegierung beim Hochschulzugang gegründeten Arbeiter- und Bauernfakultäten (ABF), denen bis 1963 aufgetragen war, Arbeiter- und Bauernkinder auf ein Studium vorzubereiten, nur acht der zukünftigen Promovendinnen zum Studium kamen. Eine von ihnen war die 1934 als erste von zwei Töchtern eines Kaufmanns geborene Renate S.[22] Ihr Vater war 1945 verstorben, sodass die Mutter allein die Verantwortung für die Ausbildung der Töchter tragen musste. Nach einem kurzen Versuch, mit 15 Jahren als Pionierleiterin im pädagogischen Bereich Fuß zu fassen, wurde Renate mit 16 Jahren an die ABF nach Rostock delegiert, wo sie innerhalb von nur zwei Jahren ihr Abitur bestand. Danach begann sie an der Fakultät für Luftfahrtwesen der Universität Rostock ein Studium in der Fachrichtung Flugzeugfertigung. Mit der Verlegung der Fakultät an die TH Dresden kam sie 1953 nach Dresden. Renate S. wäre ohne die ABF sicher nicht zum Ingenieurstudium gekommen. Aber insgesamt hatte die ABF für die Mobilisierung von Arbeiter- und Bauerntöchtern als Teil der künftigen technischen Elite offenbar keine signifikante Relevanz. Das lag kaum an der Institution. Da die Arbeiter- und Bauernfakultäten eine strikte Studienlenkung praktizierten, hätten sie durchaus auch das Geschlechterverhältnis in der höheren technischen Bildung verändern können.[23] Aber sie erreichten nie die von der politischen Elite anvisierten Frauenquoten.[24] Der damalige Rektor der TH Dresden Kurt Koloc klagte in seinem Studienjahresbericht

---

20 Es fand über die Forderung nach einem Vorpraktikum Aufnahme in die curricula der Ingenieure. Ausführlicher dazu Kapitel 1.2 in Teil II, S. 128, 132, 133.

21 Allerdings waren die Ingenieurwissenschaftler zunächst nicht bereit, diese Form der praktischen Ausbildung als Vorpraktikum anzuerkennen. Sie konnten sich mit dieser Auffassung allerdings nicht durchsetzen. Vgl. dazu auch Kapitel 2.3 in Teil III, S. 230.

22 Universitätsarchiv der TU Dresden, Promotionsakte 540.

23 Stallmann, S. 229.

24 Nachdem zwischen 1948/9 und 1950 der Frauenanteil an allen ABF's von 19 auf 16 Prozent zurückgegangen war, forderte Ulbricht auf dem III. SED-Parteitag eine Frauenquote von 40 Prozent. Diese wurde jedoch nie erreicht. Der Höchstwert lag bei 27 Prozent im Jahre 1952/3. Stallmann, S. 304-306.

anlässlich der Immatrikulationsfeiern in den Jahren von 1950 bis 1954 stets darüber, dass mit den niedrigen Frauenquoten, sie lagen zwischen neun und 18 Prozent an der ABF der TH Dresden, kein Durchbruch im technischen Frauenstudium zu erreichen sei.[25]

Die künftigen Promovendinnen immatrikulierten sich an folgenden Fakultäten:

Fakultät für Maschinenwesen[26]	45
Fakultät für Elektrotechnik[27]	23
Fakultät für Architektur und Bauwesen	35
Fakultät für Ingenieurökonomie[28]	03
Fakultät für Mathematik und Naturwissenschaften[29]	11

Die größte Fachrichtungsgruppe bildeten die Architekturstudentinnen (23), gefolgt von den Textiltechnikerinnen (10) und den Werkstoffwissenschaftlerinnen (08). Der Blick auf die Fachrichtungsverteilung macht zwei Dinge deutlich. Er zeigt erstens, dass die große Mehrzahl der Dresdener Promovendinnen nicht als Seiteneinsteigerinnen über die Mathematik, die Naturwissenschaften oder die Ingenieurökonomie, sondern auf Grundlage einer Ausbildung in den harten Kernbereichen des technischen Wissens die Entscheidung für die Anfertigung einer ingenieurwissenschaftlichen Doktorarbeit traf. Er zeigt andererseits aber auch, dass mit der Architektur eine nach der Gesamtstudentenzahl relativ kleine Fachrichtung die meisten Promovendinnen anzog, die zudem in Deutschland zwar traditionell an den Technischen Hochschulen verankert war, deren Fachvertreter sich aber eher als Künstler denn als Ingenieure definierten.[30] Auf die Frage, ob und wie der Eintritt der Frauen die Verhältnisse in den technischen Fachgebieten veränderte, werden wir bei der Betrachtung des Themenspektrums der Dissertationen zurückkommen.

---

25 Universitätsarchiv der TU Dresden, Rektorat, Nr. 14-17, Rektorreden.

26 Hier wurden auch die Studierenden der Fakultät für Technologie, die 1954 aus der Fakultät für Maschinenwesen abgespalten wurde, und die zwei Studierenden der von 1954 bis 1962 bestehenden Fakultät für Luftfahrt (bis 1956: Leichtbau) mit erfasst. Die Studierenden in den ab 1968 bestehenden Sektionen wurden nach der alten Struktur eingeordnet.

27 In dieser Gruppe wurden auch die ab 1968 an den Sektionen Elektrotechnik/Elektronik, Informationstechnik und Informationsverarbeitung studierenden Frauen erfasst.

28 Der überwiegende Teil jener Ingenieurökonominnen, die promovierten, erwarb den Titel Dr. oec. Hier aber wurden nur die promovierten Ingenieurinnen berücksichtigt.

29 Hier wurden nur jene Frauen berücksichtigt, die mit einem mathematischen oder naturwissenschaftlichen Abschluss zum Dr.-Ing. promovierten.

30 Vgl. dazu Kapitel 2.2 in Teil II, S. 143.

Nach dem Studium traten die Promovendinnen in folgende Tätigkeitsbereiche ein:

Hochschule	88
Wirtschaft (Industrie- und Baubetriebe einschließlich Vermessungsbetriebe)	19
außeruniversitäre Forschungseinrichtungen	06
Staatsdienst (Bauämter bzw. Baubüros, Geodätischer Dienst)	04

Der größte Teil der Frauen verblieb also nach dem Studium im Bereich von Lehre und Forschung. Allerdings differenziert sich das Bild, wenn wir das Jahr des Studienabschlusses berücksichtigen. Hier markiert das Jahr 1969 eine Zäsur im Muster der Akkumulation von kulturellem Kapital in unserem Sample.

Tätigkeitsbereiche von Promovendinnen nach dem Studium, gruppiert nach Absolventenjahrgängen vor und nach 1969

Tätigkeitsbereiche der Promovendinnen nach dem Studium	Hochschulabschluss vor 1969 (N = 49)	Hochschulabschluss ab 1969 (N = 68)
Hochschule	21	67
Wirtschaft	18	01
Außeruniversitäre Forschungseinrichtungen	06	-
Staatsdienst	04	-

Von den insgesamt 49 Frauen, die vor 1969 das Studium abgeschlossen hatten, verließen 28 zunächst die Hochschule, um eine Tätigkeit in Betrieben der Industrie und des Bau- und Vermessungswesens (18), in Forschungsinstituten der Deutschen Akademie der Wissenschaften (6) oder im Staatsdienst (4) aufzunehmen. Einige dieser Frauen stiegen bald nach ihrem Berufseinstieg in Leitungspositionen auf, zum Beispiel als Laborleiterin in einem Chemiebetrieb[31], als Leiterin der Versuchsabteilung in einem Maschinenbaubetrieb[32], als technische Direktorin in einem Textilbetrieb[33], als Objektverantwortliche im Büro des Bezirksarchitekten[34], als Bereichsleiterin in einem Vermessungsbetrieb[35] oder als Brigadeleiterin im topographischen Dienst.[36] Die Entscheidung, nach dem beruflichen Aufstieg außerhalb der Hochschule noch einen Doktortitel zu erwerben, trafen einige dieser Frauen, um in den akademischen

31 Universitätsarchiv der TU Dresden, Promotionsakte 66.

32 BArch, DR3/B729.

33 Universitätsarchiv der TU Dresden, Promotionsakte 5804.

34 Universitätsarchiv der TU Dresden, Promotionsakte 4555.

35 Universitätsarchiv der TU Dresden, Promotionsakte 2498.

36 Universitätsarchiv der TU Dresden, Promotionsakte 5571.

Bereich von Lehre und Forschung zu wechseln[37], während andere mit dem akademischen Grad ihre Autorität als Leiterin zu erhöhen suchten.[38] Die Frauenpolitik der späten 1960er Jahre förderte die Promotion von berufstätigen Frauen mit Appellen und Auflagen an die staatlichen Leitungen und mit der Einrichtung von Frauensonderaspiranturen. Diese wurden allerdings von den Frauen unseres Samples kaum genutzt.[39]

Im Unterschied zu den älteren Absolventenjahrgängen der 117 Dresdener Promovendinnen verblieben alle 68 Frauen, die nach 1968 das Studium abschlossen bis auf eine Ausnahme zunächst an der Technischen Universität. Die jähren Wendungen in der Bildungs- und Technikpolitik der späten Ulbricht- und der frühen Honecker-Ära beeinflussten offensichtlich die Entscheidung der vielen Promovendinnen, die seit 1969 ihr Studium abschlossen, nach dem Studium ihre Ausbildung an der Hochschule fortzusetzen. Ulbrichts 1969 in Gang gesetzte Bildungsexpansion und der im Rahmen seines Projektes vom „Überholen ohne einzuholen" forcierte Aufbau von Großforschungszentren hat die Nachfrage nach hoch qualifizierten Experten rasch erhöht und damit Bildungsinvestitionen attraktiv gemacht.[40] Honeckers technikpolitischer Kurswechsel wiederum hat die Bereitschaft der Industrie zur Einstellung von Hochschulabsolventen drastisch reduziert und dadurch die Hochschulen veranlasst, mehr Promotionsplätze einzurichten, denn sie waren für die Vermittlung der seit Ulbrichts Bildungsexpansion enorm vergrößerten Absolventenzahlen verantwortlich.[41] Die politischen Weichenstellungen waren ein wesentlicher Faktor in dem freilich weit komplexeren Kontext biografischer Entscheidungen.

Eine Übersicht der arbeitsrechtlichen Situation der Promovendinnen in der Zeit ihrer Arbeit an der Dissertation zeigt uns, welche Ressourcen den Frauen zur Verfügung standen.

Arbeitsrechtliche Stellung der Promovendinnen (N = 117)

wissenschaftliche Assistentinnen	34, davon ca. 30 befristet:
wissenschaftliche Mitarbeiterinnen	09, davon 5 externe
Aspirantinnen	22, davon 3 Frauensonderaspiranturen
Forschungsstudentinnen	45
Sonstige	07

37 Vgl. dazu die Fallstudie zu Hilda F./O. im Abschnitt über die Hochschullehrerinnen.

38 Vgl. dazu die Fallstudie über Hildburg G. im Kapitel 3.2 in Teil IV, S. 358-360.

39 Zur Aspirantur vgl. Burkhardt u. Scherer, S. 371-374.

40 Zur Bildungs- und Technikpolitik der späten Ulbricht-Ära vgl. Kapitel 2.4 in Teil III.

41 Zu den bildungspolitischen Konsequenzen von Honeckers technikpolitischem Kurswechsel vgl. auch Wolter, Wissenschaftlich-technische Bildung, S. 89.

67 Promovendinnen, das sind 57 Prozent der Fälle, fertigten ihre Arbeit im Rahmen eines Forschungsstudiums oder einer Aspirantur an, und damit in einer von der neuen Ordnung etablierten Form des Doktorats. Sowohl die 1951 im Zuge der ersten Struktureingriffe in das Hochschulsystem nach sowjetischem Vorbild eingeführte Aspirantur als auch das mit der Dritten Hochschulreform durchgesetzte Forschungsstudium waren Formen zur Zentralisierung der wissenschaftlichen Nachwuchsbildung, mit denen die staatlichen und die SED-Hochschulleitungen ihren Einfluss auf Kosten der Hochschullehrer verstärkten.[42]

Hatte die Aspirantur in den 1950er Jahren die Funktion, den Aufstieg von Arbeiter- und Bauernkadern in die wissenschaftlichen und Funktionseliten zu ermöglichen, so wurde sie im Zusammenhang mit der durch das Frauenkommuniqué der SED vom 23.12.1961 forcierten Frauenbildungspolitik als eine Maßnahme der Frauenförderung an den Hochschulen eingesetzt.[43] Ergänzend dazu sollte mit der Einrichtung von Frauensonderaspiranturen im Jahre 1968 die Promotion von in der Wirtschaft tätigen Frauen als Voraussetzung für den Aufstieg in Leitungs- oder in Hochschullehrerpositionen befördert werden. Diese Maßnahme war darauf gerichtet, die Ressourcen an berufungsfähigen Kadern zur Bewältigung der von der Ulbrichtregierung eingeleiteten Bildungsexpansion rasch zu erweitern, gleichzeitig aber auch die Glaubwürdigkeit der Gleichberechtigungspolitik des Systems zu erhöhen.[44] Die Hochschulberichte zur Frauenförderung machen allerdings deutlich, dass die Frauen Assistenten- und Mitarbeiterstellen bevorzugten und dem Drängen der Hochschulleitungen, in eine Aspirantur zu wechseln, eher skeptisch gegenüberstanden. Sie begründeten das mit der Notwendigkeit von Lehrerfahrungen für die Übernahme einer Hochschullehrerstelle, die sie in einer Aspirantur nicht machen konnten, oder aber mit dem Termindruck zur Fertigstellung der Arbeit, dem sie in einer Mitarbeiterstelle nicht ausgesetzt waren.[45]

Im Unterschied zur Aspirantur bildete das Forschungsstudium de facto eine Form der Studienverlängerung zur Erlangung eines höheren Bildungsabschlusses. Es war im Zuge der Dritten Hochschulreform als eine neue Form der wissenschaftlichen Nachwuchsbildung mit dem Ziel eingeführt worden, das Forschungspotenzial der Hochschulen und der Wirtschaft zu erweitern und den wissenschaftlichen Nach-

42 Zur Aspirantur vgl. Jessen, Akademische Elite, S. 52-64.

43 Zum Frauenkommuniqué vgl. Kapitel 3.2 in Teil III dieser Arbeit und Zachmann, Frauen, S. 117 f. Zur Instrumentalisierung der Aspirantur für die Frauenförderung vgl. die Berichte der Hochschulen an das Staatssekretariat für Hoch- und Fachschulwesen über die Erstellung und Erfüllung von Frauenförderungsplänen. BArch, DR3/2411 sowie B1183b.

44 Anordnung zur Qualifizierung von wissenschaftlich ausgebildeten Frauen in einer Frauen-Sonderaspirantur an Universitäten und Hochschulen der DDR v. 16.9.1968, in: GBL 1968 II, Nr. 101, S. 817-818 und Jessen, Akademische Elite, S. 385 f.

45 BArch, DR3/2411, Rektor der TH Leuna-Merseburg an Staatssekretariat für HFW am 10.6.1963; DR3/3344, Aktennotiz über Dienstreise der Genn. Linke vom 10.-12.12.1965.

wuchs für die Bildungsexpansion heranzubilden.[46] Forschungsstudenten führten ihr Studium nach dem Hochschulabschluss weiter und hatten keine Diplomarbeit, aber innerhalb von drei Jahren eine Dissertationsschrift vorzulegen. Mithin schlossen sie ihr Studium nach einer Dauer von insgesamt sieben bis acht Jahren als promovierte Ingenieure ab. Für die Zeit des dreijährigen Forschungsstudiums erhielten sie ein Stipendium in Höhe von fünfhundert Mark. Offenkundig erwies sich das Forschungsstudium als ein für Frauen durchaus attraktiver Weg, um ihre Bildungskarriere in den Ingenieurwissenschaften nach dem Studium fortzusetzen. Der Erwerb eines höheren Abschlusses im Milieu der Hochschule, die den Frauen nach fünf Jahren Studium vertraut war und in der sich die Geschlechtergrenzen zwar nicht in den Funktionshierarchien, aber zumindest in den Fachbereichen im Zuge der Bildungsexpansion aufzulösen begannen[47], war für diese Frauen eine durchaus erstrebenswerte Alternative zum Einsatz in der Wirtschaft. Die Promotion versprach darüber hinaus bessere Möglichkeiten in dem durch die Traditionen der school-culture und das Berechtigungswesen geprägten Berufssystem. Hat die neue Institution der wissenschaftlichen Nachwuchsbildung die Aufstiegschancen der Frauen in der Technik verbessert? Diese Frage muss mit einem klaren Nein beantwortet werden.[48] Sie hat vielmehr die Tendenz zur Überqualifikation von Frauen verstärkt, eine Tendenz, die in vielen Studien über Frauen in Wissenschaft und Technik beobachtet worden ist.[49]

Betrachten wir nun die Themengebiete der Dissertationen für das Dresdener Promovendinnensample. Dabei geht es um die Frage, ob der Eintritt der Frauen in die ingenieurwissenschaftliche Forschung Einfluss auf deren Fragestellungen hatte. Schlug sich die in der binär konstruierten Geschlechterordnung bis zum Ende des 20. Jahrhunderts immer den Frauen zugewiesene Verantwortung für die biologische und soziale Reproduktion und ihre daraus abgeleitete Sozialkompetenz in den von den Frauen bearbeiteten Forschungsaufgaben nieder? Erweiterte und bereicherte also die Integration der Frauen in die ingenieurwissenschaftliche Forschung deren Problembewusstsein für die soziale Dimension technischer Aufgabenstellungen? Oder aber erlangten neue Fragestellungen aus den weniger strikt männlich codierten Gebieten der Mathematik und der Naturwissenschaften wachsende Relevanz für die

46 Zum Forschungsstudium vgl. Burkhardt u. Scherer, S. 371.

47 Vgl. dazu Kapitel 3.3 in Teil III dieser Arbeit.

48 Vgl. dazu S. 51 f. in diesem Kapitel.

49 Rabe-Kleberg erklärt den Trend zur Überqualifikation damit, dass die Doppelqualifikation der Frauen, d. h. ihre fachliche Qualifikation für Berufsaufgaben und ihre geschlechtliche für Reproduktionsaufgaben, zur Entwertung ihrer fachlichen Bildung führt. Das aber veranlasst die Frauen, die an das Meritokratieprinzip glauben, immer mehr Bildung nachzufragen. Rabe-Kleberg, S. 26-38. Zur Überqualifikation als Berufsstrategie für Ingenieurinnen im US-amerikanischen Kontext vgl. Oldenziel, Making technology masculine, S. 154-158 und als Berufsstrategie von Wissenschaftlerinnen vgl. Rossiter, Women scientists in America: struggles and strategies, S. 125 f., 129.

Ingenieurwissenschaften, sodass Frauen hierüber Zugang zur ingenieurwissenschaftlichen Forschung fanden und auf diese Weise deren Fragestellungen erweiterten? Beförderte schließlich das fortschreitende Ausgreifen der Technisierung auf Anwendungsbereiche, die in der binär konstruierten Geschlechterordnung in den Zuständigkeitsbereich der Frauen fielen, die Einbeziehung der Frauen in die ingenieurwissenschaftliche Forschung?

Dissertationsthemen wurden in der DDR in der Regel vom umgangssprachlich als „Doktorvater" bezeichneten Mentor der Promovendin vorgegeben.[50] Damit aber spiegelte das von den Promovendinnen bearbeitete Themenspektrum vermutlich auch die Weiblichkeitsvorstellungen ihrer „Doktorväter", das heißt deren Auffassung darüber, welche ingenieurwissenschaftlichen Fragestellungen für Frauen angemessen seien, wider. Ausgangspunkt unserer Betrachtung ist das Fächerspektrum, auf das sich die Dissertationsschriften der Dresdener Ingenieurinnen verteilten.

Die Verteilung der Dissertationsschriften Dresdener Ingenieurinnen nach Disziplinengruppen (N = 117)

Disziplinengruppe	Anzahl
Architektur (23), Bauwesen (3), Geodäsie und Kartographie (6) und Wasserwirtschaft (4)	36
Maschinenwesen (48)	48
Elektrotechnik / Elektronik (12), Informationstechnik (9) und Informationsverarbeitung (7)	28
Naturwissenschaften, Chemie (2) und Physik (3)	05

Die Verteilung der Dissertationsschriften spiegelt die schon in dem nach Studienfächern ermittelten fachlichen Profil des Dresdener Promovendinnensamples festgestellte Dominanz technischer Kerndisziplinen wider. 79 beziehungsweise zwei Drittel der 117 Frauen wurden mit einer Arbeit auf dem Gebiet des Maschinen- oder des Bauwesens beziehungsweise der Elektrotechnik/Elektronik promoviert, also in Bereichen, die den Grundkanon der Ingenieurwissenschaften bildeten. Anhand einer Gruppierung der Dissertationsthemen nach Gegenstandsbereichen innerhalb der einzelnen Disziplinen wird nun zu prüfen sein, inwieweit die von den Frauen bearbeiteten Fragestellungen das Problembewusstsein in den Disziplinen erweiterten.

Innerhalb der Architektur, in der, anders als in den ingenieurwissenschaftlichen Kernbereichen, das Bewusstsein von der Einheit technischer und sozialer Probleme

50 Das erfolgte freilich in Absprache mit der Promovendin. In vielen Danksagungen wird dem Betreuer für die Überlassung der Aufgabenstellung gedankt. Ausnahmen sind allerdings die Dissertationen von externen Promovendinnen, die in der Regel selbst ein Thema aus ihrer Arbeitspraxis vorschlugen.

nie verloren gegangen war[51], gehörten soziale Fragestellungen zu den zentralen Aufgabenbereichen der Disziplin. Gerade dadurch war die Architektur schon in der Zwischenkriegszeit zu einer Zugangsschleuse für Frauen in den Ingenieurbereich geworden. Die beiden an der TH Dresden vor 1945 verteidigten Dissertationsschriften von Architektinnen widmeten sich ausgesprochen sozialen Fragestellungen. 1919 verteidigte als erste Frau an der TH Dresden die Architektin Maria Frommer eine Arbeit zum Thema „Flusslauf und Stadtentwicklung" und 1935 wurde Klara Reiter mit einer Arbeit über den „Volkswohnungsbau in Holland nach dem Weltkrieg. Eine Betrachtung und Entwicklungsgeschichte" promoviert.[52] Die DDR-Promovendinnen können in der Architektur also weniger eine Erweiterung als vielmehr eine Bewahrung des sozialen Problembewusstseins bewirkt haben, das durch die in der verstaatlichten Wirtschaftsordnung forcierte Industrialisierung und Typisierung des Bauens zugunsten technischer Effizienzkriterien aufgegeben zu werden drohte.[53]

In ihrem Roman über die Architektin Franziska Linkerhand hat die DDR-Schriftstellerin Brigitte Reimann dieses Problem als zentralen Konflikt ihrer Fabel verarbeitet.[54] Franziska ist davon überzeugt, dass die Architektur soziale Räume für eine gute Gesellschaft entwirft und realisiert. Doch sie stößt bei ihrem Versuch, diesen Anspruch beim Aufbau einer neuen Stadt in der DDR zu realisieren, auf den Widerstand des Stadtarchitekten Schaffheutlin. Er opfert den vorgegebenen quantitativen Planzielen zur Übergabe neuer Wohnungen alle Erwägungen zur sozialen Funktion der Stadt. Franziska kann zwar die Selbstsicherheit des Stadtarchitekten erschüttern und ihn dazu bringen, zu erkennen, was er aufgegeben hat. Aber ihren Anspruch kann sie nicht durchsetzen und verlässt die Stadt. Mit dem Scheitern ihrer Heldin kritisierte Reimann, dass die Architektur der DDR den Konflikt zwischen sozialem Verantwortungsbewusstsein und technischer Effizienz zu Lasten des sozialen Verantwortungsbewusstseins löste, eine Lösung, die bei der Betrachtung vieler DDR-Neubaugebiete ihre traurige Bestätigung fand und findet.

Haben aber nun promovierende Architektinnen mit dem Untersuchungsgegenstand ihrer Arbeiten zur Bewahrung des sozialen Problembewusstseins beigetragen? Die Mehrheit der Architektinnen des Dresdener Promovendinnensamples hat in ihrer Dissertation auf sozial orientierten Gebieten gearbeitet. Für Forschungen zur Architekturtheorie, Stadtplanung und Stadtentwicklung, Wohnungs- und Gesellschaftsbau,

---

51 Nach Ropohl haben die Technikwissenschaften mit der Verdrängung des technologischen zugunsten des szientistischen Paradigmas ihr soziales Problembewusstsein verloren. Vgl. Ropohl, Der Paradigmenwechsel, S. 19-32.

52 Maria Frommer, Flusslauf und Stadtentwicklung, Diss. TH Dresden 1919; Klara Reiter, Volkswohnungsbau in Holland nach dem Weltkrieg. Eine Betrachtung und Entwicklungsgeschichte, Diss. TH Dresden 1935.

53 Zur Industrialisierung und Typisierung im Bauwesen der DDR vgl. Hannemann und Hoscislawsky.

54 Reimann, Franziska Linkerhand.

Denkmalschutz oder die Gestaltung des Innenraumes, waren soziale Fragestellungen zentral. Über den Einfluss ihrer Ideen auf das Bauwesen der DDR ist damit freilich noch nichts gesagt.[55] Nur einige wenige Frauen bearbeiteten ausgesprochen technische Themen, zum Beispiel in der Ingenieurarchitektur, eine Ende der 1960er Jahre in Dresden etablierte Grenzdisziplin zwischen Architektur und Bauingenieurwesen, die sich mit der konstruktiven Gestaltung von Schalenbauwerken beschäftigte.[56]

Gegenstandsbereiche der Dissertationen von Architektinnen (N = 23)

Gegenstandsbereich	Anzahl	Gegenstandsbereich	Anzahl
Stadtplanung und Stadtentwicklung	5	Architekturtheorie	3
Wohnungs- und Gesellschaftsbau	5	Ingenieurarchitektur	3
Innenraumgestaltung	3	Landwirtschaftsbau	1
Denkmalschutz	2	Bauklimatik	1

Im Bauingenieurwesen, das zu den traditionellen Kernbereichen Technischer Hochschulen gehörte, wurden nur drei Frauen promoviert. Eine Promovendin bearbeitete ein Thema aus ihrer Berufspraxis als Verkehrsplanerin. Sie untersuchte die Nutzung individueller Verkehrsmittel in Klein- und Mittelstädten des Bezirkes Erfurt und konzentrierte sich damit auf die soziale Dimension der Technisierung.[57] Die anderen beiden Arbeiten, eine zur Baukonstruktion und eine zur Baumechanik, wurden von der Hochschule vergeben. Eine der beiden Arbeiten wurde von einer Mathematikerin angefertigt und beschäftigte sich mit Fragen der Festigkeitsberechnung.[58] Die zweite Autorin wählte einen geometrischen Zugriff für ihren „Beitrag zur Maßkoordinierung von Tragkonstruktion, Ausbau, Ausrüstung und Ausstattung unter besonderer Beachtung der Aufrissgeometrie".[59] Die wenigen Frauen, die im Bauingenieurwesen promoviert wurden, fanden ihren Zugang zur ingenieurwissenschaftlichen Forschung entweder über die Mathematik oder über sozialwissenschaftliche Fragestellungen.

Zum Baufach zählten auch die Bereiche Geodäsie/Kartographie und Wasserwirtschaft. Vor der Dritten Hochschulreform gehörten diese Fächer zur Fakultät für Bauwesen. Im Zuge der Sektionsgründungen aber wurden sie zu separaten Sektionen

55 Aufschlüsse darüber sind aus einer im Entstehen begriffenen Dissertation von Christiane Droste zu erwarten, die eine vergleichende Werksgeschichte für ost- und westdeutsche Architektinnen erarbeitet.

56 Ich verdanke diese Information Frau Dr. Ina Steiding.

57 Universitätsarchiv der TU Dresden, Promotionsakte 8761.

58 Universitätsarchiv der TU Dresden, Promotionsakte 6608.

59 Universitätsarchiv der TU Dresden, Promotionsakte 6580.

verselbständigt. Der Frauenanteil an den Direktstudenten stieg deutlich an.[60] In diesen Fächern verteidigten bis 1980 an der TU Dresden sechs beziehungsweise vier Frauen eine Doktorarbeit. Für beide Bereiche lieferten zum Einen Geographie und zum Anderen Chemie und Physik als naturwissenschaftliche Disziplinen einen zentralen Bezugspunkt für das wissenschaftliche Selbstverständnis. Mit der disziplinären Grenzlage beider Fächer korrespondierte eine weniger scharfe Markierung der Geschlechtergrenzen. Das erleichterte es einerseits den Frauen, in diesen Bereichen erfolgreich zu arbeiten und andererseits der ingenieurwissenschaftlichen Elite, interessierte Frauen in die Forschung zu integrieren.

Mit einer Zahl von 48 Doktorandinnen promovierten die Ingenieurwissenschaftler des für die männliche Codierung der Ingenieurberufe maßgeblich verantwortlichen Maschineningenieurwesen über 40 Prozent aller an der TU Dresden zum Dr.-Ing. graduierten Frauen. Für diese Gruppe ist es daher besonders interessant zu untersuchen, inwieweit Frauen die Problemstellungen der ingenieurwissenschaftlichen Forschung beeinflusst haben.

Gegenstandsbereiche der Dissertationsthemen von Maschinenbauingenieurinnen (N = 48)

Gegenstandsbereich	Anzahl
Verfahrens- und Fertigungstechnik	22
Materialprüfung	16
Energiewirtschaft bzw. Energietechnik	05
Ingenieurwissenschaftliche Theorie (Angewandte Mechanik und Strömungstechnik)	03
Betriebsprojektierung und Arbeitsgestaltung	02

Mit 22 Frauen bearbeitete fast die Hälfte aller Promovendinnen im Maschinenwesen ein Thema aus der Verfahrens- und Fertigungstechnik. Darunter forschten vier Frauen in ihrer Dissertation zu Themen aus dem Gebiet der Bekleidung und sieben zu Themen aus dem Gebiet der Ernährung. Diese Fragen hatten einen Bezug zu Bereichen, die sich mit der Befriedigung menschlicher Grundbedürfnisse beschäftigten und für die im System der geschlechtsspezifischen Arbeitsteilung industrialisierter Gesellschaften Frauen zuständig waren. Die Textil- und Bekleidungsindustrie gehörte ebenso wie die Lebensmittelindustrie zu den feminisierten Branchen der Industrie und analog dazu waren die Lebensmittel- und die Textiltechnik innerhalb des Maschinenwesens an der Technischen Universität Dresden Fachrichtungen mit einer

60 Grafik A17/b im Anhang.

überdurchschnittlich hohen Frauenquote.[61] Beiden Branchen gehörten zu den so genannten alten Industrien. Doch sie durchliefen ab 1950 tief greifende Technisierungs- und Automatisierungsprozesse durch die Verarbeitung neuer Rohstoffe und die Anwendung neuer Verfahren, und beide Branchen behielten in der konsum- und zugleich autarkiepolitisch ausgerichteten Wirtschaftsstrategie der Honecker-Ära ein großes Gewicht. Das führte in diesen von Frauen bevorzugten Fächern zu einem steigenden Forschungsbedarf, um durch ingenieurwissenschaftliche Kompetenz Ressourcenengpässe zu kompensieren.

Sechzehn Arbeiten und damit ein Drittel aller von Frauen im Maschinenwesen angefertigten Dissertationsschriften beschäftigten sich mit Themen aus dem Bereich der Materialprüfung. Sie waren entweder in der Textiltechnik (6) oder in der Werkstoffkunde (10) angesiedelt. Sowohl in der Werkstoff- als auch in der Textiltechnik war das Arbeitsmilieu der Materialprüfung, die sich seit dem ausgehenden 19. Jahrhundert zu einem neuen Berufsfeld für Ingenieure entwickelt hatte, durch die Situation des Labors geprägt. Schon im Kaiserreich hatten Vertreterinnen der ersten deutschen Frauenbewegung und private Lehranstalten das Labor als Arbeitsbereich für Frauen mit einer Ausbildung als wissenschaftlich-technische Hilfskraft erschlossen.[62] Der Einsatz von Frauen für die ausführenden Arbeitsprozesse im Labor aber bereitete die Erosion männlicher Geschlechtercodes für Ingenieurtätigkeiten in der Materialprüfung vor, die sich mit der Feminisierung werkstoff- und textiltechnischer Studiengänge in der DDR vollzog.[63]

Von den fünf Promovendinnen im Bereich der Energiewirtschaft und der Energietechnik arbeiteten drei zu energiewirtschaftlichen Problemen auf dem Gebiet des Wohnens. Ihre Forschungen konzentrierten sich also auf einen Anwendungsbereich, der als Raum einer als Gegensatz zur Öffentlichkeit konstruierten Privatheit und Reproduktion auch unter den Bedingungen der neuen Geschlechterordnung in die Verantwortung der Frauen verwiesen war.

Die drei Dissertationen zu Themen aus der ingenieurwissenschaftlichen Theorie beschäftigten sich mit Problemstellungen aus der Strömungstechnik, der Maschinendynamik und der Festigkeitsberechnung. Das Thema aus der Strömungstechnik wurde an eine Promovendin vergeben, die nach sechzehn Jahren berufspraktischer Tätigkeit als technische Zeichnerin, Technikerin, Konstrukteurin, Berechnungsingenieurin

61 Beide Fachrichtungen waren an der Fakultät Technologie bzw. an der 1968 gegründeten Sektion für Verarbeitungs- und Verfahrenstechnik (15) angesiedelt. Zur Frauenquote in der Technologie vgl. Grafik IV/7 und zur Frauenquote in der Sektion 15 vgl. Grafik A/17c.

62 Vgl. dazu Kapitel 3.2 in Teil IV dieser Arbeit, Anm. 141 u.142.

63 Das allerdings die gerade in der werkstoffkundlichen Materialprüfung immanente Beschäftigung mit Sicherheitsproblemen die Feminisierung der Werkstoffkunde nicht aufgehalten hat, kann dahingehend interpretiert werden, dass die in der binären Geschlechterordnung Männern zugewiesene Verantwortlichkeit für Sicherheit in der staatssozialistischen Gesellschaft durch die Institutionen des Staates übernommen wurde.

und wissenschaftliche Mitarbeiterin ihr Diplom in der Fachrichtung Strömungsmaschinen auf dem Wege des Fernstudiums erworben hatte. Drei Jahre nach ihrem Diplom verließ sie im Alter von 37 Jahren ihre bisherige Arbeitsstelle, die Forschungs- und Versuchsanstalt Dresden, um als wissenschaftliche Assistentin an die TU Dresden zu wechseln, wo sie sechs Jahre später ihre Dissertation verteidigte.[64] Durch ihre lange Berufspraxis wurden ihr also jene männlichen Kommilitonen als Geschlechtsmerkmal zugeschriebenen Fähigkeiten zuerkannt, um eine klassische technische Aufgabenstellung zu bearbeiten. Auch die Doktorandin auf dem Gebiet der Festigkeitsberechnung verfügte über einschlägige Berufserfahrungen, denn sie hatte als Kraftfahrzeugshilfsschlosserin drei Jahre lang in einer Daimler-Benz-Niederlassung in Augsburg gearbeitet, bevor sie Mitte der 1960er Jahre in die DDR übersiedelte, hier einen Facharbeiterbrief als Autoschlosserin erwarb und Maschinenbau studierte.[65] Ihre Berufserfahrung in der technisch überlegenen bundesdeutschen Autobranche qualifizierte sie offenkundig für die Bearbeitung eines Forschungsthemas in der ingenieurwissenschaftlichen Theorie. Beide Fälle aber zeigen, dass Frauen die Geschlechtergrenzen beim Zugang zur ingenieurwissenschaftlichen Forschung nicht nur durch deren thematische und methodische Ausdehnung in Bereiche, die mit Weiblichkeit konnotierbar waren beziehungsweise in denen geschlechtliche Codierungen weniger stringent funktionierten, überwinden konnten, sondern auch durch praktische Erfahrungen in Bereichen, denen die ingenieurwissenschaftliche Elite eine hohe Wertschätzung einräumte. Schließlich arbeiteten zwei Promovendinnen des Maschineningenieurwesens zu Fragen der Betriebsprojektierung beziehungsweise der Arbeitsgestaltung. Das waren Themen im soziotechnischen Grenzbereich, die sich mit der Umsetzung technischer Lösungen im sozialen Raum beschäftigten.

Gegenstandsbereiche der Dissertationen von Frauen in den Bereichen Elektrotechnik/Elektronik, Informationstechnik und Informationsverarbeitung

Gegenstandsbereich	Anzahl	davon
Elektrotechnik/Elektronik	12	
Schwachstromtechnik		08
Elektroniktechnologie		03
Starkstromtechnik		01
Informationstechnik	09	
Informationsverarbeitung	07	

64 Universitätsarchiv, TU Dresden, Promotionsakte 2526.
65 Universitätsarchiv, TU Dresden, Promotionsakte 5544.

Von allen Fakultäten der TU Dresden war die Fakultät für Elektrotechnik die letzte, in der Frauen Zugang zur ingenieurwissenschaftlichen Forschung fanden. Erst 1964 verteidigte hier die erste Assistentin ihre Doktorarbeit und das ausgerechnet auf dem Gebiet der Starkstromtechnik, ein Gebiet, das gerade in jener Zeit entstanden war, als die ingenieurwissenschaftliche Elite das Leitbild des Ingenieurs mit dem im Kaiserreich florierenden Ideal militärischer Männlichkeit verwoben hatte.[66] Die in der binär konstruierten Geschlechterordnung dem Mann zugewiesene Verantwortung für die Sicherheit und den Schutz eines Gemeinwesens verband sich bruchlos mit dem Berufsverständnis der Elektroingenieure, für das die Identifikation von Elektrotechnik mit Sicherheit tragend war.[67] Insbesondere die Starkstromtechnik erhielt eine so starke männliche Codierung, dass sie Frauen über lange Zeit sehr effizient ausschloss. Die erste Promovendin der TU Dresden in der Elektrotechnik blieb hier auch die einzige mit einer Arbeit auf dem Gebiet der Starkstromtechnik.

Im Unterschied dazu waren die Geschlechtercodes im Bereich der Schwachstromtechnik weniger stringent, ging es hier doch um Anwendungsbereiche der Elektrotechnik, die teilweise feminisiert waren. Auf dem Gebiet der Schwachstromtechnik verteidigten an der TU Dresden vier Frauen eine Arbeit zur Feingerätetechnik, zwei Frauen eine Arbeit zur Regelungstechnik, eine Frau eine Untersuchung zur Halbleitertechnik und eine letzte schließlich zur Akustik, ein Thema, das im Bereich der Arbeitswissenschaften angesiedelt war.

Die Elektroniktechnologie, in der an der TU Dresden bis 1980 drei Frauen promovierten, war eine neue Teildisziplin, die sich mit der Herausbildung der Halbleitertechnik in den 1960er Jahren verselbständigte und mit dem Übergang zur Mikroelektronik wachsende Bedeutung erlangte. Die Halbleiterherstellung zählte ebenso wie die Produktion elektronischer Bauelemente zu den modernen Frauenindustrien des 20. Jahrhunderts. Das mag es der ingenieurwissenschaftlichen Elite erleichtert haben, Frauen schließlich auch in die Forschung zur Entwicklung von Herstellungsverfahren der Elektronik einzubeziehen.

Sechzehn Dresdener Promovendinnen fertigten ihre Dissertation in den beiden Sektionen Informationsverarbeitung und Informationstechnik an, die mit der dritten Hochschulreform neu gegründet worden waren.[68] An diesen Sektionen wurden Spezialisten für die in der Honecker-Ära zur Schlüsseltechnologie aufgewerteten Computerisierung ausgebildet. Während sich die Informationsverarbeitung in der DDR von vornherein zu einem stark feminisierten Studiengang entwickelte, gehörte die

66 Zum Selbstverständnis der Ingenieure im Kaiserreich vgl. Kapitel 1 in Teil II dieser Arbeit. Zur Entstehung der Elektrotechnik vgl. König, Technikwissenschaften.

67 Zum Sicherheitsdiskurs in den Anfängen der Elektrotechnik vgl. Osietzki, Technik und Körper, S. 99-110. Zu Leitbildern der Männlichkeit vgl. Gilmore, S. 245. Er betont, dass der Beschützer (neben dem Erzeuger und dem Versorger) zum Leitbild des Mannes in den meisten Gesellschaften gehört.

68 Sonnemann, Geschichte, S. 339-341. Demnächst dazu auch Pieper.

Informationstechnik zu den Ingenieurbereichen mit einer sehr niedrigen Frauenquote unter den Studierenden.[69] Eine Erklärung dafür findet sich in der Tatsache, dass die Informationstechnik in der DDR aus der Elektrotechnik heraus entstand, während die Informationsverarbeitung mit explizitem Anwendungsbezug auf die Datenverarbeitung in einem zentralistisch gesteuerten System, das große Datenmengen produziert, entwickelt wurde.[70] Die Sammlung und Bearbeitung von Daten für die staatliche Verwaltung und die Wirtschaft war eine in der Tradition weiblicher Angestelltenberufe liegende Tätigkeit. Die dafür zuständigen Rechenzentren in der DDR hatten 1971 eine Frauenquote von 64 Prozent.[71]

Dass in der Informationstechnik trotz der niedrigen Frauenquote unter den Studierenden mehr Frauen promoviert wurden als in der feminisierten Informationsverarbeitung, lag an den Einsatzbedingungen der Absolventinnen. Für ambitionierte Informationstechnikerinnen war der Einstieg in die Hochschulforschung eine attraktive Alternative zu einer Tätigkeit in der mit großen Schwierigkeiten kämpfenden Computerindustrie der DDR, während die Studierenden der Informationsverarbeitung durch die starke Anwendungsorientierung dieser Fachrichtung von vornherein auf eine Tätigkeit in der Praxis ausgerichtet waren.[72] Von den sieben Promovendinnen in der Informationsverarbeitung kamen sechs aus anderen Studienrichtungen, aus der Ingenieurökonomie, der Mathematik, der Berufsschullehrerausbildung und der Informationstechnik.

Schließlich wurden fünf Doktorandinnen mit einem naturwissenschaftlichen Abschluss, zwei Chemikerinnen und drei Physikerinnen, an der TU Dresden zum Dr.-Ing. promoviert. Beide Chemikerinnen hatten ihre Diplomprüfung schon vor 1945 abgelegt und damit zu einer Zeit, als die Technische Hochschule den Absolventen der Chemie, wenn sie auch ingenieurwissenschaftliche Grundlagenfächer belegt hatten, noch den Titel Diplomingenieur verlieh. Der Titel des Diploms bestimmte dann in beiden Fällen den Titel des Doktorgrades. Die Chemische Abteilung verlieh zur gleichen Zeit an die zahlreicheren Diplomchemikerinnen den Titel Dr. rer. nat. Diese promovierten Naturwissenschaftlerinnen waren nicht Gegenstand meiner Untersuchung. Von den drei Physikerinnen hatten zwei an einer Universität in der DDR studiert und als Diplom-Physikerin abgeschlossen, während die dritte 1944 ein Studium der technischen Physik an der TU Dresden als Diplomingenieurin absolviert hatte. In ihren Dissertationsschriften arbeiteten sie zur Messtechnik, zur Werkstoff-Forschung und zur Hydrodynamik, also zu Themen, die im Bereich des Maschineningenieurwesens angesiedelt waren.

---

69 Vgl. dazu die Grafik A/17a im Anhang.

70 Naumann, Computer in Ost und West, S. 136 f.

71 Vgl. dazu Grafik A/18 im Anhang.

72 Zur Entwicklung der Computerindustrie in der DDR vgl. Judt, Zur Geschichte, S. 137-153; Sobeslavsky u. Lehmann; Stokes, S. 179-194.

Die Analyse der Zugangswege der Promovendinnen zur ingenieurwissenschaftlichen Forschung zeigt in aller Deutlichkeit, dass die Geschlechterdifferenz für die Zuweisung von Aufgabenstellungen in der ingenieurwissenschaftlichen Forschung durchaus wirkungsmächtig geblieben ist. Die Mehrzahl der von Frauen bearbeiteten Themenfelder weist eine geschlechtliche Codierung auf. Allerdings bearbeiteten die meisten Frauen rein technische Fragestellungen. Die Vermutung, die Promovendinnen würden auf Grund der den Frauen zugeschriebenen spezifischen Sozialkompetenz das Problembewusstsein für die soziale Dimension technischer Aufgabenstellungen stärken, trifft demnach nur für die Gruppe der Architektinnen zu. Aber die Dissertationsthemen zu rein technischen Fragestellungen beschäftigten sich zum größten Teil mit Problemlösungen für Anwendungsgebiete, die als Arbeits- oder Konsumbereiche im System der geschlechtsspezifischen Arbeitsteilung von Industriegesellschaften an die Frauen verwiesen worden waren. Das betraf im Maschinenwesen die Arbeiten zur Textil- und zur Lebensmitteltechnik, zur Energiewirtschaft für den Wohnbereich und zur Materialprüfung. In der Elektrotechnik/Elektronik waren es die Arbeiten zur Feingerätetechnik, zur Halbleitertechnik und zur Elektronik-Technologie. Die geschlechtliche Codierung erfolgte hier also über die Anwendungsgebiete der Forschungsaufgaben. Schließlich fanden einige Promovendinnen über mathematisch-naturwissenschaftliche Lösungsmuster für technische Problemstellungen Zugang zur ingenieurwissenschaftlichen Forschung.

In welchen Berufspositionen konnten Frauen ihre akademische Qualifikation verwerten? Hierüber gibt es Informationen für 99 der 117 Frauen vor, denen allerdings unterschiedlich lange Beobachtungszeiträume zugrunde lagen. Während sich für einige Frauen die Berufskarrieren bis zum Ende der DDR und teilweise bis in die Gegenwart verfolgen ließen, gibt es für andere nur die Information über ihren Berufseinstieg nach der Promotion. Die dadurch entstandene Ungenauigkeit der Ergebnisse konnte für die Berufsverläufe der Frauen im Hochschulbereich durch die Studie über Hochschullehrerinnen reduziert werden, für die Karriereverläufe außerhalb der Hochschule blieb sie allerdings bestehen.

Als promovierte Ingenieurinnen waren die Frauen in folgenden Bereichen tätig: (N = 99)

Bereich	Anzahl
Hochschule	49
außeruniversitäre Forschungseinrichtungen	09
Wirtschaft (Industrie und Bauwesen)	32
Staatsdienst	09

Demnach arbeiteten 58 Frauen, also mehr als die Hälfte unserer Gruppe, nach ihrer Promotion weiter in Hochschul- und Forschungseinrichtungen. Fast 90 Prozent der im akademischen Bereich verbleibenden Frauen unseres Samples übten als Assistentinnen, Mitarbeiterinnen oder Oberassistentinnen eine Tätigkeit im akademischen Mittelbau aus, dem vor allem die Betreuung der Studenten im stark verschulten Hochschulsystem der DDR oblag. Zehn Frauen habilitierten sich, drei allerdings erst nach dem Zusammenbruch der DDR. Auf eine Hochschullehrerstelle wurden bis 1989 sechs Frauen berufen, davon zwei auf eine Professur. Eine der Professorinnen und zwei der Dozentinnen waren zum Zeitpunkt ihrer Berufung nicht habilitiert. Auf die Aufstiegsbedingungen der Hochschullehrerinnen werden wir im letzten Abschnitt dieses Kapitels zurückkommen.

Ein weiteres Drittel der promovierten Frauen war als Ingenieurin oder Architektin in der Industrie oder im Bauwesen tätig. Einige von ihnen waren schon vor der Promotion in Leitungsfunktionen aufgestiegen, während vor allem viele Absolventinnen eines Forschungsstudiums anschließend als Projektantinnen, Entwurfsarchitektinnen, Entwicklungsingenieurinnen, Verfahrenstechnologinnen, Organisatorinnen in einem Rechenzentrum, Koordinierungsingenieurinnen, Problemanalytikerinnen, Forschungsmitarbeiterinnen et cetera eingesetzt wurden. Sie übernahmen als promovierte Fachkräfte zunächst die Bearbeitung verschiedener Sachgebiete, aber kaum Leitungsfunktionen.

Für neun Frauen funktionierte der Doktortitel als Zugangsberechtigung für den Staatsdienst, unter anderem in das Amt für Erfindungs- und Patentwesen, den Geodätischen Dienst, das Deutsche Amt für Standardisierung und Messwesen, das Büro eines Bezirks- und eines Stadtarchitekten oder das Referat für Verlagswesen im Ministerium für Kultur. Wird das Sample nach dem Jahr der Studienabschlüsse in eine Gruppe, die bis 1968, und eine, die ab 1969 das Studium abgeschlossen hat, unterteilt, dann verändert sich das Bild.

Tätigkeitsbereiche der Frauen nach der Promotion, gruppiert nach Absolventenjahrgängen vor und ab 1969

Tätigkeitsbereiche der Frauen nach der Promotion	Hochschulabschluss vor 1969 (N = 42)	Hochschulabschluss ab 1969 (N = 57)
Hochschule	23	26
außeruniversitäre Forschungseinrichtungen	04	05
Wirtschaft	10	22
Staatsdienst	05	04

Der Anteil der in die Wirtschaft gegangenen Frauen in jener Gruppe, die das Studium ab 1969 abgeschlossen hat, war mit 38 Prozent deutlich größer als in der Gruppe der älteren Absolventinnen. Hier betrug er nur 24 Prozent. In der jüngeren Absolventinnengruppe hatte die Mehrzahl der Frauen auf dem Weg des Forschungsstudiums promoviert. Offensichtlich funktionierte das 1969 eingeführte Forschungsstudium für viele Frauen als Qualifikation für eine Tätigkeit in der Wirtschaft. Die Aufstiegsmöglichkeiten der Frauen im akademischen Bereich verbesserte es nicht. Keine der im Hochschulbereich zur Dozentin oder Professorin aufgestiegenen Frauen hatte ein Forschungsstudium absolviert.

Aus einer qualitativen Betrachtung beider Gruppen wird deutlich, dass die steileren Berufskarrieren unter den älteren Absolventenjahrgängen zu finden waren. Von den sechs vor 1990 zur Hochschullehrerin berufenen Frauen hatten fünf das Studium vor 1969 abgeschlossen. Auch die acht Frauen, von denen wir wissen, dass sie nach ihrer Promotion eine Leitungsfunktion in der Wirtschaft oder im Staatsdienst ausübten, gehörten dieser Gruppe an. Das aber verweist auf eine größere Aufstiegsdynamik in der Gruppe der älteren Promovendinnen, die sich bis zur Mitte der 1960er Jahre für ein technisches Studium entschieden hatten, also noch bevor die Politik mit Auflagen über Frauenquoten in technischen Studiengängen im Hochschulbereich intervenierte.[73] Das ist bemerkenswert. Diese Frauen erwarben ihr Bildungskapital als Außenseiter in einem noch eindeutig von den Männern dominierten Feld.[74]

Für die eindrucksvolleren beruflichen Aufstiege der älteren Studienjahrgänge scheint der Zeitpunkt ihrer Bildungsinvestition maßgeblich gewesen zu sein. Sie wurden mit ihrem Bildungskapital im Feld der Technik in einer Zeit großer Nachfrage nach Experten wirksam und konnten daher gute Plätze besetzen. Für die später in das Feld eintretende größere Zahl promovierter Frauen standen diese Plätze dann nicht mehr zur Verfügung.[75] Sie wurden außerdem Opfer des technikpolitischen Kurswechsels der Honeckerregierung, der die Nachfrage nach Experten stark reduzierte.[76] Freilich wird eine monokausale Erklärung den komplexen Bedingungen biografischer Weichenstellungen und Chancen nicht gerecht. Deshalb sei an dieser Stelle ein Exkurs eingeschoben, um die Betrachtungsebene zu wechseln und von der

---

73 Ausführlich zu diesen Interventionen vgl. Kapitel 3.2 in Teil III.

74 Die Frauenquote in den technischen Studiengängen begann erst nach 1965 deutlich anzusteigen und nach der letzten ausgewerteten Berufszählung der DDR im Jahre 1971 betrug der Frauenanteil unter den Diplomingenieuren damals nur 5,6 Prozent. Wirtschaftlich tätige und nicht wirtschaftlich tätige Wohnbevölkerung, S. 117-118.

75 Für die große Nachfrage nach technischen Experten in den 1950er und 60er Jahre waren der Wiederaufbau, die Westflucht von erfahrenen Experten, die Verschärfung des Kalten Krieges nach dem sowjetischen Sputnikstart und die Wissenschafts- und Technikeuphorie in der späten Ulbricht-Ära verantwortlich. Vgl. dazu Kapitel 2 in Teil III dieser Arbeit. Dass im Verlauf der DDR-Geschichte eine zunehmende Blockierung von Aufstiegschancen und drastische Verschlechterung beruflicher Perspektiven eintrat, hat die Lebenslaufforschung eindrucksvoll herausgearbeitet. Huinink, Mayer, Trappe, Staatliche Lenkung, S. 89-143.

76 Vgl. dazu Kapitel 3.3 in Teil III dieser Arbeit.

quantitativ-strukturellen Analyse der Gruppe zur Porträtierung von drei Einzelfällen überzugehen. Danach kehren wir zur Gruppenbetrachtung zurück und analysieren das soziale Kapital, das die Promovendinnen zum Einsatz brachten.

Exkurs – Erster Einzelfall

Die 1918 geborene Sybille S. hat als erste Frau in unserem Sample im Jahre 1948 ihre Doktorprüfung abgelegt. Ihre schulische und akademische Sozialisation erfolgte in drei verschiedenen politischen Systemen. 1924 wurde sie eingeschult, 1937 bestand sie das Abitur an der dreistufigen Studienanstalt der Höheren Mädchenschule Dresden-Neustadt und danach absolvierte sie den für studierwillige Mädchen im „Dritten Reich" vorgeschriebenen halbjährigen Reichsarbeitsdienst. Sie entschied sich danach jedoch zunächst gegen ein Studium und begann 1938 eine halbjährige Ausbildung in einer Handelsschule. Vom Juli 1938 bis zum Dezember 1939 arbeitete sie als Stenotypistin. In ihrem mit 88 Jahren verfassten Erinnerungsbericht erklärte sie diese Entscheidung so:

> „Studium? Erstmal nein. Ich ging zwar ein halbes Jahr in den Reichsarbeitsdienst, was Voraussetzung für die Zulassung zum Studium war. Aber ich war ziemlich aufmüpfig und wollte von Vater, dem letzten demokratisch gewählten Ministerpräsidenten von Sachsen (1930-33), kein Geld annehmen und ging als Stenotypistin zu der Firma Zeiss Ikon AG. Dort hatte ich für zwei Laboratorien und die Mathematische Abteilung zu schreiben und so kam endlich der Studium-Entschluss." [77]

Die Erwähnung des politischen Schicksals ihres Vaters verweist auf die Interventionen nationalsozialistischer Politik in ihre Biografie. Sybille S. erlebte als Fünfzehnjährige die Entmachtung ihres Vaters durch die Nationalsozialisten und damit den Absturz ihrer Familie in eine Krise. Das mag ihre Entscheidung motiviert haben, die Familie nicht zu belasten und deshalb kein Studium aufzunehmen, sondern eigenes Geld zu verdienen.

Nach anderthalb Jahren Berufstätigkeit revidierte sie diese Entscheidung. Im ersten Trimester des Jahres 1940 schrieb sie sich für technische Physik an der TH Dresden ein. Ihr akademischer Lehrer war Herbert Stuart, ein Schüler des Nobelpreisträgers James Franck.[78] Stuart arbeitete auf dem Gebiet der Molekularphysik.[79] Er hatte 1939 in Dresden seinen ersten Lehrstuhl übernommen, war Mitglied der NSDAP, Vorsitzender des Auslandsamtes der NS-Dozentenschaft in Dresden und hatte sich in

77 Universitätsarchiv der TU Dresden, Promotionsakte 13, Erinnerungsbericht vom April 2000 (im Folgenden zit. als Erinnerungsbericht), S. 2.

78 James Franck hatte gemeinsam mit Gustav Hertz 1925 den Nobelpreis für Physik auf Experimente erhalten, mit denen erstmals die Quantentheorie Max Plancks nachgewiesen werden konnte. Zu James Franck vgl. Beyerchen, S. 74.

79 Zu Stuart vgl. Poggendorf, IV, S. 2572; Poggendorf (1957-63), S. 591 f.; Würdigung zum 60. Geburtstag in: Kunststoffe Bd.49 (1959), Heft 7, S. 306.

seiner Berliner Zeit, wo er von 1936 bis 1938 eine Professur für theoretische Physik an der Universität vertrat, als Mitglied des Vorstandes der Physikalischen Gesellschaft in Berlin für den Ausschluss der jüdischen Mitglieder der Gesellschaft exponiert.[80] In Dresden war er mit zwei Projekten in die Rüstungsforschung integriert. Er arbeitete an Versuchen zur Verbesserung hoch kältebeständiger Öle für die Luftwaffe und leistete Zuarbeiten für die Raketenforschung in Peenemünde.[81] Sybille S. absolvierte Ende 1943 ihre Diplomprüfung bei Stuart mit Auszeichnung und blieb danach als Assistentin am Institut.[82]

Stuarts NS-Engagement war bedeutsam für ihren Berufseinstieg. Die Wahl ihres Dissertationsthemas erfolgte Ende 1944 schon in Erwartung des bevorstehenden Kriegsendes.

„1944 hatte mir Prof. Stuart zur Promotion zwei Themen zur Wahl gestellt. Das eine war ein Anschluss an meine Diplomarbeit, das andere hatte Prof. Heidebroek gestellt, der den Lehrstuhl für Allgemeinen Maschinenbau und Fördertechnik hatte. Ich wählte das erste, da man das Kriegsende vor sich sah, und immer nur dachte schnell fertig zu werden. Als ich es Prof. Stuart sagte, lehnte er ab und sagte, ich müsse das zweite machen. Später sollte sich herausstellen, dass ich damit großes Glück hatte."[83]

Bemerkenswert an dieser Darstellung ist, dass sie Stuarts Entscheidung nicht interpretierte. Stuart verordnete ihr Heidebroeks Thema, weil er in Anbetracht der vorrückenden sowjetischen Armee bereits an seinen Abgang aus Dresden dachte. Unmittelbar nach der Bombardierung Dresdens verließ er die Stadt. Sybille S. thematisiert das aber nicht, weil sie ansonsten über Stuarts Kollaboration mit dem Nationalsozialismus hätte sprechen müssen. Das aber vermied sie, denn die Figur des akademischen Lehrers war zu wichtig für die Konstruktion beruflicher Kontinuität. Und da Stuart zehn Jahre nach Kriegsende wieder einen Lehrstuhl für Polymerforschung an der Universität Mainz erhielt, blieb er als akademischer Lehrer respektabel.

Die Zeit unmittelbar vor und nach dem Ende des Krieges machten ihr 1945 eine Fortsetzung der wissenschaftlichen Arbeit unmöglich. Zwar konnte Sybille S. bei der Zerstörung Dresdens die bisher erzielten Ergebnisse ihrer Dissertation retten. Aber obwohl sie in Dresden blieb, dauerte es anderthalb Jahre, bis sie weiterarbeiten konnte. Da sie kein NSDAP-Mitglied war, wurde sie sofort an der TH weiter beschäftigt.[84] Hier aber hatten zunächst Aufräumungsarbeiten und Vorbereitungen zur Wiederaufnahme des Lehrbetriebs Priorität. Zudem veränderte sich mit dem Kriegsende ihre familiäre Situation grundlegend. Noch kurz vor Kriegsende war ihr Mann, ein „Volksdeutscher" aus Rumänien, der in Dresden Kraftfahrzeugtechnik studiert und

80 Universitätsarchiv der TU Dresden, Professorenkatalog; Swinne, S. 88.
81 Sonnemann, Geschichte, S. 161.
82 Erlebnisbericht, S. 2 f., 7.
83 Ebenda, S. 4.
84 Ebenda.

seit 1943 als Assistent an der TH gearbeitet hatte, eingezogen worden.[85] Er kam erst 1949 aus russischer Kriegsgefangenschaft zurück. Im Juli 1945 brachte sie eine Tochter zur Welt, für die sie unter schwierigsten Versorgungsbedingungen zunächst allein sorgen musste. In dieser Situation konnte Sybille S. keinen ganz auf wissenschaftliche Profilierung ausgerichteten Arbeitsstil entwickeln. Sie musste pragmatisch an die Lösung ihrer Aufgaben gehen.[86] Damit aber verletzte sie den lebensweltlichen Totalitätsanspruch der Wissenschaft, dessen Pflege zu den wichtigsten professionellen Abschließungskriterien der männlichen akademischen Elite gehörte. Die Aufrechterhaltung dieses Totalitätsanspruchs in einer Situation, in der die Akteure im Feld der Wissenschaft auf Schritt und Tritt daran erinnert wurden, dass die lebens- und alltagsweltlichen Voraussetzungen für ihre Tätigkeit weder selbstverständlich noch gottgegeben waren, war ein wichtiger Faktor für die Wiederherstellung der traditionellen Geschlechterordnung in der Wissenschaft.

Sybille S. erhielt mit der Wiedereröffnung der TH im September 1946 die Möglichkeit zur Wiederaufnahme der Arbeit an ihrer Dissertation. Entscheidend war für ihr Promotionsverfahren die Patronage Heidebroeks. Er hatte an sie 1944 das Thema vergeben und war nun der erste Rektor der TH Dresden nach der Wiedereröffnung. Heidebroek gehörte zu den Wortführern der ingenieurwissenschaftlichen Elite und hatte mit seinen Schriften zum Wesen der Technik und zum Berufsethos des Ingenieurs wesentlich zur männlichen Codierung der Ingenieurarbeit beigetragen.[87] Dass er jetzt die Karriere von Sybille S. unterstützte, ist ein Zeichen dafür, dass die politischen Gegensätze in der ideologisch polarisierten Gesellschaft der Kriegs- und Nachkriegszeit die Polaritäten der Geschlechterordnung überlagerten. Heidebroeks Patronage gründete sich auf sein besonderes Verhältnis zu ihrem Vater, der seine Berufung von Darmstadt nach Dresden vorgenommen hatte und mit dem ihn die politische Distanz zu den Nationalsozialisten verband.[88] In der Nachkriegszeit war seine Förderung von Sybille S. zugleich eine Form des Protestes gegen die Auflagen der Besatzungsmacht und der SED, Arbeiter- und Bauernkinder im Interesse der Heranbildung einer neuen Intelligenz im Studienzugang und im wissenschaftlichen Nachwuchs zu privilegieren.[89]

---

85 Sie hatten 1944 geheiratet.

86 „Ich hauste in einer Wohnung, in der nur ein Zimmer und das Bad zu benutzen war. Über allem anderen war das Dach abgedeckt, bis ich es selbst neu deckte. In dem kalten Winter 1946/47 stand mir von Dezember 46 bis April 47 nicht mal ein Ausguss zur Verfügung und ich hatte doch ein Kleinkind. Die Flasche wurde über einer Kerze erwärmt. Ausgehungert und ständig voller Sorgen wurde man hypersensibel." Erlebnisbericht, S. 6

87 Zu Heidebroek vgl. auch Teil II und III dieser Arbeit.

88 S. verweist in ihrem Erlebnisbericht auf S. 7 explizit darauf, dass die Berufung Heidebroeks aus Darmstadt nach Dresden durch ihren Vater erfolgte.

89 Gegen das Arbeiterstudium hatte Heidebroek bereits in seiner Rede zur Wiedereröffnung der TH Dresden im September 1946 protestiert. Er beschwor „die Gefahr, dass wir in eine Art von Bil-

Sybille S. fertigte ihre Dissertation unter schwierigen Bedingungen an. Ihr Vater war 1946 verstorben. Seitdem musste sie sich nicht nur um ihr Kind, sondern auch um ihre Mutter kümmern. Ungeklärte Rechtsverhältnisse verkomplizierten ihre Lage zusätzlich. Da sie mit einem Rumänen verheiratet war, galt ihre deutsche Staatszugehörigkeit und damit ihr Recht, in Dresden zu promovieren, als fraglich.[90] Außerdem sollte nicht Heidebroek, der das Thema vergeben hatte, sondern der Stuart-Nachfolger Kersten Erstgutachter der Arbeit werden. Er hatte zum Zeitpunkt der Verteidigung im Juli 1948 aber bereits einen Ruf an eine andere Universität angenommen.

Nach Abschluss ihrer Promotion verschlechterten sich für Sybille S. die Chancen in der Wissenschaft zu bleiben als 1948 Recknagel den Lehrstuhl für Experimentalphysik übernahm.[91] Er war nicht bereit, sie nach dem Auslaufen ihrer befristeten Stelle weiter am Institut zu halten. Heidebroek versuchte daraufhin, sie in einem Programm zur Nachwuchsförderung unterzubringen, mit dem die Bildungspolitiker der neuen Ordnung die Ablösung der bürgerlichen durch eine sozialistische Intelligenz beschleunigen wollten. Auf Grund ihrer prominenten bürgerlichen Herkunft scheiterte dieser Versuch jedoch im ersten Anlauf. Sybille S. beschloss daraufhin, in die Industrie zu gehen. In dieser Situation aber machte ihr der Physikochemiker Kurt Schwabe das Angebot, eine Oberassistentenstelle in seinem Institut zu übernehmen.[92]

Dieser Wechsel erforderte von Sybille S. eine fachliche Neuorientierung. Sie begann 1950 als außerplanmäßige Aspirantin an Schwabes Institut für Elektrochemie und physikalische Chemie an einer Habilschrift über das physikalische Verhalten der Isomeren des Hexacyclohexans zu arbeiten.[93] Diese Arbeit brach sie mit ihrer Flucht in den Westen im November 1952 ab. In ihrer Rückschau nach mehr als 40 Jahren benannte sie zwei Gründe für diesen Schritt, einen politischen: sie hatte Studenten bei der „Republikflucht" unterstützt; und einen fachlichen: die Erfahrung, dass eine zu ihrer Arbeit analoge Studie in den USA bereits veröffentlicht worden war.[94]

Dieses waren sicher die konkreten Anlässe für ihre Entscheidung zur Übersiedlung in den Westen. Die Gründe aber waren komplexer. Sie sind im akademischen Feld und den darin im Zuge des Systemwechsels erfolgten Verschiebungen der Kräf-

dungsinflation hineinsteuern, neben der der Wert der eigentlichen produktiven Arbeit des Arbeiters, Bauern und Handwerkers in den Hintergrund gedrückt würde. [...] Jeder tüchtige, seines Wertes bewusste Facharbeiter" betonte er, „ist uns zehnmal sympathischer als ein mangelhaft akademisch gebildeter Auch-Ingenieur." Heidebroek, Die neue Hochschule, S. 259.

90 Universitätsarchiv der TU Dresden, Promotionsakte Nr. 13.

91 Er plante eine Neuprofilierung des Physikalischen Instituts, die mit der 1951 erfolgten Umbenennung zum „Institut für Experimentalphysik" durchgesetzt wurde. Sonnemann, Geschichte, S. 193, 216.

92 Erlebnisbericht, S. 8.

93 Ebenda, S. 11.

94 Ebenda.

tekonstellationen zu suchen. Diese Verschiebungen zeigten sich zum Einen im Verhältnis zu ihren Mentoren. Die Ausbildung bei Stuart ließ sich damals nicht als kulturelles Kapital zum Einsatz bringen, weil er das Feld bereits verlassen hatte. Heidebroeks Patronage hatte Grenzen, weil seine Macht nach Abgabe des Rektorats im Schwinden war. Recknagel grenzte sie aus. Zu Schwabe hatte sie selbst eine kulturelle und fachliche Distanz, denn er kam aus dem proletarischen Milieu und war von seiner Ausbildung her Chemiker.[95] Zum anderen zeigten sich diese Verschiebungen darin, dass ihre prominente bürgerliche Herkunft im Zuge der Zurückdrängung bürgerlicher Eliten durch die neue Ordnung als Sozialkapital wertlos, ja sogar schädlich wurde.

Nach der Übersiedlung in den Westen gelang es ihr, dort relativ schnell Fuß zu fassen. Die Brücke für die berufliche Integration bildete eine Tätigkeit bei der amerikanischen Armee, wo sie und ihr Mann eine Ingenieurtätigkeit in der Zentrale für Kraftfahrzeugwesen übernahmen.[96] Zum Ausgangspunkt für ihre berufliche Karriere aber wurde der Wechsel zum Volkswagenkonzern (VW) im Jahre 1956. Hier erhielt sie die Möglichkeit eine fachliche Kontinuität zu konstruieren, was ihr an der TH Dresden nicht gelungen war. Die Fachleute bei VW hatten ihre Dissertation zur Kenntnis genommen und ausgewertet. Damit konnte sie hier das bei Stuart und Heidebroek erworbene kulturelle Kapital verwerten und eine für ihr Selbstbewusstsein wesentliche fachliche Kontinuität herstellen.[97] Sybille S. übernahm bei VW zuerst eine Vertretungsstelle im anorganischen Labor. Nach Ablauf der Vertretungszeit wurde ihr die Leitung des Festigkeitslabors übertragen, wo sie sich mit der Untersuchung von Schadensfällen profilierte.[98] Ab 1966 baute sie eine Abteilung für zentrale Schadensermittlung auf, die technische Gutachten zu erstellen hatte. 1970 wurde sie zur Abteilungsleiterin und 1972 zur Hauptabteilungsleiterin der inzwischen zur Abteilung für Qualitätsförderung erweiterten und dem Vorstand direkt unterstellten Abteilung.

Nach ihrer 1979 im Alter von 60 Jahren erfolgten Pensionierung profilierte sie sich mit einer Ausbildung in der Krankenhausseelsorge im sozialen Feld, das im Selbstverständnis moderner Gesellschaften in einem diametralen Gegensatz zum Feld der Technik steht.[99] Diese Entscheidung lässt sich als Kompensation von geleb-

---

95 „Schwabe kam aus einer Arbeiterfamilie und hat mir ganz klar zu verstehen gegeben, dass er auch in den Westen gehen könne. Er war wissenschaftlich weltweit bekannt und später auch Mitarbeiter der UNESCO. Aber er fühlte sich dem Arbeiterstaat irgendwie verpflichtet." Erlebnisbericht, S. 11. Zur Person Schwabes vgl. Gluch, S. 73-101.

96 Künne, S. 255 f.

97 „Immerhin war die Firma Volkswagen auf die Arbeit aufmerksam geworden, was mich später sehr freute, als ich dort war. VW ließ noch zwei Diplomarbeiten zusammen mit der TH Braunschweig daran anschließen." Erlebnisbericht, S. 8.

98 Künne, S. 256 f.

99 Erlebnisbericht S. 1.

ten Defiziten verstehen, die ihr die Assimilation in das von der Rationalität technischen Handelns bestimmte Berufsfeld abverlangt hatte. Sie kann ebenso als eine nachträgliche Korrektur für ihren Grenzübertritt in das männlich codierte Feld der Technik interpretiert werden.

Am Fall der Sybille S. wird deutlich, dass die vom Zusammenbruch des Nationalsozialismus ausgelösten Veränderungen im politischen System zu Verschiebungen im akademischen Feld führten, die eine Umbewertung des kulturellen und sozialen Kapitals bewirkten. Diese veranlasste Sybille S. das politische System zu wechseln. Dass ihr die Neubewertung ihres kulturellen Kapitals mit Eintritt in den Volkswagenkonzern gelang, verdankte sie der Mitte der 1950er Jahre ansteigenden Nachfrage nach technischen Experten im Zusammenhang mit der Eröffnung der Konsumfront im Kalten Krieg.[100] Ebenso wie im Zweiten Weltkrieg, als Sybille S. sich für das Studium im männlich codierten Raum der Ingenieurwissenschaften entschied, überlagerten auch in der Ära des Kalten Krieges die Gegensätze in einer politisch polarisierten Welt die Polarisierungen der Geschlechterordnung. Das verschob die Bedeutung der Geschlechterdifferenz im Kontext der jeweiligen politischen Lager und veränderte die Handlungsspielräume von Frauen in der Technik im Kalten ebenso wie im heißen Krieg. Dass Sybille S. seit 1956 ihre Technikkompetenz bei VW verwerten konnte, resultierte aus der durch den Kalten Krieg bewirkten zeitweiligen Entwertung der Geschlechterdifferenz für Platzierungen im technischen Feld. Die interessante Frage, ob und wie die Remaskulinisierung der Bundesrepublik die aufgezeigten Veränderungen konterkarierte, muss eine spätere Untersuchung beantworten.[101]

Zweiter Einzelfall

Die Heldin unseres zweiten Porträts zählte ebenfalls zur Gruppe der frühen Absolventenjahrgänge unseres Samples, aber sie gehörte einer anderen Generation als

100 Der nach dem Zweiten Weltkrieg erfolgte Übergang zur Massenproduktion von Konsumgütern in neuen Dimensionen verstärkte nicht nur den Ingenieurbedarf, sondern war selbst eine Strategie des Kalten Krieges. Der Zugang zur Welt der Dinge war ein vitales Feld der Systemauseinandersetzung. Das machte der bundesdeutsche Wirtschaftsminister Erhard 1954 in einem Appell an die deutschen Hausfrauen unmissverständlich klar: „Gegenüber der Planwirtschaft [...] huldigt die Marktwirtschaft ganz anderen Prinzipien [...] Die Unternehmer [sind] auf Gedeih und Verderb darauf angewiesen [...], mit ihrer Arbeit, mit ihrer Ware, mit den Erzeugnissen Gnade vor den Augen der Verbraucher zu finden [...]. Das gibt ihnen [den Frauen, d. V.] als Hausfrau diese unerhörte Macht in die Hand, weil von ihrem Verhalten, von der Art, wie sie ihre Kaufkraft verausgaben, mit jeder solchen Entscheidung üben sie eine Lenkungsfunktion in der Wirtschaft aus." Ludwig Erhard, Appell an die deutschen Hausfrauen, in: Bonner Hefte für Politik, Wirtschaft und Kultur, 1954, S. 9 ff., zit. n. Bernold u. Ellmeier, S. 464.

101 Zur Remaskulinisierung der Bundesrepublik vgl. Moeller, The „Remasculinization", S. 100-06.

Sybille S. an. Als diese 1956 die für ihren Berufserfolg entscheidende Anstellung bei VW fand, hatte die 1937 als Tochter eines Baustoffhändlers geborene Claudia S. mit dem Studium der Architektur in ihrer noch stark von den Folgen des Krieges gezeichneten Heimatstadt Dresden begonnen.[102] Im vierten Studienjahr übernahm sie Aufgaben als Hilfsassistentin bei dem soeben zum Dozenten für Freihandzeichnen berufenen Helmut Trautzettel, der später ihr Doktorvater und Mentor werden sollte. Der zehn Jahre ältere Trautzettel hatte Architektur an der Hochschule für Baukunst und Bildende Kunst in Weimar studiert, wurde 1955 an der TH Dresden von Rettig promoviert und habilitierte sich hier im Jahre 1961 mit einer Arbeit zum Bau von Kinder- und Jugendeinrichtungen. Dieses Thema wurde zu einem Schwerpunkt seines Wirkens.[103] Noch im gleichen Jahr wurde er zum Professor für elementares Gestalten berufen.

1962 begann die soeben diplomierte Claudia S. als wissenschaftliche Mitarbeiterin an seinem Lehrstuhl zu arbeiten. Trautzettels Forschungsschwerpunkt prägte ihre fachliche Profilierung. In ihrer 1969 verteidigten Dissertation beschäftigte sie sich mit Bauten für Sonderschulen. Damit arbeitete sie für ein Anwendungsgebiet, das in den Zuständigkeitsbereich der Frauen fiel. Die pädagogischen Berufe waren schon von der ersten deutschen Frauenbewegung als familiennahe Frauenberufe reklamiert worden und erfuhren seit der Zwischenkriegszeit eine sukzessive Feminisierung, der in der DDR seinen Höhepunkt erreichte.

In emphatischer Diktion dankte Claudia S. im Vorwort ihrer Dissertation: „Meinem verehrten Lehrer, Prof. Trauzettel, soll an dieser Stelle für die in langjähriger Zusammenarbeit vermittelten Erkenntnisse und die impulskräftige Unterstützung meiner beruflichen Entwicklung besonders gedankt werden."[104] In der Tat hatte Trautzettel mit seinem Aufstieg an der Hochschule zugleich Raum für die berufliche Profilierung von Claudia S. geschaffen. Als er 1966 zum ordentlichen Professor für Wohn- und Gesellschaftsbauten berufen wurde, übertrug er ihr die Leitung der Abteilung für Vorschuleinrichtungen am Institut. Nach ihrer Promotion blieb sie weitere acht Jahre an dem in der Dritten Hochschulreform in den Wissenschaftsbereich für Wohn- und Gesellschaftsbauten überführten Institut Trautzettels. Claudia S. arbeitete weiter auf ihrem Spezialgebiet. Sie war zudem vor und nach ihrer Promotion an städtebaulichen Projekten des Wissenschaftsbereichs, zum Beispiel zu den Wohngebietszentren Rostock-Lütten-Klein (1966) und Bautzen-Gesundbrunnen (1974) sowie zum Stadtzentrum Hoyerswerda (1975) beteiligt, für die sie 1979 gemeinsam mit Trautzettel und weiteren Mitarbeitern seines Wissenschaftsbereichs den TU-Preis

---

102 Zu Claudia S. vgl. Barth u. Topfstedt, S. 203 f.

103 Zu Helmut Trautzettel vgl. ebenda, S. 239 f.

104 Claudia S. Allgemeinbildende Einrichtungen für die Erziehung und Bildung geschädigter Kinder und Jugendlicher im Alter von 6-18 Jahren, Diss. TU Dresden 1969, Vorwort.

Erster Klasse erhielt. Im kreativen Arbeitsmilieu dieser Gruppe entstand ein professionelles Netzwerk, das über den Zusammenbruch der DDR hinweg funktionierte.

1977 verließ sie die TU Dresden und übernahm eine Stelle als Abteilungsleiterin im Wohnungsbaukombinat (WBK) Dresden. Im Rahmen des Wohnungsbauprogramms der Honecker-Ära entstanden im Zusammenhang mit den neuen Dimensionen der Bauproduktion neue Arbeitsfelder. Ihr wurde die Verantwortung für den Aufbau und die Leitung einer Komplexabteilung für gesellschaftliche Bauten als einer Außenstelle des WBK mit eigenem Mitarbeiterstab übertragen. Aufgabe dieser Abteilung war die Adaption von Elementen des typisierten Wohnungsbaus auf den Gesellschafts- und namentlich den Schulbau. Auf diesem Arbeitsgebiet hatte sich Claudia S. an der Hochschule profiliert. In den 1980er Jahren übernahm sie mit ihrer Abteilung Projekte des Wohnungsbaus auf repräsentativen Plätzen des Dresdener Stadtzentrums unter Anwendung von Grundelementen des Typenbaus. Mit den Mitarbeitern der von ihr geleiteten Abteilung gestaltete sie in der zweiten Hälfte der 1980er Jahre die Südseite des heutigen Albertplatzes und seine Einmündung in die Hauptstraße. Dabei reizte sie die sowohl durch den Typenbau als auch die Staatsplanwirtschaft eingeengten Gestaltungsmöglichkeiten weitest möglich aus und schuf einen Gebäudekomplex, der eine architektonische Brücke zwischen der am Standort vorhandenen Altbausubstanz und dem Areal des Albertplatzes schuf.

Nach dem Mauerfall gründete Claudia S. gemeinsam mit ehemaligen Kollegen aus Trautzettels Institut das Architekturbüro „KMSS Architekten BDA“. Das Büro übernahm die Planung, Projektierung und Bauleitung für repräsentative Bauten in der Dresdener Innenstadt und gewann mehrere Preise. Bei einigen Projekten arbeitete sie erneut mit Trautzettel zusammen. Darüber hinaus war sie als Beraterin des Ausschusses für Stadtentwicklung und Bau der Stadt Dresden, als Leiterin der Planungsgruppe zur Vorbereitung des Wettbewerbes „Großes Ostragehege/IGA 2003“ sowie als Fachpreisrichterin in zahlreichen Wettbewerben tätig.

Die Berufsbiografie von Claudia S. stellt sich als Erfolgsgeschichte dar. Sie ist sicher etwas überzeichnet, da die Quellen keinen Blick auf Misserfolge und Krisen gestatten. Zweifelsohne aber verlief der Berufsweg von Claudia S. wesentlich geradliniger als der von Sybille S. Sie hatte anders als Sybille S. im Verlauf ihrer schulischen und akademischen Sozialisation keine markanten Brüche zu bewältigen. Durch das väterliche Geschäft im Baustoffgroßhandel war sie im Arbeitsmilieu des Bauwesens groß geworden. Entscheidend war vor allem aber das Zusammentreffen mit Trautzettel, der als Mentor ihre berufliche Profilierung unterstützte, zum Einen durch die Lenkung auf das Spezialgebiet des Schulbaus und damit auf ein Arbeitsgebiet mit einem im Zuständigkeitsbereich von Frauen liegenden Anwendungsfeld, zum Anderen durch die Einbindung in anspruchsvolle und anerkannte Bauprojekte der Stadtgestaltung. Die Wohnungsbaupolitik der Honecker-Ära gestattete es ihr schließlich, das in der Zusammenarbeit mit Trautzettel erworbene kulturelle Kapital für einen Karrieresprung zu verwerten. Und der Bauboom nach dem Zusammenbruch der

DDR sowie der als Folge der DDR-Bildungspolitik vorhandene Mangel an Architekten verhinderte, dass der politische Systemwechsel den Wert ihres kulturellen Kapitals infrage stellte.

Dritter Einzelfall

In unserem dritten Fall ist der Berufsweg einer Maschinenbauerin zu betrachten, die als Nomenklaturkader eine Führungskaderlaufbahn absolvierte, an eine Karriere in der Industrie einen Aufstieg zur Professorin anschloss und schließlich aus den Technik- in die Gesellschaftswissenschaften wechselte.[105]

Die 1933 in Breslau geborene Hilda F./O. kam mit ihren Eltern, der Vater war Angestellter und die Mutter Hausfrau, nach dem Krieg als Umsiedlerin in das ostsächsische Bautzen. Sie nahm dort eine Lehre zur Maschinenbauerin auf und studierte anschließend von 1952 bis 1957 an der Fakultät Maschinenwesen der TH Dresden in der Fachrichtung Werkzeugmaschinen bei Professor Berthold. 1954 trat sie in die SED ein. Während des Studiums arbeitete sie als Hilfsassistentin an den Lehrstühlen für Politische Ökonomie, für Technische Mechanik, für Höhere Mathematik und für Werkzeugmaschinen. Sie heiratete noch vor Abschluss des Studiums einen Diplomingenieur. Im Februar 1957 brachte sie eine Tochter zur Welt. Noch im gleichen Jahr begann sie nach der mit „sehr gut" bestandenen Diplomprüfung ihre Berufstätigkeit in einem Erfurter Maschinenbaubetrieb der Umformtechnik als Berechnungs- und Versuchsingenieur. Ihr Ehemann arbeitete im gleichen Betrieb als Chefkonstrukteur. In Erfurt gelang Hilda F./O. ein rascher Aufstieg. Sie wurde 1959 als Auftragsleiterin und ein Jahr später als Leiterin des Büros für neue Technik eingesetzt, eine Funktion, in der sie für das betriebliche Erfindungswesen und vor allem die Förderung von Arbeitererfindungen verantwortlich war. 1962 übertrug man ihr die Leitung der Versuchsabteilung. Parallel dazu unterrichtete sie als Dozentin für Technische Mechanik und Feinwerktechnik an der Fachschule für Feinwerktechnik in der Außenstelle Erfurt.

Als sich das Staatssekretariat für Hoch- und Fachschulwesen seit Mitte der 1960er Jahre darum bemühte, Absolventinnen der Ingenieurausbildung aus der Industrie für eine Karriere in der Wissenschaft zurück zu gewinnen, um die Auflagen der SED-Frauenpolitik zur Erhöhung des Frauenanteils in der Hochschullehrerschaft zu erfüllen[106], ergriff Hilda F./O. die Chance. Sie nahm 1965 eine außerplanmäßige Aspirantur am Institut für Werkzeugmaschinen bei ihrem akademischen Lehrer Berthold auf und erarbeitete eine Dissertation im Grenzbereich von Technik und Ökonomie. In ihrer parallel dazu fortgesetzten beruflichen Tätigkeit war sie inzwischen zum

105 Biografische Angaben aus BArch, DR3/B729.

106 BArch, DR3/3344, Berichte über Aussprachen mit wissenschaftlichem Nachwuchs und Assistentinnen, die in die Industrie abgewandert sind.

Reisekader aufgestiegen und führte Verkaufsreisen sowie Besuche von Messen im östlichen, aber auch im westlichen Ausland durch. 1969 verteidigte sie ihre Dissertation mit magna cum laude. Im gleichen Jahr übertrug man ihr die Leitung der Forschungsabteilung des Erfurter Werkes. Parallel dazu wurde sie auf Grundlage ihrer Mitarbeit in der Gruppe „Grundfragen und rationelle Fertigung im Maschinenbau" sowie im zentralen Arbeitskreis für Umform- und Verteiltechnik als außerordentliches Mitglied in den Forschungsrat der DDR berufen. Dem 1957 als professionelles Netzwerk der akademischen Elite und Beratungsorgan für die staatliche Wissenschafts- und Forschungspolitik gegründeten Forschungsrat gehörten damals nur zwei Frauen im Status von außerordentlichen Mitgliedern an.[107] Wahrscheinlich waren ihr Aufstieg zur Forschungsleiterin und ihre Einbeziehung in den Forschungsrat als Durchlaufstationen konzipiert worden, um ihre Berufung auf einen ingenieurwissenschaftlichen Lehrstuhl vorzubereiten, die schon ein Jahr nach der Promotion erfolgte. Im Kontext der ersten zwischen 1969 und 1973 erfolgten Berufungswelle, in der 14 Frauen auf Dozenten- oder Professorenstellen in den Ingenieurwissenschaften gelangten[108], erhielt Hilda F./O. 1970 den Ruf als ordentliche Professorin für Systemtechnik (Fertigungssysteme unter besonderer Berücksichtigung der Umformtechnik) an die Technische Hochschule Karl-Marx-Stadt.

Synchron zu ihrem rasanten beruflichen Aufstieg kooptierte man sie in einflussreiche politische Gremien. Von 1949 bis 1957 war sie Mitglied der Landesleitung des Jugendverbandes FDJ in Sachsen. Von 1961 bis 1970 gehörte sie der zentralen Parteileitung ihres Betriebes und von 1966 bis 1970 der SED-Stadtleitung in Erfurt an. Ein Jahr nach ihrer Berufung zur Professorin wurde sie als Abgeordnete in die Volkskammer kooptiert.

Die Synchronität ihres fachlichen und politischen Aufstiegs verweist darauf, dass sie als Nomenklaturkader eine Führungskaderlaufbahn durchlief.[109] Dabei muss zurzeit noch offen bleiben, über wessen Patronage sie Aufnahme in das Kadernomenklatursystem fand. Auffallend ist, dass ihre Karriere nicht öffentlich als Errungenschaft der staatssozialistischen Gleichberechtigungspolitik inszeniert wurde. Sie war zwar 1964 Delegierte des ersten Frauenkongresses der DDR und erhielt 1962 mit der Clara-Zetkin-Medaille eine Auszeichnung, mit der die Frauenpolitik der DDR Frauen dekorierte, die dem Leitbild der sozialistischen Frau entsprachen. Aber in öffentlichen und internen Berichten zur Frauenförderung tauchte ihr Name nicht auf. Mir ist nur ein öffentlicher Auftritt von ihr bekannt geworden, der ganz am Anfang ihrer beruflichen Karriere stattfand. Auf einer 1958 in Erfurt durchgeführten Aussprache der SED-Führung mit der technischen Intelligenz hatte Hilda F./O. als Jung-

107 Verzeichnis der Mitglieder des Forschungsrates 1974 BArch, DF4/23830. Zum Forschungsrat vgl. Wagner, Der Forschungsrat, Tandler, Geplante Zukunft, S. 79-83; 330-336.

108 Ausführlich dazu den letzten Abschnitt dieses Kapitels.

109 Zum Kadernomenklatursystem vgl. Wagner, Gerüst der Macht, S.87-108.

ingenieurin einen Diskussionsbeitrag zu halten, in dem sie über Möglichkeiten, Frauen für den Ingenieurberuf zu rekrutieren, referierte.[110]

In der community der Ingenieurwissenschaftler verblieb Hilda F./O. nur drei Jahre. 1973 wechselte sie an die Hochschule für Ökonomie in Berlin-Karlshorst, wo ein personengebundener Lehrstuhl für Technologie eingerichtet worden war. Ihre Aufgabe war es jetzt, die Ökonomiestudenten über die naturwissenschaftlich-technischen Grundlagen des Produktionsprozesses zu unterrichten.

Den Kulminationspunkt erreichte ihre Karriere im Jahre 1977, als sie den Aufbau und die Leitung eines neuen Institutes für Hochschulforschung übernahm, das im Ministerium für Hoch- und Fachschulwesen verankert wurde. Dessen Aufgabe war es, Wege zu finden, um die Organisation der Hochschulforschung zu verbessern. Parallel zur Verlagerung ihres fachlichen Arbeitsschwerpunktes aus dem Feld der Technik- in das der Gesellschaftswissenschaften wechselte Hilda F./O. in den 1970er Jahren auch den Ehepartner. Nach ihrer ersten Ehe mit einem Diplomingenieur heiratete sie jetzt einen Historiker.

1980 kam es zu einem scharfen Bruch in ihrem Berufsverlauf. Der Minister für Hoch- und Fachschulwesen entband sie von der Leitung des Instituts für Hochschulforschung. Vorausgegangen waren Konflikte zwischen ihr und den Mitarbeitern, die zur Kündigung eines Großteils der Belegschaft führten.[111] Dass ihr die politische Klasse ein Jahr später mit dem Ausschluss aus der Volkskammer die Verfügungsgewalt über den entscheidenden Aktivposten ihres politischen Kapitals entzog, markierte das definitive Ende ihrer Führungskaderlaufbahn. Die 1981 erfolgte Umberufung zur ordentlichen Professorin für wissenschaftliche Arbeitsorganisation in Forschung und Entwicklung an die Sektion Wissenschaftstheorie und -organisation der Humboldt-Universität Berlin hatte den Charakter einer Arbeitsbeschaffungsmaßnahme. Hilda F./O. versuchte jedoch, diese Entscheidung für die Konstruktion ihres Lebenslaufes als Aufstiegs- und Erfolgsgeschichte umzudeuten, indem sie dem Minister das Angebot einer Vorlesung über „Grundlagen der fertigungstechnischen Produktion" unterbreitete. Mit der Rückbesinnung auf das im Studium und der Promotionsphase sowie in ihrer Ingenieurtätigkeit erworbene technische Wissen war sie bemüht, auf der letzten Station ihres Berufsweges eine fachliche Kontinuität zu konstruieren.

Ausschlaggebend für den Berufsverlauf von Hilda F./O. war zweifellos ihr Zugriff auf politisches Kapital. Dessen Einsatz erlaubte es ihr, über alle Geschlechtergrenzen hinweg in Positionen mit beträchtlichen Entscheidungskompetenzen im technischen und akademischen Feld aufzusteigen. Im Unterschied zum kulturellen

110 SAPMO-BArch, DY 30/IV 2/2.029/202/81-83.

111 Als Gründe für die entstandene Situation benannte der Minister Schwierigkeiten in der Entwicklung eines klaren Arbeitskonzeptes für das Institut, die sich aus seiner neuartigen Aufgabenstellung ergaben; Probleme bei der Gewinnung kompetenter Mitarbeiter, aber auch schwerwiegende Mängel im Leitungsstil. BArch, DR3/B729/49-53.

Kapital, dessen Erwerb über die Institutionen der Bildungswege und die Mentoren rekonstruierbar ist, ließen sich die Prozesse der Aneignung von politischem Kapital nicht nachvollziehen. Daher erscheint die Biografie der Hilda F./O. merkwürdig leblos und abstrakt. Auffällig ist ihre Rastlosigkeit, der häufige Wechsel, der zwar als Aufstieg inszeniert, aber vielleicht auch eine Flucht war. Anders als Claudia S. und Sybille S. ist es Hilda F./O. nicht gelungen, ein markantes fachliches Profil auszuprägen. Ihre erste Professur in Karl-Marx-Stadt, die mit der Nominierung für Fertigungssysteme der Umformtechnik sehr konkret auf ihre bisherigen Arbeitsfelder zugeschnitten war, gab sie schon nach drei Jahren zugunsten einer Professur für Technologie auf. In der Technologie aber waren Probleme der Gegenstandsbestimmung offen, die Disziplinengrenzen nicht scharf gezogen und das Selbstverständnis des Faches folglich diffus.[112] Vielleicht fiel es ihr deshalb schwer, sich in diesem Gebiet zu verorten, sodass sie vier Jahre nach ihrer Berufung nach einem neuen Gebiet für ihre Profilierung suchte. Aber das neue Projekt, ein Institut zur wissenschaftlichen Evaluierung der Hochschulforschung aufzubauen, stellte sie vor noch größere Schwierigkeiten. Ihr Bemühen, die Tätigkeit auf ihrem letzten Platz an das in ihrer Ausbildungsphase erworbene kulturelle Kapital zurückzubinden, nachdem sie ihr politisches Kapital verloren hatte, erscheint so gesehen folgerichtig.

Die in unserem Exkurs porträtierten Einzelfälle hatten auf den ersten Blick also nur den Ort ihres Studiums und ihrer Promotion gemeinsam. Nach einem zweiten Blick aber wird deutlich, dass die Platzierung im technischen Feld und damit der Erfolg der Berufsbiografie bei allen drei Frauen maßgeblich davon abhing, ob sie im Einsatz ihres kulturellen Kapitals eine ihr Selbstverständnis und -bewusstsein prägende fachliche Kontinuität konstruieren konnten. Entscheidend für die Möglichkeiten zur Konstruktion von Kontinuität waren die je konkreten Verwertungsbedingungen des kulturellen Kapitals, die sowohl von den sozialstrukturellen Relationen im technischen Feld als auch von dessen Wertigkeit im sozialen Raum der gesamten Gesellschaft abhängig waren. Diese zwei Faktoren wurden ihrerseits wiederum über das von den Akteuren zum Einsatz gebrachte soziale und politische Kapital wirksam. Bislang wurde nur angedeutet, in welcher Weise und Gestalt soziales und politisches Kapital Einfluss darauf hatten, wie die Promovendinnen ihre Bildungsinvestitionen verwerteten. Wir werden jetzt zur Gruppenbetrachtung zurückkehren, um zu analysieren, welche Formen von sozialem und politischem Kapital einen hohen Marktwert im technischen Feld hatten.

112 Ausführlich dazu vgl. Kapitel 3.2 in Teil IV dieser Arbeit.

1.2 Soziales Kapital – Familien und Kinder als Aktivposten in der Karrierebilanz

Soziales Kapital erwarben die Promovendinnen zum Einen über die Familien, aus denen sie kamen und zum Anderen über die Familien, die sie selbst gründeten. Die Berufstätigkeit der Eltern und das von ihnen gelebte Familienmodell aber auch die berufliche Nähe oder Distanz zu ihrem Ehepartner und das Vorhandensein oder Fehlen von Kindern beeinflussten die habituelle Prägung unserer Akteurinnen. Wir werden deshalb zuerst die soziale Herkunft der Dresdener Promovendinnen anhand der Berufe ihrer Väter und Mütter untersuchen und dabei fragen, welche Rolle der Berufsvererbung für den Eintritt von Frauen in das technische Feld zukam. Im zweiten Teil wird die familiäre Situation der Promovendinnen selbst untersucht, um erstens zu erfassen, inwieweit sie über ihre Ehe Ressourcen für den Zugang und die Platzierung im technischen Feld mobilisierten, und zweitens zu analysieren, in welchem Maße die promovierten Ingenieurinnen dem Frauenleitbild der neuen Ordnung entsprachen, das die Verbindung von Berufstätigkeit und Mutterschaft propagierte.

An den Väterberufen der Dresdener Promovendinnen fällt auf, dass der überwiegende Teil im Sozialmilieu von Akademikern und Angestellten aufgewachsen war.

Väterberufe der Dresdener Promovendinnen (N = 112)

Berufe	Anzahl	davon
Angestellte und Akademiker	74	
Techniker, Ingenieure, Architekten, Wissenschaftler		25
kaufmännische Angestellte und Wirtschaftsfunktionäre		22
Handwerker	09	
Arbeiter	24	
Facharbeiter in technischen Berufen		18
Bauern	05	

Fast zwei Drittel aller Promovendinnen kamen aus Akademiker- und Angestelltenfamilien. Demgegenüber blieb der Anteil der Arbeiter- und Bauerntöchter mit 26 Prozent deutlich geringer als die Vorgaben der politischen Klasse, die eine Arbeiter- und Bauernquote von mehr als 50 Prozent forderte. In unserem Sample lag nur in der Gruppe jener 16 Promovendinnen, die zwischen 1949 und 1954 das Studium aufnahmen, die Arbeiter- und Bauernquote mit 40 Prozent über dem für die gesamte Gruppe ermittelten Durchschnitt.[113] Es ist zu vermuten, dass in den ersten Jahren des Gesellschaftsumbaus die diktatorische Gegenprivilegierung im Studienzugang sehr viel konsequenter durchgesetzt wurde als später. Dass sich aber überhaupt Bewerbe-

113 Sechs von 15 Frauen dieser Gruppe kamen aus einer Arbeiter- bzw. Bauernfamilie.

rinnen aus dem proletarischen und bäuerlichen Milieu für ein technisches Studium interessierten, verweist auf die Auflösung der Bindungskraft traditioneller Sozialmilieus in der Zusammenbruchsgesellschaft. Dieser Auflösungsprozess kündigte sich bereits in der ideologischen Formierung der nationalsozialistischen „Volksgemeinschaft“ an[114], gewann durch den Zusammenbruch des nationalsozialistischen Systems an Dynamik und wurde von der Besatzungsmacht und der politischen Elite der neuen Ordnung mit den Maßnahmen zur Verstaatlichung der Wirtschaftsordnung und der Bodenreform vorangetrieben.[115]

Zwei Beispiele sollen die Auflösung der Sozialmilieus demonstrieren. Eine aus dem Arbeitermilieu kommende Promovendin war die 1932 in der Niederlausitz geborene Schlossertochter Annelies L. Sie nahm nach dem Abitur eine Lehre als Bergvermessungstechnikerin im Niederlausitzer Braunkohlenrevier auf und studierte dann Geodäsie an der TH Dresden. Sie stieg danach bis zur Leiterin im Geodätischen Dienst auf.[116] Als Bauernkind und Tochter von Umsiedlern kam die 1933 geborene Gertraut P. zum Studium. Sie hatte nach dem Abitur eine Schlosserlehre in einem Stahlwerk absolviert und immatrikulierte sich dann in der Fachrichtung Textiltechnik an der Fakultät für Maschinenbau an der TH Dresden. Nach ihrer Promotion arbeitete sie als Fachoberassistentin in diesem Bereich.[117]

Der mit 65 Prozent hohe Anteil von Angestellten- und Akademikertöchtern in unserem Sample führt uns zur Frage nach der Bedeutung der Berufsvererbung. Margot Fuchs hat für die ersten Absolventinnen der Technischen Hochschule München zwischen 1900 und 1950 herausgearbeitet, dass häufig Väter, die selbst Ingenieure waren, ihre Töchter zum Eintritt in den Ingenieurberuf ermutigten.[118] Welche Rolle aber spielten Familientraditionen unter den Bedingungen der neuen Ordnung, die mit dem Anspruch angetreten war, eine neue Intelligenz heranzubilden und traditionelle Milieus gründlich zu verändern? Mindestens ein Drittel der Promovendinnen aus Angestellten- und Akademikerfamilien waren Töchter von Technikern, Ingenieuren und Architekten. Am häufigsten war die Berufsvererbung im Bereich des Bauwesens.[119] Die familiäre Tradierung beruflicher Milieus erzeugte also Kontinuitäten, die

---

114 Schoenbaum, S. 43-45, 262-302. Mommsen bezeichnet allerdings die auf soziale Veränderungen gerichtete Politik der Nationalsozialisten als „Simulation“ und warnt vor einer Überschätzung der Modernisierungseffekte nationalsozialistischer Politik. Mommsen, S. 391-402.

115 Allerdings erwies sich das Projekt, eine sozial gerechtere Gesellschaft zu konstruieren, recht bald als Modernisierungsfalle. Jarausch, Die gescheiterte Gegengesellschaft, S. 17.

116 Universitätsarchiv der TU Dresden, Promotionsakte 3382.

117 Universitätsarchiv der TU Dresden, Promotionsakte 525.

118 Fuchs, Wie die Väter, S. 230.

119 Das traf nach Untersuchungen der Studentenforschung zur sozialen Herkunft, die allerdings erst für die 1980er Jahre durchgeführt wurden, für die Studierenden im Bauwesen generell zu. Folgende Untersuchung hat vor allem Fachschulstudenten untersucht, aber mit Hochschulstudenten verglichen. Fritsch, Soziale Herkunft, S. 17.

den Umbau der Geschlechterordnung beförderten. Dass Töchter sich mit dem Beruf des Vaters identifizierten, erleichterte ihnen die Grenzüberschreitung in einen traditionell männlich geprägten Bereich, dessen geschlechtliche Codierung erst durch ihre Entscheidung sichtbar und veränderbar zu werden begann. Familiäre Kontinuitäten erwiesen sich hier also als Katalysatoren für gesellschaftliche Veränderungen.

Wie aber beeinflusste die Berufssituation der Mütter die Berufsentscheidung der Töchter?

Mütterberufe der Dresdener Promovendinnen (N = 114)[120]

Berufe	Anzahl	davon
Angestellte und Akademikerinnen	41	
in pädagogischen Berufen		13
kaufmännische und Verwaltungsangestellte		20
technische Berufe (Architektin, Produktionsleiterin im Rechenzentrum)		02
Sonstige		04
Handwerkerinnen (Schneiderin, Handstrickerin, Weißnäherin, Goldschmiedin, mithelfende Ehefrau)	05	
Arbeiterinnen	13	
Verkäuferinnen		04
Köchin		01
angelernte Fräserin		01
Bäuerinnen	04	
Hausfrauen	12	
ohne Berufsangabe	39	

Von den 117 Dresdener Promovendinnen machten 114 Angaben zur Berufstätigkeit der Eltern. Davon nannten nur 63 auch den Beruf oder die Tätigkeit der Mutter und 12 führten aus, dass ihre Mutter Haus- beziehungsweise Ehefrau und damit nicht berufstätig war. 39 machten zur Tätigkeit der Mutter keine Angaben, was darauf schließen lässt, dass für diese Familien ebenso wie für jene zwölf, in denen die Mütter Haus- beziehungsweise Ehefrauen waren, der Beruf des Vaters die soziale Position der Familie bestimmte. Demnach wuchsen 44 Prozent der Promovendinnen in einer Familie auf, die nach dem Modell der bürgerlichen Familie mit einem männlichen Familienernährer funktionierte. Mehr als die Hälfte der Promovendinnen aber

120 Eine Promovendin wuchs ohne Vater auf. Das erklärt die Differenz in der Anzahl der betrachteten Fälle zu den Väterberufen.

kamen aus Familien mit einer berufstätigen Mutter und damit aus Elternhäusern, die das Familienmodell der neuen Ordnung lebten. Dabei arbeiteten mehr als die Hälfte der Mütter in typischen Frauenberufen. Nur eine der Mütter war Architektin[121], keine war Ingenieurin. Eine weibliche Linie der Berufsvererbung muss also ausgeschlossen werden.

Obwohl die Promovendinnen an der Hochschule keine Pionierinnen mehr waren, bildeten sie doch die erste Generation, die eine weibliche Linie der Berufsvererbung begründen konnte. Die Mehrheit der Frauen lebte in eignen Familien mit Kindern. Darauf wird gleich zurückzukommen sein. Bemerkenswert ist, dass jene Promovendinnen, die ihr Studium in der Zeit bis zum Mauerbau begannen, zu 61 Prozent aus bürgerlichen Ernährerfamilien kamen, während jene, die in der Zeit nach dem Mauerbau immatrikuliert wurden, zu 69 Prozent aus Familien mit berufstätigen Müttern stammten. Dieser Befund verweist darauf, dass die Durchsetzung der neuen Geschlechterordnung in den 1960er Jahren deutlich weiter als in den 1950er Jahren vorangeschritten war.[122]

Der Befund, dass beide Elternteile berufstätig waren, sagt noch nichts darüber aus, wessen Beruf den sozialen Status der Herkunftsfamilie bestimmte. Um die geschlechtsspezifische Verteilung des Bildungskapitals in den Herkunftsfamilien abschätzen zu können, wurden die Berufe beider Eltern nach dem dafür erforderlichen Bildungsgrad verglichen.

Bildungsgefälle in den Herkunftsfamilien (N = 114)

	Anzahl	davon
Egalitäres Bildungsniveau	25	
Bauernfamilien		04
Arbeiterfamilien		03
Arbeiter- und Angestelltenfamilien (Vater: Arbeiter, Mutter: niedere Angestellte)		03
Angestellten- und Akademikerfamilien		15
Höheres Bildungsniveau des Vaters	88	
Sonstige (allein erziehende Lehrerin)	01	

In 88 von insgesamt 114 Fällen, das entsprach einem Anteil von 78 Prozent, hatte der Vater das höhere Bildungsniveau, sodass sich die Geschlechterhierarchie als Bildungs- und Einkommensgefälle auch in den ehelichen Erwerbsgemeinschaften des sozialistischen Staates niederschlug. Für die Töchter aus diesen Familien könnte die

121 Ihr Ehemann war und die Tochter wurde ebenfalls ArchitektIn. Universitätsarchiv der TU Dresden, Promotionsakte 3150.

122 Das belegen auch die Daten zur Entwicklung der Erwerbsquote der Frauen. Vgl. Trappe, S. 52.

Entscheidung für einen Männerberuf eine Reaktion auf die Erfahrung gewesen sein, dass weibliche Erwerbsarbeit im Rahmen der üblichen geschlechtsspezifischen Arbeitsteilung nicht dazu führt, die Geschlechterhierarchie abzubauen. Mit der Entscheidung für ein Ingenieurstudium durchbrachen die Töchter diese Arbeitsteilung. Welche familiären Verhältnisse wählten die Promovendinnen selbst?

Familienstand der Promovendinnen und Beruf der Ehemänner (N = 115)

Familienstand	Anzahl	davon
ledig	24	
verheiratet	91	
mit einem Ingenieur, Naturwissenschaftler oder Mathematiker verheiratet		52

Etwa vier Fünftel der Dresdener Promovendinnen lebten in einer Ehe, während ein Fünftel der Frauen zumindest zum Zeitpunkt der Promotion unverheiratet war. Die Vereinbarkeit von Beruf und Familie war für die große Mehrzahl der Frauen demnach ein selbstverständliches Lebensmuster. Auffallend ist, dass 52 der 91 verheirateten Promovendinnen einen Ingenieur, Naturwissenschaftler oder Mathematiker, also einen Kommilitonen oder Kollegen geehelicht hatten, der im gleichen oder einem ähnlichen fachlichen Umfeld berufstätig war. Das legt die Vermutung nahe, dass die Promovendinnen die Berufsehe als eine Form der Anpassung an das männlich codierte Berufsfeld praktizierten. Über die Ehe mit einem Kommilitonen oder Berufskollegen konnten die Frauen nicht nur ihre Möglichkeiten des Zugangs zu professionellen Netzwerken vergrößern, sondern auch am beruflichen Habitus ihres Partners partizipieren, um damit die über die Geschlechterdifferenz vermittelte Erfahrung der Fremdheit im männlich codierten Berufsfeld zu kompensieren.[123]

Andere pragmatische Motive, wie zum Beispiel die Zusammenlegung ökonomischer und fachlicher Ressourcen für ein gemeinsames Unternehmen, spielten allerdings in der verstaatlichten Wirtschaftsordnung der DDR anders als in marktwirtschaftlich verfassten Gesellschaften keine Rolle mehr für die Begründung einer ehelichen Berufspartnerschaft. Wie die familiären Berufsnetzwerke in der DDR konkret funktionierten, muss Gegenstand weiterer Untersuchungen sein. Aus unserem Sample ist nur ersichtlich, dass drei Frauen eine sehr intensive Form der familiären Zusammenarbeit praktizierten, indem sie ihre Dissertation gemeinsam mit dem Ehepartner erarbeiteten.[124] Aus der Studie über die Hochschullehrerinnen ist weiter be-

123 Nach Fuchs und Oldenziel entwickelten die über familiäre Berufspartnerschaften in das technische Feld integrierten Ingenieurinnen eine „geborgte" Berufsidentität. Fuchs, Like Fathers – Like Daughters, S. 57-59; Oldenziel, Making technology masculine, S. 150.

124 Universitätsarchiv der TU Dresden, Promotionsakten 5303, 6158, 7088.

kannt, dass einige dieser Frauen an der gleichen Einrichtung wie ihr Ehepartner in die ingenieurwissenschaftliche Elite aufstiegen. Allerdings hielt nur ein Teil dieser Ehen den Belastungen einer Doppelkarriere stand.

Welchen Platz nahm schließlich die Mutterschaft in den Berufsbiografien der Promovendinnen ein?

Anzahl der Kinder der Dresdener Promovendinnen (N = 117)

ein Kind	36
zwei Kinder	23
drei und mehr Kinder	05
keine Angaben über Kinder	53

Mindestens 64 Promovendinnen, das sind 55 Prozent der untersuchten Gruppe, hatten zum Zeitpunkt der Promotion Kinder. Eine der Mütter war ledig, alle anderen verheiratet und mindestens vier waren geschieden. Die Mehrheit der Frauen verband also ihre Bildungs- und Berufskarriere in einem Männerberuf mit einem traditionellen Familienleben, das heißt einer Ehe mit Kindern. Allerdings lag die Mütterquote von 55 Prozent deutlich unter derjenigen der entsprechenden Altersjahrgänge der Gesamtbevölkerung. Nach den Ergebnissen der demografischen Forschung waren gut 90 Prozent der zwischen Mitte der 1930er und Mitte der 1950er Jahre geborenen DDR-Frauen Mütter.[125]

Auffällig ist, dass von den 16 Frauen in der Gruppe der jüngsten Promovendinnen unseres Samples, die zwischen 1969 und 1972 das Studium aufgenommen hatten und den Geburtsjahrgängen von 1950 bis 1953 angehörten, der Anteil jener Frauen, die zum Zeitpunkt der Promotion Kinder hatten, mit 38 Prozent deutlich unter dem Durchschnitt des gesamten Samples lag. Möglicherweise war das ein Ergebnis der verbesserten Mittel zur Familienplanung durch die 1972 erfolgte Legalisierung der Abtreibung und den kostenlosen Zugang zu Kontrazeptiva.[126] Die Frauen konnten jetzt ihre Berufs- und Familienplanung effektiver koordinieren und mussten in Phasen der Qualifikation nicht gleichzeitig die Pflichten der Elternschaft übernehmen, die auch in der DDR überwiegend als Mutterpflichten codiert waren und von denen sie das staatliche System der Kinderbetreuung nur partiell entband.

Mutterschaft erfuhr in der DDR eine durchaus ambivalente Bewertung. Sie wurde staatlich gefördert, gleichzeitig aber als Grund für Effizienzdefizite des Systems

125 Huinink u. Wagner, Partnerschaft, S. 154. Wenn wir die 15 bis 1934 geborenen Frauen unseres Samples aus der Berechnung der Mütterquote ausschließen, um nur zu den demografischen Studien vergleichbare Altersjahrgänge zu berücksichtigen, ergibt sich für die verbleibenden 102 Frauen unseres Samples eine Mütterquote von 53 Prozent.

126 Zur Familienpolitik vgl. Huinink u. Wagner, Partnerschaft, S. 149.

problematisiert und von Teilen des ingenieurwissenschaftlichen Establishments als Begründung für eine konservative Frauenpolitik benutzt. Mit dem Argument, man wolle die Frauen entlasten, wurden sie nicht selten auf halbe Stellen oder auf Randgebiete der Forschung abgeschoben und aus professionellen Netzwerken ausgeschlossen. In den Berichten über die Frauenförderung an den Technischen Hochschulen wurde wieder und wieder über familiäre Belastungen der Nachwuchswissenschaftlerinnen gesprochen und damit suggeriert, dass es allein die natürliche Veranlagung zur Mutterschaft sei, die Frauen am Aufstieg in die technische Elite hindere.[127] Die Funktionärinnen der Frauenpolitik kritisierten diese Art des Mutterschaftsdiskurses zwar, aber auch sie konnten eine Änderung nicht durchsetzen.[128] Ja sie selbst pflegten über Mutterschaft vor allem als Belastung zu sprechen, statt sie als potenziellen systemspezifischen Vorteil des Innovationssystems zu diskutieren, der darin bestand, dass durch die Mobilisierung technischer Experten über Geschlechtergrenzen hinweg das Innovationspotenzial um eine Gruppe erweitert wurde, die durch die Bindung an das Reproduktionssystem andere lebensweltliche Erfahrungen und damit eine andere als die produktionszentrierte Wertewelt in das Innovationssystem einbrachte.[129]

1.3 Politisches Kapital – Mitgliedschaften als Aktien am Staat

Als letzter Punkt zur Auswertung des Dresdener Promovendinnensamples soll danach gefragt werden, was die Promovendinnen in den Erwerb von politischem Kapital investierten und wie sie es zum Einsatz brachten.

Hierfür sind einige Vorbemerkungen über das Verhältnis der Ingenieure zur Politik notwendig. Eine zentrale These vieler Berufsgeschichten der Ingenieure besagt, dass für das Selbstverständnis der Ingenieure ein unpolitisches Verhältnis zur Politik prägend sei. Statt Politik als eine um Ausgleich bemühte Kommunikation zwischen verschiedenen Interessengruppen zu akzeptieren und sich an dieser Kommunikation zu beteiligen, favorisierten die Ingenieure technokratische Strategien der Konflikt-

127 BArch, DR3/3344; B1183b; 2411.

128 Die für die Frauenförderung im Sektor Naturwissenschaft und Technik verantwortliche Funktionärin des Staatssekretariats für Hoch- und Fachschulwesen argumentierte, dass nicht die familiären Belastungen sondern Mängel in der staatlichen Leitungstätigkeit an den Hochschulen das Hauptproblem der Frauenförderung seien. BArch, DR3/2411, Auswertung der Aussprache von Gen. Helm und Linke an der Technischen Hochschule für Chemie Leuna-Merseburg vom 21.6.1963 An anderer Stelle wies sie darauf hin, dass die männlichen im Unterschied zu den weiblichen Nachwuchskräften weit häufiger Kinder haben, sodass die Rede von der familiären Belastung der Assistentinnen und Aspirantinnen eine Ausrede sei.

129 Zu den Wertvorstellungen der Ingenieure als Faktor im gegenwärtigen Innovationssystem vgl. Wengenroth, Soziokulturelle Anforderungen, S. 203-216.

vermeidung beziehungsweise technische Lösungen für soziale Probleme.[130] In ihrem an technischer Effizienz orientierten Denkmodell reduzierte sich das Lösen von Interessenkonflikten auf Fragen der Organisation, die der Ingenieur am besten beherrsche.

Diese Auffassung vom Politikverständnis der Ingenieure lässt sich nicht problemlos auf die Situation in der DDR übertragen. In diktatorisch verfassten Gesellschaften bekommt Politik eine andere Bedeutung. Sie wurde hier als Inszenierung einer interessensidentitären Gemeinschaft betrieben, die nicht verhandelbar war, sondern Zustimmung erheischte.[131] Andererseits wuchs die Bedeutung der Politik, weil intermediäre Institutionen selbstreferentieller Systeme wie zum Beispiel der Markt oder das Recht bedeutungslos wurden und durch politisches Handeln ersetzt werden mussten.[132] Weil sich also der politische Handlungsbedarf als relativ umfangreich erwies, beschäftigten sich viele Menschen in Ausschüssen, Kommissionen, Beratungsgremien et cetera mit der Vorbereitung und Durchsetzung politischer Regelungen.[133] Die Partizipationsmöglichkeiten an der Politik wurden über das Kooptationssystem geregelt, für das politische Loyalität ein grundsätzliches Kriterium war. Die wiederum konnte am eindeutigsten durch eine SED-Mitgliedschaft demonstriert werden. Sie war also eine Investition in politisches Kapital. Mit dem SED-Parteibuch signalisierten ihre Inhaberinnen die Bereitschaft, politisch aktiv zu werden, weil sie dadurch eine Grundvoraussetzung für die Kooptationsfähigkeit in entsprechende Gremien erfüllten.

Von den 117 Dresdener Promovendinnen unseres Samples hatten 39 ein SED-Parteibuch. Mit diesem Drittel lag die Quote der Parteimitglieder unter den Promovendinnen in den Technikwissenschaften deutlich höher als unter den Naturwissenschaftlerinnen, aber deutlich niedriger als unter den Promovendinnen in den Gesellschaftswissenschaften.[134] In der Gruppe der Naturwissenschaftlerinnen hatten 30 von 171 Dresdener Promovendinnen, deren Lebensläufe ermittelt werden konnten, ein Parteibuch. Das entsprach einem Anteil von 17 Prozent. In der Gruppe der Gesell-

---

130 Ausführlich dazu vgl. Hortleder; Ludwig, Technik und Ingenieure; Jarausch, The unfree professions.

131 Meuschel spricht von der „politischen Kultur einer unpolitischen Gesellschaft“. Meuschel, Legitimation, S. 15 f.

132 Dieser Sachverhalt wird in den von der neueren DDR-Forschung zur Charakterisierung der DDR-Gesellschaft geprägten Begriffen wie „Organisationsgesellschaft“ oder „verstaatlichte“ bzw. „politisch durchherrschten Gesellschaft“ reflektiert. Kocka, Eine durchherrschte Gesellschaft; Jessen, Die Gesellschaft im Staatssozialismus; Pollack, Das Ende einer Organisationsgesellschaft.

133 Kocka hat das für das Feld der Wissenschaft untersucht und als „symbiotisches Verhältnis“ zwischen Wissenschaft und Politik beschrieben. Kocka, Wissenschaft.

134 Eigene Berechnungen aus der Datenbank der Dresdener Promovendinnen.

schaftswissenschaften waren es 91 von 125 Promovendinnen und damit stattliche 73 Prozent aller recherchierten Fälle.

Die fachgruppenspezifischen Differenzierungen in der Parteimitgliedschaft der weiblichen Nachwuchswissenschaftlerinnen an der TU Dresden entsprechen den von Jessen bei der Untersuchung der DDR-Hochschullehrerschaft und damit der männlichen Bildungselite herausgearbeiteten Unterschieden.[135] Das verweist darauf, dass Unterschiede im Verhältnis zur Politik stärker von Fachgruppendifferenzen als von der Geschlechterdifferenz verursacht wurden.

Mindestens 24 von 39 der Ingenieur-Doktorandinnen mit Parteibuch waren bereits während des Studiums in die SED eingetreten. Allerdings beschränkte sich das politische Engagement der meisten Genossinnen auf die Ebene ihrer Institution. Einen Aufstieg in übergeordnete Parteileitungen realisierte nur eine kleine Minderheit. Nur von vier Frauen ist bekannt, dass sie Mitglied der SED-Kreisleitung der TU Dresden waren, davon bemerkenswerterweise zwei in der Frauenkommission. Einzig die bereits porträtierte Hilda F./O. nahm einen steilen politischen Aufstieg bis in die Volkskammer der DDR und setzte das akkumulierte politische Kapital zur Besetzung erstklassiger Plätze im technischen Feld ein.

Zwei Drittel der Promovendinnen aber verzichteten auf das politische Kapital einer SED-Mitgliedschaft. Sie verließen sich auf ihr kulturelles Kapital, um einen guten Platz im technischen Feld zu erreichen. Diese Strategie war für einige Frauen durchaus erfolgreich. Die bereits vorgestellte Architektin Claudia S. zum Beispiel wurde ohne Parteibuch Abteilungsleiterin im Wohnungsbaukombinat. Die Textiltechnikerin Helga H. stieg als Nichtgenossin zur Abteilungsleiterin für Textilprüfung im Direktionsbereich für Forschung und Entwicklung des Textilkombinates Cottbus auf.[136] Und die Bauingenieurin Ursula Z. wurde zur stellvertretenden Leiterin des Büros für Verkehrsplanung beim Rat des Bezirkes berufen, obwohl sie keine Genossin war.[137] Einige Frauen sahen sich allerdings veranlasst, kurz vor beziehungsweise während eines Karrieresprunges der SED beizutreten. So wurde die Textiltechnikerin Helga F. im Jahr ihrer Berufung zur technischen Direktorin eines Textilbetriebes auch Kandidatin der Partei.[138] Die Textiltechnikerin Ingeborg M. trat 12 Jahre nach ihrer Rückkehr an die Hochschule und kurz vor ihrer Ernennung zur Oberassistentin in die SED ein.[139]

Ergänzend wollen wir anhand der Mitgliedschaft in weiteren Organisationen die Investitionen der Frauen in bestimmte Spezialbereiche der Politik – die Frauen- und die Berufspolitik – untersuchen, die Einfluss auf ihre spezifische Situation als Frau

135 Jessen, Professoren im Sozialismus, S. 241 f.

136 Universitätsarchiv der TU Dresden, Promotionsakte 5303.

137 Universitätsarchiv der TU Dresden, Promotionsakte 6307.

138 Universitätsarchiv der TU Dresden, Promotionsakte 5804.

139 Universitätsarchiv der TU Dresden, Promotionsakte B 10168.

und als Ingenieurin hatten. In dem zur Repräsentation von Fraueninteressen in der DDR gegründeten Demokratischen Frauenbund Deutschlands (DFD) waren nur zwei der 117 Promovendinnen organisiert. Daraus kann jedoch nicht ohne weiteres auf ein geringes Interesse der Ingenieurinnen an der Frauenpolitik geschlossen werden. Ein solcher Schluss wäre zwar verlockend, weil er die von vielen Untersuchungen bekräftigte These vom schwierigen Verhältnis der Ingenieurinnen zur Frauenbewegung zu bestätigen scheint.[140] Aber der DFD repräsentierte Fraueninteressen nur in einem sehr begrenzten Sinne, weil er nach seiner Vertreibung aus den Betrieben in Wohngebieten organisiert war, wo nur der so genannte Privatbereich und damit die Interessen der Frau als Hausfrau und Konsumentin gemeinsamer Nenner der Frauenpolitik sein konnte.[141] Fragen aus diesem Bereich aber waren für die Ingenieurinnen weniger drängend als die Probleme der Frauen im Erwerbsbereich.

Damit beschäftigten sich zuerst die Betriebsfrauenausschüsse und später die Frauenkommissionen der Gewerkschafts- und der Parteileitungen.[142] Hier arbeiteten einige der Promovendinnen mit. Sie engagierten sich als Mitglied der Frauenkommission in der SED-Kreisleitung der TU, als Vorsitzende der Frauenkommission des FDGB, als Verantwortliche für Frauenfragen in der Sektionsgewerkschaftsleitung und so weiter.[143] Die Handlungsspielräume der Frauen in diesen Funktionen sollten freilich nicht überschätzt werden. In der als interessensidentitäre Gemeinschaft inszenierten staatssozialistischen Gesellschaft gab es nur begrenzte Möglichkeiten, Interessenkonflikte zu artikulieren.

Zudem bewirkte die Fragmentierung der Gesellschaft, die sich auch in der Fragmentierung der Politik niederschlug, eine Isolation der Frauenpolitik. Obwohl die Funktionärinnen der Abteilung Frauen im ZK der SED in der Phase der sehr machtvollen Frauenpolitik nach dem Frauenkommuniqué vom Dezember 1961 die Isolation bemerkten und thematisierten,[144] konnten sie diese nur zeitweilig durchbrechen. Das gelang ihnen immer dann, wenn die Parteiführung mit Hilfe der Mobilisierung von Frauen andere Probleme, wie zum Beispiel die Absicherung der Bildungsexpansion oder die Durchsetzung neuer Schwerpunkte in der Technikpolitik, zu lösen versuchte. Das waren Zeiten, in denen die Frauenpolitik an Autorität gewann und in der Lage war, Fraueninteressen geltend zu machen. In jenen Zeiten aber, in denen Frauenfragen nicht für die Lösung anderer Probleme instrumentalisiert werden konn-

140 Cowan, Foreword, S. xiii-xvi.

141 Mocker, S. C8.

142 Clemens, Frauen helfen sich selbst, S. 107-42.

143 Die Angaben in den Lebensläufen dazu waren unvollständig und sind deshalb nicht quantifizierbar.

144 „Die Hauptschwäche besteht jedoch in der äußerst mangelhaften Durchführung dieser guten Beschlüsse und Maßnahmen sowie in der ressortmäßigen und kampagnenhaften Trennung der Probleme des Kommuniques von den Fragen der Leitung der Industrie, des Bauwesens, der Landwirtschaft usw.“ SAPMO, BArch, DY 30/IV 2/17/20/188.

ten, verlor die Frauenpolitik an Autorität. Sie wurde dann als eine Politik zur Behandlung des Sonderfalles Frau ritualisiert und die Handlungsspielräume ihrer Akteurinnen blieben außerordentlich klein.

Betrachten wir abschließend das Engagement der Ingenieurinnen in der Berufspolitik. Als Organisation zur Vertretung von Berufsinteressen der Techniker und Ingenieure war 1946 die Kammer der Technik (KDT) als ostdeutsche Nachfolgeorganisation des VDI gegründet worden.[145] Zunächst nahm die KDT in Arbeitsteilung mit dem FDGB, mit dem sie bis 1955 organisatorisch verbunden blieb, auch sozialpolitische Berufsinteressen wahr.[146] Nach der Trennung vom FDGB profilierte sich die KDT zum Fachverband, über den berufspolitische Interessen nur noch auf der Ebene der fachlichen Kommunikation und Weiterbildung artikuliert werden konnten. Auf dem dritten KDT-Kongress im Jahre 1962 erhob der Vorstand die fachliche Weiterbildung der technischen Intelligenz zur Hauptaufgabe der KDT.[147] Zudem öffnete sich die KDT auch für andere Berufsgruppen. In den 1950er Jahren konnten auch Meister aus der Industrie und Facharbeiter, die als Aktivisten ausgezeichnet worden waren, in die KDT aufgenommen werden.[148] Seit Anfang der 1960er Jahre versuchte die KDT auch die ökonomisch ausgebildeten Hoch- und Fachschulkader in der Industrie als Mitglieder zu gewinnen.[149] Weil sich die KDT als Weiterbildungsorganisation verortete und die Berufsgrenzen für die Mitgliedschaft aufweichte, entband sie sich von den Aufgaben einer Berufsorganisation. Über eine Mitgliedschaft in der KDT war ein berufspolitisches Engagement kaum noch möglich. Aber sie erlaubte über die Etablierung fachlicher Netzwerke in Form von Arbeitsgruppen und Fachausschüssen die Pflege der beruflichen, institutionsübergreifenden Kommunikation und das machte eine Mitgliedschaft in der KDT interessant, weil in der fragmentierten Gesellschaft der freie Zugang zu Informationen weitgehend unterbunden war.[150]

26 der 117 Promovendinnen (22 Prozent) traten in die KDT ein und mindestens elf von ihnen waren in Arbeitsgruppen, Fachausschüssen oder in den Vorständen von Fachverbänden beziehungsweise Bezirks- oder Industriezweigvorständen der KDT

145 Stelzner, S. 28-45.

146 Vgl. dazu Kapitel 1 in Teil IV dieser Arbeit.

147 Peschel, S. 209-219.

148 West, S. 422. Nach einer internen Mitgliederstatistik der KDT betrug der Anteil der Hoch- und Fachschulkader 1958 77 Prozent der Mitglieder. SAPMO-BArch, DY 30 IV/2/2.101/84-90. Die erst seit 1976 veröffentlichte Mitgliederstatistik der KDT weist 1976 aus, dass 78 Prozent aller Mitglieder einen Hoch- oder Fachschulabschluss hatten. Seit 1980 waren es über 80 Prozent. Daten aus Statistisches Jahrbuch der DDR, 1978, S. 396; 1982, S. 398; 1983, S. 398; 1984, S. 401; 1984, S. 406; 1987, S. 406; 1989, S. 412.

149 Ulbricht, KDT – Auch Organisation der Ökonomen? S. 435-37; Prast, S. 60.

150 Zur DDR als fragmentierter Gesellschaft vgl. Pollack, Die konstitutive Widersprüchlichkeit. Vgl. dazu auch die Einleitung zu Teil III dieser Arbeit.

aktiv. Befördert wurden ihre Aktivitäten dadurch, dass sich die KDT nach dem Ministerratsbeschluss vom 19. April 1962 zur Umsetzung des Frauenkommuniqués der SED vom Dezember 1961 in der Pflicht sah, auf den Frauenanteil in ihren Leitungsgremien zu achten.[151] Seit 1963 war im Präsidium der KDT stets mindestens eine Frau präsent. 1987 übernahm die Silikattechnikerin und Professorin an der TH Ilmenau Dagmar Hülsenberg als erste Frau das Amt des Präsidenten der KDT, das sie bis zur Auflösung der KDT im Jahre 1992 innehatte.[152]

Die Frauenquote in der Mitgliedschaft der KDT blieb jedoch moderat. Sie stieg zwischen 1976 und 1988 von zehn auf 16 Prozent an.[153] Unter den Hochschulkadern in der KDT war sie noch etwas niedriger, stieg aber auch hier von acht auf 14 Prozent. Damit lag die Frauenquote unter den KDT-Mitgliedern mit Hochschulabschluss in etwa in der Größenordnung der aus der Berufszählung und der Hochschulstatistik zu ermittelnden Frauenquote unter den berufstätigen Diplomingenieuren in der DDR, die 1971 circa sechs Prozent betrug und für 1980 auf etwa 17 Prozent berechnet wurde.[154] Damit ist allerdings noch keine Aussage zum Engagement der Frauen in der KDT möglich. Das können wir erst einschätzen, wenn wir den Anteil der weiblichen KDT-Mitglieder mit Hochschulabschluss an der Anzahl der Diplomingenieurinnen berechnen und diese weibliche Mitgliederquote mit der männlichen vergleichen. Das ist allerdings nur auf Grund einer groben Überschlagsrechnung möglich, da nach der letzten voll ausgewerteten Berufszählung von 1971 Daten zum Bestand an Diplomingenieuren nur noch als Näherungsdaten mit Hilfe der Ausgangsdaten von 1971 und der Absolventenstatistik gewonnen werden können. Mit Hilfe einer solchen Berechnung habe ich für 1980 ermittelt, dass circa 45 Prozent aller männlichen aber nur 26 Prozent aller weiblichen Diplomingenieure in der KDT organisiert waren.[155] Interessanterweise erreichte die Mitgliederquote unserer Promovendinnen

151 Entschließung des 3. Kongresses der Kammer der Technik, in: Technische Gemeinschaft 10 (1962): 220-223, hier S. 223. Zum Frauenkommuniqué vgl. Kapitel 3.2 in Teil III und Zachmann, Frauen, S. 117 f.

152 Begonnen hatte sie ihren Aufstieg in der KDT als Vorsitzende des Fachverbandes für Silikattechnik im Jahre 1976, ein Jahr nach ihrer Berufung zur Professorin. Baumgartner, Helbig, S. 344.

153 Berechnet aus Statistisches Jahrbuch der DDR, 1978, S. 396; 1982, S. 398; 1983, S. 398; 1984, S. 401; 1984, S. 406; 1987, S. 406; 1989, S. 412.

154 Wert für 1971 berechnet aus: Wirtschaftlich tätige und nicht wirtschaftlich tätige Wohnbevölkerung, S. 117, 118; Wert für 1980 berechnet aus Daten für 1971 und der Summe der Absolventen des Direkt- und Fernstudiums in den technischen Wissenschaften von 1971 bis 1980. Letztere aus: Stein, Absolventen, Anlage 5a. Die Grunddaten für den Bestand an Diplomingenieuren und -ingenieurinnen für 1980 sind etwas überhöht, weil die Abgänge durch Pensionierung und Tod nicht berücksichtigt werden konnten. Die Frauenquote ist deshalb etwas zu niedrig, weil auf Grund der langen Männerdominanz im Ingenieurberuf mehr Männer als Frauen ins Rentenalter kamen.

155 Zur Berechnungsmethode vgl. die Fußnote zuvor.

in etwa diese Größenordnung. Das Engagement der Frauen in der KDT blieb also deutlich geringer als das der Männer. Damit aber marginalisierten sich die Frauen in den berufsinternen Informationsnetzen, und sie trugen auf diese Art und Weise zur Stabilisierung der männlichen Berufskultur bei.

2. Die Promovendinnen der TH Ilmenau

Nachdem wir mit der Untersuchung des Dresdener Promovendinnensamples die Bildungs- und Berufskarrieren einer Gruppe von Frauen betrachtet haben, deren akademische Sozialisation an einer alten und damit traditionsreichen Technischen Hochschule erfolgte, in der einerseits Chemikerinnen und Architektinnen schon vor 1945 zum Dr.-Ing. promoviert wurden, andererseits aber auch die männliche Kultur der Ingenieurausbildung fest mit der Tradition der Institution verwoben war, wollen wir jetzt ein Gruppenporträt der bis 1980 an der Technischen Hochschule Ilmenau zum Dr.-Ing. promovierten Frauen zeichnen. Die TH Ilmenau war 1953 als Hochschule für Elektrotechnik und damit als eine der sechs monotechnischen Spezialhochschulen im Rahmen der ersten technischen Bildungsexpansion der DDR neu gegründet und 1963 zur Technischen Hochschule aufgewertet worden. Sie besaß von Anfang an das Promotionsrecht in den ingenieurwissenschaftlichen Fächern. Die Ilmenauer Hochschule konnte sich in den ersten fünf Jahren ihrer Existenz als Stätte der akademischen Ingenieurausbildung profilieren. Die Konkurrenzprojekte zur Gründung einer elektrotechnischen Hochschule in Berlin und einer Fakultät für Feinmechanik/Optik in Jena wurden fallengelassen und auch die 1956/57 von Ingenieurwissenschaftlern der TH Dresden verfolgten Pläne, die Ilmenauer mit der Magdeburger Spezialhochschule zusammenzulegen, scheiterten auf Grund des im Jahr des Sputnikstarts angeheizten „akademischen Wettrüstens".[156] Allerdings waren noch 1958 erst 15 Prozent der Hochschullehrer habilitiert und 44 Prozent promoviert.[157]

Für das ingenieurwissenschaftliche Frauenstudium wurden zwei fachliche Profillinien der Ilmenauer Hochschule bedeutsam. Das war zum Einen die Medizintechnik

156 Rittig, S. 80, 94-96 sowie Kapitel 2.1 in Teil III dieser Arbeit.

157 SAPMO-Barch, DY30 IV/2/9.04/360/364. Aber die Ingenieurwissenschaftler der Hochschule bearbeiteten zu dieser Zeit bereits 19 Forschungsthemen, darunter die vier von der Abteilung Wissenschaften im ZK der SED als volkswirtschaftlich besonders wichtig eingestuften Projekten einer elektronischen Analogrechenanlage, eines Kreislaufdiagnostikgerätes, der elektrischen Tumordiagnostik und der Lastverteilung mit geringsten Verlusten in der Energiewirtschaft. (Ebenda, Bl. 366) Damit praktizierte die Hochschule schon in den 1950er Jahren und deutlich extensiver als zum Beispiel die Bauhochschulen das akademische Prinzip der Einheit von Lehre und Forschung. Die Hochschule für Bauwesen Cottbus z. B. bearbeitete 1958 noch gar kein Forschungsthema und die Hochschule für Bauwesen in Leipzig erst zwei. Ebenda.

als Grenzdisziplin zwischen Medizin, Natur- und Ingenieurwissenschaften, die hier mit der Gründung des Instituts für elektromedizinische und radiologische Technik eine Aufwertung als Fachgebiet der akademischen Ingenieurausbildung erfuhr.[158] Das war zum Anderen die Feinmechanik/Optik, die in Ilmenau als vierte Fakultät der Hochschule aus einem Grenz- und Anwendungsgebiet der Schwachstromtechnik zu einem eigenständigen Schwerpunktbereich der Ingenieurausbildung erhoben wurde.[159]

Der Anteil der Frauen an den Studierenden der Ilmenauer Hochschule blieb allerdings bis in die 1960er Jahre sehr niedrig. Er lag deutlich unter dem Durchschnitt der Frauenquote an allen Technischen Hochschulen der DDR.[160] Das fachliche Profil der Hochschule bestimmte die Elektrotechnik. Diese hatte sich in der Zeit des Aufstieges der Starkstromtechnik als Lehr- und Forschungsgebiet an Technischen Hochschulen verselbständigt. Die unter Rekurs auf das Gefahrenpotenzial des Starkstromes sehr effizient mit dem seit der Jahrhundertwende an Einfluss gewinnenden militärischen Männlichkeitsideal verknüpfte Starkstromtechnik hatte einen entscheidenden Einfluss auf die Ausprägung des Berufsbildes der Elektroingenieure erlangt.[161] Selbst in der DDR hatte die Elektrotechnik noch die niedrigsten Frauenquoten unter den Studierenden der Ingenieurwissenschaften.[162]

Erst allmählich veränderte sich das Selbstverständnis der Disziplin mit dem Ausbau der Nachrichten- zur Informationstechnik sowie mit dem Aufstieg der Halbleitertechnik und der Mikroelektronik. Die Ausdifferenzierung dieser neuen Teilsdisziplinen eröffnete erstmals auch für Frauen Zugänge in den Bereich der Elektrotechnik/Elektronik. Anhand des Ilmenauer Promovendinnensamples lässt sich der Eintritt der Frauen in diesen Zweig der ingenieurwissenschaftlichen Forschung nachvollziehen. Zu fragen ist, inwieweit das Milieu der Spezialhochschule und die Spezifik des ingenieurwissenschaftlichen Profils der Elektrotechnik/Elektronik die Bildungs- und Berufskarrieren von Frauen in der Technik beeinflusst haben. Zu diesem Zwecke werden wir das Ilmenauer Promovendinnensample mit dem Dresdener vergleichen.

---

158 Rittig, S. 92, 150-154, 221.

159 Rittig, S. 94-97, 155-160. An der TH Dresden wurde zu Fragen der Feinmechanik/Optik am Institut für elektrischen und mechanischen Feingerätebau im Bereich Schwachstromtechnik der Fakultät für Elektrotechnik gearbeitet. Sonnemann, Geschichte, S. 265. Hier erfolgte die institutionelle Aufwertung des Gebietes im Rahmen der Dritten Hochschulreform mit der Gründung der Sektion für Elektroniktechnologie und Feingerätetechnik. Krause, S. 66-71.

160 Während sich die Frauenquote im Dezennium zwischen 1953 und 1963 im Durchschnitt aller Technischen Hochschulen und Spezialhochschulen zwischen 5,6 und 7,5 Prozent bewegte, lag sie in Ilmenau in diesem Zeitraum zwischen 3,4 und 5,4 Prozent. Niedrigere Frauenquoten verzeichneten nur noch die Spezialhochschulen des Maschinenbaus in Magdeburg und Karl-Marx-Stadt. Statistisches Jahrbuch der DDR 1959, S. 135 und 1964, S. 449. Vgl. Grafik III/12.

161 Vgl. dazu Anm. 67 in diesem Kapitel.

162 Vgl. dazu Tab. A/7.

Nach einigen Vorbemerkungen zu den Größenunterschieden beider Gruppen werden wir zuerst das soziale Profil und danach die fachliche Struktur sowie die Einsatzgebiete der Ilmenauer Promovendinnen betrachten.

Die Gruppe der in Ilmenau bis 1980 zum Dr.-Ing. promovierten Frauen war erstens sehr viel kleiner als die Dresdener Gruppe. Hier verteidigten im Untersuchungszeitraum 41 Frauen eine ingenieurwissenschaftliche Dissertation A, während es in Dresden 117 A-Promovendinnen in den technischen Wissenschaften gab. Zweitens war das fachliche Profil der Gruppe in Ilmenau auf den Bereich der Elektrotechnik/Elektronik begrenzt, während die Gruppe der Dresdener Promovendinnen ein, dem polytechnischen Charakter ihrer Institution entsprechendes, breiteres fachliches Profil aufwies. Wenn wir jedoch die Anzahl der Ilmenauer ingenieurwissenschaftlichen Dissertationen von Frauen nur mit denen im Bereich der Elektrotechnik/Elektronik in Dresden vergleichen, war Ilmenau mit 41 Promovendinnen weit erfolgreicher als Dresden mit nur 23 Promovendinnen auf diesem Gebiet. Das bestätigt die These, dass der institutionelle Kontext einer neu gegründeten Hochschule mehr Spielraum für die Verschiebung der Geschlechtergrenzen bot. Drittens zeigten sich in der zeitlichen Verteilung der Promotionsabschlüsse (Verteidigungsdaten) Ähnlichkeiten zwischen Ilmenau und Dresden. Hier wie dort lag der zeitliche Schwerpunkt der Verteidigungen in der zweiten Hälfte der 1970er Jahre. Zwischen 1976 und 1980 verteidigten in Dresden 55 Prozent und in Ilmenau 63 Prozent aller Doktorandinnen des Ingenieurbereichs ihre Dissertationen.

2.1 Soziales Kapital – Eltern, Ehemänner und Kinder

Die Arbeiterquote war unter den Ilmenauer Promovendinnen mit 30 Prozent etwas höher als in der Dresdener Gruppe (26 Prozent). Das ist darauf zurückzuführen, dass an den Spezialhochschulen konsequenter auf die Einhaltung der Arbeiterquote geachtet wurde, denn die politische Elite hatte die technischen Spezialhochschulen als Ausbildungsstätten für eine neue (!) technische Intelligenz konzipiert. In einem Bericht der Abteilung Wissenschaften des ZK der SED zum fünfjährigen Bestehen der Spezialhochschulen hieß es hierzu:

> „Es bestand die Aufgabe, einen ganz neuen Typus – die sozialistische Hochschule zu entwickeln, die beispielgebend für die sozialistische Umgestaltung aller anderen Hochschulen und Universitäten sein sollte. Dabei waren Ausbildungsziel und Ausbildungsinhalt so zu orientieren, dass die Ausbildung und Erziehung einen sozialistischen Ingenieur gewährleisten wird.“[163]

163 SAPMO-BArch, DY 30/IV/2/9.04/360/315. Überdies hatte die Hochschule in Ilmenau in den 1950er Jahren einen sehr ehrgeizigen Parteisekretär, der strikt über die Einhaltung aller Auflagen der Partei wachte und der Abteilung Wissenschaften im ZK sofort über alle Abweichungen berichtete. So beklagte er sich in einem Brief an die ZK-Abteilung vom 13.6.1959 über Pläne des

Andererseits bildeten in der Ilmenauer ebenso wie in der Dresdener Gruppe die Töchter aus Angestellten- und Akademikerfamilien die Mehrheit, hier mit einem Anteil von 70 Prozent. Die Väter von sieben Ilmenauer Promovendinnen waren Ingenieure. Für 18 Prozent aller 39 Frauen, über die wir Angaben zur sozialen Herkunft haben, kann eine Form der Berufsvererbung von den Vätern auf die Töchter konstatiert werden kann. Für drei weitere Promovendinnen, deren Väter Facharbeiter in der Elektrobranche waren, kann ebenfalls eine väterliche Ermutigung für die Berufsentscheidung der Tochter angenommen werden. Dennoch war die Pflege familiärer Berufstraditionen für die Ilmenauer Promovendinnen weniger bedeutsam als für die Dresdener. Das kann zum Einen damit erklärt werden, dass in Ilmenau die Fächer des Bauwesens, in denen die Berufsvererbung eine große Rolle spielte, nicht vertreten waren. Zum anderen dürfte die an der neuen Institution konsequenter durchgesetzte Gegenprivilegierung beim Studienzugang dafür verantwortlich sein.

Väterberufe der Ilmenauer Promovendinnen (N = 39)

Beruf	Anzahl	davon
Arbeiter	12	
Facharbeiter in Elektroberufen		3
Bauern	0	
Handwerker	0	
Akademiker und Angestellte	27	
Ingenieure		7

Welche Bedeutung hatte die Berufssituation der Mütter für die Berufsentscheidung der Ilmenauer Promovendinnen? Angaben zur Berufstätigkeit der Mutter machten 23 der 39 Promovendinnen, von denen wir Informationen über ihre soziale Herkunft haben. Weitere acht teilten mit, dass ihre Mütter Hausfrauen seien. Die restlichen acht Promovendinnen trafen keinerlei Aussage zur Tätigkeit ihrer Mutter, sodass wohl auch in diesen Familien ebenso wie in jenen, wo die Mütter Hausfrauen waren, der Beruf des Vaters die soziale Position der Familie bestimmte. Aber 23 von 39 oder 59 Prozent aller Promovendinnen, in der Dresdener Gruppe waren es 56 Prozent, wuchsen in einem Elternhaus auf, das nach dem Familienmodell der neuen Ordnung funktionierte. Auch die berufstätigen Mütter der Ilmenauer Promovendinnen arbeiteten ebenso wie jene der Dresdener Promovendinnen zum überwiegenden Teil in reinen Frauenberufen, als Sekretärin, Wäscheschneiderin, Verkäuferin, Büroange-

Staatssekretariats für Hoch- und Fachschulwesen, die Arbeiterquote abzusenken, um die Kontingente für die Studienzulassungen zu erfüllen, die 1959 für die technischen Fachrichtungen aufgestockt worden waren, denen aber keine ausreichende Anzahl an Studienbewerbern gegenüber standen. SAPMO-BArch, DY 30/IV/2/9.04/356/164.

stellte, Blumenbinderin, Arzthelferin, Stationsschwester, Telefonistin, Postangestellte oder Lehrerin. Drei Mütter waren Buchhalterinnen, ein Beruf, der sich in der DDR mit der Feminisierung der ökonomischen Studiengänge zu einem Frauenberuf entwickelte. In einem einzigen Fall arbeitete die Mutter als technische Lehrerin und die Tochter übernahm nach ihrem Studium der Elektromedizin und Röntgentechnik eine vor allem für die Durchführung der Seminare, Praktika und Übungen sowie für die Studentenbetreuung nominierte Stelle als unbefristete wissenschaftliche Mitarbeiterin an der Hochschule. Abgesehen von dieser Ausnahme gab es in der Ilmenauer ebenso wenig wie in der Dresdener Gruppe eine matrilineare Berufsvererbung. Das sollte sich erst in der nächsten Generation ändern. Ein prominenter Fall ist die Frauen- und Sozialministerin der letzten Kohl-Regierung Claudia Nolte, die als Diplomingenieurin aus Ilmenau eine Maschinenbauingenieurin zur Mutter hatte.[164]

Betrachten wir schließlich noch die familiäre Situation der Promovendinnen selbst. 35 der 41 und damit 85 Prozent aller Promovendinnen waren verheiratet und 21, das entsprach 51 Prozent der Frauen dieser Gruppe, hatten zum Zeitpunkt der Verteidigung ihrer Dissertation ein oder zwei Kinder. Sie lebten also das von der neuen Ordnung propagierte Frauenleitbild der berufstätigen Mutter. In ihrer familiären Situation unterschieden sich die Ilmenauer Promovendinnen nicht von den Dresdenern. Vielmehr verband hier wie dort die Majorität der Frauen ihre Bildungs- und Berufskarriere in einem traditionellen Männerberuf mit der für die bipolare Geschlechterordnung typischen Lebensform in einer Ehe mit Kindern. Die Übertretung der Geschlechtergrenzen im Erwerbsbereich kompensierten die Frauen mit einer strikten Einhaltung geschlechtsspezifischer Rollenmuster im so genannten Privatbereich.

Bemerkenswerterweise spielte bei den Ilmenauer Promovendinnen die Berufsehe eine noch größere Rolle als bei den Dresdenerinnen. 69 Prozent aller verehelichten Promovendinnen, in der Dresdener Gruppe waren es 57 Prozent, hatten einen Kommilitonen oder Kollegen geheiratet. Dafür bieten sich zwei Erklärungen an. Zum einen ist zu vermuten, dass in dem von der Fachkultur der Elektrotechnik/Elektronik bestimmten Milieu der Ilmenauer Hochschule die Promovendinnen ihre Berufsentscheidung in noch stärkerem Maße als ihre Dresdener Kolleginnen als eine Grenzüberschreitung erfuhren, die sie durch eine Ehe mit einem Berufskollegen gleichsam legitimieren konnten. Zum anderen ist wohl die Hochschule in der im Unterschied zu Dresden deutlich kleineren Stadt Ilmenau in stärkerem Maße zum Lebensmittelpunkt ihrer Eleven aufgerückt und hat deshalb auch die Funktionen eines Heiratsmarktes effektiver ausgefüllt.

164 Germis, Carsten, „Und sogar ein bisschen rebellisch.“ Der Tagesspiegel, 27. Januar 1998, 3.

2.2 Kulturelles Kapital – Erwerb und Verwendung von Wissen für Schlüsseltechnologien

Die Ilmenauer Promovendinnen studierten beziehungsweise promovierten in folgenden Fachbereichen: (N = 41)

Fachbereich	Studium	Promotion
Feinmechanik/Optik, Feingerätetechnik	10	8
Elektromedizin und Röntgentechnik[165]	9	5
Elektrochemie und Galvanotechnik	5	4
Theoretische Elektrotechnik, Technische Physik	5	3
Technische Kybernetik, Automatisierungstechnik	-	4
Hochfrequenztechnik, Mikrowellentechnik	3	3
Elektronik (Werkstoffe, Bauelemente, Geräte)	3	4
Regelungstechnik	3	3
Informationsverarbeitung, Rechentechnik	3	4
Prüf-, Mess- und Schutztechnik	-	1
Netz- und Anlagentechnik	-	1
Schaltungstechnik	-	1

Die Studienrichtungsverteilung der Ilmenauer Promovendinnen zeigt, dass 29 von 41 Frauen, das entsprach einem Anteil von 70 Prozent, ihr Bildungskapital entweder in solchen Fachbereichen erworben hatten, deren Wissensbestände eine große Nähe zu den Naturwissenschaften (Elektrochemie, technische Physik) oder zur Medizin (Elektromedizin) aufwiesen, oder in jenem Fachbereich (Feinmechanik/Optik) studierten, der in Ilmenau zu einem neuen Schwerpunktbereich der akademischen Ingenieurausbildung erhoben worden war. In der Starkstromtechnik als traditionellem Kernbereich der Elektrotechnik hingegen hatte keine der Frauen studiert.

Im Vergleich zu den Ausbildungsfachrichtungen waren die in den Dissertationsschriften bearbeiteten Themengebiete auf ein deutlich breiteres Fächerspektrum verteilt, da ein Teil der Frauen beim Einstieg in die ingenieurwissenschaftliche Forschung das Fachgebiet gewechselt hatte. In der Vielzahl der Arbeitsgebiete wird die enorme Ausdifferenzierung der Elektrotechnik/Elektronik in der zweiten Hälfte des 20. Jahrhunderts sichtbar, die vor allem durch die Ausweitung der Nachrichten- zur Informationstechnik und die Weiterentwicklung der Elektronik über die Halbleitertechnik zur Mikroelektronik getragen wurde.[166] Dabei führten die neuen Aufgabenstellungen sowohl zur Integration ehemaliger Spezialgebiete wie zum Beispiel in der

165 Später: Biomedizinische Technik und Bionik.

166 Zu Grundlinien der Entwicklung der Elektrotechnik/Elektronik vgl. Buchheim u. Sonnemann, S. 382-409, 449-467.

Mikroelektronik, in der durch die Integration von elektronischen Bauelementen und Schaltungen eine die Wissensbestände ehemals getrennter Disziplinen wie Werkstofftechnik, Schaltungstechnik, Verfahrenstechnik und so weiter verbindende Herangehensweise notwendig wurde, aber auch zur Verselbständigung neuer Teilgebiete, wie zum Beispiel der Herauslösung der Regelungstechnik aus der Nachrichtentechnik. Diese Ausweitung der Arbeitsgebiete und Aufgabenstellungen in der Elektrotechnik/Elektronik beeinflusste auch die professionelle Identität der Akteure in diesem Bereich der Ingenieurwissenschaften. Es wird sichtbar in der Entwicklung neuer Theorien (Kybernetik, Informationstheorie, Systemtheorie) zur Einordnung der angewachsenen Wissensbestände, aber auch in der Ablösung von traditionellen Berufsvorstellungen.[167]

In dieser Phase der disziplinären Neuverortung blieben die geschlechtlichen Codierungen der Arbeitsbereiche unscharf. Frauen sind dementsprechend auf sehr vielen Themenfeldern der ingenieurwissenschaftlichen Forschung im Bereich der Elektrotechnik/Elektronik zu finden. Deutlich wird allenfalls eine Bevorzugung von Forschungsthemen in theorieorientierten Arbeitsfeldern (6) wie der Kybernetik, der Automatisierungstechnik oder der theoretischen Elektrotechnik. Des weiteren wurden Themen aus Arbeitsfeldern mit einem feminisierten Anwendungskontext wie zum Beispiel in der Elektromedizin und Röntgentechnik (5) bearbeitet, sodann Themen aus dem expandierenden Gebiet der Informationstechnik einschließlich Gerätetechnik (9) sowie schließlich aus dem Bereich der Technik elektronischer Bauelemente (4). Mit Ausnahme der als Grenzdisziplin zwischen Chemie und Elektrotechnik entstandenen Elektrochemie und Galvanotechnik (4) wurden in den ursprünglich der Starkstromtechnik zugeordneten Arbeitsgebieten keine Dissertationsthemen an Frauen vergeben.[168]

In welchen Berufskarrieren verwerteten schließlich die Frauen ihre mit der Promotion erworbene ingenieurwissenschaftliche Kompetenz?

Sie waren als promovierte Ingenieurinnen in folgenden Bereichen tätig: (N = 38)

Bereiche	Anzahl	davon
Hochschule	21	
Universitätsklinik		2
Industrie	11	
außeruniversitäre Forschungseinrichtung	3	
Staatsdienst	3	

167 So verschwand z. B. mit der Ablösung der Halbleitertechnik durch die Mikroelektronik das Bild vom Elektroingenieur der Nachrichtentechnik als „Lötkolbenmann“.

168 Zu diesem Bereich gehörte die Prüf-, Mess- und Schutztechnik und die Netz- und Anlagentechnik.

Angaben hierzu haben wir für 38 von 41 Frauen, also für 93 Prozent der Gruppe. Ebenso wie in der Dresdener Gruppe blieb der größte Teil der Ilmenauer Promovendinnen nach der Dissertation zunächst an der Hochschule und damit im Bereich der ingenieurwissenschaftlichen Lehre und Forschung tätig. 18 Frauen blieben in Ilmenau und eine wurde als Dozentin an die im Zuge der Dritten Hochschulreform neu gegründete Sektion für Elektrotechnik/Elektronik an die Humboldt-Universität Berlin berufen. Zwei Promovendinnen, die ihre Dissertation auf dem Gebiet der biomedizinischen Technik angefertigt hatten, wechselten in die Medizin. Eine von ihnen, sie war die Tochter eines Arztes und einer Arzthelferin und kehrte nun als Ingenieurin in das Berufsmilieu ihrer Eltern zurück, ging an die Nervenklinik der Universität Greifswald. Die zweite fand am Institut für medizinische Physik und Biophysik der Charité Berlin eine Stelle. Von den 19 zunächst im Bereich der Ingenieurwissenschaften verbliebenen Frauen stiegen sechs in die ingenieurwissenschaftliche Elite auf, zwei in den Rang einer Dozentin, zwei wurden auf einen Lehrstuhl berufen, davon eine allerdings erst im Zuge des Hochschulumbaus nach dem Zusammenbruch der DDR, und zwei Frauen wurden ebenfalls erst nach dem Hochschulumbau als Fachgebietsleiterinnen eingesetzt. Alle sechs Frauen legten eine Dissertation B beziehungsweise eine Habilitationsschrift vor, aber drei von ihnen wurden im Kontext der mit der dritten Hochschulreform eingeleiteten Bildungsexpansion und damit lange vor Anfertigung ihrer zweiten Graduierungsarbeit berufen. Wir werden darauf bei Betrachtung des Hochschullehrerinnensamples noch einmal zu sprechen kommen.

Elf Promovendinnen, und damit ein reichliches Viertel der Gruppe, verließen die Wissenschaft und gingen in die Industrie. Sie arbeiteten im VEB Funkwerk Erfurt (3), dem Stammbetrieb des Kombinates für Mikroelektronik; im VEB Carl-Zeiß-Jena (2), der als Zentrum der feinmechanisch-optischen Industrie und des wissenschaftlichen Gerätebaus in der DDR galt; im VEB Büromaschinenwerk Sömmerda (2) des Kombinates Zentronik, ein Betrieb, der in den 1980er Jahren die Herstellung von Kleinrechnern aufnahm; sowie im Großforschungszentrum des Kombinates Robotron, in einem Betrieb der Relaistechnik, in einem Entwicklungslabor der Galvanotechnik und schließlich in einem Betrieb der Starkstromtechnik. Beschäftigt wurden die Promovendinnen in der Industrie als Gruppenleiterin, Entwicklungsingenieurin, Entwerferin, Laboringenieurin, Laborassistentin und wissenschaftliche Mitarbeiterin, also vorwiegend in den Abteilungen für Forschung und Entwicklung, aber mit Ausnahme der Gruppenleiterin, kaum in Leitungspositionen. Allerdings sind unsere Informationen über die Berufspositionen nicht vollständig und über die weiteren Berufsverläufe sind wir gar nicht informiert, sodass wir keine Aussagen über die Aufstiegsmöglichkeiten der Promovendinnen in der Industrie treffen können.

Drei Promovendinnen begannen in außeruniversitären Forschungseinrichtungen zu arbeiten, davon je eine im Institut für Elektronik und dem Institut für Optik und Spektroskopie der Akademie der Wissenschaften, die sich seit der späten Ulbricht-

Ära zu einem gigantischen Forschungsbetrieb entwickelte.[169] Die dritte ging in den Bereich der medizinischen Forschung und stieg zur Leiterin des Bereiches Biomedizintechnik und Funktionsdiagnostik in der Zentralstelle für Diabetes und Stoffwechselkrankheiten auf.

Schließlich stellten drei staatliche Institutionen der wissenschaftlich-technischen Infrastruktur je eine Promovendin aus Ilmenau als Mitarbeiterin ein, so die Zentralstelle für Information und Dokumentation in Berlin eine Absolventin der theoretischen Elektrotechnik, die ein Forschungsstudium am Institut für Informationswissenschaft, Erfindungswesen und Recht durchgeführt hatte, das Amt für Standardisierung und Messwesen eine Promovendin auf dem Gebiet der Prozessmesstechnik und eine Bezirksinspektion für den Gesundheitsschutz in den Betrieben eine Promovendin der Biomedizintechnik.

Der Überblick zeigt, dass die Promovendinnen fachadäquate Arbeitsfelder besetzten.[170] Das kann kaum überraschen, denn sie hatten sich auf Fachgebieten profiliert, die zu den so genannten Schlüsseltechnologien im letzten Drittel des 20. Jahrhunderts gehörten und im Kontext des Systemwettbewerbs zu Schwerpunktbereichen der staatssozialistischen Technikpolitik avancierten.[171] Ob sie freilich auch qualifikationsadäquat eingesetzt waren, das heißt in Positionen tätig waren, in denen sie ihre ingenieurwissenschaftliche Kompetenz umfassend verwerten konnten, lässt sich auf der Grundlage des vorhandenen Quellenmaterials nicht ermitteln. Mit relativer Sicherheit kann das nur für jene sechs in die ingenieurwissenschaftliche Elite aufgestiegenen Frauen behauptet werden, die allerdings mit einem Anteil von 15 Prozent nur eine Minderheit in der Gruppe bildeten.

Dass eine Tätigkeit in einer technologischen Schlüsselbranche durchaus keine qualifikationsadäquate Beschäftigung für Frauen bedeuten musste, ergaben zahlreiche Studien über die Auslastung der in der DDR vorhandenen Innovationspotenziale. Solche Studien wurden von der soziologischen Forschung der DDR in den 1980er Jahren vor dem Hintergrund alarmierender Krisensymptome in der Wirtschaft und unübersehbar werdender Blockaden im Innovationssystem durchgeführt. Viele Analysen konstatierten eine Marginalisierung hoch qualifizierter Ingenieurinnen in der Forschungs- und Entwicklungsarbeit durch Abdrängung auf randständige Themen oder Beschäftigung mit Routine- und Hilfsarbeiten ebenso wie eine Unterrepräsentanz von Frauen auf Plätzen mit weit reichenden Entscheidungskompetenzen im

---

169 Einen ersten Überblick zur Geschichte der Akademie der Wissenschaften in der DDR gibt Scheler.

170 Das bestätigt die Ergebnisse der Lebenslaufforschung zur DDR. Dort wird eine Übereinstimmung zwischen Ausbildung und dem zuerst ausgeübten Beruf festgestellt. Im Verlauf der beruflichen Karriere jedoch steigt die Quote der unterqualifiziert Beschäftigten und das wiederum bei den Frauen stärker als bei den Männern. Huinink u.a., Staatliche Lenkung, S. 129.

171 Zu Schwerpunktbereichen der DDR-Technikpolitik vgl. Stokes, S. 80-110, 181-184.

technischen Feld.[172] In dieser Behandlung der Frauen aber, das sahen die DDR-Soziologen sehr klar, reproduzierte die neue Gesellschafts- und Geschlechterordnung im Kontext der Entwicklung der so genannten Schlüsseltechnologien erneut jene Stigmatisierung der Frauenarbeit, die sich als ein Wesensmerkmal der auf dem männlichen Familienernährermodell beruhenden bürgerlichen Geschlechterordnung herausgebildet hatte.[173] Mithin war die Einbeziehung der Frauen in die akademische Ingenieurausbildung und die ingenieurwissenschaftliche Forschung noch keine Garantie für den Abbau geschlechtshierarchischer Strukturen der Arbeitsteilung in technischen Handlungsräumen und für die Akzeptanz der Frauen als technische Expertinnen. Ob und in welchen konkreten Formen auch die Ilmenauer Promovendinnen in diese Strukturen der Arbeitsteilung eingebunden blieben, konnte auf Grund der nur lückenhaften biografischen Quellen leider nicht festgestellt werden. Die besten Bedingungen zur Verwertung ihres Bildungskapitals hatten zweifelsohne die Hochschullehrerinnen, denen wir uns jetzt zuwenden wollen.

3. Die Hochschullehrerinnen in den Ingenieurwissenschaften

Die letzte Gruppe unserer Kollektivbiografie umfasst 30 Hochschullehrerinnen der Ingenieurwissenschaften. Damit wird nun eine Gruppe von Frauen untersucht, die von ihrem Platz im technischen Feld Einfluss auf die Berufsidentität der Ingenieure nehmen konnten, wenn sie in ihren Vorlesungen die Studierenden für das Studium ihres Fachgebietes motivierten. Sie verfügten über größere Handlungsspielräume als andere Ingenieurinnen, um das Geschlechterverhältnis im Feld zu beeinflussen. Uns interessiert hier, wie sie auf diesen Platz gelangten. Wer waren die Frauen, die sich

172 Erhardt, u.a., Zu ausgewählten Aspekten; Erhardt, u.a., Frauen in höheren Leitungsfunktionen; Weichert; Meyer, Forschungsbericht; AdW, FE-Potential, S. 181-186; Lötsch, darin Abschnitt 4.4.: Die Frau als Ingenieur; Müller-Hartmann, Sozialstrukturelle Probleme, darin Kapitel 4: Die Frau in Forschung und Entwicklung.

173 So resümierten z. B. die Verfasser einer Studie über die berufliche Entwicklung weiblicher Hoch- und Fachschulkader im Halbleiterwerk Frankfurt/Oder über ihre Befunde: „ [...] aus einem Komplex von Ursachen heraus erhalten weibliche Hoch- und Fachschulkader in Forschungs- und Entwicklungsabteilungen unter den erhöhten Leistungsanforderungen weniger anspruchsvolle Aufgaben. Es sind häufig Zuarbeiten, die routinemäßig erfüllt werden können. Sie sind zu einem erheblichen Teil mit der neuen Computertechnik zu bewältigen. Frauen werden also in besonderem Maße und in Zukunft noch stärker mit dieser neuen Technik konfrontiert und auch mit den damit zunächst noch verbundenen höheren Belastungen. So reproduziert sich hier die alte Arbeitsteilung zwischen Männern und Frauen in besonders deutlichem Ausmaß und es vertiefen sich die Widersprüche, die die Entwicklung der Berufstätigkeit von weiblichen Hoch- und Fachschulkadern hemmen.“ Erhardt, u.a., Zu ausgewählten Aspekten.

als Dozentin oder Professorin den Aufstieg in die ingenieurwissenschaftliche Elite bahnten? Mit welchem kulturellen und sozialen Kapital waren sie für ihren Aufstieg ausgestattet? In welcher Weise war ihre persönliche Karriere mit der Hochschul- und der Technikpolitik der neuen Ordnung verbunden? Und über welche Netzwerke verfügten die Frauen für ihren Übertritt in die männliche Kultur der Ingenieurwissenschaft?

3.1 Kulturelles Kapital – Die akademische Sozialisation

Die 30 Ingenieurwissenschaftlerinnen unserer Gruppe gehörten den Geburtsjahrgängen von 1916 bis 1946 an, wobei die Mehrheit der Frauen in den letzten Jahren der Weimarer Republik (8) und in der Zeit des Nationalsozialismus (17) geboren wurde. Fast alle Hochschullehrerinnen erhielten ihre akademische Sozialisation im Hochschulsystem der DDR. Die zahlreichen Kriegsstudentinnen des Dritten Reiches hatten kaum Anteil an der Formierung der weiblichen ingenieurwissenschaftlichen Elite in der DDR.

Allein die Kernphysikerin Lieselott Herforth und die Werkstoffkundlerin Marianne Schminder studierten noch an den Hochschulen des Dritten Reiches. Die Rekonstruktion ihrer Karrieren, der wir uns zuerst zuwenden wollen, bevor wir die gruppenstatistische Betrachtung fortsetzen, soll uns Aufschluss darüber geben, wie der politische Systembruch die Akkumulation und Verwertung des Bildungskapitals dieser Frauen beeinflusste.

Lieselott Herforth hatte sich 1936 im Alter von 20 Jahren für ein Studium der Mathematik an der Technischen Hochschule Berlin-Charlottenburg entschieden, wechselte dann aber in die Physik. Anlass dafür war die charismatische Persönlichkeit des Kernphysikers Hans Geiger.[174]

> „Mein Vordiplom machte ich noch in der Hauptfachrichtung Mathematik und besuchte seit dem ersten Semester Professor Geigers Grundvorlesungen in Experimentalphysik. Seine Art begeisterte mich so, dass ich mich entschloss, zur Physik zu wechseln. Die dafür notwendigen Veranstaltungen, wie Maschinenbaulaboratorium, Elektrotechnik und Chemie hatte ich bereits hinter mich gebracht. Seine Vorlesungen waren vergnüglich und anschaulich, so dass wir ihn heimlich den ‚Varieté-Geiger' nannten."[175]

Geiger kam 1936 aus Tübingen auf den an der TH Berlin infolge des Rücktritts von Gustav Hertz vakant gewordenen Lehrstuhl für Experimentalphysik.[176] Lieselott

---

174 Dessen Zählrohr zum Nachweis radioaktiver Strahlung erlangte als „Zauberstab der Atomwissenschaft" in der Atomdebatte der 1950er Jahre große Popularität. Abele, Wachhund, S. 19-25.

175 Herforth, Erleben, Erfahren, Erkennen, S. 14-17.

176 Gustav Hertz hatte diesen Lehrstuhl seit 1927 inne. Seine Arbeitsmöglichkeiten wurden seit 1934 zunehmend eingeschränkt. Swinne, Hans Geiger, S. 74-78. Hertz ging dann in die Indust-

Herforth fertigte bei Geiger ihre Diplomarbeit zu einem Problem der Strahlenmesstechnik an.[177] Nach ihrer Diplomprüfung im Jahre 1940 blieb sie als Honorarassistentin bei ihm mit der Absicht zu promovieren.[178] Geiger aber zog sich in jener Zeit wegen seiner im Ersten Weltkrieg zugezogenen rheumatischen Erkrankung[179] zunehmend aus der Wissenschaft zurück und gab 1943 die Institutsleitung ab. 1943 ging Lieselott Herforth als Mitarbeiterin an das Kaiser-Wilhelm-Institut (KWI) für Physik in Berlin-Dahlem und arbeitete dort über Isotopentrennung. Nach nur drei Monaten wurde das Institut wegen der sich verdichtenden Bombenangriffe aus Berlin ausgelagert.[180] Im Juli 1943 trat sie eine Stelle als Praktikumsassistentin am Physikalischen Institut der Universität Leipzig an, wo sie mit dem dortigen Lehrstuhlinhaber Hoffmann über Ionisationskammern arbeitete.[181] Inzwischen hatte der Krieg auch unmittelbar in ihre Lebenswelt eingegriffen. Im September 1943 wurde ihre Berliner Wohnung ausgebombt.[182] Im März 1944 wurde das Leipziger Institut bei Bombenangriffen zerstört und sie damit erneut zu einem Wechsel gezwungen. Durch Vermittlung einer befreundeten Medizinerin erhielt sie eine Stelle als Praktikumsassistentin an der Universität in Freiburg/Br. Dieses Institut fiel den Bombenangriffen im November 1944 zum Opfer.[183] Ihre nächste berufliche Station war die Ausweichstelle der TH Berlin in einem Kloster in Schwarzenfeld in der Oberpfalz. Hier arbeitete sie über das Kriegsende hinweg am Bau von Ultraschallsendern. Aus dieser Tätigkeit erschien zehn Jahre später ihre erste Buchveröffentlichung.[184] 1946 erfolgte ihre Rückkehr nach Berlin über eine Tätigkeit in der Industrie, welche die Voraussetzung für eine Zuzugsgenehmigung nach Berlin war. Sie trat eine Stelle als Physikerin im Gasentladungslabor des SAG Betriebes Oberspreewerk Berlin-Niederschöneweide an.[185]

---

rie, wurde Leiter des Forschungslabors II bei Siemens, war dann am sowjetischen Atombombenprojekt beteiligt und kam 1954 in die DDR zurück an die Universität Leipzig. Baumgartner, Hebig, S. 312.

177 Das Thema ihrer Diplomarbeit lautete: „Bau eines Fünffach-Koinzidenzverstärkers mit kontinuierlich-veränderlichem Auflösungsvermögen".

178 Herforth, Erleben, Erfahren, Erkennen, S. 14 f.; Herforth, Erinnerungen an meinen „Diplom-Vater", S. 28-29.

179 Geiger gehörte zu den Offizieren der von Fritz Haber aufgestellten Giftgastruppe. Szöllösi-Janze, Fritz Haber, S. 328

180 Herforth, Erleben, Erfahren, Erkennen, S. 15. Hier schreibt sie, dass sie an das KWI von Werner Heisenberg ging, über Isotopentrennung arbeitete, aber nicht wusste, wozu diese Forschungen dienten.

181 Ebenda.

182 Ebenda.

183 Ebenda.

184 Ebenda; Herforth, Winter, Ultraschall.

185 Herforth, Erleben, Erfahren, Erkennen, S. 15.

Eigentliches Ziel ihrer Rückkehr nach Berlin aber war die Anfertigung der Dissertation. Zwei Koordinaten bestimmten also Herforths Berufseinstiegsphase. Das war erstens ihre starke Motivation für eine Tätigkeit in der Wissenschaft. Sowohl ihre Ausbildung bei Geiger als auch die Tatsache, dass die Kernphysik in jener Zeit ein hochdynamisches wissenschaftliches Feld war, haben sie offenkundig darin bestärkt. Das waren zweitens die Frontverschiebungen im Krieg und die Luftangriffe der Alliierten.

1947 im Januar kehrte sie in das inzwischen in Berlin-Dahlem wiedereröffnete Kaiser-Wilhelm-Institut für Physikalische Chemie und Elektrochemie zurück. Hier fertigte sie ihre Dissertation über „Die Fluoreszenzanregung organischer Substanzen mit Alphateilchen, schnellen Elektronen und Gammastrahlen" bei Prof. Kallmann an. Hartmut Kallmann war ein Schüler Max Plancks und hatte von 1920-33 als Gruppenleiter im KWI für physikalische Chemie und Elektrochemie über Probleme des Nachweises radioaktiver Strahlung durch Luminiszenz gearbeitet.[186] Von 1933-45 war er Mitarbeiter bei der IG-Farben. Da er nicht bereit war, sich von seiner jüdischen Frau zu trennen, galt er für das KWI als nicht mehr tragbar.[187] Gleich nach dem Krieg übertrug man ihm den Lehrstuhl und das Institut für theoretische Physik an der TH Berlin und parallel dazu kehrte er als Abteilungsleiter für Experimentalphysik an das KWI zurück. Hier plante er, Szintillationszähler zu bauen, die vor dem Geigerzähler das übliche Gerät zur Strahlenmessung waren, dann aber durch diese verdrängt wurden.[188] Von ihrer Weiterentwicklung versprach sich Kallmann eine Lösung des Problems der selektiven Strahlenmessung. Als Geiger-Schülerin war Herforth eine ideale Mitarbeiterin für das Projekt. Sie begann als Doktorandin am KWI, das heißt zunächst in einer unbezahlten Stellung, erhielt aber nach den ersten Versuchserfolgen ein Stipendium und schließlich sogar Gehalt. Herforth gelang es, in ihrer Dissertation die fluoreszierende Wirkung organischer Substanzen wie Naphtalin und Anthrazen nachzuweisen und mit diesen Substanzen ein Verfahren zur Strahlenmessung zu entwickeln.[189] Damit hatte sie in ihrer Dissertation die bekannteste Entwicklung ihres akademischen Lehrers weiterentwickelt.

Aber die erfolgreiche Zusammenarbeit mit Kallmann war nur von kurzer Dauer. Er wanderte Ende 1948 in die USA aus, da für ihn die Rückkehr ehemaliger Kollegen, die ihn im „Dritten Reich" diskriminiert hatten, unerträglich war.[190] Mithin stand Herforth auch nach ihrer Promotion wieder vor einem Bruch. Kallmanns Weggang und die Tatsache, dass ihr Vater, ein ehemaliger Sozialdemokrat, in die SED einge-

186 Poggendorf, IV, S. 1272; Poggendorf, VI, (1957-63), S. 2350-2354.

187 Diesen Hinweis verdanke ich Annette Vogt.

188 Herforth, Erleben, Erfahren, Erkennen, S. 15.

189 Ebenda und Niese, S. 499-501.

190 Interview mit Lieselott Herforth am 5.2.2001.

treten war, erschwerten ihre Situation am KWI.[191] Sie löste diesen politischen Konflikt mit ihrer Übersiedelung in den Ostteil der Stadt, musste dafür aber die Suche nach Einbindung in eine neue wissenschaftliche community in Kauf nehmen. Im Februar des Jahres 1949 erhielt sie eine Stelle als Mitarbeiterin an dem aus den ehemaligen medizinisch-biologischen Forschungseinrichtungen der KWG in Berlin-Buch gegründeten DAW-Institut für Medizin und Biologie, das zu einem wichtigen Ausgangspunkt für die Etablierung der Kernforschung in der DDR werden sollte.[192]

Herforth gewann nach ihrem Wechsel an das DAW-Institut für Medizin und Biologie mit Walter Friedrich einen neuen, prominenten Mentor. Friedrich kam aus der community der Röntgenphysiker, hatte 1923 die Leitung des Instituts für Strahlenforschung an der Universität Berlin übernommen und baute ab 1947 das DAW-Institut für Medizin und Biologie auf. Außerdem war er 1949/50 Rektor der Humboldt-Universität und von 1950 bis 1955 Präsident der DAW.[193] Er räumte Herforth an seinem Institut große Freiräume für die Entwicklung eigener Forschungsprojekte ein.[194] Sie beschäftigte sich jetzt mit der Anwendung radioaktiver Isotope in der Krebsforschung und der Entwicklung von Messgeräten. Friedrich beförderte ihre Habilitation, die 1953 an der Universität Leipzig auf der Grundlage von 15 Aufsätzen erfolgte.[195] Sie beantragte die venia legendi für Strahlungsphysik und erfüllte nun, mit 37 Jahren als eine der ersten Frauen in der DDR, auf einem Gebiet im Grenzbereich von Naturwissenschaft und Technik, alle formalen Anforderungen für den Aufstieg in die akademische Elite.

1954 wurde sie auf eine Dozentur am Physikalischen Institut der Leipziger Universität berufen, das von dem soeben aus der Sowjetunion zurückgekehrten Gustav Hertz geleitet wurde.[196] Damit arbeitete sie nun im Umfeld jenes Wissenschaftlers, dessen von den Nationalsozialisten erzwungener Rücktritt 1936 Geiger auf den Berliner Lehrstuhl für Experimentalphysik und damit Herforth in die Physik geführt hatte. Aus dieser Konstellation heraus erwuchsen offensichtlich Spannungen. Möglicherweise bemühte sich Hertz, Herforth auf einem anderen Platz unterzubringen. Ab 1955 arbeitete sie als Abteilungsleiterin im Institut für radioaktive Isotope von Carl-Friedrich Weiß, der wie Hertz zu den nach dem Krieg zwangsweise in die Sowjetunion verbrachten „Spezialisten" gehörte, um dort der sowjetischen Atombombenentwicklung zuzuarbeiten.[197] Am Weiß-Institut richtete Herforth ein Praktikum für

191 Herforth, Erleben, Erfahren, Erkennen, S. 15.

192 Ebenda. Zum DAW-Institut für Medizin und Biologie vgl. Scheler, S. 224 f. und Reichert, S. 61.

193 Baumgartner, Hebig, S. 198 f.

194 Herforth, Erleben, Erfahren, Erkennen, S. 15 f.

195 Ebenda, S. 16 und Universitätsarchiv der TU Dresden, Professorenkatalog.

196 Zu Hertz vgl. Anm. 176 sowie Reichert, S. 65 f., 101, 104 f.

197 Herforth interpretierte diese Spannungen dreißig Jahre später in einem Interview als Geschlechterkonflikt, den die Journalisten in folgender Weise wiedergaben: „Schließlich erzählt sie uns doch eine Episode. Als Carl-Friedrich Weiss aus der UdSSR zurückkam, forderte er Lieselott

Radioaktivität ein und unterrichtete Studenten höherer Semester und Fachleute aus der Industrie über die Anwendungsmöglichkeiten radioaktiver Isotope in der Wirtschaft.

Mit der 1957 erfolgten Berufung zur Professorin mit Lehrauftrag für Radiophysik, Strahlenmesstechnik, Dosiometrie und Strahlenschutz an die Technische Hochschule für Chemie in Leuna-Merseburg passierte sie schließlich als erste Frau in der DDR die Schranke vor dem Eintritt in das ingenieurwissenschaftliche Establishment.[198] 1960 erhielt sie mit dem Ruf an die Fakultät für Kerntechnik der TH Dresden zur Professorin mit vollem Lehrauftrag für angewandte Radioaktivität einen Einzelvertrag, der ihre Aufnahme in den Kreis der technischen Elite der DDR signalisierte.[199]

Durch den Wechsel nach Dresden konnte Herforth ihre Position im Machtfeld der ingenieurwissenschaftlichen Elite beträchtlich verbessern. Dafür aber musste sie nun in wachsendem Maße politisches Kapital investieren. Es fällt auf, dass sie 1962, im Jahr der Auflösung der Fakultät für Kerntechnik an der TU, zur Professorin mit vollem Lehrauftrag und Leiterin des Instituts für die Anwendung radioaktiver Isotope aufstieg, und in demselben Jahr auch in die SED eintrat und den Vorsitzes der Universitätsgewerkschaftsleitung der TU übernahm. Ein Jahr später wurde sie Volkskammerabgeordnete und Mitglied des Staatsrates der DDR. 1965 berief sie der Staatssekretär für Hoch- und Fachschulwesen zur Rektorin der TU und platzierte sie damit just in dem Moment in einer Schlüsselfunktion des Hochschulwesens, als dessen tief greifender Umbau durch die Dritte Hochschulreform eingeleitet wurde. Dadurch erlangte sie so viel Einfluss, dass sie 1969, als alle Professoren auf die mit der Hochschulreform entstandenen neuen Strukturen umberufen wurden, die Nominierung ihres Lehrstuhles selbst bestimmen konnte. Sie wählte Experimentalphysik, das innerhalb des akademischen Raumes prestigeträchtigste Gebiet der Physik und

---

Herforth als Abteilungsleiterin für das aufzubauende Institut für Angewandte Radioaktivität an. Professor Hertz, dem sie unterstand und der von Frauen in der Wissenschaft nicht viel erwartete, war offensichtlich froh, sie auf diese Art ‚loszuwerden'. Viele Jahre später, Professor Herforth war mittlerweile Rektor, Akademiemitglied und Nationalpreisträger geworden, fragte Professor Weiss Gustav Hertz, ob dieser nun seine Meinung über Frauen geändert habe. ‚Nein', antwortete Hertz, ‚sie ist eben die Ausnahme, die die Regel bestätigt.'" Vorbemerkungen von Kutzschmar und Hoffmann zu Herforth, Erleben, Erfahren, Erkennen, S. 14.

198 Herforth selbst gab in ihrem Erinnerungsbericht den Hinweis auf die Patronage von Eberhard Leibnitz für ihre Berufung. (Herforth, Erleben, Erfahren, Erkennen, S. 16) Leibnitz war damals Rektor in Leuna-Merseburg, Akademiemitglied und Mitglied des Forschungsrates. Gleichzeitig leitete er in Leipzig das Institut für Verfahrenstechnik und organische Chemie, das den Ausgangspunkt für das von Weiss aufgebaute Institut für angewandte Radioaktivität bildete. Baumgartner, Hebig, S. 470 f. und Reichert, S. 103.

199 Zum Einzelvertrag vgl. Kapitel 2.2 im Teil IV dieser Arbeit.

Berufungsgebiet ihres Lehrers Hans Geiger. Ebenfalls 1969 wurde sie zum ordentlichen Mitglied der Akademie der Wissenschaften berufen.

Die politische Klasse inszenierte Herforths Karriere in den 1960er Jahren als Erfolgsgeschichte der staatssozialistischen Gleichberechtigungspolitik. Herforth entzog sich diesen Inszenierungen nicht, hielt Reden auf Frauenkongressen der DDR und ließ sich in der Presse als Vorzeigefrau präsentieren.[200] Sie selbst gründete allerdings ihr Selbstverständnis als Wissenschaftlerin weiterhin auf das bei Hans Geiger akkumulierte kulturelle Kapital.[201]

Während es Lieselott Herforth gelang, über den politischen Systembruch hinweg für sich selbst eine fachliche Kontinuität herzustellen und bis in die Spitzen des ingenieurwissenschaftlichen Establishments aufzusteigen, profitierte Marianne Schminder auf ihrem Weg in das ingenieurwissenschaftliche Feld von den im Zuge des Systemumbaus etablierten neuen Strukturen.[202] Die 1923 im schlesischen Liegnitz geborene Marianne Schminder schrieb sich 1943 in den Fächern Chemie, Physik und Mathematik an der Universität Breslau ein. Als eine der vielen Kriegsstudentinnen studierte sie drei Semester, bis die Universität mit dem Vorrücken der Front im Herbst 1944 geschlossen wurde. Marianne Schminder nahm, um die Zeit bis zur Wiedereröffnung der Universität zu überbrücken, eine Stelle als chemische Assistentin in der öffentlichen chemischen Untersuchungsanstalt Liegnitz an. Infolge der Ausweisung der deutschen Bevölkerung aus Schlesien kam sie im Sommer des Jahres 1945 als Umsiedlerin nach Oschatz in Sachsen. Hier fand sie im August 1945 eine Arbeitsstelle in der Seifenfabrik. Diese verließ Marianne Schminder nach über einem Jahr, als sich die Möglichkeit bot, in den Schuldienst einzutreten, da wegen umfangreicher Entlassungen im Zuge der Entnazifizierung der Schulen Neulehrer und Neulehrerinnen gesucht wurden.

Ab November 1946 unterrichtete sie an der Oberschule Oschatz in der Mittel- und Oberstufe die Fächer Chemie, Physik und Mathematik. Parallel zu ihrer Tätigkeit im Schuldienst absolvierte sie an der Universität Leipzig ein Lehrerstudium, das sie

---

200 Herforth, Diskussionsbeitrag, S. 94-97; Diess., Frauen in Technik und Naturwissenschaften; Diess., Technische Revolution. Einige Zeitungsartikel über Herforth erschinen in: Frau von heute 15 (1960), Nr. 9: 10-11; Forschung – Lehre – Praxis, Informationsblatt der Gewerkschaft Wissenschaft, Dezember 1963, S. 5; Sächsische Zeitung Nr. 256 vom 30.10.1965 – Wir-Beilage Nr. 42: 2; Für Dich, 1965, Nr. 46: 20-23; DDR-Revue. Magazin der Deutschen Demokratischen Republik, 1966, Nr. 3: 56-57.

201 Das bekräftigte sie in ihren Selbstdarstellungen im spectrum. Eine davon trug sogar den Titel: „Erinnerungen an meinen „Diplom-Vater“.

202 Die biografischen Daten von Marianne Schminder entstammen ihrem in der Dissertation veröffentlichten Lebenslauf. Schminder, Beitrag zur Entwicklung einer Apparatur zur elektrolytischen Isolierung von Karbiden aus unlegierten untereutektoiden Stählen und ihre Erprobung bei Vergleich der Ergebnisse mit denen anderer bekannter Prüfverfahren, Diss. A, TH Magdeburg 1961, Lebenslauf.

1953 mit der Staatsexamensprüfung für das Lehramt der Oberstufe abschloss. Nach ihrer fast zehnjährigen Tätigkeit im Schuldienst wechselte sie im Sommer des Jahres 1955 schließlich in die Wissenschaft und nahm eine Tätigkeit als Forschungsassistentin an der zwei Jahre zuvor neu gegründeten Hochschule für Schwermaschinenbau Magdeburg auf. Die Hochschule war noch in der Aufbauphase und litt unter einem eklatanten Mangel an wissenschaftlichem Personal.[203] Sie bot günstige Einstiegsmöglichkeiten in die akademische Lehre und Forschung und als Institution des Ministeriums für Schwermaschinenbau auch hohe Gehälter.[204]

Als Seiteneinsteigerin in die Wissenschaft machte Marianne Schminder hier eine rasche Karriere. Sie begann als Forschungsassistentin am Institut für Werkstoffkunde und Werkstoffprüfung, wurde nach einem Jahr wissenschaftliche Assistentin, übernahm 1958 die Leitung der Arbeitsgruppe Elektronenmikroskopie und Einschlussisolierung und wurde noch im gleichen Jahr ohne Promotion zur Oberassistentin ernannt. In der Aufbauphase der neuen Spezialhochschulen war es wegen des Mangels an Nachwuchswissenschaftlern nicht unüblich, sich über die in der deutschen Hochschultradition nach dem Prinzip der Meritokratie geregelten Abläufe akademischer Karrieren hinwegzusetzen. Eine nennenswerte Zahl von Hochschullehrern der neuen Hochschulen waren zum Zeitpunkt ihrer Berufung noch nicht promoviert.[205] Marianne Schminder war dennoch ein Sonderfall, weil sie mit ihrem Staatsexamen für das Lehramt über keine akademische Sozialisation für den Ingenieurberuf verfügte. Das tat ihrer Karriere aber zunächst keinen Abbruch.

Als Oberassistentin erhielt sie Lehraufträge für die Fachgebiete Korrosion und Kunststoffe. Parallel dazu arbeitete sie an ihrer Dissertation zu einem Thema aus der Werkstoffprüfung, die sie im Juni des Jahres 1961 an der Fakultät für Technologie der TH Magdeburg verteidigte. Im kommenden Jahr wurde sie mit der Wahrnehmung einer Dozentur für Werkstoffkunde betraut. 1964 veröffentlichte sie ihr nach der Dissertation zweites Buch und war im Besitz mehrerer Patente.[206] Dann aber versuchte die Hochschulleitung ihre Karriere zu deckeln. Als die für die Frauenförderung im Hochschulwesen zuständige Frau Linke nach berufungsfähigen Frauen an Technischen Hochschulen suchte und die Magdeburger Hochschulleitung drängte, die Umwandlung von Schminders Wahrnehmungsdozentur in eine richtige Dozentenstelle zu beantragen, beharrte die Hochschulleitung auf der Habilitation als Vor-

203 Zum Aufbau der neuen Spezialhochschulen und ihren Personalproblemen vgl. Kapitel 2.1 in Teil III dieser Arbeit.

204 Zur branchenspezifischen Gehaltdifferenzierung, die auch auf die Ingenieurwissenschaftler übertragen wurde vgl. Kapitel 2.3 in Teil IV dieser Arbeit.

205 1958 waren an der Magdeburger Hochschule 31 Prozent des Lehrkörpers diplomiert, 62 Prozent promoviert und 7 Prozent habilitiert. SAPMO-BArch, DY 30/IV 2/9.04/360/364.

206 Marianne Schminder, Untersuchungen angelassener Stähle, Leipzig 1964. Die Patente erwähnte Herforth in ihrer Rede auf der Frauenkonferenz der Technischen Hochschulen im Jahre 1964, wo sie Schminder als zur Hochschullehrerin berufungsfähige Ingenieurwissenschaftlerin vorstellte.

aussetzung für eine Berufung.[207] 1967 setzte das inzwischen zum Ministerium aufgewertete Staatssekretariat für Hoch- und Fachschulwesen dann aber Schminders Berufung zur Dozentin für das Lehrgebiet „Nichtmetallische Werkstoffe und deren Prüfung" durch. Als sich Marianne Schminder 1969 schließlich habilitierte, erhielt sie eine Professur für ihr Lehrgebiet. Sie bahnte sich also als Seiteneinsteigerin ihren Weg in die ingenieurwissenschaftliche Elite und war dabei zum Einen erfolgreich, weil sie durch das Tor einer neuen Spezialhochschule kam, in deren Aufbauphase das Prinzip der Meritokratie außer Kraft gesetzt war. Zum anderen unterstützte die Frauenpolitik ihre Karriere.

Alle anderen Frauen unserer Gruppe erhielten ihre akademische Ausbildung an den Hochschulen der DDR. Dabei bildete die Technische Universität Dresden zehn künftige Ingenieurwissenschaftlerinnen aus. Eine von ihnen konnte ihr Studium in Dresden allerdings nicht beenden, weil 1961 die Fakultät für Luftfahrt geschlossen wurde. Brigitte Jortzik nahm deshalb nach sechs Semestern in der Dresdener Fachrichtung Flugzeugkonstruktion ein neues Studium am Leningrader Polytechnischen Institut „Kalinin" in der Fachrichtung Technologie des Maschinenbaus, Werkzeugmaschinen- und Werkzeugkonstruktion auf und profilierte sich auf diesem Gebiet bis zur Professorin an der Technischen Hochschule Magdeburg.[208]

Außer Marianne Schminder studierten nur zwei Ingenieurwissenschaftlerinnen unserer Gruppe an einer traditionellen Universität. Renate Gesemann, die 1972 auf die Professur für „Werkstoffe elektronischer Bauelemente" an der drei Jahre zuvor neu etablierten Ingenieurhochschule Mittweida berufen wurde, hatte von 1956 bis 1961 nach dem Besuch der Arbeiter- und Bauernfakultät am Physikalisch-Chemischen Institut der Leipziger Universität studiert.[209] Almut K., die 1970 eine Dozentur für industrielle Lebensmitteltechnik am Industrieinstitut der TU Dresden erhielt, war von 1956 bis 1960 Studentin am Institut für Zuckertechnologie an der Landwirtschaftlich-Gärtnerischen Fakultät der Humboldt-Universität Berlin, die vor

207 BArch, DR3/3344, Aktennotiz über die vom 10. bis 12.02.1965 stattgefundene Dienstreise der Genn. Linke; DR3/B1183b, Bericht der TH Magdeburg zur Frauenförderung vom 29.8.1967: „Frau Dr. Schminder ist lt. Kaderentwicklungsplan seit 1966 für eine Dozentur vorgesehen. Die Realisierung dieses Vorhabens ist jedoch auf Grund der Haltung der Fakultät noch nicht erfolgt. Die Fakultät machte bisher die Berufung zur Dozentin von der Habilitation abhängig, weil sie auf dem Standpunkt steht, dass das in allen Grundlagenfakultäten so üblich ist. So ist also Frau Dr. Schminder, die 1961 promovierte, noch Wahrnehmungsdozentin und dies seit 1962."

208 Biografische Daten aus dem Lebenslauf in der Diss. B. Brigitte Jortzik, Begründung einer adaptiven und hierarchischen Fertigungsprozessgestaltung bei einer Teilefertigung, Diss. B, TH Magdeburg 1980.

209 Biografische Daten aus dem Lebenslauf in der Diss. B. Renate Gesemann, Verfahren zur Herstellung von unedlen Kontaktschichten auf Keramik unter besonderer Berücksichtigung der chemischen Metallisierung von Miniaturfolienkondensatoren-Keramik mit NixPy-Schichten. Diss. B, TH Ilmenau 1979.

der Gründung technischer Sektionen an Universitäten im Jahre 1969 als einzige Universität einen Ingenieurabschluss in der allerdings sehr spezifischen Nominierung für einen Diplom-Zuckerfabrik-Ingenieur vergab.[210] Eine Übersicht über alle Institutionen, an denen die akademische Sozialisation der Ingenieurwissenschaftlerinnen erfolgte, vermittelt die folgende Übersicht.

Universitäten und Hochschulen sowie Anzahl der Ingenieurwissenschaftlerinnen, die dort studierten

Institution	Anzahl
TH/TU Dresden	10
Hochschule für Architektur und Bauwesen Weimar	4
Bergakademie Freiberg	3
TH Ilmenau	3
TH Magdeburg	3
TH Karl-Marx-Stadt	3
Karl-Marx-Universität Leipzig	2
Humboldt-Universität Berlin	1
Technische Hochschule Berlin-Charlottenburg	1

Die Mehrheit der Ingenieurwissenschaftlerinnen wurde an den Technischen und Spezialhochschulen der DDR ausgebildet. Die neuen Spezialhochschulen bildeten ebenso viele (oder richtiger: wenige) Frauen der ingenieurwissenschaftlichen Elite heran wie die beiden auf eine lange Tradition der akademischen Ingenieurausbildung zurückblickenden Hochschulen in Dresden und Freiberg.

Ein spezifisches Merkmal der akademischen Sozialisation in der DDR war ein ausgesprochener Lokalismus, mit dem die Hausberufung zum Regelfall wurde.[211] Das traf auch auf die Ingenieurwissenschaftlerinnen zu, von denen 14 und damit fast die Hälfte der Gruppe ihre Bildungs- und Berufskarriere vom Studium bis zur Berufung und schließlich bis zur Pensionierung an ein und derselben Institution absolvierten.[212] 20 der insgesamt 30 Frauen verteidigten die Graduierungsarbeit (Dissertation A oder B), auf deren Grundlage sie zur Dozentin oder Professorin berufen wurden, an jener Einrichtung, in der sie zur Hochschullehrerin aufstiegen. Von jenen elf Frauen schließlich, die auf der Grundlage der Dissertation A zur Dozentin (7) oder

210 BArch, DR3/B3282.

211 Jessen, Professoren im Sozialismus, S. 232-236.

212 Eine von ihnen war die als einzige Frau in der DDR auf einen Lehrstuhl in der Architektur berufene Anita Bach, die an der Hochschule für Architektur und Bauwesen in Weimar bis 1953 studierte, 1960 promoviert wurde, sich 1965 habilitierte, 1966 zur Dozentin und drei Jahre später zur Professorin berufen wurde. Barth u. Topfstedt, S. 38.

Professorin (4) berufen wurden, fertigten sechs anschließend noch eine Dissertation B an. Fünf Frauen reichten diese an der Einrichtung ein, an der sie bereits lehrten. Hausberufungen waren also ein typisches Phänomen in unserer Gruppe der Ingenieurwissenschaftlerinnen. Sie waren aber, wie sich aus Jessens Untersuchungen über die Professoren in der DDR erkennen lässt, nicht der Geschlechter-, sondern der Gesellschaftsordnung geschuldet und wurden unter der dominant männlichen akademischen Elite mindestens ebenso extensiv praktiziert.

Dem Trend zum Lokalismus wirkte in der ingenieurwissenschaftlichen Elite allerdings die Bedeutung der industriellen Praxis als anerkanntes Kriterium wissenschaftlicher Reputation entgegen. Für Ingenieurwissenschaftler blieb der Weg über die Industrie in die Wissenschaft auch nach der Akademisierung der Ingenieurausbildung ein durchaus respektabler Aufstiegspfad.[213] Die Hochschulpolitik der DDR bekräftigte diese Norm, indem sie einen längeren Praxiseinsatz in der Industrie oder der Bauwirtschaft zur Berufungsvoraussetzung für Ingenieurwissenschaftler erklärte. Wurde mit dieser Norm eine Geschlechtergrenze für den Aufstieg in der Ingenieurwissenschaft eingezogen? Einen Wechsel aus der Industrie in die Wissenschaft vollzogen in der recherchierten Gruppe der Professorinnen und Dozentinnen mindestens zehn Frauen.[214] Eine von ihnen war die in der Darstellung des Dresdener Promovendinnensamples porträtierte Hilda F./O. Auch die als eine der wenigen Universitätsabsolventinnen bereits erwähnte Renate Gesemann gehörte zu dieser Gruppe.[215] Sie begann 1965 nach ihrer Promotion an der Leipziger Universität im VEB Keramische Werke Hermsdorf als Gruppenleiterin und Teilthemenleiterin in der Hauptabteilung Mikroelektronik. Im Zusammenhang mit der Kombinatsreform im Jahre 1969 übernahm sie die Leitung des Betriebes Mikroelektronik im Kombinat Keramische Werke Hermsdorf. 1971 wurde sie Auftragsleiterin für Mikroelektronik beim Generaldirektor des Kombinates. Noch im gleichen Jahr aber quittierte sie ihre Position in der Industrie und wechselte in die Wissenschaft. Sie begann als Oberassistentin an der Ingenieurhochschule Mittweida und wurde hier ein Jahr später zur Professorin berufen. Sieben Jahre danach verteidigte sie ihre Dissertation B an der Technischen Hochschule Ilmenau.[216]

---

213 An der TH Berlin-Charlottenburg wurde bis 1945 ein Drittel aller Ordinarien aus der Praxis berufen. Am Jahrhundertbeginn war der Anteil noch größer. Schröder, Die Lehrkörperstruktur, S. 84.

214 Das waren außer den im Folgenden vorgestellten drei Fällen vier Frauen aus dem Dresdener Promovendinnensample (Eva-M. S., Ingeborg M., Beate R., Ortrud J.) sowie die Lebensmitteltechnikerin Almut K., die Werkstofftechnikerin Doris R. und die Silikattechnikerin Dagmar H., die allerdings aus einer Tätigkeit im Ministerium heraus auf eine Professur berufen wurde. Information zu Almut K. aus BArch, DR3/B3282; zu Doris R. aus dem Lebenslauf in der Dissertation B; zu Dagmar H. aus Baumgartner, Helbig, S. 344.

215 Lebenslauf in der Diss. B.

216 Vgl. Anm. 209.

Aus der Industrie in die Wissenschaft wechselte auch Brigitte Jortzik, die ihr Studium in der Sowjetunion abgeschlossen hatte.[217] Sie nahm danach eine Tätigkeit im Wissenschaftlich-Technischen Zentrum (WTZ) „Getriebe und Kupplungen" in Magdeburg auf und arbeitete dort zehn Jahre lang als Technologin, Gruppenleiterin und wissenschaftliche Mitarbeiterin auf dem Gebiet der technologischen Einsatzvorbereitung von numerisch gesteuerten Werkzeugmaschinen und der Rationalisierung der technologischen Fertigungsvorbereitung. Mit der Verteidigung ihrer auf dem Weg der außerplanmäßigen Aspirantur angefertigten Dissertation erhielt sie 1975 eine Stelle als Oberassistentin an der Technischen Hochschule Magdeburg. Nach Abschluss ihrer zweiten Doktorarbeit wurde sie hier 1982 zur Professorin für Fertigungsgestaltung im Bereich des Maschinenbaus berufen.[218]

Ein anderes Kriterium professioneller Reputation war der Auslandseinsatz.[219] Immerhin mindestens sieben Frauen aus unserer Gruppe der Hochschullehrerinnen absolvierten ein Studium (1) oder Zusatzstudium (6) im sozialistischen Ausland. Die 1985 an der TH Ilmenau zur außerordentlichen Dozentin und 1990 zur Professorin für Festkörperelektronik berufene Dagmar Schipanski führte 1972 am Institut für Halbleiterphysik der sowjetischen Akademie der Wissenschaften in Nowosibirsk wichtige Versuche für ihre Doktorarbeit durch.[220] Die Werkstofftechnikerin Doris Regener, die 1987 zur Dozentin und 1992 zur Professorin an der Technischen Universität Magdeburg berufen wurde, absolvierte im Studienjahr 1977/78 ein Zusatzstudium am Moskauer Energetischen Institut.[221] Die Lebensmitteltechnikerin Almut K. erarbeitete während eines Forschungsaufenthaltes an der TU Budapest im Frühjahrssemester 1974 die Grundlagen für ihre Dissertation B.[222] Die 1973 zur Dozentin berufene Architektin Irmgard S. ging 1971 für ein Zusatzstudium an die Hochschule für Bauwesen in Kiew.[223] Und zwei Hochschullehrerinnen aus dem Dresdener Promovendinnensample forschten am Kernforschungszentrum des RGW in Dubna beziehungsweise an der Hochschule für Bauwesen Kiew.[224]

---

217 Lebenslauf in der Diss. B, vgl. Anm. 208.

218 Auskunft zum Berufungsjahr auf Anfrage im Universitätsarchiv der TU Magdeburg.

219 Die in der DDR übliche Form des Auslandseinsatzes war ein Forschungs- bzw. Studienaufenthalt in der damaligen Sowjetunion (SU). Jessen hat für die Hochschullehrerschaft der Ulbricht-Ära nachgewiesen, dass sich das SU-Studium nicht zu einem Standardkriterium der Berufungsvoraussetzungen entwickelte. Allerdings hat er nur Vollstudien betrachtet. Jessen, Professoren im Sozialismus, S. 237-239.

220 Wunsch nach Wissen und Freiheit. Interview mit Dagmar Schipanski in: Die Zeit, Nr. 44, 26. Oktober 2000.

221 Biografische Daten aus dem Lebenslauf der Diss. B. Doris Regener, Risswachstum bei höheren Temperaturen, Diss. B, TH Magdeburg 1984.

222 BArch, DR3/B 3238.

223 Universitätsarchiv der Bauhaus-Universität Weimar, schriftliche Auskunft.

224 Universitätsarchiv der TU Dresden, Promotionsakten B, Nr. 8727, 8711.

Dass die Ingenieurwissenschaftlerinnen ein Zusatzstudium im sozialistischen Ausland durchaus als nützlichen Weg zur Akkumulation von kulturellem Kapital betrachteten, lässt sich aus einer rückblickenden Sicht von Dagmar Schipanski auf ihre Bildungskarriere entnehmen. „Nowosibirsk war damals das ‚Silicon Valley des Ostens'. Ich wollte sehen, wie man dort lehrt und forscht. 1972 konnte ich an einem Institut für Halbleiterphysik noch einige wichtige Versuche für meine Doktorarbeit durchführen. Obgleich es den Menschen dort an vielem fehlte, waren sie sehr gastfreundlich. In Nowosibirsk habe ich gelernt, nicht so typisch deutsch zu sein."[225]

Mit Ausnahme der Kernphysikerin Lieselott Herforth hatten also alle Ingenieurwissenschaftlerinnen in der DDR ihr kulturelles beziehungsweise Bildungskapital im Kontext des sozialistischen Hochschulsystems erworben. Unter den Ingenieurwissenschaftlerinnen gab es keine „bürgerliche Intelligenz", die ihre Ausbildung, politische Orientierung und habituelle Prägung noch unter den Bedingungen der bürgerlichen Gesellschaft des Kaiserreiches oder der Weimarer Republik beziehungsweise der nationalsozialistischen Diktatur erhalten hatte. Für die männliche ingenieurwissenschaftliche Elite der 1950er und beginnenden 1960er Jahre aber war eine derartige Prägung bestimmend. Die erste Generation der in die ingenieurwissenschaftliche Elite aufsteigenden Frauen erlebte den in der bürgerlichen Gesellschaft ausgeprägten Habitus des Ingenieurs allenfalls noch über ihre Lehrer und Eltern.

3.2 Soziales Kapital – Soziale Herkunft und familiäre Situation

Über welches soziale Kapital verfügten die Hochschullehrerinnen in den Ingenieurwissenschaften der DDR? Aus welchen sozialen Gruppen und Schichten rekrutierte sich die weibliche ingenieurwissenschaftliche Elite der DDR? Welche Rolle spielte die Berufsvererbung in dieser Gruppe? Keine der Hochschullehrerinnen meines Samples war eine Professorentochter. Erst 1989 wurde mit Ilka Philippow die Tochter des Ilmenauer Lehrstuhlinhabers für theoretische Elektrotechnik als Dozentin an die Ingenieurhochschule in Berlin-Wartenberg berufen.[226] Im Unterschied dazu waren in der männlichen ingenieurwissenschaftlichen Elite Professorensöhne durchaus anzutreffen. In einem Fall vererbte der Vater seinen Lehrstuhl unmittelbar an den Sohn.[227] Prinzipiell war eine solche Vererbung der sozialen und fachlichen Stellung auch vom Vater auf die Tochter denkbar, seit die Erwerbstätigkeit der Frauen zur Grundlage des Sozialsystems geworden war. Dass sie kaum stattfand zeigt, dass die

225 Wunsch nach Wissen und Freiheit. Interview mit Dagmar Schipanski in: Die Zeit, Nr. 44, 26. Oktober 2000.

226 www.theoinf.tu-ilmenau.de/proinf/text/leiter.html.

227 Es handelt sich um den Direktor des Instituts für Hochfrequenztechnik und Elektronenröhren an der TU Dresden, Hans Frühauf, dessen Sohn Uwe 1969 den Lehrstuhl seines Vaters übernahm.

ingenieurwissenschaftliche Elite als maßgeblicher Produzent und Repräsentant des beruflichen Selbstverständnisses der Ingenieure – mit Ausnahme des aus Bulgarien stammenden Prof. Philippow – an der Verknüpfung von Technikkompetenz mit Männlichkeit festhielt. Drei der 30 Hochschullehrerinnen waren allerdings Töchter von Ingenieuren, die wiederum, weil sie eher Konsumenten als Produzenten der Berufsideologie waren, die Vorgaben der ingenieurwissenschaftlichen Elite flexibel in ihr berufliches Selbstverständnis inkorporieren und deshalb auch die Töchter in ihren Berufsentscheidungen ermutigen konnten.

Soziale Herkunft der Hochschullehrerinnen nach Väterberufen[228] *(N = 30)*

Berufe	Anzahl	davon
Akademiker und Angestellte	17	
Ingenieure		3
Handwerker	04	
Arbeiter	09	
Bauern	-	

Die Mehrheit der Hochschullehrerinnen unserer Gruppe (17 von 30) hatten einen Angestellten, Beamten, Schriftsteller, Unternehmer, Pfarrer oder Lehrer zum Vater. Sie kamen also aus der bürgerlichen Mittelschicht mit einer gehobenen Bildung, die in der DDR als Schicht der Intelligenz bezeichnet und mit Skepsis behandelt wurde, weil sie für die aus der Arbeiterbewegung kommende politische Elite kulturell Fremde waren.[229] Auch für die Sozialisation der Hochschullehrerinnen in den Ingenieurwissenschaften war demnach der in der DDR-Forschung herausgearbeitete Trend zur Selbstrekrutierung der Intelligenz wirksam. Dieser Trend unterlief das Programm der politischen Elite, eine neue Intelligenz durch Ausbildung von Arbeiter- und Bauernkindern zu etablieren.[230] Dennoch war der zum Programm erhobene Elitenwechsel partiell erfolgreich. Immerhin schafften neun Arbeitertöchter, das entsprach einem Anteil von 30 Prozent in unserer Gruppe, den Aufstieg in die ingenieurwissenschaftliche Elite.[231] So war die Mikroelektronikerin Gesemann die Tochter eines Gepäckarbeiters und die Werkstoffkundlerin Regener die Tochter eines Schlossers.[232] Weite-

228 Mütterberufe konnten auf Grund der Quellenlage nur für einem Teil der Fälle ermittelt und deshalb nicht quantitativ ausgewertet werden.

229 Zu Bürgerlichkeit in der DDR vgl. Siegrist, Wie bürgerlich.

230 Solga, S. 74 f. zeigt, dass die sozialistische Dienstklasse im Verlauf der DDR-Geschichte den höchsten Vererbungsindex ausprägte.

231 Jessen, Professoren im Sozialismus, S. 243 hat für das Stichjahr 1965 ermittelt, dass der Anteil von Arbeiter- und Bauernsöhnen unter den Professoren in den Ingenieurwissenschaften 17,8 Prozent, und unter den Dozenten 38,7 Prozent betrug.

232 Lebensläufe in den Dissertationen.

re vier Hochschullehrerinnen kamen aus Familen des selbständigen Handwerks und Handels. Alle vier Handwerkertöchter machten eine Karriere als Ingenieurwissenschaftlerin im Bereich der Architektur und des Bauwesens. Diese nach dem traditionellen Modell der bürgerlichen Ernährerfamilie vorgenommene Zuordnung ist allerdings für jene Fälle zu korrigieren, in denen die Väter dem Krieg zum Opfer gefallen und die Töchter allein von den Müttern aufgezogen worden waren. Von vier Frauen aus der Gruppe der Hochschullehrerinnen ist bekannt, dass sie Halbwaisen waren.

Die Hochschullehrerinnen verfügten also über ein sehr heterogenes Sozialkapital. Ein spezifisches soziales Milieu, das den Aufstieg von Frauen in die ingenieurwissenschaftliche Elite begünstigt hätte, ist auf den ersten Blick nicht auszumachen. Selbst die in der Gruppe am zahlreichsten vertretenen Töchter der „Intelligenz" kamen aus sehr unterschiedlichen Milieus. Allein die in den Familien der Intelligenz üblichen höheren Bildungsinvestitionen waren ein gemeinsamer Nenner und eine entscheidende Triebkraft für die Bildungs- und Berufskarrieren der Töchter. Die Bereitschaft, Töchter zu einer Bildungskarriere zu ermutigen war in den Familien der Intelligenz deutlicher ausgeprägt als in anderen Sozialmilieus, obwohl der Staat in der DDR die Bildungsinvestitionen übernahm, das heißt vor allem, Stipendien zahlte und alle Formen der im deutschen staatlichen Bildungssystem schon immer niedrigen Studiengebühren abschaffte. Die Töchter der Intelligenz hatten für einen Aufstieg in die ingenieurwissenschaftliche Elite offensichtlich weniger Grenzen zu überwinden als die Arbeitertöchter, weil sie innerhalb eines ihnen vertrauten Milieus aufstiegen. Allein, die fachliche Entscheidung für ein naturwissenschaftlich-technisches Studium war eine folgenschwere Grenzüberschreitung, mit der sich die Frauen in ein männlich codiertes Gebiet begaben, das ihnen, zumal viele über ihr ganzes Arbeitsleben hinweg die einzigen Frauen in diesem Bereich blieben, beträchtliche Assimilationsleistungen abverlangte. Dass sie diese Grenzüberschreitung dennoch wagten, ist wohl darauf zurückzuführen, dass sie die Ideologie von der Wertfreiheit und Objektivität der Natur- und Technikwissenschaften akzeptierten und deshalb nicht dafür sensibilisiert waren, Wissenschaft als soziale Praxis zu sehen, in der die Geschlechterdifferenz Strukturierungsmacht besaß. Wohl begründete Lieselott Herforth ihre am Vorabend des zweiten Weltkrieges getroffene Entscheidung für die wissenschaftliche Profilierung auf dem Gebiet von Radioaktivität und Kernphysik damit, dass für sie Marie Curie und Lise Meitner Vorbilder waren, das heißt sie versuchte sich durchaus in einer weiblichen Tradition zu verorten.[233] Aber sie ging mit keinem Wort auf das

233 BArch, DR3/3344: Lieselott Herforth, Rede auf der Frauenkonferenz der Technischen Hochschulen am 2.6.1964 in Karl-Marx-Stadt, veranstaltet vom Staatssekretariat für das Hoch- und Fachschulwesen, S. 3.

wissenschaftliche und politische Schicksal der Lise Meitner ein, das die Ideologie einer wertfreien und deshalb geschlechtsneutralen Wissenschaft Lügen strafte.[234]

Im Unterschied dazu führte für die Arbeitertöchter der Aufstieg in die ingenieurwissenschaftliche Elite nicht nur zur Überschreitung der Geschlechtergrenze durch Eintritt in ein männlich codiertes Gebiet, sondern auch zum Zugang in ein neues Sozialmilieu. Aber sie wurden bei dieser doppelten Grenzüberschreitung von der politischen Elite unterstützt. Ein Indikator dafür ist die Tatsache, dass fünf der neun Arbeitertöchter, das entsprach einem Anteil von 55 Prozent, auf der Grundlage der Dissertation A zur Dozentin (4) beziehungsweise Professorin (1) berufen wurden, während unter den 17 Intelligenztöchtern nur sechs zum Zeitpunkt ihrer Berufung, das waren 35 Prozent aller Fälle, noch keine B-Promotion vorweisen konnten. Allerdings ist auch festzuhalten, dass vier der fünf ohne Dissertation B berufenen Arbeitertöchter diese später nachholten, während das nur zwei der sechs ohne Dissertation B berufenen Intelligenztöchter taten. In der Aufstiegsdynamik unterschieden sich beide Gruppen nicht. In jeder Gruppe stiegen etwas weniger als 50 Prozent der jeweiligen Frauen bis zur Professorin auf.

Wir können die Frage nach dem Sozialkapital der Hochschullehrerinnen nicht abschließen, bevor wir nicht auch die familiäre Situation der Hochschullehrerinnen selbst betrachtet haben. Bei der Analyse der Promovendinnengruppen hatten wir festgestellt, dass erstens die Mehrheit der Promovendinnen verheiratet war und damit das auf der Erwerbsarbeit beider Ehepartner beruhende Familienmodell der neuen Ordnung lebte, und dass zweitens die Eheschließung mit einem Kommilitonen oder Kollegen, also die Berufsehe, das dominante Heiratsmuster war. War dieses Heiratsmuster auch für jene Frauen relevant, die in die ingenieurwissenschaftliche Elite aufstiegen? Erhöhten Ehepartner, vor allem solche aus dem gleichen Fach, das soziale Kapital der Ingenieurwissenschaftlerinnen?

Zehn Frauen aus unserer Gruppe und damit ein Drittel der Ingenieurwissenschaftlerinnen waren nicht verheiratet. Damit lag die Ledigenquote der Hochschullehrerinnen deutlich über den Ledigenquoten der Dresdener und Ilmenauer Promovendinnen, die 21 beziehungsweise 15 Prozent betrugen. Ebenso wie bei den Promovendinnen war der Anteil der unverheirateten Ingenieurwissenschaftlerinnen in der Gruppe der frühen Aufsteigerinnen am höchsten. 41 Prozent beziehungsweise sieben der 17 bis 1973 berufenen Ingenieurwissenschaftlerinnen blieben ledig, während von den 13 zwischen 1974 und 1988 berufenen Frauen nur noch drei, das entsprach einem Anteil von 23 Prozent, nicht heirateten. Fast die Hälfte der ersten Generation von Ingenieurwissenschaftlerinnen akzeptierten also den aus der männlichen Tradition der Wissenschaft erwachsenen lebensweltlichen Totalitätsanspruch des wissenschaftli-

234 Über die Bedeutung von Lise Meitners Erfahrungen als Wissenschaftlerin und Jüdin für die Geschichte der Wissenschaft als soziale Praxis vgl. Scheich, S. 143-168.

chen Milieus[235], der für Frauen anders als für Männer den Verzicht auf eine eigene Familie implizierte, um von der ihnen in der bipolaren Geschlechterordnung zugewiesenen Verantwortung für das biologische und soziale Reproduktionssystem entbunden zu werden.

Andererseits aber entschieden sich schon mehr als die Hälfte der bis 1973 berufenen Frauen und fast vier Fünftel jener ab 1974 aufgestiegenen Ingenieurwissenschaftlerinnen für eine eigene Familie. Das war eine Entscheidung, die einerseits durch den familienzentrierten Lebensstil in der verstaatlichten Gesellschaft nahe gelegt[236] und andererseits aber auch durch das System der staatlichen Kinderbetreuung ermöglicht wurde. Mindestens vierzehn Ingenieurwissenschaftlerinnen hatten Kinder.

Fünfzehn Frauen und damit die Hälfte der gesamten Gruppe beziehungsweise drei Viertel aller verehelichten Ingenieurwissenschaftlerinnen hatten einen Kommilitonen oder Kollegen geheiratet. Mithin bildete auch für die Hochschullehrerinnen die Berufsehe ein signifikantes Lebensmuster.[237] Von sechs der fünfzehn Frauen ist bekannt, dass sie ihren wissenschaftlichen Werdegang an der gleichen Einrichtung wie auch ihr Ehemann absolvierten. Allerdings scheiterten zwei dieser Ehen. In jedem Fall aber änderte sich mit den sozialistischen Paarkarrieren die Rolle der Ehefrau in der Wissenschaft grundlegend. Jene Frauen, die gemeinsam mit ihrem Ehemann an der gleichen Einrichtung in die ingenieurwissenschaftliche Elite aufstiegen, waren nicht mehr die Zuarbeiterinnen für die wissenschaftlichen Karrieren ihrer Ehemänner wie zum Beispiel noch Hilde Barkhausen[238], sondern sie waren selbständige Akteurinnen und Autorinnen mit einem eigenen Wirkungsfeld.

---

235 Mittelstraß, S. 55-62, Jessen, Akademische Elite, S. 41 f.

236 Zum primärgruppenzentrierten Lebensstil vgl. Thaa, Häuser, Schenkel, Meyer, S. 143 f., 148, 152 ff.

237 Dass allerdings selbst in einer Berufsehe traditionelle Rollenverteilungen fortexistierten, lässt sich aus einem Interview mit der Architektin Anita Bach erkennen. Sie hatte gemeinsam mit ihrem Mann studiert und promoviert. Er ging danach in die Baupraxis, während sie an der Hochschule blieb, um ihre Habilitation anzufertigen. Gerade in jener Zeit nahm er eine Arbeit außerhalb des gemeinsamen Wohnortes an, sodass sie in ihrer Habilphase die Aufgaben der Kinderbetreuung, Anita Bach hatte vier Kinder, alleine bewältigen musste. Fassbinder, Bauer, S. 348 f.

238 Hilde Barkhausen, geb. Mollier (1876-1967), war durch ihren Bruder Richard, der seit 1897 als Nachfolger Gustav Zeuners an der TH Dresden lehrte, zum Studium der technischen Physik an der TH München ermutigt worden. Sie gab ihre Stelle als Privatassistentin bei dem Technischen Physiker Oscar Knoblauch auf, nachdem sie 1909 den Elektrotechniker Heinrich Barkhausen geheiratet hatte, der 1911 nach Dresden berufen wurde. In den ersten Jahren ihrer Ehe übersetzte Hilde Barkhausen zwei englische Arbeiten zur Elektrotechnik und führte vom VDI unterstützte Untersuchungen über Dampfdrücke durch. Nach der Geburt ihrer Kinder zog sie sich allerdings aus der fachlichen Arbeit zurück. Fuchs, Wie die Väter, S. 75-81. Als spannende Fallstudie über die Handlungsspielräume von Ehefrauen im wissenschaftlichen Arbeitspaar, hier über die Hirn-

3.3 Politisches Kapital – Berufungspolitik im Spannungsfeld von Frauenförderung und Technikpolitik

Hatten wir bei der Untersuchung der Dresdener Promovendinnen den Einsatz des politischen Kapitals für die Platzierungen im technischen Feld in Form der Eigeninvestitionen der Frauen untersucht, so werden wir uns jetzt damit befassen, wie der Staat über Maßnahmen in verschiedenen Politikbereichen, die dann wie Investitionszulagen wirkten, das politische Kapital der Frauen für einen Aufstieg in die ingenieurwissenschaftliche Elite erhöhte. Es geht also um die Frage, ob und wie die Hochschul-, Frauen- und Technikpolitik auf die Berufungschancen der Frauen einwirkten. Wir werden zuerst die Verteilung der Berufungen auf der Zeitachse betrachten und diese Verteilung im Kontext der Hochschulpolitik interpretieren. Danach werden wir die fachliche Verteilung der Berufungsgebiete analysieren und nach Korrelationen zwischen diesen Berufungsgebieten und der staatssozialistischen Technikpolitik fragen.

Grafik I/1: Erst- und Höherberufungen von Ingenieurwissenschaftlerinnen an Universitäten, Technischen Hochschulen und Ingenieurhochschulen der DDR von 1957 bis 1988 (N = 30)[239]

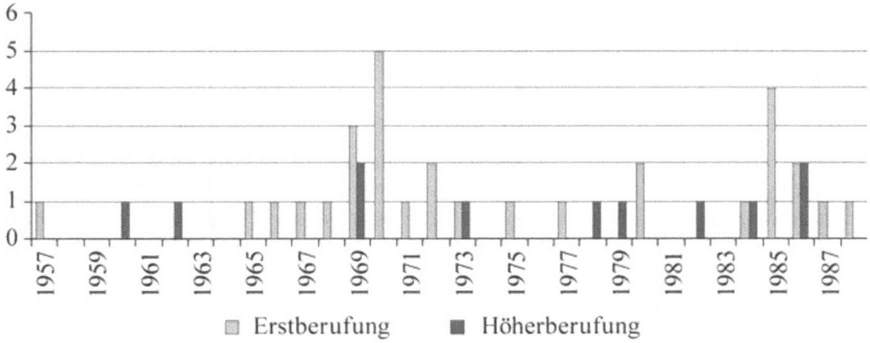

Die Grafik zeigt, dass es zwei zeitliche Schwerpunktphasen gab, in denen insgesamt 21 Frauen und damit 72 Prozent der gesamten Gruppe zur Dozentin beziehungsweise

---

forscherin Cécile Vogt, vgl. Satzinger, Weiblichkeit, S. 75-93. Über Arbeitspaare in der Zoologie vgl. Jahn, S. 110-116.

239 Ohne Technische Hochschule für Chemie Leuna-Merseburg, ausgezählt nach der Datenbank der Hochschullehrerinnen, die Dozentinnen, ordentliche und außerordentliche Professorinnen umfasst. Die Berufungsjahre wurden per Anfrage in den entsprechenden Universitäts- und Hochschularchiven sowie aus Berufungsakten im Bundesarchiv ermittelt.

Professorin berufen wurden. Das waren erstens die fünf Jahre von 1969 bis 1973, in denen 14 Frauen zur Hochschullehrerin in den Ingenieurwissenschaften aufstiegen, und zweitens die drei Jahre von 1984 bis 1986, in denen sieben Frauen auf Dozenturen und zwei von einer Dozentur auf eine ordentliche beziehungsweise außerordentliche Professur berufen wurden. Die erste Berufungswelle fand im Kontext der Hochschulreform und der Bildungsexpansion statt, in deren Folge die Anzahl der Hochschullehrerstellen kräftig anstieg.[240] Im Zuge dieses Stellenwachstums hatte jetzt erstmalig auch eine Gruppe von Frauen die Chance zum Aufstieg in die ingenieurwissenschaftliche Elite, während bis 1968 nur Lieselott Herforth zur Professorin erst- und höherberufen und zwischen 1965 bis 1968 nur vier Dozentinnen erstberufen worden waren. Zwei dieser Dozentinnen, die Werkstoffkundlerin Marianne Schminder und die Architektin Anita Bach stiegen in der nachfolgenden Berufungswelle von 1969 bis 1973 zur Professorin auf. Die dritte der vier Dozentinnen war die Metallkundlerin Maja Krumnacker, die 1968 zur Dozentin, aber erst zehn Jahre später zur außerordentlichen Professorin für Metallkunde an der Bergakademie Freiberg berufen wurde, obwohl sie sich schon 1967 habilitiert hatte.[241] Die vierte der Dozentinnen, eine an der Hochschule für Verkehrswesen in Dresden lehrende Bauingenieurin, verteidigte 12 Jahre nach ihrer Berufung die Dissertation B, blieb aber auch danach auf einer Dozentenstelle.

Waren also die Berufungen von Frauen im ingenieurwissenschaftlichen Bereich der Technischen Hochschulen bis 1968 noch Ausnahmen und Einzelfälle, so brachte die Berufungswelle der Jahre von 1969 bis 1973 erstmalig eine Gruppe von immerhin 14 Frauen auf Dozenten- und Professorenstellen im Bereich der Ingenieurwissenschaften.[242]

---

240 Nach den von Ralph Jessen ermittelten Daten über die quantitative Entwicklung der Hochschullehrerstellen in der DDR wuchs deren Anzahl von 1969 bis 1973 von 3970 auf 5091, also um 28 Prozent, während sie in den vorangegangenen fünf Jahren zwischen 1964 und 1968 von 2971 auf 3536 und damit um 19 Prozent gestiegen waren. Jessen, Habilschrift, S. 546.

241 Maja Krumnacker war schon in der Herforth-Rede auf der ersten Frauenkonferenz der Technischen Hochschulen im Jahre 1964 als potenzielle Professorin vorgestellt worden. Sie erfüllte bereits damals die in den Ingenieurwissenschaften üblichen Berufungsvoraussetzungen, d. h. sie war promoviert (in den Ingenieurwissenschaften war der Anteil der habilitierten Kader gering), und hatte mehrere Jahre in der Industrie gearbeitet, wo sie bis zur stellvertretenden Leiterin der Abteilung für Forschung und Entwicklung in einem Metallgusswerk und schließlich zur Leiterin der Abteilung für Werkstoffprüfung aufgestiegen war. Im Jahr ihrer Habilitation aber wurden vom Prodekan der Bergakademie noch ernste Bedenken gegen ihre Berufung geltend gemacht. Ihr wurde vorgeworfen, sich nicht „in der Erziehung des Studenten zum sozialistischen Bewußtsein hervorgetan [zu] haben." BArch, DR3/B1183 b, Prorektor für wissenschaftlichen Nachwuchs an der Bergakademie Freiberg an das Staatssekretariat für Hoch- und Fachschulwesen vom 11.4.1967.

242 Die Höherberufung von 1973 wurde nicht mitgezählt, weil die Erstberufung dieser Frau 1969 stattfand.

Diese freilich noch immer bescheidene Berufungswelle, die aber im Zeitraum von nur fünf Jahren fast die Hälfte der Ingenieurwissenschaftlerinnen der DDR auf Hochschullehrerstellen beförderte, wäre ohne den seit dem Frauenkommuniqué mit der Autorität der SED ausgestatteten Druck der Frauenpolitik kaum möglich gewesen. Nachdem das Berufungsgeschehen seit Mitte der 1960er Jahre der staatlichen Planung unterworfen wurde und das Politbüro der SED in diesem Kontext am 16.12.1964 den Beschluss fasste, an allen Universitäten, Hochschulen und Medizinischen Akademien jene Nachwuchswissenschaftlerinnen, die für eine Hochschullehrerlaufbahn in Frage kamen, namentlich zu erfassen, wurde die Frauenförderung konkreter und abrechenbarer.[243]

Die Bildungsplaner versuchten jetzt die Auflagen zur Frauenförderung zu präzisieren und so zu verankern, dass bei ihrer Nichterfüllung Sanktionen anwendbar waren. In der bereits zitierten Vorlage für die Dienstbesprechung des Ministers wurde vorgeschlagen, „bei gesellschaftlicher und fachlicher Eignung [...] in der Ernennungs- und Berufungspolitik den Frauen gegenüber den Männern de[n] Vorzug zu geben" und habilitierte und promovierte Frauen in die Nomenklatur der Rektoren aufzunehmen.[244] Mit der Aufnahme der Frauen in das Nomenklatursystem aber konnte die Partei von den Rektoren Rechenschaft über die Berufskarrieren der Frauen fordern.[245] Allerdings wurden diese weit reichenden Maßnahmen nicht zentral, sondern nur partiell auf der lokalen Ebene durchgesetzt. So legte der Rektor der Technischen Hochschule für Chemie in Leuna-Merseburg 1968 fest, dass einige Professoren- und Dozentenstellen nur besetzt werden durften, wenn eine Frau zur Berufung anstand. Auf diese Weise gelang es dort, bis zum April 1971 zwei Professorenstellen und zwei Dozentenstellen mit Frauen zu besetzen.[246] Der Rektor der Hochschule für Architektur und Bauwesen in Weimar erfasste alle Frauen im wissenschaftlichen Bereich in der Kontrollnomenklatur des Rektors.[247]

Außerdem griff das Ministerium für Hoch- und Fachschulwesen jetzt erneut auf die Dozentenlehrgänge als eine Form der Nachwuchsförderung zurück, die in der

243 SAPMO-BArch, DY 30/IV/A2/17/16: Kempke an Lange 19.7.1965, Maßnahmen zur Erhöhung des Frauenanteils in naturwissenschaftlich-technischen Fachrichtungen. Zur Planung der Berufungen vgl. Jessen, Akademische Elite, S. 104-113.

244 SAPMO-BArch, DY 30/IV/A2/17/16: Kempke an Lange 19.7.1965, Maßnahmen zur Erhöhung des Frauenanteils in naturwissenschaftlich-technischen Fachrichtungen, Pkt. 4.1.1.a und c. Habilitandinnen und in wissenschaftlichen Leitungsfunktionen ab Institutsdirektor tätige Frauen sollten in der Kontrollnomenklatur des Ministeriums für Hoch- und Fachschulwesen erfasst werden.

245 Zum Nomenklatursystem der DDR vgl. Wagner, Gerüst der Macht, S. 87-108.

246 BArch, DR3/B1182/1: Frauenberatung beim Ministerium für Hoch- und Fachschulwesen, 28.4.1971. Eine der beiden Professorinnen war die in den 1980er Jahren zur Rektorin der Technischen Hochschule für Chemie ernannte Margit Theresa Rätzsch. Baumgartner, Hebig, S. 686.

247 BArch, DR3/B1182/1: Hochschule für Architektur und Bauwesen Weimar an das Ministerium für Hoch- und Fachschulwesen, Abt. Kader, Gen. Jander, 11.5.1971.

Phase der Etablierung des sozialistischen Hochschulsystems im Zeitraum von 1948 bis 1951 erstmalig angewandt worden war, um die Abhängigkeit von der bürgerlichen Intelligenz rasch zu überwinden.[248] 1969 führte das Ministerium in Egsdorf zwei Frauenlehrgänge für Führungskader durch, auf denen das Ministerium offenkundig eine Art Evaluierung der von den Rektoren zu diesen Lehrgängen delegierten Frauen vornahm, um sie in die entsprechenden Nomenklaturen aufzunehmen und damit auf die entsprechenden Laufbahnen zu lenken.[249] Es war vorgesehen, von den 38 Teilnehmerinnen an beiden Lehrgängen 16 zur Professorin oder Hochschuldozentin zu berufen. Aus unserer Gruppe der 14 zwischen 1969 und 1973 berufenen Hochschullehrerinnen waren vier Teilnehmerinnen dieser Lehrgänge. Später wurden Frauen auch auf Führungskaderlehrgänge delegiert, die nicht mehr als Frauenlehrgänge organisiert waren.

Dass die Einbindung der Frauenförderung in die Planung der Berufungspolitik durchaus erfolgreich war, belegt die Statistik. Zwischen 1967 und 1971 erhöhte sich im gesamten Hochschulwesen der DDR die Anzahl der Professorinnen von 44 auf 60 und die Anzahl der Dozentinnen von 59 auf 205.[250] Die Hochschullehrerinnen in den Ingenieurwissenschaften hatten daran freilich nur einen kleinen Anteil, wenngleich die Berufungswelle von Frauen gerade für diesen Bereich die größte war, die es in der DDR je gegeben hat.

Je verbindlicher die Auflagen zur Frauenförderung wurden, umso größer wurde aber auch der Widerstand gegen sie. So wurden auf einer Beratung des Ministeriums für Hoch- und Fachschulwesen mit dem Zentralvorstand der Gewerkschaft Wissenschaft im April 1971 über Vorbehalte der Frauen gegen die Förderung gesprochen und diese auf negative Erfahrungen der Frauen mit diesem Instrumentarium zurückgeführt. „Bei Berufungen und Übernahme von leitenden Funktionen werden Nadelstiche angebracht, die Frauen sind einem Spießrutenlaufen ausgesetzt und weichen lieber einer Berufung aus."[251] Neben der Demotivierung potenzieller Aufsteigerinnen kamen auf verschiedenen Ebenen auch direkte Formen der Verhinderung zum Einsatz. So wurde an der Bergakademie Freiberg die Berufung einer habilitierten Werkstofftechnikerin mit der Begründung blockiert, dass sie das von ihr geleitete Labor „als Elfenbeinturm der Wissenschaft betrachtet[e]" und sich nicht an der sozialistischen Erziehung der Studenten beteilige. Darüber wurde an das Staatssekretariat mit

248 Vgl. dazu Jessen, Akademische Elite, S. 337-346.

249 Abteilung Kader und Qualifizierung zum ersten Frauenlehrgang in Egsdorf, Berlin 10.6.1969 in: BArch, DR3/B1695/2; Einschätzung der Teilnehmerinnen am 2. Lehrgang für weibliche Nachwuchskräfte vom 22.9.-2.10.1969 in Egsdorf , in: BArch, DR3/B1182/2.

250 Entwicklung und Förderung von Frauen im Hochschulwesen. Vorlage für die Frauenberatung zwischen dem Zentralvorstand der Gewerkschaft Wissenschaft (Sander) und dem Ministerium für Hoch- und Fachschulwesen (Bernhardt) am 28.4.1971, BArch, DR3/B1182/1.

251 BArch, DR3/B1182/1: Frauenberatung beim Ministerium für Hoch- und Fachschulwesen, 28.4.1971.

dem Nachsatz berichtet: „Aufgabe der Frauenförderung kann es natürlich nicht sein, den weiblichen wissenschaftlichen Nachwuchs von der Pflicht der sozialistischen Erziehung zu entbinden."[252] Eine Baustoffverfahrenstechnikerin wurde an der Hochschule für Architektur und Bauwesen durch Strukturveränderungen ausgebremst. Das für sie vorgesehene Berufungsgebiet wurde im Zuge der Auflösung von Instituten und der Gründung von Sektionen einfach abgeschafft. Sie wandte sich daraufhin mit einer Beschwerde an den Minister. Ihre Berufung erreichte sie dadurch nicht.[253]

Von den 14 Ingenieurwissenschaftlerinnen der ersten und größten Berufungswelle in diesem Bereich erhielten zehn ihre Professur (2) beziehungsweise Dozentur (8) ohne habilitiert oder B-promoviert zu sein. Das aber war keineswegs ein Zugeständnis der Frauenpolitik, denn auch unter den männlichen Hochschullehrern war gerade in den Ingenieurwissenschaften die Quote der Habilitierten beziehungsweise B-Promovierten außerordentlich gering.[254] Allerdings bewertete das Ministerium für Hoch- und Fachschulwesen die in den 1960er Jahren sinkende und in der Phase der Hochschulreform auf dem Tiefpunkt angekommene Habilitationsquote unter den Berufenen als ernstzunehmenden Verfall der Fachqualifikation und begann Anfang der 1970er Jahre gegenzusteuern. Von den zehn ohne Habilitation beziehungsweise B-Promotion berufenen Frauen der ersten Berufungswelle holten sechs diese Qualifikation im Dezennium nach ihrer Berufung nach und die später berufenen Ingenieurwissenschaftlerinnen waren bis auf zwei Ausnahmen zum Zeitpunkt der Berufung B-promoviert.[255] Dass die Anzahl der Berufungen von Frauen gerade in jener Zeit ihren Höchststand erreichte, als die B-Promotion keine unabdingbare Berufungsvoraussetzung war, zeigt allerdings auch, dass die zweite Dissertationsschrift einen reale Frauen ausgrenzenden Effekt hatte. Nachdem sie wieder zur unabdingbaren Voraussetzung für den Nachweis der Fachqualifikation erhoben wurde, ging die Anzahl der Berufungen von Frauen zumindest in den Ingenieurwissenschaften deutlich zurück.

In den nächsten zehn Jahren von 1974 bis 1983 gelang nur noch sechs Frauen der Einstieg in die beziehungsweise der Aufstieg innerhalb der ingenieurwissenschaftlichen Elite. Zwei 1968 beziehungsweise 1969 berufene Dozentinnen erhielten jeweils zehn Jahre später eine außerordentliche Professur für Metall- beziehungsweise Werkstoffkunde. Beide Frauen hatten sich bereits kurz vor beziehungsweise nach ihrer Berufung zur Dozentin habilitiert.[256] 1975 wurde die spätere Präsidentin der Kammer der Technik Dagmar Hülsenberg, nachdem sie 1969 eine ingenieurökonomische und

252 BArch, DR3/B1183b: Bergakademie Freiberg, Prorektor für wissenschaftlichen Nachwuchs 11.4.1967 an das Staatssekretariat für Hoch- und Fachschulwesen.

253 BArch, DR3/B1182/1: HABW an MHF, Abt. Kader, Gen. Jander, 11.5.1971.

254 Jessen, Professoren im Sozialismus, S. 242 f.

255 In beiden Ausnahmefällen ging es um eine Berufung zur Dozentin. Beide Frauen verteidigten ihre Dissertation B einige Jahre nach der Berufung. Eine von ihnen erhielt danach eine Professur. Universitätsarchiv der TU Dresden, Promotionsakte B, 8727, 10168.

256 Schriftliche Auskunft der Universitätsarchive.

1970 eine ingenieurwissenschaftliche Dissertation an der Bergakademie Freiberg verteidigt hatte und dann fünf Jahre im Ministerium für Glas- und Keramikindustrie tätig war, als ordentliche Professorin für Glas- und Keramiktechnologie an die Technische Hochschule Ilmenau berufen.[257] 1978 erhielt eine Promovendin der TU Dresden, die ihr Diplom auf dem Wege des Fernstudiums erworben hatte, dann zwei Jahre im Kernforschungszentrum des RGW im damals sowjetischen Dubna tätig war und parallel dazu ihre Dissertation A abgeschlossen hatte, den Ruf als Dozentin an die Sektion für Energieumwandlung der TU Dresden.[258] Ebenfalls an der TU Dresden wurde 1980 die erste und zu diesem Zeitpunkt auch B-promovierte Elektrotechnikerin als Dozentin berufen.[259] An der Technischen Hochschule Magdeburg erhielt 1980 Brigitte Jortzik nach Abschluss ihrer Dissertation B zu einem Thema der Fertigungsprozessgestaltung im Maschinenbau den Ruf zur Dozentin für Technologie des Maschinenbaus und zwei Jahre später eine Professur.[260]

Die geringe Anzahl und zeitliche Streuung der Berufungsfälle im Dezennium von 1974 bis 1983 zeigt, dass der Einfluss der Frauenpolitik im Hochschulwesen nach Abschluss der Strukturveränderungen im Zuge der Hochschulreform offensichtlich geschwunden war. Da auch in diesem Dezennium die Anzahl der Hochschullehrer weiter anstieg, war der signifikante Rückgang der Frauenberufungen keine Folge einer Fixierung der Lehrkörperstrukturen nach der Dritten Hochschulreform.[261] Zudem stieg in den 1970er Jahren die Anzahl von A-Promotionen von Frauen in den Ingenieurwissenschaften weiter an.[262] Wäre es der Frauenpolitik gelungen, eine Verlängerung der Berufungspraxis der Hochschulreform durchzusetzen, hätten für eine Erhöhung der Frauenquote unter den Hochschullehrern im Bereich der Ingenieurwissenschaften durchaus gute Chancen bestanden. Stattdessen wurden in den 1970er Jahren drei Entwicklungen wirksam, welche die Aufstiegschancen von Frauen in die ingenieurwissenschaftliche Elite erheblich verschlechterten.

Das war erstens die Stabilisierung der mit der dritten Hochschulreform eingeführten Strukturen. In der Phase des Hochschulumbaus hatten mit der Auflösung von Instituten zugunsten von Sektionen, der Gründung neuer Ingenieurhochschulen und der Einrichtung technischer Sektionen an traditionellen Universitäten die etablierten fachlichen und machtpolitischen Netzwerke zeitweilig an Bindungskraft verloren, sodass Spielräume für frauenpolitische Interventionen entstanden. Drei der vierzehn Hochschullehrerinnen der ersten Berufungswelle waren an zwei neuen Ingenieurhochschulen und einer neu gegründeten technischen Sektion an einer traditionellen

257 Baumgartner, Hebig, S. 344.
258 Universitätsarchiv der TU Dresden, Promotionsakte B, 8727.
259 Universitätsarchiv der TU Dresden, Promotionsakte B, 7182.
260 Anfrage im Universitätsarchiv.
261 Zur Anzahl der Professoren und Dozenten vgl. Jessen, Habilschrift, S. 546.
262 Vgl. dazu Grafiken A/19 bis A/21.

Universität berufen worden und neun der vierzehn Aufsteigerinnen erhielten Dozenturen, deren Anzahl im Zusammenhang mit den Sektionsgründungen zunächst überproportional anstieg. Nur drei der neun Dozentinnen stiegen innerhalb der nächsten zehn bis 16 (!) Jahre in den Rang einer ordentlichen (1) beziehungsweise außerordentlichen (2) Professorin auf. Die beiden außerordentlichen Professorinnen wurden in der zweiten Berufungswelle von 1984 bis 1986 berufen. Sobald die Kernpositionen in den neuen Strukturen erst einmal besetzt und die Netzwerke wiederhergestellt waren, verringerten sich die Chancen für den Aufstieg von Frauen in die ingenieurwissenschaftliche Elite. Die inzwischen positionierten Frauen blieben in einer Außenseiterstellung und hatten ob ihrer geringen Zahl keine Möglichkeiten, eigene Netzwerke aufzubauen. Sie konnten nur versuchen, ihre Isolation durch die Heranbildung weiblicher Nachwuchskräfte zu überwinden. Das taten sie auch. Aber diese Strategie war nicht geeignet, die Situation kurzfristig zu verändern.

Eine zweite, die Aufstiegschancen von Frauen in der Wissenschaft verschlechternde Entwicklung war die mit der Hochschulreform eingeführte Befristung einer wachsenden Anzahl von Stellen im akademischen Mittelbau. Von dieser Befristung waren in überproportionalem Maße Frauen betroffen. Dass daraus negative Effekte für die Entwicklung des Frauenanteils im Hochschulwesen erwachsen konnten, wurde von den verantwortlichen Bildungspolitikern schon 1969 thematisiert. So hieß es in einer Information des Ministers für Hoch- und Fachschulwesen zur Vorbereitung der Rektorenberatung am 20.5.1969:

> „Der Anteil der Frauen mit befristetem Arbeitsrechtsverhältnis ist z. T. sehr hoch. Es ist sehr sorgfältig zu prüfen, ob die Übernahme von Frauen ins befristete Arbeitsrechtsverhältnis eine echte Maßnahme der Frauenförderung darstellt oder de facto einer ‚Hinausbeförderung' gleichkommt."[263]

Tatsächlich wanderten, wie wir bei Auswertung des Dresdener Promovendinnensamples gesehen hatten, nach der Befristung von Promovendenstellen durch das Forschungsstudium oder die Zunahme befristeter Assistenturen viele Ingenieurinnen nach ihrer Promotion in die Wirtschaft, die außeruniversitäre Forschung oder staatliche Behörden ab. Weil andererseits seit Mitte der 1970er Jahre die Dissertation B als Berufungsvoraussetzung konsequenter durchgesetzt wurde, die wiederum eine längerfristige Beschäftigung an der Hochschule voraussetzte, führten die Befristungen tatsächlich zu einer relativen Verschlechterung der Chancen von Frauen für den Aufstieg in die ingenieurwissenschaftliche Elite.[264]

Drittens schließlich wirkten sich die mit dem Übergang zur pronatalistischen Sozialpolitik der Honecker-Ära verbundenen Veränderungen in der Frauenpolitik nachteilig auf Frauenkarrieren in den Ingenieurwissenschaften aus. Die Politik zur

263 BArch, DR3/B1182/2: Information an die Mitglieder der Dienstberatung des Ministers am 19.5.1969 für die Rektorenberatung am 20.5.1969.

264 Von den seit Mitte der 1970er Jahre berufenen Ingenieurwissenschaftlerinnen unseres Samples waren fast alle seit der Promotion an der Hochschule tätig.

Anhebung der Geburtenrate führte dazu, dass Frauenförderung jetzt immer eindeutiger als Politik zur Förderung der Mutterschaft in dem auf die Erwerbsarbeit der Frauen angewiesenen Sozialsystem betrieben wurde. Lag der von einem mobilisierungspolitischen Anliegen ausgehenden Frauenförderung der 1960er Jahre zumindest als Zielgröße und Denkmodell der Gleichheitsgrundsatz für das Geschlechterverhältnis zugrunde, so betonte die aus der pronatalistischen Sozialpolitik erwachsende Frauenförderung die Geschlechterdifferenz. Die aber wurde hierarchisch gedacht und verortete die Frauen in einer inferioren Position, weil die mit der pronatalistischen Sozialpolitik betonte Bindung an das Reproduktionssystem in der produktionszentrierten Arbeitsgesellschaft ein Nachteil war.[265]

Erst in den 1980er Jahren kam der mobilisierungspolitische Ansatz der Frauenförderung wieder stärker in den Vordergrund. Anlass dazu gaben die sich verschärfenden Krisensymptome in der DDR-Wirtschaft und Gesellschaft. In Anbetracht des inzwischen erreichten hohen Standes der Frauenerwerbsquote und dem weitgehenden Abbau des Bildungsgefälles zwischen den Geschlechtern ging es jetzt nicht mehr um die Erschließung von Arbeitskraft-, sondern von Produktivitätsreserven.[266] In diesem Kontext erlangte der Widerspruch zwischen der geschlechtsübergreifenden Akkumulation von Bildungskapital und dessen geschlechtsspezifische und deshalb nur partielle Nutzung wachsende Aufmerksamkeit. Bildungsökonomische und soziologische Untersuchungen thematisierten die Frage nach dem qualifikationsgerechten Einsatz

---

265 Ausführlich zu den Auswirkungen der Sozialpolitik der Honecker-Ära auf die Geschlechterordnung vgl. Diemer, S. 72-82.

266 Diesen Zusammenhang formulierte die Hauptreferentin Brigitte Weichert auf einer Tagung des Wissenschaftlichen Rates „Die Frau in der sozialistischen Gesellschaft" am 9. Juli 1982 mit großer Redundanz, wohl um die Bedeutung des Gesagten zu unterstreichen: „In unserer gegenwärtigen Entwicklungsetappe geht es um die Erschließung aller Reserven, um die Erhöhung der gesellschaftlichen Wirksamkeit der qualitativen Faktoren zur Beschleunigung des Wachstumstempos unserer Volkswirtschaft. Bezogen auf den Inhalt der Frauenförderung heißt das vor allem, den qualitativen Beitrag der Frauen im gesellschaftlichen Arbeitsprozess zu erhöhen. Aus der Wirtschaftsstrategie der SED leiten sich auch neue, höhere Anforderungen für die Stellung der Frau im Arbeitsprozess ab. Das heißt die Nutzung des Arbeitsvermögens der weiblichen Bevölkerung vor allem auf qualitativem Gebiet verbessern und so als qualitative Faktoren des Wirtschaftswachstums noch effektiver wirksam zu machen. So wie sich bisher die gesellschaftliche Stellung der Frau vor allem über die Einbeziehung der Frau in den gesellschaftlichen Arbeitsprozess veränderte, entwickelt sich auch weiterhin ihre gesellschaftliche Stellung vor allem im Prozess der Arbeit, was auch den Bedürfnissen der Frauen entspricht. Beim erreichten hohen Stand der quantitativen Einbeziehung der Frauen in den gesellschaftlichen Arbeitsprozess geht es jetzt vor allem um die Erhöhung der qualitativen Rolle der Frau im Arbeitsprozess, bei voller Berücksichtigung ihrer sozialen Funktion der Mutterschaft." Brigitte Weichert, Zur Weiterentwicklung der gesellschaftlichen Stellung der Frau in den 80er Jahren, in: Informationen des Wissenschaftlichen Rates „Die Frau in der sozialistischen Gesellschaft", Heft 5, 1982, S. 4-16, hier S. 10 f. (Hervorhebungen von mir)

von Frauen.[267] Und in der Hochschulpolitik wurde die niedrige Frauenquote in der Hochschullehrerschaft und in den Hochschulleitungen problematisiert.[268]

Das aber bildete den Ausgangspunkt für neue Auflagen zur Erhöhung der Frauenquote und damit für eine neue Berufungswelle. Innerhalb der drei Jahre von 1984 und 1986 wurden sieben der 30 Frauen aus unserem Hochschullehrerinnensample auf eine ordentliche (6) beziehungsweise außerordentliche (1) Dozentur berufen und zwei in den 1970er Jahren berufene Dozentinnen stiegen jetzt zur ordentlichen (1) beziehungsweise außerordentlichen (1) Professorin auf. Bis auf eine Ausnahme waren jetzt alle Frauen zum Zeitpunkt ihrer Berufung B-promoviert. Mit drei Neuberufungen auf den technologisch ausgerichteten Gebieten der Verfahrens-, Plast- und Fertigungstechnik nahm die Technische Hochschule Karl-Marx-Stadt in dieser Berufungswelle eine Spitzenposition ein. Diese Hochschule hatte bisher nur eine Frau, die oben bereits vorgestellte Hilda F./O., auf eine Professur im Bereich der Technologie berufen, die jedoch nur drei Jahre an der Hochschule blieb. Die Technische Universität Dresden war mit zwei Neu- und zwei Höherberufungen im Bereich des Maschinenwesens (3) und der Architektur (1) an dieser Berufungswelle beteiligt. Schließlich wurde an der Hochschule für Architektur- und Bauwesen eine Bauingenieurin und an der Technischen Hochschule Ilmenau eine Physikerin für das Gebiet der Festkörperelektronik berufen.

In dieser zweiten Berufungswelle kamen vor allem Frauen aus der Studentinnengeneration der 1960er Jahre zum Zuge, die noch vor der Bildungsexpansion studiert[269], in den 1970er Jahren die Promotion A und bis zur Mitte der 1980er Jahre die Promotion B verteidigt hatten. Dass die zweite im Unterschied zur ersten Berufungswelle von Frauen in den Ingenieurwissenschaften deutlich moderater ausfiel, obwohl die Technischen und Ingenieurhochschulen seit den 1970er Jahren deutlich mehr Frauen ausgebildet hatten als in den 1950er und 1960er Jahren, lag hauptsächlich daran, dass diese Berufungswelle nicht mit einem Strukturwandel im Hochschulsystem zusammenfiel. Daher boten sich kaum Möglichkeiten, Frauen im Zusammenhang mit einer Erweiterung des Stellenplanes zu berufen. Überdies verschlechterte der 1983 drohende Staatsbankrott, der jedoch durch Kredite der Bundesrepublik noch einmal aufgeschoben werden konnte, die finanzielle Situation der Hochschulen.[270]

267 Alle Studien konstatierten eine Unterforderung des weiblichen Bildungskapitals und analysierten, in welchen Formen diese Unterforderung auftrat. Vgl. dazu die in Anm. 172 angegebenen Quellen.

268 Der Beitrag der Gewerkschaft Wissenschaft bei der Entwicklung von Frauen für die wissenschaftliche Arbeit. (Erfahrungsaustausch des Zentralvorstandes der Gewerkschaft Wissenschaft am 22. September 1981), in: Informationen des Wissenschaftlichen Rates „Die Frau in der sozialistischen Gesellschaft", Heft 2, 1982.

269 Nur eine der neu berufenen Dozentinnen dieser Gruppe hatte von 1971 bis 1975 und damit während der Bildungsexpansion studiert.

270 Maier, Das Verschwinden, S. 122.

Das führte an den Hochschulen zu scharfen Konkurrenzkämpfen um den Stellenplan, die wiederum die Spielräume für die Frauenpolitik verringerten.[271] 1987 und 1988 wurden nur noch zwei Frauen aus der von mir recherchierten Gruppe der 30 Hochschullehrerinnen auf eine Dozentur berufen. Eine der beiden war die Schülerin einer in der ersten Berufungswelle aufgestiegenen Werkstofftechnikerin. Ansonsten gelang es in dieser Gruppe nur noch der Kernphysikerin Lieselott Herforth eine ihrer Schülerinnen, die Physikerin Birgit Dörschel, auf die Hochschullehrerlaufbahn zu bringen.[272] Der Aufstieg von Frauen in die Hochschullehrerschaft blieb insgesamt also offensichtlich zu singulär, um die männlichen Ahnenreihen in den Ingenieurwissenschaften wirksam aufzubrechen.[273]

Betrachten wir nun die fachliche Verteilung der Berufungsgebiete, um den Einfluss der Technikpolitik auf den Zugang von Frauen zur ingenieurwissenschaftlichen Elite zu untersuchen. Auf den ersten Blick ergibt sich eine relativ breite Streuung der Berufungsgebiete, die eher zufällig entstanden zu sein scheint. Auf den zweiten Blick aber werden zwei Schwerpunktgebiete sichtbar, die aufs Engste mit der Technikpolitik der DDR verbunden waren.

---

271 Dass in dieser Situation die Anzahl der Hochschullehrerstellen weiter zunahm, war nur durch Umschichtungen möglich. So wurden für die Berufung von Professoren Planstellen aus dem akademischen Mittelbau und sogar aus dem technischen und Verwaltungsbereich der Hochschulen und Universitäten umgewidmet.

272 Als Physikerin mit einer naturwissenschaftlichen Nominierung ihrer akademischen Grade war Birgit Dörschel allerdings kein Fall unseres Samples.

273 In einem nach dem Zusammenbruch der DDR geführten Interview beschrieb die Architektin Anita Bach das Scheitern ihrer Bemühungen, eine Schülerin zur Hochschullehrerin zu entwickeln. Diese Bemühungen scheiterten allerdings im Ergebnis des Hochschulumbaus nach dem Zusammenbruch der DDR, als die inzwischen an die Pädagogische Hochschule in Erfurt gewechselte Bach-Schülerin von der Abwicklung der Hochschule betroffen wurde. Fassbinder, Bauer, S. 320 f.

Berufungsgebiete der Hochschullehrerinnen in den Ingenieurwissenschaften

Berufungsgebiet	Konkretes Berufungsfeld	Anzahl
Kernphysik	Angewandte Radioaktivität, später: Experimentalphysik (Radioaktivität und Dosiometrie)	1
Architektur und Städtebau	Architektur, Stadtrekonstruktion, Siedlungsplanung, Baugeschichte	4
Bauingenieurwesen	Brückenbau, Baustoffkunde*, Baustofftechnologie**, Bodenmechanik	4
Maschinenwesen	Fertigungssysteme**, Technologie des Maschinenbaus**, Wärmetechnik, Industrielle Lebensmittelproduktion**, Textiltechnik**, Verfahrenstechnik**, Plasttechnik**, Fertigungstechnik**, Glas- und Keramiktechnologie**, Werkstoffkunde* (4), Metallkunde*	14
Elektrotechnik/Elektronik	Theoretische Elektrotechnik, Grundlagen der Elektrotechnik, Werkstoffe elektronischer Bauelemente*, Prozesstechnologie der Elektrotechnik**, Elektroniktechnologie**, Informationstechnik, Festkörperelektronik	7

Elf Berufungen und damit 37 Prozent aller Aufstiege erfolgten auf einem Gebiet der Technologie (**), die in den 1950er Jahren zu einem Spezialgebiet der akademischen Ingenieurausbildung aufgewertet und der in den staatssozialistischen Technikkonzepten stets eine große Bedeutung zugemessen worden war.[274] Weitere sieben Berufungen entfielen auf den Bereich der Werkstofftechnik (*), der ein Spezialgebiet der Technologie darstellte und dem in der rohstoff- und devisenarmen DDR die Aufgabe zufiel, Ressourcenengpässe durch Ingenieurleistungen zu überwinden. Also erfolgten über die Hälfte aller Berufungen von Frauen in den Ingenieurwissenschaften auf Gebieten, die in den Technikkonzepten und der Technikpolitik der DDR eine systemspezifische Aufwertung erfuhren.

Bei einem dritten Blick auf das fachliche Profil der Gruppe der Hochschullehrerinnen zeigt sich ein weiterer Berufungsschwerpunkt in der seit den 1960er Jahren in der Technikpolitik der DDR zur Schlüsseltechnologie avancierten Elektrotechnik/Elektronik. Schließlich reflektiert die Platzierung der Hochschullehrerinnen im Feld der Ingenieurwissenschaften auch die Ambivalenz der Technikpolitik der DDR, die einerseits die fordistischen Strukturen der Hochindustrialisierung ausbaute und in

274 Ausführlich zur Aufwertung der Technologie vgl. Kapitel 3.2 in Teil IV.

diesem Kontext die Fertigungs- und Werkstofftechnik zu Kernbereichen ingenieurwissenschaftlicher Expertise erhob, die andererseits aber mit Hilfe der Computerisierung und der Förderung der dafür notwendigen Ingenieurwissenschaften im Bereich der Elektronik versuchte, Modernisierungseffekte zu erzielen, die nur im Zusammenhang mit einer Überwindung der fordistischen Strukturen eintreten konnten.

Damit ist deutlich geworden, dass die systemspezifische Umbewertung von Technikbereichen in einem auf die Erwerbsarbeit von Männern und Frauen gestützten Wirtschafts- und Sozialsystem die entscheidenden Voraussetzungen für den Aufstieg von Frauen in die ingenieurwissenschaftliche Elite schuf. Die Frauenaufstiege wiederum sind ein aussagekräftiger Indikator für die Wirksamkeit dieser Umbewertungen.

Damit sind wir am Ende unserer biografischen Studie angelangt, in der wir in einer Pendelbewegung zwischen Gruppen- und Einzelbiografie den Weg von 188 Frauen in den Ingenieurberuf verfolgt haben. Im Ostteil des nach dem Zweiten Weltkrieg geteilten Landes konnten sich erstmals in der deutschen Geschichte des Ingenieurberufs eine im Vergleich zur Vorkriegszeit, aber auch zur Entwicklung im Westteil des Landes relativ große Gruppe von Frauen in allen Segmenten des technischen Feldes platzieren. Dieses Phänomen verweist auf Verschiebungen im Beziehungsgefüge des Feldes, deren Ursachen bei der Analyse der Bildungs- und Berufsverläufe der Frauen schon partiell sichtbar wurden. Veränderte Zugangsbedingungen durch staatliche Interventionen setzten traditionelle Mechanismen der Abgrenzung des technischen Feldes außer Kraft. Die Ausdifferenzierung neuer und in ihrer geschlechtlichen Codierung noch nicht festgelegter Fachsegmente im Zusammenhang mit der Erweiterung technischer Wissensbestände und ihrer Anwendungsgebiete öffnete das Feld ebenfalls. Die wachsende Wirkungsmacht der Gegensätze in einer aus dem heißen, unmittelbar in einen Kalten Krieg übergehenden, politisch polarisierten Welt überlagerte im Feld der Technik die Polarisierungen der Geschlechterordnung und hob die Bedeutung der Geschlechterdifferenz partiell auf. All diese Einflussfaktoren wirkten auf dem Weg der Frauen in die Technik, die ebenso grundsätzliche Veränderungen in den sozialstrukturellen Bedingungen der Ausübung des Ingenieurberufs deutlich machen. Zugleich zeigten sich in den Bildungs- und Berufsverläufen der Frauen, zum Beispiel in ihrer Abhängigkeit von männlichen Berufsnetzwerken, in denen sie in der Regel Einzelkämpferinnen blieben, oder in der Segmentierung der von den Frauen übernommenen Aufgabengebiete, starke Beharrungskräfte einer männlichen Kultur der Technik, die nach wie vor großen Einfluss auf das Beziehungsgefüge im technischen Feld nahm.

Um die Wirkung dieser Beharrungskräfte aufzuzeigen, liefert das nächste Kapitel einen historischen Rückblick auf die Entfaltung der männlichen Kultur der Technik. Es wird untersucht, wie die ingenieurwissenschaftliche Elite über drei politische Systemwechsel hinweg das berufliche Selbstverständnis der Ingenieure im Koordinatensystem der Zweigeschlechtlichkeit verankerte und mit welchen Motiven und Strategien jene Frauen, die als Pionierinnen das Feld der Technik betraten, sich in dem für sie kulturell fremden Raum assimilierten.

II. Die bürgerliche und soldatische Erbschaft – Das Berufsbild der Ingenieure und seine Verankerung in der Geschlechterordnung (1850-1950)

Als am 29. Oktober 1949 an der Technischen Hochschule Dresden die Arbeiter- und Bauernfakultät eröffnet wurde, deren Aufgabe es war, Arbeiter- und Bauernkinder auf ein Studium vorzubereiten und damit eine neue Intelligenz aus dem Kreis der Arbeiter- und Bauern heranzubilden, hielt Walter Ulbricht als damaliger stellvertretender Ministerpräsident der DDR eine Rede. Darin versicherte er, dass auch die „alte Intelligenz" in der neuen Gesellschaft Perspektiven habe. Ihre Vergangenheit sei belanglos, wenn sie sich nur am Aufbau des Sozialismus beteilige.

„Diese Aufgabenstellung zeigt, dass die Entwicklung einer neuen Intelligenz aus den Kreisen des werktätigen Volkes nicht nur keine Zurücksetzung der alten Intelligenz bedeutet, sondern im Gegenteil, die Größe der Aufgaben und die Verantwortung der alten Intelligenz nehmen zu, denn die großen Aufgaben des Planes können nur verwirklicht werden mit Hilfe neuer Erfindungen, neuer Verbesserungen, durch Hebung der Qualität der Produktion, durch Hebung des allgemeinen fachlichen Niveaus der Arbeiterschaft. Wir fragen nicht danach, welchen Organisationen die Angehörigen der Intelligenz früher angehört haben, wir verlangen auch nicht als Vorbedingung das politische Bekenntnis zur Demokratie. Wir werden alles tun, damit vor allem die technische Intelligenz alle Möglichkeiten für ehrliche Arbeit und für die Entfaltung ihrer ganzen Initiative erhält, denn wir sind überzeugt, dass im Prozess der Arbeit und durch die Erfolge der demokratischen Ordnung bei allen, die ehrlich mitarbeiten, noch bestehende Zweifel an der Richtigkeit des neuen Weges überwunden werden."[1]

Als führender Vertreter der politischen Elite des neuen Staates vertraute Ulbricht also darauf, dass die materiellen Verhältnisse des neuen Sozial- und Politiksystems unmittelbar auf die Sinnstiftung technischen Handelns durchschlagen und das berufliche Selbstverständnis der Ingenieure verändern würden. Seine optimistische Botschaft gipfelte in der Feststellung:

„Ich möchte anerkennend hervorheben, dass die technische Intelligenz von Anfang an positiv zum Zweijahrplan stand und dass nicht wenige Ingenieure, Chemiker, Techniker, die früher Mitglied der Hitlerpartei waren und sogar aktive Nazis gewesen sind, große Leistungen vollbracht haben, wodurch sie gleichzeitig den Beweis erbrachten, dass sie mit der Vergangenheit gebrochen haben und gewillt sind, ihre früheren Fehler wieder gutzumachen und ehrlich am Neuaufbau zu arbeiten."[2]

---

1 Ulbricht, Probleme, S. 559.

2 Ebenda.

Sicher war seine Haltung zunächst einmal pragmatisch. Denn ohne technische Experten war die Errichtung der neuen Gesellschaft unmöglich und selbst für die Heranbildung einer neuen Intelligenz aus Arbeiter- und Bauernkreisen waren das Wissen und die Erfahrungen der „alten Intelligenz“ unverzichtbar. Ausgerüstet mit dem marxistischen Lehrsatz vom Sein, das das Bewusstsein bestimmt, kümmerte sich die politische Elite zunächst nicht um die Wirkungsmacht von historisch gewachsenen Denktraditionen und Deutungsmustern, die das berufliche Selbstverständnis der Ingenieure prägten. In den Auseinandersetzungen um den Berufsumbau in den 1950er und 60er Jahren musste sie dann aber lernen, dass sich Bedeutungskonstruktionen in längeren Zeithorizonten als die materiellen Verhältnisse entwickeln und durchaus entscheidenden Einfluss auf die Wahrnehmungs- und Aneignungsweisen der gegebenen materiellen Handlungsbedingungen hatten.

Diesen Denktraditionen und Deutungsmustern auf die Spur zu kommen, ist das Anliegen dieses Kapitels. Aus der Vielzahl der seit Mitte der 1980er Jahre entstandenen kulturgeschichtlichen Arbeiten wissen wir, dass die Wahrnehmungsweisen, Sinnstiftungen und Bedeutungskonstruktionen als Erklärungen für menschliches Handeln ebenso wichtig sind wie die materiellen Handlungsstrukturen.[3] Im Rückblick auf die historische Entwicklung des beruflichen Selbstverständnisses der Ingenieure werden wir nun jene Denktraditionen und Deutungsmuster herausarbeiten, die das Handeln der Ingenieure auch noch im staatssozialistischen Gesellschaftsumbau prägten. Aus zwei Gründen ist dabei die Frage, wie die Ingenieure ihre Berufsidentität im Koordinatensystem der Zweigeschlechtlichkeit verankerten, von zentralem Interesse.[4] Erstens ist nach Joan Scott die Kategorie Geschlecht ein primärer Indikator zur Analyse von Machtverhältnissen, weil moderne Gesellschaften die Geschlechterbeziehungen zwar ständig neu, dabei aber stets hierarchisch ordnen.[5] Die geschlechtlichen Codierungen der Ingenieurarbeit verweisen in der Tat nachdrücklich darauf, wie sich die Ingenieure in den Hierarchien des sozialen Raumes verorteten. Zweitens geht es darum, den Anteil der Frauen an der Ausformung des beruflichen Selbstverständnisses der Ingenieure deutlich zu machen. Die Zulassungsgesuche der ersten studierwilligen Frauen an Technischen Hochschulen, die Haltung der bürgerlichen Aktivistinnen in der Frauenbewegung zur Öffnung technischer Berufe für Frauen und die Strategien, mit denen sich die Pionierinnen den Weg in technische Handlungsräume bahnten, gehörten ebenso zu den Aushandlungsprozessen des be-

3 Als Überblick zur kulturhistorischen Forschung vgl. Daniel, hier bes. S. 17-19. Für die Technikgeschichte haben Hard und Jamison diesen Zusammenhang in der These konkretisiert, dass erst die intellektuelle Aneignung von Technik den mentalen Raum für die Fortsetzung von Technisierungsprozessen schafft. Hard u. Jamison, Conceptual Framework, S. 1-15 und Hard, German Regulation, S. 33-67.

4 Als Überblick zum Zusammenhang von Berufsidentität und Geschlechterverhältnis im Ingenieurberuf vgl. Hausen, Ingenieure, S. 235-52.

5 Scott, Gender, S. 43.

ruflichen Selbstverständnisses, wie die von der knowledge class der Ingenieurberufsgruppe und den Schriftstelleringenieuren geführten Debatten zur Gestaltung der technischen Bildung, zum Wesen der Technik und zu den Aufgaben der Ingenieure in der Gesellschaft.[6] Das folgende Kapitel zeichnet deshalb nach, wie sich die ingenieurwissenschaftliche Elite, die Ingenieurschriftsteller, die Sprecherinnen der bürgerlichen Frauenbewegung und die Pionierinnen im Ingenieurberuf an der Ausformung jener diskursiven Muster beteiligten, die zum Vehikel für die intellektuelle Aneignung der modernen Technik in der deutschen Gesellschaft des 20. Jahrhunderts wurden.

1. Vom Bildungsbürger zum akademisch gebildeten Praktiker – die Formierung der Allianz von Technik, Krieg und Männlichkeit bis 1914

1.1 Akademisierung als Ausgrenzung – Ingenieurausbildung und Frauenstudium an Technischen Hochschulen bis 1890

Als sich die Ingenieure 1856 mit der Gründung des VDI zu einer alle Fachrichtungen des Ingenieurberufs umfassenden Berufsorganisation zusammenschlossen, erklärten sie zum Ziel dieses Zusammenschlusses „ein inniges Zusammenwirken der geistigen Kräfte deutscher Technik zur gegenseitigen Anregung und Fortbildung im Interesse der gesamten Industrie Deutschlands.“[7] Mit dem Rekurs auf die „geistigen Kräfte der Technik“ formulierten sie ihren Anspruch auf Gleichbehandlung mit der vom neuhumanistischen Bildungsideal geprägten, gebildeten Schicht, die als meinungsbildende, weil in der Beamtenschaft des Staates dominante Elite den Techniker als Repräsentanten zweckorientierten Wissens gering schätzte. Im Kampf um die Akademisierung der technischen Bildung wählte auch die knowledge class der Ingenieure den Bildungsbürger zum Leitbild ihres beruflichen Selbstverständnisses. Es war der erste und langjährige Vorsitzende des VDI Franz Grashof (1826-1893)[8], der mit dem Programm zur Organisation polytechnischer Schulen im Jahre 1864 grundle-

---

6 Die in der Regel aus den Hochschullehrern bestehende knowledge class hat über die Definition des für eine Berufsgruppe konstitutiven Wissenskanons entscheidenden Anteil an der Formierung des beruflichen Selbstverständnisses. Freidson, S. 82-83.

7 Zitiert aus König, Der Verein Deutscher Ingenieure, S. 304.

8 Grashof war Absolvent des Berliner Industrieinstituts (1844), an dem er nach einem Intermezzo bei der Marine ab 1853 auch unterrichtete, bevor er ab 1863 als Nachfolger Redtenbachers, der als Begründer des wissenschaftlichen Maschinenbaus in Deutschland gilt, an der polytechnischen Schule in Karlsruhe lehrte. Grashof gehörte neben Zeuner und Reuleaux zu den Protagonisten einer strikt theorieorientierten Ingenieurausbildung. Gispen, New profession, S. 66-72.

gende Prämissen dieses Berufsbildes definierte.[9] Grashofs Programm lässt sich in drei Punkten zusammenfassen. Es ging ihm erstens um Aufwertung technischer Kompetenz durch Erhebung der technischen in den Rang einer wissenschaftlichen Bildung. Er forderte von der polytechnischen Schule:

„Sie sei eine technische Hochschule und bezwecke die den höchst-berechtigten Anforderungen entsprechende wissenschaftliche Ausbildung für diejenigen technischen Berufsfächer des Staatsdienstes und der Privatpraxis, welche die Mathematik, die Naturwissenschaften und die zeichnenden Künste zur Grundlage haben [...].“[10]

Zweitens verfolgte er das Ziel einer sozialen Abschließung des Zugangs zu technischer Bildung.

„Der Charakter einer Schule als Hochschule ist nun aber weniger bestimmt durch die obere Grenze des Wissens und Könnens, bis zu welcher sie ihre Schüler zu führen strebt, als durch die untere Grenze, von welcher sie ausgeht, d. i. durch den Grad der Reife, deren Nachweis sie für den Eintritt verlangt.“[11]

Drittens schließlich enthielt Grashofs Programm zur Akademisierung des Ingenieurberufs die Forderung nach sozialer Homogenisierung des Raumes, in dem die Vermittlung technischen Wissens geschah. Niedere Ausbildungsgänge für Techniker oder Werkmeister waren auszulagern. Alle Werkstätten sollten mit Ausnahme derjenigen für die Anfertigung von Unterrichtsmodellen geschlossen werden, und von der Zulassung von Schülern mit einem niederen Rechtsstatus, das betraf die Hospitanten, war abzusehen. Mithin zielte Grashofs Programm zur Akademisierung der Ingenieurausbildung ganz explizit auf eine Aufwertung des Ingenieurberufs durch soziale Homogenisierung mittels Ausgrenzung von Praktikern oder Aufsteigern aus nicht bürgerlichen Schichten. Im Unterschied zu späteren Entwürfen des Berufsbildes von Ingenieuren fokussierte Grashof seine Anforderungen an den Ingenieur auf bürgerliche Herkunft und akademische Bildung. Der Bildungsbürger war sein Leitbild des Ingenieurs. Indem er die homosoziale Herkunft zur Voraussetzung für den Zugang zu technischem Wissen erhob, band Grashof Technikkompetenz an soziale und das hieß in der bipolar konstruierten Geschlechterordnung auch geschlechtliche Exklusivität. Bürgerliche Herkunft und männliches Geschlecht avancierten damit zu tragenden Elementen der Berufsidentität der Ingenieure.

Die Dichteringenieure übernahmen es, das Selbstverständnis der Ingenieure explizit im Koordinatensystem der Zweigeschlechtlichkeit zu verankern. In ihren Werken konstruierten sie die Vorstellung eines fundamentalen Gegensatzes zwischen Technik und Weiblichkeit. Als Beispiel sei Max Maria von Weber angeführt. Er war der Sohn des „Freischütz“-Komponisten Carl Maria von Weber, hatte als Eisenbahn-

9 Grashof, S. 592-616.
10 Ebenda, S. 594.
11 Ebenda.

ingenieur im sächsischen, preußischen und österreichischen Staatsdienst Karriere gemacht und als Dichter große Popularität und einen akademischen Titel erlangt. In seiner Erzählung von 1868 „Was eine schöne Frau für das Eisenbahnwesen that", deren Bedeutung er mit dem Verweis auf die historische Authentizität der erzählten Geschichte bekräftigte, stellte er Frauen als Antipoden der Technik dar.[12] Was wird berichtet? Es geht um den Bau des Bridgewater-Kanals, der als „Wunderwerk" des britischen Kanalbaus und Markstein in der Geschichte der Industriellen Revolution in England gilt. Webers ausschweifende Erzählung läuft auf die Feststellung hinaus, dass es die verschmähte Liebe zu einer Frau war, die den Herzog von Bridgewater, Francis Egerton, zum Entschluss des Kanalbaus getrieben habe. Der Herzog sublimierte nach Weber die unerfüllte Liebe durch Hingabe an ein technisches Großprojekt, den Bau des Bridgewater-Kanals, den er gemeinsam mit dem Mühlenbauer James Brindley und seinem Bergtechniker John Gilbert in einer sich über 14 Jahre erstreckenden konflikt- und krisenreichen Arbeit realisierte. Als Moral seiner Geschichte hielt Weber fest:

> „Und an dem welthistorischen Momente [der Eröffnung des Kanals] war Niemand anders schuld, als die schöne Miß Sara Gunning – denn – der Gatte des prächtigsten Weibes am prächtigsten Hofe der Welt hätte ganz andere Dinge zu thun gehabt, als der Vater der Kanalschifffahrt von England zu werden!!"[13]

Indem Weber den Frauen die Rolle von Antipoden der Technik zuschrieb, bekräftigte er die Welt der Ingenieure explizit als eine männliche Welt, deren Werke aus der Sublimierung des Geschlechtstriebes entstanden. Die hier im Rahmen der Trivialliteratur formulierte Behauptung vom technischen Werk als sublimierter Libido fand in der Erweiterung auf alle Kulturleistungen durch Freuds Psychoanalyse nach dem Ersten Weltkrieg einen Platz in der Wissenschaft. Allerdings deutete Freud die Sublimierung sehr viel ambivalenter und nicht als eine heroische Leistung.[14] In der Vorstellungswelt der Ingenieure aber behielt die Sublimierung ihren heroischen Charakter. Das zeigt sich besonders deutlich in der von vielen Ingenieuren geteilten These, dass technisches Handeln das Resultat eines Naturtriebes sei. Diese These vertrat

12 Weber, Eisenbahnwesen, S. 83-100. Zur Einordnung Webers vgl. Schwiglewski, S. 39-43.

13 Weber, Eisenbahnwesen, S. 100.

14 „Vielen von uns mag es auch schwer werden, auf den Glauben zu verzichten, dass im Menschen selbst ein Trieb zur Vervollkommnung wohnt, der ihn auf seine gegenwärtige Höhe geistiger Leistung und ethischer Sublimierung gebracht hat und von dem man erwarten darf, dass er seine Entwicklung zum Übermenschen besorgen wird. Allein ich glaube nicht an einen solchen Trieb und sehe keinen Weg, diese wohltuende Illusion zu schonen. Die bisherige Entwicklung des Menschen scheint mir keiner anderen Erklärung zu bedürfen als die der Tiere, und was man an einer Minderzahl von menschlichen Individuen als rastlosen Drang zu weiterer Vervollkommnung beobachtet, lässt sich ungezwungen als Folge der Triebverdrängung verstehen, auf welche das Wertvollste an der menschlichen Kultur aufgebaut ist." Freud, S. 47.

besonders prominent der sich seit den 1920er Jahren zu einem Sprecher der Berufsgruppe profilierende Enno Heidebroek in seinen berufsideologischen Schriften. Darauf wird im nächsten Abschnitt zurückzukommen sein.

Weber popularisierte also just in dem Moment, als die Professionalisierungsbewegung der Ingenieure in ein neues und entscheidendes Stadium trat, ein Deutungsmuster, das Technik eng mit Männlichkeit verknüpfte. Dieser Versuch, eindeutige Geschlechtergrenzen zwischen den Handlungsfeldern im sozialen Raum zu markieren, fiel in eine Zeit, in der das sozialökonomische und sozialpsychologische Arrangement der bürgerlichen Geschlechterbeziehungen fragwürdig zu werden begann. 1865 kündigte sich mit der Gründung des Allgemeinen Deutschen Frauenvereins das Wiederaufleben der nach 1848 unterdrückten Frauenbewegung in Deutschland an. Die so genannte Frauenfrage wurde in dieser Zeit in wachsendem Maße zum Gegenstand öffentlicher Debatten. Dabei ging es vornehmlich um das Versorgungs- und Beschäftigungsproblem erwachsener Bürgertöchter. In Teilen des liberalen Bürgertums wuchs allmählich die Bereitschaft, auch für bürgerliche Frauen Bildungs- und Erwerbsmöglichkeiten zu schaffen, und damit gewann die Frage, welche Arbeitsfelder für Frauen geeignet seien, erneut an Relevanz.[15]

Auch die Ingenieure hatten sich dieser Frage zu stellen. Schon in den 1870er Jahren, als die ingenieurwissenschaftliche Elite mit der schrittweisen Einführung von Hochschulverfassungen an polytechnischen Schulen die Akademisierung der technischen Bildung vorantrieb, wurden einzelne Technische Hochschulen erstmalig mit der Frage des Frauenstudiums konfrontiert. Die ersten Bewerberinnen rekrutierten sich aus der Gruppe der Lehrerinnen. Der Lehrerberuf war vor allen anderen für Frauen aus dem Bürgertum als qualifizierter Erwerbsberuf attraktiv. Seit den 1870er Jahren setzte sich die Normierung und Institutionalisierung der Lehrerbildung durch. Da in jener Zeit eine auf Erwerbsarbeit ausgerichtete höhere Mädchenbildung allenfalls in Ansätzen existierte, versuchten die Lehrerinnen sich das für ihre Berufsausübung notwendige Wissen unter anderem durch Nutzung des Bildungsangebotes Technischer Hochschulen anzueignen.[16] Eine zweite Gruppe im Kreis der ersten Bewerberinnen waren Ausländerinnen, die aus den Vereinigten Staaten, der Schweiz oder Russland und damit aus Ländern kamen, in denen das Frauenstudium bereits allgemein oder partiell möglich war.[17] Professoren der Allgemeinen Abteilung, in

---

15 Zur Diskussion um die proletarische Frauenarbeit vgl. Zachmann, Typisch Mann, S. 50-58 und dies., Die Produktive Kraft, S. 185-96.

16 Zur Mädchenbildung vgl. Kraul, S. 282 f. und Titze, Lehrerbildung, S. 358, 364. Am Braunschweiger Polytechnikum war die erste Bewerbung einer Frau die der Braunschweiger Lehrerin Elise Grüel vom 22.4.1876. Sie wollte Vorlesungen über Botanik besuchen. Obwohl das Lehrerkollegium des Polytechnikums mehrheitlich für die ausnahmsweise Zulassung der Lehrerin stimmte, lehnte die Landesregierung das Gesuch ab. Albrecht, Technische Bildung, S. 485.

17 Zur Entwicklung des Frauenstudiums im internationalen Vergleich vgl. Costas, S.51-82. Zur Situation der russischen Studentinnen, die nach der Schließung russischer Universitäten für

deren Vorlesungen nur wenige Hörer saßen, weil ihre Lehrveranstaltungen nicht im obligatorischen Studienplan der Ingenieurstudenten verankert waren, gehörten nicht von ungefähr zu den ersten Befürwortern des Frauenstudiums an Technischen Hochschulen.

In Dresden war es der Philosoph Schultze, der sich seit 1883 intensiv um die Frauenbildung bemühte.[18] Nachdem sein Antrag, im Sommer des Jahres 1883 öffentliche Vorträge für ein aus Männern und Frauen bestehendes Publikum in der Aula des Polytechnikums durchzuführen, vom damaligen Rektor Gustav Zeuner ausdrücklich unterstützt und vom Ministerium genehmigt worden war, bat Schultze im September 1886 um die Erlaubnis, Dresdner Lehrerinnen als Hospitantinnen auch zu seinen regulären Vorlesungen über Pädagogik zuzulassen. Das verhinderte Zeuner durch Intervention beim Ministerium.[19] Zwei Jahre später aber befürwortete Zeuner ein neues Gesuch Schultzes, seine Vorlesungen für die Lehrerinnen als separate Veranstaltungen durchzuführen.[20] Zeuner verfolgte offenbar die Strategie, Frauen für separate Sonderveranstaltungen zuzulassen, aber den regulären Lehrbetrieb am Polytechnikum, dass sich unter seiner Leitung zur Technischen Hochschule profilierte, als homosozialen Raum zu gestalten. Als im Februar 1890 im Zusammenhang mit der Namensänderung und der Einführung des Wahlrektorats auch das Statut der Hochschule geändert wurde, war im Paragraphen, der die Zulassung der Hospitanten regelte, nicht mehr von Personen, sondern von Männern die Rede. Frauen wurden damit explizit vom regulären Lehrbetrieb ausgeschlossen.[21]

Frauen seit 1863 ins Ausland emigrierten, um zuerst vor allem in Zürich zu studieren und dann auch in deutschen Technischen Hochschulen um Zulassung nachsuchten vgl. Gouzévitch, S. 103-126.

18 Bernholz, Probleme, S. 7 f.

19 Sächs.HStA, MfV, 15117, Bl. 160.

20 „In Berücksichtigung des Umstandes, dass die von Professor Schultze für Damen berechneten Vorträge über Pädagogik nicht mit seinen regulären Vorlesungen verknüpft werden sollen, ferner in Rücksicht darauf, dass es zweckmäßig erscheint, ein Unternehmen zu unterstützen, das zahlreichen Lehrerinnen von Dresden und Umgebung von Nutzen und Werth ist, steht der ehrerbietigst Unterzeichnete nicht an, dem Königlichen Ministerium die Genehmigung des Gesuchs von Professor Schultze auf das Angelegentlichste zu empfehlen.“ Sächs.HStA, MfV 15188, Bl. 102, Zeuner an das Königliche Ministerium des Kultur und das öffentlichen Unterrichts am 26.10.1888.

21 Bernholz, Probleme, S. 9.

1.2 Folgenreiche Abgrenzungen – Polarisierende Leitbilder in der Techniker- und der Frauenbewegung (1890-1914)

In den 1890er Jahren erzielten sowohl die Standesbewegung der Techniker als auch die Emanzipationsbewegung der Frauen wachsende Erfolge. 1899 errangen die Technischen Hochschulen mit der Erlangung des Promotionsrechts einen entscheidenden Sieg im Gleichstellungskampf mit den Universitäten.[22] Die bürgerliche Frauenbewegung erreichte mit der Institutionalisierung erster Gymnasialkurse für Mädchen und der regulären Zulassung von Frauen zum Universitätsstudium in den ersten deutschen Bundesstaaten den entscheidenden Durchbruch in der Bildungspolitik.[23]

Im Zusammenhang mit ihren in den 1890er Jahren errungenen Erfolgen präzisierten die Vordenker beziehungsweise Vordenkerinnen der Techniker- und der Frauenbewegung ihre Vorstellungen vom Platz ihrer jeweiligen Klientel in der Gesellschaft des Kaiserreiches. In der Konsequenz dieser Konzepte aber entstand eine zunehmend fester verankerte geschlechtliche Polarisierung derjenigen Handlungsräume, die die Hochschullehrer für die Ingenieure und die Aktivistinnen der Frauenbewegung für die bürgerlichen Frauen beanspruchten.

Die gemäßigte Frauenbewegung, die sich im Bund Deutscher Frauenvereine 1894 eine Dachorganisation geschaffen hatte, verfocht ihr Emanzipationskonzept unter dem Banner der „geistigen" oder „organisierten" Mütterlichkeit. Gefordert wurden Möglichkeiten zur öffentlichen Entfaltung einer weiblichen Kultur, die aus den Wurzeln der Mütterlichkeit gespeist sein sollte.[24] Helene Lange, die erfolgreiche Vorkämpferin für die Reform der höheren Mädchenbildung und die Öffnung akademischer Berufe für Frauen, erläuterte das Konzept der geistigen Mütterlichkeit 1900 in einem Aufsatz unter dem Titel „Intellektuelle Grenzlinien zwischen Mann und Frau":

„Diese Bedingtheit durch die Mutterschaft zeigt sich – wie auch hier wiederum das Einzelwesen abweichen möge – im Wesen der ganzen Gattung. Sie bringt in die weibliche Eigenart jenen bekannten Zug zum Persönlichen, Konkreten, jene schnellere und tiefere Fühlung mit menschlicher Eigenart; sie ist der Urgrund des psychischen Altruismus, des Mitleids, der Liebe, die auch in ihren geisti-

22 Manegold, Universität, S. 249-304; König, 100 Jahre Dr.-Ing.

23 Greven-Aschoff, S. 55 ff. Auch die Technischen Hochschulen wurden in den 1890er Jahren häufiger mit Zulassungsgesuchen von Frauen konfrontiert. Um das Prestige der Technischen Hochschulen durch soziale und geschlechtliche Homogenisierung der Studentenschaft zu erhöhen, setzten die Ingenieurwissenschaftler auf der Eisenacher Direktorenkonferenz am 11. und 12. April 1896 einen Mehrheitsbeschluss durch, der Frauen von der Teilnahme an Lehrveranstaltungen prinzipiell ausschloss. Sächs.HStA, MfV 15122, Bl. 18. Trotzdem ließen verschiedene Hochschulen auf der Grundlage individueller Ausnahmegenehmigungen weiterhin Frauen als Hospitantinnen für einzelne Vorlesungen zu.

24 Stoehr, S. 221-49.

gen Formen die Züge des Weibes trägt. Sie stellt sie in Gegensatz zu der abstrakten, spekulativen, auf das Systematische, Unpersönliche gerichteten Veranlagung des Mannes."[25]

Auch Lange stützte ihr Emanzipationsprogramm auf die in ihrer Zeit übliche polare Geschlechterkonstruktion. Sie forderte Emanzipation als Gleichstellung des weiblichen Geschlechts in allen Rechtsbereichen und begründete diese Forderung damit, dass die weibliche Andersartigkeit in den Dienst der gesellschaftlichen Erneuerung gestellt werden müsse. Mit dieser Programmatik nahm die Frauenbewegung Teile der Zivilisationskritik des Fin de siecle auf.[26] Die Aktivistinnen forderten die Öffnung aller Bildungs- und Berufsmöglichkeiten für Frauen, um das Potenzial weiblicher Begabungen und Befähigungen zur Verbesserung der Gesellschaft einzubringen.[27] Doch im gleichen Zuge verstärkte diese an der Geschlechterdifferenz orientierte Politik den Trend zur Schaffung geschlechtshomogener Räume. Die von der Frauenbewegung mit dem Konzept der geistigen Mütterlichkeit begründete Forderung nach der Schaffung spezifischer Frauenberufe bekräftigte gleichsam im Gegenzug die explizite Konstruktion von Männerberufen.[28] Dieser Ansatz konterkarierte Bemühungen, technische Berufe für Frauen zu erschließen, wie sie vom Lette-Verein[29] und

25 Helene Lange, Intellektuelle Grenzlinien zwischen Mann und Frau, Berlin 1900, S. 13, zitiert nach Greven-Aschoff, S. 40.

26 Schaser, S. 79.

27 Lange forderte: „Im Interesse der Berufe und ihres Niveaus kann die Lösung des Konkurrenzproblems nur heißen: Auslese der Geeigneten." Nicht die Erwerbsbedürftigkeit des männlichen Familienernährers, sondern die Leistungsfähigkeit der besten männlichen und weiblichen Berufsbewerber müsste das Auswahlkriterium sein. Lange, Die Frauenbewegung, S. 103. Und Marie Bernays, eine Schülerin von Alfred Weber, die zu der ersten Generation weiblicher Sozialwissenschaftlerinnen gehörte, begründete nach dem ersten Weltkrieg in einer nationalistisch getönten Argumentation die Zulassung der Frauen zu allen Berufen. „Wollen wir den Begabten den Zutritt zu allen Posten sichern, so fordert die Not der Zeit gebieterischer als je von uns, dass wir die Unbegabten von den verantwortungsvollen Stellen fernhalten. [...] Unser schwer geprüftes Vaterland endlich verlangt von uns, dass wir jede Kraft, körperliche und geistige, in seinen Dienst stellen, damit treue Berufsarbeit uns wieder aufwärts führe." Bernays, S. 92.

28 Für Lange hatte die Frauenarbeit zwei Bestimmungsfaktoren, 1. die spezifisch weibliche und 2. die individuelle Qualität. Auf deren Grundlage reklamierte sie „das Lehramt, den ärztlichen, die sozialen Berufe" als Frauenberufe. „Hier fordert die Sache an vielen Stellen unbedingt die Frau, und sie zurückzuweisen, um den Männern eine leichtere Versorgung zu sichern, hieße das Werk der Erziehung oder der sozialen Arbeit schädigen [...]." Lange, Die Frauenbewegung, S. 102.

29 Der preußische Reformbürokrat Adolph Lette hatte 1866 den „Verein zur Förderung der Erwerbsfähigkeit des weiblichen Geschlechts" gestiftet. Nach bisherigen Kenntnissen war dieser Verein der erste, der sich auch um die Schaffung technischer Frauenberufe bemühte. Er übernahm die Ausbildung von Telefonistinnen, betrieb eine Buchdruckerwerkstatt für Frauen und richtete seit den 1890er Jahren weitere Ausbildungsgänge für Frauen in neuen Bereichen der Technik ein. Seit 1890 wurden Fotografinnen, seit 1896 Röntgenassistentinnen, seit 1905 Metallografinnen und seit 1918 chemische Laborantinnen ausgebildet. (Twellmann, S. 43-46; Wefeld, S. 304) Damit wurde der Verein beispielgebend für die Integration der Frauen aus bürgerlichen

auch von Josephine Levy-Rathenau vorangetrieben wurden, die 1902 eine Frauenberufsberatung aufgebaut und 1909 einen Verband zur handwerksmäßigen und fachgewerblichen Ausbildung der Frau mitbegründet hatte.[30]

Der differenzfeministische Ansatz schlug sich auch im Konzept einer intellektuellen Arbeitsteilung der Geschlechter nieder. Nicht zuletzt dieses erschwerte langfristig den Zugang von Frauen in die Technik.[31] Ausgearbeitet wurde dieses Konzept von Marianne Weber, einer der führenden Intellektuellen in der ersten deutschen Frauenbewegung. In ihrem 1904 erschienenen Aufsatz zur Beteiligung der Frauen in der Wissenschaft insistierte sie darauf, dass die Frauen sich wissenschaftlich dort betätigen sollten, wo es möglich sei, „auf Grund einer eigenartigen Stoffauswahl nach besonderen weiblichen Gesichtspunkten in das Gewebe der geschichtlichen Erkenntnis einen neuen Einschlag einzufügen."[32] Raum dafür sah sie in den Kulturwissenschaften. Denn im Unterschied zu den Naturwissenschaften verankerten diese „ihre Analyse der Wirklichkeit an Wertgesichtspunkten und an Kulturidealen ..., welche aus der Tiefe unmittelbaren Erlebens im steten Wandel und in stets neuer Färbung aufsteigen." Und sie fährt fort:

Schichten in eine von rasanter Technisierung geprägte Arbeitswelt. Seine spezifische Leistung bestand darin, in einer Zeit, als technisches Wissen und Handeln zu einem Bestandteil männlicher Geschlechtsidentität avancierte, spezifische technische Tätigkeitsfelder mit Frauen zu besetzen und das mit den Vorstellungen bürgerlicher Weiblichkeit zu legitimieren.

30 Zum „Verband für handwerksmäßige und fachgewerbliche Ausbildung der Frau" und Josephine Levy-Rathenau vgl. Schlüter, S. 96-98, 102-193. Josephine Levy-Rathenau, die Nichte des AEG-Gründers Emil Rathenau, war mit Dr. Max Levy, einem Ingenieur und Popularisator der Röntgentechnik verheiratet, der bei der AEG die Röntgenabteilung leitete und später ein eigenes Unternehmen gründete, das Röntgenapparate, Medizintechnik und elektrische Geräte produzierte. Josephine L.-R. erkannte dadurch die Chance, bei Einführung neuer Technik qualifizierte Erwerbsmöglichkeiten für Frauen zu schaffen. Vgl. Eintrag Josephine Levy-Rathenau und Max Levy in Deutsche Biografische Enzyklopädie (DBE), hg. v. Walther Killy und Rudolf Vierhaus, Bd. 5, München 1995, S. 361 f sowie Neue Deutsche Biografie (NDB), hg. v. Historische Kommission bei der Bayrischen Akademie der Wissenschaften, 14. Bd., Berlin 1985, S. 404 f. Sie veröffentlichte 1914 eine Untersuchung über „Die Frau als technische Angestellte", in der sie analysierte, zu welchen qualifizierten technischen Berufen Frauen Zugang haben und Vorschläge unterbreitete, wie diese Zugänge verbreitert werden können. Die Schrift wurde in der Monatsschrift des VDI „Technik und Wirtschaft" 7 (1914), S. 158 f. rezensiert, wobei Rezensent ausdrücklich darauf insistierte, dass der Zugang von Frauen zu qualifizierten technischen Berufen an der Anforderung der Werkstattpraxis als Zulassungsvoraussetzung für das Ingenieurstudium eine notwendige Grenze findet. Das ist für ihn das entscheidende Argument dafür, dass Frauen nicht Ingenieure werden können.

31 Grundsätzlich zum differenzfeministischen Ansatz in der deutschen Frauenbewegung vgl. Offen, S. 119-157.

32 Marianne Weber, Die Beteiligung, S. 5. Zur Interpretation dieses Aufsatzes im Kontext der Debatte um intellektuelle Arbeitsteilung der Geschlechter vgl. Wobbe, Von Marianne Weber, S. 18-25.

„'Objektivität' der Geschichte und aller Kulturbetrachtungen im Sinne des Absehens von solchen Wertideen ist ein Phantom. Ist dem aber so, dann muss gerade derjenige, der von der grundsätzlichen Verschiedenheit der Geschlechter durchdrungen ist, es als eine Lücke empfinden, daß die wissenschaftliche Betrachtung der menschlichen Kulturentwicklung sich ausschließlich durch die Brille der einen Hälfte der Kulturmenschheit vollzieht."[33]

Mit dieser Argumentation reklamierte Marianne Weber für die Kulturwissenschaften die Unverzichtbarkeit der Mitwirkung von Frauen, während sie für die Naturwissenschaften nur konzedierte, dass Frauen hier arbeiten können, aber: „soweit schöpferische Arbeit in Betracht kommt, mit begrenztem Erfolg."[34] Schöpferisch sein hieß für Weber die Fähigkeit, das Erkennen vom persönlichen Sein zu trennen und sich den Objekten beziehungsweise Sachen zuzuwenden, die keinen unmittelbaren Bezug zur Persönlichkeit haben. Diese Fähigkeit sei eine Eigenart von Männern, während den Frauen die Fähigkeit zum nacherlebenden Verstehen einen anderen Zugang zum Wissen eröffne. Das aber prädestiniere Frauen nicht nur für die Arbeit in bestimmten Bereichen der Wissenschaft (Kulturwissenschaft), sondern beeinflusse auch ihre Funktion für die Wissenschaft. Nicht in der Produktion immer neuen Wissens sah sie die Aufgabe der Frauen in der Wissenschaft. Mit der gesteigerten wissenschaftlichen Arbeitsteilung komme es zur schnellen Vermehrung des objektiven Wissensquantums. Damit aber werde die Frage nach dem Sinn einer Wissensproduktion akut, die das Fassungsvermögen des menschlichen Geistes übersteigt. Die Übertragung des Wissens aus der Welt des Geistes in die Welt des Lebens sei die wichtige Aufgabe der Frauen.[35] Nicht nur Lange und Weber, auch andere Sprecherinnen der gemäßigten Frauenbewegung favorisierten just in dem Dezennium, als Frauen sukzessive in allen deutschen Bundesländern zum akademischen Studium zugelassen wurden, ein Emanzipationskonzept, das Frauen wohl auf die Kultur-, nicht aber auf die Natur- und schon gar nicht auf die Technikwissenschaften verwies.

In der Professionalisierungsbewegung der Ingenieure verschob sich in den 1890er Jahren das Leitbild des Ingenieurs. Es verlagerte sich vom Bildungsbürger und Staatsbeamten auf den akademisch gebildeten Praktiker, der die Anwendungsorientierung seines Wissens nicht mehr als Makel, sondern als distinkten Bestandteil seiner Berufsidentität begriff. Diese Verschiebung implizierte eine selbstbewusste Abgrenzung vom neuhumanistischen Bildungsideal der akademischen Elite und einen Wandel im ingenieurwissenschaftlichen Paradigma. Unter dem simultan wirkenden Einfluss industrieller Erfordernisse und einer gesellschaftlichen Abwertung von Intellektualität wurde der von Zeuner, Grashof und Releaux repräsentierte szientisti-

33 Marianne Weber, Die Beteiligung, S. 5.

34 Ebenda, S. 4.

35 Gertrud Bäumer, die ebenso wie ihre Lebensgefährtin Helene Lange eine entscheidende Rolle in der deutschen Frauenbewegung spielte, teilte die Auffassung von Marianne Weber, die sie zum Teil wörtlich in ihre eigenen Veröffentlichungen übernahm. Schaser, S. 104 f.

sche Ansatz der ersten Akademisierungsphase technischer Bildung zugunsten eines stärker empirisch, experimentell und pragmatisch operierenden Ansatzes zurückgedrängt. Das zeigte sich im Aufbau von Maschinenbaulaboratorien an den Hochschulen, der Ausdehnung des Konstruktions- und Zeichenunterrichts und der Aufwertung von Wahrscheinlichkeitsrechnung, Statistik und grafischen Methoden auf Kosten der Infinitesimalrechnung ebenso wie in den Bemühungen zur Einführung eines einjährigen Vorpraktikums als Zulassungsvoraussetzung für alle Ingenieurstudenten.[36]

Am klarsten formulierte der Berliner Maschinenbauprofessor und einflussreiche Wortführer der Technikerbewegung Alois Riedler (1850-1936) in seinen Streitschriften zur Reform der technischen Hochschulbildung seit Mitte der 1890er Jahre das neue Leitbild des Ingenieurs.[37] Zentrale Bedeutung erlangte darin Riedlers Konzept von Praxis. Mit dessen Hilfe konstruierte er einerseits eine Parallelität zwischen Ingenieur- und Kriegskunst; damit grenzte er andererseits den Ingenieur von der akademischen Geisteselite ab und versuchte parallel dazu der aufkommenden Konkurrenz der technischen Fachschulbildung zu begegnen. In einem programmatischen Aufsatz über „Die Ziele der technischen Hochschulen“ aus dem Jahre 1896, definierte Riedler die Praxis als „die vervollständigte, auf den besonderen Fall angewandte Erkenntnis“, und charakterisierte ausgehend davon den Ingenieur als Praktiker:

> „‚Praktiker‘ ist ein Ehrentitel für Männer, die über die Theorie hinausgekommen sind, die Erkenntnis verantwortlich anwenden, zum Unterschiede von unverantwortlichen, unfruchtbaren Wissenskrämern, die sich wegen ihrer Einseitigkeit auf ein schmales, aber bequemes Gebiet zurückziehen müssen, das sie alsdann als das ‚höhere‘ bezeichnen.“[38]

Als Ursache der öffentlichen Geringschätzung von Praxis geißelte Riedler die unpraktische Erziehung der Jugend und „die Vorrechte und Vorurteile der Nichtproduktiven.“ Deren Geringschätzung von Anwendung und Praxis erzeuge

> „in den jungen Köpfen eine tüchtige Dosis von Einbildung auf das Wissen, von Dünkel, gesellschaftlichen Vorurteilen und leider auch Missachtung der Arbeit [...]. Man hält sich dem Arbeiter gegenüber für zu gebildet, zu hochstehend, man beschmutzt sich nicht gern die Hände, nicht nur wegen

36 Zum Paradigmenwechsel vgl. Gispen, New profession, S. 153 f. Gispen sieht die Anfänge dieses Paradigmenwechsels bereits in den 1870er Jahren.

37 Zu Riedler vgl. auch Hunnecke, S. 301-13 und Manegold, Alois Riedler, S. 293-308.

38 Alois Riedler, Die Ziele, S. 308. In gleicher Weise grenzten andere Autoren die Position der Ingenieure von den Naturwissenschaftlern ab. Dazu hieß es in einer 1908 erschienen berufsideologischen Schrift: „Das schwere Rüstzeug der Methode des Mathematikers, der Theorie des Mechanikers und der Erfahrung des Physikers wird ihm [dem Ingenieur] in stiller Studierstube, im friedlichen Laboratorium beigebracht, dann aber wird er hinausgetrieben in den Lärm der Welt, in den Kampf gegen die Natur. Die Götter der anderen hat er ehren gelernt; die Dämonen aber, von denen jene nichts wußten, die sie als >Fehlerquellen ausschalteten<, hat er in ununterbrochenem Kampfe zu bezwingen.“ Ludwig Brinkmann, Der Ingenieur, Frankfurt/M. 1908, S. 20, zit. aus Rohkrämer, S. 66.

überlieferter Vorurteile, sondern auch wegen der Thatsache, daß andere, bevorrechtigte Berufsklassen auf den Ingenieur wegen seines Verkehrs mit den Arbeitern mitleidig hinabsehen."

Weil die Familien der Nichtproduktiven als Beamte vom Staat versorgt würden, sei ihnen durch die Absenz wirtschaftlicher Zwänge die Erfahrung, dass das Leben Kampf ums Dasein und die wirtschaftliche Existenz Voraussetzung der Freiheit sei, abhanden gekommen. Ein auf die Beamtenerziehung zugeschnittenes Studium erzeuge „hohe Intelligenz ohne schöpferische Kraft, große Sicherheit des Auftretens bei Verantwortungsscheu usw."[39] Den Bildungsbürger sah Riedler durch Missachtung der Arbeit, Abscheu vor Schmutz, wirtschaftliche Versorgung durch den Staat, Mangel an Schöpferkraft und Scheu vor Verantwortung geprägt, Charakterisierungen, die auffallende Ähnlichkeiten zu dem Rollenmodell bürgerlicher Weiblichkeit aufwiesen.[40] Ihm stellte Riedler das Kontrastbild des männlichen Ingenieurs gegenüber. Dieser müsse wissenschaftlich, praktisch und wirtschaftlich erzogen, aber nicht gelehrt sein; er müsse die auch für die „Kriegskunst" unabdingbare Fähigkeit besitzen, sein Wissen ins praktische Leben zu übertragen und unter schwierigen und sich stets ändernden Bedingungen zu handeln; er dürfe nicht auf Fleiß, sondern müsse auf einen Schaffenstrieb setzen, aus dem „Kraft gegenüber Widerständen" und „fruchtbare Ausdauer" erwüchsen, und er habe die moralische und materielle Verantwortung für sein Werk zu tragen, das sich unmittelbar in der Wirklichkeit bewähren muss. Dafür sei nicht Mathematik, sondern Naturerkenntnis die Basis und das Anschauungs- und Vorstellungsvermögen eine unabdingbare Voraussetzung. Letzteres charakterisierte Riedler im Sinne einer spezifischen Begabung und berief sich dabei auf den Göttinger Mathematiker Felix Klein.[41] Klein definierte Anschauung als „die motorische Empfindung, mit welcher der Ingenieur die Kräfteverteilung einer Konstruktion beurteilt."[42] Riedler griff diese Definition auf, weil sich damit die Anforderungen an den Ingenieur als natürliche (physisch-psychische) im Unterschied zu erlernbaren Voraussetzungen fixieren ließen. Damit avancierten Körpererfahrungen im Umgang mit Technik zum Bestandteil der Berufsidentität der Ingenieure. Über den Körper aber wurde die biologische Geschlechterdifferenz direkt in das Selbstverständnis der Ingenieure inkorporiert.[43]

39 Riedler, Die Ziele, S. 338.

40 Zur Feminisierung von Intellektualität seit der Jahrhundertwende vgl. von Braun, Der Mythos, S. 421-437.

41 In ihren Grundauffassungen zum Wesen der Technikwissenschaften vertraten Klein und Riedler allerdings völlig gegensätzliche Standpunkte. Während Klein Technik als angewandte Naturwissenschaft verstand und eine Verschmelzung von Technischer Hochschule und Universität forderte, bestand Riedler auf der Existenz eines eigenständigen ingenieurwissenschaftlichen Paradigmas. Vgl. dazu Manegold, Universität, S. 143 f.; 157 f.

42 Klein zit. aus Riedler, Die Ziele, S. 304.

43 Auf dem Gebiet der Elektrotechnik wurden Mutproben im Umgang mit elektrischem Strom zum Initiationsritus in das Fachgebiet. Vgl. hierzu Osietzki, ... unser Ohr, S. 112-126.

Die Aufwertung der Praxis zum zentralen Bezugspunkt der Berufsidentität des Ingenieurs ging einher mit Anforderungen, die auf ein neues Männlichkeitsideal verwiesen, das stark am Rollenmodell des Offiziers orientiert war. Riedler stellte diesen Bezug gleich am Beginn seines Aufsatzes explizit her. „Die Ingenieurkunst, die Vorbereitung und Leitung großer technischer Arbeiten, eines Heeres von Arbeitern, kann in einiger Beziehung mit der Kriegskunst verglichen werden." Für diesen Vergleich zitierte er wörtlich Moltkes Definition von Strategie, mit der man ebenso technisches Schaffen charakterisieren könne.

„Die Strategie ist ein System von Aushilfen; sie ist mehr als Wissenschaft, ist die Übertragung des Wissens auf das praktische Leben, die Fortbildung des ursprünglichen leitenden Gedankens, entsprechend den sich stets ändernden Verhältnissen, ist die Kunst des Handelns unter dem Drucke schwierigster Bedingungen."[44]

Freilich hatte auch schon der VDI in seiner Resolution von 1875 die Technischen Hochschulen als Bildungsanstalten für die „Generalstabsoffiziere der deutschen Industrie" bezeichnet.[45] Aber Riedlers Orientierung am Militär war mehr als nur die metaphorische Verwendung militärischer Begriffe. Sie erfolgte im Umfeld einer fundamentalen Verunsicherung männlicher Identität, die in den Geschlechterdebatten um die Jahrhundertwende zum Ausdruck kam und in der Vorbereitung auf den Krieg eine Lösung suchte.[46] Die damit verknüpfte Aufwertung eines kriegerisch-kämpferischen Männlichkeitsideals instrumentalisierte Riedler für die Verbesserung des Sozialprestiges der Ingenieure. Das aber führte im Gegenzug zu einer Vertiefung des Grabens zwischen Technikkompetenz und Weiblichkeit.

Es waren wiederum die Dichteringenieure, die das neue Leitbild des Ingenieurs explizit in der Geschlechterordnung verankerten. Der am Jahrhundertbeginn in Technikerkreisen populärste schriftstellernde Ingenieur war Max Eyth (1836-1906). Auf

44 Riedler, Die Ziele, S. 302.

45 Manegold, Universität, S. 68.

46 Die Geschlechterdebatten hat Planert aus der Perspektive des antifeministischen Diskurses analysiert. Planert, S. 274-294. Zur internationalen Dimension der Krise der Männlichkeit um die Jahrhundertwende vgl. Badinter, S. 27-36. Frevert, S. 100 f. verweist darauf, dass Technikphobie Bestandteil der Krise der Männlichkeit war. Kritik am Konzept einer Krise der Männlichkeit als Zäsur in der Geschlechtergeschichte äußert Stieglitz. http://www.hsozkult.geschichte.hu-berlin.de/tagungsberichte/id=395 (Besucht am 14.8.2004) Eine sehr kluge Analyse der Situation findet sich bei Dormansky, S. 427-463. Sie beschreibt die Militarisierung der deutschen Gesellschaft als Folge einer Umformung der Triade von Produktion, Reproduktion und Zerstörung. Diese führt sie auf einen durch die Kultur der Verwissenschaftlichung geprägten Wandel in den öffentlichen Diskursen um die biologische Reproduktion der Gesellschaft zurück. Denn damit fand eine Entwertung der Familie als Institution zur sozialen und biologischen Reproduktion der Gesellschaft statt. Das führte schließlich dazu, dass die Geschlechterhierarchie nicht mehr mit der Funktion des bürgerlichen Mannes als Familienernährer, sondern mit der Rolle des Mannes im Militär begründet wurde.

technischem Gebiet war er als Experte der landwirtschaftlichen Technisierung mit seinen Arbeiten zur Ausbreitung des Dampfpfluges und in der Technikerbewegung wegen seiner Bücher und Aufsätze zur Popularisierung des Berufsbildes des Ingenieurs berühmt geworden.[47]

Seine Darstellungen zum Leben des Ingenieurs kreisten um die Gefahr, das Risiko und das Wagnis. Er übersetzte in lebhaften Bildern das kriegerisch-kämpferische Männlichkeitsideal in das Berufsbild des Ingenieurs. Als Kämpfer gegen die Naturgewalten sei der Ingenieur ebenso wie der Soldat der Bedrohung von Leib und Leben ausgesetzt. Die technischen Katastrophen deutete Eyth als Beweis für die dem Ingenieur stets drohenden Gefahren.

„Ich will nicht von den Katastrophen sprechen, die sich an unseren Beruf knüpfen, von den schlagenden Wettern in den Kohlenbergwerken, die Hunderte von braven arbeitsamen Menschen in die Ewigkeit schleudern, vom Bruch einer Brücke, von einem gewaltigen Eisenbahnunglück, von dem Dammbruch eines Stauwerkes, von den Wagnissen und Gefahren, die jeden Schritt unserer Pioniere auf dem Weg des Fortschritts umgeben, von der oft erschütternden Tragik ihres Ringens."[48]

Der Mensch aber sei dank der Technik im Kampf mit der Natur letztlich überlegen.

„Auf Wissen und Können, auf Wort und Werkzeug beruht die Macht, die den nackten wehrlosen Menschen zum Herrscher über alles Lebende auf Erden gemacht hat, die den Zwerg zum Sieger im Riesenkampfe mit den Gewalten der Natur bestimmte. Wenn er auch heute noch mannigfach unterliegt, immer wieder ist er bereit, den Kampf zu erneuern, und selbst jede Niederlage gibt ihm neue Kräfte für den nächsten Gang."[49]

Die Parallele zum Ethos des Soldaten, der nach einer verlorenen Schlacht mutig zum nächsten Waffengang schreiten wird, ist unübersehbar. In einer unter dem bezeichnenden Titel „Berufstragik" veröffentlichten Erzählung, in der Eyth das Schicksal eines Brückeningenieurs darstellte, dessen Brücke einstürzte und dabei viele Menschen in den Tod riss, ließ er den Ingenieur sagen: „Auch unsere Schlachten haben ihre Toten."[50] In der Gefahr, dass der Ingenieur in seinem Ringen um die Beherrschung der Natur ebenso wie der Soldat im Kampf mit einem übermächtigen Gegner unterliegen könne, sah Eyth einen Ausdruck für das Heroentum des Ingenieurs. Das Idealbild des Ingenieurs bündelte Eyth in seinem Aufsatz über Poesie und Technik in der Beschreibung künstlerischer Darstellungen der Ingenieurarbeit.

„Es sind fast immer zugleich Darstellungen des Mutes, der Ausdauer, des Willens, der Männlichkeit gegenüber so vielem anderen, das den Genuss, die Erschlaffung, die ermattete oder aufgestachelte

47 1905 erhielt Eyth die Grashof-Gedenkmünze vom VDI und die Ehrendoktorwürde der TH Stuttgart. Zur Person und ausführlichen Interpretation der Werke des Dichteringenieurs vgl. Schwiglewski, S. 43-57.

48 Eyth, Poesie und Technik, S. 1131.

49 Ebenda, S. 1132.

50 Eyth, Berufstragik, zitiert nach Rohkrämer, S. 65.

Leidenschaft verbildlicht. Wenn ein Künstler die noch gesunde Seite des modernen Lebens darstellen will, kommt er zu uns."[51]

Hier stellte Eyth den Ingenieur als Repräsentanten einer durch Mut, Ausdauer und Willen charakterisierten Männlichkeit der weiblich codierten Welt des Genusses, der Erschlaffung und der Leidenschaft gegenüber. Und er polarisierte die geschlechtsspezifisch getrennten Welten nicht nur, sondern er hierarchisierte sie auch unter Rückgriff auf die Dichotomie von Gesundheit und Krankheit.

Die Abkehr vom Leitbild des Bildungsbürgers und Staatsbeamten als Rollenmodell für den Ingenieur fiel zeitlich mit der Zuspitzung des Kampfes um das Frauenstudium zusammen. Hier mag ein Grund dafür liegen, dass sich die Ingenieure um die Jahrhundertwende so gut wie gar nicht an der sehr heftig geführten Debatte um das Frauenstudium beteiligten. Die Ingenieure hatten sich mit ihrem neuen Berufsbild offenbar inzwischen so weit vom Vorbild der akademischen Geisteselite emanzipiert, dass sie sich vom Anspruch der Frauen auf Zugang zu dieser Elite nicht mehr bedroht fühlten.

Als einziger Ingenieurwissenschaftler meldete sich in der 1897 von Arthur Kirchhoff veröffentlichten Umfrage über die „Befähigung der Frau zum wissenschaftlichen Studium und Berufe" interessanterweise Franz Reuleaux zu Wort. Er war berühmt als Begründer der Kinematik und gehörte zu den Verfechtern des szientistischen Paradigmas in den Ingenieurwissenschaften, was ihm im Zusammenhang mit dem Paradigmenwechsel in den 1890er Jahren viele Gegner und vor allem die erbitterte Feindschaft Riedlers eintrug.[52] Weil Reuleaux die Abgrenzung zur akademischen Geisteselite nicht vollzog, war für ihn der Anspruch der Frauen auf Zulassung zu dieser Elite durchaus ein Thema.

Er argumentierte, dass die Frauen zu einem Maschinenbaustudium in intellektueller Hinsicht durchaus, in körperlicher Hinsicht aber kaum geeignet seien. Die in diesem Studium übliche Arbeit an liegenden Zeichenbrettern könnten die Frauen nur mit Schwierigkeiten bewältigen, „schwerlich aber ... ohne bedenkliche Schädigung der Gesundheit, jedenfalls aber auf Kosten dessen, was wir edle Weiblichkeit in Haltung und Bewegung nennen."[53] Darüber hinaus wären Frauen körperlich nicht in der Lage, das für ein Maschinenbaustudium mindestens einjährige Vorpraktikum in einer Maschinenbauanstalt zu absolvieren. Ein solches Praktikum aber sei für den künftigen Ingenieur ganz unentbehrlich und könne nicht in den Schulwerkstätten durchgeführt werden.

„Die schmalen Hände sind zu schwach, das Fußgestell zu unkräftig, der Brustkorb zu zart, das Körpergewicht viel zu gering, der ganze Aufbau zu wenig widerstandsfähig, um die gewaltigen Anstren-

51 Ebenda, S. 1133.

52 Braun, H.-J., Franz Reuleaux, S. 279-92.

53 Franz Reuleaux in: Kirchhoff, S. 287-290, hier S. 288.

gungen dieser Vorbildungszeit auch nur auf kurze Zeit zu ertragen, noch weniger durchhalten zu können."[54]

Schließlich würde das raue Klima der Werkstatt den Frauen seelisch schaden, denn dort müsste „Rohes" und „Gemeines" gehört werden. „Nur der körperstarke, auch seelisch rauher angelegte Jünger des Faches ist imstande durch alles dieses hindurch zu steuern."[55] Damit glaubte Reuleaux überzeugend begründet zu haben, dass das Maschinenbaustudium „den ganzen Mann" erfordere, während „das Gebiet der Frau ... das Haus, der Haushalt, die Familie, die Erziehung und die Gesundheitspflege" sei.[56]

Ausgerechnet Reuleaux, einer der berühmtesten Repräsentanten des szientistischen Ansatzes in der Ingenieurausbildung, erhob hier die körperliche und soziale Erfahrung praktischer Arbeit in der Werkstatt zur grundlegenden Voraussetzung für den Berufserfolg des Ingenieurs. Konfrontiert mit dem Anspruch der Frauen auf Zugang zum akademischen Studium, machte selbst er Zugeständnisse an das seit den 1890er Jahren propagierte Leitbild des Ingenieurs als eines zwar akademisch gebildeten, aber vornehmlich praktisch orientierten Mannes.[57]

Mit der Integration der körperlichen Erfahrung des Umgangs mit Technik in das Berufsbild des Ingenieurs erlangte die biologische Geschlechterdifferenz unmittelbare Definitionsmacht für die Konstruktion der Berufsidentität. Das zeigt Reuleaux eindrucksvoll, wenn er aus bildungspolitischem Anlass technisches Handeln mit einem Idealbild des männlichen Körpers verbindet und mit Verweis auf das raue Klima der Werkstatt gleichzeitig auch auf die soziale Rollenzuschreibung in der bipolar konstruierten Geschlechterordnung rekurriert. Die ingenieurwissenschaftliche Elite hatte das Vorpraktikum als eine Bewährungsprobe konzipiert, die von den Jüngern des Ingenieurberufs verlangte, in der Werkstatt oder auf der Baustelle unmittelbaren Kontakt mit den Arbeitern zu pflegen, ohne sich dabei auf die Autorität einer durch Funktion, Wissen oder Alter begründbaren Überlegenheit stützen zu können. Sie mussten dementsprechend ihre Position gegenüber den Arbeitern kraft ihrer Persönlichkeit erkämpfen und behaupten. Diese Herausforderung galt für die Söhne des Bürgertums als wünschenswerte Etappe der Ingenieurausbildung. Sie musste aber für die bürgerlichen Töchter als höchst unangenehm und widernatürlich erscheinen.

Das Argument, für die Frauen sei es unmöglich, ein Werkstattpraktikum zu absolvieren, wurde eine stereotyp wiederholte Begründung, um die Ausschließung der

54 Ebenda, S. 288 f.

55 Ebenda, S. 289.

56 Ebenda.

57 Interessanterweise pries der VDI ein Jahr später das Vorpraktikum als Zulassungsvoraussetzung zum Ingenieurstudium explizit als ein Mittel zur Eindämmung des Ausländerstudiums an Technischen Hochschulen an. König, Die Ingenieure, S. 236.

Frauen vom Ingenieurberuf zu rechtfertigen.[58] Als der christlich-soziale Politiker Friedrich Naumann in einem Vortrag über „Die Frau im Maschinenzeitalter" 1903 vorschlug, dass Frauen ebenfalls zu Ingenieuren ausgebildet werden sollten, denn es müsse „die Technik selbst auch etwas durch weibliche Köpfe durchdacht sein, wenn das weibliche Volk in der Technik seinen richtigen Platz und seine richtige Behandlung finden soll", entgegnete ihm ein Ingenieur, Naumann unterschätze die Schwierigkeiten für Frauen im Ingenieurberuf.[59] Jeder Weg in den Ingenieurberuf führe durch die Werkstatt hindurch und hier könnten Frauen allenfalls in Ausnahmefällen etwas leisten.[60] An der Technischen Hochschule Braunschweig befürwortete der Rektor 1909 die gleichberechtigte Zulassung der Frauen zum technischen Studium und allen Abschlussprüfungen unter ausdrücklichem Hinweis darauf, dass sich die Frauen der notwendigen praktischen Tätigkeit, die für die Prüfungszulassung in technischen Fächern Voraussetzung war, „voraussichtlich nur ausnahmsweise werden unterziehen können."[61] Das Werkstattpraktikum funktionierte also nicht nur als ein Mittel zur Durchsetzung der neuen, auf praktische Anwendung akademischen Wissens gerichteten Berufsidentität der Ingenieure, die Risikobereitschaft und Mut ebenso wie Durchsetzungsvermögen gegenüber den Arbeitern einschloss. Es taugte vielmehr auch als Instrument zur informellen Abschließung des Berufszuganges gegenüber Frauen. Insofern gibt es zu denken, dass die Bemühungen um Durchsetzung des Werkstattpraktikums als Zulassungsvoraussetzung für ein Ingenieurstudium zeitlich zusammenfielen mit der akuten Phase des Kampfes um das volle Immatrikulationsrecht für Frauen.[62]

Zwischen 1905 und 1909 verabschiedeten alle Kultusministerien der deutschen Staaten Verordnungen, die den Frauen das volle Immatrikulationsrecht an den Tech-

---

58 Obwohl sich das seit den 1880er Jahren in der deutschen politischen Öffentlichkeit diskutierte Verbot der Fabrikarbeit für Frauen nicht durchsetzen ließ, bestanden die Torwächter des Ingenieurberufs auf der Ausgrenzung der bürgerlichen Frauen aus der Werkstatt. Zur Debatte um das Verbot der Fabrikarbeit für Frauen vgl. Canning, S. 114 ff.

59 Naumann, Die Frau. Reaktion auf Naumann in der Rubrik „Kleine Mitteilungen", in: Technik und Wirtschaft, 1 (1908), S. 225.

60 Als ein solcher Ausnahmefall wird eine Schmiedegesellin erwähnt, die allerdings als Tochter in der väterlichen Werkstatt arbeitete. Allenfalls für das liberale Amerika sei die Existenz von Ingenieurinnen vorstellbar, aber eine Umfrage hätte ergeben, dass dort zwar Frauen in technischen Fächern studierten, aber nur sehr wenige als Ingenieurinnen tätig seien. Interessanterweise wird hier die 1906 als erste Technische Hochschule für Frauen in der Welt gegründete Anstalt in St. Petersburg erwähnt, wobei der Schreiber fälschlicherweise annahm, dass das Projekt nicht realisiert worden sei. Ebenda, S. 225. Zur Petersburger Technischen Hochschule für Frauen vgl. Gouzevitch.

61 Albrecht, Technische Bildung, S. 488.

62 Allerdings traf die Durchsetzung des Werkstattpraktikums auf wenig Unterstützung seitens der Industrie, die entweder hohe Lehrgelder verlangte oder die Aufnahme von Praktikanten ganz ablehnte. Vgl. hierzu König, Die Ingenieure, S. 237 f.

nischen Hochschulen einräumten. Die Zulassung der Frauen zum Studium an den Universitäten war in der Regel ein Jahr früher erfolgt.[63] Dass man in Deutschland nicht wie zum Beispiel in Österreich die Taktik einer partiellen Öffnung einzelner Fakultäten verfolgte[64], sondern zuerst an den Universitäten und kurz darauf an den Technischen Hochschulen gleichzeitig alle Gebiete der Wissenschaft für Frauen öffnete, verweist darauf, dass in der Wissenschaftspolitik der deutschen Länder eine Ungleichbehandlung einzelner Fakultäten vermieden wurde. Es ist nahe liegend, dass diese Politik der Gleichbehandlung weniger einem emanzipatorischen Impetus als vielmehr dem Anliegen folgte, der im Selbstverständnis der deutschen akademischen Elite besonders fest verankerten Vorstellung von der Einheit der Wissenschaft zu entsprechen.[65] Obwohl diese Vorstellung durch die Fragmentierung des Wissens, die Entfaltung spezifischer Fachkulturen und die Pluralisierung der wissenschaftlichen Institutionen seit dem Ende des 19. Jahrhunderts zur Disposition stand, bildete sie bis in die Zeit des Kalten Krieges hinein einen wichtigen Stützpfeiler für die professionelle und die institutionelle Identität der Wissenschaft.[66] Auch die Ingenieurwissenschaftler hielten, wie noch zu zeigen sein wird, an dieser Vorstellung fest, obschon sie mit ihrer Distanzierung vom neuhumanistischen Bildungsideal die Fragmentierung der Fachkulturen kräftig vorangetrieben hatten. Als sie nun in ihren Hochschulstatuten ebenfalls die Zulassung der Frauen verankern mussten, taten sie das durchaus bereitwillig, war es ihnen doch gelungen, das in den Professionalisierungskämpfen um die Jahrhundertwende durchgesetzte neue Leitbild des Ingenieurs mit Anforderungen zu verknüpfen, die auch unter den Bedingungen der im späten Kaiserreich in Unordnung geratenen Geschlechterordnung eindeutig bürgerlichen Männern zugeordnet wurden.

Tatsächlich hat das neue Berufsbild des Ingenieurs erfolgreich die Bewahrung der homosozialen Kultur der höheren technischen Bildung abgesichert. Während die Frauen relativ schnell von den Bildungsmöglichkeiten an den Universitäten Besitz ergriffen, nahmen bis zum Beginn des ersten Weltkrieges nur sehr wenige Frauen ein Studium an einer Technischen Hochschule auf. Im Sommersemester des Jahres 1913 studierten an deutschen Universitäten bereits 3368 Frauen, während sich an den Technischen Hochschulen erst 65 Studentinnen eingeschrieben hatten.[67] Im Ersten Weltkrieg nahm die Anzahl der an Technischen Hochschulen studierenden Frauen zu, aber der Vorsprung des Frauenstudiums an den Universitäten blieb bestehen.

---

63 Zum konkreten Verlauf der Öffnungspolitik vgl. Fuchs, Wie Die Väter, S. 1 f. und Duden, Ebert, S. 404-406.

64 Zur Öffnung der Technischen Hochschulen Österreichs vgl. Mikoletzky, Precarious Victories, S. 31-48.

65 Zum Selbstverständnis der deutschen akademischen Elite vgl. Ringer.

66 Weingart, Wahrheit, S. 118-122.

67 Titze u. a., Das Hochschulstudium, S. 46, 42.

Erst in der Weimarer Republik erhöhte sich die Zahl der Studentinnen an Technischen Hochschulen deutlich. Aber sie machten nach wie vor nur einen Bruchteil aller weiblichen Studierenden in Deutschland aus.[68] Es gilt nun zu untersuchen, welche Konsequenzen die wachsende Präsenz von Frauen an Technischen Hochschulen auf das berufliche Selbstverständnis der Ingenieure hatten.

2. Menschenführer statt Fachtechniker – Führungsanspruch, Hochschulreform und Frauenstudium in der Weimarer Republik

Der Krieg und die Kriegsniederlage hatten die Krise der Männlichkeit nicht gelöst, sondern vielmehr gewaltig verschärft. Die Mobilisierung der Frauen für die Kriegswirtschaft, in der sie traditionelle Männerdomänen besetzten, höhlte das für die Stabilität der polaren Geschlechterordnung essentielle Konzept geschlechtsspezifisch getrennter Sphären aus. Die Beschäftigung von Frauen in der Rüstungsindustrie drohte die in der Emanzipationsbewegung der Techniker befestigte Verknüpfung von Technikkompetenz mit Männlichkeit aufzulösen, eine Gefahr, die in der Forderung nach technischer Ausbildung für die als angelernte Kräfte beschäftigten Arbeiterinnen und in dem Einsatz weiblicher Vorarbeiter und Werkmeister offenkundig wurde. In der vom VDI herausgegebenen Monatsschrift „Technik und Wirtschaft" forderte Josephine Levy-Rathenau schon im Mai 1915 unter Verweis auf die seit Kriegsausbruch rasch zunehmende industrielle Frauenarbeit, den Arbeiterinnen eine fachliche Ausbildung zu ermöglichen.[69] 1917 referierte die gleiche Zeitschrift einen Aufsatz aus dem Organ „Stahl und Eisen" über „Erfahrungen mit der Frauenarbeit in der Kriegsindustrie mit besonderer Berücksichtigung des Gießereiwesens." Darin wurde berichtet, dass eine süddeutsche Maschinenfabrik Frauen aus dem Mittelstand als Vorarbeiterinnen ausgebildet und mit ihrem Einsatz gute Erfahrungen gemacht habe.[70]

Das aber eröffnete auch die Möglichkeit, dass sich die Frauen Aufstiegskanäle in Positionen mit technischer Verantwortung erschließen könnten, zumal es den Ingenieuren bislang nicht gelungen war, den Berufszugang gegen Aufsteiger von unten abzuschließen. Wenngleich die Demobilmachungspolitik der Nachkriegszeit mit der

---

68 Zur Frequenzstatistik vgl. Grafik A/1 und A/2.

69 Levy-Rathenau, Krieg, S. 173-178.

70 Der Berichterstatter schloss mit der Bemerkung: „Frauen haben sich selbst bei schwierigen andern Arbeiten bewährt, die früher nur ganz besonders intelligenten Männern vorbehalten waren." Mitteilungen, in: Technik und Wirtschaft 10 (1917), S. 597-599, hier S. 599. Ausführlich zur Qualifikation von Frauen für Metallberufe während des Ersten Weltkrieges vgl. Kassel, S. 129-136.

Zurückdrängung der Frauen aus traditionellen Männerindustrien die alte geschlechtsspezifische Segregation des Arbeitsmarktes restabilisierte[71], blieb die Erfahrung bestehen, dass Frauen in der Lage waren, Männer in technischen Handlungsräumen zu ersetzen.

Die im Versailler Vertrag diktierte Entmilitarisierung Deutschlands zerstörte schließlich einen seit der Jahrhundertwende zu einem entscheidenden Referenzsystem männlicher Identität avancierten Bereich. Vor allem aber führte die militärische Niederlage im hochtechnisierten Krieg und die Erfahrung der Grausamkeiten des industrialisierten Todes zumindest kurzzeitig oder partiell zu einer Umbewertung des Verhältnisses von Technik und Krieg, das noch im Kaiserreich ein Argument für die soziale Aufwertung der Ingenieure gewesen war. Es wurde jetzt von einem Faktor sozialer Akzeptanz zu einem Vorwurf. Wie die Ingenieure all diese Veränderungen in ihrem beruflichen Selbstverständnis verarbeiteten, soll uns im nächsten Abschnitt beschäftigen.

2.1 Das Ingenieurbild in den Konzepten zur Hochschulreform und das Geschlechterverhältnis an Technischen Hochschulen

In der Verarbeitung der Kriegsniederlage polarisierte sich ab 1918 die deutsche Nachkriegsgesellschaft. Während die Männer im Lager der politischen Rechten dem Verbot von Waffen und Militär mit der Idealisierung der Männergemeinschaft des Schützengrabens begegneten und damit das Ideal soldatisch-heroischer Männlichkeit auch nach der Kriegsniederlage bewahrten[72], versuchten die Ingenieure aus dem Zusammenbruch des Militärs einen Führungsanspruch der Technik abzuleiten. Sie konterten damit den in der Nachkriegszeit erhobenen Vorwurf, dass die Niederlage in dem mit neuen Technologien geführten Krieg auf das Versagen deutscher Techniker zurückzuführen sei. Dieser Vorwurf verstärkte die schon in der Vorkriegszeit virulenten technikpessimistischen Strömungen der Zivilisationskritik, die in den zwanziger Jahren einen Höhepunkt erreichen sollte. Verhandelt wurden diese Fragen nicht zuletzt in den Debatten um die Reform der Technischen Hochschulen und in den Auseinandersetzungen der Ingenieure mit der technikpessimistischen Zivilisationskritik.[73] Damit trugen auch die Ingenieurwissenschaftler zu jenem Diskurs bei, der in den 1920er Jahren maßgeblich die intellektuelle Aneignung der Technik in Deutschland prägte.[74]

71 Ausführlich hierzu Rouette.

72 Vgl. dazu Planert, S. 286 f.

73 Zur Reform Technischer Hochschulen vgl. Düwell, Die Neugestaltung, S. 220-244 und Heinzel, zur Zivilisationskritik Rohkrämer.

74 Hard, German Regulation, S. 33-67.

Schlüsselwörter in diesem Diskurs waren Gemeinschaft, Kultur, Führung, Kampf und Schöpferkraft. Der inzwischen emeritierte Alois Riedler argumentierte in seiner 1921 publizierten Schrift „Die neue Technik“:

„Der Krieg hat auch den bisher Blinden die Augen darüber geöffnet, dass alles Leben im Lande von den Leistungen der Technik abhängt [...]. Im Krieg hat nie die Technik versagt und nicht das Volk, das Ungeheures geleistet und erduldet hat, aber die geistigen Führer haben ganz versagt. Sie sind die Ursache, dass uns nunmehr die Schaffenswelt und die Umwelt gründlich verschlechtert ist. [...] Jetzt kann allein die Technik Rettung bringen durch Sparen und Erschließen, durch Verringern der Kosten, durch Erhöhen des Ertrags, durch ihre Höchstleistungen für das Allgemeinwohl.“[75]

Für Riedler stand fest, dass die Niederlage im technisierten Krieg nicht auf das Versagen der Technik zurückzuführen sei, sondern dass vielmehr im Krieg die Abhängigkeit der Gesellschaft von der modernen Technik vollends offenkundig geworden sei. Wie viele seiner Zeitgenossen war er davon überzeugt, dass Kriege auch künftig unvermeidbar seien, obwohl er durchaus die Brutalisierung eines industriell betriebenen Krieges sah und den Einsatz der Technik für den Krieg als Missbrauch bezeichnete.[76] Diese Aussage relativierte er allerdings, indem er die Verwendung von Technik im Krieg mit ihrem Einsatz in der kapitalistischen Wirtschaft gleichsetzte. „Missbrauch der Technik ist die Regel. Statt sie zu Kulturzwecken zu leiten, wird sie meist für kulturfeindliche Sonderzwecke ausgenutzt, für Krieg und Eigenerwerb, wird missbraucht durch Gewalt und Eigennutz.“[77] Diese Relativierung erleichterte es ihm, die moderne Kriegstechnik als herausragende Ingenieurleistung zu preisen und die militärische und politische Führung der Unterschätzung dieser Leistung anzuklagen.[78] Letztlich bekräftigte Riedler in seiner Argumentation die in der Vorkriegszeit geschmiedete enge Allianz von Technik, Krieg und Männlichkeit, und es war nur folgerichtig, dass er der Technik und den Ingenieuren eine zentrale Rolle für den Aufbau der Nachkriegsgesellschaft zuwies.

In ganz ähnlicher Weise argumentierte der damals in Darmstadt und später in Dresden lehrende Maschinenbauprofessor Enno Heidebroek.

„Wir haben im Krieg die schwersten Schäden dadurch erlitten, dass gegenüber der rein militärischen und politischen Leitung des Krieges die technische Leitung fortwährend beiseite gedrückt wurde,

75 Riedler, Die neue Technik, S. 8 f.

76 „Die furchtbaren Leiden dieses Krieges haben den Eigennutz, die Kriegsursache, nicht vernichtet, sondern verstärkt. Die Kriege wird kein Völkerbund bannen, sie werden immer furchtbarer wiederkommen, wie sie immer Teil der Menschengeschichte waren. Alleinherrschaft und Übermacht können nicht ewig dauern. Auch die neue Technik wird der Kriegstechnik nicht entbehren können.“ Ebenda, S. 44. Zur ständigen Kriegserwartung in der Zwischenkriegszeit vgl. Hobsbawm, Zeitalter, S. 54 f.

77 Riedler, Die neue Technik, S. 143.

78 Riedler widmete der „Wehrtechnik“ das zweitgrößte Kapitel (30 Seiten) in seinem Buch „Die neue Technik“.

trotzdem der Krieg sich zuletzt in einen absolut technischen Zerstörungsprozess entwickelt hatte. Bei dem Wiederaufbau unseres Vaterlandes darf dieser Fehler nicht wiederholt werden. In der Hauptsache aber handelt es sich nach wie vor darum, dass der Techniker in dem sozialen Entwicklungsprozess der Gegenwart den ihm gebührenden Platz einnimmt [...].“[79]

Zum zentralen Argument für die Begründung des Führungsanspruchs der Ingenieure im Wiederaufbau aber wurde die aus ihrer funktionalen Positionierung zwischen Arbeit und Kapital abgeleitete Fähigkeit zur Harmonisierung der Klassengegensätze und Verteilungskämpfe.[80] Nachdem in der Revolution die System sprengende Kraft der Konflikte zwischen Arbeit und Kapital offenkundig geworden war, erschien die Beilegung dieser Konflikte als zentrale Aufgabe der Nachkriegsgesellschaft. Und die Sprecher der ingenieurwissenschaftlichen Elite wiesen diese Aufgabe den Ingenieuren zu. Der Dresdner Maschinenbauprofessor und spätere Rektor der TH Dresden Adolph Nägel (1875-1939) begründete das in seinem Beitrag zur Reformdebatte der Technischen Hochschulen wie folgt:

„Heute empfinden wir es an dem Siechtum des Körpers unseres Volksganzen, an dem Mangel an Persönlichkeiten, die imstande wären, dem kranken Körper den Weg zur Genesung zu erleichtern, dass unserem Volke die soziale Geschlossenheit fehlt, die für die Gruppierung der verschiedenen zum Staatsganzen erforderlichen Berufsstände die spannungslose Struktur der sozialen Gemeinschaft ermöglicht hätte. Es ist unverkennbar, dass in dem gegenwärtigen Krankheitsstadium dem Ingenieur eine hervorragende Rolle zur Teilnahme am Rettungswerk der Nation zufallen muss. Er könnte und müsste daher durch die Eigenart seiner Stellung und seiner Tätigkeit ein besonders wertvolles Brückenglied bilden, das die soziale Kluft ausgleichen zu helfen berufen wäre.“[81]

Mit der Rede vom kranken Volkskörper und dem Wunsch nach einer spannungslosen sozialen Gemeinschaft integrierte Nägel die Debatte um die Aufgaben des Ingenieurs in der Nachkriegsgesellschaft in den völkischen Diskurs. Dessen im Begriff der Volksgemeinschaft kondensiertes organisches Gesellschaftskonzept, das nationale Identität und Stärke nicht länger an Produktions-, sondern Reproduktionskapazitäten band, erlaubte sozialdarwinistische Vorstellungen und sozialtechnische Strategien zu kombinieren.[82] Diese wiederum waren dem Denken der Ingenieure insofern verwandt, als sie in ihren seit dem Ersten Weltkrieg entwickelten Konzepten einer „Gemeinwirtschaft“ das im technischen Handeln verankerte Vertrauen auf eine optimale technische Lösung in eine Strategie zur Gesellschaftsverbesserung übersetzten. Diese

---

79 Heidebroek, Das Bildungsprogramm, S. 1092.

80 Freilich hatte schon der Kaiser bei Verleihung des Promotionsrechts an die Technischen Hochschulen im Herbst 1899 die in der Folgezeit als „sozialpolitischen Auftrag“ viel zitierte Forderung formuliert, dass der Ingenieur neben seiner technischen die immer wichtiger werdende soziale Aufgabe lösen müsse, die Beziehungen zwischen Arbeit und Kapital zu harmonisieren. König, Die Ingenieure, S. 252. Zur Attraktivität technokratischer Gesellschaftsvorstellungen in den 1920er Jahren vgl. auch Maier, Zwischen Taylorismus.

81 Nägel, Zur Reform, S. 1191.

82 Zum völkischen Diskurs vgl. Dormansky, S. 430-434.

Affinitäten in den Denkmustern veranlassten Nägel schon 1919, dem Ingenieur einen Platz als Führer in der Volksgemeinschaft zuzuweisen.

Ähnliche Auffassungen vertraten auch andere Teilnehmer der Reformdebatte.[83] Alle stimmten zudem darin überein, dass die Technischen Hochschulen ihre Absolventen bislang nicht hinreichend auf die Übernahme sozialer Führungspositionen vorbereitet hatten. Dieses Defizit sahen die Ingenieurwissenschaftler in dem Trend zu immer tieferer Spezialisierung in der technischen Bildung begründet. Riedler kritisierte, dass die Technische Hochschule nurmehr als Konglomerat aneinander gereihter Fachschulen existiere, deren Fachabteilungen ein strenges Sonderdasein führten.[84] Damit entferne sich die Hochschule von ihrem eigentlichen Ziel, der universitas der technischen Fachwissenschaften, ebenso wie von der Gemeinschaft aller Wissenschaften. Die Ursache für diese Entwicklung sah Riedler in dem szientistischen Ansatz in der Entfaltung der technischen Wissenschaften.[85] Das damit verbundene analytische Verfahren habe den Trend zur immer weiteren Zersplitterung erzeugt. Diese Entwicklung wäre nach Riedler vermeidbar gewesen, wenn „die Universität ihren frühen Ansatz einer Technologie zur wissenschaftlichen Technik ausgebildet hätte."[86] Um den weiteren Zerfall der Technischen Hochschulen durch die Zersplitterung der technischen Wissenschaften aufzuhalten, schlug Riedler vor, alle technischen Fachabteilungen zu einer Fakultät zu vereinigen und dieser dann einen Platz an der Universität zuzuweisen.[87] Hatte er im Kaiserreich noch die Trennung der Technischen Hochschulen von den Universitäten als einen großen Vorteil für die Technischen Hochschulen bezeichnet, die Praxisorientierung des technischen Wissens von der Gelehrtheit „unverantwortlicher, unfruchtbarer Wissenskrämer" abgegrenzt und eine „blinde Universitätsnachahmung" verurteilt,[88] so insistierte er jetzt auf der Einheit

83 Riedler verband seine Stellungnahme mit einer scharfen Absage an die Demokratie: „Jetzt muss die Technik mit „Räten" arbeiten, die Gefahren und Fehler nicht verantworten wollen, wohl aber dem Schaffenden die Hände binden können. Unpersönliche Verbände schieben sich zwischen die Leitenden und die Ausführenden, und ein Ausschuss entscheidet, was nur menschlich zwischen Männern ausgemacht werden kann, nicht im Kreise einer Partei." Riedler, Die neue Technik, S. 82.

84 Riedler, Zerfall und Neubau, S. 303.

85 Ebenda, S. 332. „Manche Lehrweise hat schweren Schaden gestiftet, so die Auffassung der Maschinenelemente als bloße Formen- und Bewegungslehre und theoretische Darstellungen von Teilaufgaben, z. B. ‚Schiebesteuerungen', die das Mittel als Zweck behandeln, eine wärmetechnische Aufgabe in eine geometrische umdeuten und dann analytisch lösen." Viele Lehrer würden, so Riedler, ein theoretisches Herangehen bevorzugen, weil „Grübeln und Verallgemeinern ... eben viel bequemer und angeblich höherstehend als Gestalten und Forschen" sind.

86 Ebenda, S. 307. Diese Auffassung ist auch in den heutigen Debatten noch aktuell, wird jetzt aber von Soziologen, vor allem von Günter Ropohl vertreten. Ropohl, Der Paradigmenwechsel, S. 19-32.

87 Riedler, Zerfall und Neubau, S. 335, 337.

88 Riedler, Die Ziele, S. 308.

der Wissenschaften und einer neu zu schaffenden Einheitshochschule aus der Vereinigung von Technischer Hochschule und Universität. Hintergrund für diesen Einstellungswandel war Riedlers Begeisterung für die technokratischen Projekte einer Gemeinwirtschaft, die die Organisatoren der Kriegsrohstoffbewirtschaftung Walther Rathenau und Wichard von Moellendorff als Gesellschaftsmodell für die Nachkriegszeit entwickelt hatten.[89] Sie konzipierten das Wirtschaftsleben nicht als Verteilungskampf, sondern als eine durch zweckmäßige Zusammenfassung der Wirtschaftsbereiche möglichst reibungsfrei funktionierende Organisation. Organisation, Zusammenfassung des Gemeinsamen und Gemeinarbeit aber waren auch die Schlüsselworte für Riedlers Konzept einer Einheitshochschule.[90] Riedler übertrug mit seinem Projekt der Einheitshochschule das technokratische Reformkonzept der Gemeinwirtschaft vom Bereich der Wirtschaft in die Wissenschaft.[91]

Er stand mit seiner Auffassung keineswegs allein. Auch sein Dresdner Kollege Nägel forderte: „Nicht Spezialisierung, sondern Zusammenschluss!“ Nägel wiederum berief sich in seinen Ausführungen auf das Hochschulreformprogramm des Staatssekretärs Carl Heinrich Becker vom preußischen Ministerium für Wissenschaft, Kunst und Volksbildung. Dieser kritisierte die Trennung der Technischen Hochschulen von den Universitäten als Fehlentwicklung. Im Trend zur fortschreitenden Ausdifferenzierung wissenschaftlicher Disziplinen sah er eine schädliche Bürokratisierung der Wissenschaft. Als Gegenprogramm forderte er:

> „Zur Erziehung unseres partikularistischen, um nicht zu sagen privatwirtschaftlichen Denkens und Fühlens zum Allgemeinen und Universellen brauchen wir die Synthese, die Synthese auf jedem Fachgebiet, wie die Synthese unserer gesamten Wissenschaft.“[92]

Auch Becker forderte die Wiederherstellung der Einheit der Wissenschaft ganz im Sinne gemeinwirtschaftlicher Gesellschaftsvorstellungen. Seine Verknüpfung von Partikularismus mit Privatwirtschaft evozierte die Verbindung von Universalität mit Gemeinwirtschaft.

---

89 Ausführlich zum Vergleich beider Konzepte vgl. Ehlert, S. 154-162. Außerdem Zachmann, Wirkungsgrad, S. 103-31.

90 „‚Organisation‘ muss das Lebendige erfassen. Dieses liegt auf allen Gebieten in der Zusammenfassung des Gemeinsamen, in der Vertiefung und in der fruchtbaren Wechselwirkung der Nachbargebiete in den Grenzbereichen, in der Gemeinarbeit.“ Riedler, Zerfall und Neubau, S. 337.

91 Riedlers Reformvorschläge wurden sehr kontrovers diskutiert. Während Politik und Industrie zustimmend reagierten, kam aus der Technischen Hochschule Berlin vehemente Ablehnung, die sich allerdings weniger auf die Inhalte von Riedlers Programm als vielmehr auf sein politisches Vorgehen bezog. Ausführlich dazu Heinzel, S. 135-157.

92 Becker, zit. nach Nägel, Zur Reform, S. 1191. Becker stellte hier also der Partikularität privatwirtschaftlichen Denkens die Universalität eines am Allgemeinen orientierten Denkens gegenüber.

Ein Hauptanliegen der Reformprogramme für die Technischen Hochschulen nach dem Ersten Weltkrieg zielte auf die Überwindung der fortgeschrittenen Fragmentierung der Ingenieurausbildung. Heidebroek brachte das Reformanliegen mit der Feststellung auf den Punkt, dass Fachbildung keine Menschenbildung sei und Fachwissenschaft noch kein Können. Man wollte nicht Fachtechniker, sondern Führungspersönlichkeiten für eine – so die Erwartung – maßgeblich von Ingenieuren zu leitende Gemeinwirtschaft ausbilden. Dafür aber brauchte man nicht nur Fach-, sondern auch Allgemeinbildung. Durch die Aufwertung und Verbreiterung des Angebots an nichttechnischen Fächern, Nägels Wunschliste umfasste „Wirtschaftswissenschaften, Betriebswissenschaften, Sozialpolitik, Rechtspflege, Philosophie, Kulturgeschichte, Handelswissenschaften, Biologie, Geographie, neuere Sprachen usw.“[93] sollte die Fach- zur Menschenbildung erweitert werden. Die geistes- und sozialwissenschaftliche Ausbildung von Ingenieuren eignete sich nach Ansicht der Ingenieurwissenschaftler hervorragend für die notwendig erachtete Sozialisation von Führungskräften.

Das von den Wortführern der ingenieurwissenschaftlichen Elite anvisierte Reformprogramm wurde in der Weimarer Republik zwar nur partiell durchgesetzt. Dennoch veränderten sich die Technischen Hochschulen beträchtlich. Der Wandel lässt sich mit dem Begriff der Pluralisierung zusammenfassen. Das im Prozess der Akademisierung der technischen Bildung in der Grashof-Ära favorisierte Ideal der Homogenisierung des Raumes zur Sozialisation der technischen Elite wurde aufgegeben. Das aber war ein erster Schritt, um die bisherige geschlechtshomogene Kultur der Ingenieurausbildung aufzubrechen.

Die Technischen Hochschulen erweiterten ihr Bildungsangebot durch Aufnahme neuer technik-, natur- und kulturwissenschaftlicher Disziplinen, führten neue Studiengänge ein und erhielten das Recht zur Vergabe des Doktortitels auch in nichttechnischen Disziplinen. Die mathematisch-naturwissenschaftlichen Fächer, die mit Ausnahme der Technischen Hochschulen in Dresden und München bislang nur den Status von Hilfswissenschaften hatten, wurden zu Hauptstudienfächern ausgebaut, deren Abschluss für das Höhere Lehramt oder Tätigkeiten in der staatlichen oder Industrieforschung beziehungsweise der Verwaltung qualifizierte.[94] Die schon vor dem Krieg angestrebte Erweiterung der wirtschaftlichen Kompetenz der Ingenieure führte in den 1920er Jahren zur Verbreiterung des Lehrangebots in wirtschafts-, staats- und rechtswissenschaftlichen Disziplinen. In Dresden, München und Berlin entwickelten die Fachvertreter daraus eigenständige Studiengänge.[95] Schließlich führte die mit der Weimarer Verfassung beschlossene Akademisierung der Volksschullehrerausbildung in Sachsen, Hessen und Braunschweig zur Angliederung der

93 Nägel, Zur Reform, S. 1193.

94 Duden, Ebert, S.413f.

95 Zachmann, Wirkungsgrad, S.122.

Volksschullehrerausbildung an die Technischen Hochschulen.[96] Die neuen Studiengänge an den TH's berechtigten unter anderem zum Lehramt und zu Berufen im wachsenden Verwaltungsapparat des Wohlfahrtsstaates. Diese Berufe, welche die Frauenbewegung schon im Kaiserreich als Frauenberufe reklamiert hatte, waren in der Tat attraktiv für Frauen. An den Technischen Hochschulen entwickelten sich die allgemeinen und kulturwissenschaftlichen Abteilungen während der Weimarer Republik zum Zentrum des Frauenstudiums. Hier studierten fast zwei Drittel der an Technischen Hochschulen immatrikulierten Frauen.[97]

Unter den Studiengängen, die mit dem Titel Diplomingenieur abschlossen, wählten Frauen vor allem die Chemie und die Architektur und damit Disziplinen, die nicht zu den ingenieurwissenschaftlichen Kerndisziplinen gehörten. Beide Fächer konnten, freilich mit anderen Abschlüssen, auch an anderen Institutionen studiert werden. Während das Architekturstudium an Kunsthochschulen jedoch kaum eine Rolle spielte[98], konkurrierten die Technischen Hochschulen auf dem Gebiet der Chemie mit den Universitäten. Hier studierten im ersten Drittel des Jahrhunderts circa doppelt so viele Frauen Chemie, obwohl die Technischen Hochschulen bis 1927 deutlich mehr Chemiker ausbildeten als die Universitäten.[99] Das Chemie- und das Architekturstudium der Technischen Hochschulen war nicht nur formal über den Abschluss, sondern auch über den Studieninhalt in den Ingenieurbereich integriert. Zum Studienprogramm beider Fachrichtungen gehörten Lehrveranstaltungen, die auch von Studenten der ingenieurwissenschaftlichen Kerndisziplinen belegt wurden. Die Absolventinnen beider Studiengänge erwarben nicht nur den Titel, sondern auch die akademische Sozialisation für den Zugang zur community der Ingenieure. Gleichwohl kultivierten die Chemiker auch an den Technischen Hochschulen ihr Selbstverständnis als Naturwissenschaftler und die Architekten sahen sich eher als Künstler denn als Ingenieure. Bei den Architekten führte dieses Selbstbild nicht allein zum Ausbau der ästhetischen auf Kosten der technischen Qualifikation in der Architektenausbildung.[100] Die Architekten wandten sich seit der Jahrhundertwende außerdem auch vermehrt den aus der Urbanisierung erwachsenden sozialen Problemen zu. Es wurden neue Lehrstühle für Städtebau und Städteplanung eingerichtet.[101] Ästhetische und soziale Fragen aber waren im Koordinatensystem der Zweigeschlechtlichkeit ebenso sehr dem männlichen wie dem weiblichen Kompetenzbereich

96 Duden, Ebert, S.414.

97 Vgl. dazu Tab. A/3.

98 Bolenz, S.117.

99 Vgl. dazu die Statistiken von Roloff, Von der Schmiegsamkeit, S.40-41.

100 Bolenz, S. 129 ff. An der TH Dresden wurden 1921 zwei Profile in der Architektenausbildung eingeführt: ein vorwiegend baukünstlerisches und ein vorwiegend bautechnisches Profil. Allerdings wurde diese Differenzierung noch vor 1928 wieder aufgegeben. Sonnemann, Geschichte, S. 128 f.

101 Bolenz, S. 131.

zugeordnet. Das wird den Zugang von Frauen in den Architekturbereich und den Architektinnen die Erfindung einer eigenen beruflichen Identität erleichtert haben.

Weil sich weder die Architekten noch die Chemiker als Techniker definierten, ist anzunehmen, dass der Eintritt der Frauen in diese Lehr- und Forschungsbereiche Technischer Hochschulen keinen Einfluss auf die Verknüpfung von Technikkompetenz und Männlichkeit hatte. In den traditionellen Kernbereichen der Technischen Hochschulen, im Bauingenieurwesen, im Maschinenbau und in der Elektrotechnik aber blieben die Frauen in der Rolle von Exotinnen, während hier die Masse der männlichen Studierenden studierte.[102] Die Entwicklung des Frauenstudiums an Technischen Hochschulen brach zwar die geschlechtshomogene Kultur der Institution auf, löste jedoch nicht die Verknüpfung von Technikkompetenz und Männlichkeit auf.

Die Ingenieure hielten an ihrer vor dem Krieg entworfenen Berufsidentität fest, um in den 1920er Jahren ihr Sozialprestige sowohl gegen die technikpessimistische Zivilisationskritik aus dem konservativen Lager als auch gegen die im Zuge der Rationalisierung expandierende großindustrielle Massenproduktion mit ihren Folgen für die Arbeitswelt und den Arbeitsmarkt zu verteidigen.

Gegen die von Oswald Spengler und anderen Wortführern der technikpessimistischen Zivilisationskritik vertretene These, dass die technische Entwicklung auf ein Ende zulaufe, setzten die Ingenieure ihre Theorie, dass die Technik einem Naturtrieb entspringe und im schöpferischen Ingenieur Gestalt annehme.[103] Heidebroek erläuterte diese Vision auf der 66. Hauptversammlung des VDI im Mai 1927 so:

> „Jene geheimnisvollen Kräfte, die in den Gebilden der Natur die vollkommenste Zweckmäßigkeit, die vollendetsten Formen geschaffen haben, strahlen auch aus in die Schöpferkraft des menschlichen Ingeniums, die sich uns in der technischen Idee offenbart. So ist auch die technische Schöpferkraft des Menschen einer der ursprünglichsten, naturgegebenen Triebe, die wirken, weil sie wirken müssen."[104]

In direkter Polemik gegen Spengler fügte er hinzu:

> „Die Technik lehnt den Gedankengang Spenglers ab, als sei sie der Totengräber der Kultur des Abendlandes. Ihr Weg führt aufwärts, zur immer fortschreitenden Lösung der Menschheit aus ihrer Erdgebundenheit, zur Überwindung der Materie durch den Geist."[105]

Nach dieser Argumentation war die Technik zum einen als Kulturleistung im Sinne des deutschen Idealismus aufzufassen. Demnach hatte der Geist Priorität gegenüber

---

102 Duden, Ebert, S. 413 f. und Grafik A/3 und A/4.

103 Zur technikpessimistischen These vom Ende der technischen Entwicklung vgl. Ludwig, Technik und Ingenieure, S. 59. Die These von Technik als Naturtrieb wurde auch von Carl Weihe, dem Herausgeber der Zeitschrift des Verbandes Deutscher Diplomingenieure „Technik und Kultur" in Polemik gegen Spengler vertreten. Vgl. Herf, Reactionary modernism, S. 175.

104 Heidebroek, Technische Pionierleistungen, S. 809.

105 Ebenda, S. 815.

der Materie und die auf moralische und sittliche Werte begründete Kultur war der Zivilisation, die als Produkt von Abstraktion und Rationalismus begriffen wurde, übergeordnet. Zum anderen lässt sich hinter der These von der technischen Schöpferkraft als einem Naturtrieb unschwer die schon von Max Maria von Weber 50 Jahre früher behauptete Sublimierungsthese erkennen, der Freud den heroischen Charakter genommen hatte. Für die Ingenieure blieb sie dennoch attraktiv, obgleich sie diese nun weniger direkt formulierten. Die Zuordnung der technischen Schöpferkraft zur Männlichkeit vollzog Heidebroek sowohl unter Berufung auf die männliche Genealogie der Ingenieure als auch mit der Bestimmung von „menschlichen Voraussetzungen [...], aus denen starke Ingenieur-Persönlichkeiten herauswachsen können."[106] Erfolgreiche Ingenieure seien „Frontoffiziere der Technik", die den „Kampf um die Anfangsexistenz, das Ringen mit dem Stoff, das Wagnis ... das Stahlbad des Kämpfens und Sich-Durchsetzens" erfolgreich überstünden.[107] Heidebroeks Bildersprache erinnert direkt an Ernst Jüngers 1920 erschienene Schrift „In Stahlgewittern", in der Jünger die Männergemeinschaft der Frontsoldaten im Schützengraben als Alternative zur zivilen Gesellschaft entwarf.[108] Heidebroek stellte Ernst Jüngers Frontsoldaten die Männergemeinschaft der Ingenieure zur Seite.

Ein weiterer, die Verknüpfung von Technikkompetenz und Männlichkeit im Selbstverständnis der Ingenieure verstärkender Faktor war der in der Zwischenkriegszeit anwachsende Antikapitalismus. Mit ihm reagierten die Ingenieure auf Veränderungen in ihrer Berufssituation, die durch die Expansion der großindustriellen Massenproduktion geprägt und im Verlust von Aufstiegsmöglichkeiten und in wachsender Arbeitslosigkeit sichtbar wurde. Die antikapitalistischen Gesellschaftsvorstellungen der Ingenieure gingen von einem Gegensatz zwischen Stoffwirtschaft und Geldwirtschaft aus und waren begleitet von der in Ingenieurkreisen verbreiteten Überzeugung, dass eine am Ziel höchstmöglicher Produktivität orientierte Wirtschaft einer auf privatwirtschaftliche Rentabilität ausgerichteten Wirtschaft überlegen sei.[109] Die durch Inflation, Rationalisierung und Weltwirtschaftskrise geprägte Erfahrung wirtschaftlicher Unsicherheit in der Weimarer Republik bekräftigte die kapitalismuskritische Einstellung der Ingenieure, die im völkischen und nationalistischen Gedankengut des konservativen Lagers partielle Übereinstimmung und dadurch Bestätigung fand. Das Technik und Wirtschaft dichotomisierende Denkmodell erhielt in der 1932 von dem Maschinenbau-Dozenten und geistigen Führer der deutschen Technokratiebewegung Heinrich Hardensett (1899-1947) publizierten Schrift „Der techni-

106 Ebenda, S. 814.

107 Ebenda, S. 813-814.

108 Jünger. Die Affinitäten im Denken Jüngers und Heidebroeks beruhen auf einer Geistesverwandtschaft, die die Ideologie des reaktionären Modernismus stiftete. Ausführlich zur Ideologie des reaktionären Modernismus vgl. Herf, Reactionary modernism.

109 Zum Antikapitalismus der Ingenieure vgl. Ludwig, Technik und Ingenieure, S. 44-53.

sche und der kapitalistische Mensch“, die in Ingenieurkreisen auf große Resonanz stieß, seinen prägnantesten Ausdruck.[110] Hardensett bezeichnete darin die Ingenieure als Leiter der „Sachwerkerzeugung“ und Repräsentanten einer „Leistungsgemeinschaft.“ Letztere beruhe auf der Zusammenarbeit von „Produktionskameraden“ und finde ihren Erfüllungsort in der Werkstatt, dem Labor, der Baustelle oder dem Konstruktionsbüro. Im Gegensatz dazu charakterisierte er den Unternehmer als Leiter der Warenerzeugung und Repräsentanten einer Interessengemeinschaft, die sich auf maßloses individualistisches Gewinnstreben gründet und ihren Ort im Kassenraum und in der Buchhaltung findet. Der kapitalistische Mensch sei von der Idee unbegrenzten Erwerbs besessen, „in seinem Streben maßlos, dynamisch, unbeherrscht, hemmungslos, ungebunden, unersättlich, ewig unruhig und ewig unternehmend“, während der technische Mensch der Idee der vollendeten technischen Lösung folge, die natürlichen Grenzen seines Schaffens akzeptiere, und planend, maßvoll, entwerfend, statisch, ruhig und zielhaft handele.[111]

Die weit verbreitete Dichotomisierung von Wirtschaft und Technik fand in den 1920er und 30er Jahren eine Entsprechung in der Gegenüberstellung einer angeblich weiblich bestimmten materiellen Kultur und einer männlich bestimmten Kultur der Arbeit, des Staates und der Tat, die den Kerngedanken der im Rahmen völkisch-nationalistischer Konzepte äußerst einflussreichen Ideologie des Männerbundes bildete und ihren Niederschlag in den Schriften von Ernst Jünger, Carl Schmitt oder Alfred Baeumler fand.[112] Der bis 1933 an der Technischen Hochschule Dresden als Philosophieprofessor lehrende und mit dem Doktorvater Hardensetts befreundete Baeumler[113] ordnete 1929 in einem Vortrag unter dem bezeichnenden Titel „Der Sinn des großen Krieges“ der „durch das Weib bestimmten“ materiellen Kultur Eigenschaften zu, die sich in Hardensetts Charakteristik des kapitalistischen Menschen wieder fanden, während die Lebensform des Mannes bei Baeumler in wichtigen Punkten mit der Kultur des technischen Menschen bei Hardensett korrespondierte. So heißt es bei Baeumler:

> „Die materielle Kultur ist, wo sie zu Vollkommenheit emporsteigt, ... durch das Weib bestimmt. [...] Das Weib erreicht innerhalb dieses Systems seine Höhe als Verführerin und Beherrscherin des Man-

---

110 Zu Hardensett vgl. Willeke, S. 227 f. Hardensett wurde mit oben genannter Schrift 1931 an der TH München promoviert. Sein Doktorvater war der Technikphilosoph Manfred Schröter, der wiederum nicht nur mit Oswald Spengler, sondern auch mit dem Philosophen Alfred Baeumler befreundet war. Schröter publizierte mit Baeumler gemeinsam ein Handbuch der Philosophie, in dem Schröter einen Beitrag zur Philosophie der Technik publizierte. Zur Beziehung Schröter – Baeumler vgl. Wolfhard Weber, Kulturgeschichte, S. 159.

111 Hardensett, Der kapitalistische Mensch, S. 101.

112 Vgl. N. Sombart, S. 153.

113 Alfred Baeumler galt als Nietzsche-Spezialist und hatte von 1928-1933 die Professur für Philosophie und Pädagogik in Dresden inne. Er wurde 1933 an die Berliner Universität berufen. Universitätsarchiv der TU Dresden, Professorenkatalog.

nes. [...] Der Gefühlsuntergrund der materiellen Kultur ist der eines dunklen, ausweglosen, nie zu befriedigenden sinnlichen Begehrens. Wehrlos fühlt sich hier der Mensch seinen Trieben ausgeliefert: er ist selbstsüchtig und einsam [...].“[114]

Die Parallele zu Hardensetts kapitalistischen Menschen ist unübersehbar. Die Ablehnung von Marktwirtschaft und Demokratie wird hier über die Geschlechtermetaphorik artikuliert. Marktwirtschaft und Demokratie werden im hierarchischen Ordnungssystem der Zweigeschlechtlichkeit dem weiblichen und damit dem unterlegenen Pol zugeordnet. Vor diesem Hintergrund wird dann eine männliche und das heißt überlegene Gegenwelt konstruiert. Bei Baeumler ist es die Welt der Arbeit und der Tat.

„Die entgegengesetzte Lebensform ist die des Mannes. Nicht die Wirtschaft und der Genuss, sondern der Staat und die Arbeit stehen hier im Mittelpunkt. ‚Arbeit‘ bezeichnet die Welt des Mannes. ... Die Welt der materiellen Kultur ist eine Welt des Genusses; die Welt der Arbeit ist eine Welt der Tat.“[115]

Bei Hardensett ist es die Sachwerkerzeugung als Welt des technischen Menschen.[116] Allerdings geht Hardensetts Welt des technischen Menschen nicht problemlos in Baeumlers Welt der Arbeit, des Staates und der Tat auf, denn sein technischer Mensch ist nicht bereit, sich einem Staat unterzuordnen.[117] Hier offenbaren sich verschiedene und durchaus konfliktreiche Männlichkeitskonzepte, die jedoch in ihrem Hegemonieanspruch gegenüber einer als inferior definierten Weiblichkeit verbunden bleiben. Festzuhalten bleibt, dass der sich in der Weltwirtschaftskrise rasch verstärkende Antikapitalismus die männliche Codierung des Ingenieurberufs verstärkte.

Angesichts der in der Weimarer Republik verfestigten Vorstellung, dass die Kultur der Technik männlich sei, wäre anzunehmen, dass sich die Frage, ob auch Frauen

---

114 Baeumler veröffentlichte den auf dem Vertretertag des Hochschulringes deutscher Art, einer Organisation der konservativen Revolution, gehaltenen Vortrag in seiner 1934 in erster Auflage erschienenen Kampfschrift „Männerbund und Wissenschaft“. Baeumler, S. 8 f.

115 Ebenda, S. 8.

116 „Ein Mensch ist technisch, wenn seine Interessen überwiegend auf die Erzeugung von Sachwerken gerichtet sind. Sachwerke werden arbeitsteilig hergestellt. Sie erfordern Zusammenarbeit und begründen Leistungsgemeinschaften. Sachwerkerzeugung wirkt vergemeinsamend und nicht vereinsamend. Die Sachwerkerzeuger sind sich Mitarbeiter, Produktionskameraden, Genossen, Produktionsführer [...].“ Hardensett, Der kapitalistische Mensch, S. 122.

117 Ebenda, S. 124 f. Weil sich die von Hardensett geistig geführte Technokratiebewegung in der Haltung zum Staat nicht mit der nationalsozialistischen Ideologie gleichschalten ließ, wurde sie 1936 aufgelöst. Ausführlich hierzu Willeke, Die Technokratiebewegung, S. 238. In der Haltung zur Arbeit, die sich zum zweiten Konfliktfeld zwischen Technokraten und Nationalsozialisten entwickelte, entsprach Hardensetts Schrift 1932 aber durchaus den Intentionen der künftigen Machthaber. Diese Denkverwandtschaft betonte Hardensett selbst in einer 1934 veröffentlichten Schrift zur Stellung des Ingenieurs im Nationalsozialismus, wo er den technischen Menschen als Nationalsozialisten charakterisierte. Zur Einordnung dieser Schrift vgl. Kapitel 3.1 in Teil II der Arbeit.

einen Zugang zur Technik finden könnten, gar nicht stellte. Sie wurde von Ingenieuren dennoch aufgeworfen und abwehrend beantwortet. In der von Helene Lange und Gertrud Bäumer herausgegebenen und für die Frauenbewegung wichtigen Wochenzeitschrift „Die Frau“ erschien 1930 der Aufsatz „Die Frau und die Technik“ von Eugen Diesel, einem Ingenieurschriftsteller.[118] Darin schrieb er:

„Die Frau ist beim Aufbau der eigentlich modernen Elemente unserer Welt ganz ohne Anteil, denn unsere Technik ist erwachsen aus Abstraktion und Grübelei, aus Wissenschaft, aus zugleich fanatischem und pedantischem Hang zu mathematischer Exaktheit in Form gestaltenden Fragen, aus bastelndem Spieltrieb und der Lust, Bewegungen und Energien hervorzurufen, aus Imperialismus, Ehrgeiz, Kampftrieb, Wagemut, Spekulation, Geschäftssinn, Sport. Es gibt einen Ingenieurtrieb, der die mechanischen und bewegungstheoretischen Zusammenhänge ergründet und Apparate und Maschinen „von selbst“ bewegt sehen möchte. Welche Frau hätte das Perpetuum Mobile mit allen Fasern ihres Herzens ersehnt?“[119]

Frauen könnten in dieser neuen Welt nur in Ausnahmefällen und dann nur „kraft besonderen Geschicks und Fleißes Aufsehen erregende Leistungen erzielen.“ Die Botschaft seiner Ausführungen lautete, dass die Frauen schlecht beraten seien, sich der männlichen Welt anzupassen. Vielmehr sollten sie darauf bestehen, das weibliche Element in der Gesellschaft geltend zu machen. Mit seiner Aufforderung, „dort auszuscheiden, wo nur der Mann denken und handeln kann, dort zu fordern, wo das Weibliche sichtbar wird“[120], schloss er eine Beteiligung der Frauen an der technischen Entwicklung aus. Das bedeutete für ihn keineswegs eine Abwertung der Frauen, sondern vielmehr eine Chance, die Welt durch das weibliche Element zu verbessern. Die Idee einer Verbesserung der Welt durch die Aufwertung des Weiblichen knüpfte an zentrale Vorstellungen von Helene Lange und Gertrud Bäumer an.[121] Das ist vermutlich der Grund, warum sie seinen Aufsatz veröffentlichten und damit der These vom Gegensatz zwischen Technikkompetenz und Weiblichkeit ein Forum boten.[122]

---

118 Eugen Diesel war der Sohn des Erfinders des Dieselmotors.

119 Diesel, Die Frau, S. 10.

120 Ebenda, S. 14

121 Zu diesen Auffassung vgl. Kapitel 1.2 in Teil II dieser Arbeit. Bei Schaser, S. 350 findet sich der Hinweis, dass Bäumer mit Diesel im Briefwechsel stand.

122 Eine detaillierte Analyse des Verhältnisses der Frauenbewegung zur Technik steht noch aus. Die von der zweiten Frauenbewegung angeregten Forschungen zur Frauengeschichte blenden dieses Thema bislang völlig aus. Es ist nicht auszuschließen, dennoch aber erst zu erforschen, dass bzw. ob dieses Verhältnis tatsächlich nicht existierte.

2.2 Die Suche der Pionierinnen nach einem Platz für Frauen in der Technik

Im Rahmen der seit dem Ersten Weltkrieg verstärkt männlich konnotierten Kultur der Technik bahnten sich nur sehr wenige Frauen einen Weg in den Ingenieurberuf. Knapp zehn Jahre nach der Öffnung Technischer Hochschulen für Frauen erfasste die Berufsstatistik des Deutschen Reiches 1925 in der Berufsgruppe der Ingenieure, Architekten und Baumeister nur 226 Frauen gegenüber 141.379 Männern. Demnach standen einer Frau im Ingenieurberuf 625 Männer gegenüber. Wie begründeten die Pionierinnen ihren Entschluss, auf einem Gebiet tätig zu werden, in dem die herrschende Geschlechterordnung für sie keinen Platz vorsah? Zwei Frauen äußerten sich zu der Frage.

Eine von ihnen war die 1899 geborene Ilse Knott-Ter Meer.[123] Im Unternehmen ihres Vaters, der als promovierter Ingenieur Direktor der Firma Hanomag in Hannover war, absolvierte sie den ersten Teil ihres Vorpraktikums, bevor sie 1920 ein Maschinenbaustudium an der TH Hannover aufnahm. 1922 wechselte sie an die TH München und beendete dort 1924 ihr Studium. Ihr Vater unterstützte nicht nur ihre Berufsentscheidung, er erleichterte ihr auch den Wiedereinstieg in den Beruf nach einer mehrjährigen Unterbrechung zur Betreuung ihrer zwei Kinder (1932 und 1936 geboren), indem er dem von ihr gegründeten Ingenieurbüro die Vertretung seiner Patente übertrug. Gleich nach dem Studium heiratete sie den 1924 in München promovierten Ingenieur Carl Knott (1892-1987), der später zum Fabrikdirektor und Vorstandsmitglied der Siemens-Schuckert-Werke in Nürnberg-Erlangen aufstieg. Inwieweit sie mit ihrem Ehemann zusammengearbeitet hat, ist nicht bekannt. Interessanterweise wurde Ilse Knott-Ter Meer schon in den ersten Jahren ihrer Ehe berufspolitisch außerordentlich aktiv. Sie trat 1925 in den VDI ein, wurde 1929 Mitglied der seit 1919 bestehenden britischen Ingenieurinnenvereinigung Women Engineers' Society (WES)[124] und gründete im Juni des Jahres 1930 die Gesellschaft Deutscher Ingenieurinnen.[125] Anliegen ihrer berufspolitischen Aktivitäten war, den Frauen einen Platz im Ingenieurberuf zu sichern. Ihre Strategie bestand darin, in der bislang männlich definierten Welt der Technik Frauenräume einzurichten. Ilse Knott-Ter Meer erläuterte ihre Strategie in den VDI-Nachrichten vom 11.6.1930 in einem Beitrag unter der Überschrift: „Die Frau als Ingenieur."[126] Vor dem Hintergrund der Überfüllung des Ingenieurarbeitsmarktes in der Weimarer Republik rechtfertigte sie den Eintritt der Frauen in die Welt der Technik damit, dass sich im Zuge der Techni-

---

123 Sie wurde von Margot Fuchs interviewt. Fuchs, Wie die Väter, S. 117-122. Auf ihre biografische Skizze stützen sich die folgenden Ausführungen.

124 Pursell, ‚Am I a Lady or an Engineer?', S. 51-73.

125 Vgl. Weibliche Ingenieure, S. 402. Hier wird über die Gründung der Gesellschaft und ein Treffen mit dem britischen Ingenieurinnenverband berichtet.

126 Knott-Ter Meer, S. 3-4.

sierung aller Lebensbereiche – sie nennt hier den Haushalt und den Verkehr – auch die Frauen nicht länger den Einwirkungen der Technik auf ihr Leben entziehen könnten. Mit der Ausdifferenzierung der Technik entstünden zudem, zum Beispiel in den Konstruktions- und Rechnungsbüros oder in den Laboratorien für Materialprüfung, neue Berufsmöglichkeiten für Frauen. Die Tätigkeit des Betriebsingenieurs, auf den sich die Berufsideologen beriefen, wenn sie den sozialen Führungsanspruch der Ingenieure reklamierten, wies sie ausdrücklich den Männern zu. Sie fügte allerdings hinzu, dass die Einstellung weiblicher Betriebsingenieure in feminisierten Produktionsbereichen durchaus denkbar sei. Die Haushaltstechnik empfahl sie eindringlich als einen den Frauen zufallenden neuen Bereich der Technik. In England und Amerika sei bereits die Mehrzahl der Ingenieurinnen auf diesem Gebiet tätig.[127] Diese Entwicklung sei auch für Deutschland zu erwarten. Es gebe in der Haushaltstechnik

„ohne Zweifel viele Fragen, die am besten von einer technisch vorgebildeten Frau gelöst werden können, da sie eben doch in den Bereich der Frau fallen. Sie wird am besten beurteilen können, welche technischen Dinge und Einrichtungen für den Hausgebrauch wirklich praktisch sind und wo sich die Einführung und Entwicklungsarbeit lohnt. Aber auch als Werbeingenieur und als Mittlerin zwischen Technik und Frau wird es manche Aufgaben für die Ingenieurin zu lösen geben. Bei weiterer Ausbreitung der Heimtechnik wird es nicht unwesentlich sein, etwas Verständnis und Fühlen für technische Dinge in weiteste Kreise der Frauenwelt hineinzutragen."[128]

In einer Zeit, als die Technisierung von der Produktions- auf die Reproduktionssphäre überzugreifen begann, sah Ilse Knott-Ter Meer eine wesentliche Aufgabe der Ingenieurinnen darin, die Vermittlung zwischen der Welt der Technik und der Welt der Frauen herzustellen. Ebenso wie Marianne Weber am Beginn des Jahrhunderts den Frauen in der Wissenschaft angetragen hatte, die Rolle der Übersetzerin von wissenschaftlichem Wissen in Lebenswissen zu übernehmen, sah Knott-Ter Meer jetzt eine den Frauen angemessene und für die Technisierung unabdingbare Aufgabe darin, das technische Wissen von den Orten der Herstellung zu den neuen Plätzen seiner Anwendung zu tragen.

Ihr Vorhaben war unter den gegebenen Zeitumständen jedoch zum Scheitern verurteilt. Die drastische Verschärfung der Weltwirtschaftskrise mit ihren verheerenden Auswirkungen auch auf dem Arbeitsmarkt der Ingenieure und der Zusammenbruch der demokratischen Ordnung zerstörten die Perspektiven von Frauenräumen in der Technik.[129] Die Spuren der Gesellschaft Deutscher Ingenieurinnen verlieren sich

127 Das untersuchen neuere Studien. Vgl. Goldstein, S. 121-52 und Pursell, ‚Am I a Lady or an Engineer?' sowie ders., Domesticating Modernity, S. 47-67.

128 Knott-Ter Meer, S. 3 f.

129 Nach den Angaben der Berufszählung waren 1933 ein Drittel aller männlichen und weiblichen Ingenieure und Techniker arbeitslos. Statistik des Deutschen Reiches, Bd. 453, Berlin 1936, S. 2/165.

unmittelbar nach den Nachrichten über ihre Gründung.[130] Es sollte 30 Jahre dauern, bis sich neue Ansätze einer Frauenpolitik im Ingenieurbereich formieren konnten und mehr als 50 Jahre, bis in Deutschland wieder unabhängige Frauenorganisationen im Ingenieurbereich entstanden.[131] Ilse Knott-Ter Meer nahm die Geburt ihrer Söhne zum Anlass, sich zeitweilig aus dem Berufsleben zurückzuziehen. Wichtig bleibt gleichwohl, dass sich Ilse Knott-Ter Meer als Maschinenbauingenieurin um die Entwicklung eines beruflichen Selbstverständnisses bemühte, das ausdrücklich Technikkompetenz mit Weiblichkeit verband.

Eine andere Strategie verfolgte die Maschinenbaustudentin Hildegard Harnisch-Niessing, die 1930 sowohl im Organ des Vereins Deutscher Diplomingenieure „Technik und Kultur" als auch in dem der Frauenbewegung nahe stehenden Journal „Die schaffende Frau" eine Rechtfertigung ihrer Berufsentscheidung veröffentlichte.[132] Im Unterschied zu Knott-Ter Meer favorisierte sie die Strategie der Assimilation. Sie berief sich auf das von den Dichteringenieuren Max Maria von Weber und Max Eyth im Emanzipationskampf der Ingenieure benutzte Argument, dass der Ingenieurberuf den ganzen Menschen erfordere und erklärte: „Wer die Technik wirklich kennt, weiß das schöpferische Künstlertum, das tief Menschliche, Gemütvolle und sozial Verbindende in ihr zu finden."[133] Über die Vorstellung von Menschlichkeit versuchte sie das Konzept von Weiblichkeit mit dem Bild vom Ingenieur zu verknüpfen. Die Frauenbewegung lehnte sie kategorisch ab. Ingenieurinnen stünden ihr unbeteiligt gegenüber, „denn die Aufgaben, die dem Ingenieur gestellt sind, lassen nur eindeutige Lösungen zu. Die Technik kann nie durch die Beteiligung von Frauen einen anderen, neuen Charakter erhalten." Dann fuhr sie fort: „Auch ist es völlig irrig zu meinen, daß Frauen, die sich der Technik zuwenden, vermännlichten oder inmitten von Eisen und Stahl übersachlich würden."[134] Sie nutzte also die in der Berufsideologie der Ingenieure fest verankerte Vorstellung von Technik als wertneutralem Instrument, um den Anspruch der Frauen auf den Eintritt in den Ingenieurbereich zu legitimieren. Gleichwohl fühlte sie sich verpflichtet zu betonen, dass dadurch die herrschende Geschlechterordnung nicht in Gefahr sei. Ihr Argument, dass Frauen durch die Entstehung des Sports und das Aufkommen der modernen Verkehrstechnik eine neue Körpererfahrung gewonnen hätten, liest sich wie eine Replik auf Reuleauxs Argument, dass der Frauenkörper ungeeignet für den Umgang mit Technik

---

130 Mir ist bislang nur ein Hinweis auf die Existenz der Gesellschaft bekannt. Als vom 18. Oktober bis 5. November vom Deutschen Staatsbürgerinnenverband in Berlin die Ausstellung „Die gestaltende Frau" veranstaltet wurde, gehörte Ilse Knott-Ter Meer als Vertreterin der Gesellschaft deutscher Ingenieurinnen zum einladenden Ausschuss.

131 Roloff, Frauen, S. 175 ff.

132 Harnisch-Niessing, Frauen, S. 448-449, diess: Weibliche Ingenieure, S. 14-15.

133 Harnisch-Niessing, Frauen, S. 448 f.

134 Ebenda, S. 449.

sei.[135] In einer unter der Rubrik „Unbekannte Frauenberufe" im Frauenjournal veröffentlichten Beschreibung der Studien- und Berufsanforderungen für Maschinenbauingenieure schilderte sie das Vorpraktikum nicht wie Reuleaux als Bewährungsprobe, sondern als formalisierten Ausbildungsabschnitt mit festem Ablaufplan.[136] Bei der Charakterisierung der Berufsanforderungen für Maschinenbauingenieure griff sie einige von den Torhütern der Profession fixierte Eigenschaften wie praktischen Sinn, schöpferische Begabung, Verantwortungsgefühl, ganze Hingabe an die Arbeit und Führungsfähigkeiten auf, ersetzte andere wie zum Beispiel Kampf und Durchsetzungsvermögen aber durch Einfühlungsvermögen in die Wirtschaft und die sozialen Forderungen der Zeit. Assimilation der Frauen in die männliche Kultur der Technik bedeutete für Harnisch-Niessing also weitgehende Anpassung an das männliche Leitbild des Ingenieurs. Gleichwohl sah sie die Aufwertung der sozialen Aufgaben des Ingenieurs in der Weimarer Zeit als Chance, Elemente aus dem weiblichen Rollenmodell, zum Beispiel soziales Einfühlungsvermögen, in das Ingenieurbild zu integrieren. Letztlich war dieser Ansatz radikaler als der feministische, denn er beanspruchte die Zulassung von Frauen nicht nur für Nischen, sondern für alle Bereiche der Technik, allerdings um den Preis einer weitgehenden Akzeptanz eines Berufsmodells, das Frauen bislang ausgeschlossen hatte. Aber Assimilation erlaubt allenfalls eine prekäre Integration in eine fremde Kultur, eine Erfahrung, die viele Ingenieurinnen unter den Bedingungen der nationalsozialistischen Diktatur machen mussten.

3. Die Ingenieure als „Soldaten der Technik" im Nationalsozialismus

Inwieweit veränderte sich mit dem Zusammenbruch der bürgerlichen Zivilgesellschaft beziehungsweise ihrer rasanten Militarisierung im Gefolge der nationalsozialistischen Machtergreifung der Platz der Ingenieure in der Gesellschaft? Wie verarbeiteten sie diese Neuverortung in ihrem beruflichen Selbstverständnis? Und in welcher Weise beeinflusste die Verschärfung der Gegensätze in der politisch und rassistisch polarisierten Gesellschaft die Bedeutung der Geschlechterdifferenz für die Besetzung technischer Handlungsräume? Es kann hier nicht darum gehen, diese weit reichenden Fragen in der gebührenden Breite zu erörtern. Verwiesen sei auf die vor-

135 In „Frauen in der Technik", S. 448 hieß es hierzu: „Automobil und Flugzeug kamen zu einer Zeit, als die Frau, wie aus einem unwirklichen Traum erwachend, die Last jahrhundertealten Vorurteils abschüttelte, sich ihres Körpers bewusst wurde und Gymnastik und Sport ganz freudig bejahend, den reinen Genuss eines gesunden, unbelasteten Körpers und das Glück aus eigener Kraft erzielter sportlicher Leistungen zum ersten Mal kennen lernte."

136 Harnisch-Niessing, Weibliche Ingenieure, S. 14 f.

liegenden Studien, die als Grundlage für die nachfolgenden Betrachtungen dienten.[137] Hier sollen allein die grundlegenden Denkmuster des beruflichen Selbstverständnisses der Ingenieure benannt werden, die sie für die Kollaboration mit den Nationalsozialisten konditionierten. Mit den darin fixierten Sinnhorizonten ihres Handelns hatten sich die Ingenieure auseinander zu setzen, als mit dem Zusammenbruch des „Dritten Reiches" die katastrophalen Konsequenzen dieses Handelns nicht mehr als Preis für vermeintliche „höhere" Zwecke rationalisiert werden konnten. Die offen geführten aber auch verdrängten Auseinandersetzungen werden uns am Ende dieses Kapitels beschäftigen. Sie bildeten das mentale Gepäck, mit dem sich die Ingenieure am staatssozialistischen Gesellschaftsumbau beteiligten.

3.1 Die Denkmuster der nationalsozialistischen Selbstmobilisierung der Ingenieure

Aus Ludwigs umfassender Untersuchung über die Stellung und Funktion der Ingenieure im „Dritten Reich" wissen wir, dass die Nationalsozialisten die Technik und die Ingenieure zu grundlegenden Stützpfeilern ihrer Macht erhoben. Aus der Aufrüstung, der Umstellung der Wirtschaft auf möglichst weitgehende Eigenversorgung und schließlich den Anforderungen der Kriegsführung im Zeitalter moderner Massenkriege erwuchsen umfangreiche neue Aufgaben für Ingenieure. Gleichzeitig instrumentalisierte die Partei die Ingenieure, um ihren eigenen Führungsanspruch im Gewand technischer Vernunft auch in die Bereiche der Industrie zu übertragen, auf die sie keinen direkten Zugriff hatte.[138] Die steigende Abhängigkeit der Gesellschaft von der Technik interpretierten die Nationalsozialisten als Ausdruck der Potenzierung ihrer Macht in der symbolischen Aufwertung von Artefakten, die sie als Projektionsflächen für Herrschafts- und Überlegenheitsvorstellungen nutzten.[139]

Die Ingenieure waren keineswegs passive Rezipienten, sondern aktive Mitgestalter dieser Aufwertung im Rahmen ihrer Kollaboration mit der nationalsozialistischen Politik. Eine wesentliche Bedingung für diese Kollaboration war die ideologische Vernetzung zwischen den Ingenieuren und der Nazipartei. Hierüber definierten die Beteiligten den Sinn der Kollaboration und entwickelten jene Wahrnehmungsmuster des Wegsehens, Ausblendens und Fehldeutens, die schließlich den Krieg und den

137 Ludwig, Technik und Ingenieure; ders., Der VDI als Gegenstand der Parteipolitik, S. 407-27; ders., Vereinsarbeit im Dritten Reich, S. 429-54; Hortleder, S. 123-138; Jarausch, The Unfree Professions, S. 92-140; Maier, Rüstungsforschung; Renneberg, Walker; Maier, Nationalsozialistische Technikideologie, S. 253-268; Mehrtens, Die Hochschule, S. 479-507; Orland, Der Zwiespalt, S. 269-95.

138 Ludwig, Technik und Ingenieure S. 179.

139 Mehrtens, Die Hochschule, S. 499 f.

Holocaust möglich machten.[140] Der entscheidende Knotenpunkt für die Verknüpfung von Denkmustern war der Begriff der Gemeinschaft, der sich im vagen Konstrukt der Volksgemeinschaft ebenso fand wie in der zur Formel „Gemeinnutz vor Eigennutz" kondensierten antikapitalistischen Rhetorik der Nationalsozialisten. Das mit vielerlei Bedeutungen aufladbare Konzept der Gemeinschaft hatte im beruflichen Selbstverständnis der Ingenieure eine gleichermaßen zentrale Bedeutung. Mit seiner Hilfe hatten sie den Altruismus als Fundament ihrer Berufsidentität konstruiert. Unter Berufung auf die Risiken und Gefahren, denen sie sich im Kampf gegen die Natur aussetzten[141], und auf die große Verantwortung, die sie zu tragen hatten, weil sich die Richtigkeit technischer Erkenntnis erst mit dem Gelingen des technischen Projektes in der Praxis erweisen konnte, hatten die Ingenieure ihr Schaffen an Voraussetzungen geknüpft, die auf eine heroische und soldatische Männlichkeit verwiesen, welche sich im Dienst und der uneigennützigen Aufopferung für die Gemeinschaft bewährte. Das nationalsozialistische Konstrukt der rassistisch definierten Volksgemeinschaft bot sich den Ingenieuren als Konkretisierung für ihre vagen Gemeinschaftsvorstellungen an. In der Formel „Gemeinnutz vor Eigennutz" fanden sie eine Bestätigung für ihre Kritik an der privatkapitalistischen Wirtschaft, der sie schon im ersten Weltkrieg und in der Demobilmachungsphase ihre am Konzept des Wirkungsgrades orientierte Wirtschaftsauffassung gegenübergestellt hatten, eine Vorstellung, die in der Weltwirtschaftskrise neue Popularität gewann.[142]

Im Zuge der ideologischen Vernetzung übernahmen die Sprecher der Ingenieure nationalsozialistische Ideologeme in ihr berufliches Selbstverständnis und verstärkten zugleich seine Verkopplung mit heroisch-militärischer Männlichkeit. In dem vom VDI-Vorstand schon im Mai 1933 abgelegten Bekenntnis zum Dienst am Führer und der Volksgemeinschaft bekundeten die Ingenieure nicht nur ihren Willen zur Kooperation, sondern sie bekräftigten mit der Geste des Dienens zugleich den Altruismus ihres Handelns.[143] Aus der im Altruismus mitgedachten moralischen Überlegenheit

---

140 Mehrtens arbeitet heraus, dass Ideologie „Machttechnik in der Sphäre der Bedeutungen" ist und formuliert als Ziel ideologiekritischer Analyse, „zu zeigen, mit welchen Mechanismen und Einschränkungen von Zweifel, Widerrede und Kontroverse, die Unterordnung und die Selbstüberhebung, das Verschweigen und das Nichtwissen hergestellt wurden." Mehrtens, Die Hochschule, S. 479.

141 Zu den Naturvorstellungen deutscher Ingenieure vgl. Dienel.

142 Zachmann, Wirkungsgrad, S. 103-31; Ludwig, Technik und Ingenieure, S. 47-52.

143 Die Ingenieurtage am Bodensee. Das Bekenntnis der deutschen Ingenieure zur neuen Staatsführung, in: ZVDI 77 (1933): 725-29. Ludwig interpretiert die Geste des Dienens eher als Unterordnung der Ingenieure unter die Politik, als „zweckrational interpretierte Vermittlung politischer Aufgaben". Ludwig, Technik und Ingenieure, S. 160. Er sieht in der Losung „Ich dien" blindes Vertrauen, bestärkt durch das Fehlen eines eigenen gesellschaftspolitischen Programms zur Anwendung der Technik. Ludwig, Der VDI, S. 412. Ich denke, dass Ludwig die politischen Ambitionen der Ingenieure unterschätzt.

leiteten sie den Anspruch auf die Übernahme von Führungspositionen in der von der Nazipartei beherrschten Gesellschaft ab. Das machten die Autoren eines 1934 unter dem bezeichnenden Titel „Die Sendung des Ingenieurs im neuen Staat" publizierten Sammelbandes deutlich. Zu den Autoren gehörten neben bereits in der NSDAP aktiven Ingenieuren auch die uns schon vertrauten Wortführer unter den technischen Experten Heidebroek, Nägel und Hardensett.[144]

Der Herausgeber des Bandes Rudolf Heiss argumentierte: Weil den technischen Menschen nicht Gewinnsucht treibt, kann er große Werke schaffen. Dabei „kämpft er mit tödlichen Bazillen, Giften, Strahlen und Sprengstoffen und lässt sich nicht entmutigen."[145] Dieser „Frontkämpfergeist, dem die technische Welt ihre Entstehung verdankt", könne aber erst nach einem Sieg über den auf Ertrag gerichteten Krämergeist voll zur Geltung gebracht werden. Die Ingenieure seien die Kerntruppe in diesem von der nationalsozialistischen Bewegung zum Hauptziel erhobenen Kampf gegen den Krämergeist. „ [...] erst wenn dieses ‚Offizierkorps' seine Pflicht voll erfüllt, kann man von der Truppe, dem Volk, die richtige Anwendung der Technik verlangen. Damit wächst aus der Sendung des Ingenieurs für den neuen Staat eine weltumspannende Sendung für die Gegenwart." Um den Ingenieur auf die Erfüllung seiner Führungsaufgaben auszurüsten, müsse er „zur Totalität" erzogen werden.[146] Er müsse „z. B. über die Bedeutung des deutschen Bauern und der deutschen Rohstoffe für die nationale Existenz Bescheid wissen" und die „Abhängigkeit vom Ausland klar sehen." Schließlich sei „die Erziehung der Ingenieure zum totalen Sehen" zu erweitern um Kenntnisse im bürgerlichen Recht, in Rassenkunde und in Geschichte. Für Heiss war demnach die totale Selbstmobilisierung der Ingenieure für das nationalsozialistische System die selbstverständliche Voraussetzung für die Aufwertung seines Berufsstandes. Erst wenn der Ingenieur „von ... seiner Arbeit aus selbsttätig ‚angewandt nationalsozialistisch' zu denken und zu handeln" bereit sei, so Heiss, werde „ihm auch jene Hoffnungslosigkeit und jenes hemmende Minderwertigkeitsgefühl genommen, die ihn allzu leicht überkamen, wenn er seine Rolle im liberalistischen Staat überdachte."[147]

Im Unterschied zu dieser direkten Verkoppelung von Aufstiegserwartungen mit Loyalitätserklärungen gegenüber dem nationalsozialistischen Parteistaat unterlegten die Professoren Nägel und Heidebroek im gleichen Band ihre Erwartungen an den NS-Staat mit einer unterschwelligen Kritik an den wissenschafts- und technikfeindli-

144 Heiss, Die Sendung. Vgl. dazu auch Hortleder, S. 125 f., 133; Ludwig, Technik und Ingenieure, S. 154 f.; Jarausch, The Unfree Professions, S. 137.

145 Heiss, Umriss, S. 1-11.

146 Heiss, Die Erziehung, S. 125-34.

147 Ders., Einführung, in: Die Sendung, S. 3.

chen Anklängen in der nationalsozialistischen Ideologie.[148] Nägel plädierte gegen eine wissenschaftsfeindliche Politik, indem er die angeblich besonderen Fähigkeit des deutschen Geistes, Theorie und Praxis für die Lenkung der naturwissenschaftlich-technischen Forschung zu verbinden, als Voraussetzung für technische Überlegenheit anpries. Heidebroek wandte sich gegen den Vorwurf, die Technik sei Schuld an der Arbeitslosigkeit, deren Abbau deshalb Technikverzicht erfordere, mit dem Argument, dass die vom nationalsozialistischen Staat verkündete und von ihm überaus emphatisch begrüßte Aufwertung der Arbeit nur mit Hilfe der Technik erfolgreich sei. Erst der Einsatz der Technik verleihe der Arbeit den Wert von Qualitätsarbeit und dem deutschen Volk das Potenzial, „seine wirtschaftliche Freiheit im Innern wie nach außen zu erkämpfen."[149] Der Einsatz des technischen Fortschritts dürfe in Zukunft nicht nach der Höhe der Kapitalrente, sondern müsse nach den Folgen für das „Volksganze" entschieden werden.

Beide Professoren bezeugten, obgleich noch mit gewissen Vorbehalten, dem nationalsozialistischen System schon 1934 ihre Zustimmung und stellten ihm die Technik als Produkt „deutschen Forschergeistes" beziehungsweise Garanten „deutscher Qualitätsarbeit" zur Verfügung. Nägel profilierte sich als Experte für die nationalsozialistische Forschungslenkung. Ihm erschien

> „die Bindung des Forschers an befehlsmäßig formulierte Probleme nicht etwa als eine Einengung der Freiheit in der Wahl seiner Forschungsabsichten, ... [sondern] vielmehr zugleich [als] eine Anerkennung der erwarteten wissenschaftlichen Leistung als eine Tat, die zu Nutz und Frommen der Gemeinschaft des Volkes für erforderlich gehalten wird."[150]

Und Heidebroek verknüpfte seine Feststellung, dass die Aufwertung der Arbeit ohne den Einsatz der Technik nicht gelingen könne, mit der Forderung:

> „Und darauf wird es ankommen, dass unser Stand wieder solche Führerpersönlichkeiten hervorbringt, die höchste schöpferische Gestaltungskraft mit tiefstem Verantwortungsgefühl gegenüber ihrem Volke vereinigen und mit dieser Gesinnung ihren Betrieb bis zur letzten Zelle durchdringen."[151]

Beide Professoren verklärten also ihre Kollaboration mit dem nationalsozialistischen System als Dienst an der Volksgemeinschaft. Die Wortführer der Ingenieure übernahmen das Konzept der Volksgemeinschaft keineswegs nur als Metapher für eigene Gemeinschaftskonzepte, sondern durchaus in seiner nationalsozialistischen Definition als Gemeinschaft einer Rasse. Sie waren schnell bei der Hand, auch rassistische

---

148 Dass der Nationalsozialismus in seiner Praxis keineswegs wissenschaftsfeindlich war, das hat die Forschung in den letzten Jahren sehr differenziert herausgearbeitet. Für den Bereich der Technikwissenschaften vgl. den Sammelband von Maier, Rüstungsforschung.

149 Heidebroek, Technischer Fortschritt, S. 43.

150 Nägel, Nationalsozialismus und Forschung, S. 22.

151 Heidebroek, Technischer Fortschritt, S. 43.

Komponenten in das Berufsbild des Ingenieurs zu integrieren. So identifizierten die Veranstalter einer Fachgruppensitzung auf der 73. Hauptversammlung des VDI, die 1935 im Rahmen eines in Breslau unter dem Motto: „Technik ist Dienst am Volke!“ veranstalteten Tages der Technik stattfand, „die Technik als Schöpfung des nordischen Rassengeistes“ und behaupteten, dass „ihre weitere Entwicklung nur dort fruchtbar [sei], wo sie vom Geiste dieser Rasse getragen wird.“[152] Dass solche Verlautbarungen mehr als rhetorische Anpassungsgesten waren, zeigt die Mitgliedschaftspolitik des VDI. Der VDI übernahm die rassistischen Ausgrenzungen der Partei schon 1933 in vollem Umfange und verschärfte sie in Anwendung der Nürnberger Rassengesetze 1935.[153]

Neben der rassistischen durchzog auch die geschlechtliche Definition der Volksgemeinschaft das berufliche Selbstverständnis der Ingenieure. Neuere Studien zur Geschlechterforschung haben herausgearbeitet, dass und wie sich die „Schützengrabenkameradschaft“ des Ersten Weltkrieges zum Deutungsmuster einer von vielen enttäuschten, verunsicherten und geängstigten Männern ersehnten Gemeinschaft verdichtete, das alle in der Zivilisationskritik gebündelten Ängste in einem antipluralen Gesellschaftsmodell kanalisierte.[154] Die Gemeinschaftssehnsüchte bündelten sich im Projekt einer auf den Männerbund der soldatischen Frontkameraden gegründeten Volksgemeinschaft, die der Nationalsozialismus zur Leitidee seines Gesellschaftskonzeptes erhob.[155] Der auf eine martialische Männlichkeit verweisende Frontkämpfer avancierte zur Leitfigur dieser Gemeinschaft. Deren soziale Bindungskräfte erwuchsen aus der männerbündischen Emotionalität der Kameradschaft, die von den Nationalsozialisten in dem hierarchisch strukturierten Konzept der Gefolgschaft konkretisiert wurde.[156]

Dieses Deutungsmuster zur männerzentrierten Struktur der Volksgemeinschaft fand mühelos Aufnahme in das Berufsbild des Ingenieurs, weil sie den im Selbstverständnis der Ingenieure über das Konzept der Analogie zwischen Ingenieur- und Kriegskunst verankerten und in der Rede von den Frontoffizieren der Technik rhetorisch fixierten Bezug auf ein militärisches Männlichkeitsideal bekräftigte. In diesem Sinne definierten die Wortführer der Ingenieure nach 1933 ihren Anspruch auf Führungsfunktionen in einem militärisch-männlich codierten Raum. Der bereits zitierte Heiss sprach vom Frontkämpfergeist als Urquell der technischen Welt und vom Offiziercorps der Technik, das die Truppe, gemeint war das Volk, zur richtigen An-

152 Technik als Kultur- und Wirtschaftsgestalter, in: ZVDI 79,1935, S. 987.

153 Ludwig, Der VDI, S. 416 f.

154 Kühne, ... aus diesem Krieg, S. 174-92.

155 Zum Männerbund vgl. Sombart, Männerbund, S. 136-55.

156 Kühne verweist darauf, dass im Nationalsozialismus „das ganze Volk als eine Gemeinschaft von Kameraden stilisiert“ und gleichzeitig die Kameradschaft zur hierarchisch konzipierten Gefolgschaft umdefiniert wurde. Kühne, S. 177 f. Zu den Ursachen und Konsequenzen der hierin sichtbaren Militarisierung der Gesellschaft vgl. Dormansky, S. 427-63.

wendung der Technik befähige.[157] In dem von Heiss herausgegebenen Band verlangte der mit der Ehrendoktorwürde ausgezeichnete VDI- und NSDAP-Funktionär Carl Arnhold 1934, dass Ingenieure als nationalsozialistische Führer in den Betrieben eine Führungskultur durchsetzen, welche der Führertradition der deutschen Armee gleichkommt.[158] Auf dem 1935 veranstalteten Breslauer „Tag der deutschen Technik" erklärte derselbe Arnhold in seinem Vortrag über Ingenieurarbeit als Führungsaufgabe: „Den Ingenieuren fällt die hohe Aufgabe zu, nicht Sachwalter der Technik oder Verwalter der Betriebe, sondern Führer der nationalen Kampfeinheit Betrieb zu sein und ... die Gefolgschaft zu schulen und sie zu führen."[159] Das Ziel der Führungsaufgaben von Ingenieuren präzisierten die Teilnehmer einer Fachgruppensitzung auf der in Breslau 1935 ebenfalls durchgeführten VDI-Hauptversammlung wie folgt:

> „Unsere Werkstätten sollen die Zellen eines organisch gegliederten Gemeinwesens sein. Die Industriebelegschaften müssen aus dem Wirrwarr zerspaltender Klassenkampfstimmung zu staatstragenden Männerbünden werden."[160]

Es ging um die Verankerung der militärisch-männlichen Kultur im zivilen Raum und gleichzeitig um die Mobilisierung der Technik für Rüstung und Krieg, zu der sich die Ingenieure mit ihrem frühen Engagement für die Aufrüstung bekannten.[161] Die an mehreren Orten auftauchende Rede vom „soldatischen Ingenieur" beziehungsweise vom Ingenieur als „technischen Soldaten" verwies auf die Trias von Technik, Krieg und Männlichkeit im beruflichen Selbstverständnis des Ingenieurs im Nationalsozialismus.[162] Der als früher Aktivist der NSDAP in einflussreiche Partei- und Staatsämter der Rüstungs- und Kriegswirtschaft aufgestiegene Ingenieur Seebauer bekräftigte wenige Monate vor Ausbruch des Krieges, dass die Aufwertung der Ingenieure im

157 Heiss, Umriss, S. 3, 11.

158 Arnhold, Der Ingenieur als nationalsozialistischer Führer, S. 61-68.

159 Technik ist Dienst am Volke! Rückblick auf die 73. Hauptversammlung des VDI, in: ZVDI 79, 1935, S. 825. Einen Aufsatz zum gleichen Thema veröffentlichte Arnhold anlässlich des Tages der Arbeit in der Zeitschrift des VDI. Dort heißt es u. a.: „Der Ingenieur in der Front der Arbeit ist in erster Linie Führer, und von seinem Führertum aus sucht er auch nach der rechten Form einer deutschen Betriebs- und Wirtschaftsführung. Er achtet und weckt die soldatischen Tugenden des deutschen Arbeitsmenschen, und so tritt er unter allen Umständen dafür ein, was auf die kämpferische Veranlagung der Deutschen Bedacht nimmt. [...] Der Begriff der Ehre, der Treue, der Pflicht und der Kameradschaft umschreibt die charakterliche Auswirkung des Soldatischen in seiner ganzen Fülle. Damit werden zugleich die altgeheiligten Grundsätze des deutschen Führertums umrissen: jenes ‚Vorbildsein', jenes ‚Verpflichtetsein' und jenes ‚Persönlichkeit-sein', das zu allen Zeiten den Führer gekennzeichnet hat." Arnhold, Der Ingenieur in der Front, S. 507-508.

160 Technik als Kultur- und Wirtschaftsgestalter, S. 987.

161 Ludwig, Technik und Ingenieure, S. 156 f. verweist auf das frühe Bekenntnis zur Aufrüstung.

162 Vgl. hierzu auch Maier, Nationalsozialistische Technikideologie, S. 261 f. und Jarausch, The Unfree Professions, S. 151.

nationalsozialistischen System auf der Bedeutung der Technik im modernen Krieg beruht.[163]

„Der Ingenieur ist längst nicht mehr bloß vom Reißbrett her oder aus dem Konstruktionsbüro allein zu begreifen. Es ist daher mehr als eine Phrase, wenn wir in ihm immer mehr den Soldaten der Technik, den technischen Offizier sehen. Seine Verantwortung drückt sich heute in ganz anderen Dimensionen aus als etwa lediglich in der Beherrschung der physikalischen Gesetze oder der der Statik. Diese Verantwortung des Offiziers der Technik ist vor dem Deutschen Volke um nichts geringer als die des Offiziers, der in unserem Heere mit der Waffe in der Hand seinen Leuten vorangeht. Der Ingenieur gehört somit zu den wesentlichsten Stützen unserer materiellen Daseinsordnung, die nichts zweitrangiges, sondern ein Teil der deutschen Kultur ist."[164]

Die machtpolitische Konsequenz aus der bislang vor allem rhetorischen Aufwertung der Ingenieure zogen die Nationalsozialisten im ersten Kriegsjahr, als sie den Ingenieuren die Verantwortung für die Organisation der Rüstung übertrugen. Die Bedeutung dieser Entscheidung hat Ludwig sehr prägnant kommentiert: „Anstelle eines Technikministeriums im Frieden erhielten die Ingenieure im Krieg nun ein Rüstungsministerium. [...] Der technischen Intelligenz [...] schien nun auf breiter Front die ersehnte Chance geboten, den eigenen Arbeitsprozess selbst zu organisieren und der technischen Produktbildung den Vorrang vor der wirtschaftlichen Wertbildung geben zu können."[165] Hinzuzufügen bleibt, dass die Ingenieure bestens auf diese Aufgabe vorbereitet waren, da die Bedeutung der Technik im modernen Krieg einen entscheidenden Stützpfeiler ihres beruflichen Selbstverständnisses bildete.

3.2 Prekäre Assimilationen – Ingenieurinnen in der Rüstungs- und Kriegswirtschaft und in der Emigration

Die enge Verknüpfung von Technik, Krieg und Männlichkeit schloss die Beschäftigung von Frauen als Ingenieurin keineswegs aus. Vielmehr trat in der zunehmend rassistisch und politisch polarisierten Gesellschaft die Bedeutung der Geschlechterdifferenz als Kriterium für Ein- und Ausschluss eher zurück.[166] So waren einerseits Frauen ebenso wie Männer rassistischen oder politischen Verfolgungen ausgesetzt. Andererseits konnten neben den Männern auch einige Frauen die nationalsozialistische Aufwertung der Technik im Rahmen der Rüstungs- und Kriegswirtschaft in

---

163 Zur Person Seebauers vgl. Ludwig, Technik und Ingenieure, S. 65, 121, 124 f., 127 f., 147 f., 180, 182, 472.

164 Seebauer, S. 477.

165 Ludwig, Technik und Ingenieure, S. 350. Damit lösten die Nationalsozialisten die seit dem Ersten Weltkrieg akuten Rivalitäten zwischen Offizieren und Ingenieuren um die Priorität von Militär oder Technik in der modernen Kriegsführung zugunsten der Technik.

166 Bock, S. 245-77.

berufliche Aufstiege übersetzen. Diese Ambivalenz des Nationalsozialismus sollte sich später als schwere Hypothek für die Geschichte der Frauen in der Technik erweisen. Gerade als sie begonnen hatten, sich einen Weg in technische Handlungsräume zu bahnen und dort einen Platz beanspruchten, der es ihnen erlaubte, eine eigene Berufsidentität zu entfalten, blockierte das nationalsozialistische System diese Entwicklung. Weil seine Repräsentanten die Technik als Projektionsfläche für ihre Herrschafts- und Überlegenheitsvorstellungen nutzten und die technische Entwicklung auf den Krieg ausrichteten, blieb kein Raum für weibliche Nischen in der Technik. Frauen wurden nicht prinzipiell als Akteurinnen aus der technischen Entwicklung ausgeschlossen. Aber jene Ingenieurinnen, die nicht aus rassistischen oder politischen Gründen prinzipiell ausgegrenzt wurden, blieben darauf verwiesen, ihre Technikkompetenz für ein System einzusetzen, das die Allianz von Technik, Krieg und Männlichkeit zu einer Hauptsäule seiner Macht ausgebaut hatte. Diese generellen Überlegungen zur Situation der Frauen in der Technik des „Dritten Reiches" sollen im Folgenden mit Hilfe der Statistik und ausgewählten biografischen Quellen unterlegt werden. Eine detaillierte Untersuchung zu Frauen im technischen Feld während des Nationalsozialismus steht allerdings noch aus.

Zwischen 1932 und 1935 verließen 312 Diplomingenieurinnen die Technischen Hochschulen, eine Zahl, die im Vergleich zu den 226 von der Berufsstatistik des Jahres 1925 erfassten Ingenieurinnen mit und ohne Diplom auf eine beträchtliche Erweiterung weiblicher Technikkompetenz verweist.[167] Danach gingen die Absolventinnenzahlen als Folge der zwischen 1933 und 1938 drastisch verringerten Stu-

167 Vgl. hierzu Grafik A/5. Bei Betrachtung der Fachrichtungsverteilung der Absolventinnen fällt auf, dass ausgerechnet die technischen Kerndisziplinen mit den niedrigsten Studentinnenzahlen mehr Absolventinnen hervorbrachten als die beiden von den Frauen favorisierten Studiengänge Chemie und Architektur. Die hohen Absolventinnenzahlen in den technischen Kerndisziplinen resultieren möglicherweise aus der besonderen Ausnahmestellung der Frauen in diesen Bereichen. Wer sich einmal für ein Maschinenbau- oder Elektrotechnikstudium entschloss, der führte es auch zu Ende. Die außerordentlich geringe Absolventinnenquote in der Chemie und der Architektur hingegen lässt sich damit erklären, dass hier der Einstieg in semiprofessionelle Stellen mit dem Wissen aber ohne den Abschluss der Hochschule möglich und in Anbetracht der jahrelangen Überfüllung der entsprechenden Arbeitsmärkte für Frauen sogar aussichtsreicher war. In der Chemie konnten die Frauen auf die Stellen von Chemotechnikerinnen oder Analytikerinnen ausweichen. Die Architektinnen ohne Abschluss konnten Beschäftigung als Bauzeichnerinnen finden. Andere gingen ins Kunstgewerbe. Für die Chemie vgl. Roloff, Von der Schmiegsamkeit, S. 89; für die Architektur vgl. Gaebel, S. 282. Darüber hinaus ist zu bedenken, dass die nationalsozialistische Politik rassistischer und politischer Verfolgung einen Teil der Studentinnen am Abschluss der Diplomprüfung hinderte. Das dürfte wiederum die Architektinnen am stärksten betroffen haben, die den höchsten Anteil jüdischer Studentinnen aufwiesen. Er betrug im Wintersemester 1931/32 13 Prozent. Deutsche Hochschulstatistik, Bd. 8 (1931/32), S. 26.

dentenzahlen sehr stark zurück.[168] Von 1936 bis 1940 legten nur noch 183 Diplomingenieurinnen die Abschlussprüfung ab. Während des Krieges stiegen die Studentinnenzahlen wieder kräftig an. Im Sommersemester 1943, also kurz nachdem Goebbels in einem Aufruf zum totalen Krieg die Mobilisierung aller Reserven für den Krieg gefordert hatte, studierten an den deutschen Technischen Hochschulen 1537 Frauen.[169] Die Mehrheit der Kriegsstudentinnen trat erst in der Nachkriegsgesellschaft in das Berufsleben ein.

Frauen, die in der Zeit des Nationalsozialismus als Ingenieurin arbeiteten, hatten ihre Berufsentscheidung überwiegend bereits unter den Bedingungen der ersten deutschen Demokratie gefällt, und damit in einer Zeit, in der sich die Geschlechterrollen in bestimmten Bereichen nachhaltig zu wandeln begannen. Frauen hatten 1918 das Wahlrecht erlangt und waren in Parteien und Parlamenten beteiligt an politischen Entscheidungen. Die Männerverluste im Krieg und die Vermögensverluste in der Inflation hatten das bürgerliche Familienernährermodell grundsätzlich erschüttert. Eine berufliche Ausbildung für Mädchen wurde zur Norm und der Anteil der verheirateten Frauen unter den Erwerbstätigen stieg an. Dank der Reformen der Mädchenschulbildung am Ende des Kaiserreiches war ein Studium für Töchter aus den Oberschichten zu einer normalen Option geworden. Insgesamt war für die Generation, die nach dem Zusammenbruch des Kaiserreiches erwachsen wurde, die Bindungskraft der traditionellen Normen- und Wertewelt nur noch in geringem Maße wirksam. Die alte Welt löste sich unter den politischen und sozialen Umschichtungen durch Krieg, Revolution und Inflation auf. Die mentalen Veränderungen wurden ergänzt und bestätigt durch neue Körpererfahrungen. Die Verbreitung neuer Verkehrstechniken und der Aufschwung des Sports trugen ebenfalls dazu bei, die Geschlechterdifferenzen einzuebnen.

Auf eben diese Zusammenhänge verwies die Sturzkampfpilotin Melitta Schiller, verh. Schenk, Gräfin von Stauffenberg, als sie im Auftrag des Propagandaministeriums und der Kulturabteilung des Auswärtigen Amtes im Dezember 1943 einen Vortrag über ihre Karriere als Ingenieurpilotin in Stockholm hielt, um im neutralen Schweden das Image des „Dritten Reiches" aufzubessern. Sie erklärte dort ihre Berufsentscheidung wie folgt:

„Die Zeit meiner jungen Jahre vollends, in denen man die Ursprünge und geheimen Wurzeln einer solchen Lebensformung suchen darf, ist die einer tiefen deutschen Not gewesen, in der sich die Starrheit überkommener Begriffe lockerte und die deutsche Jugend sich an die geprägten Formen fragwürdig gewordener Übereinkünfte und Überlieferungen, kurz an die Konventionen in keiner

---

168 Zum Rückgang der Studentinnenzahlen vgl. Grafik A/1. Gleichzeitig sank der Frauenanteil unter den Ingenieurstudenten, was hier allerdings nicht auf die von den Nationalsozialisten 1934 eingeführte maximale Frauenquote von zehn Prozent für Studienanfänger zurückgeführt werden kann, da die Frauenanteile in den technischen Studiengängen darunter lagen.

169 Siehe Grafik A/1. Vgl. auch Pauwels, S. 101. Zu Studenten im NS auch Grüttner.

Weise mehr gebunden fühlte. Und da die Fliegerei auf mich schon als Kind einen unwiderstehlichen Zauber ausgeübt hat und da mich ferner von jeher der Drang nach dem freien Spiel der körperlichen Kräfte, nach ihrer Schmeidigung und Stählung – ein Trieb des ursprünglich ‚sportlichen' Menschen – beherrschte und da ich schließlich in geistigen Dingen ein ausgesprochen naturwissenschaftliches Interesse besaß, so hat sich eigentlich alles von selbst ergeben."[170]

Während aber Melitta Schiller die Entbindung aus der traditionellen Werte- und Normenwelt und den Wandel in der Selbstwahrnehmung im Zusammenhang mit einer neuen Körpererfahrung als grundlegende Bestimmungsfaktoren für ihren Weg in die Luftfahrttechnik beschrieb, versuchte sie gleichzeitig ihre außergewöhnliche Position im Koordinatensystem der bipolaren Geschlechterordnung zu legitimieren. In ihrer Stockholmer Rede sagte sie hierzu:

„Der Entschluss, sein Leben der Fliegerei und damit einer Aufgabe zu widmen, die sicherlich von Anfang an als eine spezifisch männliche in Erscheinung trat, ist für ein junges Mädchen gewiss ein ungewöhnlicher gewesen. [Dennoch] glaube ich [....] im Namen der deutschen Fliegerinnen sagen zu dürfen, dass sich in uns die Rangordnung der Werte allen Frauentums hierdurch in keiner Weise verschoben hat und dass die Fliegerei für uns nie eine Sache der Sensation oder gar der Emanzipation gewesen sei: Wir Fliegerinnen sind keine Suffragetten."[171]

Wie schon Harnisch-Niessing im Jahre 1930, so sicherte auch Melitta Schiller 1943 ihre Grenzüberschreitung mit einer kategorischen Distanzierung von der Frauenbewegung ab. Zweifelsohne hatte sie mit ihrer Strategie der Assimilation eine für eine Frau außergewöhnliche Karriere gemacht, die sie von der Versuchsingenieurin in der Deutschen Versuchsanstalt für Luftfahrt (DVL) in Berlin-Adlershof zur Pilotin für Sturzflugerprobungen in der Luftwaffenerprobungsstelle Rechlin und Leiterin einer Versuchsanstalt für Flugsondergeräte in das nationalsozialistische Militär und damit einen der Kernbereiche deutscher Männerkultur führte.[172]

Die Karrieren anderer Frauen in der Technik des „Dritten Reiches" waren weniger spektakulär und das Ausmaß der Anpassung an und der Selbstmobilisierung für das System variierte in einer großen Bandbreite. Dennoch muss davon ausgegangen werden, dass der größere Teil jener Frauen, die nach 1933 im Beruf blieben, das vor allem deshalb tun konnten, weil ihre technische Kompetenz in der Rüstungs- und Kriegswirtschaft des „Dritten Reiches" Verwendung fand. Das gilt zum Beispiel für Irmgard Flügge-Lotz, die dem nationalsozialistischen System eher distanziert gegenüber stand und die 1960 an der technischen Fakultät in Stanford als erste Frau auf eine Professur berufen wurde. Ihr wissenschaftliches Kapital beruhte auf Forschungen, mit denen sie an der Aerodynamischen Versuchsanstalt (AVA) in Göttingen und ab 1938 an der DVL begonnen hatte, zwei Institutionen, deren Tätigkeit für die Luft-

170 Zit. aus Bracke, S. 152.

171 Zit. aus ebenda, S. 151 f.

172 Zur Biografie vgl. Fuchs, Wir Fliegerinnen, S. 260-65.

rüstung und den Luftkrieg der Nationalsozialisten von höchster Brisanz war.[173] Die im gleichen Jahr wie Melitta Schiller 1903 geborene Irmgard Lotz hatte an der TH Hannover angewandte Mathematik und Strömungsmechanik studiert und wurde 1929 in Hannover zum Dr.-Ing. promoviert. Mit ihrem Eintritt als Forschungsingenieurin in die AVA im Jahre 1929 stellte sie die Weichen für eine Tätigkeit in der Wissenschaft, die sie über lange Jahre an der Seite und im Schatten von Wilhelm Flügge durchführte, den sie 1938 geheiratet hatte. Eine noch an der AVA im Jahre 1937 von Ludwig Prandtl beantragte Forschungsprofessur für Lotz wurde vom nationalsozialistischen Staat nicht genehmigt.[174] 1938 ging sie mit ihrem Mann an die DVL, wo er eine Stelle als Abteilungsleiter, sie jedoch nur eine Position als wissenschaftliche Referentin erhielt. Das Ehepaar arbeitete hier bis zum Ende des Krieges, wurde 1947 aufgefordert, am Pariser Forschungsinstitut für Aeronautik zu arbeiten und emigrierte 1948 in die USA, wo Wilhelm Flügge einen Lehrstuhl und Irmgard Flügge-Lotz eine Stelle als Dozentin und Forschungsbeauftragte erhielt. Erst 1960 wurden ihre wissenschaftlichen Leistungen auf dem Gebiet diskontinuierlicher Flugkontrollsysteme mit einer adäquaten Platzierung in der wissenschaftlichen community honoriert.

Während Flügge-Lotz ebenso wie Schiller für die Rüstungs- und Kriegstechnik des „Dritten Reiches" gearbeitet hatten[175], übernahmen andere Frauen die berufliche Vertretung ihrer Ehemänner während des Krieges und unterstützten auf diese Art und Weise das nationalsozialistische System. Eine dieser Frauen war die Münchner Architektin Annelise Eichberg. Nachdem ihr Mann im Sommer 1939 eingezogen worden war, übernahm sie seine Aufgaben als Assistent am Lehrstuhl für Städtebau und Entwerfen.[176] Sie hatte zuvor als Privatassistentin des Lehrstuhlinhabers gearbeitet und konnte nun die Stelle ihres Ehemannes „in Kriegsstellenbesetzung" verwalten.[177]

Im Unterschied zu den Frauen, die ihr technisches Wissen in den Dienst des „Dritten Reiches" stellten, hatten es die aus Deutschland vertriebenen Ingenieurinnen schwer, ihre Technikkompetenz weiterhin beruflich zu verwerten. Zu letzteren gehörte die 1905 in der polnischen Textilstadt Lodz geborene Karola Piotrkowska, Tochter eines jüdischen Textilunternehmers und seit 1934 Ehefrau des Philosophen Ernst

173 Hallion, S. 241-42. Vogt, S. 189-210.

174 Auf Initiative Görings wurden 1937 Wissenschaftler der DVL, der Aerodynamischen Versuchsanstalt und der Deutschen Forschungsanstalt für Luftfahrt zu ordentlichen und außerordentlichen Professoren berufen, eine Maßnahme, die sich über die Traditionen des deutschen Universitätssystems hinwegsetzte, das Ordinariat an die Einheit von Lehre und Forschung und die Voraussetzung der Habilitation zu binden. Trischler, Luft- und Raumfahrtforschung, S. 235.

175 Die Tätigkeit weiterer Frauen in der Rüstungs- und Kriegsforschung hat Annette Vogt in ihren Untersuchungen über die Frauen in den Instituten der Kaiser-Wilhelm-Gesellschaft ermittelt. Vgl. Vogt, S. 189-210.

176 Vgl. hierzu die biografische Skizze von Fuchs, Wie die Väter, S. 149-162.

177 Sie behielt allerdings diese Stelle nach dem Krieg, da ihr Mann nach Rückkehr aus der Gefangenschaft zum Dozenten aufstieg. Ebenda, S. 157.

Bloch.[178] Sie war während des ersten Weltkrieges in Moskau zur Schule gegangen, hatte dort im Alter von 12 Jahren die russische Revolution begeistert miterlebt, war nach dem Krieg mit ihren Eltern nach Lodz zurückgekehrt und 1921 mit der Familie nach Berlin übergesiedelt. Hier besuchte sie eine Kunstgewerbeschule, fand sich aber unausgelastet und beschloss, sich auf ein Architekturstudium vorzubereiten. 1928 ging sie nach Wien und legte dort 1929 ihr Abitur ab. Noch im gleichen Jahr immatrikulierte sie sich an der Technischen Hochschule in Wien, wechselte aber im Wintersemester 1931/32 an die Technische Hochschule Berlin. Sie studierte hier bei Hans Poelzig und Bruno Taut, arbeitete in einer kommunistischen Studentengruppe und trat 1932 in die KPD ein. Im April 1933 musste sie Deutschland verlassen. Sie folgte Ernst Bloch, mit dem sie seit 1929 zusammen lebte, nach Zürich und schrieb sich an der ETH ein. Ihr Empfehlungsschreiben von Poelzig an den Dekan der Architektenfakultät, der ein Anhänger der Nazis war, bewirkte eher das Gegenteil. Sie musste die schon in Berlin abgelegte Vordiplomprüfung wiederholen, schaffte es aber schon 1934 die Diplomprüfung abzulegen. Mit Ausnahme eines Jahres hat Karola Bloch in der gesamten Zeit der Emigration unter den verschiedensten Bedingungen als Architektin gearbeitet, um den Lebensunterhalt der Familie Bloch, 1937 wurde der Sohn Jan geboren, abzusichern. Sie war als Angestellte in Architekturbüros in Wien, Paris, New York und Cambridge (MA) tätig, arbeitete als selbständige Architektin gemeinsam mit einer Freundin in Prag und als freischaffende Architektin in Andover. Sie lernte außerdem technisches Zeichnen für Industriebauten, um eine Anstellung bei Stone und Webster, einer Firma für Industriebau in Cambridge annehmen zu können, da im Krieg nur kriegswichtige Bauten ausgeführt wurden. Ein beruflicher Aufstieg war unter den komplizierten Bedingungen des Emigrantenlebens ausgeschlossen, aber mit großer Energie schaffte es Karola Bloch, nach der Vertreibung aus Deutschland das Studium abzuschließen und im Beruf zu bleiben. Sie stützte mit ihrer Erwerbsarbeit Ernst Blochs Arbeit an seinem philosophischen Werk. Nach dem Krieg hat sie die Architekturentwicklung im geteilten Nachkriegsdeutschland beeinflusst.[179]

---

178 Die biografische Skizze beruht auf der Autobiografie, K. Bloch, Aus meinem Leben, sowie auf ihrem Aufsatz „Mein Leben als Architektin". Der Aufsatz ist die Niederschrift eines Vortragsmanuskripts aus dem Jahre 1979.

179 Sie hat in den 1950er Jahren als freie Mitarbeiterin in der Bauakademie gearbeitet. In jener Zeit erarbeitete sie Typenprojekte für Kindereinrichtungen, beriet Frauen bei der Wohnungseinrichtung, entwarf rationelle Küchen und schrieb eine Baufibel für Frauen, um ihnen Baupläne verständlich zu machen. Als Ernst Bloch wegen seines Eintretens für den ungarischen Aufstand ab 1957 die Leipziger Universität nicht mehr betreten durfte, musste auch sie ihre Mitarbeit an der Bauakademie aufgeben. Während des Baus der Berliner Mauer befanden sich die Blochs auf einer Besuchsreise in der Bundesrepublik und die Ereignisse veranlassten sie, dort zu bleiben. Vgl. K. Bloch, Aus meinem Leben.

Es ist bekannt, dass es durchaus nicht allen Emigranten gelang, im Beruf zu bleiben. Die Situation der vertriebenen Ingenieurinnen war doppelt schwierig. Sie waren nicht nur Fremde im Aufnahmeland, sondern auch in der Kultur ihres Berufes. Karola Bloch berichtete in ihrer Autobiografie, dass sie in vielen Architekturbüros die einzige Frau war. Eine Möglichkeit, den Weg in die doppelt fremde Kultur zu überbrücken, fand die jüdische Elektroingenieurin Irene Rischowski, die wegen ihrer Tätigkeit im Widerstand 1935 aus Deutschland floh und nach einer Zwischenstation in Prag 1936 nach England kam.[180] Hier versuchte sie mit Hilfe der britischen Ingenieurinnenvereinigung eine Arbeit zu finden. Sie erhoffte sich vom Netzwerk der Frauen eine Brücke in die doppelt fremde Kultur. Dennoch musste sie zunächst einige Jahre als Hausmädchen arbeiten, da das britische Arbeitsministerium eingewanderten Frauen Arbeitserlaubnisse nur für die Krankenpflege oder den häuslichen Dienst erteilte. Schließlich arbeitete sie ab 1939 als technische Sekretärin in der Firma ihres Mannes, der ebenfalls emigriert war und 1936 die Thames Engineering Company gegründet hatte.[181] Ihr half letztlich das familiäre Netzwerk, um den Beruf ausüben zu können, ein Netzwerk, das unter den Bedingungen der Emigration allerdings nur für wenige Vertriebene funktionieren konnte. Wie groß der Aderlass in der ersten Generation deutscher Ingenieurinnen durch die nationalsozialistische Politik der Vertreibung war, lässt sich zurzeit nicht feststellen. Hierzu sind weitere Forschungen notwendig.

Die Auswirkungen nationalsozialistischer Politik auf die Situation von Frauen in der Technik waren widersprüchlich. Anders als in den Sozialwissenschaften, wo die kumulative Wirkung nationalsozialistischer Rassen- und Geschlechterpolitik zur Vernichtung einer Wissenschaftstradition führte, die sich seit dem Eintritt der Frauen in die Wissenschaft hatte entfalten können, verhinderte das „Dritte Reich“ die Partizipation der Frauen an der technischen Entwicklung zwar partiell, aber keinesfalls grundsätzlich.[182] In jedem Fall aber unterband es den hoffnungsvollen Ansatz, durch Einrichtung von Frauenräumen in der Technik die männliche Kultur des Ingenieurberufs aufzubrechen, indem es die seit Öffnung der Technischen Hochschulen zweifelsohne angestiegene technische Kompetenz der Frauen für seine Rüstungs- und Kriegspolitik instrumentalisierte. Obwohl also am Ende des „Dritten Reiches“ vermutlich mehr Frauen als je zuvor in den Ingenieurberufen beschäftigt waren, blieb die männliche Kultur der Technik unangefochten.

180 Mock, S. 90.

181 Ebenda, S. 87.

182 Zur Situation in den Sozialwissenschaften vgl. Wobbe, Von Marianne Weber, S. 46 f.

4. Die Identitätskrise der Ingenieure nach dem Zusammenbruch des Nationalsozialismus

Der Zusammenbruch des Nationalsozialismus führte zu einer tiefen Krise im Selbstverständnis der Ingenieure. Jetzt mussten sie sich der Frage nach ihrer Verantwortung für den Krieg und den Holocaust stellen. Mit dieser Frage aber stand auch die Verankerung der Technikkompetenz im Koordinatensystem der Zweigeschlechtlichkeit zur Disposition. Die Ingenieure des Kaiserreiches hatten mit der Anlehnung an ein militärisches Männlichkeitsideal die Verbindung von Technik und Krieg zu einem Tragpfeiler ihrer Berufsidentität ausgebaut, ein Tragpfeiler, der nach der deutschen Niederlage im Ersten Weltkrieg eher gestärkt als gestürzt worden war. Denn die Ingenieure wussten den Vorwurf, die Technik sei Schuld an dieser Niederlage, mit der Behauptung zurückzuweisen, dass nicht die Technik, sondern ihre soziale Unterschätzung der Grund für den Ausgang des Krieges gewesen sei. Der Zusammenbruch des „Dritten Reiches“ brachte diesen Tragpfeiler ins Wanken. Die Rolle der Technik im modernen Krieg erfuhr in Deutschland eine fundamentale soziale Umbewertung.[183] Zumindest in der unmittelbaren Nachkriegszeit konnten die deutschen Ingenieure ihren Berufsstolz nicht auf die Leistungen der Technik im Krieg stützen[184], und das unterminierte auch die Verknüpfung von Technik mit Männlichkeit.[185] Damit wurde eine kritische Revision des beruflichen Selbstverständnisses der Ingenieure unausweichlich. Das wurde zunächst mit Bezug auf die für dieses Selbstverständnis konstitutiven Wissensbestände diskutiert und fand in den unmittelbar nach Kriegsende einsetzenden Debatten zur Neugestaltung des Ingenieurstudiums seinen Niederschlag. Sie waren Bestandteil jener „akademischen Vergangenheitspolitik“, mit der die Fachvertreter aller Disziplinen nach einer für sie angemessenen

183 Rohkrämer, S. 356-362, verweist auf die technikkritische Stimmung in der unmittelbaren Nachkriegszeit

184 Anders sah es bei den Siegermächten aus. In den beiden aus diesem Krieg als Supermächte hervorgegangenen Staaten USA und Sowjetunion, die aus der Kooperation im Kampf gegen Hitlerdeutschland unmittelbar in die Konfrontation des Kalten Krieges hinüberglitten, wurde die Bedeutung der Technik für den modernen Krieg zum entscheidenden Faktor für die technische Entwicklung der Nachkriegszeit. Unübersehbare Zeichen dafür waren der Rüstungswettlauf und die Tatsache, dass stets wachsende Kollektive menschlicher und nichtmenschlicher Akteure für die Vorbereitung eines Krieges mobilisiert wurden, eine Tatsache, für die Eisenhower den Begriff des militärisch-industriellen Komplexes prägte. Hobsbawm, Zeitalter, S. 297 f. In den beiden deutschen Nachkriegsstaaten setzte sich interessanterweise nach ihrer Einbindung in die Militärblöcke Mitte der 1950er Jahre eine signifikante Aufwertung der Technik durch. Vgl. dazu Radkau Technik, S. 314f und Tandler, Geplante Zukunft.

185 Diese Kritik war Bestandteil einer umfassenden De- und Rekonstruktion deutscher Männlichkeit in der Nachkriegszeit. Die historische Forschung hierzu steht allerdings noch am Anfang. Vgl. Moeller, Forum: The Remasculinization, S. 100-106.

Balance von verordnetem Umbruch und konstruierten Kontinuitäten suchten.[186] Anhand einer Analyse der in der Sowjetischen Besatzungszone geführten Debatten werden wir im letzten Abschnitt dieses Kapitels der Frage nachgehen, inwieweit die knowledge class der Ingenieure tatsächlich bereit war, nach der Erfahrung des Nationalsozialismus die Allianz von Technik, Krieg und Männlichkeit aufzugeben und Ansätze für ein neues berufliches Selbstverständnis zu entwickeln, das dann auch die Integration der Frauen erlauben würde.

Als am 18.9.1946 die Technische Hochschule Dresden als einzige im Osten Deutschlands vorhandene TH ihren Lehrbetrieb wieder aufnahm, hielt der bereits mehrfach zitierte Enno Heidebroek die Eröffnungsrede.[187] Die Besatzungsbehörden hatten den damals Siebzigjährigen, der seine Karriere als Ingenieurwissenschaftler noch im Kaiserreich begonnen hatte, als Rektor der TH Darmstadt und Maschinenbauprofessor an der TH Dresden, Hauptvorstandsmitglied des VDI und einer der Wortführer in der Debatte um die Reform der Ingenieurausbildung und die „Kulturleistung" der deutschen Technik zur ingenieurwissenschaftlichen Elite der Weimarer Republik gehört hatte und im „Dritten Reich" wohl der NSDAP ferngeblieben war, aber seine Lehrtätigkeit an der TH Dresden ungestört fortsetzte und damit zwangsläufig in die Rüstungsforschung integriert war[188], zum ersten Rektor der Nachkriegszeit bestellt. Als Liberaler – von 1919 bis 1931 hatte Heidebroek der DDP angehört und 1945 war er in deren Nachfolgepartei in der SBZ, die LDPD, eingetreten – war er für die Besatzungsmacht ein Glücksfall, weil er nicht nur fachlich kompetent, sondern auch politisch akzeptabel war. Heidebroek begann die Eröffnungsrede wie folgt:

„In dem Bombenhagel des 13.-15. Februar 1945 sank ein großer Teil der Technischen Hochschule in Dresden in Trümmer; als wohl die letzte der noch arbeitenden gleichartigen Hochschulen mußte sie – bis dahin völlig unversehrt – ihren Betrieb schließen. [...] Heute, anderthalb Jahre nach dem Einmarsch der Roten Armee, darf sie mit Genehmigung und dank der weitsichtigen Förderung einer hohen russischen Administration ihren Betrieb in einem neuen Rahmen, mit einem neuen Programm und einer neuen Hörerschaft wieder aufnehmen [...]. Diese Unterbrechung ihrer 118-jährigen Geschichte bedeutet mehr als eine zeitliche Zäsur. Sie bedeutet, als ein Spiegelbild des gewaltigen äußeren Geschehens, den Abschluß einer Periode der Deutschen Kulturgeschichte auf technischem Gebiete und den Anfang einer neuen Zeit. Das stellt uns vor die Aufgabe, uns über die damit verbun-

186 Die Studienreformdebatten waren Teil der akademischen Reinigungszeremonielle zur „Entnazifizierung", deren forschungsstrategische und personelle Dimension hier nicht betrachtet werden kann. Als konzise Studie, in der die Komplexität des Problems an einem Einzelfall (dem Dresdner Bauingenieurwissenschaftler Gehler) entfaltet wird, vgl. Hänseroth, Fachleute. Einen Blick auf die Strategien in anderen Disziplinen vermitteln die Beiträge in Weisbrod, Akademische Vergangenheitspolitik. Grundlegend dazu auch Ash, Verordnete Umbrüche.

187 Heidebroek, Die neue Hochschule.

188 Hinweise darauf bei Pommerin, Geschichte, S. 206 und Pulla, Strukturelle Bedeutung, S. 95.

denen Änderungen klar zu werden, das wertvolle Gut der Vergangenheit zu bergen und die neuen Ziele mit Klarheit und entschlossenem Willen anzusteuern."[189]

Gleich in den ersten Sätzen thematisierte Heidebroek, was ihn bewegte und aktiv werden ließ. So deutlich wie später nie mehr beschrieb er den in der Zerstörung der TH und der Stadt Dresden unmittelbar erlebten Zusammenbruch des „Dritten Reiches" als Ende einer Epoche der deutschen Kulturgeschichte der Technik, einer Epoche, die er selbst maßgeblich mitgestaltet hatte. Aus dieser Epoche wollte er retten, was zu retten war, „das wertvolle Gut der Vergangenheit [...] bergen", um es in die neue Zeit einzubringen. Er war bemüht, über den Systemzusammenbruch hinweg Kontinuitäten und Traditionen zu konstruieren, um sein Lebenswerk zu retten. Das aber setzte die Klärung der Frage nach der Verantwortung der Technik und ihrer Akteure für die deutsche Katastrophe voraus. Heidebroek antwortete auf diese Herausforderung mit seiner Definition vom Wesen der Technik als Naturtrieb, die er schon in der Weimarer Zeit entwickelt hatte. Jetzt sagte er dazu:

„In der Technik lebt ein unüberwindlicher Zwang, sich immer wieder zu erneuern und zu verbessern. Wollte man diesen Trieb an einer Stelle mit Gewalt unterdrücken, so bricht er an einer anderen umso stärker hervor; der technische Fortschritt ist vielfältig in sich autonom und zwangsläufig."[190]

Folgte man dieser Sicht, dann waren die Ingenieure als Akteure der Technik nur Vollstrecker dieses Naturtriebes, und demnach für die technische Entwicklung nicht verantwortlich. Nach Heidebroek kam es auf die Beherrschung dieser Naturgewalt an. Dazu hatte sich das „überwiegend kapitalistisch-wirtschaftlich eingestellte verfloßene Zeitalter" als unfähig erwiesen, weil es „das zweite wesentliche Grundgesetz im Wesen der Technik übersehen" hatte, „daß nämlich jeder neue technische Fortschritt neue Gefahren, Krisen und Schwierigkeiten sozialer, wirtschaftlicher und kultureller Art heraufbeschwört."[191] Demnach waren auch die im technischen Fortschritt liegenden Gefahren, Krisen und Schwierigkeiten unausweichlich. Auch sie lagen nicht in der Verantwortung des Ingenieurs, sondern es war Aufgabe der Gesellschaft, diese Krisen zu bewältigen. Mit der Feststellung, dass die kapitalistische Wirtschaftsordnung dazu nicht in der Lage war, brachte Heidebroek seinen Berufsstand unter impliziter Berufung auf den Antikapitalismus der Ingenieure in eine Oppositionshaltung zum untergegangenen System, unbeschadet der Tatsache, dass es gerade die kapitalismuskritischen Elemente in der nationalsozialistischen Ideologie gewesen waren, die viele Ingenieure zu Parteigängern des „Dritten Reiches" werden ließen. Eine Lösung der Krisen erwartete er weniger von der neuen Gesellschaft als vielmehr von der quasi naturgesetzlichen technischen Entwicklung selbst, die in

189 Ebenda, S. 257.
190 Ebenda, S. 257.
191 Ebenda, S. 257.

ständig schwingender Bewegung nach dem Ideal des Gleichgewichts strebe.[192] Aus dieser Perspektive konnte er schließlich auch der Entwicklung des gewaltigen technischen Zerstörungspotenzials einen Sinn verleihen. Der Krieg habe letztlich den Krieg selbst zerstört.[193] Selbst der ausdrückliche Hinweis, dass die Zerstörungskraft der Technik in der von den Amerikanern gebauten und gezündeten Atombombe kulminierte, diente Heidebroek als Entlastungsargument. Schließlich delegierte er die Verantwortung allein an eine „verblendete und verbrecherische Staatsführung". Allerdings war er 1946 noch bereit, als Angehöriger eines von einer „verbrecherischen Staatsführung" verführten Volkes einen Teil der Schuld zu tragen. In seiner Rede zur Wiedereröffnung der TH Dresden hieß es dazu: „Wir Deutschen haben unter dem Einfluß einer verblendeten und verbrecherischen Staatsführung diesen letzten fürchterlichen Ausbruch einer solchen Katastrophe heraufbeschworen, um nun ihre Folgen auch am schwersten zu büßen."[194] Schon zwei Jahre später, als im Osten Deutschlands ebenso wie im Westen die Entnazifizierung beendet wurde[195], lehnte er jegliche Schuld konsequent ab. Jetzt formulierte er, dass die Hitler-Regierung in „gewissenloser Überschätzung der ihr zur Verfügung stehenden technischen Möglichkeiten, geboren aus einer gleich verbrecherischen Überheblichkeit wie Unfähigkeit in der Beurteilung weltweiter Widerstände und Gegenkräfte" den Krieg entfesselt habe.[196] Die Technik und die Ingenieure trügen für diese Entwicklung keinerlei Verantwortung, und das begründete er wiederum mit seiner These von der Technik als Naturtrieb. „Ist die Technik, entwicklungsgeschichtlich betrachtet, eine biologischnaturhafte Entwicklungsform des menschlichen Geisteslebens, so ist sie sachlich objektiv, niemals subjektiv verantwortlich. Sie ist weder gut noch böse, weder moralisch noch unmoralisch und damit auch die Arbeit an ihr und zu ihr."[197]

Wie groß die Verunsicherung dennoch war, wird deutlich, wenn man Heidebroeks Eröffnungsrede mit seinen Veröffentlichungen nach dem Ersten Weltkrieg vergleicht. Damals hatte er den gegen die Techniker erhobenen Vorwurf, sie seien schuld an der Kriegsniederlage, mit der Forderung nach Führungspositionen für Techniker in der Gesellschaft aggressiv zurückgewiesen und den Technischen Hochschulen die Aufgabe gestellt, sich der Charakterbildung des Ingenieurs anzunehmen, den Anteil geistes- und sozialwissenschaftlicher Fächer in der Ausbildung zu erhö-

---

192 In seiner Rede heißt es, „daß mit der Amplitude die Rückstellkräfte wachsen und dass nicht die Statik das letzte Wesen der Natur darstellt, sondern die Dynamik, die Schwingung." Ebenda, S. 258.

193 „Wir sind schließlich so weit gekommen, daß durch die Entwicklung der technischen Waffen der Krieg den Krieg selbst zerstören [...] muss, wenn noch ein Rest von sittlicher Vernunft in der Menschheit verblieben ist." Ebenda, S. 258.

194 Ebenda, S. 258.

195 Vollnhals, Entnazifizierung und Danyel, Geteilte Vergangenheit.

196 Heidebroek, Problematik der Ingenieurarbeit, S. 2.

197 Ebenda, S. 2.

hen und die fachwissenschaftliche Spezialisierung und Trennung zwischen den Fachabteilungen abzubauen.

Jetzt argumentierte Heidebroek aus einer defensiven Position heraus, begründete die Unschuld der Ingenieure mit seinen Vorstellungen vom Wesen der Technik und Schuldzuweisungen an das untergegangene System, schraubte seine Forderungen an den Führungsanspruch der Ingenieure auf die betriebliche Ebene zurück und revidierte stillschweigend einige seiner Vorstellungen von den Bildungsanforderungen an die Ingenieure. Von Charakterbildung, die eine charismatische Führerpersönlichkeit als Bildungsziel evozierte, war nicht mehr die Rede. Stattdessen plädierte er jetzt für eine Vertiefung der fachwissenschaftlichen Grundlagenausbildung.

„Wir sollten uns nicht der Illusion hingeben, dass wir .... die Technik mit mehr Kultur durchdringen könnten, indem wir unsere Studenten nötigen, eine große Zahl von so genannten geisteswissenschaftlichen Disziplinen zu verarbeiten.“[198]

Damit widersprach Heidebroek nicht nur seinen eigenen Studienreformvorschlägen nach dem Ersten Weltkrieg, sondern er setzte sich auch ganz prononciert von der großen Gruppe jener Ingenieurwissenschaftler ab, die in der bildungshumanistischen Erweiterung des Ingenieurstudiums die Chance zur Entlastung und Neuorientierung sahen.[199] Heidebroek behauptete dagegen, allein qualifizierte Facharbeit sei gefragt.

„Aus alledem was vorher gesagt wurde, bin ich der festen Überzeugung, daß wir dem menschlichen Fortschritt im allgemeinen und der Pflicht zur Wiedergutmachung, zu der wir uns bekennen, im besonderen am besten dienen, wenn wir unsere Studierenden in erster Linie zu Fachleuten von hervorragender Qualität erziehen. Dem dient [...] in erster Linie eine bewußte Konzentration auf die naturwissenschaftlich-technischen Grundgebiete: Physik, Chemie, Mathematik, Mechanik und Festigkeitslehre, Thermodynamik usw..“[200]

In der Distanzierung vom konkreten Anwendungsbezug des Wissens vollzog Heidebroek jenen Prozess der Selbstreinigung, der im raschen Rückzug der Natur- und Technikwissenschaften auf die Grundlagenforschung in der Nachkriegszeit weit verbreitet war.[201] Er stand nicht an, das auch explizit zu begründen. Aufgabe des Technikers sei es, ein möglichst vollkommenes Werkzeug zu liefern. Und die Gesellschaft sei dann dafür verantwortlich, es richtig anzuwenden. Mithin sei es töricht, durch Änderung der Ingenieurerziehung die Gesellschaft verbessern zu wollen. Denn

198 Ebenda, S. 3.

199 Ein Hauptereignis der Studienreformdebatte war der vom 31. Juli bis 9. August an der TH Darmstadt veranstaltete internationale Kongress für Ingenieurausbildung. Die Referate und Diskussionen wurden 1949 veröffentlicht. Vgl. IKIA. Heidebroek wollte an dem Darmstädter Kongress teilnehmen und hatte einen Vortrag eingeschickt, wurde aber durch eine Passsperre daran gehindert. Stelzner, S. 69f.

200 Heidebroek, Problematik der Ingenieurarbeit, S. 3.

201 Weisbrod, Dem wandelbaren Geist, S.32f.

das hieße, „den Ingenieuren und Technikern aller Art die Schuld und Verantwortung für das Chaos zuzuschreiben. Diese Deutung lehne ich in vollstem Umfange ab."[202]

Heidebroeks Rezept zur unausweichlichen Auseinandersetzung mit den Folgen der nationalsozialistischen Diktatur und zur Rettung seines Lebenswerkes bestand aus zwei Komponenten. Erstens ging es um den Freispruch der Ingenieure von der Verantwortung für Krieg und Holocaust und zweitens ging es um die Konstruktion einer Tradition unpolitischer technischer Facharbeit, an der anzuknüpfen und die fortzusetzen sei. Dazu sagte er in der letzten Passage seiner Eröffnungsrede:

> „Es ist keine Schande für den Besiegten, sich an ein starkes Volk anzulehnen; aber auch wir haben noch Wichtiges zu geben. Unter den Trümmern der letzten unseligen Periode liegt noch ein starkes Fundament deutscher Kultur und deutschen Wissens. Dieses wollen wir freilegen und darauf wieder aufbauen. Nur durch die Qualität unserer Arbeit wollen und können wir uns die Achtung und Anerkennung aller freien Völker und insbesondere die der großen Völkerdemokratie im Osten wiedergewinnen und damit die wirtschaftliche und politische Freiheit. Das, meine Herren Studenten, ist die große Aufgabe, zu der wir uns bemühen werden, Sie zu erziehen."[203]

Dass Heidebroek am Ende seiner Rede nur die männlichen Studierenden ansprach, obwohl sich unter den 453 neu immatrikulierten Studenten 65 Frauen befanden, war sicher kein Zufall, sondern Ausdruck seines Wunsches nach schneller Rückkehr zur Normalität durch technische Fachkompetenz, die für ihn untrennbar mit Männlichkeit verbunden war.

Das von Heidebroek als persönliche Überlebensstrategie entwickelte Konzept, ein ganz auf naturwissenschaftlich-technische Fachkompetenz fokussiertes Berufsbild des Ingenieurs zum Ausgangspunkt der technischen Bildungspolitik der Nachkriegszeit zu machen, blieb nicht unwidersprochen. Andere Vertreter der natur- und technikwissenschaftlichen Elite distanzierten sich zumindest rhetorisch von der Kollaboration mit dem „Dritten Reich", die sie auf die mangelnde Fähigkeit der Ingenieure zur kritischen Reflexion technischen Handelns zurückführten. Zu den Gründen für das kritisierte Fehlen von Reflexivität in der Technik gab es durchaus unterschiedliche Positionen. Eine erste Gruppe machte dafür die fachliche Enge der Ingenieurausbildung verantwortlich und forderte eine humanistische Erweiterung des Ingenieurstudiums. In der Beschwörung des Bildungshumanismus traf sich diese Gruppe der Studienreformer mit anderen Vertretern aus Geistes- und Naturwissenschaften, die das Humboldtsche Ideal als rhetorische Strategie zur Entsorgung der nationalsozialistischen Vergangenheit einsetzten.[204] Ganz in dem Sinne forderte eine zweite Gruppe von Studienreformern eine Versöhnung von Natur- und Geisteswissenschaften, um die Kluft zwischen Natur- und Geisteswissenschaften zu überwinden

202 Heidebroek, Problematik der Ingenieurarbeit, S. 3.

203 Heidebroek, Die neue Hochschule, S. 8 f.

204 Vgl. dazu für die Geisteswissenschaften in Heidelberg Weisbrod, Dem wandelbaren Geist, S. 26-30.

und aus dem gegenseitigen Verständnis heraus einen so genannten „naturwissenschaftlichen Humanismus“ zu entfalten.[205] Eine dritte Fraktion wollte schließlich Reflexivität technischen Handelns durch eine Versöhnung von Naturwissenschaft und Technik mit der Religion erreichen.[206]

Wortführer der bildungshumanistischen Fraktion war der damalige Dekan der Fakultät für Allgemeine Wissenschaften an der Technischen Universität Berlin und spätere Präsident der ostdeutschen Ingenieurorganisation „Kammer der Technik“ (KDT) Heinrich Franck (1888-1961). Er war der spiritus rector für die Einrichtung des „humanistischen Studiums“ an der TU Berlin, mit dem für alle Ingenieurstudenten eine Ausbildung in geistes- und sozialwissenschaftlichen Fächern im Umfang von 20 Prozent der Gesamtstudienzeit vorgeschrieben wurde.[207] Franck hatte an der TH Berlin-Charlottenburg, der Universität Berlin und der TH Karlsruhe Chemie, Physik und Nationalökonomie studiert, wurde 1912 promoviert und habilitierte sich 1919.[208] Seit 1917 war er Mitglied der SPD. Er arbeitete in leitenden Stellen als Chemiker in der Industrieforschung und lehrte gleichzeitig an der TH Berlin. 1937 wurde ihm aus politischen Gründen die Professur entzogen und 1939 verlor er auch seine Direktorenstelle im Zentrallabor der Bayrischen Stickstoffwerke. Während des Krieges arbeitete er als Direktor in der Glasforschung. Die politische Unterbrechung seiner Karriere im „Dritten Reich“ verhalf ihm zu einem sofortigen Neustart nach dem Ende des Krieges. 1945 wurde er Leiter des Stickstoffwerkes Piesteritz, eine Funktion, die er bis 1948 bekleidete. Parallel dazu lehrte er, wie schon vor 1937, ab 1946 an der wieder gegründeten TU Berlin, wo er jetzt einen Lehrstuhl für Chemische Technologie innehatte. 1948 trat er der SED bei, woraufhin ihm der Berliner Senat 1949 das Lehramt entzog. 1950 erhielt er den Lehrstuhl für Chemie an der Humboldt Universität in Ostberlin. 1949 wurde Franck als Nachfolger Heidebroeks zum Präsidenten der „Kammer der Technik“, ernannt. Heidebroek war als Präsident zurückgetreten, weil er es unter den gegebenen politischen Bedingungen für unmöglich hielt, die KDT zu einem politisch unabhängigen Interessenverband der Ingenieure nach dem Vorbild des VDI auszubauen.[209] Franck gewährleistete in den zehn

205 Verfechter dieser Auffassung war der Kältetechniker Rudolf Plank, Spezialistentum, S. 280-288; Ders., Der naturwissenschaftliche Humanismus, S. 145-152. Plank hatte schon in der Zwischenkriegszeit über die Möglichkeiten einer Synthese der Wissenschaften öffentlich nachgedacht. Ders. Die Stellung, S. 641-648.

206 Vgl. dazu Hellmich, S. 3 und Willy Wagner, Naturwissenschaft, S. 78-91. Dagegen polemisierte Heidebroek, Problematik der Ingenieurarbeit, S. 2: „Ob der Techniker selbst fromm oder nicht fromm [...] ist, hat mit der Qualität und dem Wert seiner Arbeit nichts aber auch gar nichts zu tun. Das technische Produkt bleibt stets sachlich-objektiv, sein Wert bleibt nur davon abhängig, ob sein Schöpfer ein guter oder minderwertiger Ingenieur in fachlichem Sinne ist.“

207 Peter Brandt, Wiederaufbau, S. 495-522.

208 Biografische Angaben aus Baumgartner, Helbig, S. 190 f.

209 Stelzner, S. 98.

Jahren seines Wirkens als Präsident der KDT deren systemkonforme Entwicklung zur sozialistischen Massenorganisation.

Noch in seiner Funktion als Dekan der Fakultät für Allgemeine Wissenschaften an der TU Berlin-Charlottenburg veröffentlichte Franck 1948 im Februarheft der Zeitschrift „Die Technik“, dem Verbandsorgan der KDT, einen Aufsatz zur „Neugestaltung der Technischen Universität in ihren allgemeinbildenden Fächern.“ Darin formulierte er eine mit scharfen Angriffen auf die Ingenieure durchsetzte Gegenposition zu Heidebroeks im Januarheft der Zeitschrift erschienenen Aufsatz zur Ingenieurerziehung.[210] Er argumentierte, dass der Techniker durch die Spezifik seines Berufes weltfremd und unpolitisch, daher aber auch verführbar und deshalb unfähig sei, im Sinne des Gemeinwohls verantwortlich zu handeln. Der Techniker

> „maß Zahlen, gewann Ergebnisse und entwickelte aus ihnen seine eigene, vom Leben der Menschen abseitige Welt. [...] Im Umgang mit seinesgleichen und anderen behielt er daher bei allen Kenntnissen und Leistungen die zünftige Verbissenheit und Beschränkung, die zum seelischen Stigma der Beschränktheit führt mit ihrer Folgeerscheinung der sozialen Enge, des Klassenneides und der politischen Formlosigkeit und daher Verführbarkeit. Sein Ressentiment führte zum Minderwertigkeitskomplex, und er ist heute wie früher schwer davon zu befreien.“[211]

Diese problematische Entwicklung sei allerdings nicht dem Techniker persönlich anzulasten, sondern sie sei ein Resultat der Entwicklung des Schulsystems, namentlich der

> „Utilitätsanpassung unseres höheren Schulunterrichts der letzten 50 bis 70 Jahre mit seinen Realien [...]. Dieses Überwiegen und Betonen materialistischer Mechanismen, dieses Experimentieren ohne Geist und Gewissen, ohne ständige Selbstkontrolle der Fragesteller in Bezug auf den Menschen führte – bei erstaunlichen technischen Leistungen – über eine lange, aber eindeutige Stufenleiter zu den Vergasungsöfen und medizinischen Experimenten an Häftlingen der Konzentrationslager.“[212]

Im Unterschied zur Mehrzahl der Beteiligten an der Studienreformdebatte sprach Franck in konkreter Form über die Verbrechen des Nationalsozialismus. Das war ihm offensichtlich deshalb möglich, weil er sich als Naturwissenschaftler und Sozialdemokrat in eine Distanz sowohl zu den Technikern als auch zum Nationalsozialismus brachte. Die Schuld an diesen Verbrechen suchte er nicht wie Heidebroek mit der Formel vom Missbrauch der Technik an ein untergegangenes politisches System zu delegieren.[213] Er behauptete vielmehr, dass die durch ein einseitig auf Zwecke und Nutzen orientierendes Schulsystem erzeugte geistige Enge der Techniker die Ursache sei. Damit belastete er die Bildungspolitik aber indirekt auch die Ingenieure wegen

210 Franck, Die Neugestaltung S. 49-53.

211 Ebenda, S. 49.

212 Ebenda, S. 50.

213 Herbert Mehrtens hat die Missbrauchsformel sehr überzeugend als Entlastungsstrategie der Ingenieure analysiert. Mehrtens, ‚Missbrauch‘, S. 33-50.

ihrer „Beschränktheit“ und „Verführbarkeit“.[214] In einem fünf Monate später in der gleichen Zeitschrift erschienenen Aufsatz bezeichnete Franck die Ingenieure gar als „geborene Anhänger Hitlers“.[215] Er wollte diesen „Mangel an Humanität“ bei den „Nur-Technikern“ durch die „humanisierende Wirkung“ der Kulturwissenschaften überwinden.[216] Mit Hilfe einer Erweiterung der Fakultät für Allgemeine Wissenschaften um Kulturwissenschaften, Wirtschaftswissenschaften und moderne Fremdsprachen sollte die Technische Universität „zur Bildungsstätte im Sinne der Humanitas“ werden.[217]

Auf einer ähnlichen Ebene lagen auch die von Kurt Gehlhoff (1892-1970), dem damaligen Redakteur der Zeitschrift „Die Technik“ schon 1947 im Aprilheft der Zeitschrift unter dem Titel „Technik und Kulturwissenschaften“ veröffentlichten Vorschläge.[218] Gehlhoff war wie Franck von der Ausbildung her Naturwissenschaftler. Er wurde 1921 von Max Planck promoviert, ging dann aber in das technische Schulwesen und arbeitete als technischer Lehrer an der Ingenieurschule Gauß in Berlin. 1936 stieg er zum Direktor dieser Ingenieurschule auf, wurde aber im Januar 1946 aber von den britischen Besatzungsbehörden seines Direktorenpostens enthoben. Er übernahm daraufhin im Juni 1946 die Schriftleitung des Verbandsorgans der KDT sowie zwei weiterer von der KDT herausgegebener Fachzeitschriften.[219] Im Oktober 1947 erhielt er den Lehrstuhl für angewandte Physik an der Pädagogischen Hochschule in Groß-Berlin, behielt aber die Redakteursarbeit bei. Die Spaltung Berlins bot ihm die Chance eines neuen Karrieresprungs in die Wissenschaftspolitik als Leiter der Hauptabteilung für Wissenschaft und Forschung im Berliner Senat. In der dreijährigen Phase zwischen seiner Entlassung als Ingenieurschuldirektor und der Amtseinsetzung als Hauptabteilungsleiter im Berliner Senat, in der er unter dem existentiellen Druck einer Neuorientierung stand, versuchte Gehlhoff sich in der

---

214 Franck, Die Neugestaltung, S. 49 f.

215 Franck, Aufgaben, S. 329-334.

216 Franck, Die Neugestaltung. Franck nahm allerdings die überhebliche Position des reinen Wissenschaftlers gegenüber dem Techniker ein.

217 Das Konzept des humanistischen Studiums ist allerdings nicht aufgegangen. Wie schon in der Weimarer Republik ist es auch in der Wirtschaftswunderzeit der Bundesrepublik nicht gelungen, die geisteswissenschaftliche mit der fachspezifischen Ausbildung der Ingenieurstudenten zu verbinden. Zwar waren jetzt die Lehrveranstaltungen der Humanistischen Fakultät obligatorisch im Studienplan verankert, aber die Studierenden kritisierten das hier vermittelte Wissen als „aufgepfropft“ und der Akademische Senat beklagte die durch das humanistische Studium verlängerten Studienzeiten. 1968 wurde es mit dem Votum der Studenten vom Akademischen Senat abgeschafft. Brandt, Wiederaufbau, S. 516. Ausführlich dazu Arp.

218 Gelhoff, Technik und Kulturwissenschaften, S. 145-151. Für biografische Daten zu Gelhoff vgl. Wefeld, S. 462 f.

219 Das waren die Zeitschriften „Elektrotechnik“ und „Bauplanung und Bautechnik“.

KDT zu profilieren und brachte sich in die Diskussion um die Aufgaben der Technik und der Technischen Hochschulen im Nachkriegsdeutschland ein.[220]

Ähnlich wie Heidebroek versuchte Gehlhoff die Frage nach der Verantwortung der Ingenieure für die Verbrechen des „Dritten Reiches" mit der Konstruktion einer naturgesetzlichen Entwicklung der Technik abzuwehren. Doch anders als Heidebroek verurteilte er diese Entwicklung mit den Argumenten der technikpessimistischen Zivilisationskritik. Die moderne, auf der Anwendung naturwissenschaftlicher Erkenntnisse beruhende Technik sei im Unterschied zur handwerklichen Technik unmenschlich, weil sie sich aus der Bindung an menschliche Maße und Ziele gelöst und verselbständigt habe.[221] Die Folgen der Technisierung seien die Vermassung und Proletarisierung, eine Vergewaltigung der Massen als Mittel zu einem für den Einzelnen nicht mehr überschaubaren Zweck, die Entseelung der Arbeit und die Entstehung eines Machtrausches durch die mittels der Technik veränderte Welterfahrung.[222] Notwendig sei deshalb, „die Steuerung der entfesselten Technik" auf der Basis „ihre[r] geistige[n] Durchdringung, also die Erforschung ihrer Prinzipien, Methoden und ihrer Auswirkungen auf alle Lebensgebiete."[223] Damit sollten dem Techniker die Zusammenhänge der Entstehung technischen Wissens vor Augen geführt und gleichzeitig dazu beigetragen werden, „dem Nichttechniker – dem Juristen, Arzt, Philologen, der interessierten Frau – wie schließlich auch dem Techniker selbst das Verständnis für das Wesen der technischen Denkweise und Arbeitsweise zu erschließen."[224] Mit Hilfe dieser allgemeinen Prinzipienlehre der Technik sei es dann möglich, „die Verflechtung der Technik mit allen Lebensbereichen aufzudecken." Das sei Aufgabe der Kulturwissenschaften an den Technischen Hochschulen. Obwohl Gehlhoff also ähnlich wie Heidebroek vermied, ein schuldfähiges Subjekt für die Katastrophe des „Dritten Reiches" zu benennen, gelangte er, weil er diese Entwicklung aus der Perspektive der antitechnischen Kulturkritik verurteilte, ebenso wie Franck zu der Forderung, dass die Technik an die Lebenswelt zurückzukoppeln sei.

Gehlhoffs Standpunkt, der die Notwendigkeit von Veränderungen akzeptierte, jedoch die Frage der Verantwortung nicht personifizierte, war unter Ingenieuren weit verbreitet und fand sich auch in der in den Westzonen beziehungsweise der frühen Bundesrepublik bis in die Mitte der 1950er Jahre andauernden Debatte um die Ethik des Ingenieurberufs und die Reform des technischen Studiums, eine Debatte, in der das Problem der Kollaboration der Ingenieure mit dem Nationalsozialismus zumin-

220 Neben dem oben geannten Aufsatz in der „Technik" referierte er auch auf der Darmstädter Tagung 1947 zu „Stand und Entwicklungstendenzen des deutschen Ingenieurschulwesens", in: IKIA, S. 366-377.

221 Gelhoff, Technik und Kulturwissenschaften, S. 146.

222 Ebenda, S. 146 f. Gelhoff argumentierte hier in der Diktion des nationalsozialistischen Technikdiskurses.

223 Ebenda, S. 147.

224 Ebenda, S. 149.

dest als Subtext auf der Tagesordnung blieb.[225] In der SBZ jedoch wurde die mit den besprochenen Beiträgen in der Zeitschrift „Die Technik" aufgenommene Diskussion um die Verantwortung der Ingenieure für das „Dritte Reich" in dem Moment jäh abgebrochen, als die politische Elite das Förderprogramm für die technische Intelligenz auflegte. In seiner Rede auf der Parteikonferenz der SED am 26. Januar 1949, mit der Parteichef Ulbricht das Förderprogramm für die technische Intelligenz ankündigte, erklärte er, dass Fragen nach der nationalsozialistischen Vergangenheit der Ingenieure nunmehr unzulässig seien. Die KDT-Zeitschrift „Die Technik" druckte diesen Teil seiner Rede unter der Überschrift „Ein Wort an die technische Intelligenz" unverzüglich ab. Darin hieß es:

> „Leider sehen wir bei manchen Arbeitern und Angestellten, auch Mitgliedern der SED, eine rückständige Voreingenommenheit gegenüber der technischen Intelligenz. Man stellt die Frage, dass der und der früher Nazi war. Allen sollte doch bekannt sein, daß die SED erklärt hat, daß jeder nach seiner Arbeit und seinem Verhalten zur Gesellschaft beurteilt wird, und nicht danach, welcher Organisation er früher angehört hat. Die Tätigkeit der Entnazifizierungskommissionen ist beendet. Damit wurde eine neue Situation geschaffen. Während man in den Westzonen frühere einfache Mitglieder der Nazipartei bestraft, die Kriegsverbrecher aber freiläßt, führen wir eine andere Politik durch. Die Kriegsverbrecher haben wir bestraft, aber den ehemaligen Mitgliedern der Hitlerpartei geben wir alle Möglichkeiten, gleichberechtigt mitzuarbeiten."[226]

Diese Absage an eine Aufarbeitung der NS-Vergangenheit war sowohl reiner Pragmatismus in Anbetracht des großen Bedarfs an technischen Experten für den Wiederaufbau als auch eine folgerichtige Konsequenz aus dem kommunistischen Faschismusbegriff. Weil dieser faschistische Diktaturen als eine Spielart der kapitalistischen Wirtschaftsordnung definierte, war die Schuldfrage für alle, die sich am Aufbau der neuen Wirtschaftsordnung beteiligten, obsolet. In der am Beginn dieses Kapitels zitierten Rede Ulbrichts zur Eröffnung der Dresdner Arbeiter- und Bauernfakultät bekräftigte er dieses Denkmuster. Mit dem abrupten Ende der Vergangenheitsaufarbeitung verschwand in der DDR auf Dauer die Frage nach der Verantwortung der Ingenieure für Krieg und Holocaust von der Tagesordnung.[227] Mit der Absage an die Aufarbeitung der Vergangenheit vertat die politische Elite der neuen Ordnung die Chance, die Denkmuster und Deutungstraditionen im beruflichen Selbstverständnis der Ingenieure aufzudecken, die sowohl für die männliche Codierung der Ingenieurarbeit als auch dafür verantwortlich waren, dass die Ingenieure ihre soziale Verantwortung über technokratische Konzepte der Effizienz und Funktionalität definierten. Eine kritische Reflexion der technischen Praxis wurde nicht eingefordert.

---

225 Schlösser, S. 513-57; Jarausch, Unfree Professions, S. 209-211.

226 Ein Wort an die technische Intelligenz, in: Die Technik, 4 (1949), S. 85.

227 Das ermöglichte vielen durch ihr Handeln im Nationalsozialismus belasteten Professoren in den Technik- und Naturwissenschaften die Rückkehr an die Hochschulen. Vgl. hierzu u.a. Hänseroth, Fachleute.

Obwohl also grundlegende, im Rationalisierungsprojekt der Moderne verwurzelte und sowohl von den Politikern als auch den Experten geteilte Wertvorstellungen technischen Handelns unangefochten blieben, stellte die politische Elite im Prozess des Gesellschaftsumbaus und der Verschärfung des Systemwettbewerbs auch wesentliche Stützpfeiler des professionellen Selbstverständnisses der Ingenieure in Frage. Die dadurch entfachten Auseinandersetzungen und Aushandlungsprozesse zwischen politischer Elite und technischen Experten im Bereich der Ingenieurausbildung werden im nächsten Kapitel untersucht.

III. Männliche Macht, moderne Technik, emanzipierte Experten? Konflikte und Kompromisse im Kampf um die Ingenieurausbildung (1949-1975)

Nachdem sich Wissenschaft und Technik im Zweiten Weltkrieg als unverzichtbare Ressourcen staatlicher Machtpolitik erwiesen hatten, betrachteten Regierungen in beiden Machtblöcken des Kalten Krieges ihre Förderung als eine der Grundaufgaben des Staates.[1] Freilich waren die materiellen Spielräume für das staatliche Engagement in Wissenschaft und Technik in den verschiedenen Nachkriegsgesellschaften höchst unterschiedlich. Ebenso verschieden waren die Formen, in denen sich das steigende staatliche Engagement realisierte. In den beiden Nachfolgestaaten des nationalsozialistischen Deutschland begrenzten zudem Forschungsverbote, Entnazifizierungsbestimmungen und Eigeninteressen der Alliierten zunächst die staatliche Förderung von Wissenschaft und Technik. Das dämpfte das wissenschaftlich-technische Engagement des Staates hier allerdings nur kurzzeitig. In der Bundesrepublik entwickelte der Staat nach Rückgewinnung der vollen staatlichen Souveränität die Wissenschafts- und Technikpolitik zu einem vorrangigen staatlichen Handlungsfeld.[2] In der DDR wiederum sicherte die in der marxistischen Tradition verwurzelte Überzeugung, dass sich die proletarische Diktatur auf das Fundament von Wissenschaft, Technik und Fortschritt gründe, der staatlichen Wissenschafts- und Technikförderung a priori einen hohen Stellenwert.[3]

Der Anspruch der Politik auf die Verfügbarkeit über naturwissenschaftlich-technisches Wissen signalisiert tief greifende Veränderungen in der Funktionsweise moderner Gesellschaften. Diese Veränderungen werden bislang vor allem in Bezug auf das Verhältnis des gesellschaftlichen Teilsystems Wissenschaft zur Politik und zu anderen gesellschaftlichen Subsystemen untersucht.[4] Für moderne Demokratien

1 Hobsbawm, Zeitalter, S. 673. Die Anfänge der staatlichen Inanspruchnahme und auch der Förderung von Wissenschaft und Technik reichen freilich bis ins 19. Jahrhundert zurück, aber seit dem Zweiten Weltkrieg erreichten sie bisher ungekannte Größenordnungen. Vgl. ebenda, S. 672. Für Deutschland vgl. Wengenroth, Beitrag und Szöllösi-Janze, Wissensgesellschaft in Deutschland.

2 Radkau, Technik, S. 314 f. und ders., ‚Wirtschaftswunder'.

3 Sabrow, Diktatur, S. 161. Ausführlich zur Wissenschaftspolitik der DDR vgl. Tandler, Geplante Zukunft.

4 Vgl. dazu die in den letzten Jahren rasch wachsende Zahl von Untersuchungen zur Wissens- beziehungsweise Wissenschaftsgesellschaft und zu Innovationssystemen und -kulturen.

diagnostiziert Weingart eine enger werdende Kopplung zwischen Wissenschaft und Politik, die auf der Austauschbeziehung von Ressourcen für die Wissenschaft gegen gesichertes Wissen für die Politik beruht.[5] Mit ihr verringert sich die Distanz zwischen beiden gesellschaftlichen Teilsystemen und das nährt sowohl Zweifel an der Glaubwürdigkeit der Wissenschaft als auch an der Legitimität der Politik. Die Gefahren einer zu engen Verschränkung von Wissen und Macht können nach Weingart aber durch den demokratisierten Zugang zu wissenschaftlicher Expertise aufgehoben werden. Dafür, wie autoritäre Gesellschaften mit diesem Problem umgehen, interessiert sich Weingart allerdings nicht. Überlegungen dazu wurden im Kontext der neuen DDR-Forschung angestellt. Hier hat Meuschel mit ihrer markanten These vom Sozialismus als „radikalisierte(r) Variante der instrumentellen Vernunft" für aufgeregte Diskussionen gesorgt. Sie geht davon aus, dass die politische Elite ihren Anspruch auf Verfügbarkeit über Naturwissenschaft und Technik mit dem Ziel verfolgt, die gesellschaftliche Ausdifferenzierung zurückzunehmen, um die entdifferenzierte und homogenisierte Gesellschaft besser planen und steuern zu können.[6] Während diese Auffassung unumstritten ist, stieß Meuschels These, dass der machtpolitisch durchgesetzte soziale Entdifferenzierungsprozess die spezifischen Rationalitätskriterien der gesellschaftlichen Subsysteme außer Kraft gesetzt habe, in der neueren DDR-Forschung auf Kritik.[7] Ihr wird entgegnet, dass die politisch-ideologische Überformung nicht zur Aufhebung der Eigenständigkeit der Subsysteme führt.[8] Das einmal erreichte Niveau an gesellschaftlicher Komplexität und funktionaler Differenzierung sei nicht durch einen politischen Kraftakt wieder einzuebnen. So insistieren Kocka, Jessen, Pollack und andere darauf, dass auch in der durchherrschten Gesellschaft die Akteure in den verschiedenen Handlungsmilieus Spielräume zur Selbstorganisation, Gestaltung und Resistenz bewahrten.[9]

Wie groß diese Spielräume waren und wie sie sich im Zusammenhang mit der staatlichen Mobilisierung von Wissenschaft und Technik im Kalten Krieg veränderten, das wird in diesem Kapitel für das Feld der akademischen Ingenieurausbildung untersucht. Sie bildet einen Schwerpunktbereich der staatlichen Wissenschafts- und Technikförderung, denn die Politiker sahen in der Produktion von Wissensträgern eine Grundvoraussetzung für den staatlichen Zugriff auf naturwissenschaftlich-technisches Wissen. Die Veränderungen im Verhältnis von Politik und Ingenieurwissenschaft beziehungsweise -technik werden hier als Auseinandersetzung zwischen politischer Elite und technischen Experten dargestellt.

---

5 Weingart, Wahrheit.

6 Meuschel, Überlegungen, S. 8.

7 Meuschel, Legitimation, S. 10.

8 Pollack, Die konstitutive Widersprüchlichkeit. Siehe auch die von ihm referierte Literatur.

9 Kocka, Wissenschaft, S. 436; Jessen, Die Gesellschaft; Pollack, Die konstitutive Widersprüchlichkeit; ders., Wie modern war die DDR?

Die staatliche Wissenschafts- und Technikförderung war in der DDR mit weit reichenden politischen Interventionen in zentrale Aufgabenbereiche der ingenieurwissenschaftlichen Elite verknüpft. Sie umfassten die Kontrolle über den für die Reproduktion der Berufsgruppe erforderlichen Wissenskanon und über die Kriterien für den Zugang zu diesem Wissen. Politische Interventionen zum Umbau der Ingenieurausbildung führten nicht automatisch zur Entmündigung der technischen Bildungselite. Denn die Mobilisierung von Expertenwissen für den Gesellschaftsumbau implizierte zwar einerseits einen Autonomieverlust der Experten, weil die politische Elite ihnen den Anspruch auf die Alleinbestimmung bei der Fixierung der Wissensbestände streitig machte. Andererseits aber führte die Aufwertung des Expertenwissens durch die politische Elite zu einem Bedeutungszuwachs der Experten, weil sie die Produktion des Wissens kontrollierten, auf das sich die Politik stützen sollte. Diese wechselseitige Verschränkung von Wissen und Macht realisierte sich in einem Verhältnis von Wissenschaft und Politik, das Kocka als „vielfach vermitteltes symbiotisches Verhältnis gegenseitiger Beeinflussung und Durchdringung" bezeichnet hat.[10] Die technischen Experten befanden sich im Kontext dieser „Symbiose" in einer ambivalenten Situation, in der sie gleichzeitig Kooperationspartner und Konkurrenten der politischen Elite waren.

Damit wurde die verschiedenen Konzeptionen folgende und häufig reformierte Politik zur Ausbildung technischer Experten zum Austragungsfeld für das Spannungsverhältnis von Kooperation und Konkurrenz zwischen politischer Elite und technischen Experten. In den Debatten um das Verhältnis von allgemeiner und spezieller, technischer und nichttechnischer, theorie- und anwendungsorientierter sowie um Hoch- und Fachschulbildung, um das Verhältnis von Forschung und Lehre und um optimale institutionelle Formen und leitungsmäßige Zuständigkeiten für die Ingenieurausbildung konstruierten die Beteiligten ihre Idealvorstellungen vom Ingenieur als Träger technischen Wissens und Protagonist des technischen Wandels. In den Auseinandersetzungen zwischen technischen Experten und politischer Elite um die akademische Ingenieurausbildung brachten beide Seiten unterschiedliche Machtpotenziale zum Einsatz, die gleichzeitig auch zwei verschiedene Formen hegemonialer Männlichkeit verkörpern.[11] Während die technischen Experten eine auf instrumentel-

10 Dabei betont er, „dass die Engführung von Politik und Wissenschaft die Substanz der Wissenschaften mehr als den Inhalt der Politik beeinflusst hat und im – nicht vorgesehenen, in der Regel vermiedenen, aber in exemplarischen Momenten manifesten, als Möglichkeit immer präsenten und insofern sehr wirksamen – Spannungsfall die Politik letztlich immer am längeren Hebel saß." Kocka, Wissenschaft, S. 439.

11 Zum Konzept der hegemonialen Männlichkeit vgl. Connell. Er charakterisiert technisches Expertentum als eine Version hegemonialer Männlichkeit. „Innerhalb der hegemonialen Männlichkeit entwickelte sich also eine Polarität zwischen Dominanz und technischem Expertentum. Aber keiner Seite ist es gelungen, die andere zu verdrängen. Sie koexistieren zurzeit als Varianten ge-

le Vernunft gegründete Autorität repräsentierten, konnte die politische Elite ihre Herrschaft auf politische und militärische Gewalt stützen. Es ging in diesen Auseinandersetzungen um die Ingenieurausbildung also auch um die Frage, welche konkreten Formen der Männlichkeit sich unter den neuen gesellschaftlichen Rahmenbedingungen behaupten oder durchsetzen konnten.[12] Nicht nur die Unterordnung von Weiblichkeit und Frauen, sondern auch das Über- oder Unterordnungsverhältnis gegenüber anderen Männlichkeiten beziehungsweise Männern ist zentral für die soziale Konstruktion von Männlichkeit.[13] Die Beachtung der Tatsache, dass es im Kampf um die Ingenieurausbildung und damit um den Zugang in einen traditionellen Männerberuf, auch um die Durchsetzung von Männlichkeit ging, ermöglicht eine differenziertere Bewertung der staatlich forcierten Rekrutierung von Frauen für ein Ingenieurstudium.

In diesem Kapitel wird zunächst ein statistischer Überblick zur Entwicklung der akademischen Ingenieurausbildung in der DDR gegeben, der die Hauptergebnisse ihrer Umgestaltung skizziert. Dann werden die Debatten und Maßnahmen zur Ausbildungsreform analysiert und die Entwicklung des Handlungsspielraumes der technischen Bildungselite im Kontext des Gesellschaftsumbaus betrachtet. Schließlich wird untersucht, auf welchen Wegen und gegen welche Widerstände seitens der technischen Experten die politische Elite die Mobilisierung von Frauen durchsetzte.

1. Die statistische Repräsentation der Studienreformen

Die akademische Ingenieurausbildung verzeichnete in der DDR bis zur Mitte der 1970er Jahre ein rasantes Wachstum. Die Anzahl der Institutionen als auch die Zahl der männlichen und weiblichen Studierenden und Absolventen erhöhten sich bis 1972 beträchtlich. Schon 1956 studierten im Ostteil des nunmehr gespaltenen Landes mehr Männer und Frauen ein technisches Fach als in Gesamtdeutschland im Wintersemester 1930/31, in dem die bis 1945 zweithöchsten Studentenzahlen[14] in den Inge-

---

schlechtsstrukturierter Praktiken, manchmal in Konkurrenz zueinander und manchmal in einer Mischform." Ebenda, S. 214.

12 Unter dem allumfassenden politischen Machtanspruch der SED-Führung und nach Einführung eines neuen Geschlechtervertrages durch die offizielle Aufwertung der Frauenerwerbsarbeit war das Verhältnis zwischen den drei Grundkomponenten männlicher Identität – Familie, Arbeit und Männerzusammenschlüsse – neu auszutarieren. Zu den Grundkomponenten männlicher Identität vgl. Tosh.

13 Vgl. dazu Tosh S. 168 und Bourdieu, Männliche Herrschaft.

14 Zwischen 1921 und 1923 wurden die bis 1945 höchsten Studentenzahlen erreicht. Diese hohen Werte resultierten daraus, das in diesen Jahren neben den alterstypischen Jahrgängen auch jene

nieurstudiengängen erreicht worden waren.[15] 1970 hatten sich in der DDR mehr Studenten/innen in technischen Fachrichtungen eingeschrieben als in der Bundesrepublik.[16] Allerdings ging dieser Vorsprung bald verloren, weil die politische Elite der DDR die Bildungsexpansion just in dem Moment stoppte, als sie in der Bundesrepublik einsetzte.[17] In der zweiten Hälfte der 1970er Jahre sanken die Studierenden- und Absolventenzahlen in den Technischen Wissenschaften wieder leicht, bis sich die Ausbildungskapazitäten für Diplomingenieure dann bis zur Mitte der 1980er Jahre auf einem gegenüber dem Kulminationspunkt in der Bildungsexpansion von 1969 bis 1972 niedrigeren, aber noch immer deutlich höheren Niveau als in den 1960er Jahren einpegelten. Das bis zum Beginn der 1970er Jahre starke quantitative Wachstum in der akademischen Ingenieurausbildung erfolgte in zwei Wachstumsschüben. Ein erster fand in den 1950er Jahren statt. Ein zweiter vollzog sich zwischen 1968 und 1972. Die Studentenzahlen erreichten im Jahre 1972 die in der Geschichte der DDR-Ingenieurausbildung mit Abstand höchsten Werte.

---

studierten, die durch den Ersten Weltkrieg ihr Studium verschieben mussten. Vgl. Grafik A/1 im Anhang.

15 Im Wintersemester 1930/31 studierten an den neun deutschen Technischen Hochschulen 17187 Männer und 150 Frauen in einer technischen Fachrichtung. Deutsche Hochschulstatistik Bd. 6, Berlin 1931, S. 26 f. 1956 gab es an den damals in der DDR vorhandenen 10 Technischen und Spezialhochschulen sowie an der Schiffbautechnischen Fakultät Rostock insgesamt 14862 Direkt- und 3320 Fernstudenten in den Ingenieurwissenschaften. Statistisches Jahrbuch der DDR 1959, S. 132 f.

16 In der Bundesrepublik studierten 1970 34.050 Männer und 1.039 Frauen in einer technischen Fachrichtung. Daten aus Lundgreen, Die Ausbildung, S. 72. In der DDR taten das im gleichen Jahr 39.752 Männer und 6.276 Frauen. Davon studierten 27.128 Männer und 5.814 Frauen im Direktstudium. Für Direktstudenten war das Studium die Hauptbeschäftigung, während Fernstudenten neben einer Erwerbstätigkeit berufsbegleitend studierten. Daten aus Ergebnisse der Jahreshauptstatistik, Teil I: Universitäten und Hochschulen, hg. v. Staatssekretariat für das Hoch- und Fachschulwesen, Sektor Planung und Statistik (im Folgenden zitiert als Hochschulstatistik des MHF), Berlin 1970, S. 13-14.

17 Zur Entwicklung in der Bundesrepublik vgl. Lundgreen, Die Ausbildung, S. 72.

Grafik III/1: Studierende im Hochschuldirektstudium in den Technischen Wissenschaften in der DDR von 1953-1960 [18]

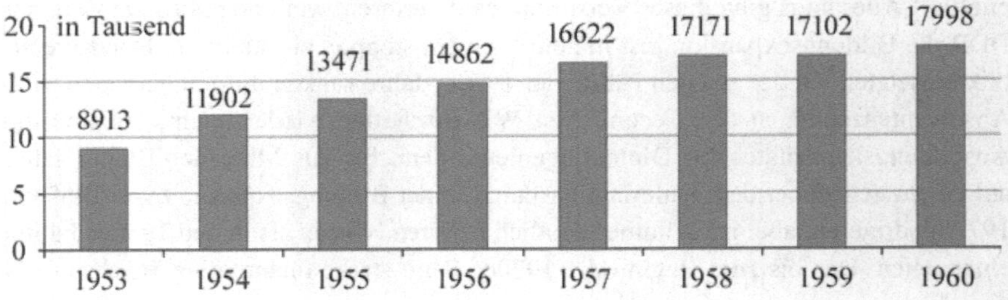

Grafik III/2: Männliche und weibliche Direktstudenten in den Technischen Wissenschaften in der DDR 1960-1986 [19]

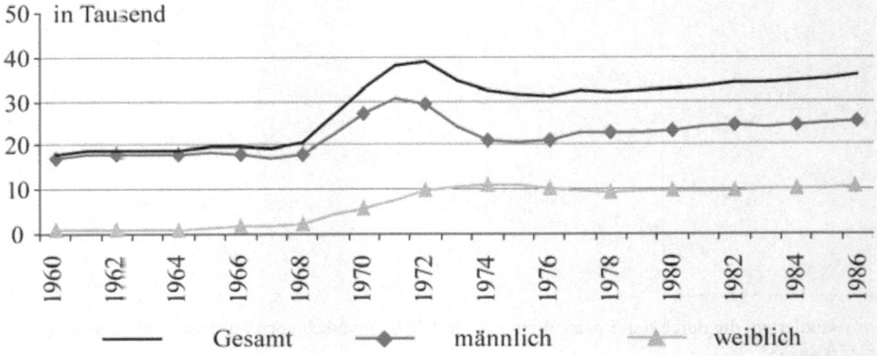

Die Erweiterung der akademischen Ausbildungskapazitäten im Ingenieurbereich erfolgte auf mehreren Wegen. Das waren a) die Neugründung von Institutionen, b) eine Vergrößerung der Aufnahmefähigkeit vorhandener Institutionen, c) strukturelle Verschiebungen zwischen Hoch- und Fachschulbildung, d) der Bedeutungszuwachs des Fern- und Abendstudiums und e) vor allem die Mobilisierung von Frauen für die Ingenieurausbildung.

Für die institutionelle Entwicklung in der akademischen Ingenieurausbildung waren zwei Merkmale prägend. Erstens erfolgte eine starke Erhöhung der Anzahl von zwei auf 20 Institutionen zur Ausbildung von Diplomingenieuren im Rahmen von zwei Gründungswellen. Die erste fand im Zeitraum von 1952 bis 1954 statt, als acht

18 Quelle: Statistisches Jahrbuch der DDR 1957, S. 133. Ebenda 1959, S. 132. Ebenda, 1961 S. 136.

19 Daten aus Hochschulstatistik des MHF 1960-1986.

neue Hochschulen errichtet wurden. Die zweite Gründungswelle erfolgte 1969, als zehn Ingenieurschulen zu Ingenieurhochschulen aufgewertet wurden. Damit blieb zweitens auch in der DDR die in der deutschen Bildungstradition verankerte Trennung zwischen den traditionellen Universitäten und den Technischen Hochschulen bestimmend. Es richteten zwar drei Universitäten (Rostock 1951 und Berlin und Jena 1969) Studiengänge für die Ausbildung von Diplomingenieuren ein. Diese Ausbildungskapazitäten blieben jedoch gegenüber denen der Technischen, Spezial- und Ingenieurhochschulen quantitativ sekundär.[20] Letztere wiederum beschränkten ihr Ausbildungsprofil auf die Technik- und Naturwissenschaften, die Ingenieurökonomie und die Arbeitswissenschaften sowie die Ausbildung von Berufsschullehrern.[21] Geistes- und kulturwissenschaftliche Studiengänge fanden keinen Platz in den Institutionen der höheren technischen Bildung. In jeder der beiden institutionellen Gründungswellen entstanden zunächst monotechnische Bildungseinrichtungen, wobei einige dieser Institutionen, besonders jene aus der ersten Gründungswelle, später ihr Ausbildungsprofil beträchtlich verbreiterten.

Die Neugründungen und Erweiterungen änderten jedoch nichts an der dominanten Stellung der Technischen Universität Dresden. Sie blieb die mit Abstand größte Einrichtung zur Ausbildung von Diplomingenieuren. Allerdings hatte sie schon um 1960 mit circa 10.000 Direktstudenten eine Größe erreicht, die später nur noch geringfügig überschritten wurde. Den Zuwachs an Studierenden in den 1960er und vor allem den beginnenden 1970er Jahren nahmen vor allem die neuen Institutionen aus der ersten und zweiten Gründungswelle auf. Dabei expandierten die 1953 und 1954 gegründeten Technischen beziehungsweise Spezialhochschulen im damaligen Karl-Marx-Stadt, in Magdeburg und in Leuna-Merseburg am stärksten.

---

20 Das trifft allerdings nicht für die Fächerprofile zu. So war z. B. die Universität Rostock bis 1969 die einzige Ausbildungsstätte für Schiffbauingenieure.

21 Das breiteste Fächerprofil wies die Technische Universität Dresden auf, die neben Diplomingenieuren, Naturwissenschaftlern, Ingenieur- und Arbeitsökonomen und Berufsschullehrern auch Forstwirtschaftler ausbildete. Darüber hinaus gab es hier auch Fernstudiengänge für Philosophen. Vgl. Hinweise für Studienbewerber 1989.

Grafik III/3: Studierende im Direktstudium an Technischen Hochschulen (TH), Spezialhochschulen (SHS) und Ingenieurhochschulen (IHS) in ausgewählten Jahren (1948, 1953, 1963, 1973 1983)[22]

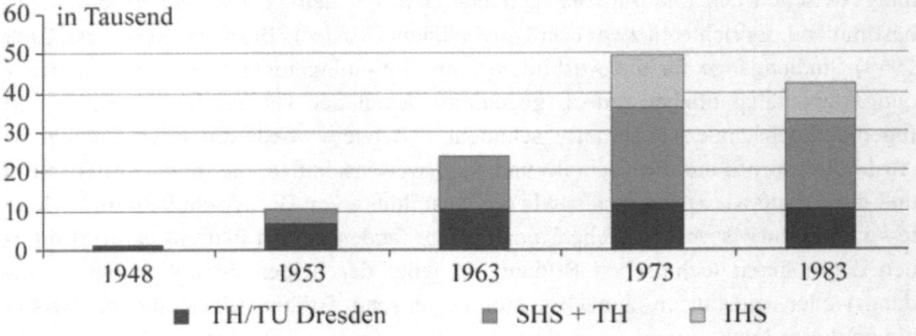

Die Expansion der Hochschulausbildung veränderte die quantitativen Proportionen im dualen System der Ingenieurausbildung zulasten der Fachschulen. Zwischen 1965 und 1975 verringerte sich ihr Anteil an den Absolventen von 82 auf 59 Prozent. Auch in dem ab 1975 einsetzenden Rückgang der Absolventenzahlen verkleinerte sich der Fachschulanteil weiter, sodass sich nach dem Stopp der Bildungsexpansion der Trend zur Akademisierung der Ingenieurausbildung fortsetzte.

Grafik III/4: Absolventen des Fachschul- und des Hochschulstudiums in den Technischen Wissenschaften im Vergleich, ausgewählte Jahre von 1960-1978[23]

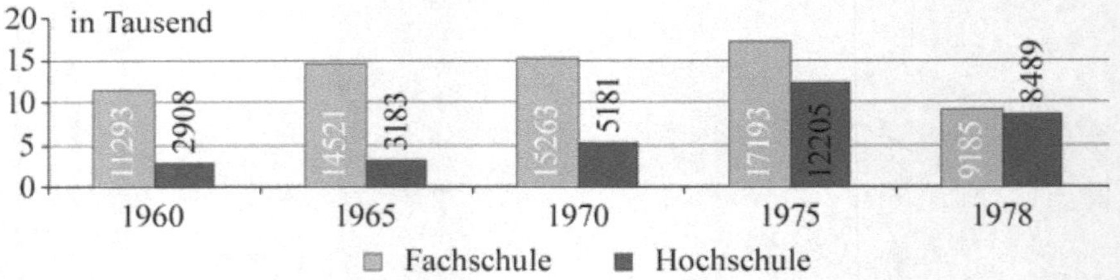

Den berufsbegleitenden Studienformen des Fern- und Abendstudiums kam in den 1960er Jahren und vor allem in der Phase der Bildungsexpansion zu Beginn der 1970er Jahre eine große Bedeutung zu. Der Anteil der Absolventen dieser Studienformen an allen Ingenieurabsolventen erhöhte sich von 7,2 Prozent im Jahre 1960 bis

22 Daten für 1946 und 1948 aus BArch, DR3/4590: Zahl der Studierenden in der SBZ, Daten für 1953 und 1963 aus Statistisches Jahrbuch 1959, S. 134 f., 1964, S. 448 f., alle übrigen Daten aus der Hochschulstatistik des MHF.

23 Daten aus: Statistisches Jahrbuch 1979, S. 301, 305.

auf einen Spitzenwert von 22,3 Prozent im Jahre 1975. Damit hatte Mitte der 1970er Jahre jeder fünfte Ingenieurabsolvent eine vorwiegend im Milieu der shop-culture stattfindende, berufsbegleitende Ausbildung durchlaufen. In der Phase der rückläufigen Bildungsaufwendungen verringerte sich jedoch das Gewicht des Fernstudiums und das Abendstudium wurde ganz eingestellt. Diese Weichenstellung stärkte die school-culture und brachte den in der deutschen Ingenieurgeschichte fest verankerten Trend zur Akademisierung der Ingenieurausbildung in dem Maße erneut zur Geltung, wie die Ausbildung im nichtakademischen Milieu an Bedeutung verlor.[24]

Tabelle III/5: Absolventen des Fern- und Abendstudiums in den Technischen Wissenschaften 1960-1985, ausgewählte Jahre[25] *(*Fern- und Abendstudium, ansonsten nur Fernstudium)*

Jahr	1960	1965*	1970*	1975	1978	1980	1985
Absolventen	209	459	1097	2725	795	499	659
% von Absolventen gesamt	7,2%	14,6%	21,2%	22,3%	9,4%	7,6%	9,1%

Die Frauen waren an den beiden Wachstumsschüben der akademischen Ingenieurausbildung in sehr unterschiedlichem Maße beteiligt. Obwohl die Anzahl der Studentinnen an den Technischen und Spezialhochschulen beziehungsweise in den technischen Wissenschaften bis 1974 jedes Jahr anstieg, avancierten die Frauen erst seit der zweiten Hälfte der 1960er Jahre zu einem signifikanten Wachstumsfaktor für die Bildungsexpansion im Bereich der technischen Wissenschaften. In den 1950er Jahren hingegen wurde die Erweiterung der Ingenieurausbildung von den männlichen Studienbewerbern getragen, die sich in wachsender Zahl für ein Studium an einer Technischen oder Spezialhochschule entschieden. Hatten sich bis zur Mitte der 1950er Jahre circa ein Drittel aller männlichen Studenten an einer solchen Hochschule eingeschrieben, so taten das 1960 immerhin 44 Prozent. Im Unterschied dazu entschieden sich in den 1950er Jahren nie mehr als 6,5 Prozent aller weiblichen Studierenden für eine Ausbildung an einer Technischen oder Spezialhochschule.

24 Vgl. dazu auch Kapitel 2.2 in Teil III dieser Arbeit.

25 Daten für 1960 aus Statistisches Jahrbuch 1961, S. 137, alle übrigen Daten aus Hochschulstatistik des MHF.

Grafik III/6: Männliche Direktstudenten an den Technischen und Spezialhochschulen im Vergleich zu den Direktstudenten an allen Hochschulen und Universitäten[26]

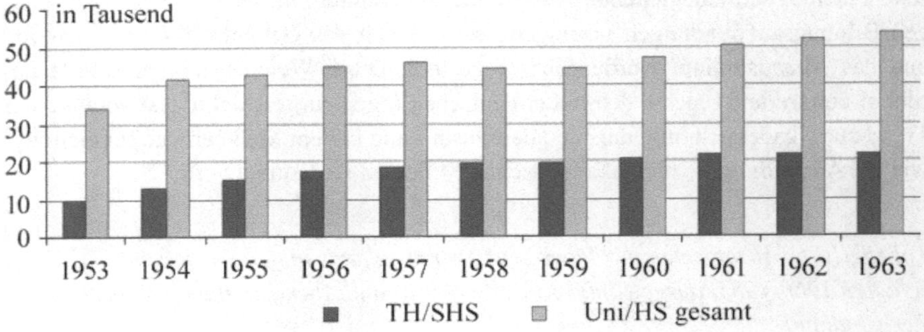

Grafik III/7: Weibliche Direktstudenten an den Technischen und Spezialhochschulen im Vergleich zu den Direktstudenten an allen Hochschulen und Universitäten[27]

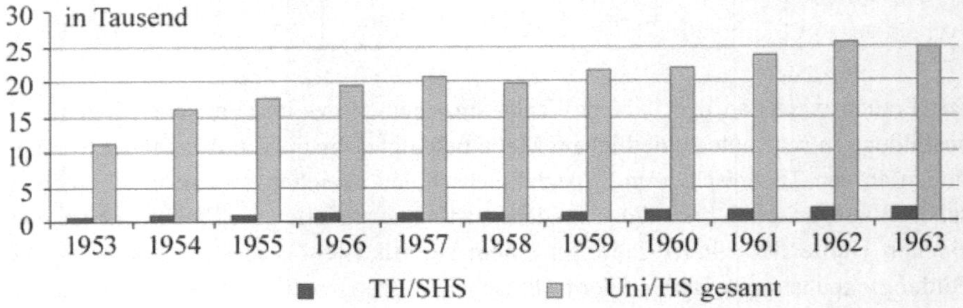

Das änderte sich in den 1960er und 70er Jahren. Die ab 1964 verfügbaren Daten über die Neuzulassungen in den technischen Wissenschaften zeigen eine für männliche und weibliche Studienanfänger sehr unterschiedliche Entwicklung. Während die Zahl der männlichen Neuzulassungen in den technischen Wissenschaften starken Schwankungen unterlag und nur von 1968 bis 1970 eine sprunghafte Zunahme verzeichnete, wies die Zahl der weiblichen Studienanfänger einen bis 1973 anhaltenden und nur 1967 leicht unterbrochenen Aufwärtstrend auf. Das führte zu einem deutlichen Anstieg der Frauenquote, der in den Jahren von 1971 bis 1973, als die männlichen Neuzulassungen ab-, die weiblichen aber noch zunahmen, besonders ausgeprägt war. 1973 war das Geschlechterverhältnis bei den Neuzulassungen in den technischen

26 Daten aus: Statistisches Jahrbuch der DDR 1959, S. 134 und 1964, S. 448.

27 Daten aus: Statistisches Jahrbuch der DDR 1959, S. 135 und 1964, S. 449.

Wissenschaften fast ausgeglichen.[28] Die ab 1971 rasant steigende Frauenquote unter den Ingenieurstudenten war allerdings das Ergebnis eines Kurswechsels in der Bildungspolitik und wurde deshalb in den Folgejahren wieder etwas abgebaut. Sie fiel aber nicht mehr unter das 1971 erreichte Niveau zurück.

Grafik III/8: Neuzulassungen zum Direktstudium in allen Studienrichtungen und in den Technischen Wissenschaften in der DDR 1964-1986, aufgeschlüsselt nach Geschlecht[29]

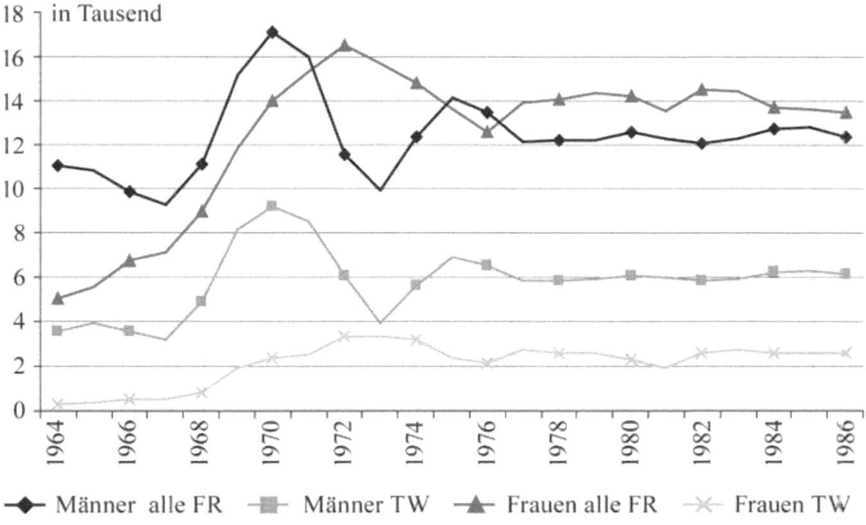

Die in der zweiten Bildungsexpansion im Vergleich zur ersten deutlich stärkere Rekrutierung von Frauen für Fachrichtungen im Ingenieurbereich findet einen Grund darin, dass die Mobilisierung männlicher Studienbewerber für technische Studiengänge an Grenzen zu stoßen begann, wenn über 50 Prozent eines Abiturientenjahrganges auf ein Technikstudium verwiesen wurden. In den Jahren von 1969 bis 1971 begannen 53,5 Prozent aller männlichen Studienanfänger ein technisches Studium. Zeitgenössische demographische Studien warnten vor einer Überbeanspruchung der entsprechenden Altersjahrgänge, die zu höheren Studienabbrecherquoten führen könnte und plädierten für eine bessere Auslastung des weiblichen Bildungspotenzials.[30] Wir werden uns im dritten Kapitel von Teil III der Arbeit damit beschäftigen,

28 Diese Entwicklung bezeichne ich im Folgenden als den Feminisierungseffekt der zweiten Bildungsexpansion.

29 Daten aus: Hochschulstatistik des MHF 1964-1986.

30 Der Einfluss wichtiger demographischer Prozesse, S. 109 f., 142.

welche Anstrengungen die Bildungspolitik unternahm, um Studienbewerberinnen für technische Fächer zu gewinnen.

Auf dem Höhepunkt der zweiten Bildungsexpansion begann etwa jede fünfte Studienanfängerin eine akademische Ingenieurausbildung. In der anschließenden Bildungskontraktion ging diese Zahl nur leicht zurück. Mithin hatten sich im Zuge der zweiten Bildungsexpansion die Fächerpräferenzen der weiblichen Studienanfängerinnen deutlich und langfristig zugunsten der technischen Fächer verschoben. Nachdem die aus der Umstellung der Bildungspolitik resultierenden Turbulenzen überwunden waren, pegelte sich die Ingenieurinnenquote unter den Studienanfängerinnen zwischen 16 und 19 Prozent ein. Parallel dazu begannen aber noch immer 48 bis 49 Prozent aller männlichen Studienanfänger eines Jahrganges ein Ingenieurstudium, sodass die Geschlechterdifferenz im Studienverhalten nach wie vor signifikant blieb.

Grafik III/9: Anteile der männlichen resp. weiblichen Ingenieurstudenten an den Neuzulassungen von Männern bzw. Frauen zum Hochschuldirektstudium in allen Fachrichtungen von 1964 bis 1986 (Angaben in Prozent)[31]

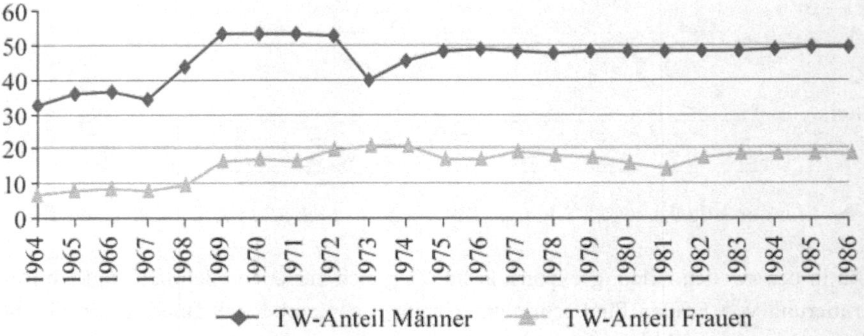

Auch in der Geschlechterverteilung auf die einzelnen Fächer innerhalb der Technischen Wissenschaften blieben deutliche Unterschiede sichtbar. Zwar zeigte sich in allen großen Ingenieurstudiengängen das für die zweite Bildungsexpansion und ihre anschließende Korrektur typische Muster eines starken Auf- und schwächeren Abschwungs mit einer in den Jahren von 1970 bis 1975 gegenläufigen Entwicklung bei den männlichen und weiblichen Studienanfängern. Aber die von dieser Entwicklung ausgelösten Feminisierungseffekte waren in den einzelnen Fachrichtungen unterschiedlich.[32] Sie waren am schwächsten in den Fachrichtungen der Elektrotech-

31 Berechnet aus den der Grafik III/8 zugrunde liegenden Daten.

32 Vgl. dazu die Grafiken A/6 bis A/15 und A/17 im Anhang.

nik/Elektronik sowie in den Studienfächern des Verkehrswesens und im Maschinenwesen. Im Bauwesen hingegen, wo seit Mitte der 1970er Jahre die Zulassungszahlen über das in der Bildungsexpansion erreichte Niveau hinaus weiter anstiegen, blieb der Feminisierungseffekt der Bildungsexpansion erhalten. Die Frauenquote erreichte hier bei geringfügigen Schwankungen in einzelnen Jahren circa 40 Prozent. Zu den Fachrichtungen, in denen die von der Bildungsexpansion ausgelösten Feminisierungseffekte dazu führten, dass der Frauenanteil auf entweder knapp 50 Prozent aller Studienanfänger in den einen oder auf deutlich über 50 Prozent in den anderen Fachrichtungen stieg, gehörten die Werkstoffkunde, die Verfahrenstechnik, die Architektur und die Informationsverarbeitung. Schließlich etablierte sich der nach der Dritten Hochschulreform neu profilierte Studiengang der Verarbeitungstechnik als ein von Anfang an stark feminisierter Studiengang.

Die unterschiedlich hohen Feminisierungsquoten einzelner Studiengänge sind auch in Hinblick auf den Strukturwandel in der Ingenieurausbildung sehr aussagekräftig. Die zweite Bildungsexpansion und die anschließend für Männer und Frauen zeitversetzt eingeleitete Stabilisierung der Zulassungsziffern war mit Schwerpunktverschiebungen im Fächerspektrum der Ingenieurausbildung verbunden, mit denen die Bildungspolitik auf neue wirtschaftspolitische Prioritätensetzungen der späten Ulbricht- und der frühen Honeckerregierung reagierte. Das betraf zum einen den Ausbau der traditionellen Kerndisziplinen der Ingenieurausbildung Elektrotechnik und Bauwesen bei rückläufigem Anteil des Maschinenbaus. Zum anderen zeigte sich das im Aufbau neuer beziehungsweise bislang nur vereinzelt vorkommender Studiengänge wie der Informationsverarbeitung, der Verfahrens- und der Verarbeitungstechnik. Dass gerade in den neuen Fachrichtungen die höchsten Feminisierungsquoten erreicht wurden, verweist darauf, dass deren Ausbau ganz wesentlich von den Frauen getragen wurde. Das trifft auch für das Bauwesen als eine der klassischen Kerndisziplinen der Ingenieurausbildung zu, die im Interesse der Wohnungsbaupolitik seit dem VIII. Parteitag stark erweitert wurde. Die Absolventinnen des Bauwesens bildeten im Aufkommen aller Absolventinnen die größte Gruppe.[33] Hingegen wurde die Erweiterung der Elektrotechnik stärker von den männlichen Studierenden getragen.[34] Den relativen Positionsverlust des Maschinenwesens wiederum milderte das Frauenstudium auf dem Höhepunkt der Bildungsexpansion ab, sichtbar daran, dass die Absolventinnenzahlen hier ihren höchsten Wert erreichten, als die männlichen Absolventenzahlen schon stagnierten. Schließlich gewährleistete das Frauenstudium auch die Erweiterung kleinerer Fächer im traditionellen Bereich der Ingenieurausbildung wie Werkstoffkunde und Architektur, in denen Experten zur Lösung des für die DDR immer schwieriger werdenden Rohstoffproblems und die gestalterische Absi-

33 Vgl. Grafik III/10.

34 Vgl. Grafik III/11.

cherung der ambitionierten Bauprogramme produziert werden sollten. Die Mobilisierung von Frauen für ein technisches Studium hat den Strukturwandel in der Ingenieurausbildung zugunsten der technologiepolitischen Schwerpunktsetzungen also sowohl forciert, aber auch, wie im Fall des Maschinenbaus, kurzzeitig verzögert.[35]

Grafik III/10: Verteilung der Absolventinnen des Direktstudiums in den Technikwissenschaften in den Jahren 1967, 1977 und 1986 auf Fachrichtungen[36]

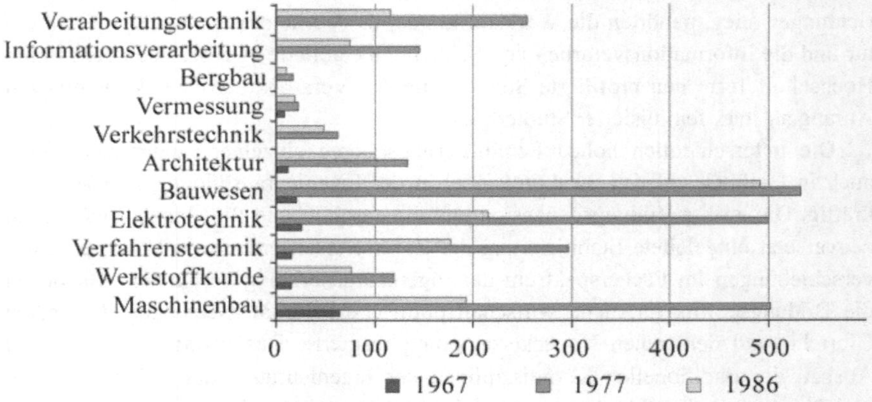

Grafik III/11: Verteilung der männlichen Absolventen des Direktstudiums in den Technikwissenschaften in den Jahren 1967, 1977 und 1986 auf Fachrichtungen[37]

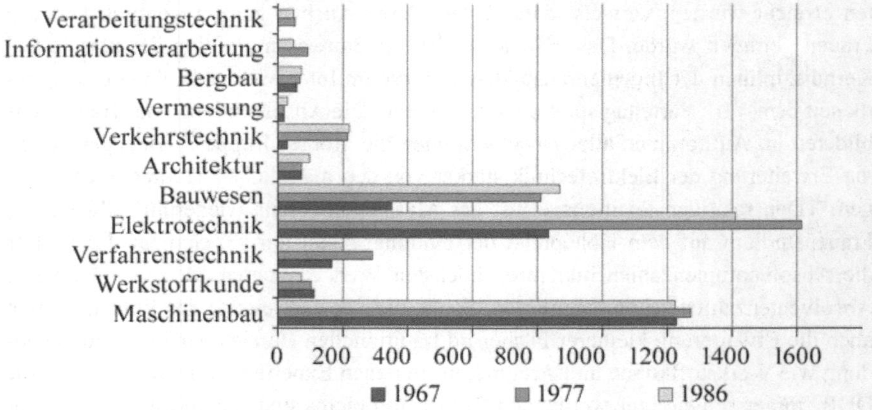

35 Ausführlich zum Strukturwandel in der Ingenieurausbildung vgl. Abele, Reforms.

36 Daten aus: Hochschulstatistik 1969 und 1978 und 1986.

37 Daten aus: Hochschulstatistik 1969 und 1978 und 1986

Ausgehend von diesem knappen statistischen Überblick werden wir nun den systemspezifischen Umbau der Ingenieurausbildung anhand einer diskurs- und ereignisgeschichtlichen Analyse der Studienreformen und der Programme und Ergebnisse der Frauenförderung in der technischen Hochschulbildung eingehender betrachten.

2. Debatten, Differenzen und Dekrete zur Umgestaltung der akademischen Ingenieurausbildung

Als im Zuge des Umbaus der ostdeutschen Hochschullandschaft nach der Wiedervereinigung alle Disziplinen und Studiengänge auf den Prüfstand kamen, bescheinigten die Evaluierer den Ingenieurwissenschaftlern, die staatssozialistische Transformation des Wissenschaftssystems relativ unbeschadet überstanden zu haben.[38] Gleichwohl wurden im Prozess der Anpassung ostdeutscher an westdeutsche Hochschulstrukturen gravierende Eingriffe in das vorgefundene System der akademischen Ingenieurausbildung vorgenommen. Einige Technische Hochschulen wurden zu Universitäten aufgewertet und durch die Angliederung geistes-, sozial- und rechtswissenschaftlicher Fakultäten erweitert. Andere Hochschulen wurden in Fachhochschulen umgewandelt und einige mit anderen Fachhochschulen fusioniert. Dem Neu- und Ausbau einiger Bereiche, zum Beispiel der Umweltwissenschaften oder der Architektur, stand die Abwicklung anderer Fachbereiche, zum Beispiel der Systemverfahrenstechnik, gegenüber.[39] Im Ergebnis der Umstrukturierungen ging der Frauenanteil in vielen ingenieurwissenschaftlichen Studiengängen drastisch zurück. Die institutionelle und fachspezifische Reorganisation der akademischen Ingenieurausbildung revidierte grundlegende Maßnahmen des staatssozialistischen Hochschulumbaus,[40] dessen Ausmaß also auch im Bereich der Ingenieurwissenschaften beträchtlich war und nicht nur die soziale Organisation, sondern auch den kognitiven Inhalt der Disziplinen berührte. Systemspezifische Schwerpunktsetzungen der Technologiepolitik verschoben das Erkenntnisinteresse in den ohnehin stark anwendungsorientierten Disziplinen. Den Umbau hatte die Hochschulpolitik der DDR entweder nach heftigen Auseinandersetzungen mit den technischen Experten oder in Übereinstimmung mit ihnen und zum Teil auf deren Anregung hin durchgesetzt.[41] Uns inte-

38 Mayntz, Folgen der Politik, S. 474 f., 478-480.

39 Zur Verfahrenstechnik vgl. Fratzscher, Meinicke, Verfahrenstechnik, S. 303-359.

40 Einige dieser Revisionen, z.B. die Erweiterung Technischer Hochschulen zu Volluniversitäten, stehen 15 Jahre nach der Wende wieder zur Disposition.

41 Dabei agierten als Vertreter der Politik vor allem die Abteilung Wissenschaften im ZK der SED, das Staatssekretariat für Hoch- und Fachschulwesen, verschiedene Industrieministerien und zeitweilig das Zentralamt für Forschung und Technik. Auf die wechselnden politischen Zustän-

ressiert in diesem Kapitel, an welchen Vorbildern sich diese Maßnahmen orientierten, welche Vorstellungen von den Aufgaben des Ingenieurs bei der Entwicklung der Technik im Sozialismus ihnen zugrunde lagen, unter welchen aktuellen gesellschaftspolitischen Bedingungen die Maßnahmen durchgesetzt wurden, welches Kräfteverhältnis zwischen politischer Elite und technischen Experten in diesem Durchsetzungsprozess zum Ausdruck kam und inwieweit diese Auseinandersetzungen als Aufführung des Geschlechterverhältnisses geführt und zum Teil darüber entschieden wurden.

2.1 Spezialisten und Spezialhochschulen – Erneuerung nach sowjetischem Vorbild (1949-1957)

Die Verfügbarkeit über technische Experten drohte nach der Teilung Deutschlands im Osten nicht nur durch die Männerverluste im Krieg, sondern auch die Abwanderungen in den Westteil, den Abzug von Spezialisten durch die sowjetische Besatzungsmacht[42] und das historisch gewachsene West-Ost- und Süd-Nord-Gefälle in der Verteilung von Institutionen zur höheren technischen Bildung[43] prekär zu werden. Infolgedessen avancierte die Erweiterung der Ausbildungskapazitäten zu einem vorrangigen Thema in den Diskussionen um die Neugestaltung der Ingenieurausbildung, nachdem die zunächst im Verbandsorgan der KDT „Die Technik" geführte Auseinandersetzung um die Verantwortung des Ingenieurs für den Nationalsozialismus nach der Einstellung der Entnazifizierungsverfahren plötzlich abgebrochen worden war.

1949 meldeten sich mehrere Ingenieure aus den Landeskammern der KDT mit Vorschlägen zur Ausbildungsreform zu Wort.[44] Sie diskutierten das Verhältnis von

digkeiten für die Ingenieurausbildung wird im Text verwiesen. Die technischen Experten artikulierten ihre Positionen über die entsprechenden Organe (Fakultätsräte und Senat) der Hochschulen sowie in Fachausschüssen und Beratungsgremien und in Fachzeitschriften sowie dem Verbandsorgan der KDT „Die Technik".

42 Albrecht, Die Spezialisten; Naimark, Kapitel 4; Judt u. Ciesla, Technology Transfer.

43 Auf dem Territorium der SBZ befanden sich nur zwei von insgesamt 13 Einrichtungen für die akademische technische Bildung, die in Gesamtdeutschland vor 1945 vorhanden waren. Zudem hatten sich die Proportionen in der akademischen Bildung zuungunsten der technischen Bildung verschoben. War am Ende der Weimarer Republik etwa jeder fünfte Student an einer technischen Hochschule immatrikuliert, so betrug der Anteil der Studenten der TH Dresden und der Bergakademie Freiberg an der Gesamtstudentenzahl in der SBZ im Wintersemester 1947/48 sechs Prozent. Titze, Datenhandbuch, S. 30; BArch, DR3/4590: Zahl der Studierenden in der SBZ.

44 Vgl. Riedel, Künftige Ingenieurausbildung; Falkowski, Gedanken, vorhanden in: Universitätsarchiv der TU Dresden, Rektorat nach 1945, I/632.

Hoch- und Fachschulbildung und schlugen die Anerkennung des Fachschulabschlusses als Zulassungsvoraussetzung für das Hochschulstudium[45] und den Ausbau profilierter Fachschulen zu Fachhochschulen vor.[46] Diese Bestrebungen zur Aufwertung der Fachschulbildung fanden in der ostdeutschen Nachkriegsgesellschaft aus zwei Gründen politische Unterstützung. Erstens waren in der ostdeutschen Bildungslandschaft viele Ingenieurschulen, aber nur zwei technische Hochschulen vorhanden, sodass es sich anbot, das Potenzial der Ingenieurschulen zur Ausbildung technischer Experten zu nutzen und aufzuwerten. Zweitens versprach sich die politische Elite von der größeren Produktionsnähe der Ingenieurschulen mit ihren Aufstiegschancen für Facharbeiter Unterstützung beim Aufbau einer neuen, aus der Arbeiterklasse rekrutierten technischen Intelligenz.[47]

Ein erstes Reformkonzept veröffentlichte im Dezember 1949 der Vorsitzende der Kammer der Technik im Land Brandenburg, Heinz Falkowski, der im Ministerium für Volksbildung der DDR angestellt war. Sein Vorschlag wurde zum Ausgangspunkt für eine Reformdebatte, die eine erste und sehr grundlegende Stufe des Umbaus der höheren technischen Bildung in der DDR einleitete. Falkowski empfahl die Erweiterung des zweistufigen Systems der deutschen Ingenieurausbildung zu einem dreistufigen Modell. Demnach sollten erstens wissenschaftliche Ingenieure an Universitäten ausgebildet werden, die zu diesem Zwecke technische Fakultäten zu gründen hatten. Dieser Vorschlag schloss die Erweiterung der TH Dresden zur Universität ein.[48] Zweitens waren die traditionellen Fachschulen für die Ausbildung praktischer Ingenieure zu profilieren. Und drittens schlug er vor, technische Führungskräfte an Fachhochschulen auszubilden, die aus den fachlich besten und an markanten Industriestandorten lokalisierten Fachschulen zu gründen waren.

45 Riedel, S. 33.

46 Falkowski, S. 5 f.

47 Die „diktatorische Gegenprivilegierung“ im Studienzugang gehörte neben der Entnazifizierung, der Durchsetzung zentraler Planung und Steuerung des Hochschulsystems und der Verschulung des Studiums zu den Kernelementen des allgemeinen Hochschulumbaus. Auf die nachträglich als erste und zweite Hochschulreform apostrophierten politischen Interventionen, die alle Bereiche des Hochschulwesens erfassten, wird hier nicht eingegangen. Vgl. dazu Jessen, Akademische Elite und Connelly, Captive Universities.

48 Entsprechende Erweiterungspläne verfolgte der damalige Dresdner Oberbürgermeister Beutler schon am Beginn des 20. Jahrhunderts. Pommerin, Geschichte, S. 96-107. Sie erlangten in der Nachkriegszeit neue Aktualität, zumal sich zum Zeitpunkt der Wiedereröffnung der TH Dresden ihre fachliche Struktur zugunsten nichttechnischer Fächer verschoben hatte. Die Gründung der Pädagogischen Fakultät bot die Chance der Erweiterung zur Volluniversität. Auf der 1947 in Darmstadt veranstalteten internationalen Konferenz zur Ingenieurausbildung wurde die TH Dresden deshalb auch als Vorreiter für die universitäre Erweiterung Technischer Hochschulen angeführt. Plank, Spezialistentum, S. 281.

Im Januar 1950 diskutierten die Fakultäten der TH Dresden den Falkowski-Vorschlag. Grundlage der Diskussion war eine überaus kritische Stellungnahme des ersten Nachkriegsrektors und Maschinenbauprofessors Heidebroek vom 07.01.1950, der sich alle Fakultäten anschlossen.[49] Wohl befürworteten sie die Beibehaltung der Fachschulen, um hier „die Hauptmasse der Anwärter für den technischen Beruf aufzunehmen und nach den Bedürfnissen der Praxis auszubilden."[50] Die Ingenieurwissenschaftler hofften offenbar, mit den Fachschulen die befürchtete Gefahr einer Vermassung des Ingenieurberufs abzuwenden und damit den akademisch gebildeten technischen Experten den Platz in der technischen Funktionselite zu sichern. Auch dem Ausbau der TH Dresden zur Universität wurde zugestimmt, aber nicht, um hier auf die Forschung spezialisierte Ingenieure, sondern um Experten für das gesamte technische Handlungsfeld auszubilden. Die Einrichtung technischer Fakultäten an den alten Universitäten lehnten die Ingenieurwissenschaftler ganz strikt ab. Die Universitäten seien nicht in der Lage, in den technischen Grundlagenwissenschaften auszubilden, weil es ihnen dazu an der notwendigen Fächerbreite und den erforderlichen Versuchsfeldern, Experimentier- und Laborkapazitäten fehle.[51] Am schärfsten war die Polemik gegen den Vorschlag, technische Führungskräfte in industrienahen Fachhochschulen auszubilden. Diese bedürften einer wissenschaftlich fundierten Ausbildung. Die aber könnten die Fachhochschulen nicht bieten, weil es ihnen an Lehrkräften für eine breite mathematisch-naturwissenschaftliche Grundlagenausbildung fehle, weil sie deshalb keine Ausbildung in den neuen Grenzgebieten der technischen Wissenschaften gewährleisten könnten, deren Entwicklung aus dem Trend zur Annäherung der Fachabteilungen an den Technischen Hochschulen auf der gemeinsamen mathematisch-naturwissenschaftlichen Grundlage erwüchse, und weil sie schließlich die für eine wissenschaftliche Ausbildung notwendige Einheit von Forschung und Lehre nicht garantieren könnten.[52] Überdies würde die Gründung von Fachhochschulen die Einheit der deutschen Hochschullandschaft zerstören.

---

49 Universitätsarchiv der TU Dresden, Rektorat nach 1945, I/632, Bl. 4-44.

50 Ebenda, Bl. 7.

51 Hatten die alten Universitäten die Anwendungsorientierung der Ingenieurwissenschaften bis zum Beginn des 20. Jahrhunderts als Argument für den Ausschluss der technischen Bildung verwandt, so nutzten die Ingenieurwissenschaftler in der Mitte des Jahrhunderts ihre Forschungsorientierung als Argument für den Ausschluss der Universitäten von der akademischen technischen Bildung.

52 Die neuere Bildungsgeschichte kommt bei der Beurteilung des Bildungskonzepts der Spezialhochschulen zu einem analogen Ergebnis. Vgl. dazu Waterkamp, Das Einheitsprinzip, S. 159-161. „Die Isolierung einzelner oder weniger Wissenschaften in Spezialhochschulen war der Versuch, der reflexiven Beziehungsstruktur der Wissenschaften, der Bezogenheit jeder Wissenschaft auf weitere Wissenschaften, durch die Einklammerung in eine andere Beziehungsstruktur, nämlich die Bezogenheit auf ein Praxisgebiet, Grenzen zu setzen."

Mit dieser Abwehr der vorgeschlagenen Ausdifferenzierung der Ausbildung nach Einsatzfeldern verteidigte die ingenieurwissenschaftliche Elite das schon von Riedler noch vor der Jahrhundertwende entworfene Leitbild des Ingenieurs als eines akademisch gebildeten Praktikers. Mit der Verknüpfung von wissenschaftlicher, praktischer und Leitungsexpertise hatte die ingenieurwissenschaftliche Elite damals die Berufsidentität der Ingenieure sowohl gegen Aufsteiger von unten abgesichert als auch am männlichen Pol der bipolaren Geschlechterordnung verankert. Eine Ausdifferenzierung des Berufsbildes nach Einsatzfeldern aber stellte nun die mühsam errichteten Eintrittsbarrieren gegen Aufsteiger von unten und gegen Frauen zur Disposition. Die Separierung praktischer Technikkompetenz in der Ausbildung eines praktischen Ingenieurs öffnete den Beruf für Aufsteiger von unten. Die Verselbständigung ingenieurwissenschaftlicher Kompetenz für das parzellierte Berufsbild eines an Universitäten auszubildenden Forschungs- und Entwicklungsingenieurs hingegen konnte zu einer Zugangsschleuse für Frauen in den Ingenieurberuf werden. Denn für diese Spezialisierungsrichtung war die Werkstattpraxis bedeutungslos, die bislang als ein Hauptargument gegen den Eintritt von Frauen in den Ingenieurberuf gegolten hatte. Im Kampf um den Falkowski-Vorschlag entfalteten sich also die Auseinandersetzungen zwischen der politischen und der ingenieurwissenschaftlichen Elite um den Platz der technischen Experten im neuen Wirtschafts- und Sozialsystem.

Der Falkowski-Vorschlag ging in ein Positionspapier über „Leitsätze zur Reform des technischen Studiums" ein, das von dem Physiker Robert Rompe und Dr. Karl vom Volksbildungsministerium am 24.01.1950 vorgelegt wurde. Dieses Papier wurde zur Basis für die Gründung eines „Fachausschusses für die Neuordnung des technischen Studiums" beim Ministerium für Volksbildung der DDR, dem neben Vertretern des Volksbildungsministeriums (Rompe als Vorsitzender) und des damaligen Ministeriums für Planung der Präsident der KDT Franck, die Rektoren der TH Dresden und der Bergakademie Freiberg sowie Vertreter der Universitäten Rostock, Jena und Halle, aber auch technische Experten aus der Industrie sowie Funktionäre aus der Gewerkschaft und dem Jugendverband angehörten.[53]

Im Fachausschuss prallten die unversöhnlichen Standpunkte aufeinander. Rompe als Vorsitzender favorisierte den Falkowski-Vorschlag. Er forderte eine neue, über die Bildungsstufen von unten nach oben durchlässige Hierarchie technischer Berufe vom Facharbeiter über den Fachtechniker bis zum Hochschulingenieur. Als Institutionen zur Ausbildung von Hochschulingenieuren kamen für ihn sowohl die TH Dresden und die Bergakademie Freiberg als auch neu zu gründende Fachhochschulen in Betracht. Die Universitäten wollte Rompe über die Ausbildung von technischen Physikern in die Ingenieurausbildung einbeziehen.

53 BArch, DR2/1486/13-15; Universitätsarchiv der TU Dresden, Rektorat nach 1945, I/632/44.

Die Vertreter der Technischen Hochschulen polemisierten scharf gegen Rompes Vorstellungen. Besonders sein Vorschlag zur Ausbildung von technischen Physikern an Universitäten stieß auf Kritik. Die Ingenieurwissenschaftler erblickten darin eine Abwertung des Ingenieurs gegenüber dem Physiker und argumentierten, es sei ein Irrtum zu glauben, dass „alle wichtigen Neuentwicklungen der Technik vorwiegend von Physikern gemacht werden und die ingenieurmäßig Ausgebildeten im Wesentlichen nur die Hilfsarbeiten dabei ausführen.“[54] Die Ingenieurwissenschaftler kämpften also gegen den seit dem Zweiten Weltkrieg wachsende Popularität gewinnenden Mythos, dass Technik angewandte Naturwissenschaft sei und besonders die moderne Physik die Grundlagenwissenschaft aller Technik bilde.[55] Sie verlangten die Beibehaltung der traditionellen Strukturen technischer Bildung mit den nach Vorbildung und Ausbildungsdauer abgestuften Abschlüssen des Technikers, des Ingenieurs und des Diplomingenieurs. Und sie insistierten darauf, dass akademische technische Bildung nur in einem polytechnischen Kontext möglich sei, der allein an einer Technischen Hochschule vorhanden wäre.

Parallel zu den Debatten im Fachausschuss der KDT aber setzte die politische Klasse bereits Strukturveränderungen in der akademischen Ingenieurausbildung in Gang. 1950 wurde die Schiffbautechnische Fakultät an der Universität Rostock gegründet und damit zum ersten Mal in der deutschen Geschichte der höheren technischen Bildung die Ingenieurausbildung in eine klassische Volluniversität integriert.[56] Andererseits aber unterblieb der von den Dresdner Ingenieurwissenschaftlern geforderte Ausbau der TH Dresden zur Universität. Stattdessen wurde noch 1950 deren nichttechnisches Ausbildungsprofil durch die Verlagerung der Lehrerausbildung an die Leipziger Universität reduziert.[57] Gleichzeitig erlangte die Industrie größeren Einfluss auf die Technische Hochschule, nachdem die ministerielle Zuständigkeit für die Hochschule 1951 vom sächsischen Volksbildungsministerium auf das DDR-Ministerium für Industrie überging.[58] Die Hochschullehrer erhielten jetzt die Auflage, in Zusammenarbeit mit Industrievertretern Berufsbilder auszuarbeiten, um auf dieser

54 BArch, DR2/ 1486/15.

55 Ferguson, S. 154 f.

56 Ursprünglich hatten die Dresdner Professoren gefordert, eine Fakultät für Schiffbau an der TH Dresden einzurichten. Senatssitzung vom 04.02.1950. Universitätsarchiv der TU Dresden, Rektorat nach 1945, Nr.I/632/44,45.

57 Sächs. HStA, MfV 1126: Holtzhauer (MfV) teilt in einem Brief an das Büro des Ministerpräsidenten der LRS vom 30.05.1950 außerdem mit, dass das kulturwissenschaftliche Institut von Ludwig Renn der HS für bildende Künste angegliedert wird und das Institut für Volkskunde von Prof. Spamer an die Sächsische Akademie der Wissenschaften kommt.

58 Damit endete schon ein Jahr vor der Auflösung der Länder in der DDR die Länderhoheit in der Bildungspolitik.

Grundlage spezialisiertere und besser auf die Bedürfnisse der Industrie zugeschnittene Studienpläne zu erarbeiten.[59]

Diese Auflage wurde in den Fakultäten kontrovers diskutiert. Kritiker einer zu engen Spezialisierung und Ausdifferenzierung neuer Fachrichtungen mussten sich mit dem Argument auseinandersetzen, dass spezialisierte Fachrichtungen, die an der TH nicht eingerichtet würden, dann an den Fachhochschulen entstehen müssten oder an Universitäten angegliedert würden.[60] In Anbetracht dieser sehr realen Gefahr akzeptierten viele Hochschullehrer den Trend zur eher berufsorientierten Spezialausbildung, die seit der Umgestaltung der Technischen Hochschulen nach dem Vorbild von Forschungsuniversitäten nach Humboldtschem Muster um 1900 nicht mehr dem Leitbild der akademischen Ingenieurausbildung entsprach.[61]

Die unmittelbaren Vorbereitungen zur Gründung von Fachhochschulen begannen im Sommer des Jahres 1952. Die Initiative dafür ging von der Staatlichen Plankommission (SPK) aus. Sie warf dem 1951 als staatlichem Leitungsorgan für das Hochschulwesen gegründeten Staatssekretariat vor, es „unterschätzte [...] die Bedeutung der technischen Wissenschaften, ‚plante' nach den Wünschen der Professoren, Institutsleiter und Verwaltungsdirektoren und errichtete mit den zur Verfügung stehenden Investitionsmitteln zu wenig Arbeitsplätze in technisch-wissenschaftlichen Fachrichtungen."[62] Allerdings musste die Plankommission auch zugeben, dass sie selbst erst im Herbst 1951 mit der „Planung der kulturellen Entwicklung", also der Planung der Studentenzahlen und fachlichen Proportionen im Hochschulwesen begonnen hatte. Nach Beratungen zwischen dem Planungsleiter im Staatssekretariat für Hochschulwesen, dem Leiter zur Planung der kulturellen Entwicklung der Staatlichen Plankommission (SPK) und Vertretern der sowjetischen Kulturkommission in Karlshorst, die sowjetische Erfahrungen in den Reformprozess einbrachten[63], wurde am 07.06.1952 auf Beschluss der SPK eine Kommission zur Prüfung der Ausbildung

---

59 Universitätsarchiv der TU Dresden, Fakultät Maschinenwesen, 1949-1951, Nr. 137, Fakultätsratssitzung vom 06.06.1951.

60 Ebenda. Ein Beispiel dafür ist die Kontroverse zwischen den Ordinarien der Abteilung für Elektrotechnik Barkhausen, Schönfeld und Frühauf um die Ausbildung von Fernmeldetechnikern. Barkhausen warf Frühauf vor, er wolle „Postleute" ausbilden und Schönfeld bekräftigte, dass das eine zu enge Spezialisierung sei. Frühauf warnte daraufhin, dass der Staatssekretär für Hoch- und Fachschulwesen Harig plane, die Fachrichtung Fernmeldetechnik an der Universität Berlin einzurichten. Heidebroek empfahl deshalb, man solle doch Frühauf ein Berufsbild geben.

61 Zum Leitbild akademischer Ausbildung seit der Humboldtschen Universitätsreform vgl. vom Bruch, A Slow Farewell, S. 3-27.

62 BArch, DF4/ 40468: Bericht über die Ausbildung von technisch-wissenschaftlichen Kadern, 12.07.1952.

63 Die Übernahme sowjetischer Muster verlief nicht unter Druck der sowjetischen, sondern i.d.R. auf Eigeninitiative der deutschen Seite. Vgl. dazu Connelly, Captive University, S. 42-50 und Raschka. Auf inhaltliche Sowjetisierungseffekte wird weiter unten eingegangen.

von technischen Kadern gegründet. Sie schlug am 12.07.1952, also noch während der zweiten Parteikonferenz, auf der Ulbricht den Aufbau der Grundlagen des Sozialismus und damit die Forcierung des Gesellschaftsumbaus verkündete, Maßnahmen zur Erweiterung der technisch-wissenschaftlichen Ausbildung vor. Darin war zunächst die Neugründung nur einer Fachhochschule für Maschinenbau in Chemnitz, aber die Gründung technischer Fakultäten an den Universitäten in Berlin (Fakultäten für Metallurgie, Elektrotechnik und Bauwesen), in Leipzig und Halle (Chemie), in Jena (Feinmechanik/Optik) und – das war bereits realisiert – Rostock (Schiffbau) vorgesehen. Außerdem sollten die TH Dresden und die Bergakademie Freiberg ihre Ausbildungskapazitäten für Diplomingenieure erhöhen, wobei für Dresden ausdrücklich eine Einschränkung nichttechnischer Studiengänge zugunsten der Ingenieurausbildung vorgeschlagen wurde.[64]

Dieser Vorschlag begünstigte die Universitäten, die ihr Profil durch die Neugründung technischer Fakultäten erweitert hätten, während der Wunsch der TH Dresden nach Ausbau zur Volluniversität mit der Auflage, sich auf technische Studienrichtungen zu beschränken, nicht berücksichtigt wurde. Allerdings wurde dieser Plan nicht weiter verfolgt.[65]

Am 03.09.1952 legte das Staatssekretariat für Hoch- und Fachschulwesen einen Plan über „Maßnahmen zur Weiterentwicklung der Universitäten und Hochschulen bis zum Ende des ersten Fünfjahrplanes" vor. Dieser setzte die Schwerpunkte zur Reform der technischen Bildung anders als die SPK.[66] Jetzt kam – mit Ausnahme der Universität in Rostock – nicht mehr den Universitäten, sondern den bestehenden Technischen Hochschulen und vor allem neu zu gründenden Fachhochschulen die

64 BArch, DF4/40468: Bericht über die Ausbildung von technisch-wissenschaftlichen Kadern 12.07.1952. Die Bildungspolitik hatte schon 1952 die Zulassungszahlen für die technischen Fachrichtungen erhöht und die o. g. Kommission forderte Umlenkungen in naturwissenschaftliche und technische auf Kosten anderer Fächer, um die Studienplätze zu besetzen. „Die Bewerbungen um Zulassungen sind auf jeden Fall so zu lenken, dass die technisch-wissenschaftliche Ausbildung an Universitäten und Hochschulen nicht nur absolut, sondern auch im Verhältnis zu der sprach- und gesellschaftswissenschaftlichen Ausbildung steigt, d. h. bei nicht ausreichenden Bewerbungen unter Umständen auf Kosten anderer Wissenschaftszweige." Ebenda, S. 4.

65 Es ist zu vermuten, dass die Bildungspolitik nach möglichst konfliktarm durchsetzbaren Lösungsstrategien suchte. Dieser Plan aber ließ Konflikte mit der akademischen Elite der Universitäten ebenso wie der Technischen Hochschule erwarten. Dass, wie wir noch sehen werden, für die Erweiterung der technischen Ausbildungskapazitäten Berufungen von Praktikern mit zu niedrigen oder ohne akademische Grade notwendig waren, konnte besonders an den Universitäten zu Schwierigkeiten bei den Berufungen führen. Andererseits gefährdete der Ausbau der Universitäten die Vorrangstellung der TH in der Ingenieurausbildung, die wiederum ein wichtiger Faktor für die Loyalität der ingenieurwissenschaftlichen Elite war.

66 BArch, DF4/40468: Maßnahmen zur Weiterentwicklung der Universitäten und Hochschulen bis zum Ende des ersten Fünfjahrplanes.

Erweiterung der Ingenieurausbildung zu. Vorgesehen waren eine Hochschule für Hüttenwesen in Fürstenberg[67], eine Hochschule für Maschinenbau in Chemnitz, eine Hochschule für Textiltechnik in Reichenbach im Vogtland, eine Hochschule für Schwermaschinen- und Werkzeugmaschinenbau in Magdeburg und die Umgründung der Kunst- zur Fachhochschule für Architektur- und Bauwesen in Weimar.

Dieser Plan wurde schließlich zum Ausgangspunkt des am 06.08.1953 verabschiedeten Ministerratsbeschlusses, der die Gründung technischer Spezialhochschulen zum Hauptweg für die Erweiterung der Ingenieurausbildung erhob.[68] Gleichzeitig gestand der Beschluss der TH Dresden eine Führungsrolle in der höheren technischen Bildung zu, weil sie die einzige polytechnische und größte Institution blieb. Neun Branchenministerien beziehungsweise Staatssekretariate erhielten die Auflage, in ihrem Verantwortungsbereich insgesamt zwölf technische Spezialhochschulen aufzubauen. Davon sollten acht aus ehemaligen Ingenieurschulen und eine aus einer Betriebsschule hervorgehen, zwei neu gegründet und eine aus einer Kunst- in eine Spezialhochschule umgegründet werden. Diese Spezialhochschulen sollten bis 1960 eine Ausbildungskapazität für 29.250 Ingenieurstudenten erreichen. Die ausdrücklich als polytechnische Hochschule bezeichnete TH Dresden sollte neue Fakultäten für Feinmechanik und Lebensmittelherstellung gründen und ihre Ausbildungskapazität bis 1960 auf 14.000 Studierende erweitern. Für die Bergakademie Freiberg war eine Erweiterung auf 4.500 Studierende vorgesehen, der Fakultät für Schiffswesen an der Universität Rostock teilten die Bildungsplaner eine Kapazität von 2.500 Studierenden für 1960 zu. Darüber hinaus sollten an der neu zu gründenden Fakultät für Feinmechanik und Optik der Universität Jena 1.650 Studienplätze und durch Erweiterung der chemischen Institute an den Universitäten weitere circa 5.000 Studienplätze entstehen. Alles in allem war also geplant, zwischen 1953 und 1960 akademische Ausbildungskapazitäten für circa 48.000 Ingenieur- und 8.800 Chemiestudenten zu schaffen. Etwa die Hälfte davon sollte auf die neuen Spezialhochschulen und ein Viertel auf die TH Dresden entfallen. Damit hätte die DDR im Jahre 1960 deutlich mehr Diplomingenieure ausgebildet als die Bundesrepublik.[69] Diese Zielvorgabe war in Anbetracht der demographischen Situation mehr als unrealistisch. Tatsächlich realisierte die DDR 1960 nur circa 50 Prozent der für 1960 geplanten Ausbildungs-

---

67 Fürstenberg, das spätere Stalin- und dann Eisenhüttenstadt, war der Standort des in Aufbau befindlichen Eisenhüttenkombinates Ost, das ein Schwerpunktprojekt des ersten Fünfjahrplanes war.

68 SAPMO-BArch, DY 30/IV A2/9.04/263: Beschluss über die weitere Entwicklung wiss.-techn. Kader mit Hochschulbildung in der DDR. Zur Gründung der Spezialhochschulen vgl. auch Jessen, Akademische Elite, S. 147-157.

69 Für die Daten zur Bundesrepublik vgl. Lundgreen, Die Ausbildung, S. 74.

kapazität für Diplomingenieure.[70] Selbst auf dem Höhepunkt der von Ulbricht 1968 eingeleiteten Bildungsexpansion im Jahre 1972 erreichten die Studentenzahlen in den technischen Wissenschaften nicht die im Ministerratsbeschluss von 1953 anvisierten Größenordnungen. Von den zwölf geplanten Spezialhochschulen wurden zunächst nur sieben mit einer deutlich geringeren als der vorgesehenen Studienplatzkapazität errichtet. Und auch der Ausbau der bestehenden Einrichtungen blieb hinter den unrealistischen Planvorgaben zurück.

Trotz seiner überzogenen Zielvorstellungen setzte der Ministerratsbeschluss zum Ausbau der wissenschaftlich-technischen Hochschulbildung von 1953 eine markante Zäsur in der Ausbildung technischer Experten. Er signalisierte einen bemerkenswerten Machtverlust der ingenieurwissenschaftlichen Elite, die ihre Vorstellungen von der akademischen Ingenieurausbildung nicht hatte verteidigen können und nun die neuen Institutionen akzeptieren musste. Mit der Gründung der Spezialhochschulen wurde die deutsche technische Bildungstradition, die von den Polytechnika des 19. Jahrhunderts ausging und mit einer möglichst breiten Ausbildung um Anerkennung des Ingenieurs in der Welt der Gebildeten gerungen hatte, unterbrochen. Das neue Bildungskonzept trug eher die Züge einer gehobenen Berufsausbildung.[71] Vorbild für die Gründung der Spezialhochschulen war das sowjetische Konzept der Spezialistenausbildung, das dort in der Phase des ersten Fünfjahrplanes (1928-1932) eingeführt und danach zwar etwas korrigiert, aber in seinen Grundzügen beibehalten wurde.[72] Die höhere technische Bildung lag hier in die Verantwortung der entsprechenden Industrieministerien, um eng nach den unmittelbaren Bedürfnissen der Industrie ausgebildete Spezialisten heranzuziehen.[73] Das bedeutete de facto eine Umwandlung

70 1960 hatten die technischen Wissenschaften in allen Studienformen 23.997 Studierende, darunter 17.998 Direktstudenten. Statistisches Jahrbuch der DDR 1960/61, Berlin 1961, S. 136.

71 So heißt es in einem Bericht der Abt. Wissenschaften des ZK über die Funktion der SHS aus dem Jahre 1959 „Es bestand die Aufgabe, einen ganz neuen Typus, die sozialistische HS zu entwickeln, die beispielgebend für die sozialistische Umgestaltung aller anderen Hochschulen und Universitäten sein sollte. Dabei waren Ausbildungsziel und Ausbildungsinhalt so zu orientieren, dass die Ausbildung und Erziehung einen sozialistischen Ingenieur gewährleisten wird.“ SAPMO-BArch, DY 30/IV 2/9.04/ 360/ 315.

72 Neufeldt, S. 89 f., 93 f.; Bailes, S. 221-243; de Witt, S. 208 f., 216, 226; Schattenberg, S.140-180.

73 Nach 1933 übernahm ein neues Allunionskomitee für technische Hochschulbildung die Kontrolle über die Lehrpläne und die Qualifikation der Lehrkräfte, nachdem die Ausbildungsreformen der ersten Phase zu einer gravierenden Verschlechterung der Ausbildung und hohen Abbrecherquoten geführt hatten. Aber die Zuordnung zu Industrieministerien blieb bestehen. Gleichzeitig wurde die übermäßige Spezialisierung der Ausbildung zwar nicht abgeschafft, aber durch eine theorieorientierte Grundlagenausbildung ergänzt. Infolgedessen hatten sowjetische Ingenieurstudenten ein extrem hohes Unterrichtspensum zu absolvieren. Bailes, S. 221-243; de Witt, S. 208 f., 216, 226.

polytechnischer Hochschulen in Branchenhochschulen. Analog dazu wurden in der DDR die Spezialhochschulen, aber auch die traditionellen Einrichtungen der akademischen Ingenieurausbildung den entsprechenden Fachministerien unterstellt, die dafür Hauptabteilungen für Hoch- und Fachschulen bildeten.[74]

Die Reaktion auf die Gründung der Spezialhochschulen war ambivalent. In der etablierten ingenieurwissenschaftlichen community wurden sie skeptisch bis ablehnend behandelt.[75] Die übertriebene Spezialisierung und Umverteilungsprozesse auf Grund knapper Ressourcen, vor allem der Abzug von Assistenten standen unter Kritik.[76] Die Spezialhochschulen ihrerseits versuchten sich gegenüber den älteren Hochschulen und Universitäten durch erfundene Traditionen aufzuwerten.[77] Dieser „Hang nach nicht vorhandenen Traditionen, dem Bestreben zum Beispiel Talare, wie an den ‚altehrwürdigen Hochschulen‘ zu tragen“ verärgerte die Genossen in der Abteilung Wissenschaft des ZK. Sie wetterten gegen das „Bestreben eines Teils des Lehrkörpers, möglichst rasch volle Anerkennung bei den anderen Universitäten und Hochschulen dadurch zu finden, dass Konzessionen an bürgerlichen Traditionen gemacht werden.“[78] Das Ansinnen der Hochschule für Maschinenbau in Karl-Marx-Stadt unter Berufung auf die 1836 gegründete Chemnitzer Gewerbeschule 1956 das 120-jährige Gründungsjubiläum ihrer Einrichtung zu feiern, stieß auf völliges Unverständnis der Genossen.[79]

Die Größe und Tradition der TH Dresden sicherte ihren Professoren nach wie vor einen herausragenden Platz in der akademischen Ingenieurausbildung. Aber ihre Leitfunktion konnten sie nur noch innerhalb jener Grenzen realisieren, die von der politischen Elite abgesteckt wurden. Das zeigte sich ganz deutlich, als der Ausbau der Spezialhochschulen im Sommer des Jahres 1956 ins Stocken und im Zusammenhang damit ihre Gründung ins Kreuzfeuer der Kritik geriet.[80] Ein auf den 01.06.1956

---

74 SAPMO-BArch, DY 30/IV 2/9.04/ 360/ 315 ff.

75 Vgl. dazu auch Jessen, Vom Ordinarius, S. 89 f.

76 So hatten 20-40 Prozent der Assistenten an den Spezialhochschulen keinen Hochschulabschluss. Von den 24 Instituten an der Hochschule in Magdeburg hatten 1956 acht noch keinen Leiter, neun wurden von ordentlichen Professoren geleitet, fünf von promovierten Ingenieuren, ein Institut von einem Diplomingenieur und ein weiteres von einem Fachschulingenieur. SAPMO-BArch, DY 30/IV 2/9.04, 360/ 242, 160.

77 Hobsbawm, Erfinden von Traditionen.

78 SAPMO-BArch, DY 30 IV/2/9.04/360/297.

79 Was 1958 noch anrüchig war, wurde jedoch zu Beginn der 1960er Jahre legitim. Auf Wunsch des Rektors veröffentlichte der damalige Leiter der Abteilung Geschichte der Technik eine Schulgeschichte anlässlich des 125-jährigen Jubiläums. Rudolf Ludloff, Von der Königlichen Gewerbeschule Chemnitz zur Hochschule für Maschinenbau Karl-Marx-Stadt 1836-1961, Karl-Marx-Stadt 1961.

80 In der vom Staatssekretariat für HFW herausgegebenen Zeitschrift „Das Hochschulwesen“ erschien im Juliheft 1956 ein Aufsatz, der erkennen ließ, dass es Kritik an der Gründung der

datierter Bericht vom Zentralamt für Forschung und Entwicklung „Zum technischen Fortschritt in der DDR“ beanstandete „den unkoordinierten Aufbau und die Zersplitterung der Hochschulen“.[81] Es seien mehr wissenschaftliche Kader für Ausbildungszwecke von der Industrie abgezogen worden als für die Modernisierung der Produktion bereitgestellt würden[82] und zudem eine Engpasssituation in der Versorgung mit wissenschaftlichen Instrumenten entstanden. Im September 1956 stellte das Ministerium für Schwermaschinenbau in einem Bericht zum Ausbau der Hoch- und Fachschulen in seinem Verantwortungsbereich fest, dass nur für Magdeburg, nicht aber für Ilmenau und Karl-Marx-Stadt, die volle Summe der Investitionen zum Aufbau der für das Spezialstudium erforderlichen Institute zur Verfügung stünde.[83] Überdies fehle es überall an Lehrkräften und man habe viele Wissenschaftler ohne „Befähigungsnachweis“ einstellen müssen.[84] Seit Dezember des Jahre 1956 suchte das Zentralamt für Forschung und Technik (ZFT)[85] nach Lösungsvorschlägen für die Probleme der Spezialhochschulen.[86] Die schwierige Situation wuchs sich mit dem im Janu-

---

Spezialhochschulen gab. Der Autor betonte, dass der TH Dresden das wissenschaftliche Primat zukommen müsse, die Spezialhochschulen aber ihre Berechtigung für die Ausbildung von Praktikern und die Durchführung spezieller Forschungen hätten. Die den Aufsatz abschließende Betonung der Leitfunktion der TH Dresden verweist auf einen Positionsgewinn der traditionellen ingenieurwissenschaftlichen Elite. Jäger, S. 326-331.

81 BArch, DF4/ 40130/53-61.

82 Ebenda, Bl. 56: „Sicherlich ist es von hervorragender Bedeutung, dass sich qualifizierte Kräfte für die Ausbildung des Nachwuchses zur Verfügung stellen; das darf aber nicht dazu führen, dass durch den Verlust dieser Kräfte für die Produktion der technische Fortschritt in der Produktion zum Stillstand kommt.“

83 BArch, DF4/ 40230: Auszug aus dem Bericht über den Stand des Aufbaus und der Entwicklung der Hoch- und Fachschulen des Ministeriums für Schwermaschinenbau (Vorlage für die Kollegiumssitzung am 28.09.1956) und analysierende Bemerkungen dazu.

84 Ebenda: „Eine Reihe von Wissenschaftlern habe einen Befähigungsnachweis in Form von Habilitationsarbeiten, wissenschaftlichen Veröffentlichungen oder Patenten nicht erbringen können; jedoch lägen im wesentlichen große wissenschaftlich-technische Erfahrungen aus langjähriger praktischer Arbeit vor.“

85 Das Zentralamt für Forschung und Technik war der SPK unterstellt. Es wurde 1961 zum Staatssekretariat für Wissenschaft aufgewertet und 1967 als eigenständiges Ministerium etabliert.

86 Eine Analyse des ZFT über „Die technischen Spezialhochschulen des Ministeriums für Schwermaschinenbau“ vom 22.11.1956 (BArch, DF4/ 40232) kam zu der Feststellung, „dass eine zahlenmäßige auf Realitäten gestützte, die Errichtung von technischen Spezialhochschulen in der DDR begründende und den Umfang sowie die Gliederung der dabei zu schaffenden Ausbildungskapazität festlegende Erfassung des Bedarfs an wissenschaftlich-technischen Kadern für den Bereich des Ministeriums für Schwermaschinenbau oder für den Bereich der anderen Ministerien z. Z. nicht nachzuweisen ist.“ Gefordert wurde eine exakte Kaderbedarfsermittlung und eine Konzentration der Grundlagenausbildung an der TH Dresden. Damit wären die Spezialhochschulen de facto zu Filialen der TH Dresden geworden.

ar 1957 in Kraft gesetzten Kohle- und Energieprogramm zur Krise aus.[87] Dieses Programm führte zu einer Verschiebung der Investitionsschwerpunkte im Verantwortungsbereich des Ministeriums für Schwermaschinenbau. Das wiederum stellte die weitere Entwicklung der diesem Ministerium unterstehenden Spezialhochschulen in Frage.

Damit schien die Chance für die Professoren der TH Dresden gekommen, die Entwicklung der Spezialhochschulen zurückzudrehen. In einer Besprechung mit Vertretern des ZFT im Rektorat der TH Dresden am 04.03.1957 erklärten die Professoren, dass der Aufbau der neuen Hochschulen zu einer massiven Verschwendung personeller, materieller und finanzieller Kräfte geführt habe.[88] Die Absolventen der Spezialhochschulen würden im Gegensatz zu denen der TH Dresden im Ausland nicht anerkannt beziehungsweise sie hätten, wie die der Hochschule für Verkehrswesen in Dresden, nur Fachschulniveau. Schließlich sei die an den Spezialhochschulen vorgenommene Spezialisierung der Ausbildung nicht sinnvoll. Die Dresdener Professoren schlugen deshalb vor, die Hochschule für Verkehrswesen in die TH Dresden einzugliedern, die Hochschule für Maschinenbau in Karl-Marx-Stadt aufzulösen, die Hochschulen für Bauwesen zusammenzulegen und die Grundlagenausbildung für die Spezialhochschulen in Magdeburg und Ilmenau zu zentralisieren.

Im April und Mai 1957 führte Stanek als Präsident des ZFT Gespräche mit den Rektoren der Bergakademie Freiberg sowie der Spezialhochschulen in Magdeburg, Ilmenau und Karl-Marx-Stadt, um die Kooperationsbereitschaft der Hochschulen für Zusammenlegungen zu testen. Dabei wurde recht bald klar, dass es nicht um Schließung, sondern allein um Einsparungsmöglichkeiten beim Ausbau der Spezialhochschulen ging. Denn die Krise der neuen Hochschulen fiel mit der im sowjetischen Sputnikstart sinnfällig werdenden Verlagerung des Kalten Krieges auf das Gebiet von Wissenschaft und Technik zusammen. In diesem Kontext wurde die Anzahl der technischen Experten im Denken der politischen Eliten zum Maßstab für die Konkurrenzfähigkeit der Systeme. Das fand seinen sprachlichen Ausdruck in der auf beiden Seiten des eisernen Vorhanges anzutreffenden Rede von der Verlagerung des Krieges in die Klassenzimmer und Hörsäle. Auf dem Münchner SPD-Parteitag zitierte Leo Brandt[89] als einer der beiden Hauptreferenten amerikanische Vergleiche zur Ingeni-

87 Dieses Programm wurde auf dem 30. ZK-Plenum (30.01.-01.02.1957) angekündigt. Zur wirtschaftlichen Einordnung des Programms vgl. Mühlfriedel u. Wiesner, S. 227.

88 BArch, DF4/ 40232: Protokoll über eine Besprechung im Rektorat der TH Dresden am 04.03.1957 vom 11.03. und vom 18.03.1957; Rektor der TH Dresden an den Präsidenten des ZFT Prof. Stanek, 15.03.1957.

89 Der Sozialdemokrat Leo Brandt hatte ein Ingenieurstudium an den Technischen Hochschulen in Aachen und Berlin absolviert, während des Nationalsozialismus bei Telefunken gearbeitet und war nach 1949 zum Staatssekretär im Wirtschafts- und Verkehrsministerium in Nordrhein-Westfalen aufgestiegen. Zur Person Brandts vgl. Rusinek, S. 121-152.

eurausbildung in den USA und der Sowjetunion, die einen Besorgnis erregenden Vorsprung der russischen Seite konstatierten und die Frontenverschiebung im Kalten Krieg mit wortgewaltigen Sprachbildern in Szene setzten. Brandt referierte den Bericht eines amerikanischen Senators über eine Russlandreise, in dem es hieß:

„Ich kam aus Russland zurück, überzeugt, dass Erziehung die Hauptbühne des kalten Krieges geworden ist. Die Klassenzimmer, die Bibliotheken, die Laboratorien und die Unterrichtszimmer Russlands mögen uns mehr bedrohen als ihre Wasserstoffbomben und Raketen, die bereitstehen, diese Bomben abzuliefern. Die künftigen Bataillone der Sowjetexperten und Sowjettechniker, bereit und eifrig, von der Bedeutung des Exports überzeugt, versammeln sich jetzt im letzten Vorbereitungsstadium der Offensive. Sie sind ein Symptom in der neuen Welt der Koexistenz durch Wettbewerbe.“[90]

Brandt beklagte, dass man in der Bundesrepublik das Problem noch gar nicht thematisiert habe und forderte eine Verzehnfachung der Ausgaben des Bundes für Stipendien und den Bau von Ausbildungsstätten.[91]

Über die Auseinandersetzung der SED mit dem Münchner SPD-Parteitag kam die Rede vom Krieg der Klassenzimmer und den neuen Armeen der technischen Kader in die DDR-Debatte. Der damals in der Spitze des Ministerrates und der SPK tätige Fritz Selbmann setzte sich mit diesen Thesen Brandts in seiner 1957 erschienenen Schrift „Ein Zeitalter stellt sich vor“ auseinander. Im letzten, „Klassenkampf in den Hörsälen“ überschriebenen Abschnitt zitierte Selbmann Brandts Vergleich zur russischen und amerikanischen Ingenieurausbildung, um dann festzustellen:

„Der Vergleich zwischen den beiden deutschen Staaten bestätigt ebenfalls, dass in der Entwicklung technischer Kader sicherlich das sozialistische System in gar nicht ferner Zeit dem kapitalistischen Lager weitaus überlegen sein wird, d.h. dass in wenigen Jahren die große Anzahl an technischen Kadern, die zur Meisterung der technischen Revolution notwendig sind, allein im Sozialismus vorhanden sein wird.“[92]

Selbmanns Optimismus, dass der Kalte Krieg an der Bildungsfront entschieden würde, schob den Bestrebungen der Dresdner Professoren, die Krise im Ausbau der Spezialhochschulen zur Zusammenlegung und Abstufung der Schulen zu nutzen, einen Riegel vor. So erklärte der Rektor der Magdeburger Hochschule Giessmann dem Präsidenten des ZFT Stanek in der Besprechung an der Hochschule am 02.05.1957:

---

90 Brandt, Die zweite industrielle Revolution, S. 110 f. (Bericht des amerikanischen Senators William Benton über eine Rußlandreise, März 1956)

91 Ebenda, S. 156.

92 Selbmann, Ein Zeitalter, S. 36 f. Bereits ein Jahr zuvor hatte Selbmann gemeinsam mit Gerhart Ziller als Reaktion auf den Münchner SPD-Parteitag ein Buch unter dem Titel „Die neue Epoche der technischen Entwicklung“ publiziert. Dort waren sie auf den Wettstreit der Systeme um die Anzahl der technischen Experten allerdings noch nicht eingegangen.

„Wir sehen keinen Weg, die Hochschule Magdeburg wieder zu beseitigen oder nach dem Vorschlag von Prof. Kienast ihr die Beine abzuhacken und nur vier Semester als Filiale zu belassen. [...] Es darf keine Monopolisierung der Ausbildung angestrebt werden, denn es gibt für ein Ziel verschiedene Wege. [...] An einer kleineren Hochschule besteht zwischen Studenten und Professoren ein besserer Kontakt. Es darf also nicht nur eine einzige Hochschule geben [...].“[93]

Dem stimmte Stanek sofort zu:

„Unser Bedarf an Diplomingenieuren ist größer als wir befriedigen können. Nicht Dresden soll die alleinseligmachende Hochschule sein. In Westdeutschland gibt es eine ganze Anzahl von technischen Hochschulen; in der DDR sollten im Lauf der Zeit entsprechend mehr Hochschulen entstehen.“[94]

Das Problem der fehlenden Investitionsmittel war damit allerdings noch nicht geklärt.[95] Die politische Elite bewältigte die Investitionskrise schließlich, indem sie die Schwierigkeiten als Koordinationsproblem interpretierte. Das wiederum löste sie dadurch, dass sie die staatliche Leitung der Hochschulen beim Staatssekretariat für HFW zusammenfasste und die Zuständigkeit der Branchenministerien für die technischen Spezialhochschulen aufhob.[96]

Zwei Effekte hatten die Reformen der akademischen Ingenieurausbildung der fünfziger Jahre. Es kam in der DDR erstens zu einer Homogenisierung der Ausbildungsinstitutionen und zweitens zu einer industrienahen Spezialisierung der Ingenieurausbildung. Die in der Reform der Weimarer Republik durchgesetzte Pluralisierung im Bildungsangebot der Technischen Hochschulen wurde jetzt rückgängig gemacht. Stattdessen setzte sich eine erneute Homogenisierung der Institutionen für die Sozialisation technischer Eliten durch. Das geschah an der TH Dresden durch die Auslagerung nichttechnischer Studiengänge und an den Spezialhochschulen durch die Beschränkung auf ein monotechnisches Profil. Diese Homogenisierung aber revitalisierte die männliche Kultur in den Institutionen zur Ingenieurausbildung, indem sie das „Fachfremde“ ausgrenzte. Gerade die „fachfremden“ Bereiche, das heißt die nichttechnischen Studiengänge und jene Gebiete der Ingenieurausbildung, in denen nicht die Technik, sondern die Naturwissenschaft (Chemie) oder die Kunst (Architektur) die Grundlage für das Selbstverständnis ihrer Akteure bildete, hatten in der Weimarer Republik und im Zweiten Weltkrieg als Zugangsschleusen für Frauen in die Technischen Hochschulen und auch in den Ingenieurberuf funktioniert.[97] Mit

93 BArch, DF4/ 40232: Besprechung an der Hochschule für Schwermaschinenbau Magdeburg am 02.05.1957.

94 Ebenda.

95 Es gab in der gleichen Besprechung noch harte Auseinandersetzungen, in denen vor allem die Repräsentanten der politischen Elite betonten, dass Geld und Kapazitäten fehlen und Schwerpunkte gesetzt werden müssten.

96 Verordnung über die weitere sozialistische Umgestaltung des Hoch- und Fachschulwesens vom 13.02.1958, in: Baske u. Engelbert, S. 353-358.

97 Vgl. Kapitel 2.1 in Teil II, S. 143 f.

der Reduzierung beziehungsweise Separierung des „Fachfremden" aber gerieten die Frauen in der akademischen Ingenieurausbildung erneut in eine marginalisierte Position, sichtbar an den anhaltend niedrigen Frauenquoten. Bezeichnenderweise war die Anzahl der weiblichen Studierenden an den Spezialhochschulen des Maschinen- und Schwermaschinenbaus, der Elektrotechnik und des Bauwesens am niedrigsten, während die Frauenquote an der Technischen Hochschule für Chemie in Leuna-Merseburg und der Hochschule für Architektur und Bauwesen in Weimar über dem Durchschnitt der Technischen und Spezialhochschulen lag.

Grafik III/12: Frauenanteil an den Direktstudenten in verschiedenen Technischen und Spezialhochschulen der DDR 1953-1963[98]

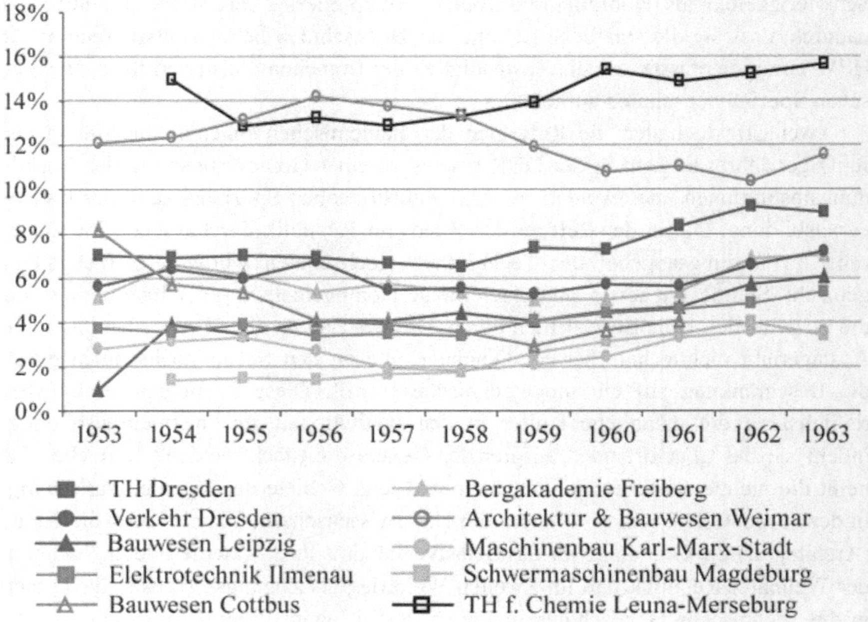

Die Nähe zur Industrie war das entscheidende Argument für die Gründung der Spezialhochschulen. Die Aufwertung der industriellen Praxis für die Sozialisation der technischen Funktionselite schlug sich in der Berufung von Praktikern aus der Industrie auf die Lehrstühle der Spezialhochschulen und in der Gestaltung von Ausbildungssegmenten in enger Anlehnung an die Bedürfnisse der Industrie nieder. Das

98 Quelle: Daten für 1953-1959 aus Statistisches Jahrbuch der DDR 1959, S. 135; Daten für 1960-1963 aus Statistisches Jahrbuch der DDR 1964, S. 449.

verstärkte den Trend zur Spezialisierung in der Ingenieurausbildung, gegen den die ingenieurwissenschaftliche Elite schon nach dem Ersten Weltkrieg angekämpft hatte, um ihre Eleven besser auf die Übernahme von Führungspositionen in der Gesellschaft vorzubereiten.[99] Auch in der DDR war der ingenieurwissenschaftlichen Elite sehr wohl bewusst, dass eine stark spezialisierte und anwendungsorientierte Ausbildung Experten für einen immer kleineren Wirkungskreis erzeugt und deshalb den gesellschaftlichen Einfluss der Experten schwächen musste. Wir werden im übernächsten Abschnitt sehen, wie sie versuchte, dieser Entwicklung entgegenzusteuern. Die politische Elite hingegen betrachtete die enge Bindung der Hochschulen an die Industrie als geeigneten Weg, um eine neue Intelligenz heranzubilden, die das Dogma vom Führungsanspruch der Arbeiterklasse akzeptierte. Sie unternahm deshalb große Anstrengungen, um den Einfluss der Industrie auf die Hochschulen zu vergrößern. Das führte zu einer Stärkung der shop-culture in der Ingenieurausbildung der DDR, der wir uns nun zuwenden wollen.

2.2 School- oder shop-culture – Neuauflage eines alten Konflikts (1958-1961)

1958 traf die politische Elite auf mehreren Ebenen Festlegungen zur Neuordnung des Verhältnisses zwischen Hochschulen und Industrie. Den konkreten Anlass für diese Festlegungen lieferte die für die politische Elite prekäre Situation, dass just in dem Moment, als man im Westen begann, den Osten um seine Möglichkeiten zur Mobilisierung technischer Experten zu beneiden, große Schwierigkeiten auftraten, diese Experten auch einzusetzen. Die seit Beginn der ersten technischen Bildungsexpansion latenten Schwierigkeiten, Jungingenieure in der Industrie unterzubringen, waren im Jahr nach dem sowjetischen Sputnikstart, als nun auch die neuen Spezialhochschulen ihren ersten Absolventenjahrgang entließen, größer als je zuvor.[100] Die poli-

---

99 Vgl. Kapitel 2.1 in Teil II dieser Arbeit, S. 140 f.

100 Zur Absolventenkrise des Jahres 1958 vgl. Wagner, Der Forschungsrat, S. 133-136. Der Absolventeneinsatz war der Salto mortale der staatsozialistischen Hochschulpolitik. Er entschied darüber, inwieweit die in den Bildungskonzepten verankerten Zukunftsprojektionen realisiert werden konnten. Nach Unterstellung der Hochschulen unter die Fachministerien waren zunächst die dort gebildeten Hauptabteilungen für Hoch- und Fachschulen für den Absolventeneinsatz verantwortlich. Gleichzeitig wurden auf Anweisung des Staatssekretariats für HFW vom 15.11.1951 Hochschulkommissionen für die Absolventenlenkung an den Hochschulen gegründet. Sie sollten die Absolventenvermittlung auf Grundlage von Bedarfszahlen, welche die SPK bereitzustellen hatte, in Zusammenarbeit mit den Fachministerien und den Absolventen durchführen. (BArch, DQ2/1751) Aber dieses Verfahren funktionierte schlecht, weil die Fachministerien den Bedarf der anderen Ministerien nicht kannten und Zuarbeiten der SPK über den Absolventenbedarf anderer Bereiche spät oder gar nicht kamen. Deshalb wurde seit 1956 über eine Dezentralisierung

tische Elite suchte deshalb nach Wegen, um die Bereitschaft der Industrie am Einsatz von Hochschulabsolventen zu vergrößern. Sie konnte dabei zum einen auf die beschäftigungspolitischen Effekte des auf dem V. SED-Parteitag eingeleiteten Kurswechsels in der Wirtschafts- und Technikpolitik hoffen. Der dort gefasste Beschluss zur umfassenden Modernisierung der Produktion durch Rekonstruktion der Volkswirtschaft und den Auf- und Ausbau technologischer Schlüsselindustrien war geeignet, den Expertenbedarf zu vergrößern, der bislang durch die Konzentration auf den Ausbau der Schwerindustrie begrenzt geblieben war.

Gleichzeitig versuchte die politische Elite jedoch, im Rahmen der Verwaltungs- und Strukturreformen des Jahres 1958 Festlegungen für den Experteneinsatz zu verankern. So wurden in den Statuten der VVB, die jetzt als Industriezweigleitungen die Aufgaben der Industrieministerien übernahmen, deren Verantwortung für die fachliche und technische Entwicklung der Hoch- und Fachschulen festgeschrieben.[101] Parallel dazu dekretierte die Verordnung über die weitere sozialistische Umgestal-

---

der Absolventenvermittlung diskutiert und ein Arbeitskreis für die Verbesserung der Absolventenlenkung bei der SPK gebildet. (BArch, DG2/2837: Protokoll der 1. Beratung des Arbeitskreises am 06.09.1956) Ab 1957 sollten sich die Absolventen selbst bewerben und nicht mehr von den Hochschulkommissionen vermittelt werden. (SAPMO-BArch, DY 30/IV/2/9.04/607/7-13) Aber auch damit ließ sich der für die Absolventenvermittlung in der Planwirtschaft zentrale Widerspruch nicht auflösen, der darin bestand, dass die Bildungspolitik anderen Regeln folgte als die Beschäftigungspolitik der Betriebe. Während sich die Bildungspolitik bei Festlegung der Zulassungszahlen an den Vorstellungen über die künftige technische Entwicklung und an der Hochschulpolitik des Westens orientierte, hatten die Betriebe den Absolventeneinsatz auf Grundlage ihrer Stellenpläne zu regeln. Zwar hatte die politische Elite der SPK schon 1952 aufgetragen, exakte Kaderbedarfspläne zu erarbeiten, um diesen Widerspruch zu überbrücken. (Prokop, Die Intelligenz, S. 533) Aber erst seit 1955 wurde durchgesetzt, dass die Betriebe ihren Bedarf an Hoch- und Fachschulkadern exakt ermittelten. (Beschluss des Ministerrats über Maßnahmen zur Förderung des wissenschaftlich-technischen Fortschritts in der Deutschen Demokratischen Republik vom 21.07.1955, abgedruckt in: Beilage zu „Das Hochschulwesen", Heft 9/10, 1955, S. 1-14.) Die Planungsgrößen erwiesen sich jedoch häufig als grobe Schätzungen. Um alle Absolventen des Jahres 1958 unterzubringen, musste ein Notprogramm erarbeitet werden. So sollten z. B. die Betriebe neue Stellen für Betriebsassistenten schaffen, die nicht vom Betrieb, sondern aus Mitteln des zentralen Staatshaushaltes zu finanzieren waren. (Wagner, Der Forschungsrat, S. 134. Weitere Informationen über Betriebsassistenten vgl. Kapitel 3.3 in Teil IV, Anm. 266.) Parallel zum Notprogramm zur Bewältigung der akuten Krise bemühte sich die politische Elite um eine langfristige Problemlösung durch Neuordnung des Verhältnisses zwischen Hochschulen und Industrie.

101 GBL 1958 Teil I, Nr.14, S. 149 „Die VVB ist für die Ausbildung der erforderlichen Zahl und Qualität der wissenschaftlich-technischen Mitarbeiter verantwortlich. Sie arbeitet Bedarfs- und Entwicklungspläne für wissenschaftlich-technische Kräfte in den Betrieben ihres Fachbereiches aus. Sie organisiert die Absolventenvermittlung, den Einsatz der Ingenieure, Wirtschaftler und Wissenschaftler und deren fachliche Weiterbildung für den Produktionszweig."

tung des Hoch- und Fachschulwesens in der DDR vom 13.02.1958 die Zusammenarbeit zwischen Hochschulen und Industrie in Forschung und Lehre. Sie erteilte den Hochschulen die Auflage, für ihre Forschung Vertragspartner in der Industrie zu suchen und die Lehrpläne auf die Bedürfnisse der Praxis abzustimmen.[102] Aus dem Anliegen heraus, die Aufnahmefähigkeit der Industrie für Hochschulabsolventen zu erweitern, übertrugen die Bildungspolitiker der Industrie Verantwortung für Aufgaben, die vordem in alleiniger Kompetenz der Hochschulen lag. Das betraf zum Beispiel die Auswahl der Studienbewerber. Alle Studenten sollten auf der Grundlage einer Delegierung durch den Betrieb, in dem sie vorher gearbeitet hatten, zum Studium kommen; und die Studentenbetreuung, die der Betrieb für alle von ihm zum Studium delegierten Studenten übernehmen sollte.[103] Diese Politik der Aufgabenübertragung gipfelte schließlich in Versuchen, die Ingenieurausbildung unmittelbar in den Verantwortungsbereich der Industrie zu übertragen. Das musste zu einer Schwächung der akademischen school-culture zugunsten einer den Traditionen der shop-culture nahe stehenden, praxisverbundenen Ausbildung von Ingenieuren im betrieblichen Milieu führen.[104]

---

102 Baske u. Engelbert, S. 353-358.

103 Entsprechende Festlegungen dazu wurden 1958 auf der dritten Hochschulkonferenz getroffen. Zur Durchführung hatten die Betriebe Kommissionen für den wissenschaftlich-technischen Nachwuchs zu gründen. Vgl. Dahlem, Die Verantwortung, S. 118 f. und BArch, DF4/40471: Vorschlag zur Bildung von Kommissionen für den wissenschaftlich-technischen Nachwuchs, Berlin, 09.04.1958.

104 Die Begriffe der shop- und school-culture werden in der Ingenieurgeschichte zur Charakterisierung idealtypischer Muster in der Ingenieurausbildung verwandt. Eingeführt hat sie Monte Calvert in seiner 1967 veröffentlichten Studie. Calvert, S. 63-80. Er identifizierte für das späte 19. Jahrhundert wachsende Spannungen zwischen beiden Modellen, nachdem mit Aufnahme technischer Bildungsgänge an den in den 1860er Jahren gegründeten land-grant-colleges das Angebot an akademisch gebildeten Ingenieuren rasch zugenommen hatte. Im Zentrum dieser Spannungen stand die Auseinandersetzung darüber, ob berufliche Erfahrungen oder eine formale akademische, mathematisch-naturwissenschaftliche Ausbildung der beste Zugangsweg in den Ingenieurberuf sei. Im deutschen Kontext hat Lundgreen diese Modellvorstellung für einen internationalen Vergleich nationaler Muster im Professionalisierungsprozess der Ingenieure verwandt. Er ordnete beide Modelle verschiedenen nationalen Traditionen zu (angelsächsische der shop-culture und kontinentaleuropäische der school-culture), um dann aber eine internationale Durchsetzung der school-culture in den 1930er Jahren zu konstatieren. Lundgreen, Engineering Education, S 33-75. Im Unterschied zu Lundgreen hat Kees Gispen in seinem 1989 erschienenen Buch zur Professionalisierungsgeschichte der deutschen Ingenieure bis zum ersten Weltkrieg dafür plädiert, die deutsche Ingenieurkultur zwischen beiden Polen einzuordnen. Dabei verschiebt er allerdings die Bedeutung der Begriffe und versteht unter school-culture die Priorität des theoretischen Entwurfs für die technische Praxis, während für die shop-culture eine kostenökonomische Fertigungstechnik die Leitvorstellung sei. Gispen, New profession, S. 63. Was aber bezeichnen die Begriffe shop- und school-culture im Kontext der DDR? Den Begriff der school-culture verwen-

Protagonist dieser Entwicklung war Franz Dahlem.[105] Dahlem war ein Altkommunist und Überlebender der nationalsozialistischen Vernichtungslager. Er hatte nach dem Krieg zum inneren Führungszirkel der Partei gehört und Verantwortung für die Kaderpolitik der Partei getragen, dann aber 1953 alle Parteiämter verloren. Er wurde 1956 rehabilitiert und 1957 zum Stellvertreter des Staatssekretärs für HFW ernannt sowie zum Leiter der Kommission für Hochschulfragen des neu gegründeten Forschungsrates berufen.[106] Mit diesen Funktionen wurde Dahlem, der wohl eine kaufmännische Lehre aber nie ein Studium absolviert hatte, zum Sprecher der politischen Elite in zwei Gremien, über deren Politik das Kräfteverhältnis zwischen politischer Elite und technischen Experten mitgestaltet wurde.

Dahlem verfolgte das Ziel, die Betriebsakademien zu einem neuen Zentrum der akademischen Ingenieurausbildung zu entwickeln, um die „hochschulmäßige Ausbildung großer Massen von Werktätigen ohne oder mit kurzen Unterbrechungen der Berufsarbeit“ möglich zu machen.[107] Dahlems Vorschläge zur Entwicklung neuer Formen der akademischen Ingenieurausbildung im betrieblichen Milieu verknüpften Anregungen aus dem sowjetischen Bildungswesen mit Ideen, die aus der ostdeutschen Reform der Berufsausbildung von 1959 erwuchsen. Der sowjetische Partei- und Staatschef Chrustschow hatte mit seiner Bildungsreform von 1958 berufsbegleitende Bildungsformen aufgewertet und damit bekräftigt, dass in der Sowjetunion das Fern- und Abendstudium mit einem Anteil von 50 Prozent an allen Studienformen eine dem Direktstudium völlig gleichwertige Studienform war.[108] Darüber hinaus wurden in der Sowjetunion 1960 fünf Technische Betriebshochschulen gegründet und so der Industrie unmittelbare Verantwortung für die akademische Ingenieurausbildung übertragen.[109] Dahlem bezog sich bei der Erläuterung seiner Vorschläge explizit auf das sowjetische Modell und zitierte dazu den russischen Minister für das Hoch- und Fachschulwesen Jeljutin:

---

de ich hier für die Bemühungen der ingenieurwissenschaftlichen Elite, ihre Autorität in der Gestaltung der Ingenieurausbildung durchzusetzen bzw. zu bewahren. Tendenzen der shop-culture hingegen finden sich in den Bestrebungen der politischen Klasse, den Einfluss der Industrie auf die Ingenieurausbildung zu vergrößern.

105 Baumgartner, Hebig, S. 108; Herf, Geteilte Vergangenheit, S. 139, 175 f.

106 Am 28.10.1957 etablierte der Forschungsrat auf Anregung von Robert Rompe eine Ständige Kommission für Hochschulfragen unter Leitung von Franz Dahlem, der als Vertreter der politischen Elite von Grotewohl in den Forschungsrat berufen worden war. Zum Forschungsrat vgl. Wagner, Der Forschungsrat, S. 130 und Tandler, Geplante Zukunft, S. 82.

107 Dahlem, Zu Grundsätzen der Heranbildung der sozialistischen Intelligenz in der Übergangsperiode vom Kapitalismus zum Sozialismus in der DDR (Referat auf der Rektorenkonferenz am 24.05.1960), in: Dahlem, Bildungspolitik, S. 159-170, hier S. 165 f.

108 Waterkamp, Das Einheitsprinzip, S. 187 f.

109 Ebenda, S. 189.

„Heute festigt sich in der Produktion immer mehr die Überzeugung, dass die Heranbildung von Ingenieuren nicht nur Sache der Technischen Hochschulen, sondern auch der Werke, Fabriken, Großbauten usw. ist.“[110]

Die Idee zur direkten Integration der Ingenieurausbildung in die Betriebe entwickelten die Bildungsplaner aber auch mit Blick auf die demographische Entwicklung. Der ergab, dass sich in den 1960er Jahren das Rekrutierungspotenzial für Studierende im Fern- und Abendstudium erweiterte, während zur gleichen Zeit die für ein Direktstudium in Frage kommenden alterstypischen Jahrgänge auf Grund der Geburtenausfälle der Kriegsjahre geringer besetzt waren.[111]

Die Betriebsakademien sollten die Diplomingenieurausbildung in der Industrie organisieren. Diese Einrichtungen wurden im Zusammenhang mit der Berufsbildungsreform von 1959 geschaffen, um die Arbeit aller vorhandenen betrieblichen Bildungseinrichtungen für das Projekt der abschnittsweisen Qualifizierung zu koordinieren. Dieses Projekt beinhaltete ein mehrere Qualifikationsstufen umfassendes und aufeinander aufbauendes Fortbildungsprogramm, das Qualifikationsaufstiege vom ungelernten Arbeiter bis zum Ingenieur ermöglichen sollte. Es war als Weiterbildungskonzept für Berufstätige vor dem Hintergrund der durch den Kalten Krieg angeheizten Bildungseuphorie und in Erwartung eines rasch steigenden Qualifikationsbedarfs zur Durchsetzung der auf dem V. SED-Parteitag beschlossenen Modernisierung der Produktion entwickelt worden.[112] Die Verantwortung für die Tätigkeit der Betriebsakademien übertrug die politische Elite der Gewerkschaft.

Das erste und ein besonders ehrgeiziges Modell einer Betriebsakademie entwickelte die Gewerkschaftsleitung des Elektrochemischen Kombinates Bitterfeld im Jahre 1959. Hier wurden die betrieblichen Bildungseinrichtungen von drei chemischen Großbetrieben der Region zusammengefasst, um eine in die drei Bereiche Chemie, Technik und Gesellschaftswissenschaften gegliederte Bildungseinrichtung zu schaffen, an der Fortbildungen von der Anlernkraft bis zum Diplomingenieur durch betriebseigene Lehrkräfte vorgenommen werden sollten. Dass die Funktionäre die Bereiche ihrer Bildungseinrichtungen Fakultäten nannten und mit betriebseigenen Lehrkräften Diplomingenieure ausbilden wollten, zeigt, dass sie sich als ein Pendant zur Hochschule begriffen. Dahlem propagierte das Bitterfelder Beispiel euphorisch:

„Man kann schon heute mit Sicherheit sagen, dass mit der Betriebsakademie die den Anforderungen des wissenschaftlich-technischen Fortschritts für die sozialistische Rekonstruktion der Industrie entsprechende Form des betrieblichen Bildungszentrums geboren wurde. [...] In der Betriebsakademie kommt nicht zuletzt am klarsten die Verantwortung der Arbeiterklasse dafür zum Ausdruck, die

110 SAPMO-BArch, DY 30/IV/2/2.029/157: Rede Dahlem auf Wirtschaftskonferenz am 10.11.1961.

111 Vgl. dazu Kapitel 3.1 in Teil III, Grafik III/14.

112 Waterkamp, Berufsbildung, S. 253-256.

Werktätigen kulturell höher zu entwickeln und eine eigene Intelligenz der Arbeiterklasse zu schaffen."[113]

In der Rede von der „eigenen Intelligenz der Arbeiterklasse", die am besten an den Betriebsakademien gebildet werden könnte, wird deutlich, dass Dahlem als Stellvertreter des Staatssekretärs für das Hoch- und Fachschulwesen den Hochschulen letztlich misstraute und die dort sozialisierten Experten als Konkurrenten begriff. Deshalb verfolgte er sein Projekt, eine berufsbegleitende akademische Ingenieurausbildung im betrieblichen Milieu als Alternative zur technischen Hochschulbildung aufzubauen, mit großer Energie. Er hatte dabei sogar einigen Erfolg. In den 1960er Jahren richteten die Technischen Hochschulen und einige Universitäten Außenstellen in Großbetrieben oder Industriezentren ein, in denen Hochschullehrer, aber vor allem nebenberufliche Lehrkräfte aus der Industrie, Studenten des Fern- und Abendstudiums unterrichteten. 1960 gab es solche Außenstellen bereits in 13 Betriebsakademien und vier weitere Betriebsakademien planten Außenstellen.[114] Mit der Gründung dieser Außenstellen von Hoch- und Fachschulen in den Betrieben und der Ergänzung des Lehrpersonals um nebenberufliche Lehrkräfte aus den Betrieben wurden die Ausbildungskapazitäten des schon seit 1950 eingeführten Fern- und Abendstudiums erweitert.[115] 1968 betrug der Anteil der Absolventen technischer Fachrichtungen in dem zum Diplom führenden Fern- und Abendstudium 16 Prozent, während er 1958 noch bei zehn Prozent gelegen hatte.[116] Als einflussreichen Bündnispartner für sein Bildungskonzept hatte Dahlem auch versucht, die Frauenpolitik ins Boot zu holen. Das gelang ihm für den Bereich des Frauenstudiums aber zunächst nur auf der Fach-

113 Franz Dahlem, Betriebsakademien, S. 145-150.

114 Dahlem an Stoph, 30.11.1960, in: Dahlem, Bildungspolitik, S. 181 f.

115 Seit 1950 führten die TH Dresden und die Bergakademie Freiberg und seit 1953 auch die Hochschule für Verkehrswesen Diplomstudiengänge im Fernstudium durch. Ende der 1950er Jahre folgten weitere Spezialhochschulen. Vgl. Das Hochschulfernstudium 1957. Schon in den 1950er Jahren gab es Außenstellen der Hochschulen für das Fernstudium, die anders als in den 1960er Jahren jedoch nicht an Betriebsakademien gebunden waren. Die Initiative und Verantwortung für diese Außenstellen lag bei den Hochschulen, während in Dahlems Projekt die Initiative von den Betrieben ausging. Mit Neuregelung des Fernstudiums im Zusammenhang mit der dritten Hochschulreform übernahmen wieder die Hochschulen die volle Verantwortung für Organisation des Fernstudiums und sie richteten in ihren Räumen Konsultationszentren ein. Vgl. dazu die Informationsbroschüre der Zentralstelle für das Hochschulfernstudium 1970.

116 Berechnet aus Statistisches Jahrbuch 1959, S. 132 f. und Hochschulstatistik 1968, S. 1. Vgl. dazu auch Tab. III/5. Die enorme Steigerung des Anteils der Absolventen aus dem Fern- und Abendstudium zu Beginn der 1970er Jahre war darauf zurückzuführen, dass im „Sonderprogramm 1976" zur Durchsetzung der zweiten Bildungsexpansion den Fachschulingenieuren die Möglichkeit eröffnet wurde, in einem vierjährigen Fernstudium das Diplom zu erwerben. SAPMO-BArch, DY 30/IV/A2/9.04/44: Politbürobeschluss vom 14.01.1969 Sonderprogramm 1976.

schulebene.[117] Anders als in der Sowjetunion entwickelten sich Fern- und Abendstudium in der DDR aber nicht zu einer dem akademischen Direktstudium quantitativ gleichrangigen Studienvariante, wenn auch der Anteil der Fernstudenten bis zum Beginn der 1970er Jahre auf über 20 Prozent anstieg, um danach aber wieder abzufallen.[118] Die Hochschullehrer beharrten auf ihrer Position, dass der Hauptweg in den Ingenieurberuf das Vollzeitstudium an der Hochschule sei. Wenngleich die ingenieurwissenschaftliche Elite in ihren Professionalisierungskämpfen die soziale Stellung des Ingenieurs aus seiner Verantwortung abgeleitet hatte, das im akademischen Kontext erworbene Wissen in die Praxis zu tragen, so war sie doch weit davon entfernt, die Grenzen zwischen der Produktion des Wissens und seiner Anwendung aufzulösen. Sie wusste sehr genau, dass das die Gefahr eines Rückfalls in die shop-culture barg.

Für eine Stärkung der school-culture hingegen war die räumliche und inhaltliche Anwendungsorientierung und Spezialisierung der Ingenieurausbildung zugunsten einer Aufwertung des Grundlagenwissens und der Forschungsorientierung zurückzudrängen. Die alte ingenieurwissenschaftliche Elite hatte deshalb von Anfang an versucht, sich dem Trend der Spezialisierung zu widersetzen. Sie war dann aber in Anbetracht der Konkurrenz der neuen Spezialhochschulen Kompromisse eingegangen. Es war ihr lediglich gelungen, ihre Erfahrung von der sozialen Inferiorität des Spezialwissens auf das soziale Ansehen der Spezialhochschulen in der akademischen community zu übertragen.

Mit der Eröffnung der Bildungsfront im Kalten Krieg entstanden unverhofft neue Chancen, die übermäßige Spezialisierung der technischen Bildung zu überwinden. Denn die politische Elite stand nun vor dem Dilemma, dass eine schnelle Erweiterung der Ausbildungskapazitäten an die Grenzen des fehlenden wissenschaftlichen Nachwuchses stieß. Dahlem hatte als Ausweg aus diesem Dilemma vorgeschlagen, die Ausbildung in die Betriebe zu verlagern, um damit betriebseigene Lehrkräfte zu nutzen. Die Vertreter der akademischen Elite in der Hochschulkommission des Forschungsrates hingegen favorisierten als Lösung des Problems eine Beschleunigung der Nachwuchsausbildung durch Reduzierung der Graduierungsanforderungen und eine Verkürzung der Studienzeiten. Sie waren also zu Kompromissen bei der Definition von Zugangsberechtigungen zur akademischen Elite bereit, um die Hochschulen als Ort zur Sozialisation technischer Experten zu verteidigen.[119] Dabei stießen sie

117 Ausführlich dazu vgl. Kapitel 3.2 in Teil III dieser Arbeit, S. 257 f.

118 Vgl. dazu Tabelle III/5 in Kapitel 1 von Teil III.

119 SAPMO-BArch, DY 30 IV/2/9.04/277/159-166. Die Hochschulkommission des Forschungsrates beschloss, den Entwurf einer neuen Diplom-, Promotions- und Habilitationsordnung zu erarbeiten, „die von dem Grundsatz ausgeht, dass es keine Antithese zwischen Wissenschaft und Technik gibt, sondern dass beide eine Einheit bilden und dass gute technische Leistungen gleichran-

allerdings auf den Protest der natur- und technikwissenschaftlichen Elite an den Hochschulen.[120]

Einen dritten Ausweg aus dem Dilemma bot die Erhöhung der Studentenzahlen pro Lehrkraft. Das ließ sich durch Vereinheitlichung der Grundlagenausbildung und Beschränkung der Spezialisierung erreichen. In diesem Punkt trafen sich die Interessen der politischen Elite an einer technischen Bildungsexpansion und das Streben der technischen Experten nach sozialer Aufwertung und Kompetenzerweiterung.[121] Denn für die Ingenieurwissenschaftler verbanden sich die Zurückdrängung der Spezialisierung und die Vereinheitlichung der Grundlagenausbildung mit der Festlegung eines Wissenskanons, der die theoretischen Grundlagen wissenschaftlicher Technikkompetenz definierte und damit die Grenzpfähle der Profession markierte. Dieser Wissenskanon diente zur Sozialisation technischer Experten, die mit der gemeinsamen Erfahrung einer bestandenen Prüfung in Technischer Mechanik, der über die mathematische Formulierung technischer Aufgaben vermittelten Gewissheit von der Lösbarkeit technischer Probleme sowie der durch die Konstruktionssystematik erlernten Methode einer analytischen Betrachtung technischer Systeme auch eine gemeinsame Berufsidentität erwarben. Die technischen Experten favorisierten die Verwissenschaftlichung und Befestigung der school-culture als aussichtsreiche Strategie, um die von der politischen Elite in Gang gesetzte Stärkung der shop-culture und die darin liegenden Gefahren der Deprofessionalisierung aufzuhalten.

Als der Rektor der Hochschule für Schwermaschinenbau in Magdeburg Ernst-Joachim Giessmann im Septemberheft des 1958er Jahrgangs der Zeitschrift „Die Technik“ das Ausbildungskonzept seiner Hochschule vorstellte, bekräftigte er diese Strategie ebenso wie das Ringen der Spezialhochschulen um Aufwertung.

> „Der Lehrplan der Magdeburger Hochschule ist entsprechend der traditionellen Entwicklung der deutschen akademischen Ingenieurausbildung aufgebaut. Er beginnt mit einem halbjährigen Berufspraktikum nach dem Abschluss der Oberschule, an das sich ein fünfsemestriges Studium in den Naturwissenschaften, der Mathematik und der technischen Mechanik und den technischen Grundwissenschaften, wie Mechanische Technologie, Maschinenelemente u. a. anschließt. Das Studium wird dann mit einer viersemestrigen Ausbildung in der Oberstufe fortgesetzt und mit der Diplomingenieur-Hauptprüfung beendet.“

---

gig als wissenschaftliche Leistungen zu bewerten sind.“ Ebenda, Bl. 161. Zu den Überlegungen des Forschungsrates vgl. auch Jessen, Akademische Elite, S. 113 f.

120 Die Professoren der TU Dresden sprachen sich gegen eine Abschaffung der Habilitation als Berufungsvoraussetzung aus. SAPMO-BArch, DY 30 IV/2/9.04/277/209-210.

121 BArch, DR3/6038: Empfehlungen der Rektoren und Direktoren der Hoch- und Ingenieurschulen und der Vorsitzenden der Wissenschaftlichen Beiräte beim Staatssekretariat für HFW der Bereiche Maschinenbau, Elektrotechnik, Technologie und Metallurgie im Ergebnis einer Beratung vom 27.01.1961. Dort wurde eine Vereinheitlichung der Grundausbildung vorgeschlagen.

Hinsichtlich der Oberstufenausbildung betonte er ausdrücklich, es werde „die Spezialisierung in den Ausbildungsrichtungen [...] mehr als ein Beispiel für die Einarbeitung in ein bestimmtes Fachgebiet aufgefasst, denn als Ausbildung eines einseitigen Spezialisten."[122] Das Verhältnis von Grundlagen- und Anwendungswissen wurde hier eindeutig zugunsten des Grundlagenwissens entschieden. Das war entscheidend, wenn die neuen Schulen das ihnen zugeschriebene Stigma der Zweitrangigkeit überwinden wollten.[123] Für Giessmann waren Mathematik und Technische Mechanik die für die akademische Ingenieurausbildung zentralen Fächer, über die auch die Auslese unter den Studierenden erfolgte.[124]

„Die Mathematik gibt dem wissenschaftlichen Ingenieur sein wichtigstes Handwerkszeug für die exakte Lösung der ihm übertragenen Aufgaben. Sie hat dabei eine hohe erzieherische Bedeutung, die sie durch die Art der Betrachtungsweise erhält: die strenge Formulierung, die knappe, auf das Wesentliche beschränkte Beschreibung, die Logik des Gedankenganges, die Einsicht in die Zweckmäßigkeit der angewendeten Operationen. Im Vordergrund steht dabei die sichere Handhabung des mathematischen Apparates. Die Mechanik dagegen bedarf als theoretisch-physikalische und theoretisch-technische Disziplin zwar der mathematischen Grundkenntnisse, stellt jedoch in den Mittelpunkt der Ausbildung die Methodik des Erfassens eines technischen Problems mit mathematischen Mitteln; dazu gehört das Erkennen des Wesentlichen der technischen Fragestellung, das Durchdenken der notwendigen Kombinationen, die Auswahl der mathematischen Mittel."[125]

Mathematik und Technische Mechanik erfüllten nach Giessmann also die Funktion von Torwächtern, über die der Zugang zur technischen Funktionselite zu regulieren war.[126]

Die Neubestimmung des Verhältnisses von Grundlagen- und Anwendungswissen wurde nicht nur von den Ingenieurwissenschaftlern der Spezialhochschulen kräftig

---

122 Giessmann, Bemerkungen, S. 601.

123 Das hatten die Spezialhochschulen sehr wohl erkannt, als sie sich weigerten, die Grundlagenausbildung an die TH Dresden abzugeben.

124 Die politische Elite wiederum suchte die Auslese durch Vorgabe von Exmatrikulationsquoten zu kontrollieren, wobei interessanterweise die zugelassenen Exmatrikulationsquoten für die Spezialhochschulen niedriger als für die TH Dresden waren. Information aus einem Gespräch mit Prof. Wolfgang Schwarz vom Institut für Grundlagen der Elektrotechnik und Elektronik an der TU Dresden vom 14. März 2000.

125 Ebenda, S. 602.

126 Parallel zur Aufwertung des Grundlagenwissens bemühten sich die Spezialhochschulen um eine Pluralisierung ihres Lehrangebotes durch die Aufnahme neuer Lehrveranstaltungen in nichttechnischen Fächern über das von der politischen Elite aufoktroyierte ML-Studium hinaus. So bot die Magdeburger Hochschule ihren Studenten Vorlesungen in Kunstgeschichte, Kulturgeschichte des Magdeburger Raumes und Arbeitshygiene an und plante die Durchführung von philosophischen Seminaren sowie Vorlesungen zur Geschichte der Arbeiterbewegung, Literatur, Psychologie und Pädagogik. SAPMO-BArch, DY 30/IV 2/904/ 360/152. Zur Rolle der Mathematik als Torwächter im Ingenieurberuf vgl. Hacker, S. 139-154.

vorangetrieben, um ihre Institutionen aufzuwerten. Auch die Ingenieurwissenschaftler der TU Dresden engagierten sich dafür, denn für sie ging es um die Rückgewinnung professioneller Autonomie. Die Voraussetzungen dafür verbesserten sich, als 1961 die unmittelbar vor dem Mauerbau rasch zunehmenden Abwanderungszahlen ebenso wie notwendige Kurskorrekturen in der Technik- und Wirtschaftspolitik die Autorität der politischen Elite schwächten.[127] Denn diese Korrekturen disqualifizierten frühere Entscheidungen als Fehler. Als mit dem Entschluss zur Abwicklung des Flugzeugbaus auch die Fakultät für Luftfahrt an der Technischen Universität Dresden aufgelöst wurde, traten die Grenzen des durch die Gründung der Spezialhochschulen in der gesamten höheren technischen Bildung der DDR durchgesetzten Konzeptes einer eng auf Industriebedürfnisse ausgerichteten Ingenieurausbildung sehr deutlich zutage. Die Aufteilung der Institute und Lehrstühle der ehemaligen Fakultät für Luftfahrt der Technischen Universität nahm der Aerodynamiker und damalige Dekan der Fakultät Maschinenwesen Werner Albring zum Anlass, im Oktober des Jahres 1961 an seiner Fakultät eine Debatte um Neugestaltung der Studienpläne anzuregen. Sie wurde unter der Überschrift „Spezialausbildung oder Breitenausbildung" geführt.

Der Wärmetechniker Walter Pauer, der ebenso wie Albring zu den 1946 in die Sowjetunion verbrachten Spezialisten gehört hatte, beteiligte sich als Emeritus an der Diskussion. Er machte unmissverständlich deutlich, dass die Spezialisierung in der akademischen Ingenieurausbildung eine politisch erzwungene Entwicklung war.

> „Unsere Fakultät hat nach dem Zweiten Weltkrieg, als von Seiten der Industrie mit Unterstützung des Staatssekretariats für das Hoch- und Fachschulwesen der Ruf nach immer weitergehender Spezialisierung gestellt wurde, immer die Forderung einer genügend breiten Grundlagenausbildung als Hauptaufgabe der Hochschule erhoben."[128]

Die Hochschulentwicklung der Tagespolitik unterzuordnen sei ein folgenreicher Fehler. Hellsichtig sah er voraus:

> „So wird meines Erachtens die nächste Generation weder einen großen Bedarf an Ingenieuren für Kernreaktoren noch für Raketenantriebe benötigen, wohl aber ein ungeheures Arbeitsfeld in der Beseitigung der Schäden finden, die die Technik unserer Generation verursacht hat (Anlagen zur Reinhaltung der Gewässer und der Luft, die heute noch weitgehend vernachlässigt wird)."[129]

Pauer forderte in der Nachwuchspolitik die Autonomie der Experten zurück, die vom neuen System und durch die Dynamik des Kalten Krieges beschnitten worden war.

Albring kritisierte als Nachteile der Spezialisierung vor allem die begrenzte Einsatzfähigkeit der Absolventen und ihre Unselbständigkeit beziehungsweise Unfä-

---

127 Zur Krise der DDR-Wirtschaft am Beginn der 1960er Jahre vgl. Steiner, Die DDR-Wirtschaftsreform, S. 38-44.

128 Universitätsarchiv der TU Dresden, Fakultät Maschinenwesen, Dekanat 153, Pauer an Albring, 27.10.1961.

129 Ebenda.

higkeit, sich auf neuen Arbeitsgebieten einzuarbeiten. Namentlich für technische Führungskräfte sei die Spezialisierung in der Ausbildung ein Nachteil.

„Der technische Direktor eines Industriewerkes muss in seinen Kenntnissen über die Grenzen unserer Ausbildungsspezialisierung hinausreichen. Das gleiche gilt auch für den leitenden Ingenieur bei der Entwicklung einer aufwendigen Maschine.“[130]

Albring ließ keinen Zweifel daran, dass es bei der Alternative Spezial- oder Breitenausbildung primär auch um den Wirkungskreis und Einfluss technischer Experten ging.

Alle Professoren der TU Dresden plädierten übereinstimmend für den Abbau der im letzten Dezennium zu weit getriebenen Spezialisierung, die zur Verschulung des Studiums bei Absenkung des Niveaus geführt habe.[131] Bei aller Übereinstimmung darüber, dass theoretisches Grundlagenwissen wieder einen größeren Stellenwert in der Ausbildung erhalten müsse, gab es durchaus unterschiedliche Auffassungen über den Charakter einer Theorie des Ingenieurwesens. Das wiederum beeinflusste das Selbstverständnis der technischen Experten. Während für den Mechaniker Weigand die exakten Naturwissenschaften und die Konstruktionslehre das „Fundament“ der Ingenieurausbildung waren[132], kritisierte der Professor für Flugzeugkonstruktion Landmann die Auffassung, Technik sei angewandte Naturwissenschaft und beanspruchte für die Ingenieurwissenschaften eine eigenständige theoretische Grundlage.[133] Er hob hervor, dass

„der theoretische Anteil der Ingenieurarbeit als Grundlage konstruktiver Leistungen ständig an Wichtigkeit zugenommen hat und weiterhin zunehmen wird. Wenn z. B. eine Konstruktion leichter werden soll, muss dafür mehr geistige Arbeit aufgewendet werden, weil der mit ‚Sicherheit‘ bezeich-

130 Universitätsarchiv der TU Dresden, Fakultät Maschinenwesen, Dekanat 153, Spezialausbildung oder Breitenausbildung, Zusammenfassung der Diskussion, Nov. 1961.

131 „In den Letzten Jahren ist, abgesehen von der Einrichtung verschiedener Fachrichtungen, im großen und ganzen doch eine Spezialisierung bei uns betrieben worden, die einen nicht zu verkennenden Pennalbetrieb mit sich brachte. Der Studierende lernt das in den Vorlesungen Gebotene systematisch auswendig und glaubt damit das für die Prüfungen notwendige Wissen erworben zu haben.“ Universitätsarchiv der TU Dresden, Fakultät Maschinenwesen, Dekanat 153, Boesler an Dekanat, 26.10.1961.

132 Universitätsarchiv der TU Dresden, Fakultät Maschinenwesen, Dekanat 153, Spezialausbildung oder Breitenausbildung, Zusammenfassung der Diskussion, Nov. 1961.

133 Er polemisierte dagegen, dass „die klassischen Disziplinen der Naturwissenschaften [...] noch immer fast vorbehaltlos als absolute Grundlage der Ingenieurwissenschaften [gelten]. Dass dem praktisch nicht mehr so ist, geht allein schon aus der bisher mehr zwangsläufigen als bewusst angestrebten ‚Technisierung‘ einzelner Disziplinen, wie z. B. der Mechanik oder der Wärmelehre, hervor.“ Universitätsarchiv der TU Dresden, Fakultät Maschinenwesen, Dekanat 153, Landmann an Albring, 01.11.1961.

nete Unsicherheitsfaktor nur bei genauer Kenntnis aller Zusammenhänge und möglichst exakter Rechenmethoden verkleinert werden kann."

Landmann betrachtete also die Aufgabe, durch analytische Verfahren technische Probleme zu lösen, als Quelle der Berufsidentität des Ingenieurs. Den Grenzpfahl der Profession markierte er mit dem Anspruch auf eine selbständige Theorie des Ingenieurwesens. Eine solche Grenzziehung war freilich auch für Frauen durchlässig, seitdem die Zugänge zur höheren technischen Bildung für sie offen waren. Der Anwendungskontext der Theorie hingegen befestigte erneut die Verknüpfung von Technikkompetenz und Männlichkeit. Landmann begründete den wachsenden Theoriebedarf der Ingenieurarbeit aus der Verantwortung der Ingenieure für die Sicherheit technischer Werke. Die Aufgabe, andere vor Gefahren zu schützen, aber war im Koordinatensystem der Zweigeschlechtlichkeit bislang dem männlichen Pol zugeordnet worden.[134] Dass auch die neue Ordnung diese Aufgabenteilung übernommen hatte, erhellt daraus, dass auch in der DDR das Militär als zentrale Institution, um Gefahren von der Gesellschaft abzuwenden, bis in die 1980er Jahre ein exklusiver Bereich von Männern blieb.

Andere Ingenieurwissenschaftler, wie zum Beispiel auch der oben genannte Mechaniker Weigand, die in den klassischen Naturwissenschaften die theoretische Grundlage der Technik sahen, konstruierten eine doppelte Berufsidentität des Ingenieurs. Denn sie benutzten als ein zweites Referenzmodell, um den Ingenieur vom Naturwissenschaftler abzugrenzen, die Kunst. Diese Konstruktion hatte ihre Wurzeln in der Standesbewegung der deutschen Ingenieure. Ihre geistigen Väter waren Philosophen unter den Ingenieurwissenschaftlern wie Enno Heidebroek. Seine Grundthese lautete, dass Technik nicht nur eine Wissenschaft, sondern gleichzeitig auch eine Kunst sei, weil sie sowohl schöpferisch und gestaltend als auch forschend und Erkenntnis suchend vorgeht. Priorität hatte in Heidebroeks Technikkonzept jedoch die Kunst.[135] Der Ingenieur als Akteur der Technik war demnach ein Künstler, einer, der mit seinen Erfindungen die Natur nachbildete. An seinem in der Weimarer Republik formulierten Technikverständnis hielt Heidebroek auch in der Nachkriegszeit fest.[136]

134 Nach Gilmore wird Männlichkeit in den meisten Gesellschaften über die imperative Triade vom Mann als Erzeuger, Beschützer und Versorger definiert. Gilmore, S. 245. Die Ingenieure hatten am Jahrhundertbeginn ihr berufliches Selbstverständnis über das dem technischen Schaffen immanente Risiko mit militärischer Männlichkeit verknüpft. Vgl. dazu Kapitel 1.2 in Teil II dieser Arbeit.

135 „Immer ist der erste Entwurf aus der schöpferischen Gestaltungskraft entstanden und erst im Anschluss daran setzt die Betrachtungsweise in den Gedankengängen der strengen Wissenschaft, der technischen Mechanik, der Kinematik, der Physik usw. ein und erhebt die Erfindertätigkeit auf eine höhere Ebene des Bewusstseins." Heidebroek, Das Weltbild, S. 121.

136 Vgl. dazu: Heidebroek, Die neue Hochschule; ders., Problematik der Ingenieurarbeit, S. 1-3; ders., Die Verantwortlichkeit, S. 3-22.

Dienten ihm vormals die Thesen von der Technik als Kunst und Naturtrieb als Argumente gegen die kulturkritische Prognose vom Ende der Technik, aber auch als Warnruf gegen die mit der Großindustrie und den technischen Angestellten heraufkommende Gefahr einer Erosion des Berufsstandes, so setzte er sie in der Nachkriegszeit zur Polemik gegen das Arbeiterstudium und die Planwirtschaft ein. Denn Technik als Kunst, so Heidebroek, erforderte die Auswahl der Begabtesten zum Studium, sodass sich eine Quotierung nach sozialer Herkunft verbieten musste.[137] Und Technik als autonom und gesetzmäßig wirkender Naturtrieb entzog sich planwirtschaftlichem Zugriff.[138]

Allerdings lag in dieser doppelten Berufsidentität die Gefahr einer Erosion der Profession in Teilberufe. Bei zunehmender Heterogenität verloren die Experten die Kontrolle über den Berufszugang und damit Voraussetzungen für die Schaffung einer homosozialen Berufsidentität. Um dem entgegenzuwirken, musste eine Spezialisierung der Ausbildung vermieden werden. Auch darum ging es in der Debatte um Spezial- oder Breitenausbildung. Solange die Experten die Ausdifferenzierung der Ingenieurtätigkeiten nach Einsatzfeldern in der Großindustrie zu akzeptieren hatten, neigten sie dazu, diese Ausdifferenzierung unter Rückgriff auf das doppelte Referenzmodell zu legitimieren. So betonte der technische Mechaniker Schmidt, dass von der modernen Industrie „vor allem zwei Typen von Ingenieuren benötigt werden: der Berechnungsingenieur und der Konstrukteur."[139] Er billigte diese Entwicklung mit der Begründung:

> „Zum guten Konstrukteur gehört eine selbständige Gestaltungsfähigkeit, wie man sie auch z. B. im übertragenen Sinne vom Maler, Bildhauer oder Architekten verlangt. Der Berechnungsingenieur muss auf Grund der Kenntnis des Arbeitsprinzips der Maschine die Fähigkeit besitzen, alle Vorgänge rechnerisch zu erfassen und die optimalen Bedingungen der Maschinenauslegung festzulegen. Beide Begabungen zugleich sind äußerst selten vorhanden, ja sie schließen meist sogar einander aus."

---

137 Er beschwor „die Gefahr, dass wir in eine Art von Bildungsinflation hineinsteuern, neben der der Wert der eigentlichen produktiven Arbeit des Arbeiters, Bauern und Handwerkers in den Hintergrund gedrückt würde. [...] Jeder tüchtige, seines Wertes bewusste Facharbeiter ist uns zehnmal sympathischer als ein mangelhafter akademisch gebildeter Auch-Ingenieur." Heidebroek, Die neue Hochschule, S. 259.

138 „Der technische Fortschritt ist auch in weitem Umfang autark und nicht auf geplante Vorschläge angewiesen. Man muss eine Idee erst einmal haben. Vorher kann man ihre Verwertung nicht planen." Heidebroek, Die Verantwortlichkeit, S. 5.

139 Universitätsarchiv der TU Dresden, Fakultät Maschinenwesen, Dekanat 153, Prof. Dr. Schmidt, 19.10.1961. Nach Albring gab es spezialisierte Berechnungsingenieure seit den 1930er Jahren, als es auf Grund des Entwicklungsstandes in der Thermodynamik, Strömungsmechanik, Festigkeitslehre, Ähnlichkeitsmechanik und angewandten Mathematik möglich wurde, Eigenschaften von Maschinen vorauszuberechnen. Albring, Lenkung, S. 337-345.

Allerdings sollte die Ausbildung der Ingenieure gemeinsam erfolgen und erst in den höheren Semestern eine Spezialisierung möglich sein. Die gemeinsame Grundlagenausbildung der Ingenieure sollte also die Klammer bilden, um die Profession zusammenzuhalten und die homosoziale Berufsidentität zu reproduzieren. Dennoch war der sich sowohl aus der Wissensentwicklung aber auch aus der industriellen Arbeitsteilung ergebende Trend zur Auflösung des Arbeitsfeldes der Ingenieure in verselbständigte Teilfunktionen eine permanente Gefahr für die soziale Stellung der technischen Experten. Die politische Elite versuchte stets, mit der Festlegung verschiedener Bildungswege für die unterschiedlichen Teilberufe die Kontrolle der Experten über den Berufszugang auszuhebeln. Mithin blieb die Frage der Ingenieurausbildung auch nach dem Mauerbau ein Hauptschauplatz der Auseinandersetzungen zwischen technischen Experten und politischer Elite.

2.3 Theorie und Praxis – Kurskorrekturen zugunsten der „Verwissenschaftlichung" der Technik (1962-1964)

In den 1960er Jahren erreichte der Optimismus seinen Höhepunkt, mit dem Macht- und Funktionseliten diesseits und jenseits des eisernen Vorhangs glaubten, durch Wissenschaft und Technik die Probleme der Moderne lösen zu können. Mit den aus diesem Optimismus heraus getroffenen und teilweise ganz ähnlichen Entscheidungen, erfolgten hier wie dort grundlegende Weichenstellungen für den Weg in die Wissensgesellschaft.[140] In der DDR war das mit grundsätzlichen Korrekturen an Beschlüssen aus den 1950er Jahren, einem zeitweiligen Positionsgewinn der technischen Experten und schließlich mit einer beträchtlichen Verstärkung des Einflusses der Politik auf das Hochschulsystem verbunden.

Der Mauerbau im Jahre 1961 stärkte im Kräfteverhältnis von technischen Experten und politischer Elite zunächst beide Seiten. Letztere hatte mit der Schließung des eisernen Vorhangs die Handlungszwänge verringert, die in der Expertenpolitik auf ihr lasteten. Erstere hatten durch die Verschärfung des Kalten Krieges in den Jahren vor dem Mauerbau der politischen Elite wichtige Zugeständnisse abringen können, die ihrer Strategie der Verwissenschaftlichung und Stärkung der school-culture entgegen kamen.[141] Ein Höhepunkt war dabei die im Jahr des Mauerbaus durchgesetzte

140 Szöllösi-Janze, Wissengesellschaft – ein neues Konzept, S. 284-299.

141 Gerade im Jahr vor dem Mauerbau, als die Bildungspolitiker eine Hochschulkonferenz vorbereiteten, um das Hochschulsystem an die Anforderungen aus der Konkurrenz um Experten in der Systemauseinandersetzung anzupassen, artikulierten die Wissenschaftler sehr offen ihre Systemkritik. Es wurde zum einen eine weitere Aufwertung der Natur- und Technikwissenschaften gegenüber den Gesellschaftswissenschaften und gleichzeitig eine Rückbesinnung auf die Traditionen des deutschen Hochschulwesens gefordert. Kritisiert wurden Tendenzen der Verschulung

Aufwertung der Technischen Hochschule Dresden zur Technischen Universität und der Hochschule für Schwermaschinenbau Magdeburg zur Technischen Hochschule. Zwei Jahre später erhielten auch die Hochschulen in Ilmenau und Karl-Marx-Stadt den Rang einer Technischen Hochschule. Diese Aufwertung der akademischen technischen Bildung signalisierte einen Sieg für die Protagonisten der school-culture.

Obwohl die Schließung der Grenze die Expertenkonkurrenz der Systeme etwas gemildert hatte, wurden nach dem Mauerbau neue Faktoren wirksam, die das Expertenproblem wiederum verschärften. In den 1960er Jahren erreichten die infolge des Zweiten Weltkrieges geburtenschwachen Jahrgänge die Hochschulreife. Diese Generation aber wurde durch den Arbeitskräftebedarf der Wirtschaft, den erhöhten Personalbedarf der NVA für die Grenzabriegelung und den seit Einführung der zehnklassigen Oberschule im Jahre 1959 steigenden Lehrerbedarf übermäßig beansprucht.[142] Um in dieser Situation die angestrebte Zahl der Studienanfänger mit dem Absolventenbedarf der verschiedenen gesellschaftlichen Bereiche und dem Arbeitskräftebedarf der Wirtschaft abzugleichen, ergriff die politische Elite zwei Maßnahmen zur Mobilisierung technischer Experten. Sie versuchte erstens über die Frauenpolitik die Rekrutierungsbasis für technische Experten zu erweitern und zweitens eine Reform des Ingenieurstudiums mit dem Ziel durchzusetzen, eine größere Effizienz des Experteneinsatzes zu erreichen. Hier interessiert uns zunächst das Reformprojekt.

Am 18.10.1962 veröffentlichte das Staatssekretariat für Hoch- und Fachschulwesen „Thesen zur Neugestaltung des Studiums in den Fachrichtungen der Ingenieurwissenschaften“. Darin wurde die Korrektur der in den 1950er Jahren extrem vorangetriebenen Spezialisierung der Ingenieurausbildung zum Programm erhoben.[143]

> „Hierbei muss die überaus weitgehende Spezialisierung der Ausbildung in einigen Hauptfachrichtungen überwunden werden, weil eine solche Spezialisierung zu Disproportionen in der Ausbildung führt und den Erfordernissen unserer Volkswirtschaft und den Entwicklungstendenzen in den moder-

---

des Studiums, eine übermäßige Spezialisierung, die Trennung der Einheit von Lehre und Forschung durch die Etablierung der Akademieinstitute, die die Hochschuleinrichtungen in den Geruch zweitrangiger Forschungsinstitutionen brachten, die Überlastung der Wissenschaftler durch gesellschaftliche Verpflichtungen, ihre unsichere Stellung durch kündbare Arbeitsverträge, die Abschaffung des Ausschreibungsverfahrens bei Stellenbesetzungen etc. Nach dem Mauerbau hat die Bildungspolitik die Vorbereitung der Hochschulkonferenz, die im November 1961 stattfinden sollte, stillschweigend eingestellt und die Konferenz abgeblasen. SAMPO-BArch, DY 30 IV/2/9.04/15/8-18, 29-171.

142 Zwischen 1961 und 1966 erhöhte sich die Anzahl der Neuzulassungen zum Direktstudium an den Hochschulen von 7 auf 11 pro 100 Personen des entsprechenden alterstypischen Jahrganges. Der Einfluss demographischer Faktoren, S. 174.

143 Zur Entwicklung der Ingenieurausbildung an den Technischen Hochschulen der Deutschen Demokratischen Republik. Thesen zur Neugestaltung des Studiums in den Fachrichtungen der Ingenieurwissenschaften, hg. v. Staatssekretariat für HFW, o. O. 1962 (Im Folgenden zitiert als Thesen)

nen Wissenschaften nicht entspricht. Wohl spezialisieren und differenzieren sich die einzelnen wissenschaftlichen Disziplinen immer stärker, aber die Aufgaben in der sozialistischen Volkswirtschaft sowie in der Wissenschaft und Technik nehmen in zunehmendem Maße komplexen Charakter an. Dieser Tendenz muss bei der Ausbildung der Ingenieure Rechnung getragen werden. Daraus ergibt sich die Notwendigkeit, grundsätzliche Überlegungen über die Veränderung der Ausbildung an den Universitäten und Hochschulen der Deutschen Demokratischen Republik anzustellen und das gegenwärtige Ausbildungsprofil entsprechend zu korrigieren."[144]

Mit der Abkehr von der Spezialisierung kritisierte das Staatssekretariat den eigenen Sowjetisierungskurs in der Bildungspolitik der 1950er Jahre. Gleichzeitig aber hielten die Funktionäre in wichtigen Punkten an der Übernahme sowjetischer Bildungsmuster fest. Das zeigte sich vor allem in dem Bestreben, trotz Zurücknahme übermäßiger Spezialisierung eine starke Anwendungs- und Praxisorientierung der Ingenieurausbildung beizubehalten. Es lässt sich an den Schwerpunkten des Reformvorschlages deutlich ablesen. Seine Hauptbestandteile waren erstens eine Neuordnung des Studienablaufes und zweitens Veränderungen im Zuschnitt technischer Studiengänge.

Den Studienablauf konzipierte das Staatssekretariat für die Majorität der Ingenieurstudenten im zeitlichen Nacheinander von Direkt- und Fernstudium beziehungsweise Hochschule und Industrie. Nach zwei Jahren Direktstudium zum Erwerb der theoretischen Grundlagen sollte das erste Ingenieurpraktikum stattfinden, in dem die Studierenden für ein Jahr in ihrem Facharbeiterberuf arbeiten und einige Fächer im Fernstudium absolvieren würden. Sie sollten in dieser Zeit, so der Reformvorschlag des Staatssekretariats, „den Wert der produktiven Arbeit kennen und schätzen lernen und gesellschaftlich nützliche Arbeit mit der Weiterführung des Studiums verbinden." [145]

Daran schloss sich ein weiteres Jahr im Direktstudium für das Fachstudium an. Danach folgte das zweite Ingenieurpraktikum, in dem ingenieurtechnische Arbeiten durchzuführen und die Diplomarbeit vorzubereiten waren. Vor Abschlussprüfung und Anfertigung der Diplomarbeit lag ein letzter Abschnitt im Direktstudium. Dadurch, dass sie die Ingenieurstudenten als Grenzgänger zwischen zwei Welten auffasste, die zwischen der Welt der Hochschule als dem Ort der Produktion des Wissens und der Industrie als dem Ort der Anwendung des Wissens hin und her pendelten, versuchte die Bildungspolitik die Anwendungsorientierung technischer Bildung im Dezennium der Wissenschaftseuphorie zu retten.

Im Zusammenhang mit dem neuen Studienablauf gaben die Bildungspolitiker dem Praktikum der Ingenieurstudenten einen neuen Sinn. War es in der von den Ingenieurwissenschaftlern des Kaiserreiches im Zuge der Akademisierung der technischen Bildung durchgesetzten Form als Vorpraktikum als eine Bewährungsprobe

144 Ebenda, S. 15.

145 Thesen, S. 37.

für Anwärter auf den Ingenieurberuf konzipiert worden, in der sie lernen sollten, sich von proletarischen Männern abzugrenzen, um in ihrer späteren Berufstätigkeit die Klassenhierarchie in technischen Handlungsräumen durchzusetzen, so sollte das jetzt während des Studiums durchzuführende Ingenieurpraktikum den Studierenden die Erfahrung vermitteln, dass in der ideologischen Wertehierarchie der neuen Ordnung die Produktion als Ort der Erzeugung des materiellen Reichtums der Gesellschaft Priorität besaß. Jetzt sollten die Studenten lernen, dass Funktionshierarchien in der Industrie keine sozialen Hierarchien begründeten, dass also die technischen Experten aus ihrer Kompetenz zum geistigen Entwurf der materiellen Produktion keine Herrschaftsansprüche ableiten konnten.

Wenn die Ingenieurstudenten im Praktikum aber nicht Über-, sondern Unterordnung lernen sollten, verlor es seinen Frauen ausgrenzenden Effekt. Unterordnung gehörte auch in der staatssozialistischen Gesellschaft zur weiblichen Geschlechterrolle, weil die Geschlechterhierarchie in den sozialen Strukturen erhalten blieb.[146] Voraussetzung für die neue Form des Praktikums war allerdings ein Facharbeiterabschluss in einem technischen Beruf. Den aber konnten Schüler/innen der Erweiterten Oberschulen in der DDR seit 1962 durch eine schulbegleitende, verkürzte Berufsausbildung erwerben.

Der zweite Eckpfeiler des Reformvorschlags bestand in einer grundlegenden Veränderung im Zuschnitt technischer Studiengänge. Nachdem das Konzept der Spezialausbildung mit seinem Ansatz einer engen, artefakt- und prozessbezogenen horizontalen Gliederung der Ingenieurtätigkeit nach Industriebranchen gescheitert war, versuchte das Staatssekretariat technische Studiengänge für breiter geschnittene Technikbereiche nach dem Modell des Innovationsprozesses zu strukturieren. Ausgebildet werden sollten jetzt drei Typen von Ingenieuren: erstens Forschungsingenieure für den Forschungsvorlauf in der Technik, zweitens Entwicklungsingenieure für den eigentlichen Erfindungsprozess und die erste Phase der Überleitung in der Produktionsvorbereitung und drittens Produktionsingenieure für den Fertigungsprozess und die Überleitung und Diffusion technischer Neuentwicklungen.

Forschungsingenieure sollten ihre „spezifische Profilierung durch eine hervorragende Ausbildung in der Theorie der Ingenieurwissenschaften und der wissenschaftlichen Experimentiertechnik“ erhalten.[147] Ein Ingenieurpraktikum und der Wechsel ins Fernstudium waren hier nicht vorgesehen. Allein für diese Spezialisierungsrichtung im Ingenieurbereich konnte demnach der Prozess der Wissensgenerierung Struktur bestimmendes Prinzip der Studiengestaltung sein. Den Forschungsingenieuren räumten die Bildungspolitiker die längste Ausbildungsdauer ein und „die beson-

146 Dölling, Über den Patriarchalismus, S. 30.

147 Thesen, S. 33.

ders befähigten Studenten“ sollten das Studium mit der Promotion beenden.[148] Also projektierte das Staatssekretariat die Ausbildung der Forschungsingenieure als ein im strengen Sinne wissenschaftliches Studium, das dem Bildungsideal der Humboldtschen Forschungsuniversität entsprach. Mit der Möglichkeit eines höheren Abschlusses distanzierten die Bildungspolitiker jedoch diese Ingenieurstudenten von den anderen Gruppen und sie akzeptierten damit die von den Ingenieurwissenschaftlern geforderte Umkehrung des Verhältnisses von Theorie und Anwendung des technischen Wissens in der Ingenieurausbildung ausdrücklich nur für einen kleinen und klar abgrenzbaren Teil der Studenten.

Entwicklungsingenieure sollten eine gründliche Ausbildung in den mathematisch-naturwissenschaftlichen und technischen Grundlagenwissenschaften durchlaufen und ihre spezifische Profilierung „in der Projektierung, Berechnung, Konstruktion und Erprobung von Neu- und Weiterentwicklungen technischer Erzeugnisse, in der Entwicklung und Vervollkommnung der Technologie der Erzeugnisse oder in der Neu- und Weiterentwicklung technologischer Verfahren zur industriellen Fertigung technischer Erzeugnisse“ erhalten.[149] Als Einsatzgebiet war die unmittelbare Produktionsvorbereitung vorgesehen, die entweder in den Entwicklungs- und Konstruktionsbüros der Betriebe selbst oder in den seit 1958 gegründeten Wissenschaftlich-Technischen Zentren der Industriezweige, in Zentralinstituten oder in den seit Beginn der 1950er Jahre nach dem Vorbild sowjetischer Organisationsstrukturen technischer Arbeit gegründeten Zentralen Entwicklungs- und Konstruktionsbüros stattfand.[150] Vor ihrem Einsatz in der Produktionsvorbereitung sollten die Entwicklungsingenieure längere Zeit als Produktionsingenieure arbeiten, eine Forderung, die einem Hauptanliegen der Reform, die Einarbeitungszeit der Absolventen zu verkürzen, widersprach und nur im Kontext der ideologischen Gesellschaftskonstruktion zu erklären ist. Dass sich Entwicklungsingenieure zunächst als Produktionsingenieure bewähren sollten, unterstrich die Priorität der materiellen Produktion im Denken der politischen Elite, die das Produktionsparadigma des Marxismus in der Vorstellung trivialisierte, dass die unmittelbare Herstellung materieller Güter dem geistigen Entwurf dieses Herstellungsprozesses übergeordnet sei.[151]

Die Ausbildung der Produktionsingenieure konzipierte das Staatssekretariat schließlich als den kürzesten Studiengang mit den geringsten theoretischen Anforderungen.

---

148 Ebenda, S. 34.

149 Thesen, S. 32.

150 Zu den institutionellen Strukturen von Forschung, Entwicklung und Konstruktion in der verstaatlichten DDR-Wirtschaft vgl. Kapitel 5.3.1.

151 Zum Produktionsparadigma des Marxismus vgl. Habermas, Der philosophische Diskurs, S. 77-85, zur Bedeutung des Produktionsparadigmas für die Legitimation der Parteiherrschaft vgl. Meuschel, Legitimation, S. 183.

„Durch bewussten Verzicht oder durch Einschränkung bei einigen theoretischen Ausbildungsdisziplinen wie zum Beispiel Höhere Festigkeitslehre, Höhere Dynamik und bei speziellen Berechnungs- und Konstruktionsmethoden und -verfahren sowie durch eine konsequente Veränderung der Ausbildung in Lehrveranstaltungen mit dem Charakter von Übersichtsvorlesungen kann die bisherige Ausbildungsdauer für diese Ingenieure unterschritten werden“,

hieß es dazu in den Thesen.[152] Dennoch maß die Bildungspolitik dieser Gruppe einen besonderen Stellenwert zu. In der Information über die Thesen im Mitteilungsdienst des Staatssekretariats stand dazu Folgendes:

„Wir lenken das Augenmerk besonders auf die Bedeutung der Ausbildung des Produktionsingenieurs, weil dieser wissenschaftlich gebildete Ingenieur in Zukunft eine entscheidende Rolle in unserer Volkswirtschaft spielen muss. Das Grundproblem seiner Tätigkeit und daraus abgeleitet seiner Ausbildung besteht darin, dass er mit modernsten Fertigungsverfahren und unter ökonomischsten Bedingungen den Prozess der Planung, Organisation und Leitung der Produktion in seiner Gesamtheit erfassen und wissenschaftlich beherrschen muss.“[153]

Mit der prononcierten Aufwertung des Produktionsingenieurs versuchte das Staatssekretariat erneut ein in der sowjetischen Ingenieurkultur entwickeltes Muster in den DDR-Kontext zu übertragen. Es verkehrte damit die in der deutschen Bildungstradition verankerte Hierarchie zwischen Konstruktion und Fertigung in ihr Gegenteil.[154] An der in der deutschen Tradition angelegten Geringschätzung der Fertigung gab es allerdings schon seit den 1920er Jahren heftige Kritik, als die im Taylorismus und Fordismus sinnfällig werdende Überlegenheit des amerikanischen Fertigungssystems unübersehbar wurde.[155] Es war das amerikanische Vorbild, an dem sich die sowjetischen Bildungsplaner orientierten, als sie das Berufsbild des Produktionsingenieurs konzipierten. Die Sowjetisierungspolitik des Staatssekretariats erwies sich in diesem Falle demnach als eine nachholende Amerikanisierung.

Wie reagierten nun die technischen Experten auf den von der Bildungspolitik vorgelegten Entwurf zur Reform des Ingenieurstudiums? Die Bildungspolitiker waren auf Kritik der Ingenieurwissenschaftler durchaus gefasst. Sie rechneten damit, in einer Aussprache zu den Thesen im Senat der TU Dresden auf „passive Resistenz“ zu stoßen,

„[...] weil einzelne Wissenschaftler in Selbstüberschätzung und in der Annahme, dass das vorliegende Material ausschließlich von Mitarbeitern des Staatsapparates ausgearbeitet wurde (was im Grunde genommen nicht unrichtig ist), glauben, dass die Qualität der Thesen und Vorschläge wesentlich größer wäre, wenn sie von Anfang an und ausschließlich von Wissenschaftlern erarbeitet worden

152 Thesen, S. 32.

153 Verfügungen und Mitteilungen des Staatssekretariats für das Hoch- und Fachschulwesen, Berlin, den 05.12.1962, Nr. 8, S. 6.

154 Ausführlich dazu vgl. Kapitel 3.2 in Teil IV dieser Arbeit.

155 König, Künstler und Strichezieher, S. 131.

wären.“ [156] Antizipiert wurden auch Bedenken der Wissenschaftler hinsichtlich der „Einheitlichkeit des deutschen Hochschulwesens“.[157]

Als Zielstellung für die Aussprache im Senat hielten die Vertreter der Bildungspolitik ausdrücklich fest, es sei

„völlige Klarheit über die Verantwortung und die führende Rolle des Staatssekretariats für Hoch- und Fachschulwesen in diesem Prozess zu schaffen und bei allen Senatoren die Bereitschaft zu wecken, das vorliegende Material als eine DISKUSSIONSGRUNDLAGE zu akzeptieren [...].“[158]

Tatsächlich nahmen die Ingenieurwissenschaftler der TU Dresden die Tatsache, dass sie an der Erarbeitung der Thesen nicht beteiligt waren, zum Anlass, ihren ablehnenden Standpunkt zu artikulieren. Im Senatsprotokoll über die Sitzung vom 03.11.1962 hieß es, dass die Ausgrenzung der betroffenen Hochschullehrer eine „Schockwirkung“ ausgelöst habe.[159] Am schärfsten war die Kritik in der Fakultät für Maschinenwesen, die ja schon ein Jahr vor Veröffentlichung der Thesen in der Debatte um Spezial- oder Breitenausbildung Vorschläge zur Reform der Ingenieurausbildung unterbreitet hatte. Der Dekan Albring beklagte sich hierüber im Fakultätsrat:

„Für die Fakultät Maschinenwesen, die aus eigener Initiative sich sehr eingehend mit Perspektivplanung beschäftigt und dem Staatssekretariat ausführliche Empfehlungen übermittelt hat, ist es sehr bitter, dass ihrer Arbeit solche Thesen gegenübergestellt werden. Es wird an keiner Stelle im Schrifttumsverzeichnis auf ihre Ausarbeitungen hingewiesen. Es muss aber überraschen, dass neben dem Zitieren von Leuten, die keine Hochschullehrer und keine Maschinenbauer sind (v. Ardenne) nur Vertreter anderer Fakultäten aufgeführt werden.“[160]

Und der Lehrstuhlinhaber für Kraftfahrzeugbau Jante schimpfte ganz unverhohlen:

„Das Durchlesen ist sehr schwierig, weil in unverantwortlicher Weise Phrasen gedroschen werden. Es ist immer wieder ‚ND‘. Man konnte etwas schneller zur Sache kommen.“161

Die vom Staatssekretariat vorgeschlagene Differenzierung der Ausbildung für Produktions-, Entwicklungs- und Forschungsingenieure war der Hauptangriffspunkt für die Kritik der Ingenieurwissenschaftler. Alle drei an der Diskussion beteiligten Fakultäten der TU Dresden, Maschinenwesen, Technologie und Elektrotechnik, wandten sich vehement gegen diese Auflösung des Ingenieurberufs in Teilberufe. Der Verfahrenstechniker Boesler begründete das mit seinen Berufserfahrungen.

---

156 BArch, DR3/6039: Material für die Kollegiums- und Senatssitzung an der TU Dresden am 02. und 03.11.1962.

157 Ebenda.

158 Ebenda, Hervorhebung im Text.

159 Universitätsarchiv der TU Dresden, Rektorat, Kollegiumssitzung I/143, Bl. 84 RS.

160 Universitätsarchiv der TU Dresden, Dekanat, Fak. Maschinenwesen, Nr. 180, Auszug aus der Niederschrift der Fak.-Sitzung vom 13.11.62.

161 Ebenda. ND: Neues Deutschland, Zentralorgan der SED.

„Ich habe 30 Jahre in der Industrie gearbeitet und war Betriebs-, Entwicklungs- und Forschungsingenieur. Von dem Mann (!), der mit dem Diplom hier weggeht, weiß man noch nicht, ob er sich als Ingenieur eignet. Während der Ausbildung will man jetzt in drei Stufen sortieren, das geht nicht gut. Dass er ein guter Ingenieur ist, kann er nach drei bis vier Jahren nachweisen. Er muss auch als Forschungsingenieur in der Lage sein, einen Betrieb zu leiten.“[162]

Der Wärmetechniker Boie warf dem Staatssekretariat vor, dass es die 1952 gegen den Willen der Ingenieurwissenschaftler erzwungene und inzwischen gescheiterte Spezialisierung jetzt in neuer Form fortsetzen wolle.[163] Albring als Dekan des Maschinenwesens argumentierte ganz explizit berufspolitisch. Er interpretierte die „Verkürzung der Ausbildung von Produktionsingenieuren [...] als Abwertung des Ansehens dieser Richtung“ und sah dabei „die Gefahr, dass sich diese Richtung zu einem Fachschulstudium in Universitätsräumen entwickelt.“[164] Das war sowohl ein Hieb gegen die akademische Ausbildung von Technologen, die Albring als Aufgabe der Ingenieurschulen betrachtete, als auch eine Warnung vor Entwertung der Standards akademischer Ausbildung. Eine getrennte Ausbildung von Forschungs- und Entwicklungsingenieuren verurteilte Albring als unzulässige Aufspaltung technischer Kompetenzen.

„Trennt man schon in der Ausbildung Forschung und Entwicklung, dann wird man gerade das züchten, was man heute in Einzelfällen beklagt: Das Arbeiten mancher Forschungsgruppen ohne Kontakt mit technischen Anwendungen und auf der anderen Seite Entwicklung ohne Berücksichtigung der neuesten Forschungsergebnisse. Wenn man auszieht, um die Spezialisierung einzuschränken, so sollte man nicht neue Schranken dort aufrichten, wo bisher bester Zusammenhang bestand. Forschung und Entwicklung dürfen auch in der Ausbildung nicht getrennt werden.“[165]

Dass Forschungsingenieure ihr Studium mit dem Dr.-Ing. abschließen sollten, betrachtete Albring als eine Abwertung des Doktortitels. „Damit würde man sich den Gepflogenheiten der medizinischen Fakultäten nähern. Der ‚Doktor‘ würde Berufsbezeichnung und nicht mehr Ausweis einer besonderen wissenschaftlichen Qualifikation werden.“[166] Da Albring einer Generation von Ingenieurwissenschaftlern angehörte, deren Lehrer die Verleihung des Promotionsrechts an die Technischen Hochschulen als einen großen Sieg im Professionalisierungskampf der Ingenieure noch selbst miterlebt hatten, war er sensibilisiert dafür, dass hinter der Entwertung akademischer Abschlüsse die Gefahr der Deprofessionalisierung stand.

162 Universitätsarchiv der TU Dresden, Dekanat, Fak. Maschinenwesen, Nr. 180, Auszug aus der Fakultätsratssitzung vom 05.12.1962. Hervorhebung (!) von mir.

163 Ebenda.

164 Universitätsarchiv der TU Dresden, Dekanat, Fak. Maschinenwesen, Nr. 180, Auszug aus der Niederschrift der Fak.-Sitzung vom 13.11.62.

165 Universitätsarchiv der TU Dresden, Dekanat, Fak. Maschinenwesen, Nr. 180, Stellungnahme der Fakultät Maschinenwesen zu den Thesen, 24.11.1962, Verfasser: Albring.

166 Ebenda.

Die Umbewertung des Praktikums durch die Bildungspolitik stieß ebenfalls auf die Kritik der Ingenieurwissenschaftler. Sie verurteilten die Abschaffung des Vorpraktikums mit dem Argument, dass die Berufsausbildung an Oberschulen die Erfahrung des Vorpraktikums nicht ersetzen könne und gleichzeitig zu einer Verschlechterung der mathematisch-naturwissenschaftlichen Vorbildung der Studierenden führen werde.[167] Überdies könne die Facharbeiterausbildung an Oberschulen nicht gewährleisten, dass die Abiturienten einen für ihr künftiges Studium sinnvollen Facharbeiterberuf erlernten.[168] Allein die Fakultät für Elektrotechnik war mit einer Abschaffung des Vorpraktikums einverstanden, verlangte statt dessen aber die Verlängerung des Studiums auf insgesamt 12 Semester, um Platz für ein einjähriges Ingenieurpraktikum in der zweiten Hälfte des Studiums zu schaffen. Dort sollten die Studenten allerdings nicht als Facharbeiter arbeiten, sondern „eine zusammenhängende Tätigkeit auf dem Niveau eines Fachschulingenieurs" ausführen.[169]

Die Ingenieurwissenschaftler lehnten auch den Vorschlag des Kombistudiums ab. In der Stellungnahme der Fakultät für Technologie hieß es hierzu:

> „Ein kombiniertes Studium als allgemeingültige Lösung in dem Sinne, dass Direktstudium und Fernstudium einander ablösen, erscheint unrationell. [...] Der Gedanke, dass neben einer regulären Arbeitszeit im Betrieb mit allen Forderungen an einen guten Arbeiter (Arbeitsdisziplin, volle Ausnutzung der Arbeitskraft) nebenher nahezu das gleiche Pensum wie im Direktstudium erledigt werden kann, entbehrt einer realistischen Betrachtung; wir dürfen im Normalfall nicht Diplom-Ingenieure entwickeln, die es lernen mussten, morgens zu überlegen, wie sie sich schonen können, um am Abend noch ihr Fernstudium erledigen zu können."[170]

Damit warfen die Ingenieurwissenschaftler den Bildungspolitikern vor, dass sie die Anforderungen eines akademischen Studiums unterschätzten. Sie wandten sich vehement gegen den Vorschlag des Staatssekretariats, das Studium als Pendelbewegung zwischen Hochschule und Industrie zu organisieren. Stattdessen bestanden sie darauf, die künftigen technischen Experten im Milieu der Wissensproduktion zu sozialisieren. Der Kraftfahrzeugtechniker Jante formulierte diesen Standpunkt im Fakultätsrat des Maschinenwesens ganz unmissverständlich.

> „Von den tschechischen Kollegen wurden wir darauf hingewiesen, unsere Studenten erst entsprechend auszubilden, denn was wir erzogen haben, würde in der Industrie wieder verdorben. Die Leute müssen ein wohlfundiertes Wissen haben, dann erst können wir sie in die Praxis schicken. Ich möchte hier an die Diskussion während des Besuches von W. Ulbricht erinnern, dass wir die Leute so

---

167 Universitätsarchiv der TU Dresden, Dekanat, Fak. Maschinenwesen, Nr. 180, Stellungnahme des Rats der Fakultät für Technologie, 15.01.1963.

168 Ebenda. Zur Kritik der Oberschulausbildung vgl. auch Fakultätsratssitzung Maschinenwesen vom 05.12.1962, Stellungnahmen von Jante, Boesler und Jungnickel, in ebenda.

169 Universitätsarchiv der TU Dresden, Dekanat, Fak. Maschinenwesen, Nr. 180, Dekan der Fakultät Elektrotechnik an Rektor Schwabe, 11.12.1962.

170 Ebenda. Hervorhebung im Original.

erziehen müssen, dass sie in der Industrie standfest sind. Viele Fernstudenten bekommen von uns die Ausbildung, behalten ihren Stil jedoch bei. Das sieht man schon an den Diplomarbeiten. Wir können dann keinerlei Verantwortung übernehmen, dass sich die Standfestigkeit bei unseren Studenten bemerkbar macht.“[171]

Subtext in Jantes Rede vom „Stil“ der Fernstudenten und seiner bemerkenswerterweise mit einer Referenz an Partei- und Staatschef Ulbricht autorisierten Forderung nach „Standfestigkeit“ der Studenten in der Industrie war der Anspruch auf Überlegenheit einer im akademischen Milieu erworbenen Technikkompetenz.

Die Diskussion der Thesen zur Reform der Ingenieurausbildung war letztlich also eine Niederlage für die Bildungspolitik. Die Hauptsäulen ihres Reformvorschlages, Ingenieure spezialisiert für die Stufen des Innovationsprozesses auszubilden und sie gleichzeitig zur Anerkennung einer Wertehierarchie zu erziehen, in der die materielle Produktion vor dem geistigen Entwurf rangierte, wurden von den Ingenieurwissenschaftlern vehement abgelehnt.

Wie verhielt sich nun die Bildungspolitik zu dieser massiven Kritik? Sie nahm ihren Reformvorschlag fast vollständig zurück. In der die Resultate der Reformdiskussion festschreibenden „Anordnung des Staatssekretariats für Hoch- und Fachschulwesen über die weitere Umgestaltung der Ausbildung von Diplomingenieuren vom 1. September 1964“ war von der vertikal spezialisierten Ingenieurausbildung oder dem Kombistudium keine Rede mehr.[172] Bestand hatten nur die Teile des Reformkonzepts, die von politischer Elite und technischen Experten gemeinsam getragen wurden. Das waren die Abkehr von der Spezialisierungsstrategie der 1950er Jahre und die Aufwertung der theoretischen Grundlagenausbildung.

In der Auseinandersetzung zwischen politischer Elite und technischen Experten fand Anfang der 1960er Jahre also eine Verschiebung im Kräfteverhältnis statt. Nach den von der Bildungspolitik in den 1950er Jahren durchgesetzten massiven Eingriffen in die Inhalte und Strukturen der Ingenieurausbildung gelang es den technischen Experten jetzt, zumindest in Teilbereichen ihren Anspruch auf professionelle Autonomie zur Geltung zu bringen und dort an Traditionen ihrer Bildungs- und Berufskultur anzuknüpfen. Das betraf vor allem die Frage des Verhältnisses von Grundlagen- und Anwendungswissen, von Theorie und Praxis und von mono- versus polytechnischer Bildung.

Der deutliche Positionsgewinn der technischen Experten seit dem Mauerbau in der DDR war Teil einer in allen Frontstaaten des Kalten Krieges zu verzeichnenden Verschiebung im Verhältnis von Wissenschaft beziehungsweise Technik und Politik. Sie artikulierte sich in einem besonders die 1950er und -60er Jahre prägenden szien-

171 Universitätsarchiv der TU Dresden, Dekanat, Fak. Maschinenwesen, Nr. 180, Auszug aus der Niederschrift der Fak.-Sitzung vom 13.11.62.

172 Veröffentlicht in: Verfügungen und Mitteilungen des Staatssekretariates, 1964, Nr. 11, S. 1.

tistischen und technokratischen Optimismus und dem wachsenden Bedürfnis der Politik, sich durch Expertenberatung, und damit durch Wissenschaft und Technik, zu legitimieren. Die westlichen Sozialwissenschaften bewerteten diese Entwicklung als Anbruch der Wissensgesellschaft und Ende der Ideologie durch den Einfluss überlegenen Wissens, die schließlich zur Systemkonvergenz führen würde.[173] Westliche Studien zum politischen System der DDR aus jener Zeit diagnostizierten auch hier den Autoritätsgewinn von Experten.[174] Sie prägten dafür den Begriff des konsultativen Autoritarismus um klarzustellen, dass die Positionsgewinne der Experten hier in einem Kontext erfolgten, in dem das Machtmonopol der Politik unangefochten blieb. Auf dem Gebiet der Bildungspolitik lässt sich die Entwicklung des konsultativen Autoritarismus anhand des Aufstiegs des Physikers und ehemaligen Rektors der Technischen Hochschule Magdeburg Ernst-Joachim Giessmann zum Staatssekretär beziehungsweise Minister für Hoch- und Fachschulwesen nachvollziehen. 1962 löste er in dieser Funktion den Literaturwissenschaftler Wilhelm Girnius ab. Eine der ersten Amtshandlungen Giessmanns war die Etablierung eines wissenschaftlichen Beirates für Technik beim Staatssekretariat für das Hoch- und Fachschulwesen, in den er Ingenieurwissenschaftler aus Dresden, Magdeburg, Karl-Marx-Stadt, Ilmenau und Rostock berief. Vorsitzender des Beirates war der Elektrotechniker Pommer von der TU Dresden, den Giessmann von den Rektorenkonferenzen her kannte. Und die für die Ausbildungsreform zentrale Kommission für Bildung und Erziehung des Beirates besetzte er mit einem ehemaligen Kollegen aus Magdeburg, dem Technologen Manfred Beckert.[175]

Der Beirat war Bestandteil eines dichten Geflechts von Räten und Gremien, das die Wissenschaftslandschaft der DDR seit Ende der 1950er Jahre durchzog und die verschiedenen Interessengruppen der Wissenschafts- und Bildungspolitik vernetzte.[176] Dass Wissenschaftler wie Giessmann in die Politik aufstiegen oder andere, wie die Ingenieurwissenschaftler des Beirates für Technik beim Staatssekretariat durch Beratungsfunktionen in politische Verantwortung eingebunden wurden, führte dazu, dass die aus unterschiedlichen Handlungsrationalitäten verschiedener gesellschaftlicher Teilbereiche folgenden Interessengegensätze der Akteure unter dem Primat der Politik eingeebnet wurden. Das begann das Verhältnis zwischen politischer Elite und technischen Experten zu verändern. Die bis zum Beginn der 1960er Jahre anzutref-

---

173 Es gab allerdings auch pessimistische Vertreter, die den wachsenden Einfluss von Experten als Bedrohung der Demokratie durch eine wissenschaftliche Machtelite kritisierten. Ausführlich dazu u. a. Weingart, Wahrheit, S. 133-139 und Stehr, Arbeit, S. 445 ff.

174 Die bekannteste Studie hierzu war das in der bundesdeutschen DDR-Forschung von Anfang an umstrittene Buch von Ludz.

175 Mitteilung des Wissenschaftlichen Beirates für Technik beim Staatssekretariat für HFW, in: Thesen, S. 5 f.

176 Kocka, Wissenschaft, S. 444.

fende Konfliktkultur in der Konkurrenz um soziale Dominanz zwischen politischer Elite und technischen Experten verflachte im Dezennium der Wirtschaftsreform. Langfristig führte Giessmanns Aufstieg in die Bildungspolitik deshalb nicht zu einer Stärkung der Position technischer Experten, sondern zur Preisgabe von Eigeninteressen als Folge der Kollaboration mit der politischen Macht. Das wird am Umbau der Wissenschafts- und Hochschullandschaft durch die dritte Hochschulreform noch zu zeigen sein.

Kurzfristig jedoch bewirkte Giessmanns Berufung zum Staatssekretär durchaus eine Stärkung des Einflusses technischer Experten auf die Bildungspolitik, die gegen die vom Staatssekretariat unterbreiteten Thesen zur Reform der Ingenieurausbildung ihre Standpunkte durchsetzen konnten. Dieser Positionsgewinn der technischen Experten relativiert sich jedoch, wenn wir die zeitparallel dazu von der politischen Elite durchgedrückten Interventionen zur Frauenförderung im Hochschulwesen betrachten.[177]

2.4 Spezialisierung als Profilierung für Forschung, Entwicklung und Fertigung – Der längere Atem der Politik (1965-1971)

Allerdings hielt der in der „Anordnung des Staatssekretariats für Hoch- und Fachschulwesen über die weitere Umgestaltung der Ausbildung von Diplomingenieuren vom 1. September 1964" sichtbare und überdies begrenzte Autonomiegewinn der Ingenieurwissenschaftler nicht lange vor. Die Anordnung trat 1965, also im Wendejahr der Wirtschaftsreform in Kraft. Mit dem 11. Plenum des ZK der SED wurde erneut Kurs auf Zentralisierung des Wirtschaftshandelns genommen. Die in der ersten Phase der Wirtschaftsreform anvisierte und partiell realisierte Autonomie der Wirtschaftssubjekte wurde nun schrittweise wieder rückgängig gemacht.[178] In der Hochschulpolitik setzte ein analoger Zentralisierungskurs ein, der mit der Veröffentlichung der „Prinzipien zur weiteren Entwicklung der Lehre und Forschung an den Hochschulen der DDR" im Dezember 1965 eingeleitet wurde und in den Umbau der Hochschul- und Wissenschaftslandschaft durch die dritte Hochschulreform mündete.[179] Dabei erwuchsen aus dem Scheitern der Wirtschaftsreform grundlegende Impulse zur Durchsetzung der Hochschulreform. Die von den mageren Effekten der Wirtschaftsreform enttäuschte politische Elite verabschiedete sich von der Hoffnung,

177 Vgl. dazu Kapitel 3.2 in Teil III dieser Arbeit.

178 Ausführlich zur Wirtschaftsreform vgl. Steiner, Die DDR-Wirtschaftsreform. Zur Bedeutung des 11. Plenums als Wendepunkt der Wirtschaftsreform vgl. Eckert, S. 20-31 und Kaiser, Machtwechsel, S. 200-231.

179 Zur Hochschulreform vgl. Laitko, Das Reformpaket, S. 35-57 und ders. Umstrukturierung, S. 143-158.

durch eine größere Autonomie der Wirtschaftssubjekte die Effizienz der Volkswirtschaft nachhaltig verbessern zu können. Stattdessen setzte sie jetzt ausschließlich auf das Innovationspotenzial von Wissenschaft und Technik. Das Konzept der „Wissenschaftlich-technischen Revolution“, das auf dem VII. SED-Parteitag im Jahre 1967 zum Kern der politischen Programmatik avancierte, erhielt nun Priorität gegenüber dem Projekt der Wirtschaftsreform.[180] Das Innovationspotenzial von Wissenschaft und Technik wollte die politische Elite auf zwei Wegen erschließen. Zum einen sollte mittels staatlicher Investitionslenkung der Strukturwandel zugunsten moderner Schlüsseltechnologien forciert werden.[181] Zum anderen sollte das Forschungspotenzial von Industrie und Hochschulen erweitert und in Form der Großforschung gebündelt werden.[182]

Diese technokratische Weichenstellung verlieh den Hochschulen eine wachsende Verantwortung im Innovationssystem. Als Produzenten von Wissensträgern und Wissensbeständen hatten sie grundlegende Ressourcen für die „Wissenschaftlich-technische Revolution“ bereitzustellen. Mit Hilfe eines qualitativen Umbaus (dritte Hochschulreform) und eines quantitativen Ausbaus (zweite Bildungsexpansion) sollten die Hochschulen in die Lage versetzt werden, diese Verantwortung zu übernehmen. Sowohl der Um- als auch der Ausbau des Hochschulsystems hatten signifikante Auswirkungen auf das Geschlechterverhältnis im Hochschulstudium. Bevor wir diese Zusammenhänge untersuchen, werden wir zunächst die Schritte des Umbaus der akademischen Ingenieurausbildung in der zweiten Hälfte der 1960er Jahre nachzeichnen und danach die Bildungsexpansion anhand der Maßnahmen zur Erweiterung der Kapazitäten für das technische Hochschulstudium untersuchen.

Der strukturelle Umbau durch die dritte Hochschulreform

Die Diskussionen um die Reform der Ingenieurausbildung waren kaum abgeschlossen, als das Staatssekretariat den Technischen Hochschulen mit den „Prinzipien“ im Dezember 1965 eine neue Vorlage für eine allgemeine Studienreform unterbreitete, die diesmal alle Studienrichtungen betraf. Kernpunkte des neuen Reformvorschlages waren

1. eine Normierung des Studienablaufes für alle Fachrichtungen mit den Stufen Grund-, Fach-, Spezial- und Forschungsstudium;
2. eine Studienzeitverkürzung mit der Einführung eines neuen „Hochschulabschlusses“ unterhalb des Diploms nach Beendung des Fachstudiums;

180 Zur Geschichte des Konzepts der Wissenschaftlich-technischen Revolution vgl. Zimmermann, Wissenschaftlich-technische Revolution.

181 Zur forcierten Strukturpolitik vgl. Steiner, Die DDR-Wirtschaftsreform, S. 442-502.

182 Zur Großforschung in der DDR vgl. Tandler, Geplante Zukunft.

3. die Verkürzung des für Ingenieure ursprünglich auf ein Jahr konzipierten Praktikums auf 26 Wochen;
4. die Neuauflage des von den Ingenieurwissenschaftlern soeben abgelehnten Forschungsstudiums;
5. die Durchsetzung neuer Leitungsstrukturen an den Universitäten und Hochschulen mit Gründung von Sektionen und Auflösung der Institute.

Die „Prinzipien" vom Dezember 1965 kündeten unüberhörbar einen neuen Angriff der Bildungspolitik auf die von den Ingenieurwissenschaftlern verteidigten Bastionen ihres beruflichen Selbstverständnisses an. Wie reagierten letztere darauf? In den vom Staatssekretariat angeforderten Stellungnahmen der Fakultäten und Hochschulleitungen zu den „Prinzipien" konzentrierte sich die Kritik auf fünf Hauptpunkte. Das waren die neuen Auflagen zur Veränderung des Studienablaufes, der Hochschulabschluss als Angriff auf das etablierte Berechtigungssystem, die Neuauflage eines spezialisierten Ausbildungsganges für Forschungsingenieure, die Verkürzung des Praktikums und vor allem die Schaffung von Sektionen als einer neuen Leitungsebene. Die Ingenieurwissenschaftler kritisierten die undefinierbare Zwischenstellung der Hochschulingenieure zwischen Fachschul- und Diplomingenieuren. Bei einem Studium von nur acht Semestern bestünde die Gefahr, dass Fachschulmethoden an der Hochschule Eingang hielten. In mehreren Stellungnahmen wurde die Wiedereinführung eines Vorpraktikums verlangt, weil praktische Erfahrungen für Ingenieurstudenten unentbehrlich seien. Für das Forschungsstudium sei eine Diplomprüfung unentbehrlich und die Gefahr, dass im Elfenbeinturm der Wissenschaft persönlich unreife Absolventen erzeugt würden, sei damit keineswegs gebannt.[183]

Ein wichtiger Eckpfeiler der dritten Hochschulreform war die fachliche Profilierung der Hochschulen. Mit ihr wurden die fachlichen Strukturen der technischen Lehre und Forschung reorganisiert, um damit eine inhaltliche Grundlage für die Sektionsgründungen zu schaffen und die Lehr- und Forschungskapazitäten zwischen den Institutionen der höheren technischen Bildung abzustimmen. Es ging vor allem darum, die inhaltlichen Aufgaben der Technischen Hochschulen im Rahmen des von der politischen Elite mit wachsenden Erwartungen beladenen staatssozialistischen Innovationssystems zu konkretisieren. Am 03.03.1966 legte die Hauptabteilung für technische Wissenschaften im Staatssekretariat einen ersten Profilierungsvorschlag vor.[184] Dieser Vorschlag verfolgte vier Ziele. Er zog erstens institutionelle Konse-

183 BArch, DR3/5816: Stellungnahmen der technischen Fakultäten Technischer Hochschulen zu den „Prinzipien" vom Dezember 1965 bis April 1966.

184 SAPMO-BArch, DY 30/IV/A2/9.04/264: Vorschlag „zur Profilierung der technischen Fakultäten und Hochschulen als Bestandteil der Ausarbeitung der Perspektive von Lehre und Forschung in den technischen Wissenschaften und als Grundlage für die Lösung der mit den Prinzipien zur

quenzen aus dem Scheitern des Konzepts der Spezialausbildung der 1950er Jahre, indem er die Umwandlung der monotechnischen Spezialhochschulen in „polytechnische Hochschulen mit einem Profil bestimmenden Schwerpunkt“ forderte.[185] Die Profilierung sollte auch in Zukunft unter Berücksichtigung der territorialen Lage der Industriezweige erfolgen. Diesem Teil des Konzepts der Spezialhochschulen wurde nicht abgeschworen.[186] Gleichzeitig aber sollte nun der polytechnische Charakter der Hochschulen durch Etablierung der für alle Technikbereiche konstitutiven Natur- und Technikwissenschaften gesichert werden. Spätere Vorlagen definierten den polytechnischen Charakter der Hochschulen in dem Grundsatz, es müsse

> „an jeder Hochschule ein Grundbestand vorhanden sein, der Grundlage jeder modernen Ausbildung ist: Mathematik und Rechentechnik, die das Profil der Hochschule betreffenden Naturwissenschaften, Elektrotechnik/Elektronik, Maschinenwesen und die erforderlichen Gebiete der Wirtschaftswissenschaften.“[187]

Zweitens setzte der Vorschlag Eckpunkte für die Profilierung von Grundbereichen der Technik, das Montanwesen, die Elektrotechnik und die Feinmechanik/Optik, das Maschinenwesen und das Bauwesen. Drittens machte das Staatssekretariat detaillierte Vorgaben zur künftigen Sektionsstruktur an allen technischen Hochschulen, den Bauhochschulen, der Verkehrshochschule und der Universität Rostock. Viertens sollten Kapazitäten zusammengefasst und zu diesem Ziel Lehr- und Forschungsgebiete zwischen den Hochschulen verlagert werden. Dieser Punkt wurde in einer weiteren Vorlage durch Funktionäre des Staatssekretariats präzisiert.[188] Geplant waren also weit reichende Eingriffe in die etablierten Strukturen der akademischen technischen Bildung. Doch diese stellten im Unterschied zum letzten Reformvorschlag vom Beginn der 1960er Jahre die Prämissen der school-culture nicht mehr in Frage.

---

weiteren Entwicklung der Lehre und Forschung an den Hochschulen und Universitäten aufgeworfenen Probleme“ vom 03.03.1966.

185 Ebenda, S. 3.

186 Abele betrachtet die territoriale Spezialisierung und Schwerpunktbildung im Hochschulwesen als ein spezifisches Merkmal des Innovationssystems der DDR. Sie trug andere Züge als die erst in den 1970er Jahren einsetzende Regionalisierung in der Bundesrepublik. Abele, Regionalisierung.

187 SAPMO-BArch, DY 30/IV/A2/9.04/264: Vorschlag zur Profilierung der Technischen Fakultäten und Hochschulen als Bestandteil der weiteren Entwicklung von Lehre und Forschung, 31.08.1966, S. 3.

188 Vorgeschlagen wurde zum Beispiel die Aufteilung der Fakultät für Bauwesen der TU Dresden auf die Verkehrshochschule (Bauwesen) und die Hochschule für Architektur und Bauwesen in Weimar (Architektur), die Umsetzung der Fördertechnik von der TU an die Bergakademie Freiberg und die Zusammenlegung der Hochschule für Bauwesen in Leipzig mit der TH Magdeburg. SAPMO-BArch, DY 30/IV/A2/9.04/264: Einige Probleme der langfristigen Entwicklung der Technischen Hochschulen, 29.06.1966, Groschupf (Hauptabteilungsleiter für Technische Wissenschaften) an den Staatssekretär Giessmann.

In einer Vorlage vom 31.08.1966 bündelte die Hauptabteilung für Technische Wissenschaften im Staatssekretariat alle bisherigen Entwürfe in einem Profilierungskonzept und erläuterte nun auch die Konsequenzen der Profilierung für die Ausbildung an den Technischen Hochschulen.[189] Dazu hieß es:

„Die moderne Technische Hochschule bildet Ingenieure, Mathematiker und Naturwissenschaftler aus. Die Ausbildung der Ingenieure erfolgt entsprechend der Hauptaufgabengebiete des Ingenieurs in Forschung, Entwicklung und Produktion mit vier charakteristischen Ausbildungszielen: Der Ingenieur für theoretische Grundlagen der Technik überträgt durch theoretische und experimentelle Forschung die mathematische und naturwissenschaftliche Erkenntnisse, Verfahren und Arbeitsmethoden auf reale technische und technologische Vorgänge zur Entwicklung der wissenschaftliche Grundlagen der Technik und Technologie. Der Ingenieur für Konstruktion und Entwicklung projektiert, berechnet und entwirft industrielle Erzeugnisse, Bauwerke und Anlagen und prüft ihre Funktionstüchtigkeit. Der Ingenieur für Verfahrenstechnik erforscht die Gesetzmäßigkeiten neuer und bekannter technologischer und verfahrenstechnischer Grundoperationen und entwickelt sie für die großtechnische industrielle Anwendung. Der Ingenieur für die Prozessgestaltung plant, projektiert und lenkt die Prozesse der großtechnischen Gewinnung der Rohstoffe, die Prozesse zur Herstellung industrieller Erzeugnisse, die Prozesse der Energieumwandlung und Energieversorgung und die Prozesse des Verkehrs- und Verbindungswesens."[190]

Mit dem Vorschlag, Forschungsingenieure, Konstruktions- und Entwicklungsingenieure, Verfahrensingenieure und Prozessgestaltungsingenieure auszubilden, war die in der letzten Reformdebatte von den Ingenieurwissenschaftlern abgelehnte Ausdifferenzierung der Ausbildung von Forschungs-, Entwicklungs- und Produktionsingenieuren in abgewandelter Form wieder auf dem Tisch. Anders als 1962 sollten die Studenten für die verschiedenen Teilberufe diesmal jedoch eine gemeinsame Grundausbildung erhalten. Dafür wurde jetzt eine völlige Auflösung des Zusammenhangs von Fakultät und Studienrichtung vorgeschlagen. Das Staatssekretariat unterschied nun zwischen Grundlagen- und Fachfakultäten mit der Konsequenz, dass die Studierenden beim Übergang vom Grundlagen- zum Fachstudium die Fakultät zu wechseln hatten. Sektionen wurden in diesem Profilierungsvorschlag zwar als Struktureinheit zwischen Fakultäten und Instituten benannt, ihnen jedoch keine klaren Aufgaben und Kompetenzen zugewiesen. Für die Ingenieurwissenschaften entwickelten die Bildungsplaner sieben Grundvarianten des Grundstudiums[191], auf die die für die verschiedenen Hochschulen Profil bestimmenden Fach-, Spezial- und Forschungsstu-

---

189 SAPMO-BArch, DY 30/IV/A2/9.04/264: Vorschlag zur Profilierung der Technischen Fakultäten und Hochschulen als Bestandteil der weiteren Entwicklung von Lehre und Forschung, 31.08.1966.

190 Ebenda, S. 5.

191 Geplant wurde ein mathematisch-physikalisch-mechanisches, ein mathematisch-physikalisch-elektrotechnisches, ein mathematisch-physikalisch-thermodynamisches, ein mathematisch-physikalisch-geologisches, ein mathematisch-physikalisch-chemisches, ein mathematisch-chemisch-biologisches und ein technisch-gesellschaftswissenschaftliches Grundstudium.

dien aufzusatteln waren. Die Bildungspolitik konzipierte mit ihren Profilierungsentwürfen eine grundsätzlich neue Struktur der akademischen Ingenieurausbildung. Mit dieser sollte die Spezialausbildung der 1950er Jahre endgültig überwunden werden, allerdings um den Preis rigider Eingriffe in die Kompetenzen der ingenieurwissenschaftlichen Elite.

Wie aber reagierte die auf die neuen Konzepte der Bildungspolitik? Am 11.04.1967 legte der Beirat für technische Wissenschaften beim Staatssekretariat ein Profilierungskonzept vor, das nahezu identisch mit dem Vorschlag des Staatssekretariates vom 31.08.1966 war und im letzten Teil, der die notwendigen Maßnahmen zur Ausarbeitung neuer Ausbildungsdokumente auflistete, sogar noch weiter ging.[192] Selbst der ehemalige Dekan der Fakultät für Maschinenwesen der TU Dresden Werner Albring, der in der Thesendiskussion von 1962 die Vorschläge des Staatssekretariates scharf attackiert hatte, akzeptierte diesmal die Vorlagen des Staatssekretariates und des Beirates als eine Chance, die Spezialausbildung endgültig zu überwinden. In einem „Vorschlag zur Organisationsänderung in der Ausbildung an den maschinenbaulichen Fakultäten“ vom Frühjahr 1967 führte er aus, die auf einzelne Industriezweige ausgerichteten Fachrichtungen seien „ein Relikt aus der ersten Nachkriegszeit“, damals durchaus nützlich, inzwischen aber gründlich überholt.[193] Albring unterbreitete erneut einen eigenen Vorschlag zur Ausbildungsreform, der diesmal aber den mit dem Entwurf des Staatssekretariates übereinstimmenden Profilierungsvorschlag des Beirates für Technische Wissenschaften aufnahm und konkretisierte. Auch er akzeptierte jetzt im Unterschied zur letzten Reformdebatte eine Differenzierung der Ingenieurausbildung nach Tätigkeitsfeldern. Er schlug eine neue Fachrichtungsstruktur für das Maschinenwesen vor und skizzierte verschiedene Ausbildungsgänge für Konstrukteure, für Entwicklungsingenieure der Spezialgebiete Energieumformung beziehungsweise Stoffbearbeitung und für Technologen der Spezialgebiete Stoffumwandlung beziehungsweise Stoffbearbeitung. Am Ende seines Papiers drängte er alle Ingenieurwissenschaftler, „die günstige Situation zu einer sinnvollen Umgestaltung der Ausbildung [zu] nutzen.“[194]

Im Vergleich zur letzten Reformdebatte hatte sich die Situation jetzt grundsätzlich geändert. Den Reformansätzen der Bildungspolitik begegneten die technischen

---

192 Universitätsarchiv der TU Dresden, Fakultät Maschinenwesen, Dekanat 1966/67, Nr. 162: Vorschlag des Beirates für Technische Wissenschaften beim Staatssekretariat zur Profilierung der Technischen Hochschulen und Fakultäten zur Ausarbeitung einer neuen Nomenklatur der Ausbildungsrichtungen und zur Gestaltung der Studienpläne als Bestandteil der weiteren Entwicklung von Lehre und Forschung.

193 Universitätsarchiv der TU Dresden, Fakultät Maschinenwesen, Dekanat 1967, Nr. 181: Vorschlag zur Organisationsänderung in der Ausbildung an den maschinenbaulichen Fakultäten, S. 1.

194 Ebenda, S. 6.

Experten diesmal mit einer abwartenden bis grundsätzlich zustimmenden Haltung. Ein Erklärungsansatz dafür ist der Abbau der noch Anfang der 1960er Jahre vitalen Konfliktkultur, nachdem durch das Netz der vielfältigen Expertengremien in der Wissenschafts- und Hochschulpolitik die Konfliktlinien zwischen der Politik und Wissenschaft und Technik porös geworden und Gegensätze durch Personalunionen eingeebnet worden waren. Einen weiteren Erklärungsansatz benannte Albring, als er darauf verwies, dass sich die Ingenieurwissenschaften unter dem Einfluss der modernen Rechentechnik rasch veränderten. Mit ihrer Hilfe hatte der mathematische Zugriff auf technische Probleme eine neue Dimension erreicht. Daraus ergaben sich neue Möglichkeiten für eine analytische Behandlung technischer Zusammenhänge und für die Verknüpfung bisher getrennter Bereiche spezialisierten Wissens. Er stellte fest,

> „dass aber heute eine viel schnellere Abwertung des Lehrstoffes erfolgt, weil neue Abstraktionen zweckvollere Zusammenfassungen ermöglichen und weil z. B. auch die moderne ‚Numerik' ganz neue Möglichkeiten der Ausnutzung von Theorien bietet. Wir erkennen deutlich, dass sich neue Grundlagenfächer entwickeln werden und dass wir die Verpflichtung haben, neue Konzeptionen zu erarbeiten [...]".[195]

Albring betrachtete deshalb die Initiative der Bildungspolitik zur Hochschulreform diesmal nicht als Angriff auf sein berufliches Selbstverständnis, sondern als Chance, die von ihm seit Beginn der 1960er Jahre eingeforderte Verwissenschaftlichung der Ingenieurausbildung endlich umzusetzen.

Parallel zu den neuerlichen Debatten um Reformen im Hochschulwesen der DDR wurde auch in der Bundesrepublik eine Hochschulreform konzipiert.[196] Die Ingenieurwissenschaftler der DDR rezipierten die bundesdeutsche Reformdiskussion, in der ihre Fachkollegen Vorschläge unterbreiteten, die in wesentlichen Punkten frappierende Übereinstimmungen zu den Konzepten der ostdeutschen Bildungspolitik aufwiesen. In den Unterlagen der Fakultät für Maschinenwesen an der TU Dresden findet sich ein Aufsatz des Lehrstuhlinhabers für Maschinenelemente an der TH Stuttgart Albert Leyer mit der programmatischen Überschrift: „Integration als letzte Möglichkeit einer Hochschulreform – Aus der Sicht des Maschinenbauers".[197] Darin nahm er die sich exponential verstärkende Tendenz zur Spezialisierung der Wissensbestände im Maschinenwesen zum Anlass für seine Forderung nach einer grundsätzlichen Reform der Ingenieurausbildung.

---

195 Ebenda, S. 6.

196 Ausführlich zur bundesdeutschen Reformdebatte vgl. Handel, S. 288-291 und Fraunholz u. Schramm.

197 Universitätsarchiv der TU Dresden, Fakultät Maschinenwesen, Dekanat 1967, Nr. 181: Leyer, Integration.

„Was heute als Maschinenbau vorgetragen wird, ist eine verwirrende Schau von Einzelbildern, von denen einige sich derart in Spitzfindigkeiten verlieren, als ob es darum ginge, lauter Superspezialisten auszubilden. Wüssten die Studierenden von sich aus nicht, dass Maschinenbau etwas anderes ist, würden sie uns vermutlich in Scharen weglaufen. [...] Die Hochschulen haben es [...] versäumt, die neuerschlossenen Erkenntnisse laufend in das jeweils gültige Weltbild einzufügen, Wesentliches vom Unwesentlichen zu scheiden und unablässig an einer Zurückführung der Erkenntnisse auf möglichst wenige Grundprinzipien hinzuarbeiten. Anstatt die Studierenden dazu anzuregen, ihre Einsichten untereinander in Beziehung zu bringen, gingen sie selbst in Forschung und Lehre den bequemen Weg des Partikularismus."[198]

Das Problem der Spezialausbildung war also kein systemspezifisches, ausschließlich auf den ostdeutschen Gesellschafts- und Hochschulumbau beschränktes Problem, sondern eine ebenso für die bundesdeutsche Hochschulpolitik zu lösende Aufgabe.[199] Schon die Ende 1964 veröffentlichten Empfehlungen des Wissenschaftsrates zur Hochschulreform nannten die Frage, wie „die mit der schnell fortschreitenden Spezialisierung und Auswertung der Wissenschaften notwendig werdende Übersetzung der Forschung in die Lehre" erfolgen solle „ein bis heute in Deutschland weithin noch ungelöstes Problem".[200] Der Wissenschaftsrat diagnostizierte den Verlust der Einheit von Forschung und Lehre. Zur Therapie schlug er ein zweistufiges akademisches Ausbildungssystem vor, das allen Studierenden eine wissenschaftliche Berufsausbildung und einem kleineren Teil in einem weiterführenden Studium die Befähigung zur wissenschaftlichen Forschungstätigkeit vermittelt.[201] Die Einheit von Lehre und Forschung wurde damit freilich nurmehr für einen kleinen Teil der Studierenden bewahrt. Das allerdings erschien als aussichtsreicher Weg, um im Zeitalter der Bildungsexpansion die Funktion der Wissenschaft zur Sozialisation von Eliten zu retten.

Der Stuttgarter Maschinenbauer Leyer konkretisierte 1967 diesen Ansatz für die Ingenieurausbildung mit dem Vorschlag, an den Technischen Hochschulen eine Ingenieurelite für die Forschung und an neu zu schaffenden Einrichtungen die Masse der Ingenieure, er nennt sie Anwendungsingenieure, auszubilden. Als Vorbild für letztere nennt er die dänischen Ingenieurakademien. Anders als der Wissenschaftsrat plädierte Leyer für eine institutionelle Hierarchisierung der akademischen Ingenieurausbildung. Im Zusammenhang damit forderte er ganz vehement, das Prinzip der Selbstverwaltung der Hochschulen abzuschaffen, weil sonst die notwendigen Ausbildungsreformen nicht durchsetzbar seien. Bemerkenswert ist, dass Leyer mit den

198 Ebenda, S. 184.

199 Weingart charakterisiert den Trend zur Spezialisierung als zwingende Konsequenz des Wachstums der Wissenschaft, die mit Spezialisierung auf die relativ konstante Rezeptionskapazität individueller Wissenschaftler reagiert. Weingart, Wahrheit, S. 87-126.

200 Zitiert aus Leyer, S. 185.

201 Am Beginn des 21. Jahrhunderts werden analoge Konzepte im Zuge der Angleichung akademischer Ausbildungsstrukturen in der Europäischen Union realisiert.

Forderungen nach a) Abschaffung der Hochschulselbstverwaltung und b) Gründung neuer Institutionen für die akademische Ausbildung von „Anwendungsingenieuren" Vorschläge unterbreitete, die mit der dritten Hochschulreform in der DDR umgesetzt wurden. Trotz unterschiedlicher politischer Systeme konnten ähnliche Problemlagen in der Wissenschafts- und Hochschulentwicklung also auch zu ähnlichen Lösungsansätzen führen. Die konkreten Problemlösungsstrategien waren dann jedoch systemspezifisch durchaus unterschiedlich.

Der Vorschlag, die Hochschulselbstverwaltung abzuschaffen, war im demokratischen System der Bundesrepublik nicht konsensfähig. In der DDR hingegen, wo diese Abschaffung schon früher begonnen hatte, wurde sie jetzt konsequent zu Ende geführt. Der entscheidende Schritt hierzu war die Gründung von Sektionen.[202] Mit der Auflösung der Institute und der Zusammenfassung von Ordinarien in einer Sektion, deren Direktor nicht gewählt, sondern von der Universitätsleitung eingesetzt wurde und weisungsberechtigt gegenüber den Professoren seiner Sektion war, verloren letztere einen Großteil ihrer Handlungsspielräume, zumal alle finanziellen Ressourcen jetzt in der Sektionsleitung zentralisiert wurden. Mithin bildeten die Sektionen die entscheidende Grundlage für die Zentralisierung von Entscheidungsstrukturen, die wiederum das Kräfteverhältnis zwischen politischer Elite und wissenschaftlichen Experten nachhaltig zugunsten der politischen Elite verschob.

Dass die politische Elite am Ende der 1960er Jahre ganz anders als zu Beginn des Dezenniums in der Lage war, diese einschneidende Einschränkung der Handlungsspielräume der wissenschaftlichen Experten durchzusetzen, hatte mehrere Gründe. Einer war der vorn schon beschriebene Abbau der Konfliktkultur durch die Einbindung der Experten in Beratungsgremien oder ihren Aufstieg in die Politik. Ein weiterer war der in den 1960er Jahren stattfindende Generationswechsel. Seit den 1960er Jahren dominierten auch in den Natur- und Technikwissenschaften die nach 1945 habilitierten Professoren, die „ihre wissenschaftliche Ausbildung, politische Bindung und habituelle Prägung in der sozialistisch verfassten Hochschule der DDR erhalten" hatten.[203] Für diese Professoren bedeutete die Dritte Hochschulreform keine endgültige Abkehr von grundlegenden Traditionen der deutschen Hochschulkultur, denn sie hatten diese Hochschulkultur nur im sukzessiven Umbau kennen gelernt. Viele von ihnen standen am Beginn ihrer beruflichen Karriere und hatten daher keine Besitzstände zu verteidigen, sondern versuchten, sich im Prozess des Strukturwandels überhaupt erst eine einflussreiche Position zu sichern. Dass sie dabei die letzten Reste professioneller Autonomie aufgaben, war vielen von ihnen offensichtlich nicht bewusst. Schließlich trug auch der Ablauf des Hochschulumbaus dazu bei, diese

---

202 Ausführlich dazu Jessen, Akademische Elite, S. 197-206 und Laitko, Umstrukturierungen.

203 Ebenda, S. 286 ff., 336. Konkrete Untersuchungen zum Generationswechsel an den Technischen Hochschulen stehen allerdings noch aus.

Dimensionen zu vernebeln. Bis zum Ende des Jahres 1967 war unklar, welche Aufgaben und Vollmachten den Sektionen übertragen werden sollten. Der Sektor Naturwissenschaft und Technik des Staatssekretariats für HFW berichtete am 07.07.1967 an die Abteilung Wissenschaft im ZK, dass der Staatssekretär Giessmann selbst die Sektionsbildung bremst, „da er die Meinung vertrat – warum Sektionen, wenn man mit Komplexinstituten das gleiche erreichen kann, sodass augenblicklich die Frage der Sektionsbildung konzeptionell wieder mehr oder weniger offen ist."[204] Erst seit Ende 1967 wurde klar, dass die Sektionen nicht, wie vielfach angenommen, nur eine neue Leitungsebene zwischen Fakultät und Institut darstellten, sondern zum entscheidenden Vehikel für den Hochschulumbau wurden.[205] Über die seit Sommer des Jahres 1968 in relativ kurzer Zeit durchgeführten Sektionsgründungen wurden die Studiengänge in der akademischen Ingenieurausbildung neu geordnet, die Forschungsaufgaben und -beziehungen mit der Industrie präzisiert und die Position von Fachgebieten im Hochschulumfeld bestimmt. Der tief greifende Umbau der fachlichen Strukturen veränderte nicht zuletzt auch das Geschlechterverhältnis in der Ingenieurausbildung. Die Umgruppierung von Studienfächern und die Veränderung des fachlichen Kontextes von Fachgebieten hatte Einfluss auf die geschlechtliche Codierung von Studiengängen.[206] So ging zum Beispiel an der TU Dresden die Zusammenfassung konsumorientierter Fachrichtungen des Maschinenbaus in der Sektion Verarbeitungs- und Verfahrenstechnik mit einer starken Feminisierung der Studiengänge einher, die vor der dritten Hochschulreform an der Fakultät für Maschinenwesen (Verfahrenstechnik, Verarbeitungsmaschinen) und an der Fakultät für Technologie (Lebensmitteltechnik, Textil- und Bekleidungstechnik, Papiertechnik, Holz- und Faserstofftechnik) beheimatet waren.[207]

---

204 SAPMO-BArch, DY 30/IV/A2/9.04/264: Bericht über den Stand der Erarbeitung des Programms der Profilierung und Konzentration der Forschung und Ausbildungskapazitäten an den Technischen Hochschulen für Maschinenbau und Elektrotechnik (einschließlich der Technischen Fakultät der Universität Rostock) 07.07.1967.

205 Erst im Frühsommer des Jahres 1968 wurde das ganze Ausmaß des Hochschulumbaus deutlich. Wenn Prof. Jungnickel in der Fakultätsratssitzung des Maschinenwesens am 05.06.1968 erklärte, dass es in den zu gründenden Sektionen nur noch Lehrstühle geben wird, muss bis dahin noch nicht allen Professoren klar gewesen sein, dass die Sektionsgründung zur Auflösung der Institute führen wird. (Universitätsarchiv der TU Dresden, Fakultät Maschinenwesen, Nr. 142) Tatsächlich tauchten in den Protokollen aus früheren Sitzungen häufig die Institute als Grundeinheiten der Sektionen auf. Ebenfalls auf der Sitzung vom 05.06.1968 berichtete Professor Berthold, dass den Sektionen die Haushaltmittel übertragen werden sollten.

206 Vgl. dazu die Kapitel 1. und 3.2 in Teil III.

207 Vgl. dazu die Grafiken IV/7 und A17c in dieser Arbeit.

Der institutionelle Ausbau durch die zweite Bildungsexpansion

Mit dem qualitativen Umbau schaffte die Bildungspolitik zugleich entscheidende Voraussetzungen für den quantitativen Ausbau des Hochschulsystems. Dabei wurden die Ziele der Bildungsexpansion sowohl aus der Wettbewerbssituation des Kalten Krieges als auch aus den erwarteten Anforderungen des industriellen Strukturwandels abgeleitet. Im Laufe des Jahres 1967 beschäftigten sich sowohl die Staatliche Plankommission als auch das 1967 zum Ministerium aufgewertete Staatssekretariat für Wissenschaft und Technik damit, Prognosen für die Entwicklung des Bestandes an Hoch- und Fachschulkadern zu erstellen. Das Ministerium für Wissenschaft und Technik fixierte als Zielgröße der Prognose den „Kaderbesatz [...] vergleichbarer hoch entwickelter Industrieländer."[208] Um den zu erreichen, sollte der „Kaderbestand" bis 1980 auf das Zweieinhalbfache ausgedehnt werden, wobei der Bestand an Hochschulkadern schneller als der an Fachschulkadern und dabei wiederum der Bestand an Naturwissenschaftlern und Ingenieuren am schnellsten wachsen sollte.

Ihren Planungsansatz orientierten die staatlichen Wissenschafts- und Technikfunktionäre vor allem an dem Vergleich mit der Bundesrepublik. Sie gingen davon aus, dass die DDR Anfang der 1970er Jahre den bundesdeutschen Bestand an Naturwissenschaftlern und Ingenieuren einholen könne, dass die Bundesrepublik jedoch durch hier seit Mitte der 1960er Jahre erhöhte Investitionen im Hoch- und Fachschulwesen in der Lage sein werde, ihren Expertenbestand ab 1975 beschleunigt zu erweitern. Deshalb forderten die Wissenschaftsfunktionäre, dass die Zulassungszahlen erweitert und entsprechende Investitionen getätigt werden, damit „der westdeutsche Stand ab 1975 gehalten und möglichst überschritten werden kann. Das betrifft vor allem einige Naturwissenschaften, die Technischen Hochschulen und die Ingenieurschulen."[209] Mit Blick auf bundesdeutsche Pläne zur Aufwertung von Ingenieurschulen zu Fachhochschulen (im Dokument war noch von „Ingenieurakademien" die Rede, die auch Leyer erwähnt hatte), schlugen die Wissenschaftsfunktionäre vor, „die fortgeschrittensten Ingenieurschulen bezüglich des Niveaus der Ausbildung und Erziehung, der Komplexität ihres Profils, der Entwicklung des Lehrkörpers, der materiell-technischen Ausrüstung und der Größe schrittweise zu polytechnischen

---

208 BArch, DF4/6406: Die Entwicklung des Bestandes an Hoch- und Fachschulkadern, die gesellschaftliche Stellung und Verantwortung, die Auswahl und Erziehung sowie die Aus- und Weiterbildung wissenschaftlich-technischer Kader.

209 Ebenda, S. 6. Außerdem forderte die Problemstudie des Ministeriums für Wissenschaft und Technik eine beschleunigte Nachwuchsentwicklung über das Forschungsstudium, die Durchsetzung des Leistungsprinzips in der wissenschaftlichen Arbeit mittels befristeter Besetzung von Leitungsfunktionen in der Wissenschaft, Stellenausschreibungen und Berufungen auf Zeit sowie die Abschaffung von Doppelfunktionen und Personalunion.

Instituten mit Hochschulcharakter zu entwickeln."[210] Deren Aufgabe sollte die „produktionsorientierte wissenschaftliche Ausbildung" sein, während an den Technischen Hochschulen eine „vornehmlich auf die Schaffung des wissenschaftlichen Vorlaufs für die Forschung und Entwicklung orientierte wissenschaftliche Ausbildung" stattfinden sollte. Dieser Vorschlag griff das im letzten Reformprojekt[211] gescheiterte Konzept des akademisch gebildeten Produktionsingenieurs wieder auf, dem man jetzt auch wegen der ähnlich gelagerten Reformkonzepte in der Bundesrepublik bessere Realisierungschancen einräumte. Anders als im Vorschlag von 1962 sollten die Produktionsingenieure nun nicht mehr an den Technischen Hochschulen, sondern an den neuen Institutionen ausgebildet werden. Damit glaubten die Bildungsplaner zwei Fliegen mit einer Klappe schlagen zu können. Die Aufwertung ausgewählter Ingenieurschulen zu Ingenieurhochschulen ermöglichte es erstens, den Investitionsaufwand zur Erhöhung der Zahl von Hochschulabsolventen begrenzt zu halten, was in Anbetracht des hohen Investitionsbedarfes für die ehrgeizigen Pläne zur Förderung von Schlüsseltechnologien und industriellen Strukturwandel von großer Bedeutung war. Die Ingenieurhochschulen erweiterten die Ausbildungskapazität für Hochschulstudenten in Größenordnung der Gesamtstudentenzahl der TU Dresden.[212] Zweitens umging die politische Elite den Widerstand der ingenieurwissenschaftlichen Elite dadurch, dass sie nun die Ausbildung eines akademisch gebildeten, aber praxisorientierten Ingenieurs mit Hochschulabschluss nicht an den Technischen Hochschulen, sondern an den aufgewerteten Ingenieurschulen durchsetzte. Diesen Widerstand auszuschalten war um so wichtiger, als das Konzept des Produktionsingenieurs mit Hochschulabschluss das in den Professionalisierungskämpfen der Ingenieure etablierte Berechtigungssystem ignorierte und die Zugangskontrolle der Experten in den Beruf unterminierte.

Voraussetzungen für die Zulassung zum Studium an Ingenieurhochschulen waren die Hochschulreife und eine abgeschlossene Berufsausbildung.[213] Nach einem dreieinhalbjährigen Studium, davon waren drei Jahre an der Hochschule und ein halbes Jahr in der industriellen Praxis zu absolvieren, erhielten die Absolventen den Hochschulabschluss. Sie konnten nach ein- bis eineinhalbjähriger Tätigkeit in einem Betrieb durch Anfertigung einer Diplomarbeit und Teilnahme an der marxistisch-leninistischen Weiterbildung den Grad eines Diplomingenieurs erwerben. Damit hatte die Bildungspolitik die Zugänge in den Ingenieurberuf um einen neuen Weg erweitert und gleichzeitig die Heterogenität der Profession verstärkt.

---

210 Ebenda, S. 23 f. Das Projekt, ausgewählte Ingenieurschulen zu „polytechnischen Instituten" zu entwickeln, wurde von Ulbricht auf dem VII. Parteitag vorgeschlagen.

211 Vgl. Thesen, S. 32.

212 Vgl. dazu Grafik III/3.

213 Verfügungen und Mitteilungen des Ministeriums für Hoch- und Fachschulwesen 12/68, S. 2.

Die Zugangskontrolle der ingenieurwissenschaftlichen Elite wurde zusätzlich durch Auflagen zur Rekrutierung von Facharbeitern und Frauen begrenzt. Ersteres erfolgte durch der Einführung von einjährigen Vorkursen, in denen Facharbeiter eine studienfachbezogene „Hochschulreife“ als Zulassungsvoraussetzung für Ingenieurhochschulen erwerben konnten, eine Maßnahme, mit der die hohen Zulassungskontingente der Bildungsexpansion durch Absenkung der Bildungsvoraussetzungen erfüllt werden sollten.[214] An der Dresdner Ingenieurhochschule für Elektrotechnik und Datenverarbeitung zum Beispiel hatten 1970 50 Prozent aller Studierenden eine Sonderreifeprüfung absolviert.[215] Zur Rekrutierung von Frauen sollten die Ingenieurhochschulen das bislang nur an technischen und ökonomischen Fachschulen eingeführte Frauensonderstudium einrichten.[216] Die Dresdner Ingenieurhochschule immatrikulierte im Studienjahr 1970/71 40 Studentinnen für ein Frauensonderstudium. Allerdings klagte die Parteileitung der Schule über mangelnde Unterstützung seitens der Betriebe bei der Einrichtung von Frauensonderklassen.[217]

Die Realisierung der auf dem VII. SED-Parteitag erstmals ausgesprochenen Gründung von Ingenieurhochschulen begann in der heißen Phase der Hochschulreform im Frühjahr des Jahres 1968. Am 29.04.1968 erließ der Ministerrat einen Beschluss zur Schaffung von zwölf Ingenieurhochschulen, der allerdings nicht im Gesetzblatt veröffentlicht wurde.[218] Erst im Dezember des gleichen Jahres publizierte das Ministerium für HFW „Leitgedanken für die Entwicklung der Ingenieurhochschulen [...].“[219]Als deren Aufgabe fixierte das Ministerium für HFW die Ausbildung von Technologen für Struktur bestimmende Zweige der Volkswirtschaft, namentlich für die elektronische Industrie, den wissenschaftlichen Gerätebau, den Maschinenbau, die chemische Industrie, das Bauwesen sowie für den Einsatz elektronischer Datenverarbeitungsanlagen zur Rationalisierung der Informations- und Leitungsprozesse in allen Wirtschaftseinheiten.[220] Es ging also um die bildungspolitische Absicherung des industriellen Strukturwandels zugunsten von Schlüsseltechnologien.

Die Gründung der Ingenieurhochschulen wurde in den „Leitgedanken“ als Beitrag zur Beschleunigung der Bildungsexpansion definiert. Sie erhielt durch dieses neue Projekt eine größere Dringlichkeit. Auf dem 9. ZK-Plenum (22. bis 25. Oktober

---

214 SAPMO-BArch, DY 30/IV/A2/9.04/44: Sektor Naturwissenschaft und Technik, 30.10.1969, Information über den Stand der Erfüllung des Sonderprogramms.

215 SAPMO-BArch, DY 30/IV/A2/9.04/44: Parteileitungsbericht der Ingenieurhochschule Dresden vom 10.04.1970.

216 Zu den Frauensonderklassen vgl. Kapitel 3.2 in Teil III dieser Arbeit, S.257-261.

217 SAPMO-BArch, DY 30/IV/A2/9.04/44: Parteileitungsbericht der Ingenieurhochschule Dresden vom 10.04.1970.

218 Köhler, Geschichte (1961-1980), Teil I, S.75.

219 Verfügungen und Mitteilungen des Ministeriums für Hoch- und Fachschulwesen 12/68, S.1-4.

220 Verfügungen und Mitteilungen des Ministeriums für Hoch- und Fachschulwesen 12/68, S.2.

1968) hatte die Parteiführung beschlossen, die ursprünglich für 1980 vorgegebene Anzahl an Hoch- und Fachschulabsolventen im naturwissenschaftlich-technischen Bereich schon Mitte der 1970er Jahre zu erreichen.[221] Diese Hochsetzung der eigenen Zielvorgaben verriet, dass die unter wachsendem Erfolgsdruck stehende politische Elite ihre Hoffnungen immer mehr auf die vermeintliche Problemlösungskapazität von Wissenschaft und Technik konzentrierte. Das führte zu immer unrealistischeren Programmen für die Technikentwicklung, für deren Umsetzung wiederum der strukturelle Hochschulumbau immer weiter vorangetrieben wurde.

Das ehrgeizigste, den zunehmenden Realitätsverlust der politischen Elite überdeutlich widerspiegelnde Projekt der späten Ulbricht-Ära wurde unter dem Slogan „Überholen ohne Einzuholen" propagiert. Die Grundidee dieses Programms war die vom Chef der Staatlichen Plankommission, dem habilitierten Chemiker Helmut Lilie entwickelte Vorstellung, dass die im Kalten Krieg entscheidende technische Überlegenheit nicht durch eine Aufholjagd, sondern eher durch einen Überraschungsangriff zu erreichen war. Der sollte sich auf die Entwicklung völlig neuer, im Westen noch nicht existierender Technologien stützen.[222] Parteichef Ulbricht war von dem Projekt so begeistert, dass er es zu einer Grundsäule seiner Politik in den letzten zwei Amtsjahren vor seinem Sturz erhob. Im Jahr des Prager Frühlings, als die Sehnsucht der linken Intellektuellen durch demokratische Reformen im Sozialismus eine gesellschaftliche Alternative zum Kapitalismus zu entfalten, von kommunistischen Parteiführern des Warschauer Paktes militärisch niedergeschlagen worden war, avancierten in der DDR die wissenschaftlich-technischen Experten kurzzeitig zu den alleinigen Hoffnungsträgern der politischen Elite, um die Überlegenheit des Sozialismus in der Systemauseinandersetzung durchzusetzen. Ulbricht übertrug den Experten die Aufgabe, „gewissermaßen am gegenwärtigen wissenschaftlich-technischen Höchststand vorbei, völlig neue Wirk- und Arbeitsprinzipien, neue technologische Verfahren auszuarbeiten und praktisch zu beherrschen, die dazu erforderlichen neuen Maschinensysteme und Produktionsinstrumente zu entwickeln und auf diese Weise einen neuen wissenschaftlich-technischen Höchststand zu bestimmen".[223]

---

221 Ziel war es, die für 1980 fixierten Ziele für den Hoch- und Fachschulkaderbestand für die naturwissenschaftlich-technischen Richtungen bereits Mitte der 1970er Jahre zu erreichen. SAPMO-BArch, DY 30/IV/ 2A/9.04/28: Entwurf des Beschlusses des Staatsrates der Deutschen Demokratischen Republik über die Weiterführung der 3. Hochschulreform und die Entwicklung des Hochschulwesens bis 1975, S. 25.

222 Fixiert wurde dieses Konzept auf der Politbürositzung vom 28.11.1968. Der Slogan vom „Überholen ohne einzuholen" stammte bezeichnenderweise von einem Protagonisten der Systemtheorien, dem sowjetischen Kybernetikprofessor Gluschkow, der auf der Beratung von Mitgliedern der Parteiführung mit dem Ministerrat und Vertretern des Forschungsrates, auf der Lilie sein technikpolitisches Konzept vorstellte, ebenso zugegen war wie Parteichef Ulbricht. Steiner, Die DDR-Wirtschaftsreform, S. 445.

223 Ulbricht, „Überholen ohne einzuholen, S. 18.

Als Hauptwege zur Umsetzung der ehrgeizigen Pläne betrachteten die Funktionäre der Hochschulpolitik die beschleunigte Ausbildung von technischen Experten und ihren bevorzugten Einsatz in der Forschung. Das am 14.01.1969 vom Politbüro beschlossene „Sonderprogramm 1976" präzisierte die Maßnahmen zur Bildungsexpansion. Es konkretisierte den bereits im Vorjahr gefassten Beschluss zur Gründung von Ingenieurhochschulen[224], kündigte die Gründung von technischen Sektionen an den Universitäten in Jena und Berlin an und legte eine Verkürzung des Hochschulfernstudiums in technischen Fachrichtungen fest, um Fachschulingenieure in einem vierjährigen Fernstudium zum Diplom zu führen.[225] Parallel dazu wurde in einem Beschluss des Staatsrates über die „Weiterführung der dritten Hochschulreform und die Entwicklung des Hochschulwesens bis 1975" die Großforschung zur Hauptrichtung für den Ausbau des Forschungspotenzials erklärt.[226] Die von der Bildungspolitik als dem Sozialismus adäquate Form der Wissenschaftsorganisation verstandene Großforschung bildete das forschungspolitische Pendant der Kombinatsreform der Jahre 1968 bis 1970. Der Zentralisierung der Industrieproduktion in Kombinaten, mit der die endgültige Abkehr von der Wirtschaftsreform vollzogen wurde, sollte die Zentralisierung der Forschungstätigkeit in Großforschungseinrichtungen entsprechen.[227]

Für die Hochschulen war das Projekt der Großforschung nicht nur als neues Arbeitsfeld für Absolventen relevant. Der Staatsratsbeschluss zur Weiterführung der dritten Hochschulreform sah außerdem vor, das Forschungspotenzial der Hochschulen auf dem Wege der auftragsgebundenen Vertragsforschung in die Großforschung der Industrie zu integrieren. Es sollte zudem über die Einbeziehung der Studenten in die Forschung der Sektionen sowie durch den Ausbau des Forschungsstudiums erweitert werden.[228] Die Aufwertung der studentischen Forschung war ein eher pragmatischer Versuch, über die akademische Bildungspolitik akute Wirtschaftsprobleme zu lösen. Begleitet wurde dieses Vorhaben von der paradoxen Auflage, parallel zum Aufbau eines forschungsorientierten Studiums die Studienzeit für alle Ausbildungs-

224 Statt 12 sollten jetzt 11 Ingenieurhochschulen gegründet werden, davon waren 10 mit insgesamt 33 Sektionen bis zum 01.10.1969 zu eröffnen.

225 SAPMO-BArch, DY 30/IV/2A/9.04/44: Sektor Naturwissenschaft und Technik, 30.10.1969, Information über den Stand der Erfüllung des Sonderprogramms. Zur Entwicklung des Fernstudiums vgl. Tab.C4/5 und Fußnote 81.

226 Die Hochschulen sollten diesen Beschlussentwurf bis Ende Februar 1969 diskutieren, taten das aber allenfalls formal, denn erwartet wurde nur Zustimmung. Am 03.04.1969 beschloss der Staatsrat den Entwurf vom Januar mit nur geringfügigen Änderungen. Die Festlegungen erhielten damit den Charakter verbindlicher Anweisungen. Beschluss des Staatsrates der deutschen Demokratischen Republik: Die Weiterführung der 3. Hochschulreform und die Entwicklung des Hochschulwesens bis 1975, vom 03.04.1969, in: GBL 1969, Teil I, Nr. 3, S. 5-19.

227 Steiner, Die DDR-Wirtschaftsreform, S. 461 ff. und Tandler, Geplante Zukunft, S. 301-312, zur Kombinatsreform vgl. Roesler, Kombinate, S. 253 ff.

228 Staatsratsbeschluss 03.04.1969, S. 8 f.

richtungen auf vier Jahre zu reduzieren. Die Bildungsexpansion sollte über diese Auflage in einer Situation abgesichert werden, in der die Konzentration aller Investitionsmittel auf industrielle Schwerpunktbranchen immer weniger Spielräume für den Hochschulausbau ließ.

Die nach den Vorgaben der politischen Elite gesteuerte Bildungsexpansion und der Hochschulumbau hatten die Ingenieurausbildung also grundlegend verändert und die professionelle Autonomie der Experten in Ausbildungsfragen nahezu vollständig aufgelöst. Der im Zusammenhang mit den Sektionsgründungen erfolgte Umbau fachlicher Strukturen in der Ingenieurausbildung, die Aufhebung der Vorherrschaft Technischer Hochschulen durch Ermächtigung von Ingenieurhochschulen und traditionellen Universitäten zur akademischen Ingenieurausbildung, die Auflösung des etablierten Berechtigungssystems durch Einführung eines neuen Abschlusses unterhalb des Diploms, die Unterminierung der Zugangskontrolle in den Beruf durch Auflagen zur Rekrutierung von Frauen und Facharbeitern und durch die staatliche Vorgabe zulässiger Exmatrikulationsquoten, die angewiesene Verkürzung der Ausbildungszeit und last but not least die Ausdifferenzierung verschiedener Bildungswege für Produktions- und für Forschungsingenieure – all das waren Maßnahmen, mit denen die Dreieinigkeit von wissenschaftlicher, praktischer und Leitungsexpertise als Prämisse der homosozialen Berufsidentität technischer Experten, die sie drei Jahre nach dem Mauerbau in der Anordnung zur Umgestaltung der Ausbildung von Diplomingenieuren vom 01.09.1964 bekräftigt hatten, im achten Jahr nach dem Mauerbau beseitigt wurde.

In der Phase der forcierten Bildungsexpansion, die eigentlich mit der Vorstellung eines Bedeutungszuwachses der technischen Experten für die Lösung der in der Systemkonkurrenz kulminierenden sozialökonomischen Probleme in Gang gesetzt worden war, wurde die professionelle Autonomie der ingenieurwissenschaftlichen Elite weitgehend aufgehoben. Die Duldsamkeit der technischen Experten gegenüber diesem Autonomieverlust war weniger das Ergebnis der Unterdrückung von Widerstandspotenzialen infolge der diktatorischen Herrschaftspraxis. Vielmehr beruhte sie im Wesentlichen auf einem partiellen Einverständnis der Ingenieurwissenschaftler mit den Maßnahmen der Hochschulreform, die in dem unter ihrer Mitwirkung vollzogenen fachlichen Umbau technischer Studiengänge eine Chance sah, die Ingenieurausbildung an neue Trends in der Entwicklung der Ingenieurwissenschaften anzupassen.

Diese Verschiebungen im Kräfteverhältnis zwischen technischen Experten und politischer Elite waren nicht nur der Haupthebel für den Berufsumbau, sondern zugleich Ausdruck einer neuen Geschlechtssemantik. Die Tatsache, dass die technischen Experten ihre auf instrumentelle Vernunft gegründete Autorität in der Festlegung der Spielregeln im sozialen Feld der Technik, zum Beispiel über die Definition von Kriterien für den Berufszugang, die Fixierung der für die Berufsausübung erforderlichen Wissensbestände oder die fachliche Zuordnung und Abgrenzung von Teilbereichen nicht mehr autonom zur Geltung bringen konnten, verweist darauf, dass technische Rationalität allein im Sozialismus nicht mehr ausreichte, um Autorität zu genießen und Überlegenheit zu verkörpern. Das war jetzt nur noch in Kollaboration mit der auf politische und militärische Gewalt gestützten politischen Elite möglich. Kockas Beobachtung, dass Wissenschaft [und auch Technik] mit der Politik im Sozialismus ein „vielfach vermitteltes symbiotisches Verhältnis" eingingen[229], ist demnach auch als eine Neuinszenierung von hegemonialer Männlichkeit im Sozialismus zu begreifen.[230]

3. Förderungen und Forderungen – Frauenstudium für Männerberufe und der Systemwettbewerb an der Bildungsfront

Die Politik zur Mobilisierung von Frauen für die Technik erwies sich als eine Schlüsselstrategie des Systemwettkampfes an der Bildungsfront. Im Prozess ihrer Durchsetzung wurden sowohl die Entscheidungsspielräume technischer Experten als auch die Geschlechtergrenzen in technischen Handlungsräumen neu ausgemessen. Mit der Rekrutierung von Frauen für Ingenieurberufe veränderte sich vor allem der Wert technischer Rationalität als Ressource für hegemoniale Männlichkeit.

Wir wollen im letzten Kapitel des dritten Teils analysieren, auf welchen Wegen die politische Elite die Mobilisierung von Frauen für technische Studiengänge zu erreichen suchte, wie die Ingenieurwissenschaftler auf die politischen Interventionen zur Frauenförderung reagierten und welche Bildungsstrategien die Frauen selbst durchsetzen konnten.

3.1 Frauenförderung im Studienzugang in der Nachkriegsgesellschaft (1945-1960)

Bereits unter den Bedingungen der sowjetischen Besatzungsherrschaft sind Bemühungen nachweisbar, Frauen zu einem Ingenieurstudium zu ermutigen. Sie erfolgten hier unter Kontrolle der Besatzer und bildeten ein wesentliches Element der Sowjeti-

229 Vgl. Anm. 12 in Teil III dieser Arbeit.

230 Die Forschungen über Männlichkeiten im Sozialismus stehen noch ganz am Anfang. Erste Ergebnisse finden sich in Stüssel, „Starker Mann"; Scholz, Biographische Konstruktion; Biess, Pioneers und Brandes, Held der Arbeit.

sierungspolitik.[231] Im Kontext der Maßnahmen zur diktatorischen Gegenprivilegierung im Studienzugang, mit der die politische Elite die Heranbildung einer neuen, aus ehemals benachteiligten Schichten rekrutierten Intelligenz durchzusetzen versuchte, wurde auch die Chancengleichheit der Frauen verankert. Zulassungskommissionen, in denen neben anderen Repräsentanten der Gesellschaft eine Vertreterin des ostdeutschen Frauenverbandes DFD die Berücksichtigung von Fraueninteressen kontrollierte, hatten bei der Auswahl der Studienbewerber die neuen Zulassungsprioritäten durchzusetzen.[232] Die Zulassungsrichtlinie vom April 1948 regelte explizit, dass „eine Benachteiligung von Bewerbern auf Grund ihres Geschlechts" nicht statthaft sei.[233] Offiziere der sowjetischen Militäradministration kontrollierten über die Genehmigung der Zulassungslisten, dass die neuen Prioritäten in der Studienplatzvergabe berücksichtigt wurden.[234] Parallel dazu erschienen in der Frauenpresse verschiedene Berichte über die Anzahl der in der Sowjetunion im Ingenieurberuf tätigen Frauen als auch Porträts sowjetischer und einzelner ostdeutscher Ingenieurinnen und Ingenieurstudentinnen.[235] Dennoch ging der Frauenanteil unter den TH-Studenten zunächst ab 1947 drastisch von 16 auf 6 Prozent im Jahre 1950 zurück und die Studentinnenzahlen an der TH Dresden erreichten und übertrafen erst 1953 wieder die hohen Werte vom Sommersemester des Jahres 1944.[236]

---

231 Die sowjetische Bildungspolitik hatte 1929 eine Frauenquote von 25 Prozent für den Ingenieurbereich vorgeschrieben. Bailes, S. 201. Diese Quote wurde in den 1930er Jahren erreicht und überschritten. 1940 betrug der Frauenanteil in technischen Studiengängen über 40 Prozent. Er sank bis zum Ende der 1950er Jahre wieder auf ca. 30 Prozent. Bailes, S. 202, de Witt, S. 347

232 Sächs.HStA, LRS, MfV, 1074, Bl. 190.

233 SAPMO-BArch, DY 30/IV/2/9.04/455/54.

234 Sächs.HStA, LRS, MfV, 1074, Bl. 200, 221, 229, 225, 254, 266 und Haritonow, S. 203-204.

235 „Einzelne Glieder einer langen Kette", in: Deutscher Frauenpressedienst (1948), 12:2; „Eindrücke einer großen Reise", in: ebenda, (1948) 22:8; „Hilde Hellebrand", in: ebenda, (1948) 26:14; Ingeburg Nawroth, „Was bewog mich, Ingenieurin zu werden?", in: Neues Frauenleben. Das Blatt zur Information des DFD Landesverband Sachsen (1949) 15:9.

236 Im letzten Studiensemester während des Krieges waren 382 Frauen an der TH Dresden eingeschrieben. Sächs. HStA, MfV, 15781, Verzeichnis der Studierenden der Sächsischen Technischen Hochschule 1941-1944.

Grafik III/13: Männliche und weibliche Direktstudenten der TH Dresden 1946-1953[237]

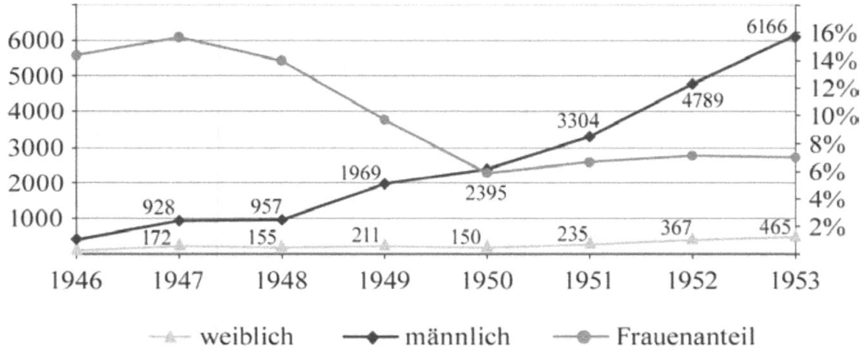

Die anfänglich rückläufige Entwicklung war vor allem der Rückkehr ehemaliger Kriegsteilnehmer an die Hochschule zuzuschreiben. Allein vom Sommersemester 1947 zum Wintersemester 1947/48 erhöhte sich die Anzahl ehemaliger Wehrmachtsangehöriger, die an der TH Dresden eingeschrieben waren, von 332 auf 753.[238] Überdies konnte nur ein Teil der Kriegsstudentinnen und dieser in der Regel erst nach mehrjähriger Unterbrechung das Studium beenden. Auf Grund der Kriegszerstörungen und vieler Lehrstuhlvakanzen wurden zuerst nur Studienanfänger und untere Semester immatrikuliert. Und jener Teil der Kriegsstudentinnen, der bürgerlicher Herkunft und/oder der NSDAP beigetreten war, konnte zunächst kaum mit der Möglichkeit zur Fortsetzung des Studiums in Dresden rechnen. All das führte zur raschen Restauration der männlichen Kultur der Ingenieurausbildung an der TH Dresden.

Die politische Elite versuchte allerdings gegenzusteuern. Sie verkündete Auflagen zur Erhöhung der Frauenquote unter den Studierenden und begründete das mit einem für den Umbau des Wirtschafts- und Sozialsystems ansteigenden Arbeits- und Fachkräftebedarf. So erklärte Parteichef Ulbricht am 14.06.1950 auf einer Besprechung mit den Arbeitsministern der Länder über Arbeitskräfte- und Nachwuchsfragen der nächsten fünf Jahre, dass bereits für das kommende Jahr ein Arbeitskräftemangel absehbar sei. Er forderte:

---

237 Daten für 1946-1948 aus Bernholz, Historische Betrachtungen, S.542, Daten für 1949-1953 aus Die Technische Universität Dresden, S. 22.

238 Daten für das Sommersemester 1947 aus Sächs. HStA, LRS, MfV, L-III/1358, Bl. 2; Daten für das Wintersemester 1947/48 aus Universitätsarchiv der TU Dresden, Rektorat, später Prorektor für Studienangelegenheiten, 53.

„Zur Gewinnung von Arbeitskräften müssen Umgruppierungen erfolgen. Die Gleichberechtigung der Frauen darf nicht nur in der Theorie bestehen. Die Schülerschaft der Fach- und Hochschulen muss demzufolge ebenfalls eine Veränderung erfahren (mindestens 35 % weibliche Schüler).“[239]

Aber die zum Umbau der Geschlechterordnung in der Wirtschaft festgelegten Instrumente der Arbeitsplatzanalysen und Frauenförderungspläne griffen in der Wissenschaft nicht.[240] Die zur Durchsetzung der SED-Frauenpolitik in den Betrieben ab 1952 gegründeten Frauenausschüsse entstanden auf Hochschulebene deutlich später.[241] Sie übernahmen vor allem soziale Aufgaben für Angestellte und Wissenschaftlerinnen und hatten keine Möglichkeiten, auf den Frauenanteil unter den Studierenden einzuwirken. Frauenförderungspläne wurden an den Hochschulen erst ab 1959 aufgestellt.[242]

Die Immatrikulation von Frauen hat zwar in den 1950er Jahren zugenommen. Sie blieb aber deutlich niedriger als die von Männern. Hatten 1955 drei Frauen und sieben Männer von 100 Frauen beziehungsweise Männern des entsprechenden alterstypischen Jahrganges ein Hochschuldirektstudium aufgenommen, so waren es 1961 fünf Frauen und 10 Männer.[243] Der Frauenanteil an allen Direktstudenten erhöhte sich von 25 Prozent im Jahre 1953 auf 32 Prozent im Jahre 1960.[244] Aber nur wenige Frauen interessierten sich in den 1950er Jahren für ein technisches Studium. Das zeigte sich an den durchgängig niedrigen Anteilen der Technikstudentinnen an den Studentinnen insgesamt und der niedrigen Frauenquote an den Technischen und Spezialhochschulen.[245]

Erst Ende der 1950er Jahre kamen die Frauen infolge der durch den sowjetischen Sputnikstart im Osten ebenso wie im Westen ausgelösten Bemühungen um eine Bildungsexpansion verstärkt in den Blick der Bildungspolitik. Jetzt entdeckten auch die Bildungsplaner im Westen die Frauen als ein unausgeschöpftes Bildungspotenzial. In der amerikanischen und in der bundesdeutschen Presse erschienen Berichte über sowjetische Ingenieurinnen, verbunden mit Appellen an den Patriotismus der amerikanischen und bundesdeutschen Frauen, die sie aufforderten, ihre Intelligenz

239 Sächs. HStA, Ministerium für Arbeit und Sozialfürsorge, 113, Bl. 93.

240 Vgl. dazu Zachmann, Frauen, S. 111-113.

241 Zur Geschichte der Frauenausschüsse vgl. Clemens, Frauen. An der TH Dresden wurde 1957 ein Frauenausschuss gegründet. Sächs. HStA, SED-Kreisleitung, IV/4.15/957.

242 Ebenda. An der Humboldt-Universität Berlin wurde sogar erst 1961 der erste Frauenförderungsplan angefertigt. Interview mit Anita Grandke in: Das Hochschulwesen 10 (1962), S. 199 ff. Erst ab Mitte der 1960er Jahre beschäftigten sich die Frauenförderungspläne im Hochschulbereich dann auch mit den Fragen der Studentinnen. Vgl. dazu auch Budde, Frauen der Intelligenz, S. 63 f.

243 Vgl. dazu Grafik III/4.

244 Berechnet aus den Daten, die den Grafiken III/6 und III/7 zugrunde liegen.

245 Vgl. Grafik III/12 und Grafik III/7 in diesem Kapitel.

der Nation zur Verfügung zu stellen.[246] In der DDR rückten die Frauen im Rahmen der Anstrengungen um die Ausbildung technischer Experten umso stärker in den Mittelpunkt, als seit Beginn der 1960er Jahre die infolge der Auswirkungen des Zweiten Weltkrieges geburtenschwachen Jahrgänge die Hochschulreife erlangten. Die Grafik III/14 zeigt deutlich, dass sich das Rekrutierungspotenzial für Direktstudenten ab 1960 verringerte, während das für Studienbewerber zum Fern- und Abendstudium anstieg.

Grafik III/14: Anzahl der Personen der für die Neuzulassungen zum Direkt- und zum Fern- und Abendstudium „alterstypischen Jahrgänge" (ATJ) auf dem Gebiet der DDR von 1946 bis 1966[247]

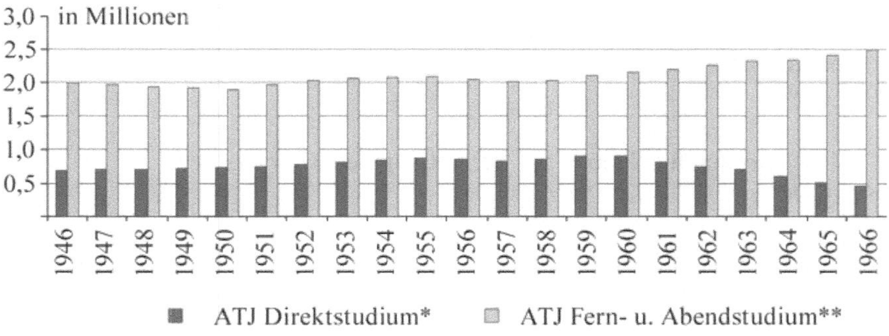

* ATJ Direktstudium: 19- bis unter 22-jährige Personen der Wohnbevölkerung

** ATJ Fern- und Abendstudium: 25- bis unter 35-jährige Personen der Wohnbevölkerung

Für die Bildungspolitik gab es um 1960 also zwei Lösungswege, um einen Rückgang der Studentenzahlen zu verhindern. Sie konnte erstens versuchen, das Fern- und Abendstudium auszubauen[248] und zweitens die geschlechtsspezifisch unterschiedliche Auslastung des Bildungspotenzials abzubauen, indem sie Frauen für eine Bildungskarriere mobilisierte.

Wie unterschiedlich die Beteiligung von Männern und Frauen der entsprechenden Altersjahrgänge an akademischen Ausbildungsformen war, zeigt Grafik III/15. Sowohl am Direkt-, als auch besonders am Fern- und Abendstudium nahmen weit weniger Frauen als Männer eines entsprechenden Altersjahrganges teil. Im Abbau des Bildungsgefälles zwischen den Geschlechtern entdeckten die Bildungsplaner also eine der Haupttressourcen für die Rekrutierung technischer Experten.

---

246 Rossiter, Women Scientists, S. 64-65, and Ahlmann, Ingenieurmangel, S. 17-19.

247 Der Einfluss wichtiger demographischer Prozesse, S. 167.

248 Vgl. dazu Tab. III/5 und Kapitel 2.2 in Teil III dieser Arbeit.

Grafik III/15: Die Anzahl der Neuzulassungen zum Direkt- und zum Fern- und Abendstudium an Hochschulen auf je 100 Personen der alterstypischen Jahrgänge nach dem Geschlechterverhältnis, ausgewählte Jahre[249]

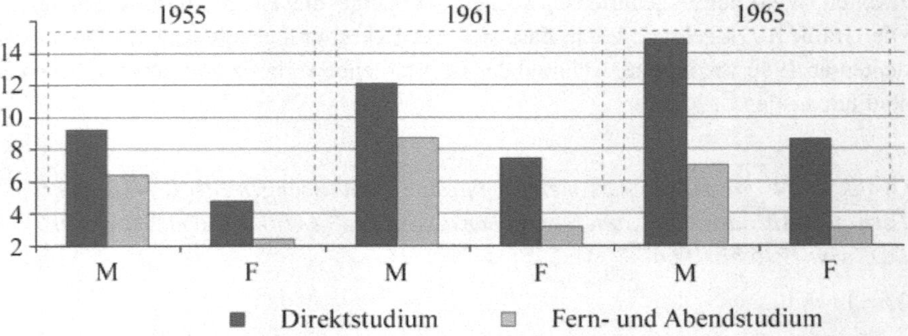

M = Männer, F = Frauen

3.2 Mobilisierung der Frauen zur Schließung der Bildungslücke (1961-1967)

Interventionen der Bildungspolitik

Die in den letzten Jahren vor dem Mauerbau stark ansteigende Wissenschaftlerabwanderung veranlassten das Staatssekretariat für HFW 1960 eine Abteilung für Kaderfragen zu gründen. Unter dem Eindruck der Abwanderungen formulierte die neue Abteilung als eine ihrer Schwerpunktaufgaben, den Frauenanteil in technischen Fachrichtungen zu erhöhen.[250] Nachdem die Parteiführung der Frauenpolitik eine größere Autorität verliehen hatte, das Signal hierfür setzte das am 23.12.1961 veröffentlichte Frauenkommuniqué der SED, setzten umfangreiche politische Interventionen zur Lenkung von Frauen in die akademische Ingenieurausbildung ein.[251]

249 Der Einfluss wichtiger demographischer Prozesse, S. 98, 102.

250 BArch, DR3/ 5690: Schwerpunktarbeitsplan der Abteilung Kaderfragen im Staatssekretariat, 20.02.1960.

251 Bereits am 08.01.1962 führte das Staatssekretariat eine Leitungssitzung durch, auf der beschlossen wurde, dass die Bereiche Naturwissenschaft und Technik zu überprüfen hätten, wie der Anteil der Frauen in ihren Fachrichtungen und im Lehrkörper erhöht werden könnte. Gemeinsam mit dem Ministerium für Volksbildung sollten Sondermaßnahmen festgelegt werden, um Studienbewerberinnen für technische und naturwissenschaftliche Fachrichtungen zu gewinnen. Darüber hinaus waren Aussprachen mit Studentinnen und weiblichen Nachwuchskräften über ihre Probleme vorgesehen. BArch, DR3/5617: Vorlage für die Leitungssitzung vom 08.01.1962. Allgemein zum Frauenkommuniqué vgl. auch Budde, Frauen der Intelligenz, S. 58-64 und Maul, S. 286 f.

Das Staatssekretariat für HFW entwickelte drei Strategien, um die Frauenquote in der Ingenieurausbildung zu erhöhen. Die erste Strategie setzte bei der Vorbildung an. Das Staatssekretariat vereinbarte am 20.02.1962 mit dem Volksbildungsministerium, dass alle Abiturienten der Erweiterten Oberschulen eine verkürzte Berufsausbildung zu durchlaufen haben und dass besonders Mädchen für technische Berufe zu gewinnen seien, damit sie die Voraussetzungen für die Studienzulassung in einer der „Schwerpunktfachrichtungen" erwarben.[252]

Eine zweite Strategie wirkte über die Zulassungspolitik. Die Hochschulen wurden aufgefordert, für bestimmte Fachrichtungen bevorzugt Mädchen zuzulassen.[253] Die Prorektoren hatten dem Staatssekretariat alle Bewerberinnen für diese Fachrichtungen mitzuteilen und Ablehnungen zu begründen. Weibliche Vorimmatrikulierte, die keinen Studienplatz erhalten hatten, sollten möglichst umgelenkt werden. Diese Maßnahmen waren der Auftakt für einen rigiden Dirigismus des Staatssekretariats in der Zulassungspolitik, der nicht nur die Kontrolle der Experten über den Berufszugang beschränkte, sondern auch die Lebensentwürfe jener Abiturientinnen betraf, die ihren Studienwunsch zugunsten der von der Bildungspolitik festgelegten „Schwerpunktfachrichtungen" aufgeben mussten oder gar nicht studieren konnten. Dieser Dirigismus gipfelte in der Einführung von fachrichtungsspezifischen Frauenquoten, die ab 1965 in den Zulassungskontingenten vorgegeben wurden.[254] Insgesamt sollte sich der Frauenanteil in den technischen Studienrichtungen bis 1970 auf 25 Prozent erhöhen.[255] Mit der Planung von Frauenquoten bei den Neuzulassungen wurde die Vorstellung verfestigt, dass Frauen für bestimmte Ingenieurberufe besser geeignet seien als für andere.

---

252 SAPMO-BArch, DY 30/IV/A2/17/20/218.

253 Das waren 1962 im Bereich der Technikwissenschaften bei den Vorimmatrikulationen, die ein Jahr vor Studienbeginn erfolgten, die Fachrichtung Berg- und Hüttenwesen und bei den Direktzulassungen die Fachrichtungen Technologie, Feinmechanik-Optik, Baustoffingenieurwesen, angewandte Mechanik und Landtechnik. SAPMO-BArch, DY 30/IV/A2/17/20/218.

254 SAPMO-BArch, DY 30/IV/A2/17/16: Abt. Wiss., Kempke an Lange zur Realisierung des Frauenkommuniqués im Hochschulwesen, 19.07.1965: Maßnahmen zur Erhöhung des Frauenanteils in naturwissenschaftlich-technischen Fachrichtungen.

255 BArch, DR3/3344: Aktennotiz der Hauptreferentin Linke, 11.03.1965.

Grafik III/16: Anteil der Frauen an den Zulassungen zum Hochschuldirektstudium für die Studienjahre 1964/65 (Ist) und 1965/66 (Soll = vorgesehene Quote)[256]

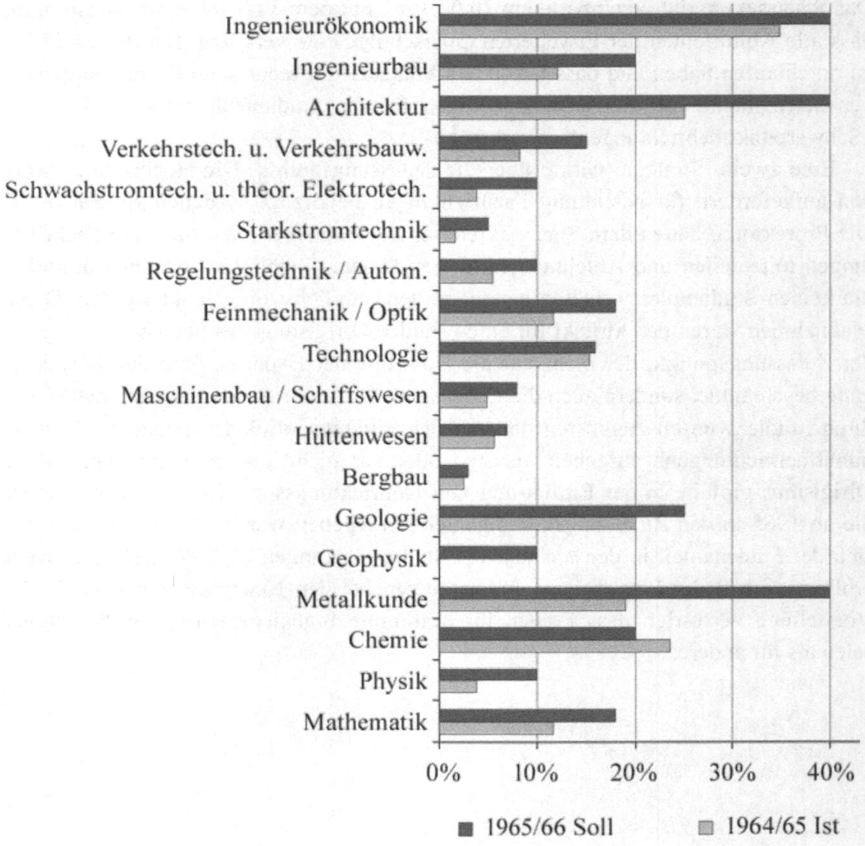

Hatten sich vorher in der Zulassungspraxis auf informellem Wege unterschiedlich niedrige Frauenanteile in den einzelnen Fachrichtungen ergeben, wurden diese jetzt festgeschrieben, indem sie Grundlage für die Planaufstellung wurden. Die Fachrichtungen Technologie, Feinmechanik/Optik, Architektur, Ingenieurbau, Metallkunde und Ingenieurökonomie erhielten die höchsten Frauenquoten zugewiesen.[257] Um bei der Zulassung diese Quoten erfüllen zu können, musste mit geeigneten Argumenten

---

256 BArch, DR3/ 3344: Zulassungen 1965/66.

257 BArch, DR3/3344: Ergebnisse der Frauenarbeit im Bereich der Technischen Hochschulen in Auswertung der Frauenkonferenz der technischen Hochschulen am 02.06.1965, Berlin, den 21.06.1965, Ebenda, Erhöhung des Frauenanteils in den Zulassungen 1965/6 gegenüber 1964/65.

für diese Fächer geworben beziehungsweise umgelenkt werden.[258] Bis in die Gesetzgebung hinein wirkte vor allem die landläufige Vorstellung, dass Frauen besonders für solche Ingenieurberufe geeignet seien, die feminisiert waren. Hier würde es den Frauen leichter fallen, die von Ingenieuren erwarteten Leitungsfunktionen auszufüllen. Dem entsprach der „Beschluss des Ministerrats vom 19.04.1962 über die Aufgaben der Staatsorgane zur Förderung der Frauen und Mädchen in Durchführung des Kommuniqués des Politbüros des ZK der SED“. Dieser regelte im Abschnitt III.3, dass aus Betrieben, in denen überwiegend Frauen arbeiten, „der Anteil der zum Studium zu delegierenden Frauen, insbesondere für die Fachschulen, so zu erhöhen [ist], dass er im kürzesten Zeitraum dem Anteil der in diesem Industriezweig beschäftigten Frauen entspricht.“[259] Entscheidend für die Festlegung, welche Ingenieurberufe mehr und welche weniger für Frauen geeignet seien, war also nicht der spezifische technische Inhalt der zu lösenden Ingenieuraufgaben, sondern die Überlegung, in welchen Bereichen die Ausübung von Leitungsfunktionen durch Frauen am ehesten akzeptiert werden konnte. Eine Frau als Chefin für Arbeitsgruppen von Männern konnten sich Partei- und Staatsfunktionäre offensichtlich nicht vorstellen. Das bekräftigt einen Befund von Oldenziel, die in ihren Untersuchungen zur geschlechtlichen Codierung des Ingenieurberufs in den USA darauf verwiesen hat, dass es vor allem die in die Vorstellung vom Ingenieurberuf eingebaute Karriereversprechung und nicht sein fachlicher Inhalt sei, der die Langlebigkeit der männlichen Codierung des Ingenieurberufs erklärt.[260]

Die dritte Strategie betraf das Fern- und Abendstudium. Am 08.02.1962 berichtete der Leiter der Abteilung Wissenschaft im ZK an die Frauenabteilung, dass Instrukteursgruppen des Staatsekretariats die Lage der weiblichen Studierenden und Lehrkräfte an den Ingenieurschulen überprüft und Untersuchungen in den Betrieben zur Förderung der Frauen im Fern- und Abendstudium durch Betriebs-, Partei- und Gewerkschaftsleitungen stattgefunden hätten.[261] Parallel dazu erarbeitete das Staatssekretariat den ersten Entwurf für einen Maßnahmeplan zur Erhöhung des Frauenanteils im Fern- und Abendstudium. Im Zentrum dieses Planes stand die Einrichtung von Frauensonderklassen. Sie erlangten in den 1960er und beginnenden 1970er Jahren eine große symbolische Bedeutung für die Frauenbildungspolitik. Im Prozess ihrer Etablierung traten die Prämissen und Widersprüche der Frauenförderung sehr deut-

258 Die Argumente reichten von der feinen Hand der Frau, die sie besonders für Feinmechanik/Optik prädestiniere bis hin zum vergleichsweise geringeren Anteil technischer Studienfächer in den beworbenen Ausbildungsrichtungen. Vgl. dazu den in diesem Kapitel (S. 264) ausgewerteten Bericht des Studiendekans der TH Ilmenau über Erfahrungen und Probleme des Frauenstudiums an der Technischen Hochschule Ilmenau vom 19.08.1964, der diese Praxis kritisierte.

259 GBL 1962, Teil II, S. 295 ff.

260 Oldenziel, Making Technology Masculine, S. 73 f.

261 SAPMO-BArch, DY 30/IV/A2/17/20/209 ff.

lich zutage. Es lohnt sich daher, die Frauensonderklassen zunächst ausführlicher zu betrachten, bevor die Reaktionen der Ingenieurwissenschaftler auf die Interventionen des Staatssekretariats für Hoch- und Fachschulwesen zur Frauenmobilisierung über die Zulassungspolitik analysiert werden.

Die Einführung von Frauensonderklassen geht auf Franz Dahlem zurück. Er sah darin offensichtlich eine Chance, die Frauenpolitik als Bündnispartner für sein vorn ausführlich dargestelltes Projekt der Ingenieurausbildung im betrieblichen Milieu zu gewinnen. Den Funktionärinnen der Frauenpolitik gefiel diese Vereinnahmung allerdings nicht. Als er auf der von der Frauenabteilung des ZK der SED zur Propagierung des Frauenkommuniqués inszenierten Tagung am 5. und 6. Januar 1962 die Frauensonderklassen als einen Hauptweg zur Mobilisierung von Frauen für die Technik propagierte, meldete sich Anita Grandke, die Dozentin für Rechtswissenschaften und Vorsitzende des Frauenausschusses an der Humboldt-Universität Berlin, mit scharfer Kritik zu Wort.[262] Dahlems Forderung nach einem technischen Fernstudium berücksichtige in keiner Weise die besonderen Schwierigkeiten der Frauen auf diesem Gebiet. Damit meinte sie nicht die wieder und wieder als Hauptproblem der Frauenförderung diskutierte Doppelbelastung der Frauen mit Berufs- und Familienarbeit, sondern die Frauen ausgrenzende Wirkung männlicher Berufskulturen. Das erläuterte sie am Beispiel des Forstwirts, der sowohl an der Humboldt-Universität als auch an der TU Dresden ausgebildet wurde. Auf ihre Frage, warum an dieser Fachrichtung jährlich nur zwei bis drei Studentinnen aufgenommen würden, hätten ihr die Genossen erklärt:

„Zum Forstberuf gehört die Jagd, und es gehört zur Tradition, dass man nach der Jagd diese begießt. Nun sagen die Genossen: Man versetze sich in die Lage einer Frau! Geht sie mit, hat sie verspielt. Geht sie nicht mit, hat sie auch verspielt. – Dass man den Erfolg auf der Jagd auf eine saubere, nette, sozialistische Art feiern kann, wobei gar nicht gefragt wird, ob eine Frau dabei ist oder nicht, interessiert die Genossen Forstwirte nicht. Mit diesem alten Kram, von dem wirklich auch die Leute, die draußen im Walde arbeiten, abkommen müssten, kommen sie uns zur Begründung dafür, dass Frauen für diesen Beruf nicht geeignet wären."[263]

Obwohl Grandke die informellen, in der Berufs- und Festkultur verankerten Geschlechtercodes als grundlegendes Hindernis für die Frauenförderung kritisierte und damit die offizielle und dominante Rede von der Frauenbenachteiligung durch Familienpflichten konterkarierte, wurden die weiblichen Familienpflichten zum Hauptar-

---

262 Als offizieller Anlass für diese Tagung galt das zehnjährige Bestehen der von der SED im Jahre 1952 eingeführten Frauenausschüsse in den Betrieben und Einrichtungen. SAPMO-BArch, DY 30/IV/A2/17/45. Dahlem bezog sich auf eine Meldung im ND, die behauptete, dass es in der SU 700.000 Ingenieurinnen geben würde, um dann die Rückständigkeit der DDR zu kritisieren. Als Ausweg aus dem Dilemma schlug er die Einrichtung von Frauenklassen für das Abendstudium in den Betriebsakademien vor. SAPMO-BArch, DY 30/IV/A2/17/45/191-196

263 SAPMO-BArch, DY 30/IV/A2/17/45/212-221.

gument für die Einrichtung von Frauensonderklassen. Der zur Umsetzung von Dahlems Projekt verabschiedete Maßnahmeplan des Staatssekretariats sah die Einrichtung von Frauenklassen für die Ingenieur- und Ökonomenausbildung in allen Industrieschwerpunkten (Berlin, Leipzig, Halle, Karl-Marx-Stadt, Erfurt, Dresden) vor, „um die Bedingungen des Abendstudiums für werktätige Frauen, die Kinder haben, der sozialen Lage dieser Frauen anzupassen."[264] Frauensonderklassen wurden zunächst nur auf Fachschulebene errichtet. Der Unterricht in diesen Frauenklassen sollte vorwiegend während der Arbeitszeit stattfinden. Als bildungsmäßige Voraussetzung für die Zulassung zum Frauensonderstudium schlug das Staatssekretariat vor, dass „eine entsprechende Berufspraxis der abgeschlossenen Berufsausbildung gleichgestellt werden kann".[265] Damit trug die Bildungspolitik dem Bildungsgefälle zwischen den Geschlechtern in der Industrie Rechnung und versuchte, den tayloristischen Ansatz der Frauenarbeitspolitik aus den 1950er Jahren zu korrigieren.[266] Studienförderungsverträge sollten von vornherein die berufliche Perspektive der studierenden Frauen festgelegen. Diese Forderung sollte ebenso, wie der im Arbeitsgesetzbuch geregelte qualifikationsgerechte Einsatz von Frauen absichern, dass sich die staatlichen Bildungsinvestitionen auch rentierten. Schließlich versuchte der Maßnahmeplan auch die Diskriminierung von Frauen zu erschweren, indem er von den für das Fern- und Abendstudium an Hoch- und Fachschulen verantwortlichen Funktionären im Staatssekretariat Berichte zu der Frage anforderte: „Wie werden Erscheinungen der ‚Gönnerhaftigkeit' oder formales, gleichgültiges Verhalten gegenüber den Frauen im Lehrprozess überwunden?"[267]

Mit der Berücksichtigung des Bildungsgefälles zwischen den Geschlechtern und dem Versuch, das Abendstudium an den Lebensalltag junger Mütter anzupassen, ging das Projekt der Frauensonderklassen sehr viel konkreter als viele andere Maßnahmen der Frauenförderung auf die spezifische Lebenssituation der Frauen ein. Gleichzeitig aber wurde die Förderwürdigkeit von Frauen an die Erfüllung von Pflichten gebunden, die sich aus traditionellen Rollenmustern für Frauen ergaben. 1963 richteten die ersten Fachschulen Frauensonderklassen ein und 1967 erfolgte deren juristische Kodifizierung.[268] Nur Frauen, die den Nachweis erbringen konnten, dass sie im Haushalt lebende Kinder oder pflegebedürftige Personen zu versorgen hatten, sollten das Recht auf Aufnahme in eine Frauensonderklasse haben. Es war ein durchgängiges Muster staatlicher Frauenpolitik in der DDR, die Frauen vor allem in

---

264 BArch, DR3/ 5617: Erster Entwurf: Maßnahmen zur Erhöhung des Anteils der Frauen und Mädchen am Fern- und Abendstudium, S. 3.

265 Ebenda.

266 Zum tayloristischen Ansatz vgl. Zachmann, Frauen, S. 112.

267 BArch, DR3/ 5617: Erster Entwurf: Maßnahmen zur Erhöhung des Anteils der Frauen und Mädchen am Fern- und Abendstudium, S. 2.

268 Speigner, S. 183-228.

Hinblick auf ihre soziale Funktion als Mütter zu bewerten. Frauen galten als Menschen, die von Natur aus durch ihre Gebährfähigkeit benachteiligt waren. Um diesen Nachteil auszugleichen, war die Hilfe des Staates erforderlich, damit das sozialistische Gleichberechtigungsprojekt, das die Angleichung der Frau an den Mann vorsah, realisiert werden konnte.[269]

Frauensonderklassen wurden vor allem für das Fern- und Abendstudium eingerichtet. Aber es gab auch einige Klassen für das Direktstudium. Das Frauensonderstudium war in erster Linie zur Weiterbildung von Facharbeiterinnen zu Fachschulabsolventinnen gedacht.[270] Sie waren von ihrem Betrieb zu delegieren und hatten einen Anspruch auf ein Stipendium in Höhe von 80 Prozent ihres Nettolohnes. Weit größer als unter den Facharbeiterinnen aber war die Studierneigung von Frauen, die in der Verwaltung oder als technische Zeichnerinnen arbeiteten, und die die Betriebe auf Grund des ständigen Arbeitskräftemangels in der Produktion auch viel bereitwilliger zum Studium delegierten als Produktionsarbeiterinnen.[271] Die Abteilung Frauen des ZK diskutierte dies als ein besonderes Problem. Die Delegierung zum Frauensonderstudium galt als eine Belohnung für systemkonformes Verhalten, das in der DDR an so genannter „gesellschaftlicher Aktivität“ messbar war. Die Konformitätsbedingung, die die Parteifrauen an die Frauenförderung knüpften, widersprach allerdings dem Ressourcenansatz.[272] Die Betriebe delegierten in der Regel alle Frauen, die sich bewarben und Kinder hatten, um ihre Kontingente zu erfüllen.[273]

Die gesellschaftliche Akzeptanz des Frauensonderstudiums war sehr unterschiedlich. Einerseits nutzten 13.000 Frauen zwischen 1963 und 1975 die Chance, im Sonderstudium an Ingenieur- und Fachschulen eine technische, ingenieurökonomische oder ökonomische Fachrichtung zu studieren.[274] Allerdings erwarben nur 10 Prozent aller Frauen im Sonderstudium einen Abschluss als Ingenieurin. Andererseits klagten viele der Frauen darüber, dass ihnen weder die Arbeitskollektive noch die Betriebs-

---

269 Zum Geschlechterkonzept in der Frauenpolitik der DDR vgl. Diemer.

270 Ein Viertel der Frauensonderklassen an Fachschulen war für das Direktstudium und drei Viertel waren für das Fern- und Abendstudium eingerichtet. Speigner, S. 212.

271 SAPMO-BArch, DY 30/IV/A2/17/10: Protokoll über die Sitzung der Frauenkommission beim Politbüro vom 16.12.1969.

272 Parteifrauen klagten darüber, dass oft gesellschaftlich inaktive Frauen delegiert würden. „Häufig genügt schon, dass sie ein oder zwei Kinder besitzen. Es gibt auch nicht wenige Fälle, wo junge Frauen delegiert werden, denen ein normales Studium durchaus zuzumuten ist.“ Ebenda.

273 Eine andere Sache ist es, dass die Parteifrauen in ganz pragmatischer Absicht (Studienerfolg) befürworteten, dass die gesellschaftlichen Anforderungen im Studium (Russischunterricht, vormilitärische Ausbildung und Sondereinsätze, z. B. bei der Ernte) für die Studentinnen der Sonderklassen herabgesetzt wurden. SAPMO-BArch, DY 30/IV/A2/17/53: Probleme und Vorschläge für die Gestaltung des Sonderstudiums für Frauen an Ingenieur- und Fachschulen, 01.10.1966.

274 Adelmeyer u.a., S. 4-5.

leitungen Anerkennung für ihr Studium zollten. Die Privilegierung studierender Frauen in Form von Freistellungen und Lohnfortzahlungen fand offensichtlich wenig Beifall und provozierte neue Konflikte. Der Zentralvorstand der Gewerkschaft Wissenschaft diskutierte im April 1968 beim Entwurf einer Richtlinie für Studienförderungsverträge, ob es nicht eine Diskriminierung der Männer sei, wenn der Besuch von Frauensonderklassen allein den Frauen vorbehalten bleibt.

„Es wäre noch zu überlegen, ob diese Richtlinie speziell für die sich qualifizierende Frau abgefasst wird und nicht wie bisher formuliert, für ‚den sich Qualifizierenden', wobei also offen gelassen wird, ob es ein Mann oder eine Frau ist. [...] Unsere neue Verfassung und das Familiengesetz erlegt beiden Ehepartnern gleiche Rechte und Pflichten in der Familie auf. Somit kann ein Familienvater in der Periode seiner Qualifizierung besonderen familiären Belastungen unterliegen. (Weil z. B. die Ehefrau bereits eine leitende Funktion ausübt oder ebenfalls in der Qualifizierung steht.) Es wird in der Richtlinie betont, dass Gleichmacherei sowohl den Kollegen als auch den Kolleginnen gegenüber, die keine besonderen familiären Belastungen haben, vermieden werden muss."[275]

Der Gewerkschaft ging es allerdings bei ihrer Erörterung der Frage, inwieweit der staatssozialistische Gesellschaftsumbau bereits die spezifische Verteilung von Produktions- und Reproduktionstätigkeiten verschoben habe, um ein ganz pragmatisches Anliegen. Sie wollte in Anbetracht der zahlreichen Studienabbrüche mit einer Öffnung der Frauensonderklassen für Männer erreichen, dass solche Klassen in jedem Fall ausgelastet würden. So waren in zwei Frauensonderklassen an der Betriebsakademie des VEB Geräte- und Reglerwerkes Teltow Männer aufgenommen worden, nachdem mehrere Frauen das Studium aufgegeben hatten. Im Gewerkschaftsbericht darüber hieß es: „Dabei handelt es sich ebenfalls um beruflich erfahrene und gesellschaftlich aktive Kollegen mit mehreren Kindern, sodass von der BGL und der Fachschule die Meinung vertreten wird, ein Sonderstudium sei gerechtfertigt."[276]

Mit der zweiten Bildungsexpansion wurde das Projekt der Frauensonderklassen am Ende der Ulbricht-Ära auch auf die Hochschulen ausgedehnt, um Fachschulabsolventinnen mit langjähriger Berufspraxis zum Diplom zu führen.[277] Die ersten Frauenklassen für ein Hochschulstudium richteten 1969 die Ingenieurhochschule Dresden für die Fachrichtungen Systemtechnik und Datenverarbeitung und die Hochschule für Verkehrswesen in Dresden für die Fachrichtung Verkehrs- und Betriebswirtschaft des Transport- und Nachrichtenwesens ein.[278] Im Unterschied zum Fach-

275 SAPMO-BArch, DY 34/7758: Gewerkschaft Wiss. ZV, Berlin 19.04.1968.

276 SAPMO-BArch, DY 34/7758: Bericht über die Aussprache betreffs der Wirksamkeit der Frauensonderklassen an Fachschulen im VEB Geräte- und Reglerwerk Teltow am 26.11.1969.

277 BArch, DR3/B1182/2: Probleme der Studienlenkung und der Sicherung eines erfolgreichen Studienabschlusses von Mädchen und Frauen; Anordnung zur Durchführung der Ausbildung von Frauen im Sonderstudium an den Hoch- und Fachschulen vom 15.05.1970, GBL 1970, Teil II, Nr. 54, S. 407.

278 SAPMO-BArch, DY 34/7758: Gewerkschaft Wissenschaft, ZV, Referat Frauen, 25.02.1970.

schulstudium wurde das Frauensonderstudium an Hochschulen für die Hälfte aller Studentinnen im Direktstudium durchgeführt.[279] Seine Bedeutung blieb jedoch insgesamt gering. Nach dem mit Honeckers Machtantritt erfolgten Kurswechsel in der Bildungspolitik sanken die Studentinnenzahlen im Frauensonderstudium drastisch.[280] Ab 1972 begannen die Hochschulen die Frauensonderklassen auf normale Seminargruppen aufzuteilen.[281] Zwar plädierte die Frauenpolitik dafür, das Frauensonderstudium nicht abzuschaffen, sondern gezielt dafür zu nutzen, den Anteil der Arbeiterinnen am Hochschulstudium in natur- und technikwissenschaftlichen Fachrichtungen zu erhöhen.[282] Dieser Versuch, die Frauenklassen über den Machtwechsel hinweg zu retten, erschien zunächst keineswegs aussichtslos, da Honecker seine Machtpolitik auf die Lehre von der historischen Mission des Proletariats stützte und deshalb die soziale Privilegierung der Arbeiterklasse anfangs verstärkte. Dennoch lief das Frauensonderstudium zum Ende der 1970er Jahre aus. Die ihm zugedachte Funktion, Studierende aus dem geringer ausgeschöpften weiblichen Bildungspotenzial zu rekrutieren, war mit dem Stopp der Bildungsexpansion obsolet geworden.

Reaktionen der Ingenieurwissenschaftler

Wie aber reagierten die Ingenieurwissenschaftler auf die nach Verabschiedung des Frauenkommuniqués der SED vom Dezember 1961 immer häufiger und direkter in die Zulassungspraxis der Hochschulen eingreifenden Auflagen des Staatssekretariats? Sie interpretierten das Problem des niedrigen Frauenanteils im Ingenieurstudium als ein Resultat der Bewerberlage, deren Ursache nicht in der Hochschule zu suchen sei. Die Erziehung im Elternhaus, die Lenkung der Mädchen in die Sprachklassen der Erweiterten Oberschulen sowie die Berufslenkung beziehungsweise die Probleme in der Organisation der verkürzten Berufsausbildung für Abiturienten seien dafür verantwortlich zu machen, dass sich all zu wenig Frauen zum Ingenieurstudium meldeten.[283] Die Ingenieurwissenschaftler demonstrierten ihre Bereitschaft, die staatlichen Auflagen zur Erhöhung des Frauenanteils unter den Ingenieurstudenten zu erhöhen mit Maßnahmen zur Studienwerbung, wie der Organisation von Mädchenkonferenzen, Aussprachen mit den Erweiterten Oberschulen und der Durchführung von Tagen der offenen Tür an den Hochschulen.

Die heikle Frage, was die Ingenieurwissenschaftler von einer Erhöhung der Frauenquote in technischen Studiengängen eigentlich hielten, kam allenfalls indirekt zur

279 Speigner, S. 212.

280 Zum Kurswechsel in der Bildungspolitik vgl. weiter unten auf S.274 dieser Arbeit.

281 Speigner, S. 212.

282 Ebenda.

283 BArch, DR3/ 2411: Bericht (vom 08.03.1965) über die erste Mädchenkonferenz mit Oberschülerinnen; Universitätsarchiv der TU Dresden, Rektorat 1945-1989, Nr. 71, Bl. 238.

Sprache. Ein Beispiel dafür ist ein selbstkritischer Bericht des Prodekans für Studienangelegenheiten der TU Dresden an das Staatssekretariat, in dem es um die Umlenkung einer Bewerberin für Regelungstechnik an die Fakultät für Technologie ging. Obwohl sie die Eignungsprüfung für ein Studium an der Fakultät für Elektrotechnik bestanden hatte, erhielt die Abiturientin L. auf Grund zu vieler Bewerbungen in der Regelungstechnik keinen Studienplatz. Aber auch ihrem Wunsch, dann in einer anderen Fachrichtung der Elektrotechnik (ET) immatrikuliert zu werden, wurde nicht entsprochen. Im Bericht des Prodekans hieß es hierzu:

> „Die Bewerbungsunterlagen der Abiturientin L. wurden nun in den einzelnen Fachrichtungen der ET herumgereicht. Trotz der Eignung erhielt sie aber keinen Studienplatz, da an der ET überall aus Kontingentsgründen geeignete Bewerber abgelehnt werden mussten. Das Prinzip, bei Eignung den Mädchen den Vorrang zu geben, wurde nicht beachtet. Die Bewerberin L. hat nun inzwischen einen Studienplatz an der Fakultät Technologie, Fachrichtung Fertigungstechnik, erhalten."[284]

In der Technologie aber gab es stets weniger Bewerber als Studienplätze und der Frauenanteil war hier schon seit 1958 höher als in allen anderen technischen Fakultäten der TUD.[285] Er betrug 1964 bei den Neuzulassungen 24,6 Prozent. Mithin lenkten die Professoren der Fakultät Elektrotechnik, die mit einer Frauenquote von circa zwei Prozent bei den Neuzulassungen die männliche Kultur ihrer Institution bewahrt hatten, eine geeignete Bewerberin in eine Fakultät, in der die männliche Kultur der Ingenieurausbildung bereits aufgebrochen war.[286]

Ein anderer Bericht an das Staatssekretariat liefert direktere Auskünfte über die Haltung der Ingenieurwissenschaftler zum staatlich geforderten Frauenstudium. Am 19.08.1964 erstattete der Prodekan für Studienangelegenheiten der TH Ilmenau dem Staatssekretariat einen Bericht über „Erfahrungen und Probleme des Frauenstudiums an der THI".[287] Darin kritisierte er die staatlichen Interventionen zur Frauenförderung vehement. Er behauptete, dass zur Erfüllung der Auflagen auch Bewerberinnen ohne

---

284 Universitätsarchiv der TU Dresden, Rektorat, Nr. 71, Prorektorat für Studienangelegenheiten, 11.06.1964: Bericht über die Erfüllung des Frauenförderungsplanes.

285 Vgl. dazu Grafik IV/7 in Kapitel 3.2 des Teils IV dieser Arbeit. Über den Mangel an Studienbewerbern und das Problem der Umlenkungen klagte Prof. Koloc auf einer Aussprache mit dem Zentralrat der FDJ am 25.11.1959: „[...] und dann läppern wir uns so die Studenten zusammen. [...] Zum Teil werden sie umgeleitet, weil sie an einer anderen Universität oder Hochschule nicht zum Zuge kommen konnten, weil dort die Immatrikulationszahlen bereits überschritten sind, und dann wird entsprechend beeinflusst, bis sie sich schließlich bereit erklären, Technologie zu studieren." SLHA Dresden, SED-Kreisleitung TUD IV/4. 15/052: Stenographische Niederschrift der Aussprache von Professoren der TH Dresden mit Vertretern des Zentralrates der FDJ am 25.11.59 in der TH Dresden.

286 Zur Problematik der Technologie vgl. Kapitel 3.2 des Teils IV dieser Arbeit.

287 BArch, DR3/ 5617: Erfahrungen und Probleme des Frauenstudiums an der Technischen Hochschule Ilmenau, 19.08.1964.

ausreichende Vorkenntnisse und selbst mit schlechten Leistungen in den mathematisch-naturwissenschaftlichen Fächern sowie ohne Berufsausbildung immatrikuliert würden. Viele dieser auf staatlichen Druck zugelassenen Studentinnen müssten die Hochschule schon bald auf Grund unzureichender Leistungen vorzeitig verlassen. Besonders ausführlich verurteilte er die Praxis der Umlenkungen.

„Die sporadische und kampagnenhafte Berufsberatung an den Oberschulen führt gerade bei weiblichen Studierenden zu Umlenkungen. In den letzten Jahren ist vor allem in der Feinmechanik/Optik die Zahl der Bewerberinnen stark angestiegen, die sich vorher an anderen Hochschulen in völlig unterschiedlichen Fachrichtungen beworben hatten oder von der Oberschule zu einem technischen Studium in letzter Minute überredet worden sind. Dabei werden nicht selten solche Argumente verwendet wie: ‚Für diese Fachrichtung wird geworben, da kommt man bestimmt an.‘ Oder: ‚Feinmechanik/Optik kann man auch ohne Facharbeiterbrief studieren.‘ Oder: ‚Diese Fachrichtung ist nicht so kompliziert wie Elektrotechnik und befasst sich mit Präzisionsarbeiten, für die die Mädchen besonders geeignet seien.‘ Der Prozentsatz derer, für die die Aufnahme irgendeines Studiums primär, aber die Fachrichtung sekundär ist, und die von der Pharmazie, Medizin oder Philologie umgelenkt wurden, ist dadurch relativ hoch. Die Ausbildung an der Hochschule passt oft gar nicht zu den Zerrbildern, die mancher Studentin an der Oberschule gemalt worden sind. Die überwiegend theoretischen Fächer, wie Mathematik, Physik, Mechanik oder Geometrisches Konstruieren, die zunächst scheinbar keinen direkten Zusammenhang zum gewählten Fachgebiet erkennen lassen, führen ebenso oft zur Studienaufgabe, wie das unzureichende Vorstellungsvermögen in konstruktiven Fächern. So berichteten in letzter Zeit mehrere Studentinnen, dass sie sich z. B. kein Lager vorstellen können.“[288]

Der Prodekan verurteilte, dass Studentinnen in Ermangelung anderer Optionen ein technisches Fach studierten und der Ingenieurberuf für sie also eine zweite Wahl war. Deshalb war es für ihn nur folgerichtig, dass falsche Vorstellungen vom Studium, Leistungsprobleme in den mathematisch-naturwissenschaftlichen und technischen Grundlagenfächern und fehlendes Vorstellungsvermögen in den konstruktiven Fächern zu vorzeitigen Exmatrikulationen umgelenkter Studentinnen führten. Das mangelnde Vorstellungsvermögen der Frauen tauchte als Argument gegen die staatlich erzwungene Frauenförderung im Bericht gleich dreimal auf. Allerdings musste der Prodekan feststellen, dass sich in der Prüfungsstatistik keine geschlechtsspezifische Leistungsdifferenzierung erkennen ließ, behauptete dann aber doch:

„In den rein theoretischen Fächern mit hohen Anforderungen an die Abstraktionsfähigkeit des Studenten, wie Mathematik, Physik, Mechanik und Theoretische Elektrotechnik, liegen die Ergebnisse der Mädchen etwas unter denen der männlichen Studierenden. In Sprachen, Chemie und Gesellschaftswissenschaften ist das Verhältnis meist umgekehrt.“[289]

Schließlich sprach er den Studentinnen die richtige Studienmotivation ab.

---

288 Ebenda.
289 Ebenda.

„Nicht selten gilt die berufliche Tätigkeit noch immer als reines Mittel des Geldverdienens ohne notwendige innere Verbundenheit und Liebe zum Beruf. Für diese These spricht der Umstand, dass eine ganze Reihe von Hochschulabsolventinnen nicht mehr berufstätig ist, obwohl es dafür keine zwingenden familiären Gründe gibt."[290]

Damit rekurrierte er auf die dem bürgerlichen Konzept des Berufes immanente altruistische Ethik, an der sich Frauen seiner Meinung nach nicht orientieren würden und gleichzeitig auf das bürgerliche Familienmodell, das Frauen als Hausfrauen in der Privatsphäre verortete.

Zuletzt polemisierte er gegen die Fokussierung der Frauenförderung auf Familien- und Sozialpolitik, indem er nachwies, dass die überwiegende Mehrheit der neu immatrikulierten Studentinnen ledig war. Schwierigkeiten der Frauen im Studium, die zur vorzeitigen Exmatrikulation führten, würden vor allem auf schlechten Leistungen beruhen, die wiederum aus falschem Studienverhalten (private Abhaltungen, wöchentliche Heimfahrten, Vernachlässigung des Selbststudiums) resultierten.

Die aus dem Bericht abgeleiteten „Schlussfolgerungen für die weitere Arbeit" waren dann aber ein eigenartiges Kontrastprogramm zum Bericht. Sie lesen sich wie Auszüge aus dem Maßnahmeplan des Staatssekretariats zur Umsetzung des Frauenkommuniqués vom 10.04.1962. Die Auflistung durchgeführter und beabsichtigter Maßnahmen zur Frauenförderung war eine übliche Form der an den Hochschulen erstellten Berichte an das Staatssekretariat. Ausführliche Begründungen, warum die Auflagen nicht erfüllt werden konnten, waren eher selten. Insofern war der Bericht aus Ilmenau, der den Unmut der Ingenieurwissenschaftler gegen die staatlichen Auflagen zur Entwicklung weiblicher Technikkompetenz zum Ausdruck brachte, eine große Ausnahme. Denn kritische Berichte beschworen die Gefahr staatlicher Inspektionen und verschärfter Interventionen des Staatssekretariats.

Freilich lehnten nicht alle Ingenieurwissenschaftler die Politik der Frauenförderung ab. Als ein zuverlässiger Unterstützer dieser Politik taucht in den Akten des Staatssekretariats der damalige Dekan der Fakultät für Elektrotechnik an der TH Ilmenau, Eugen Philippow auf.[291] Der 1917 in Sofia geborene Philippow hatte während des Dritten Reiches Elektrotechnik an der TU Berlin studiert, war 1941 als Entwicklungsingenieur nach Sofia zurückgekehrt und hatte dort bis 1955 als Abteilungsleiter eines Forschungsinstituts beziehungsweise Technischer Leiter eines Schwachstromwerkes gearbeitet.[292] Im Februar des Jahres 1956 wurde er zum Direktor des Instituts für Theoretische und Allgemeine Elektrotechnik in Ilmenau berufen und ein Jahr später mit einer Arbeit über nichtlineare magnetische Kreise promoviert.

---

290 Ebenda.

291 BArch, DR3/ 5690: Diskussionsbeitrag der für die Frauenförderung in der Abteilung Kader des Staatssekretariats verantwortlichen Kollegin Linke auf der Frauenkonferenz der Technischen Hochschulen 1964.

292 www.tu-ilmenau.de/ate/wwwtet/htlocal/persons/phil.html.

Auf der Grundlage dieser und weiterer Arbeiten auf dem Gebiet der theoretischen und nichtlinearen Elektrotechnik begründete er die international anerkannte Schule für Theoretische Elektrotechnik. 1972 erhielt er für seine Arbeiten zur nichtlinearen Elektrotechnik den akademischen Grad eines Dr. sc. techn. Philippow war davon überzeugt, dass die Geschlechterdifferenz für die Beschäftigung mit der Technik bedeutungslos sei. In einem von Winfried Junge im Jahre 1964 an der TH Ilmenau gedrehten Dokumentarfilm über das Frauenstudium[293], äußerte Philippow zum Problem der Eignung von Frauen für die Technik in einem Gespräch mit Assistentinnen, von denen zwei zu unserem Promovendinnensample gehören:

„Die Technik ist ja nicht so schwer oder so fremd für ein Mädchen, dass man sie nicht beherrschen kann, [...] wenn wir [...] Großmaschinen vor uns haben, Großgeneratoren, die Frau braucht sie doch nicht zu tragen [...]. Obwohl sie groß sind, die Probleme werden doch meistens mit dem Kopf [...] und Denkarbeit gelöst und dazu ist sicherlich die Frau bei bestimmter Schulung ebenso geeignet wie der Mann."[294]

Philippow insistierte, dass die Tätigkeit der Ingenieure in der Elektrotechnik keine körperliche, sondern eine geistige Arbeit sei, deren Bewältigung er nach dem Wegfall aller Bildungsschranken den Frauen ebenso zugestand wie den Männern.

Interessanterweise betonten die Assistentinnen in diesem Gespräch die Distanz der Frauen zur Technik und führten diese auf die deutsche Tradition des Ingenieurberufs als Männerberuf zurück. Seine Schülerin und Nachfolgerin Renate M.[295] äußerte in diesem Gespräch:

„[...] ich habe im Studium eine Chinesin betreut, und da ist es so, dass an Technischen Hochschulen 40 bis 50 Prozent Mädchen sind. Die haben überhaupt keine Tradition in dieser Hinsicht [...]. In der SU ist es auch so, dass die Prozentzahlen bei 20 - 30 Prozent liegen an den Technischen Hochschulen, ganz einfach, weil die [...] jüngere Generation im ... [neuen] System groß geworden ist, [so] dass diese Vorurteile doch nicht mehr so ausgeprägt sind wie bei uns in Deutschland, ... [wo] der Ingenieurberuf ausschließlich Männerberuf war bisher."[296]

Philippow antwortete darauf:

„[...] an unserer Hochschule sind doch 35 Institute, ich könnte nicht ein Institut finden, an dem nicht Mädchen die gleiche Betätigung finden wie Jungen. Vom Elektromaschinenbau bis zur Hochfrequenztechnik, Hochspannungstechnik und Theoretische Elektrotechnik. Ich könnte mir keine Gründe vorstellen, dass die Mädchen nicht ebenso erfolgreich arbeiten können wie Jungen."[297]

Seine Schülerin aber beharrte auf der Kraft der Tradition.

---

293 Dieser Film war, so hat mir Winfried Junge versichert, nicht als Auftragswerk, sondern aus Interesse und auf Initiative seines Autors entstanden.

294 Drehbuch, Privatarchiv Winfried Junge.

295 1984 wurde sie auf Philippows Lehrstuhl berufen.

296 Drehbuch, Privatarchiv Winfried Junge.

297 Ebenda.

„Das ist die eine Tatsache, die andere Tatsache ist aber die, dass die Tradition, die bisherigen Bräuche, dass man gegen diese Anschauungen mal auftreten muss.“[298]

Indem sie den Einfluss der nationalen Berufstradition so prononciert hervorhob, verwies die Schülerin ihren akademischen Lehrer darauf, dass er aus einem anderen kulturellen Kontext mit anderen Definitionen der Geschlechtergrenzen kam. Gerade diese kulturelle Fremdheit aber ließ ihn zum Promotor der Frauenförderung werden.

Weitere Faktoren waren bei Philippow freilich auch noch im Spiel, z. B. seine wissenschaftliche Profilierung auf einem neuen Feld der Elektrotechnik, für das er alle Unterstützung brauchte. Schließlich bot auch der institutionelle Kontext der neu gegründeten Schule mehr Spielraum für die Verschiebung der Geschlechtergrenzen, weil diese hier nicht in der Tradition der Institution verankert waren, sondern über die Erfahrungen der aus sehr unterschiedlichen Kontexten kommenden Akteure wirksam wurden. Andere Ingenieurwissenschaftler hatten durchaus massive Vorbehalte gegen das Frauenstudium. Das schätzte die damalige Studentin Elke Voigt[299] in Winfried Junges Dokumentarfilm über Studentinnen in Ilmenau so ein, als sie über den als ehemaligen Entwicklungshauptleiter der Zeiss-Werke an die Hochschule berufenen Werner Bischoff sprach. Er hatte hier die gerade für das Frauenstudium bedeutsame Fakultät für Feinmechanik/Optik aufgebaut[300] und profilierte sich gemeinsam mit seinem Kollegen Friedrich Hansen als Promotor einer Verwissenschaftlichung der Konstruktion.[301] Bischoff, so erläuterte Elke Voigt, sei der Überzeugung, „dass Frauen konstruktiv unbegabt sind“.[302] Seine Bemühungen um die Verwissenschaftlichung der Konstruktion waren demnach durchdrungen von deren geschlechtlicher Codierung als einem technischen Handlungsfeld für Männer.[303] Grundsätzlich

298 Ebenda.

299 Sie studierte an der Fakultät für Feinmechanik/Optik, blieb nach dem Studium an der Hochschule und wurde 1977 mit einer Arbeit über die Anwendung der Rechentechnik für Bewertungsprobleme in der Optik promoviert.

300 Rittig, S. 96 f.

301 Mit den Arbeiten von Bischoff und Hansen wurde die DDR schon Mitte der 1950er Jahre zu einem Vorreiter der Bemühungen um Verwissenschaftlichung der Konstruktion, die in der Bundesrepublik erst in den 1960er Jahren einsetzten. Ausführlich dazu demnächst Heymann, „Kunst“ und Wissenschaft. Ihm verdanke ich diesen Hinweis.

302 Drehbuch Junge-Film, Interview mit Elke Voigt.

303 Die Wirkungsmächtigkeit dieser geschlechtlichen Codierung kann anhand einer Passage aus Junges Dokumentarfilm verdeutlicht werden, in der Elke Voigt über ihre Diplomarbeit zur Anwendung der Rechentechnik in der Optik berichtete. „Was die Arbeit von Frauen an Rechenautomaten betrifft, so sehe ich da keinen Unterschied zu männlichen Kollegen. Wirklich überhaupt keinen im Gegensatz zu unter Umständen konstruktiver Arbeit. Hier, speziell bei meiner Arbeit, handelt es sich ja mehr um mathematische Probleme. Da sehe ich überhaupt keine Schwierigkeiten, daß sich das Frauen etwa nicht vorstellen könnten. Anders ist es etwas bei konstruktiven Arbeiten, aber das ist meiner Ansicht nach nur eine Frage der Vorbildung. Die Mädchen spielen

umgestoßen hat freilich auch Philippow die Geschlechterverhältnisse in der Technik nicht. Denn die zwei Frauen in der Gruppe seiner 30 in die ingenieurwissenschaftliche Elite aufgestiegenen Schüler bildeten ebenfalls nur eine Minderheit.[304]

3.3 Frauenförderung und Feminisierungseffekte des Um- und Ausbaus der Ingenieurausbildung (1968-1975)

Gewiss, die nach dem Mauerbau einsetzenden politischen Interventionen zur Mobilisierung des weiblichen Bildungspotenzials für die akademische Ingenieurausbildung zeitigten durchaus Erfolge. Die Anzahl und der Anteil der Frauen an den Neuzulassungen zum technischen Hochschuldirektstudium wuchsen in der Mitte der 1960er Jahre deutlich an. Dennoch setzte erst nach 1968 ein signifikanter Feminisierungsschub in den technischen Studiengängen ein.[305] Der mit der dritten Hochschulreform ab 1968 durchgesetzte Hochschulumbau und die nach den Vorgaben der politischen Elite gesteuerte Bildungsexpansion wurden zu entscheidenden Faktoren für eine nachhaltige Verschiebung der Geschlechterverhältnisse in der akademischen Ingenieurausbildung. Sie wurden erstens über die Zentralisierung von Entscheidungskompetenzen im Hochschulsystem und zweitens über rigide Eingriffe in die Entscheidungsfreiheit der Studienbewerber/innen durchgesetzt. Diese Eingriffe erfolgten zum einen über eine Verschiebung im Angebot an Studienplätzen zugunsten der mathematisch-naturwissenschaftlichen und technischen Fachrichtungen und zum anderen über die Umlenkung von Studienbewerber/innen. Die Bildungspolitiker planten, den Anteil der Absolventen der Technikwissenschaften an allen Absolventen des Hochschuldirektstudiums von 25 Prozent im Jahre 1968 auf 38 Prozent im Jahre 1975 zu steigern. Im Unterschied dazu sollte der Anteil der Absolventen in den Geistes- und Sozialwissenschaften, allerdings ohne pädagogische und wirtschaftswissenschaftliche Fachrichtungen, im gleichen Zeitraum von 33 auf 16 Prozent fallen.[306] Dementsprechend wurden die Fächerproportionen bei den Neuzulassungen verschoben. Die

---

mehr mit Puppen, während die Jungen sich ihre Fahrräder auseinandernehmen, wie das drinnen aussieht. Wenn das in Zukunft gelenkt wird von der schulischen Seite her, durch den polytechnischen Unterricht, durch das Werken, muss das meiner Ansicht nach auch etwas besser werden mit der sogenannten konstruktiven Begabung der Frauen und Mädchen." Drehbuch Junge-Film, Interview mit Elke Voigt. Obwohl sie nicht die Begabung, sondern die geschlechtsspezifische Erziehung dafür verantwortlich machte, hielt auch Elke Voigt an Bischoffs Behauptung vom Einfluss des Geschlechts auf die Eignung für die Konstruktion fest.

304 Rittig, S. 205.

305 Vgl. dazu Grafik III/8 in Kapitel 1 von Teil III dieser Arbeit.

306 SAPMO-BArch, DY 30/IV/A2/9.04/28: Maßnahmeplan zur Entwicklung der Universitäten und Hochschulen bis 1975, Tafel 2.

Grafik III/17 zeigt, dass sich das Studienangebot insgesamt erweiterte, die technischen Fächer dabei aber überproportional wuchsen.

Grafik III/17: Anteil der Neuzulassungen in den technischen Fachrichtungen an den Neuzulassungen im Rahmen der Bildungsexpansion von 1968 bis 1970, aufgeteilt nach Geschlecht[307]

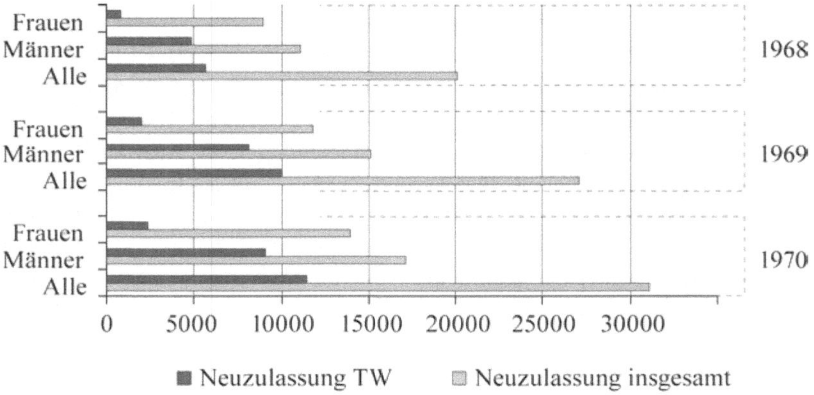

Die Erweiterung der Studienmöglichkeiten erfolgte im Rahmen der Bildungsexpansion vor allem in den von der politischen Elite favorisierten technischen sowie in den hier nicht betrachteten mathematisch-naturwissenschaftlichen und wirtschaftswissenschaftlichen Fachrichtungen. Viele Studienbewerber/innen wurden in eine der politisch favorisierten Fachrichtungen umgelenkt. Umlenkungen waren als untrennbarer Bestandteil der Bildungsexpansion von vornherein eingeplant. Das Staatssekretariat legte 1969 folgende Behandlung von Studienbewerberinnen fest:

> „Bei der Abgabe des ersten und zweiten Studienwunsches sollte bei Mädchen der zweite Studienwunsch – sofern er innerhalb der Mathematik, der Naturwissenschaft und der Technik liegt – vordringlich behandelt und realisiert werden, allerdings nicht ohne gründliche Überzeugungsarbeit und Festlegung von Förderungsmaßnahmen."[308]

Die Bildungspolitik beschnitt also die Entscheidungsmöglichkeiten der Studienbewerberinnen drastisch und machte die Angabe von Studienwünschen zu einer Farce.

Überdies privilegierte die Regelung der Bewerbungszeiträume männliche Studienbewerber. Seit 1971/72 hatten alle männlichen Studenten vor dem Studium ihren

307 Auszug aus Grafik III/8 in Kapitel 1 von Teil III dieser Arbeit.

308 BArch, DR3/B1182/2: Probleme der Studienlenkung und der Sicherung eines erfolgreichen Studienabschlusses von Mädchen und Frauen.

Wehrdienst abzuleisten.[309] Sie bewarben sich gemeinsam mit ihren Mitschülerinnen in der elften Klasse der Erweiterten Oberschule. Ihre Bewerbung galt allerdings erst für das Jahr der Entlassung aus dem Wehrdienst.[310] Männliche Bewerber, die sich zum dreijährigen Armeedienst verpflichtet hatten, bewarben sich also drei Jahre im Voraus und waren demzufolge die ersten, die einen Studienplatz erhielten. Zwei Jahre im Voraus bewarben sich männliche Abiturienten, die den 18 Monate dauernden Pflichtdienst in der Armee ableisteten. Hingegen waren Abiturientinnen, die sofort nach dem Abitur mit dem Studium begannen, die letzten Bewerberinnen für das entsprechende Studienjahr, für das ihre männlichen Kommilitonen bereits drei oder zwei Jahre vorher immatrikuliert worden waren. Die Zulassungskommissionen waren verpflichtet, in überlaufenen Fachrichtungen für weibliche Bewerber ein bestimmtes Studienplatzkontingent freizuhalten. Dennoch waren die Auswahlmöglichkeiten für Studienbewerberinnen deutlich geringer, weil sie auf die staatlich vorgegebenen, für Mädchen freigehaltenen Kontingente und auf Studienplätze in weniger attraktiven Fachrichtungen, wo es mehr Plätze als Bewerber gab, verwiesen waren. Hier liegt der Grund dafür, dass signifikant mehr weibliche als männliche Studienbewerber umgelenkt wurden. Viele Abiturientinnen gelangten so in technische Fachrichtungen, die unter Bewerbermangel litten.[311]

Die Normierung und Zentralisierung von Studienplänen war ein weiterer Faktor, der den Feminisierungsschub in den technischen Fachrichtungen begünstigte. Damit löste sich das nicht zuletzt im Hinblick auf das Geschlechterverhältnis konservativ wirkende Lehrer-Schüler Verhältnis auf. Die künftigen technischen Experten studierten jetzt nicht mehr als Schüler von Professor X, mit dessen Werk sie sich identifizieren und das sie weitertragen wollten. Vielmehr studierten sie ein Fach nach vorgegebenen Studienplänen, die für das Grund- und das Fachstudium einheitlich für alle Hochschulen waren und höchstens in der letzten Spezialisierungsphase einen Zuschnitt auf das Wissensprofil eines bestimmten Ingenieurwissenschaftlers erhielten.

---

309 BA Berlin, SAPMO, DY 30 2/9.04, 510. Am 02.02.1970 beschloss der Nationale Verteidigungsrat, dass künftig alle männlichen Studienbewerber ihren Wehrdienst vor Beginn des Studiums abzuleisten hatten. Während für die Zulassungen des Jahres 1971 noch Ausnahmeregelungen existierten, wurde der Beschluss ab 1972 konsequent umgesetzt.

310 Anordnung über die Bewerbung, die Auswahl und Zulassung zum Direktstudium an den Universitäten und Hochschulen, Zulassungsordnung v. 01.07.1971, in: GBL 1971, Teil II, Nr. 55, S. 486-489, § 2, (8), S. 487.

311 In den 1980er Jahren thematisierte die soziologische Studentenforschung das Problem der Umlenkungen. Sie stellte fest, dass viele Umlenkerinnen in den technischen Fachrichtungen keine Studienmotivation entwickelten und das Studium abbrachen oder nach dem Studium nicht in den Ingenieurberuf eintraten. Vgl. dazu Lischka, Schneider, Rochlitz u. a., Forschungsbericht SIL A und Volprich, S. 197-201. Das aber verweist darauf, dass die administrative Lenkung von Frauen in technische Studiengänge sowohl das von den Frauen akkumulierte Bildungskapital als auch die staatlichen Bildungsinvestitionen vergeudete.

Die immer auch an der herrschenden Geschlechterordnung orientierte Identifikation des Schülers mit dem Lehrer verlor an Bedeutung. Das neutralisierte die zuvor männlich codierte Ausbildungskultur und erleichterte es Frauen, ein Ingenieurstudium aufzunehmen.

Allerdings wäre es falsch, die Verschiebung der Geschlechterverhältnisse in der akademischen technischen Bildung ausschließlich auf die dritte Hochschulreform und die intensivierte staatliche Intervention in den Hochschulsektor zurückzuführen. Weitere Faktoren waren ebenfalls im Spiel. Dazu gehörte zum einen, dass jetzt eine neue Frauengeneration in die Hochschulen eintrat. Diese Frauen waren in der Nachkriegszeit geboren. Im Unterschied zu ihren männlichen Kommilitonen kamen sie zum größeren Teil aus Familien der Intelligenz, der Angestellten und der selbständigen Erwerbstätigen.[312] Die Töchter von Ingenieuren bildeten unter den Promovendinnen und mit hoher Wahrscheinlichkeit auch unter den Studentinnen in den technischen Wissenschaften eine signifikante Gruppe. Die Mütter der nach dem Zweiten Weltkrieg geborenen Ingenieurstudentinnen waren zum überwiegenden Teil berufstätig.[313] Mithin hatte die Studentinnengeneration der dritten Hochschulreform den Geschlechtervertrag der neuen Ordnung bereits als Lebensmuster ihrer Eltern erlebt. Allerdings galt das in den ersten zwei Nachkriegsdezennien reproduzierte Bildungsgefälle zwischen den Geschlechtern auch für die Elternfamilien der Ingenieurstudentinnen. Die für den Sozialstatus der Familie bestimmende Erwerbsposition hatte in der Regel der Vater inne, während viele Mütter als Angestellte in der Industrie oder in dem im Wirtschaftssystem der DDR als „nichtproduzierender Bereich" unterbewerteten tertiären Sektor beschäftigt waren.[314] Die Töchter erlebten auf diese Weise

---

312 Nach Erhebungen der Hochschulstatistik, die allerdings nur in den Jahren von 1961 bis 1963 die soziale Herkunft der Studierenden geschlechtsspezifisch erfasste, waren 46 (1963) bis 53 (1961) Prozent aller männlichen, aber nur 39 (1963) bis 42 (1962) Prozent aller weiblichen Ingenieurstudenten Arbeiter- und Bauernkinder. (Hochschulstatistik des MHF 1961, S. 87; dass. 1962, S. 82; dass. 1963, S. 85) Auch eine soziologische Untersuchung über weibliche Kader im Bereich von Forschung und Entwicklung arbeitete heraus, dass Frauen, die in der Forschung und Entwicklung arbeiteten, im Vergleich zu ihren männlichen Kollegen öfter aus der Intelligenz stammten. Vgl. Meyer, Forschungsbericht, S. 50. Auch die Studentenforschung kam zu dem Ergebnis, dass Ingenieurstudentinnen häufiger als ihre männlichen Kommilitonen aus Familien mit höheren Bildungsabschlüssen kamen. Vgl. Volprich, S. 201. Schließlich bestätigt das Promovendinnensample in Teil I dieser Arbeit die Aussage.

313 Die Mütter der Studentinnengeneration der dritten Hochschulreform waren in etwa mit der von Sorensen und Trappe anhand der Geburtenkohorte von 1929-1931 untersuchten Aufbaugeneration identisch. Sie arbeiteten heraus, dass 80 Prozent dieser Frauen erwerbstätig waren, aber 46 Prozent von ihnen lebenslang ohne einen beruflichen Abschluss blieben. Sorensen u. Trappe, S. 189-222.

314 Diese Aussagen sind mit einem Unsicherheitsfaktor belastet, da sie auf Analogieschlüssen beruhen. Die Quellengrundlage dafür ist erstens das Promovendinnensample und zweitens die

am Qualifikationsgefälle ihrer Eltern die Grenzen der im staatssozialistischen Wertekanon zur gesellschaftlichen Norm erhobenen Gleichberechtigung. Die Entscheidung zur Ausbildung in einem Männerberuf war für sie die Konsequenz aus der im Elternhaus gemachten Erfahrung, dass allein über weibliche Erwerbsarbeit die Geschlechterhierarchie in der Gesellschaft keineswegs abgebaut werden konnte.

Zudem hatte die Studentinnengeneration der dritten Hochschulreform das sozialistische und durchweg koedukative Bildungssystem der DDR durchlaufen und an dem seit 1959 in der DDR obligatorischen polytechnischen Unterricht teilgenommen. Reformen in der Lehrerbildung bewirkten, dass sich seit Mitte der 1960er Jahre die Qualität des für ein Ingenieurstudium besonders wichtigen mathematisch-naturwissenschaftlichen Unterrichts an den polytechnischen und erweiterten Oberschulen erhöhte.[315] All das aber verbesserte die bildungsmäßigen und mentalen Voraussetzungen für den Eintritt der Frauen in technische Studiengänge.

Für die Verschiebung der Geschlechtergrenzen in der akademischen technischen Bildung war nicht zuletzt auch die in den 1960er Jahren kulminierende Technikeuphorie verantwortlich.[316] Mit ihr veränderten sich die Vorstellungen über die Technik und den Ingenieurberuf. In den 1960er Jahren wurde sowohl im philosophischen Diskurs[317] als auch in öffentlichen Debatten über die Perspektiven der Technik viel von Technik als angewandter Naturwissenschaft gesprochen.[318] Auch in den Studienreformdebatten, in denen es darum ging, den Anteil des theoretischen und Grundlagenwissens deutlich zu erhöhen, bildete die These von der fortschreitenden Verwis-

---

Studentenforschung. Ersteres zeigt exakt das oben dargestellte Muster. Es erfasst allerdings nur eine kleine und auf Grund der Bildungskarriere elitäre Gruppe der Ingenieurstudentinnen. Die Studentenforschung beruht auf Untersuchungen der 1980er Jahre und differenziert ihre Ergebnisse nicht geschlechtsspezifisch. D. h. ihre Ergebnisse gelten für männliche und weibliche Ingenieurstudenten. Sie stellten fest, dass noch in den 1980er Jahren in mehr als der Hälfte der Elternfamilien von Studenten die Väter höher qualifiziert waren. Die Väter von Ingenieurstudenten kamen zum überwiegenden Teil aus der technischen Intelligenz oder waren in der materiellen Produktion tätig, während die Mütter häufig im Verwaltungsbereich, selten jedoch in der materiellen Produktion arbeiteten. Vgl. Fritsch, Rommel, Die Praxis der Hochschulen S. 20, 24 und Fritsch, Soziale Herkunft, S. 17.

315 Zum polytechnischen Unterricht vgl. Baske, Allgemeinbildende Schulen, S. 174-184. Zur Lehrerbildung vgl. Müller-Rolli, Lehrerbildung, S. 254-256. Ende der 1950er Jahre wurde eine einheitliche Studiendauer von vier Jahren für alle Lehrer der Klassen 5-12 eingeführt.

316 Die Technikeuphorie der 1960er Jahre erlebte ihren Höhepunkt im technikpolitischen Programm „Überholen ohne einzuholen“ der späten Ulbricht-Ära. Vgl. dazu vorn, S. 246.

317 Die Auffassung von Technik als angewandter Naturwissenschaft vertrat z. B. der Philosoph Ley, S. 587-593. Vgl. hierzu auch Lindenberg, S. 100.

318 So erklärte der Vorsitzende des Forschungsrates der DDR Peter Adolf Thießen in einem Aufsatz 1961: „Die Technik unserer Tage [...] ist angewandte Forschung, sie nimmt Ergebnisse der Forschung auf.“ Thießen, Die Perspektiven, S. 1.

senschaftlichung der Technik ein wichtiges Argument. All das aber hatte Auswirkungen auf das Berufsbild und das Ansehen des Ingenieurs. Die am Ende der 1960er Jahre im Zusammenhang mit Ulbrichts Projekt vom „Überholen ohne Einzuholen" eingeleitete Kampagne für die Großforschung verhalf dem Bild vom Ingenieur als Wissenschaftler zu großem Aufschwung. Der Minister für Wissenschaft und Technik verkündete 1970, es würden „im Laufe dieses Jahres [...] etwa 28 Prozent der Hoch- und Fachschulkader in Großforschungszentren tätig sein".[319] Wenn sich die Berufssituation für einen Großteil der Ingenieure so grundlegend änderte, dann eröffnete das neue Möglichkeiten zum Eintritt von Frauen in die Welt der Technik. Der in die Politik aufgestiegene Ingenieurwissenschaftler Gießmann versuchte schon 1965 den Wandel der Technik als Argument für die Mobilisierung von Frauen zu nutzen. Auf der Frauenkonferenz der Universitäten und Hochschulen in Leipzig führte er dazu in seinem Schlusswort aus:

> „Ich weiß, es ist ein schwieriges Problem darüber zu sprechen, ob die Frau anders oder gleich ist. Ich will mich hier nicht in dieses etwas schwierige Gebiet hineinwagen. Ich bin überzeugt, dass die Frauen doch in gewisser Weise etwas anders denken, dass sie – ich sage es lieber nicht [...] (Heiterkeit) Aber was die Frauen uns bringen werden, davon bin ich überzeugt, sind wahrscheinlich bei der notwendigen Synthese der Wissenschaftsgebiete, die wir jetzt vornehmen, eine Reihe neuer Gedanken, die die Männer wahrscheinlich jetzt noch gar nicht sehen. Ich weiß nicht, ob ich es richtig sage, aber bei der Übersicht über die Grenzgebiete und der Zusammenfassung dieser Gebiete werden uns die Frauen noch viele neue technische Ideen bringen, die wir gegenwärtig noch nicht haben, weil wir die Frauen noch nicht so weit qualifiziert haben."[320]

Giessmann appellierte, die Geschlechterdifferenz für die Technikentwicklung produktiv zu machen, in der Überzeugung, dass mit der Rekrutierung von technischen Experten über Geschlechtergrenzen hinweg die Entstehung neuer Technikbereiche aus der Synthese von Grenzgebieten forciert werden könnte. Dass der entscheidende Durchbruch im technischen Frauenstudium aber mit der Inkraftsetzung der dritten Hochschulreform zusammenfiel, verweist darauf, dass die mit ihr verbundenen Strukturveränderungen zwar nicht die alleinigen, aber die entscheidenden Faktoren für die Verschiebung der Geschlechterverhältnisse in der akademischen Ingenieurausbildung waren.

In den Jahren von 1972 bis 1974 erhöhte sich die Frauenquote unter den Neuzulassungen in den technischen Wissenschaften nochmals beträchtlich. Der Grund dafür lag im Stopp der Bildungsexpansion nach dem Machtwechsel von Ulbricht zu Honecker. Honecker teilte nicht Ulbrichts Hoffnungen, auf Grundlage neuer Technologien den Systemwettstreit zu gewinnen. Er ließ dieses Projekt fallen und setzte stattdessen auf die gesellschaftsintegrierenden Wirkungen des Konsums. Dieser

319 Prey, S. 26.

320 BArch, DR3/ B1182/2: Schlusswort Gießmann auf der 2. Frauenkonferenz im Bereich des Staatssekretariats.

Kurswechsel brachte eine Wende in der Investitionspolitik zugunsten des Wohnungsbaus, der Konsumgüterindustrie und des Energiesektors, eine Abkehr von der Großforschung und einen Stopp der Bildungsexpansion durch Reduzierung der Neuzulassungen zum Hochschulstudium.[321] Neun Tage nach dem erzwungenen Rücktritt Ulbrichts erklärte der Minister für Hoch- und Fachschulwesen Böhme am 14.05.1971 auf der Rektorenkonferenz, „dass der Sozialismus in der Hauptsache von Facharbeitern aufgebaut wird und auch nach dem Jahr 2000 noch Facharbeiter hat.“ Es sei also „an der Zeit [...], die Höhenflüge zu beenden.“[322]

Die drastische Reduzierung der Neuzulassungen barg allerdings politischen Konfliktstoff. Sie führte dazu, dass für einige Jahre ein Teil der Abiturienten keinen Studienplatz erhielt. Für das Studienjahr 1972 wurden in allen Studienformen 38.877 Studierende neu zugelassen, aber 7.200 Studienbewerber abgelehnt. Unter den abgelehnten Bewerbern waren 5.300 Bewerber mit guten und besseren Noten. Die Gründe für deren Ablehnung waren schlecht zu vermitteln.[323] Das Ministerium suchte deshalb nach Auswegen, um die Härten der Zulassungsreduktion abzumildern. Allein 3.000 Hochschulbewerber wurden auf ein Fachschulstudium umgelenkt.[324] Am wirkungsvollsten erwies sich die 1970 durchgesetzte Auflage, dass ab 1972 alle männlichen Studienanfänger vor dem Studium ihren 18 Monate dauernden Grundwehrdienst in der Armee abzuleisten hatten.[325] Damit kamen sie zwei Jahre später zum Studium. Das führte in den ersten beiden Jahren zu einem sprunghaften Anstieg des Frauenanteils unter den Studienanfängern. Er betrug 1971 noch 49 Prozent, stieg 1972 auf 59 Prozent und 1973 bis auf 61 Prozent.[326] In einigen Studienrichtungen waren drei Viertel bis vier Fünftel aller Neuimmatrikulierten Frauen. Selbst in der Gruppe der technischen Wissenschaften erhöhte sich die Frauenquote unter den Studienanfängern auf 44 Prozent. Aus der Sicht der Bildungspolitiker war das eine Fehlentwicklung, die allerdings durch die Politik selbst verursacht worden war. Ein beträchtlicher Teil der Studienanfängerinnen war erst über die Umlenkung zum Ingenieurstudium gekommen. Ihnen hatten die Zulassungskommissionen nach Ablehnung ihres eigentlichen Studienwunsches die Plätze jener männlichen Abiturienten angeboten, die vor Studienbeginn zunächst zum Militär geschickt worden waren. Viele Frauen hatten die Umlenkung akzeptiert, um überhaupt studieren zu können.

---

321 Baar, Müller, Zschaler, Strukturveränderungen, S. 54 f.; Meuschel, Teil III.

322 BArch, DR3, B1359/2: Rektorenkonferenz 14.05.1971, Schlusswort Böhme.

323 BArch, DR3, B1359/2: Rektorenkonferenz 07.05.1971.

324 BArch, DR3, B1360/1: Protokoll über Beratung der Koordinationsgruppe am 25.11.1971. Das war eine Maßnahme, die ebenso wie die Ablehnungen auf eine Entwertung des Abiturs als Berechtigungsschein für den Hochschulzugang hinauslief.

325 Vgl. Anm. 309 in diesem Kapitel.

326 Vgl. dazu Grafik III/8 in Kapitel 1 von Teil III dieser Arbeit.

Der stellvertretende Minister Fiedler stellte auf der Rektorenkonferenz im November 1973 die Diagnose:

„So erfreulich es ist [...], wenn Frauen und Mädchen sich verstärkt dem Studium in den technischen Disziplinen zuwenden, so muss doch betont werden, dass mit 44 Prozent wahrscheinlich eine Grenze erreicht ist, die kaum noch überschritten werden kann."[327]

Klarer in seiner Aussage war der Rektor der TU Dresden Liebscher. Die Professoren in den Ingenieurwissenschaften hätten sich zwar inzwischen daran gewöhnt, Mädchen auszubilden, es sei aber sehr zu bezweifeln, „ob unsere Partner in der Industrie auf einen so hohen Anteil an weiblichen Hochschulkadern in technischen Richtungen eingestellt sind."[328] Er schlug deshalb vor, wieder eine Frauenquote bei den Zulassungen einzuführen, diesmal aber nicht zur Förderung, sondern zur Begrenzung des Frauenzugangs in technische Disziplinen.

Liebschers Einwurf, dass die Industrie nicht auf so viele Ingenieurinnen vorbereitet sei, wie von den Hochschulen ausgebildet würden, unterstellte, dass in der Arbeitswelt der Ingenieure im Unterschied zu den Hochschulen noch eine starke geschlechtliche Codierung der Arbeitsplätze existierte. Noch deutlicher war das Problem auf einer Konferenz des Hochschulministeriums zur Absolventenvermittlung im November 1972 angesprochen worden. Hier kritisierte ein Vertreter des Bauwesens die hohe Frauenquote an den Ingenieurschulen des Bauwesens mit folgender Begründung:

„Man muss berücksichtigen, dass es nicht günstig ist, weibliche Fachschulingenieure als Bauleiter oder Bauführer und Technologen auf Baustellen einzusetzen. Ich sehe da Schwierigkeiten, die wir nicht ohne weiteres bewältigen können. [...] Mir geht es darum zu sichern, dass die ausgebildeten Frauen, die an unseren Fachschulen studieren, mit ihrem Ausbildungsprofil Einsatzmöglichkeiten haben, da wir sonst Schwierigkeiten in der politischen Arbeit haben."[329]

Der Hochschulminister versuchte den Kollegen aus dem Bauministerium zu beruhigen.

„Die Tatsache, dass 1973 viele männliche Studenten gezogen werden, führt zu einem erhöhten Anteil in den technischen Disziplinen der Mädchen. 1974 kommen die Studenten dann zurück, da wird es wieder besser, auch in anderen Disziplinen, so dass wir die Frauen nicht auf die Baustellen zu stellen brauchen."[330]

Frauen wurden demnach von Anfang an für Gebiete ausgebildet, in denen ihr späterer Einsatz höchst fragwürdig und allenfalls in Teilbereichen vorgesehen war. Die Geschlechterpolitik der Bildungsplaner folgte allem Anschein nach einer anderen

327 BArch, DR3/B1359/3: Rektorenkonferenz 02.11.1973.

328 Ebenda.

329 BArch, DR3/B1360/2: Koordinierungskonferenz 09.11.1972 Leipzig.

330 Ebenda.

Logik als die der technischen und der Wirtschaftsfunktionäre in der Industrie. Während erstere im Interesse der Mobilisierung aller intellektuellen Ressourcen und der Erhöhung ihrer Macht die Bedeutung der Geschlechterdifferenz für den Zugang zu technischem Wissen minimierten, folgten letztere einem Konzept von Effizienz, das die geschlechtliche Codierung von Tätigkeitsbereichen konservierte und die Geschlechterhierarchie reproduzierte. Dass die technischen und Wirtschaftsfunktionäre in der Industrie die Geschlechtergrenzen anders definierten als die Bildungsplaner aber führte dazu, dass die Bildungsmöglichkeiten für Frauen größer als die Einsatzmöglichkeiten waren, eine Nichtübereinstimmung, die sich als eine wesentliche Ursache für den nicht qualifikationsgerechten Einsatz vieler technisch qualifizierter Frauen in der Industrie erweisen sollte.

Welche Auswirkungen das auf die Berufssituation der Ingenieurinnen tatsächlich hatte, wird im nächsten Kapitel untersucht. Generell ist festzuhalten, dass sich nach dem Machtwechsel von Ulbricht zu Honecker die Verwertungsmöglichkeiten wissenschaftlich-technischer Qualifikationen gravierend verschlechterten. Ein beträchtlicher Teil von Diplomingenieuren konnte nur noch auf nicht qualifikationsadäquate Stellen vermittelt werden, die Anfangsgehälter wurden reduziert und das Sozialprestige der Ingenieurberufe sank.[331] Gerade zu diesem Zeitpunkt aber hatten die Frauen erstmals eine beachtenswerte Präsenz innerhalb der technischen Intelligenz erreicht. Die gesellschaftliche Anerkennung weiblicher Technikkompetenz wurde just in dem Moment möglich, als Technikkompetenz generell in der Gesellschaft entwertet wurde.

331 Wolter, Wissenschaftlich-technische Bildung, S. 89 und Bentley, S. 94 f.

IV. Technische Berufspraxis und Geschlechtssemantik in der verstaatlichten Wirtschaft

Die Auseinandersetzungen zwischen politischer Elite und technischen Experten um den Platz der Ingenieure in der neuen Ordnung entzündeten sich nicht nur an der Frage, in wessen Verantwortung die Produktion und Vermittlung des technischen Wissens liege, was als berufsrelevanter Wissensbestand zu kodifizieren sei und wie die Zugänge zu diesem Wissen zu regeln wären. Ebenso konfliktreich verliefen die Kontroversen um die Anwendung dieses Wissens. Mit zwei Grundsatzentscheidungen des Gesellschaftsumbaus hatte die politische Elite die Berufspraxis der größten Gruppe von technischen Experten grundlegend verändert. Ingenieure der Industrie und des Bauwesens arbeiteten als Staatsangestellte, nachdem die Wirtschaft verstaatlicht und die Wirtschaftsleitung auf dem Wege der Planung zentralisiert worden war. Diese Entscheidungen verstärkten den sich seit der Hochindustrialisierung durchsetzenden Trend zur Bürokratisierung der Wirtschaft und damit auch des Ingenieurberufs. Aber sie verliehen ihm auch eine qualitativ neue Dimension dadurch, dass die Ingenieure sich nunmehr nicht mehr als Vermittler zwischen Arbeit und Kapital, sondern als Angestellte des Staates auf der in sozialer Hinsicht de facto gleichen Ebene wie die Arbeiter positionieren mussten. Diese soziale Einebnung von Funktionshierarchien führte zu einer signifikanten Veränderung in der Geschlechtssemantik des Ingenieurberufs und verletzte das auf technisches Fachwissen gegründete professionelle Selbstverständnis der technischen Experten tief. Um sich den Zugriff auf das Expertenwissen zu sichern, setzte die politische Elite vor allem unter den Bedingungen des Abwanderungsdrucks vor dem Mauerbau der sozialen Nivellierung eine als „Intelligenzpolitik" apostrophierte soziale Privilegierung von Experten entgegen. Gleichzeitig aber versuchte sie die Anwendung technischen Wissens nach technologiepolitischen Schwerpunktsetzungen zu steuern, die mit dem Projekt der „sozialistischen Industrialisierung" als Entscheidung für den schwerindustriellen Wachstumspfad und in der Bevorzugung großtechnischer Systemlösungen zum Tragen kamen. Entscheidende Elemente dieser Steuerungspolitik waren die Zurückdrängung freiberuflicher Ingenieurtätigkeit, die branchenspezifische Differenzierung des Gehaltssystems und die Zentralisierung von Entwurfsarbeit und Produktionsvorbereitung.

Im ersten Kapitel wird der Zusammenhang zwischen der Verstaatlichung der Berufspraxis und der Zurückdrängung der freiberuflich tätigen Privatingenieure und

-architekten untersucht. Die Gründe und die Maßnahmen der politischen Elite, die zur Einschränkung beziehungsweise Unterbindung der Tätigkeit selbständiger Ingenieure führten interessieren hier ebenso wie die Folgen für das berufliche Selbstverständnis der betroffenen Ingenieure. Im zweiten Kapitel geht es um die Platzierung der technischen Experten im sozialen Verteilungssystem, die über die so genannte Intelligenzpolitik der SED geregelt wurden. Die beiden Instrumente dieser Politik waren erstens die Privilegierung einer technischen Elite über Einzelverträge und zweitens die Einführung einer branchenspezifischen Differenzierung des Gehaltssystems. Beide Strategien zur Bewertung von Ingenieurarbeit prägten die in der staatssozialistischen Gesellschaft wirkungsmächtigen Leitvorstellungen vom Ingenieur, begründeten politisch konstruierte Hierarchien im Ingenieurberuf nach branchenspezifischen Einsatzfeldern und beeinflussten die geschlechtsspezifische Verteilung der Experten in technischen Handlungsräumen. Im dritten Teil des Kapitels werden die Auswirkungen der Verstaatlichung auf verschiedene Berufsmilieus der Ingenieure analysiert. Im Zentrum stehen dabei zum Einen die Strukturen und Geschlechtercodes im Milieu des geistigen Entwurfs technischer Projekte, also im Bereich von Forschung, Entwicklung und Konstruktion. Zum anderen werden die politische Aufwertung und partielle Feminisierung im Milieu der produktionstechnischen Umsetzung technischer Projekte, also im Bereich der Technologie untersucht.

1. Der politische Kampf gegen die Privatingenieure

Die Ingenieurunternehmer bildeten ein wichtiges Referenzmodell für die Berufsidentität der Ingenieure, obwohl sie mit der Herausbildung der großindustriellen Technik im Zeitalter der Hochindustrialisierung seit Beginn des 20. Jahrhunderts an Bedeutung verloren hatten und freiberufliche Ingenieure und Architekten wohl im Bauwesen, kaum aber in anderen Bereichen der Wirtschaft präsent waren. Heidebroek beschwor in der Zwischenkriegszeit den selbständigen Ingenieur als professionelles Leitbild.

„So vielseitig und verschiedenartig auch sonst der Lebensgang unserer großen Pionieringenieure war: eines Charakterzuges entbehren sie alle nicht: das ist ihr unbeugsames Selbständigkeitsgefühl, ihr Unabhängigkeitsdrang, kurz ihr Persönlichkeitswert, gleichviel ob der Erfolg sie schnell hinaufführte zu eigenem Unternehmertum, oder ob ihr Leben ein dauernder Kampf war gegen die Widerstände des Althergebrachten; ihr Mut, das Schicksal auf die eigenen Schultern zu nehmen, sich durchzukämpfen [...] durch die Leistung, den Glauben an ihre Idee und einen unbändigen Enthusiasmus der Schöpferkraft.“[1]

1 Heidebroek, Technische Pionierleistungen, S. 812.

Er forderte zur Abwehr der von der Großindustrie in Gang gesetzten Bürokratisierung der Wirtschaft und des Ingenieurberufs: „Unsere Unternehmer müssen wieder Ingenieure und aus Ingenieuren müssen wieder Unternehmer werden.“[2] Mit dem Leitbild des unternehmerischen respektive selbständigen Ingenieurs aber integrierten die technischen Experten die in der bipolaren Geschlechterordnung männlich konnotierten weil an Unabhängigkeit geknüpften Tugenden des Verantwortungsbewusstseins und der Risikobereitschaft in ihr Berufsbild. An dem Ideal der Selbständigkeit hielt Heidebroek auch in der Nachkriegszeit fest, wenn er Verantwortung und Risikobereitschaft als notwendige Tugenden des Ingenieurs beschwor, die er in der verstaatlichten Wirtschaft bedroht sah.

> „So wenig wie es den Menschen etwa gelungen ist, durch die Technik die Natur zu ‚beherrschen‘, [...] so wenig gibt es eine risikofreie Technik oder wird es sie jemals geben. [...] Dieser Schwierigkeit muss der Ingenieur mit seinem besonderen Berufs-Ethos gegenübertreten, in jedem Falle das Äußerste versuchen, um zu einer Lösung zu kommen. [...] Es darf nicht dazu kommen, dass er sagt: ‚Ich brauche das nicht zu wissen, mein Vorgesetzter oder eine hohe Verwaltung weiß es ja auch nicht.‘ Nein, er muss soviel Idealismus und soviel Berufsstolz besitzen, um auf sich selbst gestellt vorwärts zu kommen [...].“[3]

In diesem in einem Vortrag anlässlich der 125-Jahrfeier der TH Dresden unter dem bezeichnenden Titel „Die Verantwortlichkeit des Ingenieurs“ formulierten Appell an den Willen zur Selbständigkeit, das Verantwortungsbewusstsein und die Risikobereitschaft des Ingenieurs evozierte Heidebroek die Erinnerung an den freiberuflichen beziehungsweise unternehmerischen Ingenieur.

1.1 Privatingenieure in der Nachkriegszeit (1946-1950)

Zunächst schien die unmittelbare Nachkriegszeit zur Stunde der selbständigen Ingenieure zu werden. Viele Ingenieure begannen sich nach dem Zusammenbruch aller technischen, wirtschaftlichen und politischen Strukturen selbständig neue Arbeitsmöglichkeiten zu erschließen. Nach der Volkszählung von 1946 waren in der SBZ (ohne Berlin) 12.403 Ingenieure, und damit jeder Fünfte aller gezählten Ingenieure selbständig.[4] Auch in den westlichen Besatzungszonen lag der Anteil der selbständigen Ingenieure bei 21 Prozent.[5] Die 5.880 Architekten und 52 Architektinnen bildeten nach wie vor die größte Gruppe unter den selbständigen Ingenieuren. Das waren 41 Prozent aller von der Berufszählung erfassten Architekten. Außerdem ermittelten

---

2 Ebenda.

3 Heidebroek, Die Verantwortlichkeit des Ingenieurs, 1954, S. 19 f.

4 Volks- und Berufszählung vom 29. Oktober 1946, S. 62.

5 Laatz, S. 106.

die Statistiker 2.153 Männer und 14 Frauen, die als Maschinenbauingenieure sowie 1.913 Männer und acht Frauen, die als Elektroingenieure freiberuflich tätig waren.[6]

Die Arbeitspolitik der Nachkriegszeit trug der besonderen Berufssituation der Ingenieure und Architekten dadurch Rechnung, dass sie diese aus der Zwangsbewirtschaftung der Arbeitskräfte herausnahm.[7] Sie mussten sich allerdings bei den Arbeitsämtern registrieren lassen. Wenn sie keine eigene Firma gründeten[8], hatten sie sich spätestens seit 1948 einer Überprüfung zu unterziehen. Diese wurden von Überprüfungsausschüssen durchgeführt, die aus Vertretern der Kammer der Technik, der Industrie- und Handelskammern und der Gewerkschaft bestanden.[9] Sie stellten Gutachten darüber aus, ob der oder die Antragsteller/in fachlich und wirtschaftlich zur selbständigen Berufsausübung in der Lage sei. Personen, bei denen Entnazifizierungsverfahren anhängig waren, konnten keine Befreiung vom Arbeitseinsatz beantragen. Diese Regelung verknüpfte das Recht auf Freiberuflichkeit mit politischen Kriterien. Zudem erfolgten die Freistellungen grundsätzlich befristet. Bei einem Gesuch um Verlängerung hatten die Antragsteller erneut eine gutachterliche Stellungnahme des Überprüfungsausschusses beizubringen.[10]

Eine freiberufliche Ingenieurtätigkeit blieb also in der unmittelbaren Nachkriegszeit möglich. Sie war aber einer umfassenden staatlichen Kontrolle unterworfen, die von der politischen Elite durchaus genutzt wurde, um Freiberuflichkeit einzuschränken. Ein Beispiel dafür ist der Fall des Bauingenieurs Fritz Bauer.[11] Er hatte von 1946 bis 1948 als selbständiger Bauingenieur gearbeitet. Im April 1949 aber wurde ihm die Selbständigkeit „wegen angeblichen fachlichem Mangel an Wissen“ aberkannt.[12] Er stellte einen neuen Zulassungsantrag, der ihm im November des Jahres 1949 auch erteilt wurde. Aber an selbständige Ingenieure wurden inzwischen keine privaten Aufträge mehr vergeben. 1950 musste Fritz Bauer deshalb einen Antrag auf Arbeitsvermittlung an das Arbeitsamt in Elsterwerda stellen.

---

6 Volks- und Berufszählung vom 29. Oktober 1946, S. 89 f.

7 Der Befehl Nr. 153 der SMAD vom 20.11.1945 befreite „Personen der freien Berufe von der Einsatzpflicht bei den Arbeitsämtern [...]. Sie sind jedoch nach dem Befehl Nr. 3 des Alliierten Kontrollrates registrierungspflichtig, sofern es sich um Männer im Alter von 14-65 und Frauen im Alter von 15-50 Jahren handelt.“ Sächs. HStA, LRS, Min. für Arbeit und Sozialfürsorge, 486: GRV Nr.21/48, Dresden, 03.05.1948.

8 Im Falle einer Firmengründung hatten die Ingenieure einen Gewerbebogen zu beantragen, der genehmigungspflichtig war und auch verweigert werden konnte, sodass private Firmengründungen der staatlichen Kontrolle unterlagen. Ebenda.

9 Ebenda.

10 1951 wurde das Verfahren dahingehend vereinfacht, dass der Überprüfungsausschuss sowohl die Stellungnahme abgab, als auch die Zulassungsurkunde ausstellte. Sächs. HStA, LRS, Ministerium für Arbeit und Sozialfürsorge, 486: Festlegung vom 04.06.1951.

11 BArch, DQ2/1749: Fritz Bauer 30.06.1950.

12 Ebenda.

Sowohl die Genehmigungspraxis für Freiberufler als auch die Wirtschaftspraxis mit ihrer Bevorzugung staatlicher Auftragnehmer schränkten also die Möglichkeiten für eine freiberufliche Tätigkeit ein. Die Berufszählung des Jahres 1950 wies gegenüber 1946 bereits einen deutlichen Rückgang im Anteil der freiberuflichen Ingenieure aus. 1950 arbeiteten nur noch 8.747 Männer und 35 Frauen als Ingenieure selbständig, darunter 4.307 Architekten und 19 Architektinnen, 1.098 Maschinenbauingenieure und sechs Maschinenbauingenieurinnen sowie 1.227 Elektroingenieure und zwei Elektroingenieurinnen.[13] Der Anteil der Freiberufler in der Berufsgruppe war auf 9,3 Prozent zurückgegangen, während er in der Bundesrepublik noch bei 14,5 Prozent lag.[14] Das aber ist ein deutlicher Hinweis darauf, dass die Einschränkung selbständiger Ingenieurtätigkeit nicht allein durch den Wiederaufbau der großindustriell geprägten Wirtschaft, sondern auch durch systempolitische Faktoren ausgelöst wurde. Freiberufliche Ingenieure waren ein Störfaktor in der verstaatlichten Wirtschaft, weil sie sich der direkten staatlichen Kontrolle entzogen. Auf der geschlechterpolitischen Ebene aber führte die staatliche Einschränkung und Zurückdrängung der unternehmerischen Selbständigkeit technischer Experten zur Auflösung eines wesentlichen Bindegliedes der Verknüpfung von Technikkompetenz und Männlichkeit im beruflichen Selbstverständnis der Ingenieure. Ebenso, wie die Autorität instrumenteller Vernunft war das Ideal unternehmerischer Selbständigkeit eine Hauptsäule in den Vorstellungen von hegemonialer Männlichkeit, über die auch die Ingenieure ihren Platz in der Gesellschaft definierten.

1.2 Die Kammer der Technik als Promotor der Verstaatlichung – Betriebssektionen und Besteuerungspolitik (1951-1954)

Die KDT mit ihrer Organisationspolitik und das Finanzministerium mit seinen Anordnungen zur Besteuerung freiberuflicher Ingenieurtätigkeit profilierten sich seit Beginn der 1950er Jahre als Promotor der Verstaatlichung. Die Kammer der Technik verfolgte dabei eine Ausgrenzungsstrategie. Sie fasste im Juni 1951 den Beschluss, ihre Ortssektionen und Bezirksausschüsse zugunsten von Betriebssektionen aufzulösen.[15] Das war ein Schlag gegen die freiberuflichen Ingenieure, denen dadurch die Möglichkeit zur Mitwirkung in der KDT genommen wurde. Gerade sie aber waren auf die Kommunikation in einem Berufsverband angewiesen. Viele Mitglieder der KDT, die in den Ortssektionen, aber auch auf anderen Gebieten aktiv waren, protes-

---

13 Statistisches Bundesamt, Außenstelle Berlin-Mitte, Volks- und Berufszählung in der Deutschen Demokratischen Republik am 31. August 1950, Bz2: Bl. 10, 136.

14 Laatz, S. 106.

15 Zur Gründung der Betriebssektionen in der KDT und ihrer Vorgeschichte vgl. Stelzner, S. 193 ff.

tierten gegen diesen Beschluss. Der zum naturwissenschaftlich-technischen Establishment der DDR gehörende Chemiker Kurt Schwabe, damals Professor an der TH Dresden und Inhaber eines privaten Forschungsinstituts in Meinsberg/Sachsen, warnte vor einem mit Gründung der Betriebssektionen in die KDT einziehenden Geist des Betriebspartikularismus und wies die von den KDT-Funktionären aufgestellte Behauptung zurück, dass mit Hilfe der Betriebssektionen eine vollständigere Erfassung der technischen Intelligenz möglich sei.[16] In einem Brief an den KDT-Präsidenten und Berufskollegen, den Chemiker Franck, argumentierte Schwabe: In Sachsen habe die KDT circa 20.000 Mitglieder, damit seien hier praktisch alle Techniker in der KDT organisiert. Überdies existierten in Sachsen viele Spezialbetriebe, wo Betriebssektionen ohnehin sinnlos seien, weil Fachfragen hier zwangsläufig im Betrieb beraten würden. Andererseits arbeiteten viele Techniker, die nicht in volkseigenen oder privaten Betrieben beschäftigt seien, als Vorsitzende der KDT-Ortssektionen. Wenn sich ihre Arbeit bei Auflösung der Ortssektionen erübrige, würde das die KDT schwächen.[17] Schwabe, der als Leiter eines privaten Forschungsinstituts selbst mit einem Bein in der privaten Wirtschaft stand, betrachtete die Ausgrenzung der Privatingenieure also als einen Verlust für die KDT.

Der in der Ortssektion Auerbach aktive Textilingenieur Heinrich Naumann warf dem KDT-Präsidium Spaltung der technisch interessierten Menschen vor.

> „Die KDT begibt sich mit diesem Plan erstmalig auf ein Gebiet, das bisher gemieden werden sollte, auf das Gebiet der wirtschaftlichen Struktur der Betriebe. Bisher wurde uns gesagt, dass wir keinen Unterschied zwischen einem Kollegen aus dem volkseigenen und aus dem privaten Sektor zu machen haben. Wenn ein Kollege fortschrittlich denkt und unsere gemeinsamen Ziele bejaht, war er es wert, von der KDT betreut zu werden. Das scheint sich jetzt grundlegend geändert zu haben, obwohl es in keinem Zusammenhang zur Forderung unserer Regierung steht, wonach von der Privatindustrie im 5-Jahr-Plan ebenfalls eine wesentliche Steigerung der Produktion erwartet wird. [...] Warum lässt man die eingespielte Organisationsform nicht wie sie ist und erweitert sie zunächst nur um die Bildung der Betriebssektionen?“[18]

Selbst SED-Genossen konnten diese Politik der Ausgrenzung nicht verstehen. So wandte sich der Wasserwirtschaftler Conrad Trautmann aus Plauen an den ihm aus der gemeinsamen sozialdemokratischen Vergangenheit in der Weimarer Republik bekannten Klaus Zweiling, der 1951 Chefredakteur im Verlag „Die Technik“ war.[19] Trautmann kritisierte, dass die KDT mit der Gründung von Betriebssektionen ihre von den Ingenieuren favorisierte Funktion zur Organisation der betriebsübergreifenden Zusammenarbeit in Fachgruppen aufgab. Zweilings Antwort verweist uns auf die

16 Zur Person Schwabes und auch zur Entwicklung seines 1947 erworbenen und bis 1957 privates Eigentum bleibenden Forschungsinstitutes vgl. Gluch, S. 73-101.

17 SAPMO-BArch, DY 61/100: Kurt Schwabe an Präsidenten der KDT Franck, 30.06.1951.

18 SAPMO-BArch, DY 61/100: Naumann an KDT Berlin über BA Zwickau, 15.08.1951.

19 SAPMO-BArch, DY 61/100: Trautmann an Zweiling, 22.08.1951.

politischen Hintergründe der Ausgrenzung von Privatingenieuren. Es war die Angst vor dem unabhängigen Ingenieur, der sich auf Grund seiner Selbständigkeit dem kontrollierenden Zugriff der politischen Elite entziehen konnte. Der Chefredakteur des KDT-Verlages belehrte seinen alten Kampfgefährten. Möglichkeiten für eine fachliche Zusammenarbeit

„... werden Euch gerade durch das neue Statut, das den in der Privatindustrie und freiberuflich arbeitenden Ingenieuren keine Möglichkeit der Mitarbeit in den Betriebssektionen gibt, [...] erst richtig eröffnet. Als Mitarbeiter volkseigener Betriebe könnt ihr viel ungehemmter und offener über konkrete Betriebsprobleme mit den Mitarbeitern anderer VEB (auch anderer Fachrichtungen) diskutieren, diese Probleme studieren und voneinander lernen als das in der Anwesenheit von in der Privatindustrie oder freitätigen Ingenieuren möglich wäre. Ihre Mitarbeit soll auf die Landesfachgruppen gelenkt werden, wo die allgemeinen Probleme stehen, bei denen sie sehr nützlich sein können und ihr ganzes Können zur Geltung bringen können, ohne in die unerwünschte Nähe der konkreten Probleme in der volkseigenen Industrie gebracht zu werden. Eure Wirkungsmöglichkeit wird also nicht vermindert, sondern vergrößert, nur müsst ihr richtig verstehen, das durchzuführen."[20]

Zweilings Argumente überzeugten Trautmann freilich nicht.[21] Aber eine im Ausgang offene Diskussion über die Betriebssektionen wurde in der KDT nicht mehr zugelassen.

Das Finanzministerium schränkte den Handlungsspielraum der Freiberufler mit Hilfe der Besteuerungsgrundsätze ein. Die Kulturverordnung vom 31.03.1949 hatte zunächst festgelegt, dass alle freiberuflichen Ingenieure und Architekten, die schöpferische Leistungen für den Aufbau der sozialistischen Wirtschaft erbringen, nicht nach den Steuersätzen für Privatunternehmer, sondern nach denen für Arbeiter und Angestellte veranlagt werden sollten.[22] Ende 1952 wurden die Besteuerungsrichtlinien verändert. Die Verordnung über die Besteuerung des Arbeitseinkommens vom 22.12.1952 schloss selbständig tätige Beratungsingenieure von der Steuerbegünstigung aus, indem als Kriterium für steuerbegünstigte freie Berufe jetzt das Merkmal „der schöpferischen und konstruktiven Tätigkeit" festgelegt wurde.[23] Einige Ingenieure wandten sich in Reaktion auf die neuen Besteuerungsrichtlinien direkt an das Finanzministerium mit der Forderung nach Klärung, andere an die KDT mit der Bitte um eine gutachterliche Äußerung, dass ihre Arbeit den Kriterien steuerbegünstigter

20 SAPMO-BArch, DY 61/100: Zweiling an Trautmann, 29.08.1951.

21 Er beharrte in seinem Antwortschreiben an Zweiling darauf, dass die Ortssektionen in die Pläne zur Umstrukturierung zumindest hätten einbezogen werden müssen. SAPMO-BArch, DY 61/100: Trautmann an Zweiling, 13.09.1951.

22 Verordnung über die Erhaltung und Entwicklung der deutschen Wissenschaft und Kultur, die weitere Verbesserung der Lage der Intelligenz und die Steigerung ihrer Rolle in der Produktion und im öffentlichen Leben, veröffentlicht in: Die Technik, 4 (1949): 193-195, hier S. 193.

23 Verordnung über die Besteuerung des Arbeitseinkommens (AStVO) vom 22. Dezember 1952, hg. v. Ministerium für Finanzen der DDR, Berlin 1952, S. 80.

Tätigkeit entspricht. Im Folgenden werden die Reaktionen zweier Privatingenieure auf den Verlust der Steuerbegünstigung eingehender betrachtet. Sie geben einen Einblick in die Handlungsräume privater Ingenieure in der DDR am Beginn der 1950er Jahre und vermitteln einen Eindruck von ihrem Selbstverständnis.

Der Oberingenieur und Inhaber eines Ingenieurbüros Willy Nitzsche aus Zittau schrieb am 27.11.1954 an das Finanzministerium der DDR.[24] Er fragte nach der gesetzlichen Grundlage für die Aufhebung der bisherigen Steuerbegünstigung und beschwerte sich bitter über die als Ungerechtigkeit empfundene Ungleichbehandlung der Ingenieure. War schon der fehlende Titelschutz eine große Ungerechtigkeit für Ingenieure, so müsste von den Behörden wenigstens verlangt werden können, dass sie sich über den Inhalt von Ingenieurtätigkeit Klarheit verschafften.

„Es ist grotesk, aus dem Arbeitsbereich des fortschrittlichen Ingenieurs eine Tätigkeit als nur ‚Beratung‘ zu isolieren. Jeder Konstruktions- und schöpferischen Arbeit gehen Entwicklungsarbeiten voraus, die durch Besprechungen, Beratungen und Berechnungen erst die Grundlage schaffen, wodurch eine Ingenieurleistung vollbracht werden kann. [...] Mit meiner Studienzeit stehe ich als Ingenieur 50 Jahre in der Praxis als leitende Persönlichkeit. Es hat nicht eine Neuentwicklung auf meinem Gebiete gegeben, wo nicht zuerst die Beratung im kleinen oder großen Kreise der ausschlaggebende Faktor für die Entwicklung der schöpferischen Arbeit war. [...] Sind doch die Ingenieure, Architekten und Erfinder die Pioniere, die durch ihre Entwicklungsarbeiten, verbunden mit langwierigen Beratungen etc. erst unsere gesamte technische Wirtschaft auf solche fortschrittliche Höhe gebracht haben.“[25]

Wenn schon, so fuhr er fort, auf Grund von Finanzierungsengpässen das Steueraufkommen erhöht werden müsse, dann sei der einzig gerechte Weg dahin, dass alle „Ingenieure, Architekten und Erfinder nicht mehr für steuerbegünstigte, freiberufliche Einkünfte in Frage kommen“. Der Oberingenieur Nitzsche forderte abschließend, „dass meinen Ausführungen nachgegangen wird, wie unserem Ingenieurstand bei der Leistung unserer wirtschaftlich-fortschrittlichen Mitarbeit am Aufbau unserer Wirtschaftskapazität geholfen werden kann, anstatt in der Einzelbewertung unsere Leistungen durch Unkenntnis unserer Tätigkeit herabzusetzen.“[26] Nitzsche beschwor also die Homogenität seines Berufsstandes, um seine Interessen gegen die Finanzbehörden zu vertreten.

Der Ingenieur Heinrich Hanke aus Dresden wandte sich am 28.07.1954 an die KDT. Er beschrieb seine Tätigkeit, um von der KDT eine Befürwortung für die Steu-

24 SAPMO-BArch, DY 61/104: Nitzsche an die Regierung der DDR, Finanzministerium, 27.11.1954. Auslöser für seinen Brief war die Aufforderung des Finanzamtes, er möge die ihm gewährte Steuerbegünstigung für 1953 zurückzahlen, da er als beratender Ingenieur nicht mehr unter die Steuerbegünstigten falle.

25 Ebenda.

26 Ebenda.

erbegünstigung zu erhalten.[27] Anschließend hob er die Bedeutung seiner freiberuflichen Tätigkeit für die verstaatlichte Planwirtschaft hervor.

„Auf Grund meiner durch eigene Initiative mühevoll erarbeiteten guten Beziehungen zu den höchsten sowjetischen Dienststellen war es mir möglich, der VE-Industrie unserer DDR aus Überplanbeständen benötigte Maschinen und Motoren sowie sonstiges Engpass-Material auf schnellstem Wege zuzuführen und dadurch in nachweisbaren Fällen Betriebe und Abteilungen vor einer vorübergehenden Stillegung zu bewahren. In diesem Zusammenhang sei erwähnt, dass in keinem Fall irgendwelche Preisaufschläge seitens der sowjetischen Dienststellen erfolgten, die Lieferungen wurden zu Originalwerkspreisen durchgeführt, ich berechnete lediglich meine Ingenieurgebühren nach der GOI. Hervorgehoben werden muss, dass durch diese Lieferungen die Kontingente der VE-Betriebe nicht belastet wurden. Damit leistete ich der VE-Industrie einen nicht zu unterschätzenden Beitrag zur Erfüllung ihrer Produktionsauflagen und damit unserer Wirtschaftspläne."[28]

Dass er die Planwirtschaft durch unplanmäßige Ad-hoc-Geschäfte mit der Besatzungsmacht funktionstüchtig machte, diente ihm als Hauptargument für seine Kritik an der Steuerpolitik. Er bat die KDT, „bei dem zuständigen Ministerium vorstellig zu werden mit der Zielsetzung, den ausschließlich für die VE-Industrie tätigen Ingenieur mit überwiegend beratender Tätigkeit in den Kreis der Steuerbegünstigten einzubeziehen."[29]

Beide Ingenieure erklärten ihre freiberufliche Ingenieurtätigkeit zu einem grundlegenden Beitrag für den wirtschaftlichen Aufbau des neuen Systems. Sie wehrten sich dagegen, Fremdkörper in der verstaatlichten Wirtschaftsordnung zu sein und wollten den Entzug ihrer Steuerbegünstigung nicht akzeptieren. Vielmehr versuchten sie in eine fachliche Debatte mit den Behörden einzutreten, um diese davon zu überzeugen, dass Beratungstätigkeit als unverzichtbare Voraussetzung und damit als Bestandteil schöpferischer Leistung zu gelten habe. Die von ihnen geforderte Gleichbehandlung aller Ingenieure aber war in der staatssozialistischen Gesellschaft nicht zu haben. Im Gegensatz zu ihrer egalitären Programmatik setzte die politische Elite vielmehr darauf, Loyalitäten durch ein undurchschaubares und verschachteltes Privilegiensystem zu erkaufen. Das geschah auch auf dem Wege der Steuerbegünstigungen. Statt die neuen Besteuerungsgrundsätze strikt durchzusetzen, vereinbarten Fi-

27 „Meine Tätigkeit besteht in der technischen Beratung bei der Planung und Entwurfsbearbeitung von Neuanlagen, Erweiterungen, Umbauten usw. auf allen Gebieten des Maschinen- und Motorenwesens. In engem Zusammenhang damit steht die Ermittlung benötigter Projekte und Zubehörteile (Marktforschung), deren technische Prüfung und Abnahme, Inbetriebsetzung und andere Leistungen, die in § 1 Abs. 2 Zi. 1-8 der GOI aufgeführt sind. Es ist selbstverständlich, dass ich in jedem Fall die volle Haftung für ordnungsgemäße Durchführung des mir erteilten Auftrages von der Ermittlung des Projektes bis zur Inbetriebnahme übernehme." SAPMO-BArch, DY 61/104: Hanke an KDT 28.07.1954.

28 Ebenda. (VE-Industrie: volkseigene Industrie)

29 Ebenda.

nanzministerium und KDT am 29.12.1954 als interne Regelung, dass für systemkonforme Privatingenieure, deren Tätigkeit volkswirtschaftlich bedeutsam war, Ausnahmen zugelassen werden sollten. Solche Ausnahmen konnten beantragt und mussten durch die KDT begutachtet werden.[30] Allerdings sollte, um die Zahl der Ausnahmen klein zu halten, die Regelung nicht veröffentlicht werden.[31]

Dieser Vorschlag macht deutlich, dass die KDT mit dem Finanzministerium in der Zurückdrängung und Diskriminierung der Privatingenieure zusammenarbeitete. Sie verstand sich, wie sie gegenüber dem Ministerium für Maschinenbau anlässlich eines Disputes um die Bearbeitung einer Eingabe eines selbständigen Maschinenbauingenieurs mitteilte, durchaus nicht als „Interessenvertretung der freischaffenden technischen Intelligenz".[32]

1.3 Die Zurückdrängung der Privatingenieure und -architekten in der Bauwirtschaft (1950-1966)

Die systempolitischen Intentionen zur Zurückdrängung der selbständigen beziehungsweise Unternehmeringenieure werden in den Debatten zur Reorganisation der Bauwirtschaft besonders deutlich. Diese bislang nur in Teilbereichen von großindustriellen Produktionsformen erfasste Branche verfügte über den höchsten Anteil an freiberuflich tätigen technischen Experten. 1950 waren auch in der DDR noch knapp ein Drittel aller Architekten freiberuflich tätig. Mit dem Aufbau staatlicher Entwurfsbüros begann die politische Elite die Möglichkeiten zur Berufsausübung für Freiberufler zu begrenzen. Die politischen Hintergründe für diese Politik benannte der Leiter der Hauptabteilung für technische Entwicklung im Staatssekretariat für Bauwirtschaft, Gibbels, in einem Brief vom 30.06.1952 an den Genossen Spalteholz von der Unterabteilung für Bauwesen im ZK der SED[33] in aller Deutlichkeit.

> „Private Entwurfsbüros – Ich bin aus folgenden Gründen dagegen: a) Die Geheimhaltung und Sicherheit wird gefährdet. b) Die [staatlichen] Institute würden viele gute Kräfte verlieren. c) Die Gewinnspanne ist sehr hoch und fließt in Privathand. (VEB führen 30 Prozent Gewinn ab.) d) Die Kontrolle und sparsamste Anwendung der Mittel und Engpassbaustoffe ist kaum durchführbar."[34]

Ein halbes Jahr später begrüßte derselbe Gibbels den vom Staatssekretariat für die Bauwirtschaft vorgelegten Vorschlag zur Reorganisation der Entwurfsbetriebe. Demnach sollten zukünftig Entwurfsbearbeitungen für Investitionen ohne Rech-

30 SAPMO-BArch, DY 61/104: Ministerium für Finanzen, 20.01.1955, Rundverfügung Nr. 3/55.

31 SAPMO-BArch, DY 61/104: KDT an Ministerium für Finanzen per 23.11.1954.

32 SAPMO-BArch, DY 61/104: KDT an Maschinenbauministerium, 11.01.1955.

33 Zur Entwicklung der Abteilung Bauwesen im ZK der SED vgl. Düwel, Baukunst voran! S. 59.

34 SAPMO-BArch, DY 30/IV/2/606/75/363 f.

nungslegung erfolgen und damit die Einbeziehung freischaffender Architekten und Ingenieure für Investitionsentwürfe ausgeschlossen werden. Bisher habe man fünf Prozent der Entwurfsarbeiten an freischaffende Architekten und Ingenieure vergeben und weitere zwei bis drei Prozent an Selbständige als Hauptprojektanten.[35] Nun sollten sie nur noch Generalreparaturen und Werterhaltung bearbeiten dürfen.

Vertreter aus dem systemkonformen Flügel der Architektenelite unterstützten die Reorganisation der Bauwirtschaft und die Verstaatlichung des Architektenberufs. Der zum ersten Präsidenten der 1950 gegründeten Deutschen Bauakademie berufene Kurt Liebknecht[36], der seine in der Sowjetunion gewonnenen Erfahrungen in der Gestaltung der sozialistischen Architektur und Bauwirtschaft auf die Leitung des Bauwesens in der DDR zu übertragen suchte, argumentierte 1950 in der von der KDT herausgegebenen Fachzeitschrift „Bauplanung und Bautechnik" für den Abbau der freiberuflichen Tätigkeit von Architekten.

„In der letzten Zeit kämpfen unsere ‚freischaffenden Architekten' durch Wort und Schrift für ihre Privilegien: [...] lohnt es sich, für sie zu kämpfen? [...] Alle Tätigkeiten, die nicht unmittelbar zu seinem Arbeitsgebiet gehören, müssen ihm [dem Architekten] abgenommen werden, damit er niemals den Blick für die großen Zusammenhänge verliert. Er muss, auf dem Boden der Tatsachen stehend, bei seiner schöpferischen Arbeit von den wirtschaftlichen Möglichkeiten und den politischen Notwendigkeiten unseres neuen, dem Volke dienenden Staates ausgehen. Es können aber nur neue Arbeitsformen die Erfüllung dieser Aufgaben gewährleisten. Solche neuen Arbeitsformen wurden in den volkseigenen Entwurfsbüros geschaffen. Diese gewährleisten durch die Art der Organisation einen reibungslosen Ablauf des ganzen Entwurfsprozesses. Unter Hinzuziehung der qualifiziertesten Fachkräfte werden alle zur Ausarbeitung der gesamten Entwurfsarbeit gehörenden Voruntersuchungen, Rechnungen, Zeichnungen und sonstigen Arbeiten, angefangen von den Grund- und Bodenuntersuchungen und wissenschaftlichen Vorarbeiten über die technische und architektonische Gestaltung des gesamten Entwurfs bis zur zeichnerischen Ausarbeitung der einzelnen Teile und bis zu Mengenberechnungen und Kostenanschlägen durchgeführt und die ordnungsgemäße Ausführung überwacht. Diese große Arbeit der Entwurfsbüros wird durch entsprechende, fachlich spezialisierte Arbeitsgruppen, die untereinander koordiniert sind, durchgeführt. Es gibt Gruppen für Entwurf,

35 Ebenda, Bl. 228-230: Reg. DDR, Koordinierungs- und Kontrollstelle für Industrie und Verkehr, Sektor Bauwirtschaft, 3.11.1952. Der von Freiberuflern erbrachte Leistungsanteil an der Gesamtwirtschaft war also bereits außerordentlich gering.

36 Als Neffe Karl Liebknechts und SU-Emigrant gehörte er zum kommunistischen Establishment. Er hatte bei Poelzig an der TH Charlottenburg Architektur studiert und von 1929-1931 im Büro von Poelzig gearbeitet. 1931 ging er in die Sowjetunion, um am Aufbau des Sozialismus mitzuwirken. Hier beteiligte er sich an der Neuplanung sozialistischer Städte. 1938 wurde er für eineinhalb Jahre inhaftiert. 1948 verteidigte er an der sowjetischen Architekturakademie seine Dissertation über die Projektierung von Gesundheitseinrichtungen in Mittelasien. Er kehrte noch im gleichen Jahr nach Berlin zurück, um hier zunächst als wissenschaftlicher Sekretär in dem von Hans Scharoun geleiteten Institut für Bauwesen an der Deutschen Akademie der Wissenschaften zu arbeiten. Barth u. Topfstedt, S. 144 f.

Statik, technischen Innenausbau, Kalkulation und im Bedarfsfalle für Technologie. Eine verhältnismäßig kleine Gruppe gewährleistet die notwendigen administrativen Belange."[37]

Nach Liebknecht hatte also die Reduzierung der Architektentätigkeit auf fachliche Inhalte des Entwurfsprozesses und ihre Abkopplung von soziopolitischen Kommunikations- und Entscheidungsprozessen als grundlegender Vorteil des verstaatlichten Berufes zu gelten.

Mit ähnlichen Argumenten unterstützte der vormalige Direktor der Weimarer Hochschule für Baukunst und bildende Kunst und spätere Chefarchitekt von Berlin, Hermann Henselmann, den Aufbau staatlicher Entwurfsbetriebe und die Abschaffung der Selbständigkeit. Auf einer am 28.04.1950 durchgeführten Tagung der Architekten mit Vertretern der Industriegewerkschaft Bau/Holz, in der es um die gewerkschaftliche Organisation der Architekten und dabei auch um die Frage ging, ob Freiberufler Gewerkschaftsmitglied werden könnten, vertrat Henselmann laut Protokoll folgende Meinung:

„Der Architekt müsse auf jeden Fall als Unternehmer befreit werden, damit er nicht Aufträge besorgen oder Genehmigungen beschaffen muss, sondern sich tatsächlich dem Entwerfen widmen kann. Er soll frei entwerfen und alle administrativen Dinge ablegen. Ihm diese Arbeiten abzunehmen, sei der Grundsatz der volkswirtschaftlichen Entwurfsbüros, damit die individuelle Schöpferkraft erhalten und damit auch die Frage des künstlerischen Eigentums beachtet wird. Der Architekt selbst sollte davon überzeugt sein, dass er materiell, künstlerisch und technisch in der Zukunft eine höhere Form anzunehmen hat."[38]

Und wörtlich führte Henselmann aus:

„Ich war selbst früher Architekt und dachte nie daran, dass ich Unternehmer bin. Subjektiv dachte ich nicht daran, meine Mitarbeiter auszubeuten, [...]. Aber objektiv ist dieses Verhältnis ein Unternehmerverhältnis, denn wir wissen ja als freie Architekten, wie schwer es uns fällt, wenn ein Auftrag abgerechnet ist, die Gehälter zu zahlen. Es ist kein so großes Opfer für den Architekten vom Unternehmerverhältnis weg zu einem freien Verhältnis zu kommen, das ihm die Möglichkeit gibt, ein Mitarbeiterverhältnis zu einem Projektierungsbüro einzugehen. Ich glaube, dass die Gewerkschaft sich der Entwicklung dieser Projektierungsbüros annehmen sollte."[39]

Das hatte die Gewerkschaft bereits vor dieser Tagung getan, indem sie beschloss, dass selbständige Architekten, die Angestellte beschäftigten, überhaupt nicht und solche, die ohne Angestellte arbeiteten, nur auf Antrag und nach Zustimmung durch den Zentralvorstand der IG Bau/Holz Mitglied der Gewerkschaft werden konnten. Mit diesem Beschluss signalisierte die Gewerkschaft eindeutig, dass sie sich als

37 SAPMO-BArch, DY 30/IV/2/606/82/44-45.

38 SAPMO-BArch, DY 30/IV/2/606/46/14.

39 Ebenda.

Interessenvertreterin der in den staatlichen Projektierungsbetrieben angestellten Architekten verstand.[40]

Die Eingliederung der Architekten in die staatlichen Projektierungsbüros verlief nicht konfliktlos, denn die starke arbeitsteilige Spezialisierung der Entwurfsarbeit in den Projektierungsbüros, die formale Disziplinierung geistiger Arbeit durch die Organisationsdynamik der großen Institutionen und die Pannen beim Aufbau und Anlauf der staatlichen Entwurfsbetriebe sorgten hinreichend dafür, dass Architekten den Übergang vom Freiberufler zum Staatsangestellten als herben Verlust erfuhren.[41] Der Bauhistoriker Herbert Ricken beschrieb diesen Übergang als eine Modifikation im Berufsbild des Architekten.

„Neben dem Stadtplaner und dem Architekturwissenschaftler begann sich, gefordert durch die Konzentration der Projektierung in wenigen großen Organisationen, eine neue Modifikation des traditionellen Berufsbildes des Architekten herauszubilden: der Organisator und Technologe der Projektierung."[42]

Daraus aber konnten die sich eher als Künstler denn als Techniker verstehenden Architekten kaum ihre Berufsidentität ableiten.

Das Streben nach selbständiger Berufsausübung blieb stark. Solange der private Sektor in der Bauwirtschaft aufgrund des handwerklichen Charakters der Bauproduktion in bestimmten Bereichen größer blieb als in der Industrie, waren private Architekten für diese privaten Betriebe interessante Kooperationspartner und fanden Arbeitsmöglichkeiten.[43] Auf der anderen Seite scheute auch der Staat wegen der Pannen und Engpässe in den verstaatlichten Projektierungsbetrieben, aber auch wegen der politischen Konsequenzen, noch vor einem strikten Verbot selbständiger Berufsausübung zurück.

Wie aber war das Verhältnis zu den Freiberuflern zu regeln? 1955 informierte der Vorstand des Bundes Deutscher Architekten (BDA), der besser als die KDT in der Lage blieb, seine Funktion als Berufsverband der Architekten unter den Prämissen der verstaatlichten Gesellschaft zumindest partiell auszuüben, seine Mitglieder darüber, dass Freiberufler Aufträge von staatlichen Auftraggebern nur noch bis zu einer Projektobergrenze von 100.000 Mark annehmen durften[44] und dass zukünftig die

40 Ebenda, Bl. 19: Beschluss des FDGB Bundesvorstandes vom 29.12.1949.

41 Zu den Problemen bei der Verstaatlichung der Entwurfsarbeit vgl. Ricken, S. 157 f.

42 Ebenda, S. 158.

43 Der Anteil der Beschäftigten im privaten Bauhandwerk an den Beschäftigen in der Bauproduktion insgesamt bewegte sich zwischen 1950 und 1957 noch zwischen 30 und 40 Prozent und der Anteil der Beschäftigten in privaten Baubetrieben schwankte zwischen 14 und 25 Prozent. Statistisches Jahrbuch 1957, Berlin 1957, S. 320.

44 Geregelt in Verordnung zur Vorbereitung von Investitionsvorhaben vom 20.01.1955, GBL 1955, Teil I, Nr. 10, S. 88-96. Überdies wurden die für Privatingenieure und -architekten zugänglichen Bauvorhaben begrenzt auf Wohnungs- und ländliche Bauten, Kultur-, Gesundheits- und Sozial-

Tätigkeit privater Architekten von einer Zulassung abhängig gemacht werden sollte.[45] Letzteres regelte eine Anordnung des Ministeriums für Aufbau vom 04.04.1956 „über die Zulassung zur Herstellung baukünstlerischer Entwürfe, Planbearbeitungen oder Ausführungsunterlagen."[46] Voraussetzung für eine Zulassung, die von der Abteilung Aufbau beim Rat des Bezirkes erteilt werden konnte, war ein besonderer Befähigungsnachweis oder ein Hoch- beziehungsweise Fachschulabschluss in Verbindung mit einer zwei- beziehungsweise dreijährigen beruflichen Praxis, oder aber die an eine fachliche Überprüfung gebundene Mitgliedschaft im BDA. Von der Zulassung grundsätzlich auszuschließen waren Inhaber oder Angestellte privater Baubetriebe und Angestellte staatlicher Verwaltungen beziehungsweise volkseigener Betriebe. Dieses Verbot selbständiger Projektierungstätigkeit als Nebentätigkeit neben einem festen Anstellungsverhältnis galt nicht für Hoch- und Fachschullehrer in den bautechnischen Disziplinen. Das ganz im Sinne der Intelligenzpolitik eingeräumte Zugeständnis trug der im Bildungssektor gängigen Verknüpfung von Lehrtätigkeit mit erwerbsmäßiger Entwurfsarbeit Rechnung. Die Zulassungsanforderungen des Jahres 1956 verfolgten ganz offenkundig das Ziel, freiberufliche Projektierungsarbeit zwar nicht zu verhindern, wohl aber zu kontrollieren.

Ende der 1950er Jahre unternahm der Staat im Zusammenhang mit der Neuregelung des Projektierungswesens im Rahmen des Siebenjahrplanes einen neuen Versuch, die Tätigkeit freiberuflicher Architekten und Ingenieure weiter einzugrenzen. Ab 01.01.1960 wurde für alle Privatarchitekten, die Projekte für staatliche Auftragnehmer mit einem Gesamtumfang von über 50.000 Mark bearbeiteten, eine Zulassung verlangt und diese an die Bedingung einer mindestens zehnjährigen Berufspraxis geknüpft.[47] Diese Regelung war ambivalent. Einerseits hob sie die 1955 festgesetzte Projektobergrenze von 100.000 Mark für Freiberufler auf. Andererseits aber schränkte sie den für die Freiberuflichkeit zuzulassenden Personenkreis auf die vor 1945 ausgebildeten technischen Experten ein. Die staatlichen Bildungsinvestitionen der DDR sollten nicht zu einer Stärkung des privaten Sektors führen. Schon seit 01.04.1959 war außerdem allen Beschäftigten im Hoch- und Fachschulwesen untersagt, gegen Entgelt nebenberufliche Projektierungsarbeiten für staatliche, genossen-

---

bauten sowie betriebliche Nebenanlagen. Zu Investitionsprojekten in der Wirtschaft hatten sie also keinen Zugang.

45 SAPMO-BArch, DY 15/29: Protokoll engere Vorstandssitzung 04.05.1955. Freilich konnte der BDA seine Arbeit nur fortführen, wenn er sich systemkonform verhielt. Er konnte keine Interessenpolitik für die freiberuflichen Architekten betreiben. So wurde in der gleichen Sitzung bemerkt, dass die Bezirksgruppe Suhl darauf aufmerksam zu machen war, dass ihre Gründung einer Sektion freischaffender Architekten ein statutenwidriges Verhalten darstellte.

46 GBL 1956, Teil I, S. 334 f.

47 GBL, Sonderdruck Nr. 299, 01.04.1959, S. 37-40.

schaftliche oder private Auftraggeber durchzuführen.[48] Das bedeutete für die Lehrkräfte an Hoch- und Fachschulen den Verlust lukrativer Einnahmequellen. Das Ministerium für Bauwesen begründete diese Regelung damit, dass der wissenschaftliche Nachwuchs mit Projektierungsaufträgen überlastet und deshalb die Ausbildung gefährdet sei. Fortan sollten Projektierungsaufträge nur noch über die Hochschule ausgegeben und über den Hochschulhaushalt abgerechnet werden. Vergütet werden könnte nur noch, was außerhalb der Arbeitszeit projektiert worden sei.[49]

Es gelang der politischen Elite jedoch nicht, mit diesen Maßnahmen die selbständige Berufsausübung der Architekten und Ingenieure abzubauen. Fünf Jahre nach dieser Neuregelung stellte das Ministerium für Bauwesen fest, dass der private Sektor der Projektierung und Konstruktion auf Kosten des volkseigenen Sektors wieder angewachsen sei. Von 1959 bis 1963 habe sich die Anzahl der zugelassenen privaten Ingenieure und Architekten auf 121 Prozent erhöht. Es gäbe 1964 circa 2.800 private Ingenieure und Architekten und davon circa 2.350 im Bereich des Bauwesens, während die volkseigene bautechnische und technologische Projektierung rund 31.000 Ingenieure, Architekten, Ökonomen und Mitarbeiter beschäftigte. Also würden fast zehn Prozent der gesamten Projektierungskapazität vom privaten Sektor erbracht, der unkontrolliert und zersplittert arbeite und in den volkswirtschaftlichen Bilanzen nicht vollständig erfasst sei. Ein beträchtlicher Teil der in den letzten Jahren neu zugelassenen privaten Ingenieure und Architekten habe die Ausbildung an den Hoch- und Fachschulen der DDR erhalten. So liege beispielsweise 1964 in Berlin das Durchschnittsalter der zugelassenen privaten Ingenieure und Architekten bei 45 Jahren. In Dresden habe man 35 technologische Projektanten und Konstrukteure nicht wieder zugelassen. 21 davon waren jünger als 35 Jahre. Die hohen Einkünfte privater Projektanten und Architekten seien keinesfalls durch entsprechende Leistungen gerechtfertigt und würden das ökonomische Gesetz der Verteilung nach der Arbeitsleistung verletzen. Das Einkommen einer Reihe privater Ingenieure und Architekten würde 5.000 bis 10.000 MDN[50] im Monat betragen. ‚Spitzenleistungen' seien ein Jahreseinkommen von 350.000 MDN. Hingegen erhielt ein Projektant oder Konstrukteur gleicher oder höherer Qualifikation und bedeutend höherer volkswirtschaftlicher Verantwortung in einem volkseigenen Betrieb circa 1.000 bis 1.200 MDN monatlichen Lohn. Die hohen Einnahmen der Selbständigen resultierten zum Teil aus der Mitarbeit von Angehörigen der volkseigenen Projektierungseinrichtungen, die unter Umgehung der arbeits- und steuerrechtlichen Bestimmungen für private Projektanten

---

48 SAPMO-BArch, DY 15/2: Thesen für eine Regelung der Projektierungstätigkeiten an den Hoch- und Fachschulen Berlin 30.03.1960.

49 Ebenda.

50 MDN war die Abkürzung für Mark der Deutschen Notenbank, die von 1964 bis 1967 geltende Währungsbezeichnung der DDR. Sie wurde ab 01.01.1968 durch die Bezeichnung Mark der DDR, die nur noch mit M abgekürzt wurde, abgelöst.

Projektierungsleistungen für ein geringeres Entgelt erbrächten als diese dem Auftraggeber in Rechnung stellten. Dieser Umstand übe einen demoralisierenden Einfluss auf die Arbeitsmoral bei Ingenieuren und Architekten in den volkseigenen Betrieben aus. Beweis dafür seien auch die zahlreichen Gerichtsentscheidungen über Korruptionsfälle, besonders im volkseigenen und privaten Projektierungswesen.[51]

Eine selbständige Berufsausübung blieb für die Ingenieure und Architekten also auch in der staatssozialistischen Gesellschaft überaus attraktiv, zumal die Eigendynamik der Planwirtschaft permanent Projektierungsengpässe erzeugte, von denen jene Architekten, die die Zulassungshürden genommen hatten, offenkundig gut leben konnten. Die Knappheit an Projektierungskapazitäten veranlasste staatliche Auftraggeber, an Freiberufler das Fünf- bis Zehnfache für eine Leistung zu bezahlen, auf die sie im Rahmen der geplanten Bilanzen keinen Zugriff hatten. Überdies eröffnete die Auslagerung von Arbeitsaufgaben an Private den staatlichen Betrieben größere Flexibilität innerhalb der geplanten Wirtschaft. So war es durchaus gängige Praxis in den volkseigenen Projektierungsbetrieben, Rentner, die sie aus Stellenplangründen entlassen mussten, bei Bedarf als Freiberufler wieder unter Vertrag zu nehmen.[52] Dass die möglichen Preisdifferenzen für Projektierungsleistungen Neid und Missgunst zwischen staatlichen und selbständigen Ingenieuren schürten, ist nachvollziehbar.

Im Dezennium der Wirtschaftsreformen war die politische Elite durchaus bemüht, die Flexibilität der Planwirtschaft dadurch zu erhöhen, dass sie den staatlichen Wirtschaftssubjekten mehr Autonomie gewährte. Gleichzeitig aber betrachtete sie eine Flexibilisierung durch Ausdehnung des privaten Sektors und freiberufliche Expertentätigkeit weiterhin als eine Gefahr. Sie setzte 1964, also schon im zweiten Jahr der Wirtschaftsreform, eine weitere Zurückdrängung des privaten Projektierungswesens durch. Es sollten nun keine Neuzulassungen für private Ingenieure und Architekten mehr erteilt werden.[53] Eine neue Verordnung für die Zulassung privater Architekten und Ingenieure vom 01.10.1964 schränkte den Kreis der zulassungsberechtigten Personen extrem ein. Die schon in der Verordnung von 1959 geforderte zehnjährige Berufspraxis wurde jetzt als zehnjährige Praxis im privaten Projektierungssektor definiert, die nicht durch eine Angestelltentätigkeit in staatlichen Entwurfsbetrieben unterbrochen sein durfte.[54] Auch die private Projektierungstätigkeit von Dozenten des staatlichen Hoch- und Fachschulwesens konnte nicht als private

51 BArch, DH1/19898: Argumentation für die weitere Durchführung der Anordnung des Vorsitzenden des VWR und des Ministers für Bauwesen vom 01.10.1964, über die Zulassung privater Ingenieure und Architekten, Berlin 11.06.1965.

52 Ebenda.

53 Ebenda.

54 GBL 1964, Teil II, Nr. 92, S. 763.

Praxis im Sinne der Verordnung geltend gemacht werden.[55] Außerdem setzte die politische Elite erneut eine Projektobergrenze, diesmal in Höhe von 200.000 MDN pro Vorhaben fest.[56] Der Erlass einer neuen Gebührenordnung und die Erhöhung der Besteuerung privater Projektierungsleistungen auf 50 Prozent im Jahre 1965 verschlechterten die wirtschaftlichen Bedingungen für die private Berufspraxis zusätzlich.[57] Die freiberufliche Berufsausübung war nun wirtschaftlich nicht mehr lukrativ.

Die selbständigen Ingenieure und Architekten protestierten mit Eingaben und mit Einsprüchen dagegen, dass ihnen keine Zulassungsbescheide ausgestellt wurden.

> „Die Sozialisierung der Landwirtschaft hat man auf kaltem Wege durchgeführt, nun kommt die freischaffende Intelligenz dran; wie soll man zu einem solchen Staat Vertrauen haben“,

hieß es in einer Eingabe an das Ministerium für Bauwesen.[58] Der Berichterstatter im Ministerium ergänzte dieses Zitat mit dem Hinweis, zwei Projektanten, denen die Zulassung verweigert worden war, hätten die Ausreise in die Bundesrepublik gefordert. Der Autor einer anderen Eingabe fragte:

> „Wie ist die radikale Einschränkung des freischaffenden Projektierungssektors im Gegensatz zum Weiterbestehen der freischaffenden Tätigkeit von Medizinern zu erklären?“[59]

Ein dritter Protestbrief appellierte an das wirtschaftliche Gewissen der politischen Elite:

> „Die Beweglichkeit des gesamten Projektierungssektors, die durch das Einspringen von Freischaffenden bisher gegeben war, verringert sich um das Maß der nicht wieder Zugelassenen.“[60]

Ein Privatingenieur schickte seine Kritik am politisch motivierten Abbau der privaten Projektierungspraxis an die Chefredaktion der Nationalzeitung, das Zentralorgan der Blockpartei NDPD, mit der Bitte um Veröffentlichung. Die wiederum leitete das Schreiben an das Ministerium für Bauwesen weiter. In der Eingabe hieß es:

> „Wir sind der Ansicht, dass die betreffende Anordnung die Verwirklichung des NÖS in der Projektierung hemmt, die Neuentwicklung eines Systems der Projektierung zu niedrigsten Kosten verhindert, Ausdruck einer kurzsichtigen und einseitigen Einschätzung der gesellschaftlichen Natur und Qualität

---

55 BArch, DH1/19898: Argumentation für die weitere Durchführung der Anordnung des Vorsitzenden des VWR und des Ministers für Bauwesen vom 01.10.1964, über die Zulassung privater Ingenieure und Architekten, Berlin 11.06.1965.

56 GBL 1964, Teil II, Nr. 92, S. 764.

57 GBL 1964, Teil II, Nr. 115, S. 909-916. Information zur Besteuerung: BArch, DH1/19898: Berlin 03.05.1965 Bericht über die Durchsetzung der Anordnung des Vors. des VWR und des Ministers für Bauwesen über die Zulassung privater Ingenieure und Architekten vom 01.10.1964 im Bereich des Bauwesens.

58 Ebenda.

59 Ebenda.

60 Ebenda.

der Tätigkeit der freiberuflich arbeitenden Architekten und Ingenieure ist, die Projektierungstätigkeit für Schwerpunktaufgaben in der VE Wirtschaft, bis hinunter zur örtlichen Kleinprojektierung im Dienste der Werterhaltung und Reorganisation gefährdet, die ohnehin nicht ausreichende Gesamtkapazität auf dem Gebiet der Projektierung fühlbar mindert, in ihrem Text selbst und in der Anwendung eine unserer Gesellschaft feindliche Schematisierung praktiziert, die im Widerspruch zu den Grundsätzen des sozialistischen Rechtslebens steht.“ [61]

Dass der politischen Elite der DDR ungesetzliches Verhalten, das Unterlaufen der Wirtschaftsreform und die Missachtung von Grundprinzipien der Wirtschaftlichkeit vorgeworfen wurden, verweist auf die Schärfe des Konflikts. Diese scheute den heftigen und sofort auf der politischen Bühne artikulierten Protest der Privatingenieure und -architekten gegen die Verstaatlichung der letzten Segmente des Ingenieurberufs nicht. Die ideologische Dimension des Problems besaß für die politische Elite eine hohe Priorität. Sie war entschlossen, den Konflikt auszutragen, obwohl die privaten Projektierungskapazitäten mit einem Anteil von circa zehn Prozent an der Gesamtkapazität allenfalls eine ergänzende Funktion hatten. In der Rede vom demoralisierenden Einfluss der Privatingenieure auf die staatlich angestellten Berufskollegen benannte die politische Elite ihr Problem. Gleichzeitig versuchte sie soziale Härten beim Abbau der Selbständigkeit durch Sonderregelungen zu vermeiden. Um das soziale Problem der Mütter mit kleinen Kindern bei der Abschaffung freiberuflicher Arbeitsmöglichkeiten zu lösen, schlug die politische Elite für diese Frauen ebenso wie für berufstätige Pensionäre die Einrichtung von Heimarbeitsverhältnissen mit staatlichen Projektierungsbetrieben vor.[62]

Obwohl sich die selbständigen Ingenieure und Architekten dem politischen Druck nicht widerstandslos unterwarfen und sich viele der nicht wieder zugelassenen Privatingenieure und -architekten weigerten, in staatliche Entwurfsbetriebe einzutreten, war ihr Protest letztlich chancenlos.[63] In einem Bericht des Rates des Bezirkes

61 Ebenda. (NÖS: Neues ökonomisches System – offizielle Bezeichnung für die DDR-Wirtschaftsreform der 1960er Jahre.)

62 BArch, DH1/19898: Argumentation für die weitere Durchführung der Anordnung des Vorsitzenden des VWR und des Ministers für Bauwesen vom 01.10.1964, über die Zulassung privater Ingenieure und Architekten, Berlin 11.06.1965: „Rentnern, denen aus gesundheitlichen Gründen die Arbeit in einem Betrieb nicht zugemutet werden kann und Frauen, die Kleinkinder zu versorgen haben, ist die Möglichkeit zu geben, mit einem VEB ein Heimarbeitsverhältnis einzugehen (GBL 1965, Teil II, Nr. 107).“

63 BArch, DH1/19898: Berlin 03.05.1965 Bericht über die Durchsetzung der Anordnung des Vors. des VWR und des Ministers für Bauwesen über die Zulassung privater Ingenieure und Architekten vom 01.10.1964 im Bereich des Bauwesens. Darin hieß es: „Der größte Teil der nicht wieder zugelassenen privaten Ingenieure und Architekten lehnte bisher die Vermittlung in eine VE Projektierungseinrichtung ab, teilweise weil ihr Lebensunterhalt auf Grund von Ersparnissen für die nächsten Jahre gesichert ist, teilweise wollen sie sich auch selbst um eine neue Arbeitsstelle bemühen.“

Dresden an das Ministerium für Bauwesen vom 13.01.1965 erläuterten die Funktionäre, wie sie die neue Zulassungsordnung durchsetzten. Alle Antragsteller auf Freiberuflichkeit, die nach 1945 studiert hatten, würden abgewiesen. Die „Gesellschaft" habe ihr Studium bezahlt und könne deshalb verlangen, dass die Absolventen in staatlichen Projektierungsbetrieben arbeiteten.[64]

Im März 1966 stellte die Abteilung Bauwesen im ZK der SED in einem Bericht über Probleme der politisch-ideologischen Arbeit mit den Architekten zufrieden fest: „Die Anzahl der Privatprojektanten vor allem der Privatarchitekten, die ein Herd ständiger negativer ideologischer Beeinflussung der Projektanten in den VE Betrieben darstellen, wurde erheblich eingeschränkt."[65] Unter Verwendung der gleichen Sprachformeln äußerte sich der Präsident des BDA in einer Stellungnahme für das Politbüro in Vorbereitung auf den V. BDA-Kongress. „Positiv hat sich unter den Architekten in den Projektierungsbetrieben die Einschränkung der Anzahl der Privatprojektanten, die ein Herd ständiger negativer ideologischer Beeinflussung darstellten, ausgewirkt. (Dieser Personenkreis wurde von 2.350 auf etwa 960 reduziert, davon ca. 600 Privatarchitekten)."[66]

Allmählich aber wurde Vertretern aus der Architektenelite klar, dass die Verstaatlichung des Berufes nicht folgenlos für das Selbstverständnis der Experten geblieben war. Dieses Problem sprach Henselmann 1966 auf dem V. BDA-Kongress an. Hatte er sich zu Beginn der 1950er Jahre noch vehement für die Abschaffung freiberuflicher und unternehmerischer Architektentätigkeit eingesetzt und eine Erweiterung des kreativen Potenzials der Architekten durch Befreiung von Verwaltungs- und Vermarktungsarbeit in Aussicht gestellt, so musste er jetzt feststellen, dass das Gegenteil eingetreten war. In einer Brandrede gegen Erscheinungen von Monotonie und Schematismus im Städtebau der DDR machte er für diese Fehlentwicklung nun die „subalterne Stellung des Architekten" verantwortlich und erhielt dafür viel Beifall.

---

64 „Unser Argument: Das Studium erfolgte auf der Grundlage gesellschaftlicher Mittel in Höhe von 30-50 Tsd. MDN je nach Qualifizierungsgrad. Es besteht kein echtes gesellschaftliches Bedürfnis, diese Personen als freischaffende Architekten bzw. Ingenieure weiterhin tätig sein zu lassen. Hingegen erfordert es die fortgeschrittene Technik und die komplizierter gewordene Projektierung, dass sie im Rahmen größerer Kollektive, also Projektierungsbetriebe, zukünftig arbeiten." BArch, DH1/19898: Rat des Bezirkes Dresden, Städtebau und Projektierung / Bezirksbauamt an Ministerium für Bauwesen, Bereich komplexer Wohnungsbau und landwirtschaftliche Bauten 13.01.1965.

65 SAPMO-BArch, DY 30/IV A 2/6.06/22: 19.03.1966 Entwurf zu einigen Problemen der politisch-ideologischen Arbeit mit den Architekten.

66 SAPMO-BArch, DY 30/IV A 2/6.06/22: 28.04.1966 Stellungnahme zur Vorlage des Präsidenten des BDA für das PB „Einberufung des V. Kongresses des BDA für den 9. und 10. Juni 1966 nach Halle".

„Ich bin der Meinung, daß die Monotonie nicht vor allem Ausdruck von fachlichem Unvermögen ist, sondern die Wurzel liegt auch in der subalternen Stellung des Architekten, die er gegenwärtig einnimmt, sie liegt aber auch in der subalternen Einstellung vieler Architekten zu ihrer Arbeit [...], daß im Gegensatz zu allen anderen geistigen und künstlerischen Tätigkeiten das Autorenrecht in unserem Berufe nicht genügend anerkannt und von den Architekten unzulänglich verteidigt wird, [...]. Es ist bei uns USUS geworden, daß preisgekrönte Wettbewerbsentwürfe, und andere Entwürfe, die in sich ein geschlossenes Gesamtgefüge darstellen, mit anderen Entwürfen anderer Architekten durcheinandergerührt und zu einem Mischmasch vereinigt werden, der dann auch die entsprechende Qualität hat. Das allerschlimmste dabei ist aber, daß diese Praktiken von Architekten gegenüber Architekten gehandhabt werden. Auch solche würdelosen Verhaltensweisen sind Ausdruck der Subalternität. [...] Ich meine, daß diese Praxis der subalternen Einstellung zu unserer Arbeit in allen Positionen ihr Ende haben muß, wenn wir nicht ständig im Kreuzverhör von Kritik, Selbstkritik und Auseinandersetzungen arbeiten wollen. [...] Jedenfalls muß die Methode des Befehlsempfangs für den projektierenden Architekten ihr Ende haben, weil diese dogmatische Art der Typenprojektierung im Widerspruch steht zu den modernen Wissenschaftsmethoden, weil sie im Widerspruch steht zu der ökonomischen Verwendung unserer Investitionsmittel und auch vor allem zur Entwicklung unserer Gesellschaft in der gegenwärtigen Etappe, die durch das ökonomische System gekennzeichnet ist."[67]

Unter dem Schlagwort der Subalternität beklagte Henselmann den Verlust der Selbständigkeit, der zum Missbrauch des kreativen Potenzials der Architekten in der verstaatlichten Gesellschaft und zu ihrer Degradierung zu „Befehlsempfängern" geführt habe. Dass er selbst, freilich mit anderen Intentionen, am Beginn der 1950er Jahre an der Weichenstellung für diese Entwicklung beteiligt war, hatte er inzwischen verdrängt. Nach seiner Rede auf dem BDA-Kongress erfuhr Henselmann die Richtigkeit seiner Diagnose am eigenen Leib. Er wurde zur Aussprache beim Präsidenten des BDA bestellt und musste sich dort verpflichten, seine auf dem Kongress geübte Kritik in einem Artikel für die „Deutsche Architektur", der Fachzeitschrift der Architekten in der DDR, „parteilich abzuhandeln", das heißt zu entschärfen und partiell zu widerrufen.[68]

Die hier am Beispiel des Bausektors untersuchte allmähliche Verstaatlichung der Expertenberufe hat die geschlechtliche Codierung des Ingenieurberufs nachhaltig verändert. Sie begrenzte den Realisierungsraum des sich auf die instrumentelle Vernunft berufenden Überlegenheitsanspruches der technischen Experten, die als Staatsangestellte in ein Unterstellungsverhältnis zur politischen Elite traten. Dass mit der Gruppe der selbständigen Ingenieure die Bezugsbasis für das Ideal der Unabhängigkeit beseitigt wurde, beförderte eine mentale Efeminierung im beruflichen Selbstverständnis der Ingenieure. Diese Verschiebungen in der Geschlechtssemantik des Ingenieurberufs wurden durch parallel zur Zurückdrängung freiberuflicher Tätigkeiten

67 SAPMO-BArch, DY 30/IV A 2/6.06/22: 20.06.1966, Information an das PB des ZK über den V. Kongress des BDA.

68 SAPMO-BArch, DY 30/IV A 2/6.06/22: 27.06.1966, Information über die Aussprache mit dem Genossen Henselmann beim Präsidenten des BDA.

erteilte Auflagen zur Frauenförderung verstärkt. Schon im Mai des Jahres 1962 hatte der Minister für Bauwesen die Weisung erlassen, dass bis 1965 20 Prozent aller mittleren und leitenden Funktionen in den Projektierungsbetrieben von Frauen besetzt werden sollten.[69]

2. Sozialistische Intelligenzpolitik – Die Platzierung der Ingenieure im Sozialsystem

Ein Schlüsselelement in der Verstaatlichung des Ingenieurberufs bildete die Platzierung der Ingenieure im sozialen Verteilungssystem, die nunmehr auch für die in der Wirtschaft tätigen Ingenieure nicht mehr im Ergebnis von Aushandlungsprozessen zwischen Unternehmern und Berufsvertretern erfolgte, sondern unmittelbar von der politischen Klasse vorgenommen wurde. Die entsprechenden Verordnungen erließen in der Besatzungszeit die sowjetische Besatzungsmacht und in der DDR das Politbüro und der Ministerrat. Für diese erarbeiteten die entsprechenden Fachabteilungen die als Entscheidungsgrundlagen erforderlichen Vorlagen. Auf staatlicher Ebene waren das in erster Linie das Zentralamt für Forschung und Technik bei der SPK, das in den 1960er Jahren zum Staatssekretariat und schließlich zum Ministerium für Wissenschaft und Technik avancierte, außerdem in den 1950er Jahren das Ministerium für Arbeit sowie das Ministerium für Finanzen und von Fall zu Fall andere Fachministerien.

Die Kammer der Technik hatte als staatssozialistische Ingenieurorganisation keinen Einfluss auf die Platzierung der Ingenieure im sozialen Verteilungssystem, seitdem sie sich 1955 aus der Verbindung mit dem FDGB gelöst hatte, um sich als Fachverband zu profilieren.[70] Der FDGB aber war als Industriegewerkschaft nicht in der Lage, die spezifischen Interessen der Ingenieure wahrzunehmen. Bevor die Bitterfelder Beschlüsse von 1948 die Weichen für die industriegewerkschaftliche und gegen eine berufsgewerkschaftliche Struktur gestellt hatten, war die Gewerkschaft der Techniker und Werkmeister, die sich aus den Traditionen des Bundes technischer Angestellter und Beamter entwickelt hatte, als eine potenzielle Interessenvertreterin

69 BArch, DH1/14161: Abteilung Kader und Berufsbildung Berlin im Ministerium für Bauwesen 20.09.1962. Damit reagierte das Ministerium für Bauwesen auf die Auflagen des Ministerratsbeschlusses vom 19.04.1962 zur Umsetzung des Frauenkommuniqués. Dieser MRB verpflichtete alle staatlichen Organe erstens zur Erhöhung des Anteils der Frauen und Mädchen in mittleren und leitenden Staatsfunktionen, zweitens zur Qualifikation, Förderung und Entwicklung der Frauen für naturwissenschaftliche und technische Berufe und drittens zur Erleichterung des Lebens der berufstätigen Frauen. GBL 1962, Teil II, S. 295 ff.

70 Stelzner, S. 258.

der Ingenieure in Erscheinung getreten. Die Bitterfelder Weichenstellung aber unterband ihre Entwicklung und damit auch die Chance einer sozialen Interessenvertretung für Ingenieure.[71]

Im Folgenden wird untersucht, wie und mit welchen Folgen für die geschlechtliche Codierung des Ingenieurberufs die politische Elite die Ingenieure im sozialen Verteilungssystem zu platzieren suchte.

2.1 Privilegierungspolitik der Besatzungsmacht (1945-1949)

In der unmittelbaren Nachkriegszeit bildete der von der Besatzungsmacht gewährte oder verweigerte Zugang zu Lebensmitteln, Wohnraum, Brennstoffen und Bekleidung das entscheidende Bestimmungskriterium für die soziale Positionierung von Bevölkerungsgruppen. Bereits hier erfolgten zwei grundlegende Weichenstellungen, die für die Verortung der Experten im Sozialsystem mindestens bis zum Ende der 1960er Jahre prägend blieben. Das war erstens die Privilegierung einer technischen Elite und zweitens die branchenspezifische Differenzierung der sozialen Situation von Fachkräften. Die Elitenbildung ergab sich aus dem Bestreben der sowjetischen Besatzungsmacht, deutsches Know-how in erster Linie für Schlüsselbereiche des militärischen Wettrüstens aber auch für die zivile Technikentwicklung abzuschöpfen. Die Besatzungsmacht beschäftigte Experten, die über ein entsprechendes Know-how verfügten, in eigens dafür errichteten Forschungscamps wie dem Raketenforschungszentrum in Bleicherrode, in den Forschungseinrichtungen der SAG-Betriebe oder in den wissenschaftlich-technischen Büros (NTO) und Experimentellen Konstruktionsbüros, die unter Anleitung der sowjetischen Militärregierung in Berlin-Karlshorst für sowjetische Regierungsaufträge arbeiteten.[72] In Abhängigkeit vom Wert des jeweiligen technischen Projekts für die technologiepolitische Strategie der Besatzungsmacht, aber auch von der Machtstellung der Besatzungsoffiziere vor Ort, erfolgte die soziale Versorgung der Experten mit Wohnraum, lebensnotwendigen Gütern und Gehalt. Ein Kriterium für die Zugehörigkeit zu dieser Elite war die Integration in das Pajok-System, das heißt der Zugang zu Sonderrationen in der Lebensmittelversorgung.[73]

Einen Erfahrungsbericht darüber, wie sich diese Elite konstituierte, vermittelt das Buch des Aerodynamikers Werner Albring. Er war im März 1946 von zwei seiner ehemaligen Kollegen aus Göttingen für das Raketenforschungscamp in Bleicherrode angeworben worden und hatte mit der Aussicht auf interessante Arbeitsaufgaben,

71 Zur FDGB-Geschichte vgl. Gill.

72 Naimark, S. 242-277; Mühlfriedel, Einige Bemerkungen, S. 131-140.

73 Ernst, S. 60.

akzeptable Wohnbedingungen und eine für die Nachkriegsverhältnisse hervorragende Lebensmittelversorgung mit seiner Familie die britische Besatzungszone verlassen, um am sowjetischen Raketenprogramm mitzuarbeiten.[74] Albring ahnte damals noch nicht, dass er und seine Familie nach weniger als einem Jahr für sechs Jahre in die Sowjetunion verbracht werden würden, um auf der Insel Gorodomlia das Raketenprojekt fortzusetzen. Mit seiner Entscheidung zur Mitarbeit am sowjetischen Raketenprogramm wurde Albring Teil einer privilegierten technischen Elite, die schon während ihres Wirkens in der SBZ und auch nach ihrer Rückkehr aus der Sowjetunion vergleichsweise große materielle und geistige Freiräume genoss. Er zahlte dafür mit dem sechsjährigen Zwangsaufenthalt in der Sowjetunion freilich einen hohen Preis. Die materielle Versorgung dieser Experten war so ausgelegt, dass sie in die Lage gerieten, nach dem Muster der bürgerlichen Ernährerfamilie zu leben. Ob ihrer überdurchschnittlich guten materiellen und finanziellen Versorgung blieben die fast ausnahmslos männlichen „Spezialisten“ die Ernährer ihrer Familien. Deren Frauen hatten sowohl während des Zwangsaufenthaltes in der Sowjetunion als auch nach der Rückkehr in die DDR die Aufgabe, das „Heim“ zu bereiten und gegen die Erfahrung der Entwurzelung durch das Leben in den so gänzlich verschiedenen sozialen Systemen der nationalsozialistischen Kriegsgesellschaft, der sowjetischen Gesellschaft und der staatssozialistischen DDR-Gesellschaft die Illusion einer lebensweltlichen Kontinuität im privaten Raum herzustellen. Die Fortsetzung eines bürgerlichen Lebensstils galt für diese Experten als eine Grundbedingung zur Bewahrung ihrer Kreativität. Sowohl die Besatzungsmacht als auch die politische Elite der DDR betrachtete sie offenkundig als eine unumgängliche Voraussetzung zur Verwertung der Kompetenz dieser Experten. Weil nun dieser technischen Elite aber eine Leitbildfunktion für das Selbstverständnis der technischen Experten in der DDR-Gesellschaft zuwuchs, befestigte ihr Lebensstil die männliche Codierung von Ingenieurarbeit.

Die branchenspezifische Differenzierung der sozialen und ökonomischen Situation der Experten begann mit dem SMAD-Befehl Nr. 234 vom 09.10.1947 über „Maßnahmen zur Steigerung der Arbeitsproduktivität und zur weiteren Verbesserung der materiellen Lage der Arbeiter und Angestellten in der Industrie und im Verkehrswesen“.[75] Darin befahl die SMAD für „Arbeiter und Angestellte der Betriebe der führenden Industriezweige und des Transportwesens“ ab 01.11.1947 die Einführung einer warmen Mahlzeit und die bevorzugte Versorgung mit Industriewaren. Führende Branchen der Industrie und des Transportwesens aber waren jene, die für Reparationen arbeiteten, insbesondere die Kaliindustrie, der Kohlebergbau, die Metallurgie und bestimmte Bereiche des Schwermaschinen- und Fahrzeugbaus, außer-

74 Albring, Gorodomlia, S. 37 ff.

75 Zentralverordnungsblatt (ZVOBL) 1948, Nr. 1, S. 1-6.

dem die Textilindustrie, und das Eisenbahnwesen.[76] Die in diesen Branchen arbeitenden Techniker und Ingenieure wurden sozial besser gestellt als ihre Kollegen in Nichtschwerpunktzweigen. Hier begann eine nicht über spontane Marktmechanismen, sondern über technologiepolitische Schwerpunktsetzungen durch die politische Elite vermittelte Differenzierung verschiedener Wirtschafts- und Technikbereiche, die auf die soziale Situation der Beschäftigten durchschlug. Der SED-Staat setzte diese Politik beginnend mit der Entscheidung für den schwerindustriellen Wachstumspfad fort.[77] Er schuf damit politisch begründete Hierarchien in der Technik und das führte zu einer internen Differenzierung der Ingenieurberufe nach branchenspezifischen Einsatzfeldern, die ihrerseits wiederum geschlechtsspezifische Segregationsprozesse steuerte. Ein Beleg dafür sind die von der politischen Elite formulierten Prämissen für die Frauenarbeitspolitik in den 1950er Jahren. Diese sahen erstens vor, dass Frauen in solche Arbeitsbereiche eintreten sollten, die Männer freimachten, um in Schwerpunktzweige der Wirtschaft zu wechseln.[78] Und zweitens formulierte die Frauenförderpolitik den Anspruch, Frauen zuerst für Leitungsfunktionen in feminisierten Produktionsbereichen zu qualifizieren.[79] Damit favorisierte die politische Elite die Entwicklung weiblicher Technikkompetenz für feminisierte Branchen, und diese waren stets „Nichtschwerpunktzweige".

2.2 Die Privilegierung einer technischen Elite durch die Einzelverträge

Die politische Elite der neuen Ordnung setzte sowohl die von der Besatzungsmacht eingeführte Privilegierungspolitik als auch deren branchenspezifische Differenzierung in der Wertigkeit technischer Handlungsfelder fort.[80] In der Kulturverordnung vom 31.03.1949 formulierte die Deutsche Wirtschaftskommission die Prämissen der Intelligenzpolitik – Privilegierung der bürgerlichen und gleichzeitige Heranbildung einer neuen, mit der Arbeiterklasse verbundenen Intelligenz – und legte einige Grundprinzipien zur Verbesserung der materiellen Lage und der Arbeitsmöglichkeiten der Intelligenz fest. Das implizierte die Gewährung von Prämienzuschlägen für Ingenieure, Techniker und Meister bei Erfüllung der Wirtschaftspläne, die Ausweitung des Pajoksystems von 30.000 auf 40.000 Empfänger, die Absenkung der Steuersätze für Freiberufler auf die Sätze von Arbeitern und Angestellten, die Bereitstellung von Krediten und Baumaterialien für den Eigenheimbau ebenso wie die Grün-

76 Roesler, Siedt, Elle, Wirtschaftswachstum, S. 26 und Zank, S. 98 ff.

77 Zu dieser Entscheidung als Kernelement des Projekts „sozialistischer Industrialisierung" vgl. Schultz, Die sozialistische Industrialisierung.

78 Vgl. hierzu Zachmann, Experten, S. 108 f.

79 Vgl. Kapitel 3.2 in Teil III dieser Arbeit, S. 257.

80 Zur Privilegierungspolitik vgl. auch Tandler, Geplante Zukunft, S. 26-32.

dung eines Verlages bei der Kammer der Technik, um die Versorgung mit wissenschaftlicher Literatur zu verbessern, die Bereitstellung einer Investitionssumme von 3,6 Milliarden DM für den Wiederaufbau der Technischen Hochschule Dresden, die Einrichtung einer Hauptverwaltung für Wissenschaft und Technik bei der Deutschen Wirtschaftskommission, aus der sich in den 1960er Jahren das Ministerium für Wissenschaft und Technik entwickelte, die Ankündigung, eine Klasse für technische Wissenschaften bei der Akademie der Wissenschaften zu bilden, und schließlich die Einführung von Nationalpreisen und die Gründung eines Förderausschusses für die Intelligenz als deren soziale Interessenvertretung.[81] Nicht alle, aber viele der in der Kulturverordnung fixierten Maßnahmen kamen ausschließlich der technischen Intelligenz zugute und erfüllten wie zum Beispiel die Schaffung einer Klasse für technische Wissenschaften oder die Einrichtung einer Vorläuferinstitution für ein Technikministerium traditionsreiche Forderungen der deutschen Technikerbewegung.[82] Das aber ist ein Hinweis darauf, dass die SED der technischen Intelligenz in ihrer Intelligenzpolitik eine hohe Priorität einräumte. Auch die Kulturverordnung vom 16. März 1950 hielt an dieser Schwerpunktsetzung fest. Sie proklamierte den bevorzugten Ausbau der Technischen Hochschule und der Bergakademie Freiberg sowie die Gründung von zehn technischen Forschungsinstituten, um Arbeitsmöglichkeiten für die technische Intelligenz zu schaffen und verdoppelte dafür die für den Ausbau Technischer Hochschulen vorgesehene Investitionssumme gegenüber der Kulturverordnung von 1949.[83]

Eine vor allem die technischen Experten in der verstaatlichten Wirtschaft privilegierende Maßnahme fixierten die DDR-Regierung und das Ministerium für Arbeit und Gesundheitswesen in der Verordnung über die Verbesserung der Entlohnung der Arbeiter und Angestellten in den volkseigenen und ihnen gleichgestellten Betrieben vom 17.08.1950. Sie beinhaltete die Anhebung der Gehälter für technische und kaufmännische Angestellte und die Möglichkeit zum Abschluss von Einzelverträgen, das heißt außertariflichen Gehaltsfestlegungen, mit „leitenden Angestellten und Fachkräften besonderer Qualifikation".[84] Die Verordnung über die zusätzliche Al-

---

81 Verordnung über die Erhaltung und Entwicklung der deutschen Wissenschaft und Kultur, die weitere Verbesserung der Lage der Intelligenz und die Steigerung ihrer Rolle in der Produktion und im öffentlichen Leben, veröffentlicht in: Die Technik, 4 (1949): 193-195.

82 Zur Forderung der Ingenieure nach einem Technikministerium vgl. Ludwig, Technik und Ingenieure im Dritten Reich, S. 35 f., zur Forderung nach Aufnahme der Ingenieure in die Akademie der Wissenschaften vgl. Manegold, Universität, S. 215-221 und zuletzt König, Die Akademie, S. 391-398.

83 Verordnung zur Entwicklung einer fortschrittlichen demokratischen Kultur des deutschen Volkes und zur weiteren Verbesserung der Arbeits- und Lebensbedingungen der Intelligenz, vom 16.03.1950, in: GBL 1950, Nr. 28, S. 185-190.

84 GBL 1950, Nr. 93, S. 839-840.

tersversorgung der technischen Intelligenz in den volkseigenen und ihnen gleichgestellten Betrieben“ vom gleichen Tage schließlich betraf ausschließlich die technischen Experten und räumte ihnen den Anspruch auf eine erhöhte Rente (60 bis 80 Prozent des im letzten Jahr vor Eintritt in das Rentenalter bezogenen durchschnittlichen monatlichen Bruttogehaltes) ein.[85] Als Kreis der Versorgungsberechtigten definierte die erste Durchführungsverordnung vom 26.09.1950 „Ingenieure, Chemiker und Techniker, die konstruktiv und schöpferisch in einem Produktionsbetrieb verantwortlich tätig sind und hervorragenden Einfluss auf die Herstellungsvorgänge nehmen, sowie konstruktiv und schöpferisch tätige Baumeister und Architekten“.[86]

Mit der Privilegierung einer technischen Elite in der verstaatlichten Wirtschaft versuchte die politische Elite einen Ingenieurmangel zu verhindern, den sie wegen des Abwanderungssoges durch die offene Grenze und der Anziehungskraft des privaten Sektors befürchtete. Das mit dem Ende der Entnazifizierung unterbreitete Angebot zur politischen Integration der technischen Experten fand in den Bemühungen zur sozialen Privilegierung einer technischen Elite seine sozialökonomische Ergänzung. Dass die SED konstruktiv, schöpferisch und verantwortlich tätige Ingenieure, Chemiker und Architekten zur technischen Elite qualifizierte, verweist darauf, dass sie das von der bürgerlichen ingenieurwissenschaftlichen Elite produzierte Berufsbild des Ingenieurs übernahm, ein Berufsbild, für das die Verknüpfung von Technikkompetenz mit Männlichkeit eine essentielle Voraussetzung bildete.

Allerdings war diese Art der Privilegierung einer technischen Elite politisch nicht unproblematisch. Es hatte schon gegen die Rückkehr technischer Experten in Leitungspositionen nach dem Ende der Entnazifizierung Proteste seitens der Arbeiterschaft und vor allem von SED-Genossen gegeben. Parteichef Ulbricht hatte daraufhin seine Genossen zurückgepfiffen.[87] Auch die sozialökonomische Privilegierung technischer Experten stieß auf Widerstand.[88] Am 24.05.1951 erließ die Regierung eine Durchführungsbestimmung zur Kulturverordnung, in deren Einleitungsteil sie den Widerstand gegen die Privilegierung einer technischen Elite scharf kritisierte. Betriebsleiter, Funktionäre und Teile der Arbeiterschaft hegten „rückständige und schädliche Ansichten über die technische Intelligenz, die Misstrauen gegenüber der Intelligenz erwecken und eine kameradschaftliche Zusammenarbeit […] verhin-

85 GBL 1950, Nr. 93, S. 844-845.

86 GBL 1950, Nr. 111, S. 1043.

87 Vgl. dazu Ulbrichts Erklärung bei Ankündigung des Förderprogramms für die technische Intelligenz auf der ersten Parteikonferenz 1949, Kapitel 4 in Teil II dieser Arbeit, Anm.226.

88 Acht Monate nach Erlass der oben genannten Verordnungen zur Einführung von Einzelverträgen und der zusätzlichen Altersversorgung für die technische Intelligenz sah sich das Politbüro genötigt, am 25.04.1951 einen neuen Beschluss zu fassen, um die Verordnung wirksamer durchzusetzen.

dern."[89] Infolge von Bürokratismus im Apparat der Ministerien würden die Fördermaßnahmen nur zum Teil verwirklicht. Um die sowohl in den Betrieben als auch den Behörden spürbare Resistenz gegen die Privilegierung einer technischen Elite aufzubrechen, erneuerte und präzisierte die politische Elite ihre in den bisherigen Verordnungen fixierten Bestimmungen zur Förderung der technischen Intelligenz. Die Regierung erteilte Auflagen zur Gewährung von Planerfüllungsprämien für die Ingenieure, zur Verbesserung der Literaturbereitstellung, zur Vergabe einer neuen Auszeichnung als „Verdienter Wissenschaftler und Techniker", zur Einführung von Treueprämien für ununterbrochene Beschäftigung, zur Verbesserung der Wohnraumversorgung der technischen Intelligenz und zur Erhöhung ihrer Verantwortung für die technische Sicherheit in den Betrieben.[90] Hauptanliegen der Verordnung aber war es, den Abschluss von Einzelverträgen und die Gewährung der zusätzlichen Altersversorgung endlich durchzusetzen. Die ausformulierten Durchführungsbestimmungen präzisierten jetzt die Termine für die Durchführung und den Kreis der Empfangsberechtigten. Einzelverträge konnten abgeschlossen werden mit

> „solchen Angehörigen der technischen Intelligenz [...], die in volkseigenen und ihnen gleichgestellten Betrieben verantwortlich tätig sind und hervorragenden Einfluss auf die Produktion nehmen. Dazu gehören: Ingenieure, Konstrukteure, Techniker, Chemiker, Werkleiter, Leiter großer Werkabteilungen, hervorragende Wissenschaftler, Leiter von Laboratorien, Leiter von Arbeitsvorbereitungsabteilungen in größeren Betrieben, Bauingenieure, Bautechniker, Statiker und Bauleiter von großen Baustellen."[91]

Darüber hinaus integrierte die Verordnung aber auch die in der Wissenschaft und Forschung, in der Ausbildung und in Behörden, der Wirtschaftsleitung und in den staatlichen Infrastrukturbetrieben sowie in der Landwirtschaft tätigen Ingenieure in den Kreis potenzieller Anwärter auf einen Einzelvertrag.[92] Offensichtlich war die politische Elite 1951 bemüht, keine Gruppe der technischen Intelligenz auszuschlie-

---

89 GBL 1951, Nr. 62, S. 485.

90 Ebenda, S. 485-487.

91 Dritte Durchführungsbestimmung zur Verordnung über die Verbesserung der Entlohnung der Arbeiter und Angestellten in volkseigenen und ihnen gleichgestellten Betrieben vom 24.05.1951, in: GBL 1951, Nr. 62, S. 488-489.

92 In der DVB hieß es dazu: „Zu volkseigenen und ihnen gleichgestellten Betrieben [...] gehören auch: A) Wissenschaftliche Einrichtungen und Forschungsanstalten, Laboratorien und Konstruktionsbüros, technische Materialprüfungsämter, chemische und technische Entwicklungsbetriebe, chemische und technische Untersuchungsstellen. B) Schulen, Institute und Betriebe der Eisenbahn, der Schifffahrt sowie des Post- und Fernmeldewesens. C) Versorgungsbetriebe (Gas, Wasser, Elektrizität). D) Maschinen-Ausleih-Stationen, volkseigene Güter. E) Technische Hochschulen, technische Lehranstalten, Bauakademie und Bauschulen. F) Vereinigungen volkseigener Betriebe. (3) Die Bestimmungen [...] gelten auch für Angehörige der Intelligenz, die auf wissenschaftlichem Gebiet arbeiten, soweit sie in Einrichtungen tätig sind, die zur Erfüllung des Volkswirtschaftsplanes beitragen, ständig hervorragend tätig sind." Ebenda.

ßen. Neben der konkreten Fixierung des außertariflichen Gehalts umfassten die Festlegungen des Einzelvertrages die Verpflichtung des Betriebes zur Bereitstellung geeigneten Wohnraumes, den Anspruch der Kinder des Vertragsinhabers auf einen Studienplatz nach eigener Wahl, die Gewährung der zusätzlichen Altersversorgung für die technische Intelligenz und das Anrecht auf die in der Kulturverordnung vom 16.03.1950 festgelegten materiellen Vergünstigungen für die Intelligenz.[93] Mit diesen, zunächst vor allem den technischen Experten gewährten Privilegien intendierte die politische Elite die Schaffung einer systemkonformen technischen Elite. Recht bald aber wurden auch andere Gruppen der Intelligenz in den Kreis der Privilegierten aufgenommen.[94]

Doch diese Politik der Elitenbildung stand im eklatanten Widerspruch zum egalitären Gesellschaftsprojekt. Das brachte die Ideologen der neuen Ordnung unter Erklärungszwang. Sie rechtfertigten die Anordnungen zur Elitenbildung als notwendige Maßnahme der Bündnispolitik, um die Intelligenz in das neue, von der Arbeiterklasse beherrschte System zu integrieren. Diese Interpretation behauptete den Führungsanspruch der Arbeiterklasse und relativierte die Bedeutung der technischen und der intellektuellen Elite. Ganz in dem Sinne erläuterte der damalige Chefredakteur der Zeitschrift „Die Technik“, Klaus Zweiling, seinen Lesern die Maßnahmen zur Privilegierung der technischen Experten vom 24.05.1951:

„Die Arbeiterklasse, ihr bester, ihr fortgeschrittenster Teil, ihre Partei sieht es als eine ihrer wichtigsten Aufgaben an, ‚die Intelligenz mit aller Fürsorge zu umgeben‘, für die Erhöhung ihrer Gehälter, für die Sicherung ihres Lebensabends, für die Verbesserung ihrer Wohnmöglichkeiten, für ihren Schutz vor betrügerischen Verlockungen oder brutaler Bedrohung durch die Agenten der amerikanischen Kriegsbrandstifter zu sorgen. Dieselbe Arbeiterklasse, die mit ihrer Hände Arbeit, mit ihrem Schweiß all die umfangreichen materiellen Mittel schafft, die diese Fürsorge für die technische Intelligenz erfordert! Die Arbeiterklasse ehrt mit dieser Aufgabenstellung nicht nur die technische Intelligenz, sondern auch sich selbst. Sie zeigt damit, dass sie über kleinliche Tagesinteressen hinaus der treue und überlegene Hüter einer friedlichen Entwicklung zu ständig steigendem Wohlstand der gesamten werktätigen Bevölkerung ist.“[95]

93 GBL 1951, Nr. 62, S. 489-490. Die materiellen Vergünstigungen der Kulturverordnung umfassten erhöhte Zuteilungen bei rationierten Gütern (Lebensmitteln, Brennstoffen, Strom, Industriewaren), die Bereitstellung von Krediten und Baumaterialien für den Eigenheimbau, Personalkredite und Erholungsmöglichkeiten in staatlichen Sanatorien. GBL 1950, Nr. 28, S. 188-189.

94 Nach dem 17.06.1953 wurde das auch gesetzlich geregelt. GBL 1953, Nr. 89, S. 897-898: Verordnung über die Neuregelung des Abschlusses von Einzelverträgen mit Angehörigen der Intelligenz in der Deutschen demokratischen Republik vom 23.07.1953. Paragraph 2 der Verordnung regelte, dass Einzelverträge neben der technischen Intelligenz auch mit Akademie-Mitgliedern und der Hochschullehrerschaft, der pädagogischen und der im staatlichen Gesundheitswesen tätigen Intelligenz sowie mit Künstlern abgeschlossen werden konnten. Praktiziert wurde das schon 1951. Budde, Frauen der Intelligenz, S. 286.

95 Zweiling, S. 289-290.

Mit der Behauptung, dass die Arbeiterklasse mit ihrem Schweiß für die technische Intelligenz sorgt, interpretierte Zweiling die Rolle der Arbeiterklasse bei der Privilegierung der technischen Experten nach dem Muster der bürgerlichen Ernährerfamilie, in der dem Mann und hier der Arbeiterklasse die Rolle des Ernährers sowie der Frau und hier der Intelligenz die Rolle der Empfängerin zukam, von der Dankbarkeit zu erwarten war. Mithin bekräftigte Zweilings Interpretation der Intelligenzpolitik den schon in der Verstaatlichung des Berufes immanenten Zug zur Efeminierung des Ingenieurberufes, dem für das Selbstverständnis der politischen Elite im Umgang mit den technischen Experten offensichtlich eine entscheidende Bedeutung zukam. Das aus dieser Logik erwachsende Bestreben von Funktionären, die Privilegierungspolitik mit politischen Auflagen zu verknüpfen, wurde von der politischen Elite aber bald unterbunden.[96]

Die Maßnahmen zur Privilegierung einer technischen Elite verstärkten gleichsam die männliche Codierung des Ingenieurberufs. Die Inhaber von Einzelverträgen, aus denen sich die technische Elite konstituierte und die ihrerseits eine Leitbildfunktion für die gesamte Gruppe der technischen Experten erfüllte, waren fast ausschließlich Männer. Dazu gehörten alle aus der Sowjetunion zurückkehrenden Spezialisten, die eine Kerngruppe der technischen Elite bildeten, Professoren an technischen Hochschulen, Wissenschaftler in Instituten der staatlichen und der Industrieforschung, Führungskräfte und Spezialisten in den Entwurfs- und Projektierungsbetrieben des Bauwesens und in den Entwicklungs- und Konstruktionsbüros der staatlichen Industrie sowie leitendes Personal in den Industriebetrieben, den Industriezweigleitungen und den Ministerien. Die Anzahl der Einzelverträge war kontingentiert und die Kontingente wurden vom Ministerrat festgelegt.[97] Die Empfänger bezogen Gehälter, die für den größeren Teil der Einzelvertragsinhaber zwischen 1.000 und 4.000 Mark lagen und für einen Teil der aus der UdSSR zurückkommenden Spezialisten Größenordnungen zwischen 4.000 und 15.000 Mark erreichten.[98]

---

96 In einer entsprechenden Verordnung von 1952 hieß es dazu: „Zur Beseitigung der vorhandenen großen Mängel in den bestehenden Einzelverträgen, die der Intelligenz überflüssige Verpflichtungen, die in keiner Beziehung zu ihrer Produktionstätigkeit stehen, auferlegen, hat das Ministerium für Arbeit gemeinsam mit dem Bundesvorstand des FDGB und der Kammer der Technik der Regierung Vorschläge zu machen." GBL 1952, Nr. 84, S. 511. Seither kamen politische Auflagen in Einzelverträgen nicht mehr vor.

97 GBL 1953, Nr. 89, S. 897-898 regelt die Kontingentierung ausdrücklich. Nach Tandler soll es Ende 1951 14780 Einzelvertragsinhaber in der Industrie gegeben haben. Darunter waren allerdings auch Facharbeiter. Tandler, Geplante Zukunft, S. 30.

98 Über die Gehälter der aus der UdSSR zurückkehrenden Spezialisten der Kernenergiewirtschaft informiert Reichert, S. 100 ff. Weitere Angaben über die Gehaltshöhen von Einzelvertragsinhabern finden sich bei Tandler, Geplante Zukunft, S. 30.

Eine der wenigen Frauen, die zum Kreis der Einzelvertragsinhaber gehörte, war die Kernphysikerin und spätere Rektorin der TU Dresden Lieselott Herforth.[99] Als sie zum 01.09.1960 zur Professorin mit vollem Lehrauftrag für das Lehr- und Forschungsgebiet angewandte Radioaktivität an der Fakultät für Kerntechnik an die TH Dresden berufen wurde, schloss das Staatssekretariat für HFW einen Einzelvertrag mit ihr ab. Vereinbart wurde ein Gehalt von 3.300 MDN und die Zahlung von 100 MDN pro Stunde für Gastvorträge, die Einbeziehung in die zusätzliche Altersversorgung der technischen Intelligenz, sechs Monate voller Lohnausgleich bei Krankheit sowie die bevorzugte Bereitstellung von wissenschaftlicher Literatur und ausreichenden Arbeitsräumen. Ihr wurde auch gestattet, wissenschaftliche Kongresse während der Vorlesungszeit zu besuchen. Im Paragraph sieben des im Ormeg-Verfahren auf billigem Papier vorgeschriebenen Einzelvertrages versprach das Staatssekretariat der kinderlosen Professorin, dafür zu sorgen, „dass die Kinder der Frau Prof. Herforth ihren geistigen Fähigkeiten und den objektiven Voraussetzungen entsprechenden Ausbildungsmöglichkeiten in der DDR erhalten, die von Frau Prof. Herforth gewünscht werden".[100] Der Abschluss von Einzelverträgen war also zu jener Zeit bereits ein formalisiertes Verfahren, das in der Form seiner Ausführung seinem Anliegen – der Bildung einer Elite – kaum mehr entsprach.[101]

Als nach dem Mauerbau der Abwanderungsdruck nachließ, verlor die Privilegierung der technischen Elite an Bedeutung. Die Kontingente für Einzelverträge wurden jetzt restriktiver gehandhabt.[102] Im Zusammenhang mit den Bemühungen der Wirtschaftsreformer, Leistungskriterien stärker zur Geltung zu bringen, schlugen Vertreter des Ministeriums für Wissenschaft und Technik 1967 vor, die Privilegierung technischer Experten durch Einzelverträge mit Sondergehältern bis zu 4.000 MDN abzuschaffen und die zusätzliche Altersversorgung der technischen Elite an Leistungskriterien zu binden.[103] Zwar sah die mit der dritten Hochschulreform eingeführte neue Hochschullehrervergütungsordnung noch die Möglichkeit der Gewährung von Sondergehältern für Hochschullehrer vor.[104] Aber nach dem Machtwechsel von Ulbricht zu Honecker scheinen keine neuen Einzelverträge mehr abgeschlossen wor-

99 Zur Karriere von Lieselott Herforth vgl. Kapitel 3.1 in Teil I dieser Arbeit, S.87-92.

100 Universitätsarchiv der TU Dresden, PA Herforth.

101 Zudem hatten sich mittlerweile Inflationierungstendenzen durchgesetzt, die das Privilegierungsanliegen unterliefen. 1961 hatten 58 Prozent aller Hochschullehrer einen Einzelvertrag. Jessen, Akademische Elite, S. 207-222.

102 GBL 1964, Teil II, S. 641-643: Anordnung über die Kontingentierung und den Abschluss von Einzelverträgen mit Angehörigen der Intelligenz in der Deutschen Demokratischen Republik.

103 BArch, DF4/6406: Die Entwicklung des Bestandes an Hoch- und Fachschulkadern, die gesellschaftliche Stellung und Verantwortung, die Auswahl und Erziehung sowie die Aus- und Weiterbildung wissenschaftlich-technischer Kader, S. 15.

104 Paragraph 7 der Hochschullehrervergütungsordnung vom 06.11.1968, Manuskriptdruck des Ministeriums für HFW.

den zu sein. Erst Ende der 1980er Jahre erinnerte man sich erneut der Institution der Sondergehälter.[105] Nachdem die nivellierende Sozial-, restriktive Bildungs- und selektive Technikpolitik der Ära Honecker eine sozialökonomische Nivellierung herbeigeführt und so das Sozialprestige der technischen Experten abgesenkt und ihre Leistungsbereitschaft reduziert hatte, entdeckten die Soziologen der DDR wieder die sozialökonomische Differenzierung als Triebkraft für Effizienzsteigerung.

Die forcierte Lenkung der Frauen in den Ingenieurberuf fiel zeitlich mit dem Abbau der Expertenbegünstigung zusammen. Diese Parallelität von Frauenförderung und Abbau der Privilegierungspolitik löste die männliche Codierung des Ingenieurberufs partiell auf, nachdem sie nach 1945 unter den Bedingungen der neuen Ordnung zunächst mit der Privilegierung einer technischen Elite restauriert worden war.

2.3 Die branchenspezifische Differenzierung des Gehaltssystems

Die geschlechtliche Codierung des Ingenieurberufs wurde auch durch die branchenspezifische Differenzierung der Wertigkeit technischer Handlungsfelder bekräftigt. Die war von der Besatzungsmacht ein- und von der SED-Regierung weitergeführt worden. Mit der Verordnung über die Erhöhung der Gehälter für Wissenschaftler, Ingenieure und Techniker vom 28.06.1952 etablierten die Ministerien für Arbeit und für Finanzen für 37 Zweige der Industrie und des Verkehrswesens ein gestaffeltes Gehaltssystem für Wissenschaftler, Ingenieure und Techniker mit jeweils fünf Gehaltsgruppen.[106] Das höchste Gehaltsniveau wiesen die Branchen Bergbau, Metallurgie, Schwermaschinenbau und Grundstoffchemie auf, während in der Konsumgüter- und der Lebensmittelindustrie die niedrigsten Gehälter gezahlt wurden. Dieses Gehaltssystem sollte zum Einen die wirtschaftspolitischen Schwerpunktsetzungen des ersten Fünfjahrplanes durch entsprechende Allokationsanreize für Fachpersonal unterstützen, nachdem die Arbeitskräftebewirtschaftung über die Arbeitsämter abgeschafft worden war. Zum anderen sollten mit der Differenzierung in fünf Gehaltsgruppen Qualifikation und Verantwortung honoriert werden. Darauf wies die Präambel der Verordnung ausdrücklich hin. Darin hieß es:

„Das bei uns bestehende System der Entlohnung der wissenschaftlichen und technischen Intelligenz weist jedoch noch immer den grundlegenden Mangel auf, dass sich die Bezahlung der Arbeit der Ingenieure und Techniker mit Hochschulbildung und mittlerer Fachschulbildung wenig von der Bezahlung der Arbeit qualifizierter Arbeiter unterscheidet. Dieses System gibt den Menschen keinen Anreiz zur Aneignung von wissenschaftlichen und ingenieurtechnischen Kenntnissen und bietet ihnen nicht die erforderlichen materiellen Bedingungen zur Weiterbildung und zur fruchtbringenden

105 Müller-Hartmann, Sozialstrukturelle Probleme, S. 114.

106 GBL 1952, Nr. 84, S. 510-514.

Arbeit zum Wohle des Volkes. Deshalb ist ein solches Entlohnungssystem, das eine Gleichmacherei darstellt, äußerst nachteilig und fügt unserer Wirtschaft und unserem Staat Schaden zu."[107]

Die politische Klasse versuchte also, die Privilegierung der technischen Elite durch eine nach Qualifikation und Verantwortung differenzierende Gehaltspolitik zu ergänzen, um wirksame Leistungsanreize zu bieten. Allerdings unterlief die mit der Verordnung gleichzeitig durchgesetzte Branchendifferenzierung ebenso wie das in der Anwendung der Verordnung übliche Prinzip, Qualifikation durch Praxiserfahrung von Stelleninhabern auszugleichen, die beabsichtigte Differenzierung nach Leistungskriterien. Infolgedessen kämpften Stelleninhaber um Anerkennung ihrer nicht durch Berechtigungsscheine nachgewiesenen Kompetenz und Betriebe, Forschungsinstitute und Hochschulen um die günstigste Branchenzuordnung. Die Branchendifferenzierung konterkarierte die Gehaltsgruppenunterschiede und unterminierte so den Leistungsansatz. Korrekturen wiederum, die sich häufig als unumgänglich erwiesen, schwächten die intendierten Allokationseffekte für Fachpersonal ab. So benachteiligte zum Beispiel die Branchendifferenzierung der Ingenieurgehälter die Technische Hochschule Dresden. Das kritisierte der Professor für Kraftfahrzeugtechnik Jante auf einer Sitzung der Fakultät Maschinenwesen im Februar 1953:

„Nach der Verordnung vom Juni vorigen Jahres hat man das Stufenverhältnis der Gehälter etwas erhöhen wollen, man hat das Gegenteil erreicht, der Meister bekommt mehr als der Ingenieur. In Berlin fand man für die Belange der Hochschule absolut kein Verständnis. Die Leute wandern ab zur Grundstoffindustrie, zu Schwerpunkten. Wenn es so weitergeht, können wir nicht über Studienpläne sprechen, sondern können wir hier zumachen. Wir können auf die Dauer die Assistenten nicht mit schönen Worten und Zureden halten."[108]

Um die Assistentenabwanderung zu stoppen, beschloss der Ministerrat am 04.05.1953 der TH Dresden eine Summe für den Härteausgleich zur Verfügung zu stellen, damit sie Assistenten und Oberassistenten der Fakultäten für Maschinenwesen, Elektrotechnik und Bauwesen sowie der Fachrichtungen Mathematik, Chemie und Physik nach den Industrietarifgruppen für den Allgemeinen Maschinenbau bezahlen und damit an der Hochschule halten konnte.[109]

Waren es hier die Gehaltdifferenzen zwischen Hochschule und Industrie, die zu Spannungen und Korrekturen führten, verursachten nach Gründung der Spezialhochschulen die Unterschiede in der Branchenzuordnung der Hochschulen die Konflikte. Denn das Personal der Hochschulen in Ilmenau und Magdeburg wurde nach den

---

107 Ebenda, S. 510.

108 Universitätsarchiv der TU Dresden, Fak. Maschinenwesen, Nr. 138: Fakultätsratssitzung vom 28.02.1953.

109 Universitätsarchiv der TU Dresden, Rektorat 1945-89, Nr. I/89: Rektorat 07.09.1953 an die Institutsdirektoren und Lehrstuhlinhaber der Fakultäten II, III und IV sowie der Fachrichtungen Mathematik, Physik, Chemie der Fak. I.

Tarifen für den Schwermaschinenbau bezahlt, das Personal der Technischen Hochschulen Dresden und Karl-Marx-Stadt hingegen nach den niedrigeren Tarifen für den Allgemeinen Maschinenbau. Mithin machten sich in Abhängigkeit von wirtschafts- und technikpolitischen Kurswechseln Korrekturen notwendig, die einige Spannungen im Gehaltssystem lösten, gleichzeitig jedoch neue erzeugten. Trotz dieser Korrekturen blieben die mit der Verordnung fixierten Niveauunterschiede im Ingenieurgehalt zwischen dem Produktionsgütersektor und dem Konsumgüterbereich bis zum Ende der DDR als Prämisse für die branchenspezifische Differenzierung in der Wertigkeit technischer Handlungsfelder erhalten. Diese Differenzierung aber steuerte geschlechtsspezifische Segregationsprozesse. In den feminisierten Branchen des Konsumgütersektors wies die Frauenquote unter den Diplomingenieuren beziehungsweise Hochschulabsolventen die höchsten Werte auf. (Vgl. Grafiken IV/1 und IV/2)

Grafik IV/1: Frauenquote unter den Diplomingenieuren in ausgewählten Branchen der Industrie 1964[110]

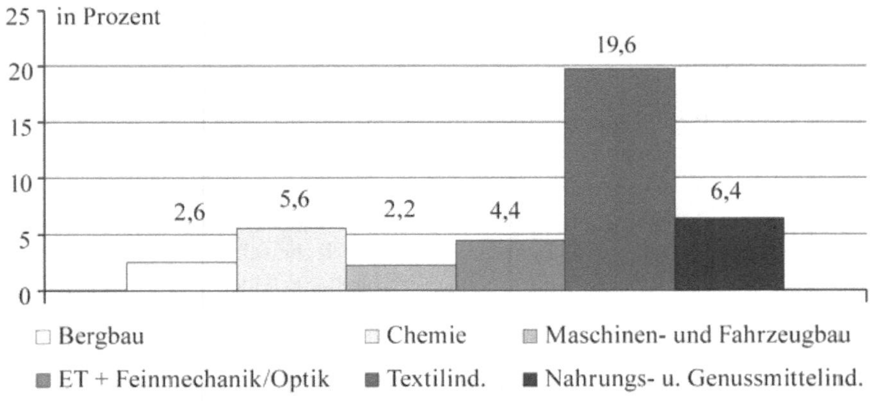

110 Berechnet aus: Staatliche Zentralverwaltung für Statistik 1967, S. 45-159.

Grafik IV/2: Frauenquote unter den „Hochschulkadern" in ausgewählten Branchen der Industrie 1971[111]

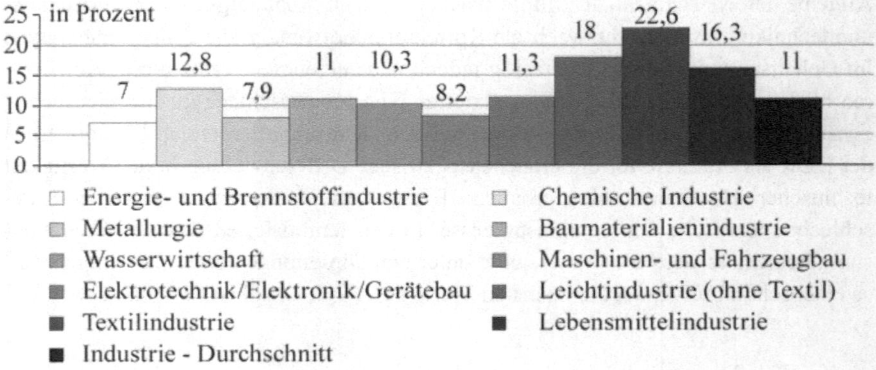

2.4 Die internen Hierarchien im Ingenieurberuf oder: Ingenieurarbeit als Leitungstätigkeit

Gleichzeitig hielt die Verordnung über die Erhöhung der Gehälter für Wissenschaftler, Ingenieure und Techniker vom 28.06.1952 mit der Staffelung von fünf Gehaltsgruppen zur Bewertung von Ingenieurarbeit an einer internen Hierarchie qualifizierter technischer Tätigkeiten fest. In einer Ausarbeitung des Zentralamtes für Forschung und Technik zu Tätigkeitsmerkmalen der technischen Intelligenz wurden Kriterien für die Hierarchisierung technischer Handlungsfelder fixiert.[112] Techniker, Fachschulingenieure, Hochschulingenieure, Spezialisten und Spitzenkräfte wurden je nach Funktion unterschieden. Während für die Techniker Aufgaben technischer Sacharbeit als Zeichner, Teilkonstrukteur, Laborant, Arbeitsvorbereiter, Normensachbearbeiter, Betriebstechnologe, Bearbeiter technisch-wirtschaftlicher Kennziffern und Mitarbeiter der Produktionsleitung vorgesehen waren, sollten sowohl Fach- als auch Hochschulingenieure – für beide Gruppen waren je drei Gehaltsstufen festgesetzt – in allen Stufen Leitungs- oder zumindest Ausbildungsfunktionen für Techniker oder Facharbeiter wahrnehmen. Die interne Differenzierung zwischen den Ingenieurgruppen legte das Amt anhand der Größe des Leitungsbereiches fest.

111 Berechnet aus: Staatliche Zentralverwaltung für Statistik 1972, S. 56-86. Als Hochschulkader wurden nicht nur Diplomingenieure/innen, sondern alle Beschäftigten mit einem Hochschulabschluss erfasst. Da viele Diplomökonominnen in der Industrie arbeiteten, ist die Frauenquote durchweg höher als 1964.

112 Vgl. dazu BArch, DF4/40464: Tätigkeitsmerkmale der technischen Intelligenz, 03.05.1952.

Als Spezialisten eingruppiert wurden „wissenschaftlich ausgebildete Fachkräfte mit umfangreichen Kenntnissen über den Stand der Technik auf einem Fachgebiet“, die „verantwortliche Aufgaben an Schwerpunkten der Entwicklung und Technologie“ zu lösen hatten.[113] Spezialisten waren demnach die eigentlichen Erfinder. Spitzenkräfte waren „wissenschaftlich-technische Fachkräfte mit umfassenden theoretischen und praktischen Kenntnissen auf einem größeren Fachgebiet“. Sie mussten außerdem als „Leiter bedeutender Forschungs- und Entwicklungsstellen, technische Leiter von Großbetrieben“ tätig sein.[114] Das Zentralamt für Forschung und Technik definierte Ingenieurarbeit also ausdrücklich als Leitungstätigkeit und es konstruierte eine idealtypische Berufskarriere des Ingenieurs über die Kumulation von Qualifikation, Berufserfahrung und den Umfang der Leitungsverantwortung.

Allerdings gab es bereits in den 1950er Jahren Schwierigkeiten, diese Hierarchien durchzusetzen. In der Phase des Aufbaus der organisatorisch neuen Strukturen technischer Handlungsräume im Zusammenhang mit der Verstaatlichung der Wirtschaft besetzten die Wirtschaftsfunktionäre viele Stellen mit Personen, die nicht über die erforderlichen Abschlüsse verfügten, teils weil die Vorgesetzten selbst nicht die erforderliche formale Qualifikation für ihre Stelle besaßen und unterqualifiziertes Personal nachzogen[115], teils weil qualifiziertes Personal noch nicht beziehungsweise nicht mehr verfügbar war. Denn einerseits waren neue Ausbildungskapazitäten erst im Aufbau, andererseits wanderten über die offene Grenze dringend benötigte Fachkräfte ab, die schnell ersetzt werden mussten.[116] Jedenfalls waren Klagen über Quali-

113 Ebenda, S. 3.

114 Ebenda.

115 Dieses Vorgehen kritisierte Parteichef Ulbricht auf einer Aussprache mit Vertretern der Dresdner Intelligenz im April 1958. Im Protokoll hieß es dazu: „Er weist darauf hin, dass in den Betrieben ein Widerspruch infolge der Mängel in der Ausbildung der Studenten entstanden ist. Die Werkleiter behalten lieber den hochgerückten qualifizierten Arbeiter in leitenden Positionen des Betriebes, weil er die Planerfüllung und den Wettbewerb garantiert, wenn auch im Ganzen gesehen die Mängel, die bei diesen Menschen hinsichtlich der wissenschaftlichen Qualifikation vorhanden sind, sich hemmend auf die Umgestaltung und Durchorganisierung des Betriebes auswirken. Die Absolventen dagegen, die den ganzen Betrieb auf eine neue Ebene heben könnten, bergen zu viele Risiken in sich. Diesen unhaltbaren Zustand müssen wir unbedingt beseitigen. Das erfordert, ihn von beiden Seiten anzupacken. In einigen Betrieben hat sich in Auswirkung dieser Verhältnisse ein schlechtes Verhältnis zwischen Arbeiterklasse und Intelligenz herausgebildet, das muss ebenfalls beseitigt werden. Die Ursachen dafür liegen auf beiden Seiten. Die Zahl der akademischen Intelligenz in den Betrieben muss unbedingt erhöht werden, der Widerstand der Werkleiter in dieser Beziehung muss gebrochen werden.“ Sächs. HStA, SED-Kreisleitung TU Dresden IV/4.15/052: Hochschulparteileitung 02.05.1958.

116 Zum Beispiel informierte die Fakultät Maschinenwesen 1958, dass von den seit 1952 ausgebildeten 57 Absolventen des Instituts für Verfahrenstechnik bis 1957 22 die Republik verlassen hatten. Sächs. HStA, SED-Kreisleitung TU Dresden IV/4.15/052: Informationsbericht der Fak. Ma-

fikationsdefizite in technischen Fachabteilungen wie diese über die Personalsituation im Rundfunkwerk Radeberg, einem Zweigwerk des vor dem Krieg zur AEG gehörenden Elektromaschinenbaubetriebes Sachsenwerk Dresden-Niedersedlitz, Mitte der 1950er Jahre auf der Tagesordnung:

„In der Forschung und Entwicklung sind dreizehn Diplomingenieure beschäftigt, aber nur zwei als Labor- beziehungsweise Abteilungsleiter eingesetzt, die restlichen elf Diplomingenieure sind Abteilungsleitern mit Fachschulabschluss unterstellt. Das Konstruktionsbüro ist die Stelle, die am unqualifiziertesten besetzt ist, wo aber auch gleichzeitig der Prozentsatz der sich Qualifizierenden am niedrigsten liegt. Von 62 Mitarbeitern haben nur neun den Ingenieurabschluss. Von den restlichen 53 Mitarbeitern nehmen nur zwei am fachlichen Fernstudium teil. Dieser qualitative Abfall der Qualifikation setzt sich noch über die Technologie und Arbeitsvorbereitung weiter fort."[117]

Wiewohl eine Nachqualifikation von unterqualifizierten Stelleninhabern auf dem Weg des Fernstudiums möglich war, führten die in den 1950er Jahren zugelassenen Kompromisse in der Stellenbesetzung langfristig dazu, dass die Hierarchie zwischen Fach- und Hochschulingenieuren in der betrieblichen Praxis eingeebnet wurden. Als der im Zusammenhang mit dem wirtschafts- und technikpolitischen Kurswechsel beim Machtwechsel von Ulbricht zu Honecker infolge des Abbruchs technischer Entwicklungsprojekte und des Stopps großer Investitionsvorhaben produzierte Absolventenüberschuss unterzubringen war, befestigten die Wirtschaftsfunktionäre die Einebnung dieser Hierarchie, indem sie jetzt in den Stellenplänen getrennt ausgewiesene Stellen für Hoch- oder Fachschulkader zu einer Kategorie zusammenfassten.[118] In einer bildungsökonomischen Studie zum Qualifikationsbedarf im Bauwesen aus dem Jahre 1975 bestätigten die Verfasser diese Nivellierung. Sie stellten fest, „daß für die qualitative Zusammensetzung des Arbeitsvermögens ab Meisterebene aufwärts primär nach Fachrichtungen und erst sekundär nach Qualifikationsstufen (Hoch- oder Fachschulkader) differenziert wird."[119]

Neben der Einebnung der Hierarchie zwischen Hoch- und Fachschulingenieuren wurde auch die Grenze zu den Technikern porös. In den 1950er Jahren war die Techniker- neben der Meisterausbildung als eine Ausbildungsstufe an den Ingenieurschulen durchgeführt worden. Aber nachdem die Meisterausbildung im Zuge der Reorganisation des betrieblichen Bildungswesens von den Betrieben übernommen worden

schinenwesen 19.02.1958. Zur Abwanderung vgl. auch Augustine, Frustrierte Technokraten, S. 54, Tandler, Geplante Zukunft, S. 32-35.

117 BArch, DF4/40130/125 ff.: ZK der SED, Abt. Maschinenbau an den Leiter des ZFT Stanek. Weitere Informationen zur unterqualifizierten Besetzung von Forschungs- und Entwicklungsstellen in der Industrie bei Mühlfriedel u. Wießner, S. 282 f.

118 Wolter, Wissenschaftlich-technische Bildung, S. 89.

119 BArch, DH1/26074: Bestimmung der Ersatzbedingungen für das Arbeitsvermögen im Bauwesen - Studie - Bearbeiter: Warnecke, Neumann, Abschluss der Arbeit: 30.06.1975.

war, fiel die Technikerausbildung gänzlich weg.[120] Stattdessen sollten Facharbeiter für technische Tätigkeiten ihre theoretische Ausbildung an Berufsschulen erhalten. So wurden jetzt zum Beispiel technische Zeichner nicht mehr an Ingenieurschulen, sondern an Berufsschulen unterrichtet.[121] Das aber hatte zur Folge, dass der berufstheoretische Kontext der Ausbildung zugunsten berufspraktischer Kenntnisse der Metall- oder Bauberufe reduziert wurde. So erfuhren angehende technische Zeichnerinnen an den Berufsschulen nichts mehr über Maschinenkunde oder Konstruktionslehre, erhielten dafür aber Kenntnisse zum Beispiel über alle Umformverfahren im Maschinenbau und über Werkstofftechnik.[122] Technische Zeichnerinnen konnten mit dieser Ausbildung wohl Vorlagen der Konstrukteure nachzeichnen, nicht aber selbstständig andere Ansichten des Gegenstandes entwickeln. Das mussten jetzt die Konstrukteure selbst übernehmen. Was hier für das Verhältnis zwischen Zeichnerinnen und Konstrukteuren ausgeführt wurde, galt auch für andere Bereiche. Eine Konsequenz dieser Entwicklung war, dass Ingenieure nach Abschaffung der Technikerausbildung in größerem Umfang die Tätigkeit technischer Sachbearbeiter übernehmen mussten.

Da die Abschaffung der Technikerausbildung mit dem verstärkten Eintritt der Frauen in die Ingenieurberufe zusammenfiel, übernahmen sie als Neuankömmlinge im Beruf häufig die technische Sacharbeit. Dort, wo früher die Grenze zwischen Technikern und Ingenieuren verlaufen war, entstand jetzt eine Geschlechtergrenze. Das zeigen die von der Frauenpolitik in den 1960er und 1970er Jahren angeregten Untersuchungen über den nicht qualifikationsgerechten Einsatz von Frauen in den Ingenieurberufen.

Eine dieser Untersuchungen wurde 1964 von der Frauenzeitschrift „Für Dich“ in einer Artikelserie unter der Überschrift „Diplom in der Tasche und was dann?“ veröffentlicht. Im ersten Teil der Serie berichtete die Frauenzeitschrift über die Diplomingenieurin Brigitte Mann, die an der Technischen Hochschule Ilmenau Hochfrequenztechnik und Elektroakustik studiert hatte und im ersten Jahr nach ihrem Abschluss als Arbeitsklassifiziererin im Funkwerk Berlin-Köpenick arbeitete. Das war eine im Zuge der Wirtschaftsreform und der Frauenförderung aufgewertete Tätigkeit, denn mit Hilfe der Arbeitsklassifikation sollten die Arbeiterlöhne leistungsgerechter gestaltet und Frauenarbeitsplätze in den Betrieben ausgewiesen werden. Es war aber auch eine Tätigkeit, für die zwar Kompetenz in der Arbeitsbewertung, aber nicht der Abschluss als Diplomingenieurin für Elektrotechnik notwendig war.

120 Wolter, Wissenschaftlich-technische Bildung, S. 93.

121 Ausbildungsunterlagen für die sozialistische Berufsausbildung, Grundausbildung Mbz 1 Technischer Zeichner, hg. v. Deutschen Institut für Berufsausbildung, Berlin 1960.

122 Ebenda.

„Träum nicht Brigitte! Ein neuer Arbeitstag beginnt. Alles läuft in vielfach durchdachten Bahnen. Ein neuer Arbeitstag vor dem Karteikasten. Ein Tag wie der gestrige. Neues wird hier nicht geschaffen. Das Neuerschaffene anderer wird hier nach Arbeitsgängen und Arbeitszeit berechnet, katalogisiert und eingeordnet. Eine notwendige Arbeit. Also: Träum nicht Brigitte! Wieso eigentlich Träume? – Ein Arbeitsplatz im Prüffeld oder in der Entwicklung, was sollte daran traumhaft, unwirklich sein? – Als Studentin schien mir das glasklar: Bist Du später Diplom-Ingenieurin, wirst du dein Wissen anwenden, Neues entwickeln, Erfahrungen sammeln, wieder Neues entwickeln. Trauben, die zu hoch hängen? – Unsinn. Die Frage ist nur, wie kommt man heran."[123]

Nach dieser Beschreibung des tristen, die hochgespannten Erwartungen der Diplomingenieurin enttäuschenden Arbeitsalltags schilderte die Journalistin zunächst die Bemühungen von Brigitte Mann, einen ihrer Ausbildung entsprechenden Arbeitsplatz zu bekommen. Sie diskutierte dann die bildungsökonomischen Verluste, die der Gesellschaft aus dem unterqualifizierten Einsatz von Absolventen erwuchsen und sie benannte die Vorurteile, auf welche die Berufserwartungen der Elektroingenieurin stießen. Der Fall der Brigitte Mann war kein Einzelfall war. Das zeigte der nächste Teil der Serie. Er präsentierte die Ergebnisse einer Untersuchung zum Einsatz von 15 Absolventinnen der Technischen Hochschule Ilmenau und stellte sieben detailliert vor.[124] Auf die Frage, ob sie ausbildungsgerecht eingesetzt seien, antworteten acht der befragten 15 Diplomingenieurinnen mit einem klaren Nein. Katharina Drautsch zum Beispiel arbeitete im VEB Rafena Radeberg im Prüffeld auf einer Facharbeiterstelle, weil der Betrieb in Planschwierigkeiten war. Isolde Dettmar hatte ihren Beruf für die Betreuung ihrer zwei Kinder aufgegeben, nachdem sie zuvor im Büro für Neuererwesen im VEB Elektroglas eine weit unter ihrer Qualifikation liegende Tätigkeit ausgeführt hatte. Jetzt unterstützte sie als diplomierte „Hausfrau" ihren Mann, der an seiner Dissertation arbeitete. Die Diplomingenieurinnen konnten also mitnichten darauf rechnen, ihrer Qualifikation gemäß eingesetzt zu werden. Das bekräftigt die These, dass mit dem Eintritt der Frauen die internen Hierarchien technischer Handlungsräume neu geordnet und die Frauen auf das nach Abschaffung der Technikerqualifikation verwaiste Feld technischer Sacharbeit verwiesen wurden.

Die Journalistin der Frauenzeitschrift „Für Dich" hatte kein zufälliges oder exzeptionelles, sondern ein strukturelles Problem aufgegriffen. Ein ebenfalls 1964 dem Politbüro vorgelegter „Bericht über die Lage der weiblichen technischen Intelligenz in der Elektroindustrie und in der chemischen Industrie sowie Vorschläge für ihre systematische Entwicklung" kam zu der Feststellung:

„Die überwiegende Mehrheit der Frauen mit Hoch- und Fachschulabschluss arbeitet in den von uns untersuchten Industriezweigen in untergeordneten Funktionen der Labors, Konstruktionsbüros, der Technischen Kontrollorganisation, der Büros für Neuererwesen und der Verwaltungsabteilungen,

123 Friedel Langguth, Diplom in der Tasche und was dann? Gedanken einer Ingenieurin, in: Für Dich, Nr. 49, 1964, S. 10.

124 Das Diplom in der Tasche ...(II), in: Für Dich, Nr. 51, 1964, S. 11-15.

aber nicht in verantwortlichen Tätigkeiten der Produktionsbereiche. Im VEB Jenapharm z. B. arbeiten von 68 Frauen mit Hoch- und Fachschulbildung nur zwei Frauen als Produktionsabschnittsleiter, vier Frauen als Abteilungsleiter in der Verwaltung. 23 Frauen arbeiten in untergeordneten Funktionen im wissenschaftlichen Bereich, die anderen arbeiten in der Technischen Kontrollorganisation, in Verwaltungsabteilungen und auch in Produktionsabteilungen, ohne jedoch mittlere oder leitende Funktionen auszuüben."[125]

Die Parteifunktionäre kritisierten diese Entwicklung als bildungsökonomische Verschwendung. Nach Lage der Dinge sei nicht gewährleistet, dass sich die Investitionen in die technische Ausbildung einer wachsenden Zahl von Frauen auch volkswirtschaftlich rentieren würden.[126]

Das Problem der Aufstiegsblockaden für Frauen im Ingenieurberuf wurde seit den 1960er Jahren zu einem Dauerbrenner der Frauenpolitik. Darauf wird später noch zurückzukommen sein. Hier ist festzuhalten, dass die Erosion interner Hierarchien in technischen Handlungsräumen infolge der Einebnung von Ausbildungsunterschieden bei der Stellenbesetzung und durch die Abschaffung der Technikerqualifikation zu einem Bedeutungszuwachs des Geschlechterunterschieds für die interne Differenzierung und Hierarchisierung der Tätigkeiten führte.[127] Ausgebildete Ingenieurinnen setzte und beließ man auf technischen Sachbearbeiterpositionen. Sie blieben auch mit jahrelanger Berufserfahrung auf der Position von Jungingenieuren, während die Mehrzahl ihrer männlichen Kommilitonen in eine Leitungsposition aufstieg. Eine Untersuchung der Abteilung Frauen im ZK der SED kam zu dem Ergebnis, dass 1966 jeder dritte Mann aber nur jede 17. Frau mit Hochschulabschluss in der Industrie die Möglichkeit erhielt, eine Leitungsfunktion auszuüben.[128] Dabei wurden gerade in der Phase der Wirtschaftsreform viele neue Leitungspositionen geschaffen. Hintergrund dafür war, wie Steiner herausgearbeitet hat, das Anliegen, der Einkommensnivellierung zwischen Arbeitern und ingenieurtechnischem Personal entgegenzuwirken.[129] Weil beim Versuch, Leistungsanreize in der Entlohnung wirksam zu machen, die Arbeiterlöhne besonders bei Stücklöhnern schneller gestiegen waren als die Gehälter, hatten sich die Differenzen zwischen Facharbeiterlöhnen und Ingeni-

125 SAPMO-BArch, DY 30/J IV 2/3A/1122: Bericht über die Lage der weiblichen technischen Intelligenz in der Elektroindustrie und der chemischen Industrie sowie Vorschläge für ihre systematische Entwicklung, S. 4.

126 Ebenda, S. 12.

127 Dass der Eintritt von Frauen in akademische Berufe innerberufliche Differenzierungen verstärkt, weil er geschlechtsspezifische Segregierungsprozesse in Gang setzt, hat auch Budde in ihrer Untersuchung über Lehrerinnen, Richterinnen, Ärztinnen und Wissenschaftlerinnen herausgearbeitet. Budde, Frauen, S. 294-306.

128 SAPMO-BArch, DY 30/IV/A2/17/52: Information über die Entwicklung des Qualifikationsniveaus der berufstätigen Frauen und ihres Einsatzes in verantwortlichen Positionen, 29.03.1968. Anlage zum Monatsbericht von Gerda Mieß.

129 Steiner, Die DDR-Wirtschaftsreform, S. 327.

eurgehältern verringert. Teilweise verdienten Facharbeiter mehr als Meister und Ingenieure. Die Betriebsleitungen versuchten dieser für das Funktionieren der Arbeitsteilung im Betrieb kontraproduktiven Entwicklung dadurch entgegenzusteuern, dass sie neue Leitungsfunktionen für Ingenieure schufen, damit diese durch den Bezug von Leitungszuschlägen in den Genuss höherer Gehälter kamen. Steiner hat ermittelt, dass 1967 in der zentral geleiteten Industrie je nach Branche 26 bis 55 Prozent aller Ingenieure als Leiter bezahlt wurden.[130] Diese Entwicklung befestigte die Verbindung von Ingenieurtätigkeit mit Leitungstätigkeit und die in das Berufsbild eingeschriebene Aufstiegserwartung. Sie bestärkte aber auch die Marginalisierung der Frauen im Ingenieurberuf, wenn diese von der Aufstiegsmöglichkeit ausgegrenzt und auf die lebenslange Ausübung technischer Sacharbeit verwiesen wurden.

Wie schon die Privilegierung der technischen Elite die männliche Codierung des Ingenieurberufs verstärkt hatte, so wirkte auch die über die Gehaltspolitik befestigte Verknüpfung von Ingenieurarbeit mit Leitungstätigkeit in diese Richtung. Einzig die branchenspezifische Differenzierung der Ingenieurgehälter wirkte als Korrektiv, indem sie bestimmte Segmente des Ingenieurberufs für Frauen öffnete. In diesen Segmenten waren dann auch den Frauen Berufskarrieren in technischen Handlungsfeldern möglich. Das dokumentieren Untersuchungen der Gewerkschaft zum Einsatz von Frauen in Leitungsfunktionen in den 1970er Jahren. Im Unterschied zu anderen Branchen arbeiteten in der Textilindustrie ebenso wie in der Leichtindustrie insgesamt überdurchschnittlich viele Frauen in leitenden Positionen. Auch eine Gewerkschaftsuntersuchung über den Frauenanteil in Leitungsfunktionen in der Berliner Industrie kam zu dem Ergebnis, dass in der Leichtindustrie 1976 fast 50 Prozent aller Leitungsfunktionen mit Frauen besetzt waren, während es im Bereich Elektrotechnik/Elektronik nur 17 Prozent und in der chemischen Industrie nur 20 Prozent waren.[131] Analysen innerhalb der Leichtindustrie zeigten dann aber wiederum, dass den Frauen vor allem Verantwortung für ökonomische, kaum jedoch für technische und wissenschaftliche Fachbereiche übertragen wurde.

Nach einer Untersuchung der Abteilung Frauen beim Bundesvorstand des FDGB in der Industriegewerkschaft (IG) Textil, Bekleidung, Leder (Tebele) hatten Frauen in diesem Sektor am häufigsten Leitungsfunktionen in den Bereichen Planung und Arbeitsökonomie, Beschaffung und Absatz sowie Kader und Bildung inne.[132] In den

---

130 Ebenda.

131 SAPMO-BArch, DY 34/14603, Bericht über Erfahrungen und Probleme bei der Vorbereitung und dem Einsatz befähigter Frauen in leitenden Funktionen in ausgewählten Berliner Kombinaten und Betrieben. Am 11.09.1981 vom Bundesvorstand Berlin bestätigt.

132 SAPMO-BArch, DY 34/14603, Industriegewerkschaft Textil-Bekleidung-Leder, Zentralvorstand, Abteilung Frauen beim Bundesvorstand des FDGB. Der Analyse lagen Untersuchungen in 13 Textilbetrieben sowie Berichte aus vier Vereinigungen Volkseigener Betriebe und sechs Bezirksvorständen sowie zwei Kreisverbänden der Gewerkschaft zugrunde.

Bereichen Wissenschaft und Technik sowie Forschung und Entwicklung hingegen waren Frauen nur in sehr geringer Zahl und nur auf der betrieblichen Ebene vertreten (Vgl. Grafik IV/3)

Grafik IV/3: Betriebliche Fachdirektoren nach Arbeitsbereichen im Bereich der Industriegewerkschaft Textil, Bekleidung, Leder, aufgeschlüsselt nach dem Geschlecht der Stelleninhaber, Stand vom 15.9.1977[133]

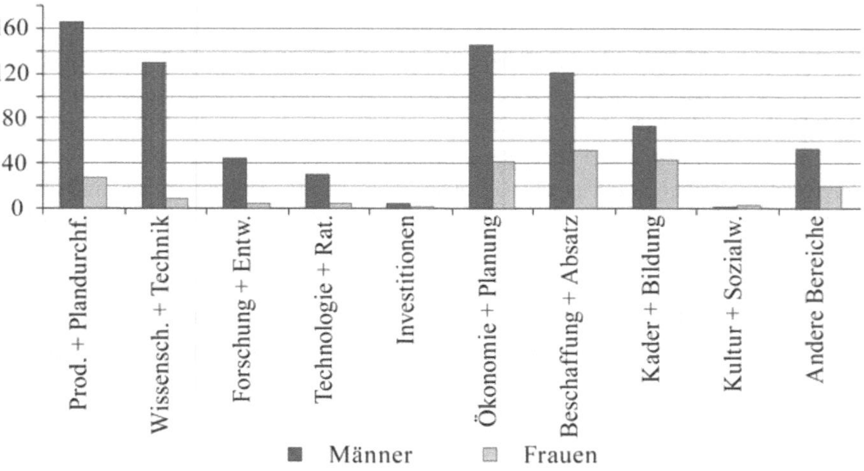

Insgesamt betrachtet ergibt sich folgender Befund: Die Maßnahmen, mit denen die politische Elite den Platz der technischen Experten im sozialökonomischen Verteilungssystem fixierte, befestigten zunächst die männliche Codierung des Ingenieurberufs. Allein die branchenspezifisch unterschiedliche Bewertung technischer Handlungsfelder wirkte im Zusammenhang mit der Frauenarbeitspolitik zugunsten einer Öffnung des Ingenieurberufs für Frauen in den wirtschaftlichen so genannten Nichtschwerpunktzweigen. Seit den 1970er Jahren verloren jedoch die traditionellen Geschlechtercodes überall an Wirkungskraft. Eine wachsende Zahl gut ausgebildeter junger Frauen trat just in dem Moment in den Beruf ein, als für die gesamte nachwachsende Generation Aufstiegsblockaden wirksam wurden und die Privilegierung der technischen Intelligenz lange Vergangenheit war. Da aber auch in der Ära Honecker die Ingenieurarbeit mit Leitungstätigkeit verknüpft blieb und Frauen in weit

133 SAPMO-BArch, DY 34/14603: Information der IG Tebele und der Abteilung Frauen beim Bundesvorstand des FDGB.

geringerer Zahl als Männer Berufsaufstiege realisierten, blieb ein wichtiger Tragpfeiler der männlichen Kultur der Technik erhalten.

3. Die Auswirkungen der Verstaatlichung auf verschiedene Berufsmilieus der Ingenieure und deren geschlechtliche Codierung

Die Verschiedenheit der Berufsmilieus technischer Experten, die sich aus dem wachsenden Bedarf der Industriegesellschaften an technischer Expertise in den unterschiedlichsten Bereichen des sozialen Systems ergibt, bildet ein Spezifikum des Ingenieurberufs. Mit Tätigkeitsfeldern im Staatsdienst zur Erstellung und Sicherung der technischen Infrastruktur der Gesellschaft (zum Beispiel der Kommunikationssysteme, des Mess- und Prüfwesens, der technischen Überwachung und so weiter), in der Wirtschaft und im Wissenschafts- und Forschungs- sowie im Bildungssystem gehörte und gehört der Ingenieurberuf zu den heterogensten akademischen Berufen. Im Folgenden sollen die Auswirkungen der Verstaatlichung auf das Berufsmilieu der Ingenieure im Bereich der Wirtschaft untersucht werden. Anders als in den traditionell verstaatlichten Tätigkeitsbereichen der Ingenieure im technischen Verwaltungs- und Infrastrukturbereich, im Hochschulwesen und in Teilen des Forschungssektors veränderte die Politisierung der Wirtschaft die institutionellen und arbeitsteiligen Strukturen im technischen Handlungsfeld besonders tief greifend. Diese Veränderungen und die mit ihnen verknüpften Verschiebungen in der Geschlechterverteilung im technischen Feld werden in zwei Bereichen der Ingenieurtätigkeit analysiert. Das ist erstens der Bereich von Forschung, Entwicklung und Konstruktion respektive Projektierung als jener Bereich, der sich mit dem geistigen Entwurf technischer Projekte befasst, und zweitens der Bereich der Technologie als jener Bereich, der sich mit der technischen Realisierung dieser Projekte beschäftigt.

Vorauszuschicken ist, dass die arbeitsteilige Trennung des geistigen Entwurfs von der ingenieurmäßigen Realisierung technischer Projekte bereits im Prozess der Hochindustrialisierung eingetreten war. Die Verselbständigung der Industrieforschung[134] und die Trennung der Konstruktion von der Fertigung[135] kennzeichnen diese Entwicklung. Sie fand in den Technischen Hochschulen ihren Niederschlag, als sich die Betriebswissenschaften aus dem Maschinenwesens heraus verselbständigten.[136] Die Arbeitsmilieus im Bereich der Technik differenzierten sich nun aus. Inge-

134 Zur Entwicklung der Industrieforschung in Deutschland vgl. Marsch.

135 Ausführlich dazu vgl. König, Künstler und Strichezieher.

136 Buchheim u. Sonnemann, S. 278 ff.

nieure waren seither entweder in Forschungsinstituten respektive -abteilungen mit der Entwicklung neuer Produkte und Verfahren beschäftigt und arbeiteten diese in Konstruktions- und Projektierungsbüros mit Hilfe der Zeichnung als konkreten Entwurf aus. Oder sie waren in der unmittelbaren Fertigungsvorbereitung beziehungsweise im Fertigungsprozess selbst eingesetzt, wo sie sich mit der optimalen Gestaltung der Fertigungsverfahren, also der Umsetzung des technischen Projektes beschäftigten.

3.1 Strukturen und Geschlechtercodes im Milieu des geistigen Entwurfs technischer Projekte in der verstaatlichten Wirtschaft

Ein Grundzug der in der DDR mit der Verstaatlichung durchgesetzten strukturellen Umgestaltung im Bereich von Forschung, Entwicklung, Konstruktion und Projektierung war die produktionsferne Organisation technischer Entwicklungs- und Entwurfsarbeiten. Wesentliche Ausgangsbedingungen für diesen Strukturumbau waren allerdings schon vorhanden. Sie ergaben sich zum Einen aus der Tradition einer seit dem Vorabend des Ersten Weltkrieges im Zusammenwirken von Staat und Privatwirtschaft entwickelten außerakademischen Grundlagen- und Anwendungsforschung auf naturwissenschaftlich-technischem Gebiet.[137] Zum anderen knüpfte der Strukturumbau an Organisationsmuster in technischen Handlungsräumen an, die von der Besatzungsmacht eingeführt worden waren. Um deutsche Forschungs-, Entwicklungs- und Konstruktionskapazitäten für sowjetische Regierungsaufträge ausnutzen zu können, hatten die Besatzungsbehörden wissenschaftlich-technische Büros gegründet, die fernab von jeglichen Herstellungskapazitäten Entwicklungsaufträge für die sowjetische Regierung bearbeiteten.[138] Diese Büros wurden zwar mit Gründung eines eigenständigen ostdeutschen Staates aufgelöst. Dennoch blieb das Muster einer produktionsfernen Organisation von Forschung, Entwicklung und Konstruktion das Leitbild für die Organisation der geistigen Entwurfsarbeit technischer Projekte. Man glaubte, dass Zentralisierung der Entwurfsarbeit die Effizienz derselben steigert, Mehrfachentwicklungen vermeidet und die verfügbaren Kräfte rationeller zum Einsatz bringt.

Die politische Elite errichtete nach diesem Leitbild neue Industrieforschungsinstitute und zentralisierte Entwicklungs- und Konstruktionsbüros, die für ganze Industriezweige zuständig waren. Die Kulturverordnung vom 16.03.1950 gab die Gründung von zehn Instituten und Laboratorien für die technische Forschung und Entwicklung bekannt. Das waren die Forschungsinstitute für Eisen und Stahl, für Nicht-

137 Ausführlich dazu Marsch.

138 Naimark, S. 269-274 und Mühlfriedel, Einige Bemerkungen, S. 131-140.

eisenmetalle, für magnetische Werkstoffe, für Baustoffe, für Wärmetechnik, für Schweißtechnik, für angewandte Silikatforschung, für Katalyseforschung und ein Zentrallaboratorium für Fernmeldetechnik. 1951 kündigte das Zentralamt für Forschung und Technik die Gründung weiterer Institute für Kohleveredlung, bildsame Formgebung, spanabhebende Formgebung und für Kunststoffe an.[139] Die Mehrzahl der neuen Institute war demnach auf dem Gebiet der Werkstoff-Forschung angesiedelt. Damit setzte die Forschungspolitik der DDR eine Schwerpunktsetzung fort, die sich seit der Herausbildung der deutschen Industrieforschung entwickelt hatte.[140] Die Werkstoffkunde hatte als Grenzgebiet zwischen den Natur- und Ingenieurwissenschaften bereits seit dem ausgehenden 19. Jahrhundert an Bedeutung gewonnen. Sie entstand mit dem Aufkommen von privaten Prüflaboratorien in der Industrie und staatlichen Materialprüfungsanstalten, die zuerst im Rahmen Technischer Hochschulen, bald aber auch als staatliche Materialprüfungsämter in den deutschen Teilstaaten etabliert wurden.[141]

Das Arbeitsmilieu der werkstoffkundlichen industriellen Prüfstellen und der Materialprüfungsämter war das von Laboratorien, in denen physikalisch-technische Prüfversuche, chemische Analysen und metallografische Untersuchungen an Mikroskopen durchgeführt wurden. Die Arbeit in den Laboratorien stand Frauen schon lange offen. Die Frauenbewegung, private Lehranstalten aber auch die staatliche Berufsforschung und -lenkung hatten die Tätigkeiten wissenschaftlich-technischer Hilfskräfte seit dem Ende des 19. Jahrhunderts als einen weiblichen Erwerbsbereich erschlossen.[142] In der Zwischenkriegszeit kamen die Chemotechnikerinnen, Röntgenassistentinnen, Laborantinnen und Metallografinnen in die Materialprüfungsbüros und -ämter. Ihnen folgten in der DDR die an Technischen Hochschulen ausgebildeten Werkstoffkundlerinnen. Das Staatssekretariat für Hoch- und Fachschulwesen hatte 1965 für die im Rahmen der Werkstoffwissenschaften traditionsreichste Fachrichtung Metallkunde die höchste Frauenquote für Neuzulassungen zum Direktstudium innerhalb der Technikwissenschaften geplant.[143] Das Werkstoffingenieurwesen war ein seit Beginn der 1970er Jahre in der DDR feminisierter Studiengang.

139 BArch, DF4/40464: Lange an Knack, ZK Abt. Wirtschaftspolitik, 04.05.1951: Die Perspektiven der technischen Intelligenz.

140 Zur Industrieforschung der Zwischenkriegszeit vgl. Marsch.

141 Buchheim u. Sonnemann, S. 258, 269 f. und Ruske.

142 Vgl. dazu Kapitel 1.2 in Teil II, Anm. 29 u. 30 sowie Kundt, Die Frau als technische Assistentin, S. 228-232.

143 Vgl. Kapitel 3.2 in Teil III dieser Arbeit, Grafik III/16.

Grafik IV/4: Hochschuldirektstudenten (Männer und Frauen) im Werkstoffingenieurwesen von 1967 bis 1986[144]

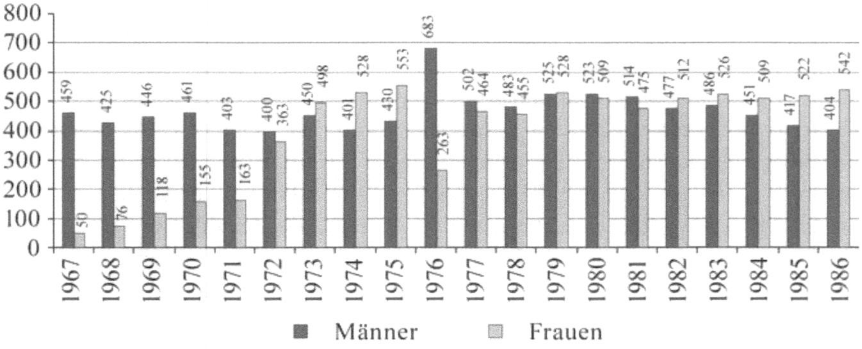

Eines der werkstoffwissenschaftlichen Forschungsinstitute, das eine Berufstätigkeit von Frauen in der ingenieurwissenschaftlichen Forschung ermutigte, war das Dresdener Zentralinstitut für Festkörperphysik und Werkstoff-Forschung. Hier waren in den 1970er Jahren vier von 16 Frauen, die bis 1980 an der TU Dresden auf dem Gebiet der Materialprüfung beziehungsweise Werkstoffkunde promoviert wurden, während der Erarbeitung oder in der Abschlussphase ihrer Dissertation beschäftigt. Zwei verblieben dort auch nach der Verteidigung ihrer Dissertation. Drei von ihnen arbeiteten auf dem Gebiet der Pulvermetallurgie.[145]

Setzte die Gründung von Industrieforschungsinstituten einen schon seit Beginn des 20. Jahrhunderts wirksamen Trend zur produktionsfernen Organisation technischer Entwicklungsarbeit fort, so war die Gründung zentralisierter Entwicklungs- und Konstruktionsbüros für ganze Industriezweige eine systembedingte Neuentwicklung,

---

144 Berechnet aus: Hochschulstatistik des MHF 1969 bis 1986.

145 Das Dresdener Zentralinstitut für Festkörperphysik und Werkstoff-Forschung der Akademie der Wissenschaften gehörte zu den am Beginn der 1950er Jahre auf Initiative des Zentralamtes für Forschung und Technik gegründeten Industrieforschungsinstituten. Ein von seinem Leiter, dem Werkstoffkundler Friedrich Eisenkolb verfolgter Forschungsschwerpunkt des Instituts lag auf dem Gebiet der Pulvermetallurgie. Sie war seit dem Vorabend des ersten Weltkrieges als neuer Zweig der Metallurgie in mehreren Industrieländern gleichzeitig entwickelt worden und nahm im rohstoffarmen Deutschland der Zwischenkriegszeit einen beträchtlichen Aufschwung. Die Herstellung von Sonderwerkstoffen, hochschmelzenden und schneidfesten Stählen und korrosionsbeständigen Werkstoffen, sowie die Möglichkeit zur Substitution von knappen Rohstoffen durch pulvermetallurgisch hergestellte Werkstofflegierungen mit den gleichen Eigenschaften blieb für die DDR von hoher Priorität. Hier profilierte sich das Institut, das von der wissenschaftlichen community als Dresdener Schule der Pulvermetallurgie anerkannt wurde. (Zur Geschichte des Instituts vgl. Eisenkolb, Das Forschungsinstitut, S. 358-363 und ders., Entwicklung und Stand, S. 534-540.)

die ihr Vorbild in sowjetischen Organisationsstrukturen fand.[146] Ab 1951 begannen die Industrieministerien in ihren Verantwortungsbereichen mit dem Aufbau Zentraler Entwicklungs- und Konstruktionsbüros (ZEK). Eines der ersten war das Zentrale Konstruktionsbüro und technologische Büro des Ministeriums für Maschinenbau, dessen Aufgabe die Projektierung schwerer Ausrüstungen und Spezialmaschinen war.[147] Für den Automobilbau gründeten die Wirtschaftsfunktionäre schon 1951 mit dem VEB IFA Forschungs- und Entwicklungswerk in Chemnitz eine Forschungs- und Entwicklungszentrale, in der circa 300 ingenieurtechnische Mitarbeiter beschäftigt waren.[148] In den nächsten Jahren schlossen sich weitere Gründungen an. 1953 entstand für den Werkzeugmaschinenbau der VEB ZEK – Zentrale Entwicklung und Konstruktion – mit dem Ziel, die Forschungs- und Entwicklungskapazitäten auf dem Gebiet des Werkzeugmaschinenbaus für verwandte Maschinenarten zu je einer Sparte unter Leitung eines Chefkonstrukteurs zusammenzufassen.[149] Für den Energie-, Kraft- und Arbeitsmaschinenbau wurden zwischen 1953 und 1955 ebenfalls zentrale Entwicklungs- und Konstruktionsbüros geschaffen. Sie bündelten die Entwurfskapazitäten für Turbinen und Generatoren, Dampferzeuger und Kraft- und Arbeitsmaschinen in separaten Konstruktions- und Entwicklungsbetrieben, um einheitliche Bauprogramme für alle Gerätearten zu erarbeiten und die Typisierung voranzutreiben.[150] Die der Hauptverwaltung Ausrüstung für Bergbau und Schwerindustrie unterstellten Betriebe gliederten 1952 ihre betriebsgebundenen Konstruktionsabteilungen aus und unterstellten sie dem Konstruktions- und Montagebetrieb Leipzig.[151] Auch im Textilmaschinensektor entstanden aus dem betrieblichen Kontext herausgelöste zentrale Entwicklungs- und Konstruktionsbüros.[152]

Die gegenstandsspezifische Zentralisierung von Kapazitäten in der Grundlagen- und Anwendungsforschung für Querschnittsbereiche der Industrie in Industrieforschungsinstituten entsprach einem allgemeinen Trend der Wissenschaftsentwicklung. Da er sich optimal in die Strukturen der verstaatlichten Gesellschaft einfügte, ließ er sich hier besonders gut ausnutzen. Anders war das mit der produktionsfernen Organisation von branchenspezifischer Forschung, Entwicklung und Konstruktion. Daraus erwuchsen deutlich spürbare Nachteile. Die Klagen über die Entfremdung der ZEK-Betriebe von der Produktion wurden so vehement, dass sie die politische Elite veranlassten, den Zentralisierungstrend aufzuhalten und Büros für Forschung, Entwicklung

146 Zum sowjetischen Vorbild vgl. Wagener, S. 74.

147 BArch, DG3/2741/513. Vgl. dazu auch Kauffeldt, S. 152, 192 f., 234, 342.

148 Kirchberg, S. 119-128. Aus diesem Forschungs- und Entwicklungswerk gingen alle Neuentwicklungen des DDR-Automobilbaus hervor.

149 Kauffeldt, S. 152.

150 Ebenda, S. 192.

151 Ebenda, S. 234.

152 Ebenda, S. 342.

und Konstruktion wieder in den Betrieben anzusiedeln. Schon im August 1953, als die Gründung von ZEK-Betrieben noch voll im Gange war, wurde in der Abteilung für Maschinenbau des ZK der SED ein neuer Plan zur Organisation von Entwicklung, Konstruktion und Projektierung für den Wirtschaftssekretär im ZK der SED und Minister für Schwermaschinenbau Gerhart Ziller ausgearbeitet.[153] Um die eingetretene „Überzentralisierung“ zu beseitigen und verloren gegangene Bindungen zu den Betrieben wieder herzustellen, wurde folgendes vorgeschlagen: Zentrale Konstruktionsbüros sollten aufgelöst und in die Betriebe zurückgeführt werden. Allerdings sollte im größten Betrieb einer konstruktiv zusammengehörigen Gruppe von Betrieben ein zentrales Büro für technische und konstruktive Koordinierung (Normung, Typisierung, Erfahrungsaustausch, Literaturauswertung und -sammlung) bestehen bleiben, ohne jedoch ein administratives Recht in Bezug auf betriebliche, soziale und personalpolitische Entscheidungen zu besitzen. Als weitere zentrale Einrichtungen sollte es Entwicklungsbüros geben, deren Zuordnung allerdings noch zu klären war. Sie hatten als Anlagen-Entwurfsbüros die Aufgabe, wirtschaftlich abgeschlossene Produktionseinheiten (gesamte Betriebe, technologisch verschiedenartige Fertigungsstätten) für den Export zu planen, zu entwickeln und während des Baus bis zur schlüsselfertigen Übergabe zu überwachen. Schließlich sollten auch bestehende Projektierungsbüros beibehalten, aber in ihren Arbeitsmethoden qualifiziert werden. Die Funktionäre orientierten also auf eine Rücküberführung von Konstruktionskapazitäten in die Betriebe, ohne jedoch den Zentralisierungsansatz völlig aufzugeben. Teile der ZEK-Betriebe sollten bestehen bleiben, um Koordinierungsaufgaben für Entwicklung und Konstruktion wahrzunehmen. Auch Projektierungsaufgaben sollten in jedem Falle in zentralisierten verstaatlichten Büros ausgeführt werden.

Ähnliche, aber weitaus konkretere Vorschläge zum Zusammenwirken von betrieblicher und zentralisierter Forschung, Entwicklung und Konstruktion unterbreitete das Zentralamt für Forschung und Technik der Regierung der DDR nach der ersten Konferenz von Parteichef Ulbricht mit der wissenschaftlich-technischen Intelligenz vom Juni 1954. Das Zentralamt schlug folgende Struktur für die industrielle Forschung und Entwicklung vor: Produktionsbetriebe hatten eigene Forschungs- und Entwicklungsstellen zu unterhalten, wenn sie entsprechend umfangreiche Forschungs- und Entwicklungsprogramme auflegten. Unabhängig davon sollten Laboratorien und Konstruktionsbüros in allen Produktionsbetrieben vorhanden sein, damit laufende betriebliche Arbeiten, wie die Kontrolle der Qualität oder Konstruktionsarbeiten im Zusammenhang mit der laufenden Produktion, mit dem Export und Kundenwünschen durchgeführt werden könnten. Für Betriebe, die keine eigene Forschung und Entwicklung durchführten, übernahmen zentrale Forschungs- und Ent-

153 SAPMO-BArch, DY 30/IV/2/604/117: Abt. Maschinenbau 05.09.1953, Aktennotiz.

wicklungsstellen die Verantwortung. Ihnen war gleichzeitig die Durchführung von Querschnittsaufgaben, wie Literaturauswertung, Patent- und Erfindungswesen und Standardisierung zu übertragen. Im Bereich des Ministeriums für Maschinenbau sollten den zentralen Entwicklungsbetrieben Musterwerkstätten angegliedert werden, um den Bau von Versuchsmaschinen und -geräten, Fertigungsmustern und Nullserien sicherzustellen. Zentrale Laboratorien und Prüffelder für die einzelnen Zweige des Maschinenbaus hatten wichtige Voraussetzungen für den wissenschaftlich-technischen Fortschritt im Zweig zu schaffen. Die zu betreuenden Produktionsbetriebe waren den zentralen Entwicklungsbetrieben beziehungsweise den zentralen Instituten fest zuzuordnen.[154] Das Zentralamt für Forschung und Technik empfahl ebenfalls die Schaffung einer zweigleisigen Struktur für Forschung, Entwicklung und Konstruktion, in der die neu geschaffenen zentralen Einrichtungen fortbestehen aber gleichzeitig betriebliche und damit produktionsnahe Kapazitäten für die geistige Entwurfsarbeit teils wieder und teils neu errichtet werden sollten.

Im Ministerratsbeschluss über Maßnahmen zur Förderung des wissenschaftlich-technischen Fortschritts in der DDR vom 21.07.1955, der die technische Modernisierung der Wirtschaft stärker als bisher ins Zentrum der bislang durch die Investitionen für die Schwerindustrie geprägten Wirtschaftsstrategie rückte, rief die politische Elite erneut zur Schaffung betrieblicher Forschungs- und Entwicklungsstellen und Konstruktionsbüros auf.[155]

Im Oktober 1955 forderte Erich Apel als damals neuer Minister für Schwermaschinenbau auf einer von den Ministerien für Schwermaschinenbau und für Allgemeinen Maschinenbau gemeinsam durchgeführten Technisch-wissenschaftlichen Konferenz, dass jeder Betrieb ein Konstruktionsbüro errichten müsse.[156] Es hatte sich offensichtlich als schwierig erwiesen, Forschungs-, Entwicklungs- und Konstruktionsabteilungen in die verstaatlichten Betriebe einzufügen, deren Strukturen bereits in den Jahren 1952 und 1953 von oben vorgegeben worden waren. Schwierigkeiten

154 BArch, DF4/21: Empfehlungen an die Regierung der Deutschen Demokratischen Republik, am 13.08.1954 dem Ministerpräsidenten übergeben.

155 GBL 1955, Teil I, S. 521 ff. „Die Hauptverwaltungsleiter haben in engem Kontakt mit den Werks- bzw. Betriebsleitungen dafür zu sorgen, dass in mittleren und größeren Betrieben eigene, auf die betrieblichen Bedürfnisse abgestimmte Laboratorien, Prüfstellen oder Forschungs- und Entwicklungsstellen [...] gebildet werden. [...] Für den Bau von Mustermaschinen, Nullserien und Versuchsanlagen ist die benötigte Produktionskapazität freizustellen. Die Hauptverwaltungsleiter sind berechtigt, den Betrieben dazu staatliche Aufgaben [...] zu erteilen. Sie sind dafür verantwortlich, dass die Wissenschaftler und Ingenieure in den Forschungs- und Entwicklungsstellen [...] nicht mit Arbeiten außerhalb der für sie festgelegten Aufgabenbereiche belastet werden. Versuchsanlagen dürfen nicht mit Produktionsauflagen belegt werden."

156 BArch, DR3/4882: Stenografisches Protokoll der Technisch-wissenschaftlichen Konferenz am 4./5. 10.1955, veranstaltet von Ministerien für Schwermaschinenbau und Allgemeiner Maschinenbau.

traten nicht nur bei der Rekrutierung von Fachpersonal,[157] sondern auch bei der Einbindung der neuen Abteilungen in das betriebliche Planungs- und Abrechnungssystem auf.[158] Das 1952 verordnete VEB-Statut hatte Forschung und Entwicklung als Aufgabe der verstaatlichten Betriebe nicht vorgesehen.[159]

Letztlich entstand eine dualistische Struktur. Es wurden einerseits betriebliche Einrichtungen für Forschung, Entwicklung und Konstruktion wieder eingerichtet. Andererseits aber bestanden auch die ZEK-Betriebe fort, meistens unter einem anderen Namen und mit teilweise modifizierten Aufgaben. So wandelte sich das oben genannten 1953 gegründeten ZEK für Werkzeugmaschinenbau nach Wiedererrichtung betrieblicher Konstruktionsbüros in der Branche seit 1955 zum Institut für Werkzeugmaschinenbau, dem die Chefkonstrukteure als Spartenleiter und Leiter der jeweiligen Forschungs- und Entwicklungsstellen zugehörig blieben.[160] Auch auf dem Gebiet des Energie-, Kraft- und Arbeitsmaschinenbaus wurden einerseits in den größten Betrieben betriebliche Entwicklungs- und Konstruktionsbüros eingerichtet, blieben aber andererseits ebenfalls die Zentralen Einrichtungen bestehen, die jetzt Forschungen für Querschnittsaufgaben und Grundlagenentwicklungen übernehmen sollten.[161] Der Konstruktions- und Montagebetrieb Leipzig für die Hauptverwaltung Ausrüstung für Bergbau und Schwerindustrie blieb nach der hier bis Ende 1954 erfolgten Rückgliederung betrieblicher Konstruktionsbüros gleichfalls existent und wurde zum Kern für ein neues Institut für Fördertechnik.[162]

Mit der Neu- beziehungsweise Wiedergründung betrieblicher Entwicklungsstellen trat freilich das in der zentralisierten Wirtschaftsordnung als Verschwendung gewertete Problem der Doppel- und Mehrfachentwicklungen wieder auf und auch das Zusammenwirken betrieblicher und zentraler Entwicklungsstellen funktionierte nicht konfliktfrei. Davon berichtete eine Analyse der Abteilung Maschinenbau im ZK der SED zur Forschung und Entwicklung in den Hauptverwaltungen (HV) Rundfunk-

---

157 Zum Problem der unterqualifizierten Besetzung von Forschung-, Entwicklungs- und Konstruktionsabteilungen vgl. S. 312 in diesem Kapitel.

158 Aus einigen Betrieben wurde berichtet, dass die für Forschung und Entwicklung bereitgestellten Mittel zur Deckung betrieblicher Gemeinkosten verwendet wurden. So musste die Forschungs- und Entwicklungsstelle im Sachsenwerk Niedersedlitz monatlich 6.000 DM für Betriebsschutz und Feuerwehr zahlen, außerdem für eine Umlage für die Arbeit des Werkdirektors 787 DM aufbringen und als Umlage des LKW-Fuhrparks monatlich 1.505 DM entrichten. BArch, DF4/40130/137: ZK Abt. Maschinenbau an Stanek am 05.09.1955. Dokument zur Unterschätzung von Forschung und Entwicklung in den Hauptverwaltungen RFT und Feinmechanik Optik im Ministerium für Maschinenbau.

159 Rytlewski, S. 146.

160 Kauffeldt, S. 152.

161 Ebenda, S. 192.

162 Ebenda, S. 234.

technik (RFT) und Feinmechanik/Optik im Ministerium für Maschinenbau vom September 1955. Darin hieß es:

„Anstatt einer Spezialisierung und Qualifizierung der Arbeit der Entwicklungsstellen arbeiten heute im Bereich der HV RFT zu viele Entwicklungsstellen auf gleichem Gebiet und oft sogar an gleichen Themen. Die eigentlichen Ursachen, die zu einem derartigen Zustand und der entsprechenden Arbeit geführt haben, sind der Leitung des Ministeriums noch nicht klar. Dieses findet darin seinen Ausdruck, dass man neuerdings versucht, ohne zuvor grundsätzlich und prinzipiell Klarheit vom Standpunkt der Planung, Organisation und Finanzierung der Forschung und Entwicklung zu schaffen, die verworrene Organisation in den Industriezweigen durch die Bildung von ZEK zu bereinigen. ZEK's sind nur zwischengeschaltete Glieder zwischen HV und Betriebs-, Entwicklungs- und Konstruktionsbüros (BEK). Sie tragen nur dazu bei, den Verwaltungsweg noch weiter zu komplizieren, die bürokratischen Auswüchse zu vergrößern und bieten weniger Voraussetzungen für die notwendige enge Bindung der Entwicklungsstelle mit dem einzelnen Produktionsbetrieb. Aus der Arbeit bereits bestehender ZEK's ist bekannt, dass diese dazu beigetragen haben, die Eigeninitiative in der Arbeit der BEK's zu unterdrücken. Eine weitere Gefahr liegt darin, dass die jetzt schon von der Praxis entfremdeten (!) Mitarbeiter der HV noch weiter von den unmittelbaren Aufgaben in der Unterstützung der Forschung und Entwicklung abrücken."[163]

Die Situationsschilderung der für Maschinenbau im ZK verantwortlichen Parteifunktionäre zeigt, dass Mitte der 1950er Jahre die Bemühungen um eine der verstaatlichten Wirtschaft adäquaten Forschung und Entwicklung noch voll im Fluss waren. Noch immer gründeten die staatlichen Wirtschaftsfunktionäre neue ZEK's, die von den Parteifunktionären inzwischen als unnötige bürokratische Zwischenglieder der Forschungsorganisation verurteilt wurden. Sie beklagten, dass bisherige Bemühungen, Ordnung in die Strukturen der Forschungs- und Entwicklungsarbeit zu bringen, nicht mehr Effizienz, sondern Bürokratie hervorgebracht habe.

„Im ehemaligen Ministerium für Maschinenbau wurde versucht, Ordnung in die Forschung und Entwicklung zu bringen. Die dazu erlassenen Anordnungen [...] legen jedoch einen bürokratischen, komplizierten Verfahrensweg fest und verlangsamen das Tempo der Forschung und Entwicklung nur noch mehr. [...] Ausgehend von der Bedarfsanalyse über den Perspektivplan bis zur Freigabe des einzelnen abgeschlossenen Entwicklungsauftrages für die Produktion sind nach dieser Anordnung 61 (!) Verwaltungsakte, Beratungen, Besprechungen und Entscheidungen vorgesehen."[164]

Nach dem V. SED-Parteitag unternahm die politische Elite einen neuen Versuch, Ordnung in die Organisation der geistigen Entwurfsarbeit für technische Projekte zu bringen. 1959 trug sie den Vereinigungen Volkseigener Betriebe auf, wissenschaftlich-technische Zentren (WTZ) zu gründen, deren Aufgabe es sei, für die jeweilige Branche die Forschungs- und Entwicklungsarbeit zu koordinieren, selbst Pionierentwicklungen für solche Bereiche durchzuführen, in denen keine betrieblichen Forschungs- und Entwicklungsstellen existierten, Anleitungen für die Überleitung von

163 BArch, DF4/40130/133-135. (!) ist eine Hervorhebung von mir.

164 Ebenda. (!) ist eine Hervorhebung von mir.

Neuentwicklungen zu geben, wissenschaftliche Untersuchungen durchzuführen und wissenschaftlich-technische Kennziffern zu erarbeiten und zu sammeln.[165] Dieses Aufgabenspektrum deckte sich mit den vormals für die ZEK's vorgesehenen Funktionen und tatsächlich sollten entweder ZEK's oder Industriezweiginstitute, eventuell aber auch wissenschaftlich-technische Büros, Laboratorien, wissenschaftliche Industriebetriebe oder sogar herausragende betriebliche Forschungs- und Entwicklungsstellen zu WTZ'n aufgewertet werden. Es ging also erneut um eine Vereinheitlichung der in den 1950er Jahren vielgestaltig entwickelten Organisationsstrukturen für Forschung, Entwicklung und Konstruktion. Dabei behielten offensichtlich die überbetrieblichen und produktionsfernen Organisationsformen ein beträchtliches Gewicht. Wie groß das Potenzial war, erhellt aus einem Bericht aus dem ZK der SED vom Jahre 1963. Darin hieß es:

> „Es muss Ordnung geschaffen werden auf dem Gebiet der Aufgabenstellung der Leitinstitute, der WTZ und der Leitbetriebe auf dem Gebiet des wissenschaftlich-technischen Fortschritts. Die WTZ sind für die Gesamtentwicklung des Industriezweiges verantwortlich und dürfen sich nicht auf bestimmte Erzeugnisse oder Erzeugnisgruppen beschränken. Vor allen Dingen ist eine besondere Koordinierung der Arbeit der Institute und die Herausstellung von Leitinstituten notwendig. Die Kraft, die in den 90 Instituten mit rund 20.000 Mitarbeitern liegt, ist bisher ungenügend zur Wirkung gekommen."[166]

In den 1960er Jahren sollten sich die WTZ zu den Forschungszentren der Industriezweige entwickeln, die neben der Koordinierung und teilweise eigenständigen Realisierung technischer Erzeugnis- und Verfahrensentwicklung auch Aufgaben der Dokumentation, der Marktforschung und des technischen Kundendienstes mit übernahmen.[167] Ab 1963 waren die WTZ wegen ihres gewachsenen Aufgabenspektrums nicht mehr dem technischen, sondern dem Generaldirektor der VVB unterstellt. Neben den WTZ existierten als überbetriebliche Einrichtungen aber nach wie vor auch einige ZEK, außerdem einige wissenschaftliche Industriebetriebe und Industriezweiginstitute.[168] Während letztere neben konkreten Forschungs- und Entwicklungsaufträgen in beträchtlichem Umfang Aufgaben der gezielten technische Grundlagenforschung übernahmen[169], erfüllten die wissenschaftlichen Industriebetriebe (WIB) Aufgaben der Anwendungsforschung, und sie erprobten Muster neuer Erzeugnisse unter den Bedingungen des industriellen Einsatzes und fertigten Kleinserien und

165 BArch, DE1/841/1-6: Richtlinie für die Entwicklung und Aufgabenstellung von WTZ in den Industriezweigen vom 11.02.1959.

166 SAPMO-BArch, DY 30/IV/A2/9.04/263: Bericht über die Arbeitsberatung über die allseitige Durchsetzung des wiss.-techn. Fortschritts in der Industrie im Haus der Ministerien am 03.04.1963.

167 Rytlewski, S. 159.

168 Ebenda, S. 163 f.

169 Ebenda, S. 166.

Einzelstücke von wissenschaftlichen Geräten.[170] Die verbliebenen ZEK's hatten die Funktion, die BEK des Zweiges anzuleiten und Entwicklungs- und Konstruktionsaufgaben für jene Betriebe der Branche zu übernehmen, die keine eigenen BEK's hatten.[171]

Im Zuge der 1966 eingeleiteten Rationalisierungskampagne, die darauf abzielte, die technologischen Schlüsselbranchen forciert zu entwickeln und den industriellen Strukturwandel voranzutreiben, kreierten die Funktionäre in Form der Ingenieurbüros neue Institutionen für die geistige Vorbereitung der Produktion.[172] In Anlehnung an eine in privaten Marktwirtschaften übliche Organisationsform der Ingenieurarbeit – das selbständige Ingenieurbüro – versuchte die politische Elite jetzt, die stark wirtschafts- und betriebsorganisatorisch orientierte Beratungstätigkeit und damit jene Komponente der Ingenieurarbeit wieder aufzuwerten, die sie Anfang der 1950er Jahre über die Steuer- und die Privilegierungspolitik abgewertet hatte, als sie Beratungsingenieure von der Steuerbegünstigung für Freiberufler ausnahm und nur schöpferisch und konstruktiv tätige Ingenieure in den Kreis der Privilegienempfänger (Altersversorgung und Einzelverträge) integrierte.[173] Unter den Bedingungen der Wirtschaftsreform versuchte die politische Elite nun eben diese wirtschaftsorganisatorische und betriebswirtschaftliche Beratungstätigkeit als ein selbständiges Gebiet für Ingenieurarbeit zu reetablieren. Sie schaffte damit neue, in größerem Umfang Wirtschafts- und Sozialkompetenz erfordernde Ingenieurarbeitsfelder im Grenzbereich von Technik und Ökonomie. 1971 gab es nach Rytlewski in der zentral geleiteten Industrie über 380 Ingenieurbüros mit circa 32.000 Beschäftigten, von denen etwa ein Drittel über einen Hoch- oder Fachschulabschluss verfügte.[174]

Neben den Ausbau der überbetrieblichen Institutionen für Forschung, Entwicklung, Konstruktion und Beratung traten im Zuge der Kombinatsreform des Jahres 1968 Bemühungen der politischen Elite zur Konzentration des betrieblichen Potenzials für die technische Entwicklungs- und Entwurfsarbeit. Der Ausbau betrieblicher Forschungs- und Entwicklungsstellen zu Forschungszentren und schließlich Großforschungszentren der Kombinate sollte als die der modernen Großproduktion adäquate Forschungsorganisation die vordem viel beklagte Zersplitterung der Forschungs- und Entwicklungskapazitäten überwinden und den Innovationsprozess durch organisato-

---

170 Ökonomisches Lexikon in zwei Bänden, Berlin 1967, Bd. 2, S. 1157. Ein WIB war der von dem Kernforscher und SU-Spezialisten Werner Hartmann 1956 gegründete VEB Vakutronik in Dresden, der zuerst mit ca. 100 und später mit 1.500 Arbeitskräften zunächst wissenschaftliche Geräte für die Kernforschung und dann elektronische Messgeräte herstellte. Auskunft von Prof. Günter Dörfel, Institut für Festkörper- und Werkstoffforschung Dresden e.V. am 09.12.1999.

171 Ebenda, Bd. 1, S. 1120 f. und Rytlewski, S. 164.

172 Rytlewski, S. 164 f.

173 Vgl. dazu Kapitel 1.2 in Teil IV, besonders S. 283 f.

174 Rytlewski, S. 165.

rische Zusammenfassung und einheitliche Planung und Leitung aller Aktivitäten von der Idee für ein neues Erzeugnis oder Verfahren bis zu seiner Einführung in die Produktion beschleunigen. Wiewohl die Euphorie für die Großforschung nur ein Strohfeuer war, das mit dem Machtwechsel von Ulbricht zu Honecker gelöscht wurde, blieben die Forschungszentren der Kombinate in der Ära Honecker die Hauptform der betrieblichen Forschungs- und Entwicklungskapazitäten. Sie bündelten ein quantitativ beträchtliches Potenzial mit nicht selten mehreren 100 Mitarbeitern. Die Forschungszentren blieben durchaus große Forschungseinrichtungen, waren aber keine Großforschungseinrichtungen.[175] Und sie perpetuierten einen Grundzug in der ostdeutschen Organisation technischer Entwicklungs- und Entwurfsarbeit. Das war ihre in weiten Teilen relativ produktionsferne Organisation. Die Bildung von Forschungszentren führte also dazu, dass sich das Milieu der betrieblichen technischen Entwurfsarbeit dem der überbetrieblichen annäherte, weil es sich vom Milieu der Produktion als dem Ort der unmittelbaren Anwendung entfernte.

Welche Auswirkungen hatten diese Entwicklungen nun auf die geschlechtliche Codierung von Ingenieurarbeit? Die Herausbildung einer dualistischen Struktur technischer Entwurfsarbeit in überbetrieblichen und betrieblichen Einrichtungen führte zu einer beträchtlichen Ausweitung des Arbeitsfeldes für Forschungs- und Entwicklungsingenieure sowie Konstrukteure. Hier entstanden viele Arbeitsplätze für technische Experten, die das Angebot an Hoch- und Fachschulabsolventen bei weitem übertrafen, sodass viele dieser Arbeitsplätze unterqualifiziert besetzt wurden.[176]

Das große Angebot an Arbeitsplätzen im technischen Forschungs- und Entwurfsbereich begünstigte den Eintritt von Frauen in den Ingenieurberuf. Das Milieu der Institute und Forschungszentren mit den Versuchs- und Prüflaboratorien, den Berechnungs- und Konstruktionsbüros, Patent- und Literaturabteilungen und Dokumentationsstellen, in denen viele Frauen als Laborantinnen, Chemotechnikerinnen, technische Rechnerinnen, Pauserinnen, technische Zeichnerinnen, Dokumentalistinnen oder Schreibkräfte beschäftigt waren, war weit weniger männlich geprägt als das Milieu der Fertigungsbereiche in der Industrie oder das der Baustellen. Einen Eindruck davon vermittelt die Volks- und Berufszählung des Jahres 1971, in der die Beschäftigten in den Forschungs- und Entwicklungszentren der wirtschaftsleitenden Organe und die in den Projektierungs- und Anlagenbaubetrieben gesondert von den Beschäftigten der Industrie und des Bauwesens erfasst wurden. Damit ist ein Einblick in die Qualifikations- und Geschlechtsstruktur zweier für die geistige Entwurfsarbeit technischer Projekte typischer Bereiche möglich. Er zeigt, dass in diesen Bereichen einerseits eine über dem Durchschnitt der Industrie und des Bauwesens lie-

175 Zur Definition von Großforschung vgl. Szöllösi-Janze, Trischler, Großforschung in Deutschland, zur Situation in der DDR vgl. Tandler, Visionen, S. 361-375.

176 Zur unterqualifizierten Besetzung von Forschungs- und Entwicklungsstellen vgl. vorn, S. 311 f.

gende Quote der Frauenbeschäftigung vorhanden, andererseits aber auch eine ausgeprägte Geschlechterhierarchie in der Qualifikationsstruktur zu verzeichnen war. (Vgl. dazu Grafik IV/5 und IV/6)

Grafik IV/5: Beschäftigte in Forschungs- und Entwicklungszentren der wirtschaftsleitenden Organe nach Qualifikation und Geschlecht im Jahre 1971[177]

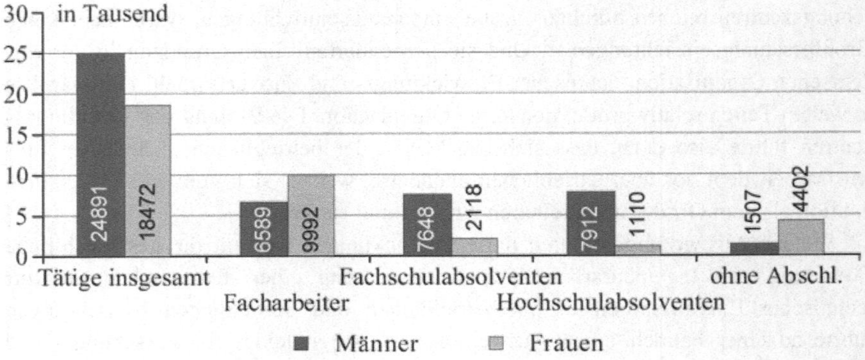

1971 waren in den Forschungs- und Entwicklungszentren der Kombinate und Ministerien 43 Prozent aller Beschäftigten Frauen. In den Projektierungs- und Anlagenbaubetrieben waren es 41 Prozent.[178] Dabei hatte in beiden Bereichen die Mehrheit der Frauen keinen beziehungsweise einen Facharbeiterabschluss, während die Mehrheit der Männer über einen Hoch- oder Fachschulabschluss verfügte. In den Bereichen der technischen Entwicklungs- und Entwurfsarbeit zeigte sich die Geschlechterhierarchie in einem ausgeprägten Qualifikationsgefälle zwischen den Geschlechtern und der damit verknüpften geschlechtsspezifischen Arbeitsteilung. Die Männer waren zuständig für die kreative Entwurfsarbeit, die Frauen übernahmen die eigentlichen Ausführungs- und Routinetätigkeiten bei der Anfertigung der Entwürfe und arbeiteten damit den Männern zu.

177 Daten aus Volks- und Berufszählung 1971, S. 72 f.

178 In Industrie, Bauwesen und Handwerk, also im sekundären Sektor, lag die Frauenquote unter den Beschäftigten im Jahre 1970 bei 38 und 1975 bei 39 Prozent. Berechnet aus Statistisches Jahrbuch der DDR 1989, S.18-20.

Grafik IV/6: Beschäftigte in Projektierungs- und Anlagenbaubetrieben nach Qualifikation und Geschlecht im Jahre 1971[179]

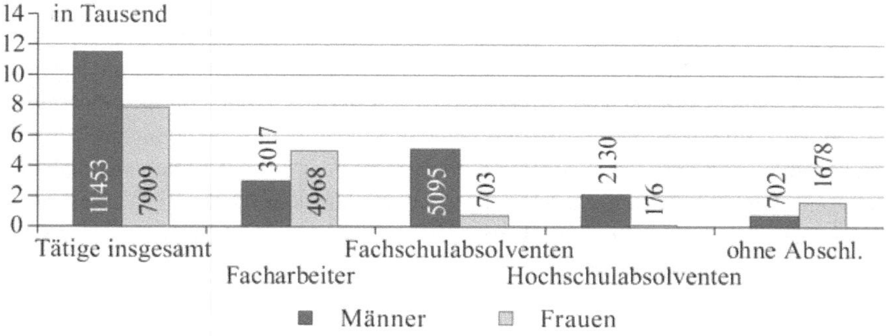

Für die Frauen, die mit einem Hoch- oder Fachschulabschluss in die Büros oder Institute eintraten, ergab sich daraus eine ambivalente Situation. Einerseits ermutigte das intellektuelle Klima der Institute und Büros Qualifikations- und Aufstiegsanstrengungen seitens der Frauen, zumal alle formalen Schranken für die Frauenbildung gefallen waren und zudem die politische Elite im Rahmen ihrer Politik zur Mobilisierung technischer Experten Frauen in die Ingenieurberufe lenkte. So gab es unter den 117 Promovendinnen, die an der TU Dresden in der Zeit von 1945 bis 1980 eine Dissertation in einem ingenieurwissenschaftlichen Fach verteidigten, mindestens 37 Frauen, also fast ein Drittel aller Promovendinnen, die ein Thema aus der Industrieforschung bearbeiteten.[180]

Andererseits blieben die Frauen in der Gruppe der technischen Experten ob ihrer geringen Zahl in einer marginalisierten Position, sodass die männliche Codierung der kreativen Entwurfsarbeit fortbestand. Das fand unter anderem seinen Niederschlag darin, dass die Konstruktions- und Entwicklungsingenieurinnen in weit höherem Maß als ihre männlichen Kollegen Routinearbeiten in der Entwurfsausführung übernehmen mussten und selten in Leitungspositionen aufstiegen, die mit Entscheidungskompetenzen über die technische Entwurfsarbeit verbunden waren.

Die anhaltende Marginalisierung der qualifizierten Frauen in den Entwicklungs- und Konstruktionsbüros und Instituten diagnostizierten mehrere zeitgenössische Untersuchungen. Dazu gehörte eine 1976 von der Frauenabteilung der Gewerkschaft über die

179 Daten aus ebenda.

180 Das waren Themen, die entweder von externen Promovendinnen aus ihren Arbeitszusammenhängen in Forschung und Entwicklung mitgebracht wurden, oder die von der Hochschule im Rahmen der Vertragsforschung für die Industrie in Auftrag genommen wurden. Ausgezählt aus Datenbank der Dresdener Promovendinnen. Vgl. dazu Teil I dieser Arbeit und die auf S. 321 in diesem Kapitel genannten Beispiele aus den Werkstoffwissenschaften.

Situation der weiblichen technischen Intelligenz in den produktionsvorbereitenden Bereichen der Industrie angefertigte Analyse.[181] Dazu gehörte weiter eine 1970-1972 durchgeführte soziologische Untersuchung über die wissenschaftlichen Mitarbeiter in Forschung und Entwicklung.[182] Letztere stützte sich auf eine Befragung von 1725 wissenschaftlichen Mitarbeitern mit Hoch- oder Fachschulabschluss, darunter waren 227 Frauen und 1498 Männer. 61 Prozent der Befragten arbeiteten in industriellen Forschungs- und Entwicklungsstellen (dem Erdölverarbeitungskombinat Schwedt, den Chemiekombinaten in Leuna und Merseburg, der Metall verarbeitenden und elektronischen Industrie in Karl-Marx-Stadt und dem Kombinat für Werkzeugmaschinenbau Fritz-Heckert in Karl-Marx-Stadt), weitere 26 Prozent in Hochschuleinrichtungen und 13 Prozent in Akademieeinrichtungen. Die Befragung ergab, dass die weiblichen wissenschaftlichen Mitarbeiter vorwiegend mit wenig selbständigen Tätigkeiten beschäftigt, beziehungsweise – im Wortlaut der Autoren – in der Gruppe mit der geringsten Leistungsfähigkeit vertreten waren. Dieser Befund verweist auf die andauernde Marginalisierung weiblicher technischer Experten in der technischen Entwurfsarbeit. Die Leistungsfähigkeit der Probanden wurde über die anonymisierte Befragung ermittelt, in der alle Probanden anhand eines sechsteiligen Fragenkatalogs sowohl eine Selbsteinschätzung als auch eine Einschätzung der Kollegen und Kolleginnen abgeben mussten.[183] Die Fragen hoben nicht etwa auf die Beurteilung erzielter Forschungsergebnisse, sondern allein auf erwartete Verhaltensweisen ab, die wiederum stark durch die geschlechtsspezifischen Rollennormen vorgeprägt waren. Aus dieser Leistungsbewertung lassen sich also keine Aussagen zum Leistungsverhalten, sondern allein Aussagen zur Selbst- und Fremdwahrnehmung der Experten im gegebenen System der Aufgabenverteilung ableiten. Dass die Mehrheit der Frauen in den Büros und Instituten als technische Hilfskräfte beschäftigt waren, prägte auch die Wahrnehmung der technischen Expertinnen durch die Befragten, die zu 86 Prozent Männer waren. Sie hielten es offenbar für natürlich, dass den Frauen die Routine-

181 SAPMO-BArch, DY 34/14603: Probleme und Erfahrungen der gewerkschaftlichen Interessenvertretung der in den produktionsvorbereitenden Abteilungen tätigen Frauen und Mütter bei der Verwirklichung der wiss.-techn. Aufgaben (Sekretariat des Bundesvorstandes bestätigt den Bericht durch Beschluss am 22.12.1976).

182 Meyer, Forschungsbericht .

183 Zu beantworten waren folgende Fragen: „1. Wie würde er [die weibliche Form tauchte nie auf, Ausdruck dafür, dass die Tätigkeiten ausschließlich männlich codiert waren] eine längerfristige Vertretung seines unmittelbaren Vorgesetzten bewältigen? 2. Wie würde er eine Konzeption für einen neuen Forschungsauftrag ausarbeiten? 3. Wie würde er sich Spezialkenntnisse auf dem Gebiet der Informationstheorie aneignen? 4. In welcher Qualität würde er einen Beitrag zur Lösung eines interdisziplinären Forschungsauftrages leisten? 5. Wie würde er in einer auswärtigen Forschergruppe das Arbeitsgebiet seines Kollektivs vertreten? 6. Wie würde er eine Diskussionsgrundlage für die gesellschaftspolitische Bedeutung des Forschungsvorhabens des Kollektivs erarbeiten?“ Ebenda, S. 53.

und Hilfstätigkeiten zugewiesen, und dass sie dann auf Grund dieser Aufgabenzuweisung als weniger leistungsfähig eingestuft wurden.

Die FDGB-Untersuchung zur Lage der weiblichen technischen Intelligenz in den produktionsvorbereitenden Bereichen der Industrie bestätigte diesen Befund vier Jahre später. Die Untersuchung wurde in den Abteilungen für Forschung und Entwicklung, Projektierung und Konstruktion in 47 Betrieben der Bereiche Elektrotechnik/Elektronik, Allgemeiner Maschinen-, Landmaschinen- und Fahrzeugbau durchgeführt. Auch hier waren es vornehmlich weibliche Hoch- und Fachschulabsolventen, die den Mangel an technischen Hilfskräften auszugleichen hatten. Im Bericht hieß es:

> „In den meisten Fällen werden solche Tätigkeiten [wie Pausen, Zeichnen und Aufstellen von Tabellen] von weiblichen Hoch- und Fachschulkadern ausgeführt. Ein Teil der staatlichen Leiter wendet sich zuerst an diese Frauen, weil sie eher dazu bereit sind und oftmals solche Berufe wie technischer Zeichner gelernt haben."[184]

Die angebliche Bereitschaft der Expertinnen, notwendige Zuarbeiten der geistigen Entwurfsarbeit nicht nur für die eigene, sondern auch für andere Entwürfe zu übernehmen, dürfte in erster Linie eine Konzession an die herrschenden Geschlechtercodes in den Büros gewesen sein, wo die kreative Entwurfsarbeit männlich, die dafür notwendigen Zuarbeiten aber weiblich codiert waren.

Weiter führte der Bericht aus, dass sich der Anteil weiblicher Leitungskader in den produktionsvorbereitenden Bereichen in den letzten Jahren nicht erhöht hatte und weit unter dem Durchschnitt in den Betrieben lag. „Vorrangig sind es verheiratete Frauen ohne Kinder bzw. alleinstehende Frauen mit einem Kind, die als Leiter vorbereitet und tätig sind."[185] Die Mehrzahl der Frauen aber, und besonders die berufstätigen verheirateten Mütter, die für die Frauenpolitik der DDR den Normalfall und die Zielgruppe der Förderpolitik darstellte, blieb vom Aufstieg in Positionen mit Entscheidungskompetenzen ausgeschlossen. Als Ursachen dafür diagnostizierten die Gewerkschaftsfunktionärinnen Vorbehalte auf Seiten der Vorgesetzten wegen hoher Ausfallrisiken bei Müttern mit kleinen Kindern, auf Seiten der Frauen selbst aber auch fehlende Bereitschaft, dem hohen organisatorischen und Verwaltungsaufwand sowie der Verantwortung in einer Leitungstätigkeit den Vorzug vor technischer Sacharbeit zu geben.

In den Analysen zur Frauenförderung in der DDR waren beide Begründungen immer wiederkehrende Stereotype, die eher traditionelle Geschlechtsrollenmuster

---

184 SAPMO-BArch, DY 34/14603: Probleme und Erfahrungen der gewerkschaftlichen Interessenvertretung der in den produktionsvorbereitenden Abteilungen tätigen Frauen und Mütter bei der Verwirklichung der wiss.-techn. Aufgaben. Das Sekretariat des Bundesvorstandes bestätigte den Bericht durch Beschluss am 22.12.1976. Hervorhebung im Original.

185 Ebenda.

bestätigten, als die Gründe für die Unterrepräsentanz von Frauen in Leitungsfunktionen aufdeckten. Dass der Verweis auf die traditionellen Geschlechtsstereotype die Unterrepräsentanz von Frauen in technischen Leitungsfunktionen nicht schlüssig erklären kann, belegen andere Untersuchungen, aus denen hervorging, dass sich besonders die Frauen in der Gruppe der technischen Experten von ihren Arbeitsaufgaben unterfordert fühlten.[186]

Festzuhalten bleibt, dass das systemspezifisch vergrößerte Arbeitsplatzangebot für technische Experten im Entwicklungs- und Entwurfsbereich den Eintritt von Frauen in den Ingenieurberuf wohl erleichterte. Nach der Berufszählung des Jahres 1964 arbeitete ein knappes Fünftel aller männlichen Diplomingenieure aber ein Viertel aller Diplomingenieurinnen in zentralisierten Einrichtungen für Forschung, Entwicklung und Konstruktion beziehungsweise Projektierung.[187] In diesem Bereich war auch die zu jenem Zeitpunkt im Durchschnitt aller Wirtschaftsbereiche mit 4,5 Prozent noch denkbar niedrige Frauenquote unter den berufstätigen Diplomingenieuren etwas höher. Sie lag hier bei sechs Prozent. Mithin kann festgehalten werden, dass der im Zuge der Verstaatlichung forcierte Ausbau zentralisierter und damit relativ produktionsferner Institutionen für den geistigen Entwurf technischer Projekte den Einlass von Frauen in den Ingenieurberuf begünstigte. Das hieß freilich noch nicht, dass damit auch ihre Randständigkeit in diesem Bereich überwunden worden wäre. Das zeigt sowohl die nach wie vor niedrige Frauenquote als auch die am Bildungsgefälle zwischen den Geschlechtern in diesen Institutionen nachweisbare ausgeprägte Geschlechterhierarchie. Das aber lässt die Schlussfolgerung zu, dass der

---

186 Knauer, S. 3-13; Erhardt u.a., Frauen, S. 51.

187 Berechnet aus Staatliche Zentralverwaltung für Statistik 1967, Bd. 10, Tabelle: Wirtschaftlich Tätige (ohne Lehrlinge) nach Wirtschaftsbereichen, -zweigen, Berufsordnungen und Hoch- und Fachschulabschluss, S. 45-159. Erfasst wurden die Ingenieure in Forschung, Entwicklung und Konstruktion in der 1964er Berufszählung unter der Rubrik Sonstige Einrichtungen, die außer den Konstruktions-, Projektierungs- und Entwicklungsbüros folgende Einrichtungen zusammenfasste: Röntgen- und Strahleninstitute, Wissenschaftliche Forschungsinstitute, Veterinärämter, Staatliche Tierarztpraxen, Staatliches Hengstdepot, Institut für künstliche Besamung, Wasserstraßenamt, Tierärztlicher Hygienedienst, Vermessungsbüro, Deutsche Schiffsrevision und -klassifikation, Kraftfahrzeugtechnische Anstalt, Wasserstraßen- und Wasserwirtschaftsdirektion, Naturwissenschaftlich-technische Institute, sonstige wissenschaftliche Institute, wiss. Bibliotheken, wiss. Museen und Archive, VEB Maschinelles Rechnen, Feriendienst des Deutschen DER, Gartenbauausstellung (Erfurt), Landwirtschaftsausstellung (Markleeberg), Reisebüros, VEB Ingenieur- und Vermessungswesen, Dienste des Luftschutzes, Erholungsheime der Regierung der DDR, Pädagogische Kabinette. Ergebnisse der Volks- und Berufszählung 1964, Bd. 11, Berlin 1967 S. 362. Da die Erfassung berufsbezogen erfolgte, kann davon ausgegangen werden, dass die für Ingenieurarbeit nicht relevanten Institutionen, die in der Sammelkategorie auch erfasst wurden, das Ergebnis nicht verfälschen. Eine gewisse Unschärfe muss jedoch in Kauf genommen werden.

geistige Entwurf technischer Projekte ein männlich codierter Tätigkeitsbereich für Ingenieure blieb.

3.2 Politische Aufwertung und Feminisierung der Tätigkeiten in der technischen Vorbereitung und Organisation des Fertigungsprozesses

Die politische Elite der DDR erhob die Optimierung des Fertigungsprozesses durch technische Vorbereitung und Organisation zur Schlüsselstrategie im Kampf um technische Überlegenheit in den Schlachten des Kalten Krieges. Als Hauptkampftrupp zur Umsetzung dieser Strategie galten die Technologen. Neben der Ausweitung des Arbeitsfeldes für Forschungs-, Entwicklungs- und Konstruktionsingenieure durch Einführung der dualistischen Struktur technischer Entwurfsarbeit in betrieblichen und überbetrieblichen Einrichtungen war die Aufwertung der Technologenberufe ein Hauptfaktor für die Expansion der Arbeitsplätze im Ingenieurberuf, den daraus resultierenden großen Ingenieurbedarf und die deshalb in der Ära Ulbricht wiederholt unternommenen Anstrengungen der politischen Elite zur Bildungsexpansion im technischen Sektor. Nach dem Zusammenbruch der DDR waren die Technologen die innerhalb der Ingenieurberufe am stärksten von Entlassungen betroffene Gruppe, während ein Großteil der Forschungs-, Entwicklungs- und Konstruktionsingenieure entweder nicht entlassen oder schneller wieder in neuen Betrieben und Institutionen eingestellt wurde.[188] Die akademisch ausgebildeten Technologen und Technologinnen waren also eine systemspezifische Spezies des Ingenieurs, für die es in der veränderten Wirtschaftsordnung keine Verwendung gab. Im Folgenden wird es darum gehen, Gründe und Verlauf der systemspezifischen Aufwertung der Technologen herauszuarbeiten und die Auswirkungen dieser politischen Aufwertungsbestrebungen auf die geschlechtliche Codierung des Ingenieurberufes darzustellen.

Die Hauptabteilungen für Technologie: Ein konfliktreicher Sowjetisierungsversuch

Die Vorgeschichte der Aufwertung der Technologie fiel in die Zeit der Hochindustrialisierung, als der Übergang zur großindustriellen Massenproduktion neue Anforderungen an die Fertigungstechnik und -organisation stellte. Die Technischen Hochschulen stellten mit der Weiterentwicklung der Fertigungstechnik, der Verselbständigung der Betriebswissenschaften und der Ausbildung von Betriebs- und Fertigungsingenieuren wissenschaftliche und personelle Kapazitäten für die Bearbeitung der

188 Minks, Bathke, Berufliche Integration, S. 18 f.

neuen Probleme bereit.[189] Der in den öffentlichen Debatten und schließlich auch im historischen Bewusstsein mit dem Namen Taylor verknüpfte Prozess der Verwissenschaftlichung der Betriebsorganisation schuf mit der Zentralisierung des Produktionswissens in der fabrikatorischen und arbeitsmäßigen Produktionsvorbereitung ein neues Tätigkeitsfeld für Ingenieure in den Fabrikationsbüros und der Arbeitsvorbereitung.[190]

Die Zentralisierung des Produktionswissens fand in der zentralisierten Wirtschaftsordnung des Staatssozialismus seine Fortsetzung, denn die Idee, die Beherrschbarkeit des technischen Prozesses durch zentralisierte Kontrolle und strikte Trennung von Anweisung und Ausführung zu verbessern, entsprach dem Denkstil der Diktatur. Lenin pries 1918 das Taylorsystem als ein Mittel zur Disziplinierung der aus dem bäuerlichen Milieu kommenden Arbeiter für das Industrialisierungsprogramm der Sowjetmacht.

„Verglichen mit den Arbeitern der anderen fortgeschrittenen Länder ist der russische Arbeiter ein schlechter Arbeiter. Das konnte unter der Herrschaft des Zaren auch nicht anders sein, besonders hinsichtlich der Hartnäckigkeit, mit der sich die Überreste der Leibeigenschaft gehalten haben. Die Aufgabe, welche nunmehr die Sowjetregierung dem Volke in ihrem ganzen Umfang zu stellen hat, heißt: ‚Arbeiten lernen!' Das Taylorsystem kann in dieser Hinsicht als das letzte Wort des Kapitalismus gelten. Wie bei allem kapitalistischen Fortschritt finden wir auch hier eine Verbindung scharfsinniger Brutalität bürgerlicher Ausbeutung mit wirklich wissenschaftlichen Errungenschaften auf dem Gebiet der Analyse der mechanischen Bewegungen, die beim Arbeiten vollzogen werden; man hat alle überflüssigen und schädlichen Bewegungen entfernt, richtige Arbeitsmethoden ausgearbeitet und die besten Berechnungs- und Überwachungsmethoden eingeführt. Alles, was auf diesem Felde an Errungenschaften der Wissenschaft und der Technologie wertvoll ist, muss die Sowjetrepublik um jeden Preis übernehmen. Die Möglichkeit, den Sozialismus aufzurichten, ist genau bestimmt durch unsere Fähigkeit, Sowjetregierung und Sowjetverwaltungsorganisation erfolgreich mit den modernen Errungenschaften des Kapitalismus zu vereinigen."[191]

Lenin betrachtete also das Taylorsystem als ein Erfolg versprechendes Mittel, die im russischen Kontext fehlende industrielle Erfahrung der Arbeiter durch die Kompetenz der Ingenieure in der Produktionsvorbereitung und -organisation zu ersetzen. Das führte zur Aufwertung der Fabrikations- und Arbeitsvorbereitung in den sowjetischen Betrieben, die neben selbständigen Abteilungen für Arbeit zur Arbeitsnormung und Arbeitsvorbereitung solche für Technologie einrichteten. Sie sollten die Planung der technologischen Entwicklung des Betriebes und die unmittelbare Fertigungsvor-

---

189 Eine Pionierrolle übernahm dabei Georg Schlesinger an der TH Berlin-Charlottenburg. Ebert, Hausen, Georg Schlesinger. Zur Entwicklung der Fertigungstechnik und der Betriebswissenschaften an der TH Dresden vgl. Richter, Die Herausbildung, S. 85-113; Rockstroh, Betriebswissenschaften.

190 Für den amerikanischen Kontext vgl. Noble, America by Design, S. 44.

191 Lenin, Die nächsten Aufgaben der Sowjetmacht, in: LW 27, S. 256.

bereitung sowie die Kontrolle des Fertigungsprozesses und die Konstruktion und den Bau von Betriebsmitteln übernehmen.[192] Diese Struktur wurde auf die SAG-Betriebe in der sowjetischen Besatzungszone übertragen, die in der SBZ als erste Betriebe technologische Abteilungen gründeten.[193] Im Jahre 1952 gab dann das Ministerium für Arbeit den Rahmenstrukturplan für volkseigene Betriebe vor.[194] Darin war die Gründung einer Abteilung Technologie vorgesehen. Allerdings adaptierten die Betriebe die neue Struktur zunächst nur formal. Viele Betriebe fassten die vorhandenen Abteilungen für Arbeitsvorbereitung und die Fabrikationsbüros zur neuen Abteilung Technologie zusammen, ohne aber die Aufgaben der neuen Abteilung zu fixieren und klar von der im Rahmenstrukturplan ebenfalls vorgesehenen Abteilung für Arbeit abzugrenzen.[195] Strittig war unter anderem, welche Abteilung die im sozialistischen Wirtschaftssystem stets neuralgische Aufgabe der Arbeitsnormung zu übernehmen hatte.[196]

Der Fachverband Maschinenbau in der Kammer der Technik veranstaltete am 23.07.1953 eine Aussprache mit Vertretern der Industrieministerien und der Hochschulen über Fragen der Technologie und der Organisation des Produktionsablaufs in der Industrie. Laut Protokoll ging es in der Aussprache darum,

> „auf breiter Basis [...] festzustellen, was in den verschiedenen Industrieverwaltungen, Industriebetrieben, an den Hochschulen und bei den Technologen unter dem Begriff „Technologie" in der volkseigenen (VE) Industrie verstanden wird, welche Aufgaben den Technologen übertragen sind und welche Aufgaben sie eigentlich lösen müssten, ferner welche Stellung die Technologen in der Industrieverwaltung und in der VE Industrie einnehmen."[197]

In der Diskussion war die Rede davon, dass es „eine starke sektiererische (!) Einstellung gegenüber den Technologen und planmäßiger technologischer Arbeit" in den

192 „Das Arbeitsgebiet der technologischen Abteilung besteht darin, eine fortschrittliche Technologie auszuarbeiten, sie in die Produktion einzuführen und für eine strenge technologische Disziplin innerhalb des Betriebes zu sorgen. Die genaue Beachtung der beschlossenen Technologie bietet die Gewähr für ein einwandfreies Arbeiten der Produktionsabteilungen und für die Herstellung hochwertiger Erzeugnisse." Kamenizer, S. 122 f. Dieses russische Lehrbuch fand Verwendung im Fernstudium an der TH Dresden. Auch der Stellvertreter des Ministers für Maschinenbau Alfred Wunderlich zitierte in seinem Referat auf der ersten Technologentagung, auf die unten ausführlicher eingegangen wird, Kamenizer. Wunderlich, S. 9.

193 Augustin, Aufbau und Arbeitsweise, S. 20.

194 Ebenda, S. 20 und Statut der zentral geleiteten Betriebe der volkseigenen Industrie der Deutschen Demokratischen Republik vom 07.08.1952, in: Ministerialblatt der DDR, Nr. 38, 1952, S. 135-140.

195 Augustin, Aufbau und Arbeitsweise, S. 20.

196 Zunächst blieb diese Aufgabe bei der Abteilung Arbeit. Nach Einleitung der Wirtschaftsreform wurde dann den Fertigungstechnologen im Jahre 1964 die Arbeitsnormung übertragen. GBL Teil II, 1964, Nr. 10, S. 78 und Luda, Scholz, Einheit, S. 538-539.

197 SAPMO-BArch, DY 30/IV/2/604/117/49.

Industriebetrieben und Industrieverwaltungen geben würde, und „dass die Technologie und die Organisation der Produktion in der VE Industrie gegenüber den SAG-Betrieben stark im Rückstand“ sei.[198] Überdies fehle es an einer Ausbildungsstätte, um Technologen für den Einsatz in der Wirtschaft heranzubilden.

Dass in dem Bericht über die Aussprache über begriffliche Unklarheiten ebenso wie über organisatorische Rückständigkeit gegenüber den SAG-Betrieben geklagt und Sektierertum in der Haltung der Wirtschaftsfunktionäre zur Technologie kritisiert wurde, verweist auf vorhandenen Widerstand gegen das Überstülpen einer sowjetischen Struktur auf deutsche Betriebe.[199] Dieser erwuchs aus den Unterschieden zwischen den deutschen und den russischen industriellen ebenso wie professionellen Traditionen. Zum einen ließ sich das in einer langen industriellen Tradition akkumulierte Produktionswissen der deutschen Arbeiterschaft nicht problemlos in die Produktionsvorbereitung und in die Verfügungsgewalt der Ingenieure verlagern. Zum anderen waren in der deutschen Tradition des Ingenieurberufs Spannungen zwischen Konstrukteuren und Betriebsingenieuren angelegt, die mit der Verselbständigung der Arbeits- und Fertigungsvorbereitung virulent wurden.[200]

Die Aufwertung der Fertigungstechnik und die Forderung nach fertigungsgerechten und kostenbewussten Konstruktionen begriffen die Konstrukteure als einen Angriff auf ihr Überlegenheitsgefühl, das sie darauf stützten, dass der Konstrukteur das Leitbild der deutschen Ingenieurausbildung seit dem Kaiserreich war.[201] Grundlage dieses Überlegenheitsgefühls der Konstrukteure war die in der Standesbewegung der deutschen Ingenieure entwickelte Berufsideologie, mit der die Ingenieure nach Anerkennung als Teil der akademischen Elite strebten. Hatte letztere dem Ingenieur als Akteur der materiellen Welt und Agent der nützlichen Künste keinen Platz in den vom Kulturbegriff dieser Elite geprägten Institutionen des Geistes eingeräumt, so strebte dieser durch Stilisierung der Ingenieurarbeit zum geistigen Entwurf der materiellen Welt und damit zur Kulturleistung um Überwindung des Ausschlusses und Aufstieg in die akademische Elite. Das aber führte im deutschen Kontext zu einer internen Hierarchie in der Ingenieurarbeit, das heißt dazu, dass der geistige Entwurf des technischen Projektes höher bewertet wurde als dessen materielle Realisierung. Wenngleich die materiellen Zwänge der großindustriellen Massenproduktion und die wirtschaftlichen Rahmenbedingungen in der Zwischenkriegszeit einen Bedeutungszuwachs für die Fertigungstechnik und die Betriebsingenieure brachten,[202] blieb die

198 Ebenda, Bl. 50. (!) ist meine Hervorhebung.

199 Das bestätigt Harm Schröters These, dass Sowjetisierung in der DDR auf der institutionellen Ebene durchaus griff, gleichwohl aber an der Oberfläche blieb, da „das Vorbild UdSSR innerlich nicht zu überzeugen vermochte.“ Schröter, S. 37.

200 König, Künstler und Strichezieher, S. 131.

201 Zum Konstrukteur als Leitbild vgl. ebenda, S. 153, 157.

202 Ebenda, S. 157 f.

Mystifizierung des Konstrukteurs als geistiger Schöpfer technischer Projekte und die damit verknüpfte Geringschätzung der Fertigungsingenieure als ein Denkmuster erhalten.[203]

Wie bearbeitete die politische Elite diesen Konflikt? Die KDT richtete einen Fachausschuss Technologie ein. Dieser sollte eine für die betriebliche Praxis nützliche Definition des Begriffes Technologie erarbeiten, die Aufgaben der Technologen in der Industrie fixieren, an der Erarbeitung technisch-wirtschaftlicher Kennziffern mitarbeiten, die technologische Arbeit in einzelnen Fertigungszweigen unterstützen und die Fragen der Nachwuchsbildung durch Aufstellung eines Berufsbildes für Technologen bearbeiten.[204]

Vom 18. bis 20.02.1954 veranstaltete dieser Fachausschuss eine erste Tagung der Technologen in Leipzig. Hier wurden konkrete Schritte zur Aufwertung der Technologie in der sozialistischen Industrie von Technologen aus der Industrie, Hochschulvertretern und Funktionären aus den Ministerien vorgestellt, beraten und beschlossen. Zur Klarstellung der Aufgaben der Abteilung Technologie hatte der Fachausschuss für Technologie eine Begriffsdefinition erarbeitet, die der Sprecher des KDT-Fachausschusses für Technologie Erich Hartmann auf der Tagung vorstellte. Sie lautete:

„Die technologische Abteilung eines Industriebetriebes hat die Aufgabe der Planung, Vorbereitung und Kontrolle aller technologischen und arbeitsorganisatorischen Vorgänge, die notwendig sind, den Produktionsprozess unter Berücksichtigung des arbeitenden Menschen wirtschaftlich durchzuführen. Mit Hilfe exakter technisch-wirtschaftlicher Kennzahlen schafft sie Unterlagen zur wissenschaftlichen Leitung und planmäßigen Entwicklung des Betriebes."[205]

Die Abteilung Technologie sollte in vier Funktionsbereiche gegliedert werden: erstens technologische Planung, zweitens technologische Fertigungsvorbereitung, drittens operative technologische Arbeit (Kontrolle) und viertens Konstruktion und Bau von Betriebsmitteln.[206] Hartmann erläuterte die Aufgaben der Technologen in den einzelnen Funktionsbereichen, um daraus die Ausbildungsanforderungen abzuleiten. Der Planungstechnologe war demnach für die Verfahrensentwicklung des Betriebes und die Gestaltung des Investitionsplanes verantwortlich. Dem Technologen der Fertigungsvorbereitung oblag die fertigungstechnische Überarbeitung der Konstruktion. Das war eine Aufgabe, die vordem in der Abteilung Arbeitsvorbereitung vom technologischen Arbeitsvorbereiter ausgeführt worden war, der in der Regel keinen

203 „Für den klassischen deutschen Maschinenbauer war die Konstruktion das Ziel der Ingenieurarbeit, die Technologie nicht der universitären Lehre wert." Fratzscher, Einführung, S. 9.

204 Riede, Einleitung, S. 12. Werner Riede leitete als promovierter Ingenieur diesen Ausschuss.

205 Hartmann, Begriffsbestimmung, S. 14. Hartmann war Oberingenieur und arbeitete als Haupttechnologe. Ich danke Siegfried Richter für den Hinweis auf diese Tagung.

206 Ebenda, S. 16.

Ingenieurabschluss, sondern eine Facharbeiter- oder Technikerausbildung hatte. Die Ausdehnung, akademische Aufwertung und extreme Spezialisierung der technologischen Fertigungsvorbereitung war eine systemspezifische Entwicklung in der DDR. Die operative technologische Arbeit war Aufgabe der Betriebstechnologen in den Werkstätten, Maschinensälen und Montagehallen. Sie übernahmen die Funktion der Betriebsingenieure, wobei für den sozialistischen Industriebetrieb im Unterschied zum kapitalistischen Betrieb eine größere Anzahl von Betriebstechnologen vorgesehen war.

Aus der Funktionsgliederung der Abteilung Technologie leitete der KDT-Fachausschuss die Anforderungen an die Ausbildung der Technologen ab. Die unterschieden sich von der bisher üblichen Praxis dadurch, dass für die Betriebstechnologen in der operativen Arbeit die geringste Qualifikation vorgesehen war, während Betriebsingenieure bisher häufig einen Ingenieurschul- oder TH-Abschluss hatten. Hingegen wurde jetzt für die Fertigungstechnologen, deren Aufgaben bisher Facharbeiter oder Techniker in der Arbeitsvorbereitung ausgeführt hatten, ein Ingenieurschul- oder TH-Abschluss vorgeschrieben.[207] Die technologisch orientierten Teildisziplinen der Ingenieurwissenschaften sowie die in den unter dem Sammelbegriff der Betriebswissenschaften seit den 1920er Jahren zusammengefassten ökonomischen und arbeitswissenschaftlichen Disziplinen bildeten den Wissenskanon, den der KDT-Fachausschuss für Technologie als Berufsvoraussetzung für die Technologen definierte. Dabei konstruierte er gleichfalls eine Berufskarriere für Technologen, die vom operativen Technologen in der Produktionsüberwachung über den Technologen in der Fertigungsvorbereitung hin zum Planungstechnologen führte.

Allerdings entsprach die tatsächliche personelle Besetzung der technologischen Abteilungen im Jahre 1954 noch kaum diesen Vorstellungen. Der Sprecher des KDT-Fachausschusses schilderte die Lage wie folgt:

„Wie sieht es jedoch gegenwärtig in der Praxis aus: Das Gros der brauchbaren und zuverlässigen Mitarbeiter der technologischen Abteilung sind jene intelligente Schicht der Facharbeiter mit abgeschlossener Berufsausbildung, die im Anschluss an ihre Gesellenprüfung oder auch einige Jahre später in Tages- oder Abendkursen an einer Technischen Lehranstalt ihr Ingenieur- oder Technikerexamen mit Erfolg ablegten. Diese fleißige und zielbewusste Gruppe verfügt über gründliche praktische Fertigungserfahrungen, die in Verbindung mit einem im allgemeinen hinreichenden theoretischen Wissen ausreichen, um die meisten der in der Tagespraxis anfallenden technologischen Probleme nicht nur zu lösen, sondern häufig auch weiter zu entwickeln. Diese praktisch zahlenmäßig bedeutendste Gruppe der Mitarbeiter der technologischen Abteilungen hatte in besonders katastrophaler Weise unter dem Nachwuchsausfall der Jahre 1940 bis 1950 zu leiden, waren doch die Absolventen der Technischen Hochschulen mit akademischen Ausbildungsgraden, insbesondere als Technologen, immer verhältnismäßig selten anzutreffen. Sie wandten sich entweder der Entwicklung, bestenfalls der Konstruktion und Berechnung oder überhaupt einer allgemein leitenden Funktion zu,

207 Ebenda.

da ihr Einblick in die Praxis der Arbeitsverfahren allgemeinen unzureichend war. So kam es, wie es kommen musste. Die Decke der wirklich brauchbaren und zuverlässigen Technologen der Mittelschicht wurde immer dünner, ihre Löcher immer größer und zahlreicher. Diese immer größer und zahlreicher werdenden personellen Löcher wurden nach dem bekannten Wort, wonach der Teufel in der Not Fliegen fresse, mit Leuten ausgefüllt, die der erforderlichen Gesamtqualität eben immer weniger und weniger entsprachen, da die Arbeit schließlich gemacht werden musste. Da sie nun eben nicht recht gemacht werden konnte, so wurde sie eben und wird, wie nicht anders zu erwarten, schlecht gemacht."[208]

In dieser Zustandsschilderung beklagte Hartmann also nicht nur die unterqualifizierte Besetzung der technologischen Abteilungen, sondern auch die Abneigung der Absolventen Technischer Hochschulen gegenüber einem Einsatz in der betrieblichen Praxis, eine Klage, die sich in vielen Berichten wieder fand. So kritisierte auch ein Bericht der Abteilung Maschinenbau im ZK der SED an den Leiter des Zentralamtes für Forschung und Technik vom 05.09.1955, dass es Jungingenieure immer wieder ablehnen würden, in der Technologie zu arbeiten.[209] Die Parteifunktionäre behaupteten, dass hierin ein Hauptgrund für die großen Schwierigkeiten bei der Überleitung neuer Erzeugnisse in die Produktion zu suchen sei. Noch 1967 kritisierte Parteichef Ulbricht, dass die Absolventen Technischer Hochschulen „der raueren Atmosphäre der Produktion die gepflegtere Atmosphäre des Konstruktionsbüros" vorziehen würden.[210] Die Tätigkeit in den nach sowjetischem Vorbild geschaffenen technologischen Abteilungen gehörte nicht zu den von den Ingenieuren favorisierten Arbeitsfeldern, obwohl gerade hier viele neue Arbeitsplätze für Ingenieure entstanden.

Die Akademisierung der Technologenausbildung und der umstrittene Status der Technologie als Wissenschaft

Die politische Elite versuchte den Widerspruch zwischen der systembedingten Aufwertung der Technologie und ihrer fortdauernden Geringschätzung durch die Ingenieure mit Hilfe einer Aufwertung der Technologenausbildung zu lösen. Der KDT-Fachausschuss für Technologie forderte auf der ersten Technologentagung 1954 neben umfangreichen Maßnahmen zur Weiterbildung der bereits in der Technologie beschäftigten Kräfte den Ausbau der Ingenieurschulen in Richtung einer speziellen

208 Ebenda, S. 16 f.

209 „Ihre Forderungen richten sich auf Einsatz in der Forschung und Entwicklung oder höchstens in der Konstruktion. Seitens der Betriebe und Fach- und Hochschulen wurde diesem Gesichtspunkt zu wenig Beachtung geschenkt und nicht erzieherisch auf die Jungingenieure eingewirkt. Das Ergebnis zeigt sich darin, dass die Konstruktion und Herstellung der notwendigen Produktionsmittel (Werkzeuge, Vorrichtungen usw.) äußerst schleppend vor sich geht." BArch, DF4/40130/141.

210 SAPMO-BArch, DY30/IV/A2/9.04/266: 21.07.1967 für Gen. Hager, Beratung mit den Bezirkssekretären, Auswertung VII. Parteitag und 2. Tagung des ZK der SED.

Technologenausbildung und die „Einrichtung einer Fachhochschule für Technologie oder Ausbau der entsprechenden Fakultät an einer der Technischen Hochschulen.“[211] Außerdem sollte ein Zentralinstitut für Technologie gegründet werden, das die Lehrpläne für die Technologenausbildung gestaltet, die neuesten Ergebnisse der technologischen Forschung sowie der Fertigungs- und Verfahrenstechnik auswertet, die Industrie bei der Lösung bestimmter technologischer Aufgaben unterstützt und technologische Arbeitsmittel, Richtwerte und Kennzahlen ermittelt.

1956 wurde ein dem Ministerium für Schwermaschinenbau unterstelltes Institut für Technologie und Organisation in Karl-Marx-Stadt gegründet. Dieses Institut definierte seine Aufgaben nach Vorgaben sowjetischer Technologen und das ist ein weiterer Beweis dafür, dass die politische Aufwertung der Technologie in der DDR-Wirtschaft nach sowjetischem Vorbild erfolgte.[212] Die sowjetischen Technologen kritisierten die unzureichende Tätigkeit auf dem Normengebiet und empfahlen, dass das Institut die Ausarbeitung einheitlicher behördlicher Normative für die Fabriken des Schwermaschinenbaus übernehmen solle. Dafür wurde eine Abteilung Technische Arbeitsnormative im Institut gegründet. Bei der Diskussion der Lehrpläne für die Technologenausbildung trat das Institut jedoch kaum in Erscheinung.

Die Akademisierung der Technologenausbildung wurde mit der Gründung einer Fakultät für Technologie an der Technischen Hochschule Dresden in Gang gebracht. Hier beschloss die Fakultät für Maschinenwesen zu Beginn des Jahres 1954, die technologisch orientierten Institute, von denen viele erst im Zuge der seit Beginn der 1950er Jahre vorangetriebenen Spezialisierung der Ingenieurausbildung gegründet worden waren, in einer eigenen Fakultät zu verselbständigen. Am 24.03.1954 schlossen sich die Institute für Fertigungstechnik, für Betriebswissenschaften und Normung, für Werkstoffkunde, für Messtechnik und Austauschbau, für mechanische Holztechnologie, für Papiertechnik und für Textiltechnik zur Fakultät für Technologie zusammen.[213] Später kamen weitere Institute hinzu, so das 1956 gegründete Institut für Lebensmitteltechnologie.[214] Andere technologisch orientierte Institute blieben an den Fachfakultäten, so das Institut für Verfahrenstechnik an der Fakultät für Maschinenwesen. Ein Institut für Elektroniktechnologie wurde an der Fakultät für Elektrotechnik aufgebaut und die Technologie des industriellen Bauens blieb Bestandteil der Fakultät für Bauwesen.[215] Ausgebildet wurde an der Fakultät für Technologie in den Fachrichtungen Textiltechnologie, Papiertechnologie, Holztechnologie, Lebensmitteltechnologie, Betriebswissenschaft, Fertigungstechnik, Werkstoffkunde und

211 Hartmann, S. 17.

212 BArch, DR3/4882: Fragen der Technologie.

213 Sonnemann, Geschichte, S. 225.

214 Ebenda, S. 264.

215 Ebenda, S. 308 f.

Feinmesstechnik.[216] Die Fakultät hatte jedoch stets Probleme, ihre Zulassungskontingente zu erfüllen. Ein beträchtlicher Teil der Studenten wurde umgelenkt.[217] Von den umgelenkten Studenten wiederum gab ein im Verhältnis zur durchschnittlichen Abbrecherquote überproportionaler Anteil das Studium vorzeitig auf.[218] Das Studentenverhalten reflektiert das geringe Prestige der Technologen in der Industrie. Bemerkenswerterweise war der Frauenanteil an der Fakultät für Technologie seit 1958 deutlich höher als an anderen technischen Fakultäten der TH Dresden. (Vgl. dazu Grafik IV/7)

Grafik IV/7: Frauenanteil an den Direktstudenten in den technischen Fakultäten der TH/TU Dresden von 1953-1966 in Prozent[219] (keine Angaben)*

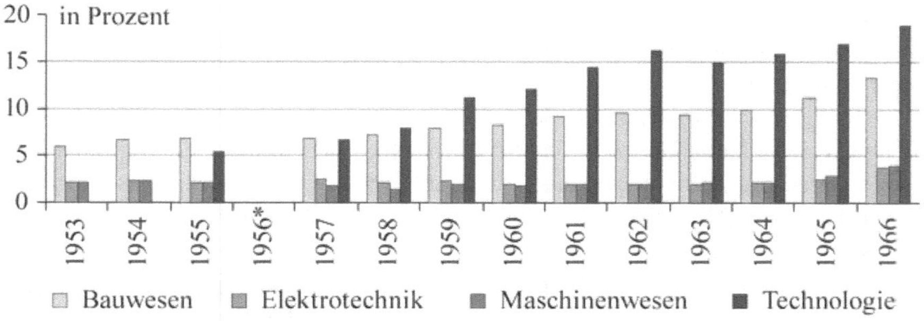

Die Akademisierung der Technologenausbildung löste das Statusproblem der Technologen also nicht, sondern übertrug es in den Rahmen der Hochschulen. Das war sichtbar in den bereits erwähnten Problemen der Studentenwerbung für die technologischen Fachrichtungen, aber auch in der Einstellung der Wissenschaftler zu ihren Fachkollegen in der Technologie. Ein Protokoll über ein Gespräch zu Problemen in der Technologie gibt darüber Auskunft. Es wurde im Staatssekretariat für Hoch- und Fachschulwesen zwischen dem Sekretär der Abteilung Wissenschaft im ZK Johannes Döring und dem dortigen Sektorenleiter für Naturwissenschaft und Technik Arwed Kempke zur Vorbereitung des 14. Plenums des ZK der SED am 10.11.1961 geführt. Die Gesprächsteilnehmer diagnostizierten eine Unterschätzung der Technologie nicht nur in der Industrie, sondern auch in der Wissenschaft.

---

216 Universitätsarchiv der TU Dresden, Rektorat, 500: Fak. für Technologie 1954-56.

217 Vgl. dazu auch Kapitel 3.2 in Teil III dieser Arbeit.

218 Universitätsarchiv der TU Dresden, Rektorat, 501: Fak. für Technologie 1957-1961, Bl. 152-171 Maßnahmen zur Verbesserung des Studiums, Reduzierung der Studienzeitüberschreitungen und Vermeidung der vorzeitigen Abgänge der Fak. Technologie.

219 Bernholz, Historische Betrachtungen, S. 543.

„Wie weit die Voreingenommenheit gegenüber der Wissenschaftlichkeit der Technologie noch verbreitet ist, beweisen die Ausführungen des Gen. Prof. Dr. Rompe auf dem 9. Plenum des ZK der SED im Juli 1960. Er setzte die Technologie mit Betriebserfahrungen gleich, ‚die man nicht unbedingt zu kolportieren braucht', [und] äußerte die Meinung, dass man mit technologischen Dingen, so wichtig sie auch für die Produktion sein mögen, im allgemeinen kaum promovieren oder sich habilitieren kann."[220]

Rompes Auffassung reflektierte zwei Schwachpunkte in der Entwicklung der Technologie. Das war erstens die Tatsache, dass es nicht gelungen war, das Qualifikationsniveau der Beschäftigten in der Technologie zu heben. Noch immer waren die meisten der in den Betrieben tätigen Technologen Facharbeiter. Die KDT kritisierte deswegen die Haupttechnologen und die Leiter der Abteilungen für Arbeit, die den Qualifikationsbedarf der Technologen unterschätzen und die dort tätigen Facharbeiter nicht zu entsprechenden Weiterbildungskursen schicken würden.[221] In den 1960er Jahren sollte sich dann die Frauenförderung als ein Weg erweisen, um das Qualifikationsniveau in den Abteilungen für Technologie zu heben. Mit Hilfe der Auflagen zur Einrichtung von Frauensonderklassen gelang es, Fachschulstudiengänge für die Ausbildung von Technologinnen zu organisieren. Nach den Klassen für Ingenieurökonomie waren die Technologenklassen die zahlreichste Form der für Frauen organisierten Form der Weiterbildung.[222] Das wiederum verstärkte den Trend zur Feminisierung der Technologie.

Der zweite Schwachpunkt in der Technologieentwicklung, auf den Rompe verwies, war ihr unklarer Status als Wissenschaft. Mit der forcierten Akademisierung der Technologenausbildung und ihrer in den 1950er Jahren rapide zunehmenden Spezialisierung bekam die Frage nach dem Gegenstand der Wissenschaftsdisziplin dringliche Aktualität. Schließlich mussten sich die neuen Lehrstuhlinhaber und Institutsdirektoren in der akademischen community positionieren. Für den Aufbau von Lehrplänen und ihre Abgrenzung zu anderen Disziplinen war eine klare Gegenstandsbestimmung unabdingbar. Es war vor allem das Verhältnis zwischen der allgemeinen und den speziellen Branchentechnologien zu klären und die Beziehung zwischen Technologie und Ingenieurökonomie zu regeln.
So sehr die Partei- und die Staatsfunktionäre für Bildung und Wissenschaft in ihrem Gespräch vom 14.11.1961 auch Rompes Standpunkt verurteilten, hinsichtlich der Situation der Technologie als Wissenschaft mussten sie ihm Recht geben. Im Protokoll hieß es zu diesem Problem:

---

220 BArch, DR3/6038, Gespräch mit Gen. Kempke (ZK) und Döring (ZK), Vorbereitung des 14. Plenums des ZK der SED (10.11.1961).

221 Qualifikationsmaßnahmen für Technologen, in: Technische Gemeinschaft 7 (1959), S. 138.

222 Ausführlich zur Frauenqualifikation über Frauensonderklassen vgl. Kapitel 3.2 in Teil III dieser Arbeit.

„Ferner ist bis heute nicht geklärt, welches der Gegenstand und der Inhalt der Wissenschaft Technologie ist. Es gibt keine klare Abgrenzung zwischen den Gebieten Technologie und Ökonomie - insbesondere bei der Ausbildung von Technologen und Ingenieurökonomen. Zweifellos werden in beiden Ausbildungsrichtungen wichtige Gebiete und Probleme behandelt und wissenschaftlich vertreten. Aber wir müssen fordern, dass eindeutig festgelegt wird, was zu dem einen Gebiet und was zu dem anderen gehört.“[223]

Auch die Frage des Verhältnisses von allgemeiner und spezieller Technologie wurde angesprochen.

„Bezüglich der Klärung aller mit der Technologie zusammenhängenden Fragen gibt es eine Vielzahl von Vorstellungen und Meinungen, die oft in vollem Gegensatz zueinander stehen. [...] Einerseits wird das Bestehen einer eigenständigen Fakultät für Technologie für unzweckmäßig gehalten. Es wird empfohlen, die technologische Ausbildung an der Technischen Universität und an den Technischen Hochschulen der jeweiligen Fachfakultät (z. B. Bauwesen, Maschinenbau, Elektrotechnik usw.) anzugliedern. Eine Reihe von Wissenschaftlern spricht dabei von einer ‚speziellen Technologie‘ des jeweils von ihnen vertretenen Gebietes (z. B. ‚spezielle Technologie‘ des Bauwesens, der Elektrotechnik usf.) und von ‚Spezialtechnologien‘ innerhalb der verschiedenen ‚speziellen Technologien‘.

Andererseits wird die Forderung erhoben, sämtliche Lehrgebiete, die technologischen Charakter tragen, in geeigneter Weise zumindest dem fachlichen Zuständigkeitsbereich der Fakultäten für Technologie an der Technischen Universität und den Technischen Hochschulen anzugliedern. Hierbei wird davon ausgegangen, dass die technologischen Probleme der verschiedenen Fachbereiche (Bauwesen, Maschinenbau, Elektrotechnik) einen bestimmten Teil der gesamten Wissenschaft Technologie darstellen. An den Technischen Hochschulen wird zum Teil versucht, dieses Problem praktizistisch, von der Seite der Organisation und Struktur her, zu lösen. Dieser Weg ist falsch. Wenn die bereits genannten Grundfragen geklärt sind, wird sich die optimale Struktur an den Hochschulen ganz zwangsläufig ergeben.“[224]

Mithin erwarteten die Funktionäre von der Klärung der Frage nach dem wissenschaftlichen Gegenstand der Technologie ihre Aufwertung als Wissenschaft und mit der dann möglichen Präzisierung des Berufsbildes für Technologen auch eine Aufwertung des Tätigkeitsbereiches für Ingenieure. Aber wie die oben zitierten Ausführungen und viele andere in jener Zeit geführten Debatten um die Technologie als

---

223 BArch, DR3/6038: Gespräch mit Gen. Kempke (ZK) und Döring (ZK), Vorbereitung des 14. Plenums des ZK der SED (10.11.1961). Was die SED-Parteifunktionäre hier Anfang der 1960er Jahre als Nachteil kritisierten, wurde in der sozialwissenschaftlichen Debatte um die Technikwissenschaften zu Beginn der 1990er Jahre positiv bewertet. Besonders Ropohl vertrat darin die Auffassung, dass die Grenzstellung der Technologie diese zur Brückendisziplin zwischen den Ingenieur- und den Sozialwissenschaften qualifiziere. Er meinte, dass es über die Technologie gelingen könnte, technisches Wissen an seinen sozialen Kontext zurückzubinden. Ropohl, Die Grundlagen der Technikwissenschaften. Ähnlich auch Frison, S. 139-160 und 161-173, der wissenschaftshistorisch argumentiert.

224 BArch, DR3/6038: Gespräch mit Gen. Kempke (ZK) und Döring (ZK), Vorbereitung des 14. Plenums des ZK der SED (10. 11.1961).

Wissenschaft zeigen[225], war man von einer prägnanten Gegenstandsbestimmung ebenso weit entfernt wie von einer klaren Abgrenzung der Disziplin von der Ingenieurökonomie.

Die Ursachen für die Überschneidungen zwischen Technologie und Ingenieurökonomie lagen in der Genese beider Wissensgebiete zur akademischen Ausbildungsdisziplin. Bei Herauslösung der Technologenausbildung aus dem Wissenskanon des Maschineningenieurwesens entstand Raum für die Integration betriebsorganisatorischer und arbeitswissenschaftlicher Wissensbestände in die Studienpläne der Technologen. Parallel zur Verselbständigung der Technologenausbildung aber wurde an den Technischen Hochschulen der DDR in den 1950er Jahren mit der Ingenieurökonomie eine technisch orientierte Ökonomenausbildung eingeführt, in der ökonomische Wissensbestände mit technologischen Fächern der Ingenieurausbildung verknüpft wurden. Ausgangspunkt für diese Entwicklung war die flächendeckende Abwicklung der Betriebswirtschaftslehre (BWL). Einer der Promotoren der Auflösung war interessanterweise Fritz Behrens, derselbe Behrens, der 1956/7 zu den Initiatoren der bald abgewürgten, aber in der Wirtschaftspolitik der 1960er Jahre teilweise revitalisierten Reformbewegung in der DDR-Ökonomie gehörte. Deren Anliegen war die Nutzung von Marktmechanismen in der sozialistischen Planwirtschaft. 1949 begründete Behrens die Notwendigkeit der Auflösung der BWL damit, dass

> „die BWL insgesamt und daher auch die an unseren Hochschulen gelehrte ein Teil der bürgerlichen Ökonomie ist. Lassen wir uns auf die Trennung der wissenschaftlichen Ökonomie in Politische Ökonomie und BWL ein, so räumen wir der bürgerlichen Ökonomie eine Domäne ein, wo sie relativ ungestört von unserem Kampf gegen die sogenannte bürgerliche Volkswirtschaftslehre weiter gedeihen könnte. Ideen der bürgerlichen Ökonomen würden zusammen mit dem praktischen Fachwissen an unseren Nachwuchs vermittelt und das Erträglichste wäre noch, dass unsere Wirtschaftswissenschaftler und Wirtschaftspolitiker theoretisch Marxisten, praktisch bürgerlich Ökonomen würden, d. h. dass sie als Fachwissenschaftler keine Marxisten wären. Wahrscheinlicher aber ist, dass ein sehr erheblicher Teil unseres Nachwuchses, und zwar gerade der, der für unsere VEB usw. von großer Bedeutung ist, auch theoretisch auf dem Boden der bürgerlichen Ökonomie stehen bleibt."[226]

---

225 Universitätsarchiv der TU Dresden, Rektorat 1945-1968, Nr. 502: Technologie, Bl. 4 ff. Einschätzung der Arbeitsgruppe „Perspektivpläne der Fachrichtung für Technologie", vom Dekan der Fak. Technologie Bobeth an Stellv. des Staatssekretariats für Hoch- und Fachschulwesen Tschersich, 14.02.1962; außerdem Hofmann (Direktor des Instituts für Technologie der KMU Leipzig), Zur Problematik, S. 727-733. Die Debatte dauerte in den 1970er Jahren an. Vgl. dazu Kochan, Zum Gegenstand, S. 43-47; Pässler (1. Stellv. des Direktors des Forschungszentrums des Werkzeugmaschinenbaus Karl-Marx-Stadt und Vorsitzender des Fachverbandes Maschinenbau der KDT), Zu den Gesetzmäßigkeiten, S. 34-35, Wolffgramm, Allgemeine Technologie.

226 SAPMO-BArch, DY 30/IV/2/9.07/13-57, hier Bl. 43.

Weil nach Behrens Auffassung die bürgerliche BWL in Technologie und Anwendung der Produktionskostentheorie zerfiel, sollte der technologische Teil in die Technologie integriert werden, der Rest war abzuschaffen.[227]

Das durch die Abschaffung der Betriebswirtschaftslehre entstandene Vakuum wurde mit der 1953 erfolgten Etablierung der Fakultät für Ingenieurökonomie an der TH Dresden ausgefüllt. Die Gründung dieser Fakultät und die Einrichtung entsprechender Studiengänge erfolgte in enger Anlehnung an entsprechende Ausbildungsgänge in der Sowjetunion. Zur Adaption des sowjetischen Musters reisten Fakultätsvertreter im Herbst des Jahres 1953 in die Sowjetunion, um dort das Verhältnis zwischen ökonomischer und technischer Ausbildung, die Untergliederung der technischen Ausbildung, die Aufteilung der Lehrinhalte auf die einzelnen Studienjahre, die Platzierung von Praktika, die Verbindung von Lehre und Forschung mit der Praxis und den zweckmäßigsten Einsatz ingenieurökonomischer Absolventen in der Praxis zu studieren.[228] Danach fixierte die Fakultät folgendes Ausbildungsziel für ihre Studenten:

„Die Fakultät Ingenieurökonomie an der TH Dresden ist die Ausbildungsstätte für solche Funktionäre, die in den volkseigenen Betrieben als den Stätten der materiellen Produktion und in den zentralen Verwaltungen leitende und verantwortliche Stellen einnehmen können. Der Inhalt und der Gang der

---

227 1950 erklärte Parteichef Ulbricht, dass die Betriebswirtschaftslehre aufgehört habe, eine selbständige Disziplin zu sein und Bestandteil der Wirtschaftsplanung geworden sei. Über den Verlauf der Liquidierung der BWL an der TH Dresden gibt das Entlassungsgesuch des dortigen Lehrstuhlinhabers für BWL Wilhelm Tervooren Auskunft. Darin hieß es: „Nachdem der stellvertretende Ministerpräsident Herr Walter Ulbricht vor einiger Zeit erklärte, dass die BWL aufgehört habe, eine selbständige Disziplin zu sein und Bestandteil der Wirtschaftsplanung geworden sei, nachdem Prof. Winternitz die BWL als letzte Rückzugsfestung der bürgerlichen Ökonomie bezeichnete und ein Kollege in Dresden sich diese Erklärung vor den Studenten zu eigen machte, nachdem der Student Lange mich und meine Lehre auf der 5. Landesdelegiertenkonferenz der SED vor mehr als 2.500 Delegierten öffentlich angriff und in meiner Person „den Objektivismus als heimtückische Waffe der erbitterten Feinde der Arbeiterklasse und des Friedens entlarvte", ist damit meinem Lehrgebiet und meiner Tätigkeit an der Technischen Hochschule Dresden praktisch der Boden entzogen. Das ergibt sich auch aus den Vorgängen um den von den Studenten ausgearbeiteten Vorschlag eines neuen Lehrplanes für die Technischen Betriebswirte, aus Vorgängen um die Zwischenprüfung u. a. m. Ich könnte danach die Betriebswirtschaftslehre nicht mehr als Wissenschaft in Lehre und Forschung vertreten, sondern allenfalls noch eine betriebliche Rechnungstechnik lehren, wobei aber auch diese Lehre des betrieblichen Rechnungswesens erwartet wird nicht nach den heute noch befolgten Methoden der Wirtschaftspraxis, sondern nach Konstruktion einer politischen Anschauung. Mit allem ist so eine Situation gegeben, die mich vor sehr ernste Entscheidungen stellte. Ich habe mich entschlossen, Sie, Magnifizenz, und den Senat zu bitten, meine Entlassung zu beantragen, was ich hiermit tue." Universitätsarchiv der TU Dresden, Rektorat I/341, Wilhelm Tervooren an den Rektor der TH Dresden, 12.10.1950.

228 Universitätsarchiv der TU Dresden, Rektorat, Fak. für Ingenieurökonomie, Nr. 531, Teil 1, Bl. 168a und Bl. 200.

Ausbildung sind durch das Ziel, nämlich Kenntnis und Beherrschen des Produktionsprozesses im jeweiligen Industriezweig und seinen Betrieben bestimmt. Da der Produktionsprozess aus einer materiell-technischen und einer sozial-ökonomischen Seite besteht, muss die Ausbildung der Studierenden darauf abgestimmt sein."[229]

Es ging also darum, technisch kompetente Funktionäre für die verstaatlichte Wirtschaft auszubilden. Gegen die von der Fakultät für Bauwesen vorgebrachte Polemik gegen das „Fremdwort" Ingenieurökonomie und die Forderung stattdessen von Wirtschaftsingenieurwesen zu sprechen, argumentierte der Dekan der Fakultät Ingenieurökonomie Arthur Bordag mit der Herausstellung des systemspezifischen Charakters der neuen Ausbildung. Die Bezeichnung Wirtschaftsingenieur müsse abgelehnt werden, weil

„mit diesem Wort gewisse Absolventen der TU Charlottenburg bezeichnet werden, die auf ökonomischem Gebiet mit den apologetischen Theorien und Ideologien des Monopolkapitalismus voll gepfropft werden und eine kaum ins Gewicht fallende unvollständige technische Ausbildung haben. Man würde die dem Umfang und der Qualität nach völlig andere Ausbildung an der Technischen Hochschule ignorieren, wollte man unsere Absolventen mit dem gleichen Wort bezeichnen."[230]

Daraus aber wird deutlich, dass in der Ingenieurökonomieausbildung technische Lehrinhalte einen hohen Stellenwert erhielten. Gelehrt wurden hier aber keine konstruktiven, sondern Grundlagen- und technologisch orientierte Fächer, in der Ingenieurökonomie des Maschinenbaus zum Beispiel mechanische Technologie, Mechanik, Festigkeitslehre und Maschinenelemente, Grundlagen der Maschinenkunde, Normung und Gütesicherung, Werkstoffkunde und Werkstoffprüfung, technische Wärmelehre, spanlose und spangebende Formung, Fertigungstechnik, Maschinenlaboratorium und Fördertechnik oder in der Ingenieurökonomie der Textilindustrie Textil-Rohstoffkunde, Textil-Hilfsmittel, Elektromotorische Antriebe, Spinnerei, Weberei, Appretur, Wirkerei, Textilprüfung, Anlage von Textilfabriken, Einführung in die Farbchemie. All diese Fächer aber waren auch Bestandteil der Ausbildung der Technologen. Die ökonomische Ausbildung der Ingenieurökonomen an der TH Dresden umfasste Grundlagen des Marxismus-Leninismus, Politische Ökonomie, Staat und Recht, Statistik, Industrieökonomik und Ökonomik des Spezialzweiges, Planung und Organisation, Rechnungswesen, Finanz- und Kreditwesen, Betriebsanalyse, Arbeitsökonomik und Normung der gesellschaftlichen Arbeit.[231] Auch hier gab es beträchtliche Überschneidungen zur Technologenausbildung.

229 Universitätsarchiv der TU Dresden, Rektorat, Fak. für Ingenieurökonomie, Nr. 531, Teil 2, Bl. 30.

230 Universitätsarchiv der TU Dresden, Rektorat, Fak. für Ingenieurökonomie, Nr. 531, Teil 2, Bl. 5.

231 Universitätsarchiv der TU Dresden, Rektorat, Fak. für Ingenieurökonomie, Nr. 531, Teil 2, Bl. 30.

Die seitens der Partei- und Staatsfunktionäre für Wissenschaft und Bildung erhobenen Forderungen nach sauberer Abgrenzung beider Wissensgebiete waren also nicht unbegründet. Hintergrund für die Überschneidungen war die sich in der Etablierung der Ingenieurökonomie manifestierende technizistische Wirtschaftsauffassung in der sozialistischen Staatswirtschaft, die Wirtschaften auf die Organisation der Produktion reduzierte und nicht Gewinnerwirtschaftung, sondern Kostenminimierung zum Ziel der Produktion erklärte.[232] Organisation der Produktion und Kostenrechnung aber waren gleichsam auch Kerngebiete der Technologie. Die partielle Austauschbarkeit der Studiengänge an beiden Fakultäten führte zu analogen Problemen in der Studentenwerbung. Ebenso wie die Technologie konnte auch die Ingenieurökonomie ihre Zulassungskontingente nie erfüllen.[233] Und ähnlich wie dort kam es auch hier zur Feminisierung der Ausbildung seit dem Ende der 1950er Jahre. Dabei spielten Umlenkungen eine nicht zu unterschätzende Rolle.

Wirksame Schritte zur Abgrenzung der Ingenieurökonomie von der Technologie leitete die politische Elite aber erst nach dem Beginn der Wirtschaftsreform ein, als die technizistische Wirtschaftsauffassung mit dem Versuch, den Wirtschaftssubjekten autonome Handlungsmöglichkeiten zu erschließen und ökonomische Anreize wirksam zu machen, obsolet zu werden begann. Ein Ministerratsbeschluss vom 27.06.1963 zur Umgestaltung der Ökonomenausbildung legte fest, dass die Ingenieurökonomen nicht Ingenieure, sondern Ökonomen seien. Das aber sollte die Ausbildungsprofilierung und den Einsatz der Ingenieurökonomen bestimmen.[234] Nach dem Erlass des Beschlusses nahm der naturwissenschaftlich-technische Anteil im Studium der Ingenieurökonomen aber zunächst noch zu.[235] Erst mit der Umwandlung der Ingenieurökonomie zur Sozialistischen Betriebswirtschaft (SBW) im Zuge der dritten Hochschulreform gelang es, das ökonomische Profil der Ingenieurökonomen stärker auszuprägen. Die ersten Absolventen der SBW wurden allerdings erst nach dem Abbruch der Wirtschaftsreform nach dem Machtwechsel von Ulbricht zu Honecker in die Praxis entlassen, also nachdem der Versuch zur Dezentralisierung des Wirtschaftshandeln durch einen neuen Trend zur Rezentralisierung abgelöst worden war. Dieser Trend wurde in der Kombinatsbildung augenfällig. Den für eine sozialistische Marktwirtschaft ausgebildeten Betriebswirten fiel in der rezentralisierten Planwirtschaft nurmehr die Funktion zu, Berichterstatter der Planerfüllung zu sein, ohne

---

232 Dieser Paradigmenwechsel in der Wirtschaftsauffassung war eine Folge des Stalinismus und hatte in der Sowjetunion zu Beginn der 1930er Jahre stattgefunden. Ausführlich dazu vgl. Piorkowsky, S. 119 ff.

233 SAPMO-BArch, DY 30/IV 2/9.04/353/47.

234 John, Graichen (Sektor Ökonomie im SST), Das ingenieurökonomische Studium, S. 453-455.

235 SAPMO-BArch, DY 30/IV/A2/9.04/372: Grundsätze für die künftige Entwicklung der Aus- und Weiterbildung auf dem Gebiet der Wirtschaftswissenschaften an den Hochschulen der DDR (1967), Anlage 3.

selbst über Entscheidungskompetenzen zu verfügen. Das ist der Hintergrund, vor dem die rasche Feminisierung dieser Disziplin interpretiert werden muss.[236]

Parallel zur Transformation der Ingenieurökonomie in die Sozialistische Betriebswirtschaft versuchte die politische Elite ab 1967 erneut, die Technologie aufzuwerten. Dieser Versuch stand in untrennbarer Beziehung zum Verlauf der Wirtschaftsreform. Denn in dem Maße, wie die Bemühungen um die Ausnutzung von Marktmechanismen im Wirtschaftshandeln mittels Erhöhung der Autonomie der Wirtschaftssubjekte durch eine Verstärkung der Rezentralisierungstendenz im Zuge des Übergangs zur detaillierten Strukturplanung aufgegeben wurde, erlangte die auf verfahrenstechnischem Wege zu erreichende Kostensenkung einen herausragenden Stellenwert für die Strategien zur Erhöhung der Effizienz der Wirtschaft. Die entscheidende Zäsur für diese Entwicklung setzte der VII. Parteitag der SED (17. bis 22.04.1967).[237] Hier wurde der Übergang zur detaillierten Strukturplanung als Weg beschlossen, um technologische Schlüsselbranchen forciert zu entwickeln und damit einen gesamtwirtschaftlichen Effektivitätszuwachs und so schließlich einen Vorsprung im Systemwettbewerb zu erzielen. Im Zusammenhang damit setzte die politische Elite große Hoffnungen auf die Technologie, deren Wissenschaftscharakter beschworen wurde.[238] In einer Ausarbeitung des Ministeriums für Wissenschaft und Technik über Probleme der Technologie und ihrer Verbindung zur Betriebswirtschaftslehre wurde gefordert:

„ [...] sowohl in der betrieblichen Leitung als auch in der staatlichen Führungstätigkeit die Wissenschaft Technologie [...] zum Ausgangspunkt für die Durchsetzung der wissenschaftlich-technischen Revolution zu machen. [...] Aufgabe der Technologie ist es, wissenschaftlich begründete Prozesse, Verfahren und Methoden sowie Organisationsformen für die Produktion vorzubereiten, die Produktion rationell zu gestalten und die Prozesse mit hoher Effektivität zu steuern. Dazu ist die Anwendung modernster Erkenntnisse der sozialistischen Betriebswirtschaftslehre, der Operationsforschung und der Arbeitswissenschaften in Verbindung mit der Netzwerkplanung und dem Einsatz der elektronischen Datenverarbeitung notwendig. [...].“[239]

Aus diesen Ausführungen spricht nicht nur die immense, am Ende der 1960er Jahre einen Kulminationspunkt erreichende Wissenschaftsgläubigkeit der politischen Elite. Vielmehr wird auch eindeutig klar, dass die politische Elite die Prioritäten anders setzte als die technischen Experten. Sie räumte nicht dem konstruktiven Entwurf des technischen Projektes, sondern seiner fertigungs- und verfahrenstechnischen Umset-

236 Daten für die TU Dresden in Grafik A/17f im Anhang.

237 Ausführlich zum wirtschaftspolitischen Paradigmenwechsel des VII. Parteitages vgl. Steiner, Die DDR-Wirtschaftsreform, S. 135 ff.

238 Diese Hoffnungen kulminierten im Programm „Überholen ohne einzuholen“ der späten Ulbricht-Ära. Vgl. dazu Kapitel 2.4 in Teil III dieser Arbeit, S. 246.

239 BArch, DF4/6406: Probleme der Technologie und ihrer Verbindung zur Betriebswirtschaftslehre, S. 1 f.

zung das Primat ein. War dieser Denkansatz zu Beginn der 1950er Jahre eine Konsequenz aus der Adaption eines sowjetischen Musters, so war er jetzt Bestandteil einer wirtschaftspolitischen Strategie, mit der sich die SED-Führung von dem „Bündnispartner" zu emanzipieren suchte.

Welche Konsequenzen zogen nun die staatlichen Funktionäre für Wissenschaft und Technik aus der Aufwertung der Technologie durch die Wirtschaftspolitik seit dem VII. Parteitag? Sie forderten erstens eine Verstärkung der technologischen Forschung. Im oben bereits zitierten Dokument wurde kritisiert, dass in der Metall verarbeitenden Industrie nur circa 10 Prozent der Forschungs- und Entwicklungskapazität für die Fertigungstechnik und -organisation eingesetzt seien. Davon wiederum würde nur ein Fünftel auf die Verfahrensforschung entfallen. Das wäre viel zu wenig und müsste „im Interesse einer effektiven Gestaltung des Reproduktionsprozesses" rasch erweitert werden.[240]

Zweitens wollten die Funktionäre die Stellung der Technologen im Betrieb durch Neuordnung der Technologenentlohnung heben[241], und im Zusammenhang damit sollte ein neues Berufsbild der Technologen erarbeitet werden.[242] Drittens schließlich sollte die Ausbildung der Technologen erweitert werden. Das bezog sich zum Einen auf die Weiterbildung der in der Technologie bereits tätigen Kräfte, von denen ein Großteil noch immer keinen akademischen Abschluss hatte.[243] Zum anderen ging es um Verschiebung der Proportionen in der Ingenieurausbildung zugunsten der Technologie.[244] Die Funktionäre der Abteilung Wissenschaft im ZK der SED meinten, jetzt wirke sich negativ aus, dass es in der Reform der Ingenieurausbildung Anfang der 1960er Jahre nicht gelungen sei,

---

240 Ebenda, S. 2.

241 BArch, DF4/6406: Maßnahmen zur Verbesserung der Technologie und der Ausbildung von Technologen, 15.12.1967.

242 BArch, DF4/7579: MRB 2-11/II.3/67 vom 20.9.67 zu Problemen der Entlohnung von Technologen in volkseigenen Industriebetrieben. Ob und wann eine Neuordnung der Technologenentlohnung durchgesetzt wurde, konnte allerdings noch nicht herausgefunden werden. Zu einem Beschluss über das neue Berufsbild kam es auf der dafür vorgesehenen Sitzung im Ministerium nicht, weil das vorgelegte Berufsbild zu unkonkret war und deshalb zurückgewiesen wurde. Ebenda, Schreiben des Büros des Ministerrates, Stellv. des Leiters, vom 12.12.1967 an den Minister.

243 Nach einer Untersuchung von Draeger in ausgewählten Industriezweigen waren noch im Jahre 1978 erst 12 Prozent aller in der Technologie tätigen Beschäftigten Hochschulabsolventen. 49 Prozent waren Fachschulabsolventen, 9 Prozent Meister, 25 Prozent Facharbeiter und 5 Prozent sogar nur Angelernte. Draeger, Technologie, S. 120.

244 BArch, DF4/6406: Hauptaufgaben des MWT zur Durchsetzung der auf dem VII. Parteitag gewiesenen Grundlinie der Automatisierung und der komplexen soz. Rationalisierung, 20.07.1967.

„70 Prozent aller Absolventen für die Tätigkeit in der unmittelbaren Produktion auszubilden, d.h. Produktionsingenieure der Industrie zu Verfügung zu stellen, 20-25 Prozent in der letzten Phase ihres Studiums als Entwicklungsingenieure auszubilden und 5-10 Prozent als Forschungsingenieure auszubilden. Gegenwärtig haben wir ein Verhältnis von ca. 55 Prozent produktionstechnischen Kadern zu 45 Prozent konstruktiv ausgebildeten Kadern. Der Einsatz in der Industrie dagegen ist weit ungünstiger. Sehr häufig kommt es vor, dass Absolventen der technischen Hochschulen und der Ingenieurschulen sofort in Zentrale Konstruktionsbüros, Forschungslabors u. a. eingewiesen werden."[245]

Es sei aber dringend notwendig, mehr Produktionsingenieure auszubilden. Man müsse endlich durchsetzen, dass der Produktionsingenieur die ihm zukommende „gesellschaftliche Anerkennung" erfährt. Und an anderer Stelle hieß es:

„Um es etwas zu übertreiben, die Arbeit in der Produktion wird oft als Strafe, weniger als Anerkennung empfunden. Der richtige Mensch beginnt doch erst im Konstruktionsbüro und oft kann man hören: ‚Was ist das schon, ein Technologe; er hat wenig Geld und viel Ärger'."[246]

Damit polemisierte die politische Elite gegen die anhaltende Weigerung der technischen Experten, die Umsetzung technischer Projekte höher zu bewerten als den konstruktiven Entwurf. Im Zusammenhang mit der dritten Hochschulreform setzte die politische Elite zwei Maßnahmen durch, um die Erweiterung der Technologenausbildung zu verwirklichen. Das war erstens die Gründung von Ingenieurhochschulen, die ausdrücklich mit dem Ziel erfolgte, Produktionsingenieure auszubilden.[247] Und das war zweitens die Einführung der neuen Grundstudien- und Forschungsrichtung Verfahrenstechnik, zu der folgende technologisch orientierte Fachrichtungen gehörten: Prozessverfahrenstechnik, Systemverfahrenstechnik, Anlagenbau, Grundstoffverfahrenstechnik, Silikattechnik, Lebensmitteltechnik, Biotechnologie, Vorfertigung im Bauwesen, Textiltechnologie, Papiertechnik, Holz- und Faserwerkstofftechnik und Verfahrenstechnik.[248]

Auf die Entwicklung der Verfahrenstechnik als Studien- und Forschungsrichtung muss hier nicht näher eingegangen werden. Das haben die Fachwissenschaftler Fratzscher und Meinicke im Rahmen des Forschungsprojektes „Wissenschaft und Wiedervereinigung. Disziplinen im Umbruch" getan.[249] Sie kamen zu dem Ergebnis, dass die Entwicklung der Verfahrenstechnik in der DDR eine durchaus systemspezifische Ausprägung erfuhr, indem hier erstens die technologische Orientierung weit stärker als in der Bundesrepublik war; zweitens eine sehr enge Verbindung von Verfahrens- und Verarbeitungstechnik bestand und drittens mit der Systemverfahrenstechnik eine Teildisziplin entwickelt wurde, die es in der Bundesrepublik nicht gab.

245 Ebenda.
246 SAPMO-BArch, DY 30/IV/A2/9.04/264: Sektor Naturwiss./Technik, 06.07.1967.
247 Ausführlich dazu vgl. Kapitel 2.4 in Teil III, S. 244.
248 Ausführlich dazu vgl. Meinicke, Verfahrenstechnik an den ostdeutschen Hochschulen, S. 37, 49.
249 Fratzscher, Meinicke, Verfahrenstechnik, S. 303-359.

Fratzscher und Meinicke sind aber sehr zurückhaltend, wenn es darum geht, den Einfluss des politischen Systems auf die Verfahrenstechnik als Wissenschaftsdisziplin zu spezifizieren. Der aber ist meines Erachtens unverkennbar, denn die systemspezifischen Besonderheiten der Disziplin lassen sich nur aus dem politischen und ideologischen Kontext erklären, in dem erstens der konstruktive Entwurf des technischen Projektes seiner fertigungs- und verfahrenstechnischen Umsetzung untergeordnet wurde und zweitens die Vorstellung von der Beherrschbarkeit großer Systeme mit Hilfe eines theoretischen Ansatzes ein Kernelement der Ideologie war. So wie die politische Elite glaubte, die Staatswirtschaft mit Hilfe der Theorie des Marxismus/Leninismus und am Ende der 1960er Jahre vor allem der Kybernetik beherrschen zu können, so wollte sie industrielle Produktionssysteme durch die Systemverfahrenstechnik bemeistern.

Die Feminisierung der Technologenausbildung und das Prestigeproblem der Technologen in der industriellen Praxis

Hat nun die mit dem VII. Parteitag und der dritten Hochschulreform in Gang gesetzte Entwicklung der Ingenieurhochschulen und der Verfahrenstechnik die Aufwertung der Technologie vorangebracht? Zweifelsohne wurde mit diesen Maßnahmen das Potenzial an Hochschulkadern für die Technologie erhöht. Das geschah zum Einen durch die mit der Hochschulreform verbundene Bildungsexpansion. Zwischen 1971 und 1980 wurden insgesamt 5.859 Absolventen der Verfahrenstechnik von den Hochschulen entlassen.[250] Davon waren 2.267 Frauen. Das entsprach einem Anteil von 39 Prozent. Dabei war die Frauenquote unter den Absolventen in der zweiten Hälfte der 1970er Jahre deutlich höher als zu Beginn. 1977 erreichte sie einen Höhepunkt mit 61 Prozent.

Der Anteil der Verfahrenstechniker an allen Absolventen der Ingenieurwissenschaften in den Jahren von 1971 bis 1980 insgesamt betrug acht Prozent. Allerdings können keine Aussagen darüber getroffen werden, wie hoch der als Technologen eingesetzte Teil der Verfahrenstechniker tatsächlich war. Das Gleiche gilt für die Absolventen der Ingenieurhochschulen.[251] Obgleich die politische Elite den Ingenieurhochschulen die Aufgabe zugewiesen hatte, Produktionsingenieure, das heißt also vor allem Technologen auszubilden, hatte sie nur begrenzte Möglichkeiten, ihren Einsatz zu steuern. Die Bildungspolitiker hatten in der Absolventenkrise nach dem

---

250 Berechnet aus Hochschulstatistik des MHF. Verarbeitungstechniker und Werkstoffwissenschaftler, die auch zu den technologisch orientierten Disziplinen zählen, sind hier nicht enthalten.

251 Die Absolventenzahlen der Ingenieurhochschulen hat die Hochschulstatistik nicht gesondert ausgewiesen. Die Studentenzahlen aller Ingenieurhochschulen lagen in der Größenordnung der Gesamtstudentenzahl aller Fachrichtungen der TU Dresden. Vgl. Hochschulstatistik des MHF 1973-1986.

Stopp der Bildungsexpansion und dem Kurswechsel der Wirtschaftspolitik zwar durchgesetzt, dass die Studierenden schon bei Studienaufnahme eine Verpflichtungserklärung unterschreiben, in der sie sich bereit erklären, mindestens drei Jahre nach dem Studium auf der ihnen von der Absolventenvermittlung zugewiesenen Stelle zu arbeiten. Aber es gab genug Möglichkeiten, diese Verpflichtung zu umgehen.[252] Da viele Studenten bei Abschluss des Studiums bereits verheiratet waren und die pronatalistische Familienpolitik der Ära Honecker junge Ehen förderte, spielten Fragen der Wohnraumbeschaffung für Ehepaare nicht selten eine größere Rolle als der qualifikationsgerechte Einsatz in staatlich favorisierten Einsatzbereichen.

Zudem war die Vorstellung kurzschlüssig, dass der Hochschulabschluss als ein unterhalb des Diploms angesiedelter akademischer Grad eine Lenkung der Absolventen in die Produktion bewirken könnte. Wie wir vorne schon gesehen hatten, spielte die Höhe des Abschlusses beim Einsatz von Ingenieuren häufig keine Rolle.[253] Draeger stellte in seiner Studie über die Technologie in der DDR aus dem Jahre 1984 fest, es sei „unverantwortlich, dass diese Absolventen [der IHS] nach wie vor zum beachtlichen Teil nicht in Technologenfunktionen zum Einsatz kommen." [254] Das ist ein Hinweis darauf, dass tatsächlich nur ein Teil der Ingenieurhochschulabsolventen in die Technologie ging.

In der gleichen Studie kam Draeger zu dem Ergebnis, dass seit 1970 die Anzahl der in der Industrie tätigen Technologen gestiegen sei.[255] Das Prestige der Technologen sei aber nach wie vor gering. Er schrieb:

> „Gemessen am Einsatz von Arbeitsmitteln oder an der Organisation ihrer Arbeit sind die als Technologen tätigen Kader in der Regel gegenüber anderen Ingenieuren benachteiligt. Im wissenschaftlichen Niveau reichen die als Technologen Tätigen in den meisten Fällen, trotz persönlich aktiven Engagements, nicht an die Wirksamkeit der Ingenieure anderer Tätigkeiten heran. Als Folge dieser beiden Erscheinungen ist auch die Anerkennung der Leistungen der Technologen noch zu oft geringer als die Anerkennung anderer Ingenieurarbeit. Diese Tatsachen zeigen, dass der Wirkungsgrad der Technologen noch geringer ist als ihr zahlenmäßiger Anteil an den Ingenieuren."[256]

Das aber war nichts anderes als ein Eingeständnis vom Scheitern des staatssozialistischen Experiments, den Technologen eine Führungsposition innerhalb des technischen Handlungsfeldes einzuräumen. Die Bemühungen der politischen Elite, die Technologenberufe in der verstaatlichten Wirtschaft aufzuwerten, waren also nur auf der strukturellen und der Bildungsebene erfolgreich. Die Gründung der Abteilung für

252 Zur Absolventenkrise vgl. Kapitel 2.2 in Teil III dieser Arbeit, Anm. 100, zur Verpflichtungserklärung: BArch, DR3/B1360/1: Beratung Koordinierungsgruppe für die Tätigkeit der zentralen staatlichen Organe auf dem Gebiet des Hoch- und Fachschulwesens am 13.05.1971.

253 Vgl. vorn, S. 312.

254 Draeger, Technologie im Blickfeld, S. 121.

255 Ebenda, S. 118.

256 Ebenda, S. 119 f.

Technologie in den volkseigenen Betrieben und die Akademisierung der Technologenausbildung erhöhten das Potenzial an Arbeitsplätzen und an Studiengängen für Technologen. Es gelang jedoch nicht, die Stellung der Technologen innerhalb der Ingenieurberufe aufzuwerten. Die Berufsgruppe selbst hielt in ihrem Selbstverständnis an der Vorrangstellung der technischen Entwurfsarbeit fest. Das aber ist ein Beleg dafür, dass die community der technischen Experten dem Versuch der politischen Elite, nicht dem konstruktiven Entwurf des technischen Projektes, sondern seiner verfahrens- und fertigungstechnischen Umsetzung die Priorität einzuräumen, Widerstand entgegen setzte. Die geringe Attraktivität der Studiengänge und der Arbeitsplätze in der Technologie verweist also auf Grenzen der Diktatur dergestalt, dass die politisch intendierte Aufwertung der Technologie von der Gesellschaft nicht mitgetragen wurde. Die technischen Experten artikulierten ihren Protest in der Geringschätzung dieses Feldes der Ingenieurtätigkeit.

Eine Bestätigung für diesen Befund bietet die Studentenforschung der 1980er Jahre. Eine Befragung von 1324 Ingenieurstudenten und -studentinnen des Immatrikulationsjahrganges 1982 aus sieben Universitäten und Hochschulen kam zu dem Ergebnis, dass es der Fachrichtung Technologie „ am notwendigen gesellschaftlichen Prestige und demzufolge auch an leistungsstarken Studienbewerbern“ fehlt.[257] Die in technologischen Fachrichtungen Studierenden hatten die geringste Studienmotivation, waren am häufigsten umgelenkt worden und würden zu einem beträchtlichen Teil das gleiche Fach nicht noch mal studieren.[258] Dabei ist festzuhalten, und das tat auch die Studie, dass in den technologisch orientierten Fachrichtungen besonders viele Frauen studierten. Aus den Angaben der Hochschulstatistik ergibt sich, dass in den technologisch orientierten Fachrichtungen Verfahrenstechnik, Verarbeitungstechnik und Werkstoffwissenschaft die Frauenquote unter den Absolventen im Dezennium ab 1975 mindestens 35 und maximal 81 Prozent betrug und damit überdurchschnittlich hoch war.[259] (Vgl. dazu Grafik IV/8, IV/9 und IV/10)

---

257 Rochlitz, Forschungsbericht, S. 23.

258 Ebenda, S. 22, 23, 42, 56. In der Auswertung der Befragung werden die Studierenden in den technologischen Fachrichtungen denen der Elektrotechnik und der Automatisierungstechnik gegenüber gestellt. Dabei entsteht ein sehr holzschnittartiges Bild, das erstere negativ und letztere sehr positiv beurteilt. Dabei drängt sich der Eindruck auf, dass die gesellschaftlichen Wertungen als Vorannahmen in die Befragung eingeflossen sind. Da es mir aber nicht um die Studienmotivation, sondern das gesellschaftliche Prestige der Technologen ging, ist die Untersuchung verwendbar.

259 Die für die Fertigungstechnologen im Maschinenbaubetrieb wichtige Ausbildungsrichtung Fertigungstechnik wurde von der Hochschulstatistik des MHF innerhalb des Maschinenwesens erfasst. Hierfür liegen Daten für die TU Dresden vor. Vgl. Grafik A/17c. Dort betrug die Frauenquote an der Sektion Fertigungstechnik und Werkzeugmaschinen im Zeitraum von 1972 bis 1986 mindestens 14 (1972) und maximal 33 Prozent (1975). Mithin war die Ausbildung von

Grafik IV/8: Absolventen der Fachrichtung Verfahrenstechnik 1967 – 1986, Männer und Frauen[260]

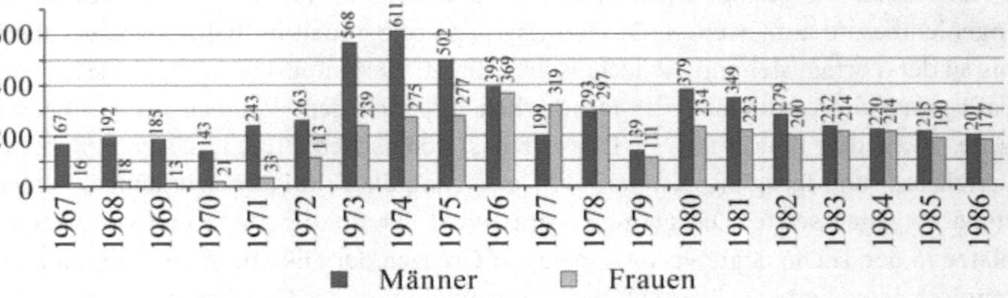

Grafik IV/9: Absolventen der Fachrichtung Verarbeitungstechnik 1973 – 1986, Männer und Frauen

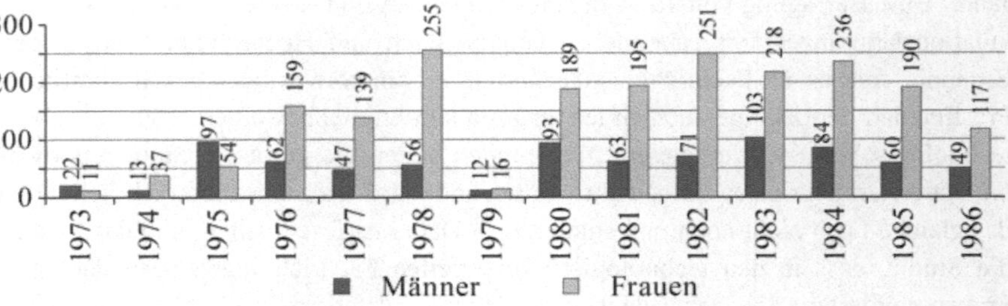

Grafik IV/10: Absolventen der Fachrichtung Werkstoffingenieurwesen 1967 – 1986, Männer und Frauen

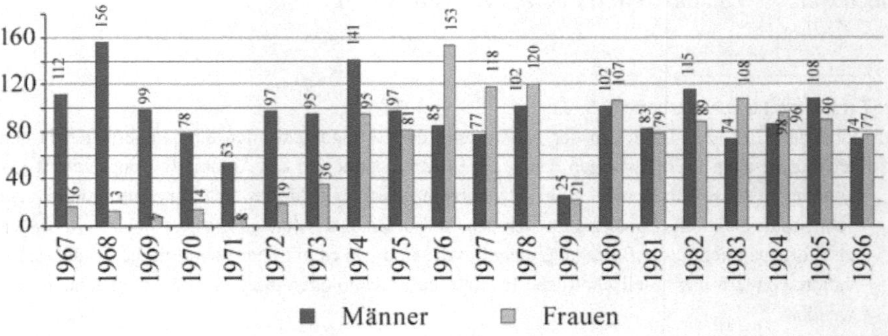

Technologen für die Produktionsgüterindustrie im Unterschied zu der für die Verbrauchsgüter herstellende Industrie nicht feminisiert.

260 Daten für alle drei Grafiken aus Hochschulstatistik des MHF 1967 - 1986

Nach den Ergebnissen der Hochschulstatistik erwies sich also die Technologie als eine Zugangsschleuse für Frauen in den Ingenieurberuf. Neben den Studiengängen im Bereich der Informationsverarbeitung und der Architektur sowie zeitweilig auch des Bauwesens erreichten die Fachrichtungen der Technologie die höchsten Frauenquoten im Ingenieurbereich. Gleichzeitig bestätigten Analysen der Gewerkschaft zur Frauenpolitik in den 1960er und 1970er Jahren, dass viele Frauen in den Betrieben als Technologinnen arbeiteten.[261] Eine Ursache für die starke Präsenz von Frauen in der Technologie war die Tatsache, dass gerade in den feminisierten Industriebranchen wie der Textil- oder der Lebensmittelindustrie die Ingenieurstellen vor allem Technologenstellen waren. Dass die Frauenpolitik Berufskarrieren von Frauen in feminisierten Produktionsbereichen ausdrücklich förderte, begünstigte den Einsatz von Ingenieurinnen in diesen Bereichen.

Das wollen wir abschließend anhand einer biografischen Fallstudie verfolgen. Dabei können wir sehen, wie sich der Gesellschaftsumbau in einer individuellen Lebensgeschichte konkretisiert. Es geht um die Berufskarriere der 1933 in Meiningen als Tochter eines Diplomingenieurs geborenen Hildburg G.[262] Den Krieg erlebte sie als Schulkind. Das Abitur legte sie 1951 ab. Möglicherweise schon mit dem Vorsatz, ein technisches Fach zu studieren, begann sie nach dem Abitur eine Schlosserlehre,

261 Zum Beispiel SAPMO-BArch, DY 34/14615: Bericht zur Untersuchung der Vorbereitung von Frauen auf neue Arbeitsplätze bzw. Tätigkeiten im Zusammenhang mit der Anwendung der Robotertechnik und Mikroelektronik, Berlin, 09.06.1972. Diese Untersuchung wurde in folgenden Betrieben durchgeführt: EKO, Halbleiterwerk Frankfurt/O., Kombinat Textima KMS, Strickwarenfabriken Aktivist Zwickau, Zwickauer Kammgarnspinnereien, Walzwerk Hettstedt, Elmet Hettstedt. Sie kam zu dem Ergebnis, dass in den Betrieben der Leichtindustrie circa 90 Prozent der Technologen Frauen seien. Oder: SAPMO-BArch, DY 34/10879: Abteilung Frauen, 15.03.1974: Im Bericht über den Einsatz von Frauen in Leitungsfunktionen im Werk 3/Optik des VEB Carl-Zeiß-Jena wird erwähnt, dass von fünf Diplomingenieurinnen im Betrieb vier als Fertigungstechnologinnen arbeiteten. Von 31 Fachschulingenieurinnen arbeiteten im gleichen Werk 19 als Technologinnen, davon 12 als Fertigungs- und sieben als Operativtechnologin. Oder: SAPMO-BArch, DY 34/14615: Berlin 08.12.1978: Bericht über die Untersuchung der beruflichen Entwicklung weiblicher Hochschulabsolventen des Jahrganges 1972. In dieser Untersuchung wurde der Berufseinstieg von 40 Hochschulabsolventinnen verfolgt. Davon waren 20 Absolventinnen eines Studiums in der UdSSR. 37 der Frauen hatten einen Dipl.-Ing.-Abschluss. 17 Frauen hatten ein technologisches Studium absolviert, davon 13 in der DDR und vier in der UdSSR. Acht Frauen arbeiteten nach dem Studium als Technologin und eine als Prüffeldingenieurin sowie eine als Ingenieurin für Werkstoffprüfung. Die Technologinnen waren die größte Gruppe des Samples, wobei deutlich wird, dass einige Technologieabsolventinnen andere Tätigkeiten übernahmen, z. B. als Entwicklungsingenieurin (1), als wissenschaftliche Mitarbeiterin (5), als Objektingenieurin in der Investitionsrealisierung (1), als TKO-Leiterin (1), als ökonomische Leiterin (1), als Gruppenleiterin in der Plankoordinierung (1) oder als Sachbearbeiterin für internationale Fragen (1).

262 Universitätsarchiv der TU Dresden, Promotionsakte 5804. Name geändert.

wechselte aber nach sechs Monaten in eine Kammgarnspinnerei und nahm dort eine Textillehre auf. Im Sommer des Jahres 1952, Hildburg G. hatte bis dahin erst drei Monate ihrer Lehre absolviert, wurde sie von ihrem Lehrbetrieb zum Studium an die TH Dresden delegiert. Die Kammgarnspinnerei erfüllte damit die den VEB's mit dem Ministerratsbeschluss vom 02.05.1952 übertragene Verpflichtung, Frauen auf Lehrgänge beziehungsweise zum Studium zu schicken.[263] Hildburg G. schrieb sich an der Fachrichtung Textiltechnik ein, die zunächst an der Fakultät Maschinenwesen und nach der 1954 erfolgten Teilung derselben an der Fakultät für Technologie angesiedelt war.[264] Anders als drei ihrer Kommilitoninnen[265], die von 1956 bis 1958 das Studium abschlossen und entweder an der Hochschule blieben (2) oder in das 1948 neu gegründete Institut für Faserforschung der Akademie für Wissenschaften in Teltow-Seehof gingen (1), kehrte Hildburg G. nach erfolgreicher Diplomprüfung im Jahre 1958 in die Kammgarnspinnerei zurück. Hier trat sie in die für Jungingenieure damals vorgesehene Stelle einer Betriebsassistentin zunächst beim technischen Leiter und dann beim Produktionsleiter ein.[266] Die Betriebsassistentenzeit als Berufsein-

---

263 Zum Ministerratsbeschluss vom 02.05.1952 vgl. Zachmann, Frauen, S. 113, Anm. 25.

264 Seit 1925 gab es an der TH Dresden ein Institut für Textil- und Papiertechnik. Mit Gründung der Fakultät für Technologie verselbständigten sich beide Gebiete in eigenständigen Instituten. Sonnemann, Geschichte, S. 185. Textiltechnik konnte bisher als Spezialisierungsrichtung innerhalb des Maschinenwesens oder der Berufsschullehrerausbildung studiert werden. Mit Aufwertung der Technologie wurde es zur eigenständigen Fachrichtung.

265 Informationen über die Kommilitoninnen aus dem Promovendinnensample und aus einer Übersicht über alle Absolventen der Textiltechnik der THD von 1949 bis 1957, BArch, DF4/40208: Aufstellung der im Institut für Textiltechnik ausgebildeten Diplom-Ingenieure. In diesem Zeitraum absolvierten vier Frauen und 48 Männer eine Ausbildung an der Textiltechnik. Zwei dieser Frauen waren Berufsschullehrerinnen und erwarben deshalb einen pädagogischen Abschluss mit der Spezialisierungsrichtung für Textiltechnik. Von den 48 Männern gingen sechs in den Westen, blieben sieben an der Hochschule (davon wurde einer später Professor am Institut für Textiltechnik), begannen 12 in einem staatlichen Forschungsinstitut und traten 20 in die Industrie ein, davon vier in zentrale Forschungs- und Entwicklungsstellen bzw. Konstruktionsbüros. Ein Absolvent begann an einer Fachschule, für zwei war der Einsatz nicht bekannt.

266 Ein Beschluss über den Absolventeneinsatz vom 30.11.1954 regelte: „Um einen allgemeinen Überblick über die betriebliche Praxis zu gewinnen, wird der Absolvent einer Fachschule ein halbes Jahr und der Absolvent einer Hochschule ein Jahr zunächst als Betriebsassistent arbeiten. Hierbei ist ihm Gelegenheit zu geben, planmäßig die einzelnen Abteilungen des Betriebes zu durchlaufen.“ Als Betriebsassistenten wurden die Jungingenieure mit einem Anfangsgehalt nach J2 eingestuft. GBL 1954, Nr. 100, S. 931 f. In den nächsten Jahren wurde die Betriebsassistentenzeit wieder auf zwei Jahre erhöht. In der Absolventenkrise des Jahres 1958 gab es verschiedene Überlegungen zur Modifizierung des Betriebsassistenteneinsatzes, z. B. einen gruppenweisen Einsatz von Absolventen in Musterbetrieben und die Herabsetzung der Anfangsgehälter. BArch, DF4/40471: Zu Problemen der Planung wiss.-techn. Kräfte von der Ermittlung des Bedarfs in

stiegsphase für Jungingenieure war damals bereits sehr umstritten, da die in der Regel niedriger qualifizierten Mentoren der Jungingenieure diese als Konkurrenz auffassten und deshalb schlecht betreuten.[267] Hildburg G. blieb zwei Jahre Betriebsassistentin und wurde dann vor eine neue Bewährungsprobe gestellt. 1960 delegierte sie der Betrieb für ein Jahr zum Zusatzstudium an das Textilinstitut „Kirow" in Leningrad. Diese Qualifikation sollte sich schließlich als Katalysator für eine erfolgreiche Berufskarriere erweisen. Hildburg G. kam 1961, also im Jahr des Mauerbaus und des Frauenkommuniqués zurück und wurde sofort als Haupttechnologin und ein Jahr später sogar als Direktorin für Technik eingesetzt, eine Funktion, in der sie sowohl für die Forschung und Entwicklung aber auch für die Technologie im Textilbetrieb verantwortlich war. Erst danach, im Jahre 1964, trat sie in die SED ein. Den von Personen in Leitungsfunktionen erwarteten Einsatz von politischem Kapital leistete sie jedoch nicht in der Partei, sondern in der Kammer der Technik ab, der sie schon 1958 beigetreten war und in der sie seit 1967 höhere Funktionen übernahm.[268] Technische Direktorin blieb sie bis 1970. In jenem Jahr wurde die Kammgarnspinnerei im Zuge der Kombinatsreform zum Teilbetrieb eines größeren Werkes und Hildburg G. wurde jetzt Bereichsleiterin. In ihrer Zeit als technische Direktorin arbeitete sie an Forschungsarbeiten zur Herstellung von Hochbauschgarnen aus Wolpryla. Das war eine in Wolfen entwickelte Chemiefaser. Außerdem absolvierte sie von 1965 bis 1967 ein ökonomisches Zusatzstudium an der Fakultät für Ingenieurökonomie der TU Dresden. Als Hildburg G. im Jahre 1970 aus der technischen Direktion auf die Bereichsleiterstelle wechselte, nahm sie eine außerplanmäßige Aspirantur an der TU Dresden auf, um ein Thema aus der Industrieforschung als Dissertation zu erarbeiten. 1977 verteidigte sie ihre Arbeit zu „Untersuchungen zur Optimierung der Konvertierbedingungen bei der Herstellung von Polyakrylnitril-Hochbauschgarnen". Die Berufskarriere der Ingenieurin Hildburg G. war also eine ausgesprochene Erfolgsgeschichte, für die eine Leitungsfunktion in der Abteilung für Technologie der Startpunkt war. Allerdings war ihr steiler Berufsaufstieg im technischen Bereich durchaus nicht die Regel.[269] Er zeigt aber, dass der staatssozialistische Gesellschaftsumbau den Frauen durchaus neue Handlungsräume eröffnete. Im Fall der Hildburg G. waren es

---

den Industriezweigen bis zum Einsatz und der Betreuung der Absolventen in den Betrieben. Ohne Datum.

267 „Die Assistentenzeit hat sich nicht bewährt. Die den Absolventen zugeteilten Werkkräfte haben den Sinn der Assistentenzeit nicht wahrgenommen, sie haben Angst vor der Konkurrenz." BArch, DF4/40232: Besprechung in der Hochschule für Schwermaschinenbau Magdeburg am 02.05.1957.

268 Sie war von 1967-70 Mitglied des KDT- Industriezweigvorstandes der VVB Wolle und Seide, von 1970-74 Mitglied des Bezirksvorstandes der KDT und seit 1974 im Vorstand der Wissenschaftlichen Sektion I der KDT.

269 Vgl. dazu die Ausführungen im Kapitel 2.4 in Teil IV dieser Arbeit und Grafik IV/3.

zum Einen die systemspezifische Aufwertung der Technologie und zum Anderen die seit dem Mauerbau immer zahlreicher werdenden Auflagen zur Förderung von Frauen in technischen Berufen, die ihre Karriere begünstigten. Ein weiterer Beleg dafür, dass die kumulative Wirkung von Berufsumbau und Frauenförderung einigen Frauen Karrieren im technischen Feld ermöglichte, ist die Tatsache, dass von den 30 Hochschullehrerinnen, deren Berufsaufstiege ich im Sample der Hochschullehrerinnen untersucht habe, elf Frauen und damit 37 Prozent aller Ingenieurwissenschaftlerinnen auf einem Gebiet der Technologie berufen wurden.[270]

Im Bereich der Technologie löste sich offenkundig die männliche Codierung des Ingenieurberufs allmählich auf. Das aber eröffnete den Frauen neue Handlungsräume gerade in jenem Bereich der Technik, der nicht artefakt-, sondern prozessorientiert funktionierte und damit am unmittelbarsten mit sozialen Prozessen verbunden war. Gleichwohl bestätigten die Feminisierungsprozesse im Bereich der Technologie, dass die Geschlechterdifferenz auch im Staatssozialismus Hierarchien im sozialen Raum markierte. Nicht von ungefähr gelang Frauen die beste Platzierung in jenem Bereich des technischen Feldes, dem im Selbstverständnis der technischen Experten die geringste Bedeutung zugestanden wurde und dessen von der politischen Elite vorangetriebene Aufwertung letztlich erfolglos blieb.

270 Vgl. dazu Seite 113 in Teil I dieser Arbeit.

Resümee

Rein quantitativ betrachtet war der staatssozialistische Berufsumbau im Ingenieurbereich eine Erfolgsgeschichte. Den im Verlauf des Kalten Krieges entfachten Wettstreit der Systeme um die Anzahl technischer Experten hatte die DDR um 1970 gewonnen. 1970 entließen die Hoch- und Fachschulen der DDR 5.181 Diplomingenieure und 15.263 Fachschulingenieure, während in der Bundesrepublik im gleichen Jahr 3.820 Diplomingenieure von den Technischen Universitäten und Hochschulen und 13.749 graduierte Ingenieure von den Ingenieurschulen und Fachhochschulen abgingen.[1] 1980 war die absolute Anzahl der in der DDR tätigen Diplomingenieure größer als in der Bundesrepublik. Waren dort 105.000 Diplomingenieure berufstätig, so waren es in der DDR 132.000 Diplomingenieure.[2] Auf diese Überlegenheit im Bestand an technischen Experten gründete die politische Klasse ihr Selbstverständnis als Vollstreckerin der Moderne. Ihr Erfolg fiel jedoch in eine Zeit, als in der westlichen Welt das Projekt der Moderne bereits fragwürdig geworden war.

Die enorme Erweiterung des Innovationspotenzials war der staatssozialistischen Bildungspolitik vor allem deshalb gelungen, weil sie im Rahmen der neuen, die Ernährer- durch die Zweiverdienerfamilie ablösenden Geschlechterordnung technische Experten über Geschlechtergrenzen hinweg mobilisieren konnte. Ab 1972 lag die Frauenquote bei den Neuzulassungen zum Direktstudium in den Technischen Wissenschaften stets über 25 Prozent.[3] Mit der Rekrutierung von Frauen für eine Ausbildung und Berufstätigkeit im Ingenieurbereich hatte die Bildungspolitik das Innovationspotenzial um eine neue Gruppe von Wissensträgern erweitert, die durch ihre Bindung an das Reproduktionssystem andere lebensweltliche Erfahrungen und damit eine andere als die produktionszentrierte Wertewelt in das Innovationssystem einbrachte.[4] Dass die Integration der Frauen in den Kreis der technischen Experten

---

1 Daten für die DDR aus Grafik III/4; Daten für die Bundesrepublik aus Neef, S. 258.

2 Wolter, Ingenieurausbildung, S. 9.

3 Vgl. dazu Grafik A/16 im Anhang.

4 Wengenroth hat darauf verwiesen, dass sich die im Deindustrialisierungsprozess anwachsende kulturelle Fremdheit zwischen Technikproduzenten und Techniknutzern zu einem gravierenden Problem des deutschen Innovationssystems entfaltet hat. Er sieht in der Entwicklung der soziokulturellen Kompetenz der Ingenieure einen Weg zur Überwindung dieser Fremdheit. Wengenroth, Soziokulturelle Anforderungen. Eine andere Möglichkeit zur Überwindung dieser kulturel-

die technischen Wissensbestände auch qualitativ veränderte, wird daran deutlich, dass verhältnismäßig mehr Frauen als Männer eine Ausbildung außerhalb der klassischen Fachrichtungen im Ingenieurbereich in einer neuen beziehungsweise von der staatssozialistischen Technikpolitik aufgewerteten Disziplin absolvierten.[5]

Grundlage für diese enorme quantitative und qualitative Erweiterung der technischen Wissensbestände war der staatssozialistische Umbau des Bildungs- und Berufssystems. Umfassende politische Interventionen in die Bereiche der Produktion und Vermittlung als auch der Anwendung des technischen Wissens hatten die institutionellen, organisatorischen und inhaltlichen Strukturen in diesen Bereichen grundlegend verändert. Diese Veränderungen vollzogen sich in zwei Schüben. Ein erster fand in den 1950er Jahren statt. Ein zweiter folgte Ende der 1960er Jahre.

Die Bildungs- und Berufsreformen der 1950er Jahre führten bereits zu einer enormen quantitativen Expansion, aber noch zu keiner Verschiebung der Geschlechtergrenzen im technischen Bildungs- und Berufssystem, obwohl die männliche Kultur der Technik mit dem Zusammenbruch des Nationalsozialismus zunächst in eine tiefe Krise geraten war. Die nun akute Frage nach der Verantwortung für den Krieg und den Holocaust hatte die Verknüpfung von Technik, Krieg und Männlichkeit als grundlegenden Tragpfeiler im beruflichen Selbstverständnis der Ingenieure zum Wanken gebracht.

Die Vertreter der ingenieurwissenschaftlichen Elite bearbeiteten das Problem mit verschiedenen Strategien. Sie reichten von der Ablehnung jeglicher Verantwortung für den Krieg bis hin zur Akzeptanz einer Mitschuld an der „deutschen Katastrophe". Diejenigen, die eine Mitverantwortung der Ingenieure am Nationalsozialismus akzeptierten, kritisierten gleichzeitig, dass es in der bisherigen Ingenieurausbildung versäumt worden sei, die Fähigkeit zu kritischer Reflexion technischen Handelns auszubilden. Sie plädierten deshalb für eine Erhöhung des Anteils an nichttechnischen Studienfächern, um so auf eine Erweiterung der sozialen und kulturellen Kompetenz der Ingenieure hinzuwirken. Mit der Forderung nach mehr Sozialkompetenz erweiterte diese Gruppe das Berufsbild der Ingenieure um Eigenschaften, die in der bipolar konstruierten Geschlechterordnung eher dem weiblichen Pol zugeordnet waren. Darin lag eine Chance, die männliche Kultur der Technik aufzubrechen.

Diese Chance wurde zunächst verspielt. Die politische „Elite" der neuen Ordnung beendete die Debatten um die Nazivergangenheit aus dem Bestreben heraus, die technischen Experten in den Aufbau der neuen Ordnung einzubinden. Das wurde im Laufe der 1950er Jahre umso dringlicher, als mit der Eröffnung neuer Fronten im Kalten Krieg die Verfügbarkeit über technische Experten zu einem Gegenstand der

---

len Fremdheit besteht darin, so meine These, die Frauen, denen in bipolaren Geschlechterordnungen der Status des kulturell Anderen zugeschrieben wird, in den Prozess der Technikproduktion einzubinden.

5 Vgl. dazu Grafiken III/10 und III/11.

Systemauseinandersetzung avancierte. Parallel zur Einbindung der „bürgerlichen“ Intelligenz versuchte die politische Klasse das Potenzial an technischen Experten durch die Produktion einer neuen (sozialistischen) technischen Intelligenz zu erweitern. Zu diesem Zwecke setzte sie in den 1950er Jahren die Gründung neuer Ausbildungsstätten sowie Reformen in der akademischen Ingenieurausbildung durch. Das führte zum Einen zur Homogenisierung der Institutionen der höheren technischen Bildung durch die Gründung monotechnischer Spezialhochschulen und die Auslagerung vieler nichttechnischer Fächer aus der Technischen Hochschule Dresden und zum Anderen zu einer industrienahen, artefaktkonzentrierten Spezialisierung der Ausbildung. Diese Neugründungen und Reformen signalisierten einerseits einen Machtverlust der technischen Experten in der Bildungspolitik, die weder die Gründung technischer Spezialhochschulen noch die Spezialisierung der Ausbildungsstrukturen verhindern konnten. Die Reformen führten andererseits aber auch zu einer Restauration der männlichen Kultur der Ingenieurausbildung, weil die fachliche Homogenisierung der Institutionen ausgrenzend auf Frauen wirkte. Hatte die Pluralisierung im Bildungsangebot der Technischen Hochschulen in der Weimarer Republik den Zugang der Frauen zwar noch kaum in die Fachrichtungen, wohl aber in die Institutionen der akademischen Ingenieurausbildung befördert, so begünstigte die fachliche Engführung des Bildungsangebots die Tendenz einer erneuten Marginalisierung von Frauen in den Orten der Ingenieurausbildung.

Die im Zusammenhang mit umfassenden Verwaltungs- und Strukturreformen im Staatsapparat 1958 von der politischen Elite getroffenen Maßnahmen, die den Einfluss der Industrie auf die Inhalte und die Organisation der akademischen Bildung verstärkten, waren ebenfalls noch nicht geeignet, die Geschlechtergrenzen im Zugang zum technischen Wissen nachhaltig zu verschieben. Zwar war im Ergebnis des Umbaus der Geschlechterordnung die Frauenquote im industriellen Sektor deutlich gestiegen. Aber zwei Grundsatzentscheidungen der politischen Elite verhinderten, dass mit der Integration der Frauen in industrielle Erwerbsarbeit auch deren im Kontext der bürgerlichen Geschlechterordnung entstandene Stigmatisierung überwunden wurde.

Das war zum Einen die im ersten Fünfjahrplan der DDR getroffene Entscheidung für den schwerindustriellen Wachstumspfad, mit dem Männerarbeitsplätze auf einem durch einen Frauenüberschuss gekennzeichneten Arbeitsmarkt geschaffen worden waren. Diese Entscheidung verschärfte das durch den Krieg entstandene demographische Ungleichgewicht zwischen den Geschlechtern im Arbeitskräfteangebot und reproduzierte das mit dem bürgerlichen Konzept vom männlichen Familienernährer verknüpfte Bild von der Frau als zusätzlicher Arbeitskraftreserve, die in Zeiten des Männermangels mobilisiert werden kann. Die Stigmatisierung der Frauen als Reservearbeitskraft verhinderte die Anerkennung weiblicher Technikkompetenz.

Das war zum Anderen die Entscheidung für einen tayloristischen Ansatz in der Frauenarbeitspolitik, der im Instrument der Arbeitsplatzanalysen seinen Ausdruck fand.

Diese Politik ermöglichte zwar den Frauen den Eintritt in bislang männlich definierte Arbeitsbereiche, verlieh ihnen aber nicht den Status der männlichen Facharbeiter, weil Frauen vor allem als un- und angelernte Arbeitskräfte beschäftigt wurden.

Die 1958 durchgeführte Neuordnung des Verhältnisses zwischen Hochschulen und Industrie beförderte jedoch vor allem den Ausbau des berufsbegleitenden Fern- und Abendstudiums. Diese Studienformen begünstigten den Zugang von Facharbeitern in den Ingenieurberuf und stärkten die in der deutschen Tradition der Ingenieurausbildung bislang eher randständige shop-culture. Gleichzeitig bekräftigten diese Maßnahmen der politischen Elite einen Bildungsansatz, der die Anwendungsorientierung und damit das Spezialwissen ins Zentrum stellte und so die Kohäsionskräfte des Ingenieurberufs zu sprengen drohte. Denn nun wurden Spezialisten für einen immer kleineren Wirkungskreis erzeugt. Die bürgerliche ingenieurwissenschaftliche Elite hatte zwar, wie schon in der Zwischenkriegszeit, so auch nach dem Zweiten Weltkrieg versucht, sich dem Trend, einer mit der zunehmenden Ausdifferenzierung des technischen Wissens immer tiefer gehenden Spezialisierung zu widersetzen. Sie hatte sich zur Bewahrung ihres Einflusses gegen die Konkurrenz der Spezialhochschulen schließlich aber doch auf Kompromisse eingelassen.

Erst nach dem Mauerbau gelang es der technischen Elite kurzzeitig, ihren Anspruch auf Festlegung des für die Reproduktion der Berufsgruppe erforderlichen Wissenskanons durchzusetzen. Gegen einen erneuten Reformvorstoß verhinderten die Ingenieurwissenschaftler die von der politischen Klasse angestrebte vertikale Spezialisierung des Ingenieurberufs nach Einsatzbereichen und die Umbewertung des Ingenieurpraktikums. Sie verteidigten damit die Dreieinigkeit von wissenschaftlicher, praktischer und Leitungsexpertise als Basis für das Selbstverständnis technischer Experten. Die Vertreter der ingenieurwissenschaftlichen Elite hielten weiterhin an der Aufwertung von theoretischem und Grundlagenwissen gegenüber dem Anwendungswissen fest. Sie vereitelten schließlich den Versuch der politischen Elite, über das so genannte Kombistudium alle Ingenieurstudenten als Grenzgänger zwischen den Orten der Produktion und der Anwendung des Wissens auszubilden und verteidigten erfolgreich die Überlegenheit einer im akademischen Milieu erworbenen Ausbildung.

Die Kontrolle über die Zugänge zum technischen Wissen konnten die Ingenieurwissenschaftler nach dem Mauerbau allerdings nicht wieder aufrichten. Die seit 1962 erlassenen staatlichen Auflagen zur Erhöhung des Frauenanteils unter den Neuzulassungen in den technischen Studiengängen wurden zum Ausgangspunkt für umfassende politische Interventionen in der Zulassungspolitik. Sie begannen mit einer Verschärfung der staatlichen Kontrollen und mündeten in die Vorgabe einer Frauenquote für Neuzulassungen im Jahre 1965.

Eine nachhaltige Verschiebung der Geschlechtergrenzen in der Ingenieurausbildung setzte sich jedoch erst mit dem zweiten Veränderungsschub im technischen Bildungssystem durch. Dessen Vorbereitung begann im Dezember des Jahres 1965, als mit dem elften ZK-Plenum der SED Maßnahmen zur Rezentralisierung der Wirtschaft und damit der Anfang vom Ende der Wirtschaftsreform beschlossen wurde. Parallel dazu leitete die politische Klasse einen analogen Zentralisierungskurs im Hochschulsystem ein. Dabei erwuchsen aus dem Scheitern der Wirtschaftsreform grundlegende Impulse zur Durchsetzung der Hochschulreform. In dem Maße, wie in der Wirtschaftspolitik technizistische Effizienzvorstellungen die Oberhand gewannen und die Funktionäre darauf setzten, durch die bevorzugte Entwicklung so genannter Schlüsseltechnologien den Systemwettstreit mit dem Westen zu gewinnen[6], erlangten die Hochschulen als Produzenten der Wissensträger und Wissensbestände wachsende Bedeutung für die Staatswirtschaft. Bemühungen zur Reorganisation des Hochschulsystems unter dem Primat technisch-industrieller Schwerpunktsetzungen führten zur so genannten dritten Hochschulreform und zur Auslösung einer zweiten Bildungsexpansion.

In ihrem Ergebnis wurde die Ingenieurausbildung in wichtigen Punkten bedeutend verändert und die professionelle Autonomie der knowledge class im Ingenieurbereich nahezu vollständig aufgelöst. Im Zusammenhang mit der Auflösung von Instituten und Fakultäten zugunsten von Sektionen erfolgte ein grundlegender Umbau fachlicher Strukturen in der Ingenieurausbildung. Die Ausdehnung der akademischen Ingenieurausbildung auf Ingenieurhochschulen und traditionelle Universitäten veränderte die institutionellen Ausbildungsstrukturen und untergrub das in der deutschen Bildungstradition verankerte Monopol der Technischen Hochschulen zur Heranbildung von Diplomingenieuren. Das etablierte Berechtigungssystem wurde mit dem Hochschulabschluss als neuem Ingenieurabschluss unterhalb des Diploms erweitert und gleichzeitig aufgeweicht. Die Kontrolle der Ingenieurwissenschaftler über den Zugang zum technischen Wissen wurde durch neue Auflagen zur Rekrutierung von Frauen und Facharbeitern sowie über die staatliche Vorgabe zulässiger Exmatrikulationsquoten und schließlich mittels organisatorischer Veränderungen in der Zulassungspraxis weitgehend aufgehoben. Auch die von der Bildungspolitik angewiesene Verkürzung der Ausbildungszeit auf vier Jahre nahm keinerlei Rücksicht auf traditionelle Zuständigkeiten der Ingenieurwissenschaftler für die Reproduktion der Berufsgruppe. Mit der institutionellen und organisatorischen Ausdifferenzierung verschiedener Bildungswege für Produktions- und für Forschungsingenieure setzte die Bildungspolitik schließlich ihren im letzten Reformversuch gescheiterten Plan einer vertikalen Spezialisierung der Ingenieurausbildung nach Einsatzbereichen durch. Alle Maßnahmen wirkten darauf hin, am Ende der 1960er Jahre die Einheit von wissenschaftlicher, praktischer und Leitungsexpertise als Prämisse der homosozialen Berufsidentität technischer Experten, die sie zu Beginn der 1960er Jahre noch erfolgreich verteidigt hatten, zu beseitigen.

6 Vgl. Steiner, Die DDR-Wirtschaftsreform, S. 442-502 zur forcierten Strukturpolitik im letzten Drittel der 1960er Jahre.

Diese im Unterschied zu den Bildungsreformen der 1950er Jahre weitaus tiefer gehenden Eingriffe in das technische Bildungssystem trafen allerdings nur noch auf einen moderaten Widerstand der Ingenieurwissenschaftler. Mit dem Aufstieg von Ingenieurwissenschaftlern in die Bildungspolitik, dem Generationswechsel in der Hochschullehrerschaft und der von einer tiefen Technikgläubigkeit in der späten Ulbricht-Ära genährten Hoffnung, mit der Ausbildungsreform endlich die Spezialisierung der 1950er Jahre überwinden und die Ausbildung an international wirksame Trends in der Entwicklung der Technikwissenschaften anpassen zu können, waren Faktoren wirksam, die ausgerechnet in der Phase ihres größten Autonomieverlustes eine Kooperation der Experten mit der politischen „Elite" begünstigten.

Die nachhaltige Verschiebung der Geschlechterproportionen in den Institutionen der akademischen Ingenieurausbildung und die Feminisierung technischer Fachrichtungen, wie zum Beispiel der Verfahrenstechnik, der Verarbeitungstechnik, der Werkstoffwissenschaften und der Informationsverarbeitung, aber auch der Architektur, der Geodäsie und Kartographie und der Ingenieurökonomie waren ebenso wie die beträchtliche Erhöhung des Frauenanteils im Bauingenieurwesen die signifikantesten Ergebnisse des umfassenden Umbaus der Hochschulstrukturen. Der Hochschulumbau war zwar die entscheidende, nicht aber die alleinige Ursache für die Verschiebung der Geschlechtergrenzen in der Ingenieurausbildung. Auch der Gesellschaftsumbau in anderen Bereichen spielte eine Rolle. So begünstigten Veränderungen in der schulischen und in der familiären Sozialisation die Studienentscheidungen jener Abiturientinnen, die seit Mitte der 1960er Jahre ein technisches Studium aufnahmen. Sie hatten ein durchweg koedukatives Bildungssystem mit starker mathematisch-naturwissenschaftlicher Ausrichtung und einer polytechnischen Orientierung durchlaufen. Dieses Bildungssystem trug dazu bei, den in der deutschen Bildungstradition angelegten Gegensatz zwischen der kulturwissenschaftlichen und der natur- und technikwissenschaftlichen Wissenskultur zugunsten letzterer aufzulösen und auch die geschlechtliche Codierung der verschiedenen Bildungskulturen abzuschwächen. Dadurch erwarben Frauen über das Schulsystem der DDR gute Voraussetzungen für die Aufnahme eines technischen Studiums.

Zudem waren in der DDR die meisten Mütter der nach dem Krieg geborenen Ingenieurstudentinnen berufstätig. Die Studentinnenkohorte der späten Ulbricht- und frühen Honecker-Ära hatte den Geschlechtervertrag der neuen Ordnung bereits als Lebensmuster ihrer Eltern erlebt. Gleichzeitig aber erfuhren sie am Qualifikations- und Einkommensgefälle zwischen ihren Eltern die Grenzen staatssozialistischer Gleichberechtigungspolitik. Mit der Entscheidung für einen traditionellen Männerberuf versuchten sie, der auch unter den Bedingungen der neuen Geschlechterordnung fortbestehenden Stigmatisierung der Frauenarbeit zu entgehen.

Schließlich ermutigte auch ein Wandel in den Technikvorstellungen die Frauen zur Überschreitung der Grenze in den Ingenieurbereich. Gerade in den 1960er Jahren kamen international wirkende Tendenzen zum Zuge, mit denen die Praxisorientierung als gemeinsamer Nenner für technisches Wissen ab- und die Wissenschaftsorientierung aufgewertet wurde.[7] Mit dem Bedeutungsverlust der Praxisorientierung verblassten eben jene Elemente im Berufsbild des Ingenieurs, an denen dessen männliche Codierung festgemacht worden war.

Dass jedoch der eindrucksvolle Feminisierungsschub in den technischen Studiengängen mit der dritten Hochschulreform zeitlich zusammenfiel, weist dem Strukturumbau im Hochschulbereich letztlich die ausschlaggebende Funktion für die Verschiebung der Geschlechterproportionen in der akademischen Ingenieurausbildung zu.

Schließlich bewirkte die bildungspolitische Kursänderung beim Machtwechsel von Ulbricht zu Honecker einen zusätzlichen Feminisierungseffekt in der zweiten Bildungsexpansion. Er war darauf zurückzuführen, dass der von Honecker verfolgte Stopp der Bildungsexpansion zuerst zu einer Einschränkung der Neuzulassung von männlichen Studienbewerbern führte, die jetzt vor dem Studium ihren Armeedienst abzuleisten hatten. Das führte in den Jahren von 1972 bis 1974 zu einer sprunghaft steigenden Frauenquote, die danach wieder etwas zurückging, aber nicht mehr unter das bis 1971 erreichte Niveau fiel.

Honecker erntete schließlich die Früchte von Ulbrichts Bemühungen um den Ausbau des Innovationspotenzials durch die Mobilisierung technischer Experten über Geschlechtergrenzen hinweg. Damit fuhr er den Etappensieg im Systemwettstreit um die Anzahl technischer Experten ein. Seine Wirtschaftsstrategie war jedoch nicht geeignet, mit dem gewaltig erweiterten Innovationspotenzial auch die Innovationsfähigkeit des Systems zu verbessern. Die Produktivitätslücke der DDR-Wirtschaft im Vergleich zur Bundesrepublik hat sich in der Honecker-Ära nicht verringert, sondern vergrößert.[8]

Grundlegende Innovationsblockaden hat allerdings nicht erst die Wirtschafts- und Technikpolitik der Honeckerregierung, sondern bereits der unmittelbar nach Kriegsende einsetzende Berufsumbau errichtet. Die Grundzüge des Berufsumbaus ergaben sich aus der Verstaatlichung der Wirtschaft und der Zentralisierung der Wirtschaftsleitung. Ein erster bestand in der Beschränkung und schließlich vollständigen Unterbindung der freiberuflichen Tätigkeit von Ingenieuren und Architekten. Freiberufliche Ingenieure waren ein Störfaktor in der verstaatlichten Wirtschaft, weil sie sich der direkten staatlichen Kontrolle entzogen. Mit der Unterbindung freiberuflicher Ingenieurarbeit beraubte sich die verstaatlichte Wirtschaft aber der Möglichkeit, Engpässe der unflexiblen Planwirtschaft zu überbrücken. Und sie begab sich eines wichtigen Kreativitätspotenzials, das sich in den von Henselmann beklagten subalternen Angestelltenpositionen nicht entfalten konnte. Gleichzeitig beförderte die

7 Wengenroth, Der aufhaltsame Aufstieg, S. 129-140.

8 Ritschl, S. 11-46.

Unterbindung von Selbständigkeit Tendenzen einer mentalen Efeminierung im beruflichen Selbstverständnis der Ingenieure.

Ein zweiter Grundzug des Berufsumbaus bestand darin, dass die Platzierung der Ingenieure in der verstaatlichten Wirtschaft nicht mehr im Ergebnis von Aushandlungsprozessen zwischen Unternehmern und Berufsvertretern erfolgte, sondern direkt von der politischen Klasse vorgenommen wurde. Zwei Merkmale prägten diese Politik.

Das war erstens die Privilegierung einer technischen Elite über Einzelverträge. Sie verstärkte die männliche Codierung des Ingenieurberufs. Denn die Inhaber von Einzelverträgen, aus denen sich die technische Elite konstituierte und die ihrerseits eine Leitbildfunktion für die gesamte Gruppe der technischen Experten erfüllte, waren fast ausschließlich männlich.

Und das war zweitens die Einführung einer branchenspezifischen Differenzierung des Gehaltssystems. Damit begann hier eine nicht über spontane Marktmechanismen, sondern über technologiepolitische Schwerpunktsetzungen durch die politische Elite vermittelte Differenzierung verschiedener Wirtschafts- und Technikbereiche, die auf die soziale Situation der hier Beschäftigten durchschlug. Das aber begründete politisch konstruierte Hierarchien in der Technik und führte zu einer internen Differenzierung der Ingenieurberufe nach branchenspezifischen Einsatzfeldern, die ihrerseits wiederum geschlechtsspezifische Segregationsprozesse lenkte. Ingenieurinnen wurden häufig in feminisierten Branchen der Industrie eingesetzt, die wiederum in der Regel so genannte Nichtschwerpunktzweige waren. Die politisch konstruierten Hierarchien im technischen Feld beschränkten die Innovationsfähigkeit des Systems in zweierlei Hinsicht. Sie setzten erstens Leistungsanreize zur Bewertung von Ingenieurarbeit außer Kraft und reagierten zweitens außerordentlich träge auf Erfordernisse des Strukturwandels.

Eine weitere Folge der Verstaatlichung der Wirtschaft war der Zug zur Zentralisierung von Forschung, Entwicklung, Konstruktion und Projektierung in überbetrieblichen, produktionsfernen Einrichtungen. Er wurde mit den Beschlüssen der politischen Elite zur Wiedererrichtung betrieblicher Forschungs- und Entwicklungsstellen und Konstruktionsbüros zwar partiell revidiert. Das führte jedoch zu einer dualistischen Struktur der Erfindungs- und Entwurfstätigkeit, die nun sowohl in zentralisierten als auch betrieblichen Einrichtungen stattfand. Die damit verbundene Ausweitung des Arbeitsfeldes für Ingenieure begünstigte den Eintritt von Frauen in den Ingenieurberuf, vermochte jedoch nicht, die männliche Codierung der technischen Erfindungs- und Entwurfsarbeit aufzulösen. Das zeigt die geschlechtsspezifische Verteilung der Arbeitsaufgaben in den Entwicklungs- und Konstruktionsbüros. Für die Leistungsfähigkeit des Bereichs der Erfindungs- und Entwurfsarbeit im Rahmen des Innovationssystems war seine ausgeprägt zweigleisige Struktur ein Nachteil. Sie erhöhte den Verwaltungs- und Organisationsaufwand für Ingenieurarbeit und verstärkte damit die in der verstaatlichten Wirtschaft ohnehin bedeutenden Bürokratisierungstendenzen, die Effektivitätspotenziale vernichteten.

Die Aufwertung und partielle Feminisierung der Technologie war eines der signifikantesten Merkmale des staatssozialistischen Berufsumbaus im Ingenieurbereich. Neben der Ausweitung des Arbeitsfeldes für Forschungs-, Entwicklungs- und Konstruktionsingenieure durch Einführung einer zweigleisigen Struktur der Arbeitsstätten in diesem Tätigkeitsbereich war die Akademisierung der Technologenberufe ein Hauptfaktor für die Expansion der Arbeitsplätze im Ingenieurberuf, den daraus resultierenden großen Ingenieurbedarf und die deshalb in der Ära Ulbricht wiederholt unternommenen Anstrengungen der politischen Elite zur Bildungsexpansion im technischen Sektor. Die Technologenberufe in der verstaatlichten Wirtschaft aufzuwerten, das gelang wohl auf der strukturellen und der Bildungsebene. Die Gründung der Abteilung für Technologie in den volkseigenen Betrieben und die Akademisierung der Technologenausbildung erhöhten das Potenzial an Arbeitsplätzen und an Studiengängen für Technologen. Es gelang jedoch nicht, das Prestige der Technologen innerhalb der Ingenieurberufe zu erhöhen. In der geringen Attraktivität der Studiengänge und der Arbeitsplätze in der Technologie widerspiegelte sich die politische Über- und Fehleinschätzung der Fertigungs- und Verfahrenstechnik. Die politische Klasse überforderte die Technologen, als sie ihnen die Hauptverantwortung für die Effizienz des Wirtschaftssystems übertragen hatte. Denn mit technischem Wissen und ingenieurmäßigen Methoden waren die in die ökonomischen Strukturen des Systems eingelassenen Innovationsblockaden nicht aufzulösen. Das aber machte den Berufsalltag für viele Technologen zu einer frustrierenden Erfahrung, weil sie ihre Kreativität für die Erfüllung einer unlösbaren Aufgabe verschwendeten. Das geringe Prestige der Technologentätigkeiten war Resultat dieser Berufserfahrung.

Gleichzeitig erwies sich die Technologie als eine Zugangsschleuse für Frauen in den Ingenieurberuf. Damit löste sich im Bereich der Technologie die männliche Codierung des Ingenieurberufes auf. Das aber eröffnete den Frauen neue Handlungsräume gerade in jenem Sektor der Technik, der, weil er nicht artefakt- sondern prozessorientiert funktionierte, am unmittelbarsten mit sozialen Prozessen verbunden war. Es war zugleich der Bereich mit dem geringsten Prestige innerhalb der Ingenieurberufe.

Die Untersuchungsergebnisse zeigen, dass die systemspezifische Transformation den Ingenieurberuf ebenso wie andere Berufsfelder verändert hat. Die im Vergleich zu anderen Berufen, wie zum Beispiel den Juristen oder den Lehrern größere Distanz seines Wissenskanons von der für den Gesellschaftsumbau in der DDR zentralen Theorie und Ideologie des Marxismus Leninismus haben den Ingenieurberuf keineswegs vor politischen Interventionen bewahrt. Die Interventionen betrafen sowohl die Festlegung und Strukturierung des Wissenskanons als auch die Gestaltung der Zugänge und Bedingungen für die Anwendung des Wissens.

Dabei gingen den politischen Interventionen Beratungen oder Diskussionen mit den technischen Experten voraus, die über ein weit verzweigtes Netz von Fachkommissionen, Ausschüssen, Arbeitsgruppen et cetera mit den Politikern kommunizierten. Der wechselvolle Verlauf der Reformen in der Ingenieurausbildung zeigt sehr anschaulich, dass die politischen Interventionen in bestimmten Phasen der DDR-Geschichte besser als Aushandlungsprozesse zwischen Politikern und Experten zu begreifen sind, in denen die Experten eigene Standpunkte durchsetzen konnten.

Die Auswirkungen des Berufsumbaus auf die geschlechtliche Codierung und die Geschlechterproportionen im Ingenieurberuf waren widersprüchlich. Während die Eingriffe in das technische Bildungssystem ebenso wie die Maßnahmen zur Privilegierung einer technischen Elite in den 1950er Jahren die männliche Kultur der Ingenieurausbildung und des Berufsbildes verstärkten, öffneten die Maßnahmen in der Zulassungspolitik und die Folgen der Dritten Hochschulreform in den 1960er Jahren den Beruf nachhaltig für Frauen. Ihre Platzierung in den technischen Handlungsräumen zeigt jedoch, dass es den Frauen mit dem Eintritt in einen Männerberuf nicht gelungen ist, die hierarchischen Strukturen in der Geschlechterordnung abzubauen. Die Mehrheit der akademisch ausgebildeten Ingenieurinnen in der DDR blieb darauf angewiesen, ihre Fachkompetenz für die Realisierung technischer Projekte zu verausgaben, die in der Regel Männer entworfen und über deren Umsetzung wiederum Männer entschieden hatten. Damit versandete der systemspezifische Vorteil der neuen Ordnung, auf Grund ihres Geschlechtervertrages das Innovationspotenzial durch die Mobilisierung technischer Experten über Geschlechtergrenzen hinweg um eine Gruppe erweitern zu können, die durch ihre Bindung an das Reproduktionssystem andere lebensweltliche Erfahrungen und damit eine andere als die produktionszentrierte Wertewelt in das Innovationssystem einbrachte. Denn diese Gruppe wurde zwar mobilisiert, aber ihr Einfluss auf Weichenstellungen für die technische Entwicklung blieb marginal, weil nur sehr wenigen Frauen Verantwortung auf höheren Leitungsebenen übertragen wurde.

Die Tatsache, dass die DDR den mit dem Kalten Krieg entfachten Wettstreit um die Anzahl technischer Experten mit Hilfe der Mobilisierung von Frauen zwar gewonnen, den Kalten Krieg letztlich aber verloren hat, wurde für viele Frauen zu einer bitteren, persönlichen Erfahrung. Sie hatten ihre Energie und Kreativität für ein Projekt vergeudet, in dem ihnen zunächst nur viel geringere Gestaltungsspielräume als den Männern zugestanden wurden und das letztendlich auch noch fehlschlug.

Es ist müßig, heute darüber zu spekulieren, ob die Entwicklung einen anderen Verlauf genommen hätte, wenn die Auseinandersetzungen um die nationalsozialistische Technik mit der Gründung der DDR nicht abgebrochen, die Gründe und der Preis einer männlichen Kultur der Technik offen gelegt und damit rechtzeitig die Weichen für eine kreative und verantwortungsvolle Beteiligung der Frauen an der technischen Entwicklung gestellt worden wären.

Nach dem Zusammenbruch der DDR waren Ingenieurinnen weitaus häufiger als Frauen mit anderen akademischen Abschlüssen von Arbeitslosigkeit betroffen. Generell verschlechterten sich im technischen Berufsfeld die Berufschancen für Frauen weit stärker als für Männer.[9] Parallel zu diesen Erfahrungen ging die Frauenquote bei den Studienbewerbungen in technischen Fachrichtungen drastisch zurück.[10] Die Geschichte der DDR-Ingenieurinnen vermittelt dennoch auch eine positive Erfahrung. Sie widerlegt eindrucksvoll das in der Berufsideologie der Ingenieure noch immer anzutreffende Vorurteil vom Gegensatz von Technikkompetenz und Weiblichkeit. Jene Frauen, denen es während der Systemtransformation gelungen ist, weiterhin einen Platz in technischen Handlungsräumen zu behaupten oder neu zu gewinnen, können diese Erfahrung weitertragen. Zu diesen Frauen gehören mindestens sieben Frauen aus der Gruppe der 30 Hochschullehrerinnen in den Technikwissenschaften, die es geschafft haben, eine Stelle in den erneuerten Hochschulstrukturen zu erhalten.[11] Vier der sieben Frauen stiegen im Zuge des Hochschulumbaus von einer Dozentenstelle zur Professorin auf.

9 Minks, S. 17 f.

10 So fiel der Frauenanteil bei den Bewerbungen zum Ingenieurstudium an der TU Dresden von 1987 bis 1993 in der Informatik von 47 auf drei Prozent, im Maschinenwesen von 30 auf neun Prozent und in der Elektrotechnik von 17 auf sechs Prozent. Reiche, S. 35.

11 Von den 30 Ingenieurwissenschaftlerinnen unserer Gruppe wurden drei noch in der DDR emeritiert. Zwei weitere schieden durch Tod bzw. Invalidisierung vor dem Umbau des Hochschulsystems aus. Sechs Frauen erreichten bis 1993, das war das Jahr, in dem die Um- und Neuberufungen in den Neuen Bundesländern weitgehend abgeschlossen wurden, das Rentenalter. Mithin mussten sich 19 Frauen unserer Gruppe dem Problem des Hochschulumbaus stellen.

Verzeichnis der Grafiken im Anhang

Grafik A/1: Männliche und weibliche Studierende an Technischen Hochschulen 1907 - 1943/44 (Sommersemester) 375

Grafik A/2: Studentinnen an Universitäten und Technischen Hochschulen 1907 - 1943/44 (Sommersemester) 375

Grafik A/3: Studentinnen an Technischen Hochschulen, aufgeschlüsselt nach Fachrichtungen, von 1928 - 1935 (Sommersemester) 376

Grafik A/4: Männliche Studenten an Technischen Hochschulen, aufgeschlüsselt nach Fachrichtungen, von 1928 - 1935 (Sommersemester) 377

Grafik A/5: Absolventinnen technischer Fachrichtungen an Technischen Hochschulen 1932 - 1940 377

Grafik A/6: Neuzulassungen zum Direktstudium Maschinenwesen in der DDR 1967 - 1986, aufgeschlüsselt nach Geschlecht 378

Grafik A/7: Neuzulassungen zum Direktstudium Elektrotechnik/Elektronik in der DDR 1967 - 1986, aufgeschlüsselt nach Geschlecht 378

Grafik A/8: Neuzulassungen zum Direktstudium Werkstoffwesen in der DDR 1967 - 1986, aufgeschlüsselt nach Geschlecht 379

Grafik A/9: Neuzulassungen zum Direktstudium Verfahrenstechnik in der DDR 1967 - 1986, aufgeschlüsselt nach Geschlecht 379

Grafik A/10: Neuzulassungen zum Direktstudium Verarbeitungstechnik in der DDR 1973 - 1986, aufgeschlüsselt nach Geschlecht 380

Grafik A/11: Neuzulassungen zum Direktstudium Verkehrswesen in der DDR 1967 - 1986, aufgeschlüsselt nach Geschlecht 380

Grafik A/12: Neuzulassungen zum Direktstudium Bergbau in der DDR 1967 - 1986, aufgeschlüsselt nach Geschlecht 381

Grafik A/13: Neuzulassungen zum Direktstudium Bauwesen in der DDR 1967 - 1986, aufgeschlüsselt nach Geschlecht 381

Grafik A/14: Neuzulassungen zum Direktstudium Städtebau und Architektur in der DDR 1967 - 1986, aufgeschlüsselt nach Geschlecht 382

Grafik A/15: Neuzulassungen zum Direktstudium Informationsverarbeitung in der DDR 1969 - 1986, aufgeschlüsselt nach Geschlecht 382

Grafik A/16: Frauenanteil an den Neuzulassungen in den Technikwissenschaften von 1964 - 1986 in Prozent 383

Grafik A/17a-f: Frauenanteile an den Direktstudenten in den Sektionen 03-22 an der Technischen Universität Dresden von 1967 - 1986 in Prozent 383-386

Grafik A/18: Beschäftigte in Rechenzentren nach Qualifikation und Geschlecht im Jahre 1971 386

Grafik A/19: Erfolgreich abgeschlossene Promotionen A an DDR-Hochschulen und Akademien in den Technischen Wissenschaften – DDR Bürger 387

Grafik A/20: Erfolgreich abgeschlossene Promotionen A (alle Fakultäten) an der TU Dresden von 1945 - 1985, aufgeschlüsselt nach dem Geschlecht der Promovenden 387

Grafik A/21: Promotionen (A) von Frauen an der TU Dresden von 1919 - 1985, aufgeschlüsselt nach Wissenschaftsbereichen 388

Grafikanhang

Grafik A/1: Männliche und weibliche Studierende an Technischen Hochschulen 1907 - 1943/44 (Sommersemester)

Daten aus: Titze, Das Hochschulstudium, S. 33, 46 f.

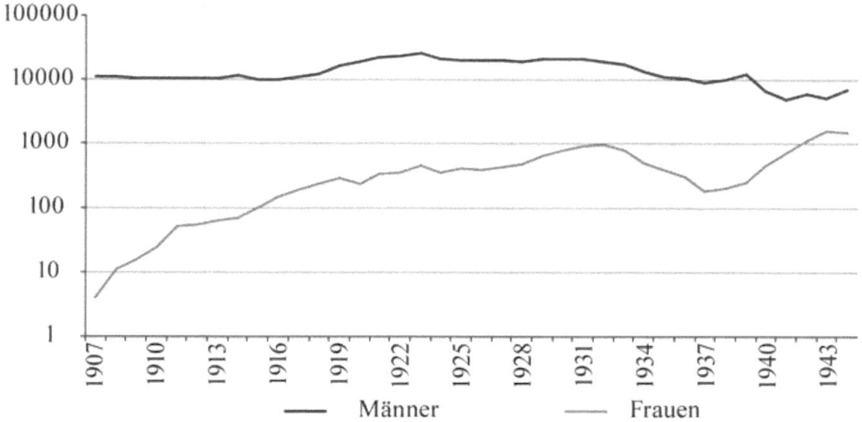

Grafik A/2: Studentinnen an Universitäten und Technischen Hochschulen 1907 - 1943/44 (Sommersemester)

Daten aus: Titze, Das Hochschulstudium in Preußen, S. 33, 42 f., 46 f.

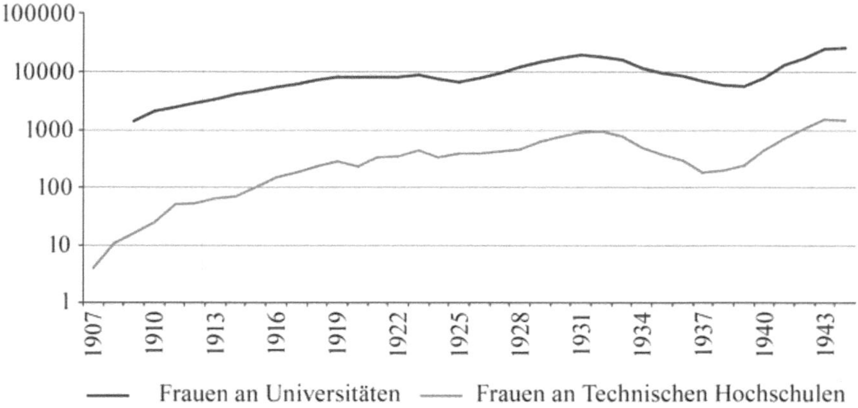

Grafik A/3: Studentinnen an Technischen Hochschulen, aufgeschlüsselt nach Fachrichtungen, von 1928 - 1935 (Sommersemester)

Daten aus: Deutsche Hochschulstatistik, Bd. 1 (1928), 3 (1929), 5 (1930), 7 (1931), 9 (1932), 11 (1933), 13 (1934), 15 (1935).

* ab 1933 einschl. Textil- und Gerbereitechnik

** einschl. Mathematik, Physik und Naturwissenschaften für das Lehramt

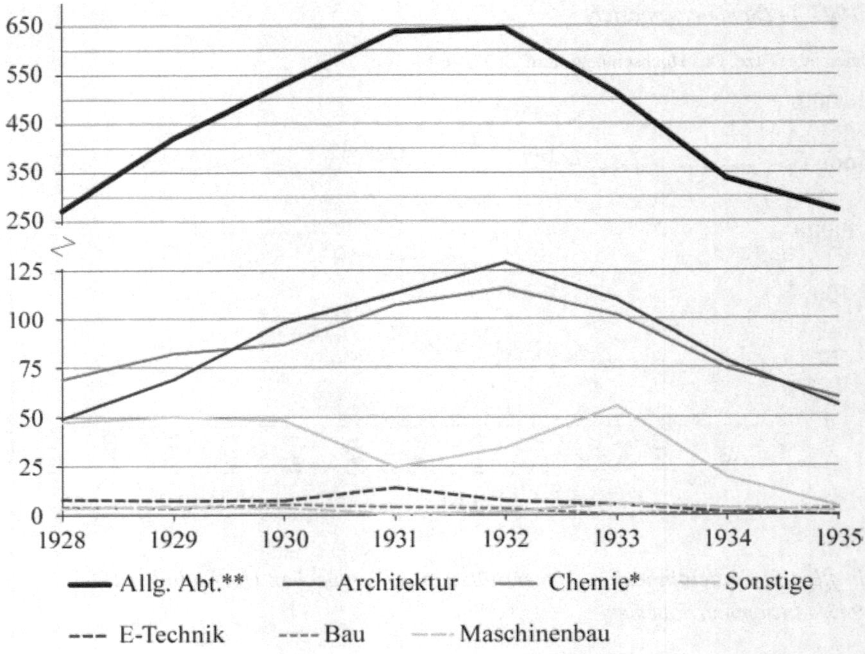

Grafik A/4: Männliche Studenten an Technischen Hochschulen, aufgeschlüsselt nach Fachrichtungen, von 1928 - 1935 (Sommersemester)

Daten aus: Deutsche Hochschulstatistik, Bd. 1 (1928), 3 (1929), 5 (1930), 7 (1931), 9 (1932), 11 (1933), 13 (1934), 15 (1935). * ab 1933 einschl. Textil- und Gerbereitechnik

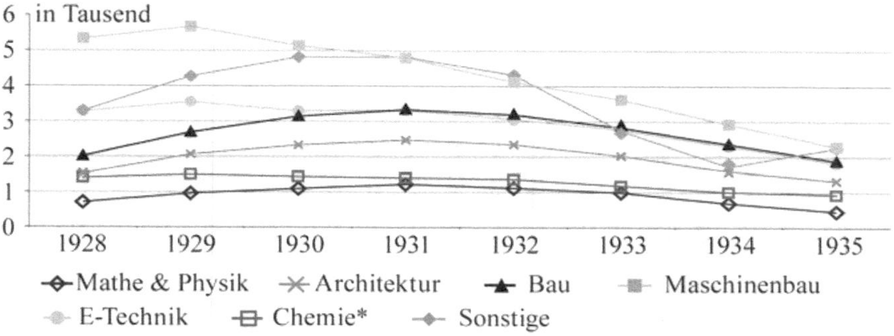

Grafik A/5: Absolventinnen technischer Fachrichtungen an Technischen Hochschulen 1932 - 1940

Daten aus: Lorenz, Abschlussprüfungen, S. 106 - 113.

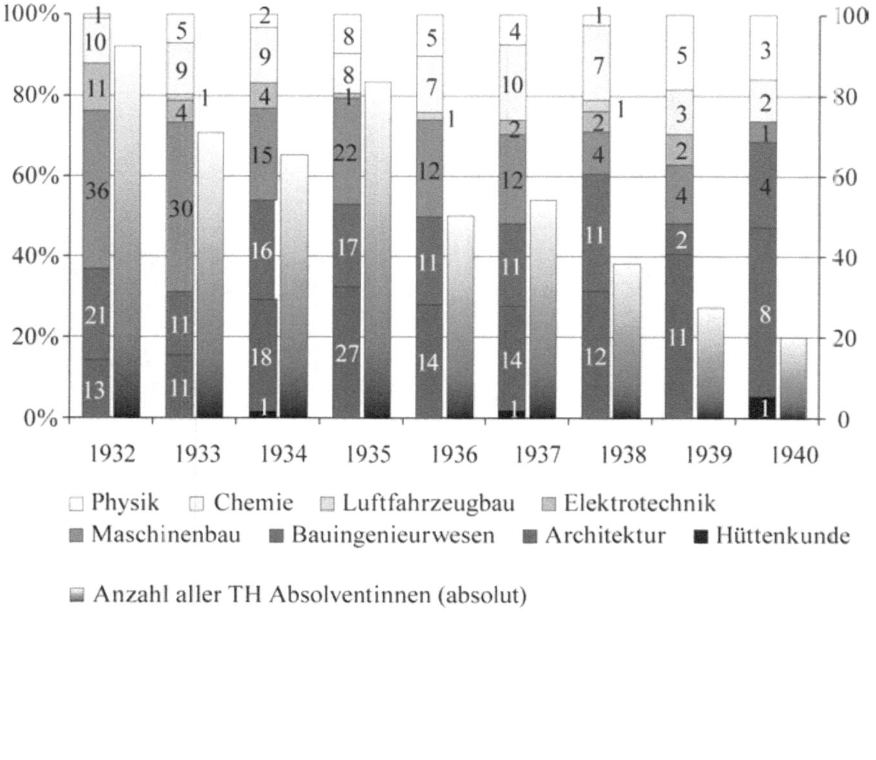

Grafik A/6: Neuzulassungen zum Direktstudium Maschinenwesen in der DDR 1967 - 1986, aufgeschlüsselt nach Geschlecht

Daten aus: Hochschulstatistik des MHF 1967 - 1986

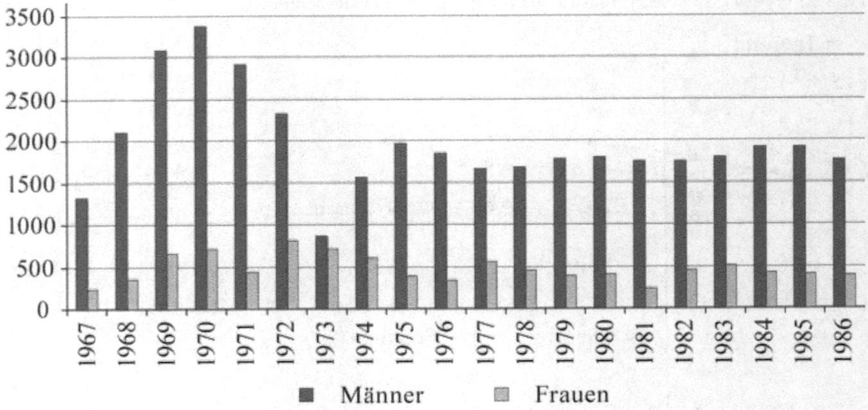

Grafik A/7: Neuzulassungen zum Direktstudium Elektrotechnik/Elektronik in der DDR 1967 - 1986, aufgeschlüsselt nach Geschlecht

Daten aus: Hochschulstatistik des MHF 1967 - 1986

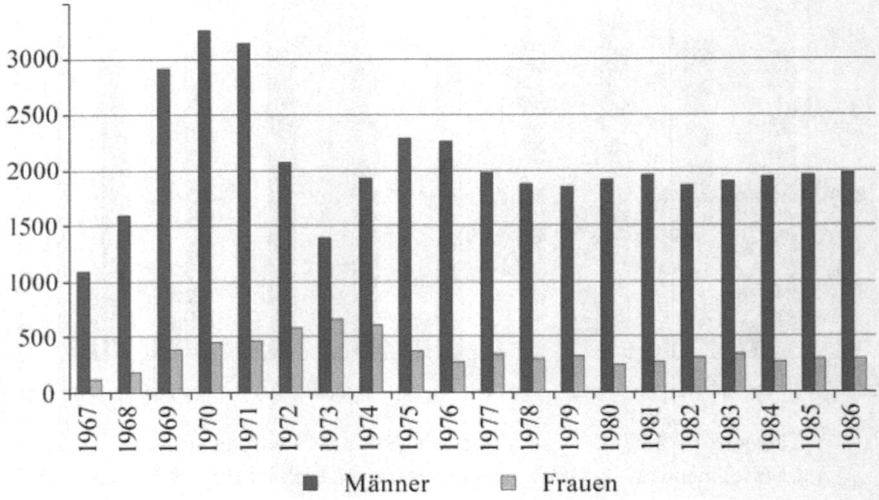

Grafik A/8: Neuzulassungen zum Direktstudium Werkstoffwesen in der DDR 1967 - 1986, aufgeschlüsselt nach Geschlecht

Daten aus: Hochschulstatistik des MHF 1967 - 1986

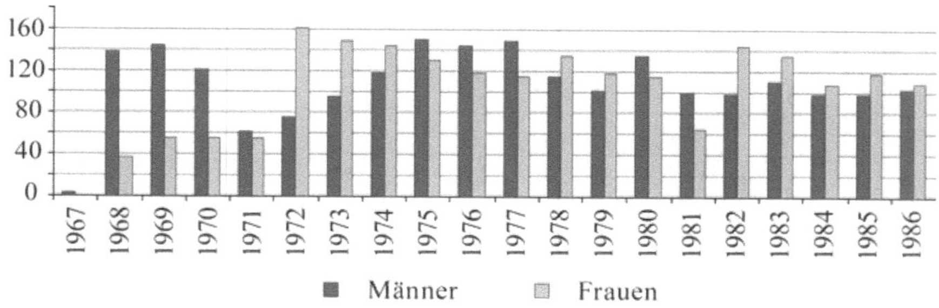

Grafik A/9: Neuzulassungen zum Direktstudium Verfahrenstechnik in der DDR 1967 - 1986, aufgeschlüsselt nach Geschlecht

Daten aus: Hochschulstatistik des MHF 1967 - 1986

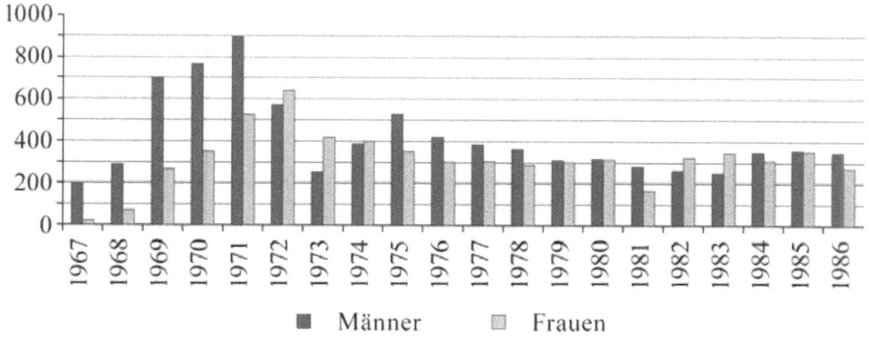

Grafik A/10: Neuzulassungen zum Direktstudium Verarbeitungstechnik in der DDR 1973 - 1986, aufgeschlüsselt nach Geschlecht

Daten aus: Hochschulstatistik des MHF 1973 - 1986

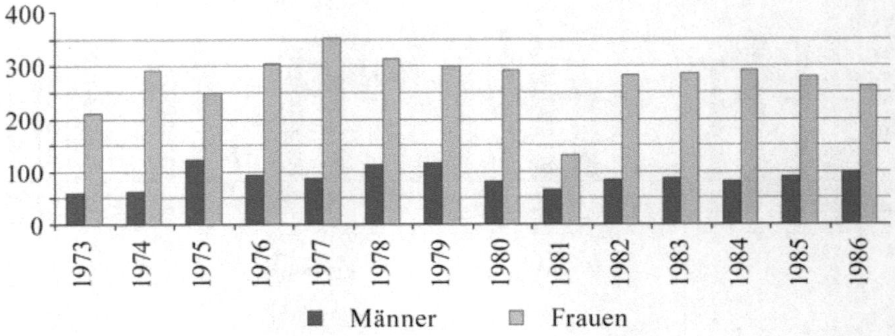

Grafik A/11: Neuzulassungen zum Direktstudium Verkehrswesen in der DDR 1967 - 1986, aufgeschlüsselt nach Geschlecht

Daten aus: Hochschulstatistik des MHF 1967 - 1986

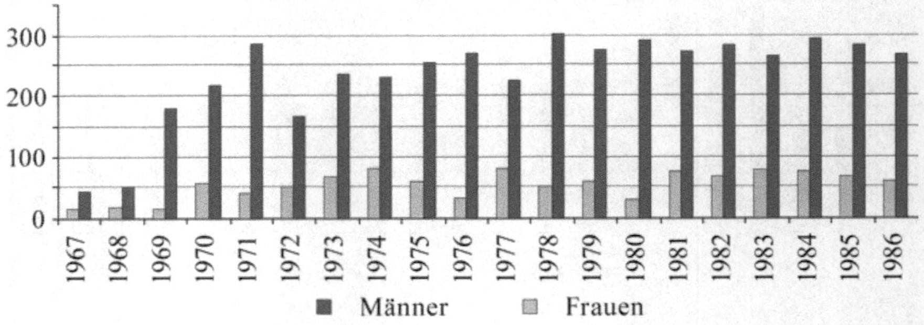

Grafik A/12: Neuzulassungen zum Direktstudium Bergbau in der DDR 1967 - 1986, aufgeschlüsselt nach Geschlecht

Daten aus: Hochschulstatistik des MHF 1967 - 1986

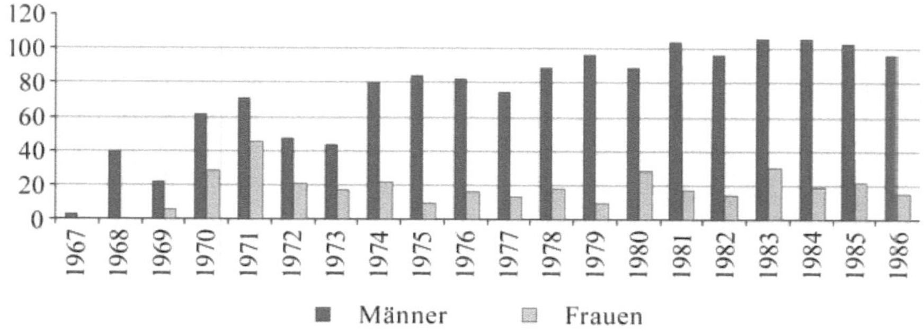

Grafik A/13: Neuzulassungen zum Direktstudium Bauwesen in der DDR 1967 - 1986, aufgeschlüsselt nach Geschlecht

Daten aus: Hochschulstatistik des MHF 1967 - 1986

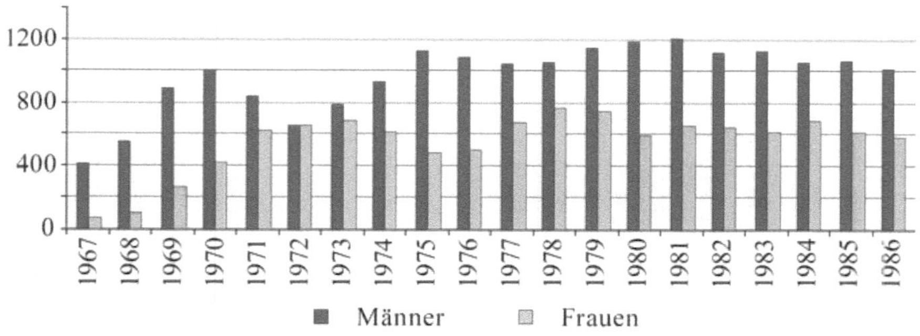

Grafik A/14: Neuzulassungen zum Direktstudium Städtebau und Architektur in der DDR 1967 - 1986, aufgeschlüsselt nach Geschlecht

Daten aus: Hochschulstatistik des MHF 1967 - 1986

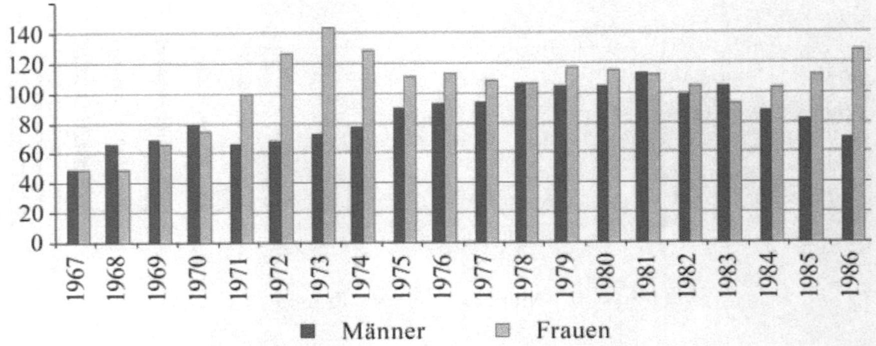

Grafik A/15: Neuzulassungen zum Direktstudium Informationsverarbeitung in der DDR 1969 - 1986, aufgeschlüsselt nach Geschlecht

Daten aus: Hochschulstatistik des MHF 1969 - 1986

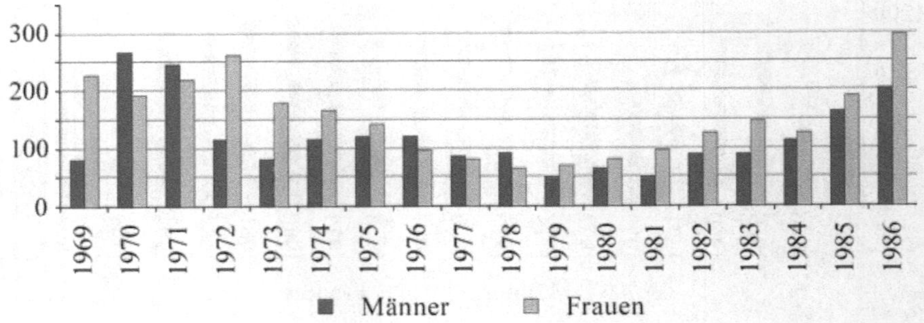

Grafik A/16: Frauenanteil an den Neuzulassungen in den Technikwissenschaften von 1964 - 1986 in Prozent

Daten aus Hochschulstatistik des MHF

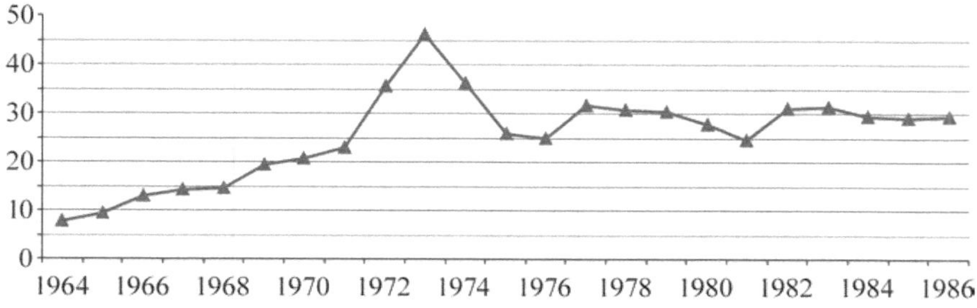

Grafiken A/17: Frauenanteile an den Direktstudenten in den Sektionen 03-22 an der Technischen Universität Dresden von 1967 - 1986 in Prozent

Quelle für alle Grafiken: Universitätsarchiv der TU Dresden, Dorothea Scholz, Historische Betrachtung des Frauenstudiums an der Technischen Universität Dresden von 1967 - 1986, MS 6.5.1987

Grafik A/17a: Frauenanteil in den Sektionen Informationsverarbeitung (8), Informationstechnik (9), Elektronik, Technologie und Feingerätetechnik (10) und Elektrotechnik (11) von 1967 - 1986

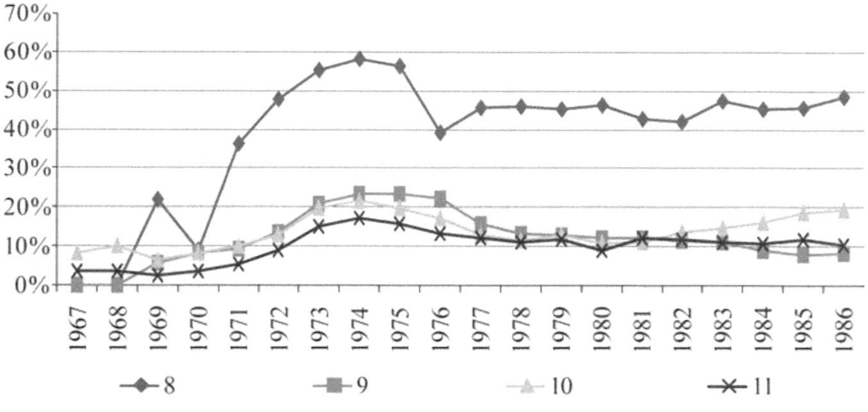

Grafik A/17b: Frauenanteil in den Sektionen Architektur (18), Bauingenieurwesen (17), Geodäsie und Kartographie (19), Wasserwesen (20) und Forstwirtschaft (21) von 1967 - 1986

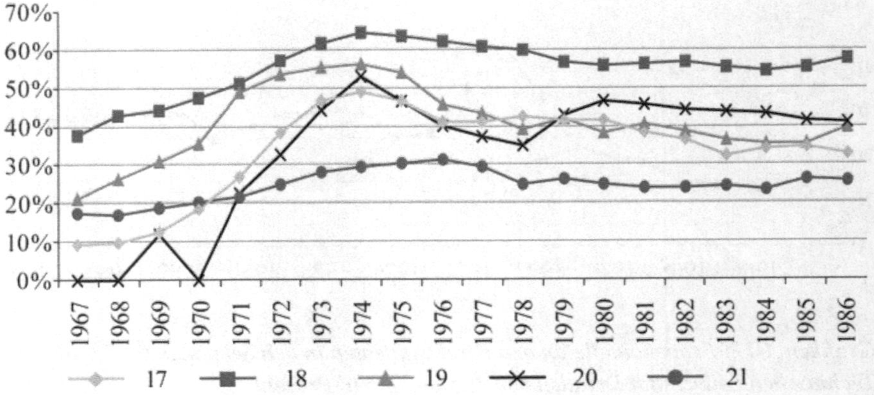

Grafik A/17c: Frauenanteil in den Sektionen Fertigungstechnik und Werkzeugmaschinen (14) und Verarbeitungs- und Verfahrenstechnik (15) von 1967 - 1986

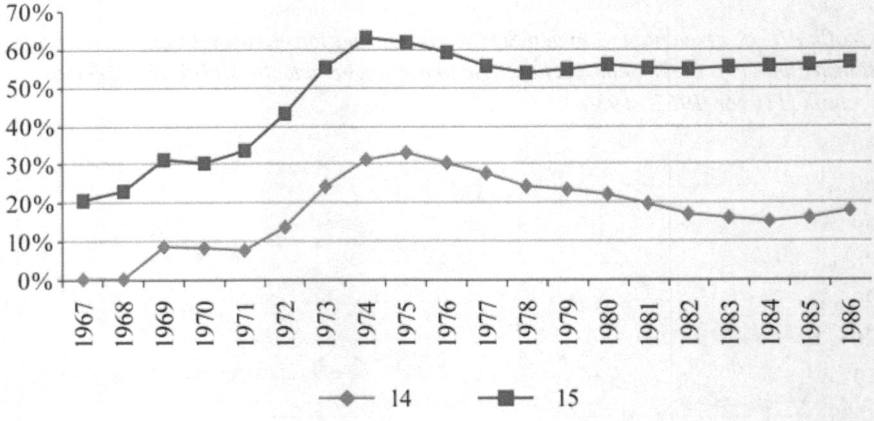

Grafik A/17d: Frauenanteil in den Sektionen Energieumwandlung (12), Grundlagen des Maschinenwesens (13) und Kraftfahrzeug-, Land- und Fördertechnik (16) von 1967 - 1986

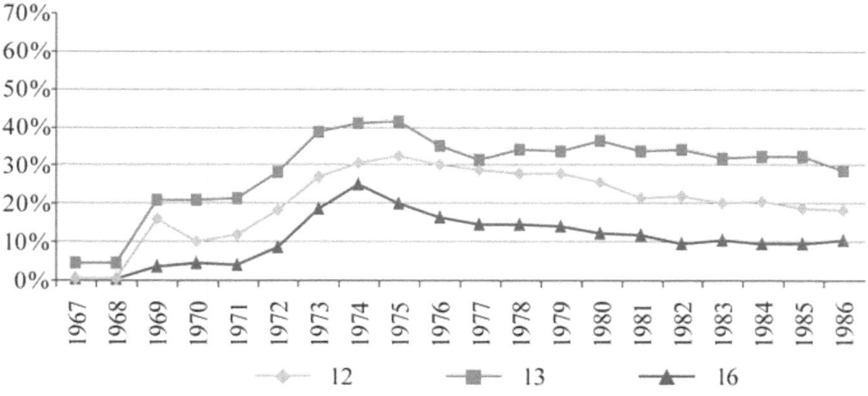

Grafik A/17e: Frauenanteil in den Sektionen Physik (5), Chemie (6) und Mathematik (7) von 1967 - 1986

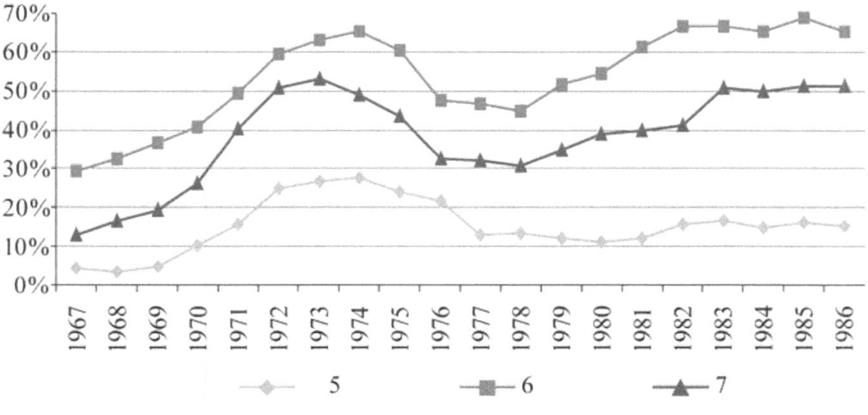

Grafik A/17f: Frauenanteil in den Sektionen Berufspädagogik (3), Sozialistische Betriebswirtschaft (4) und Arbeitswissenschaften (22) von 1967 - 1986

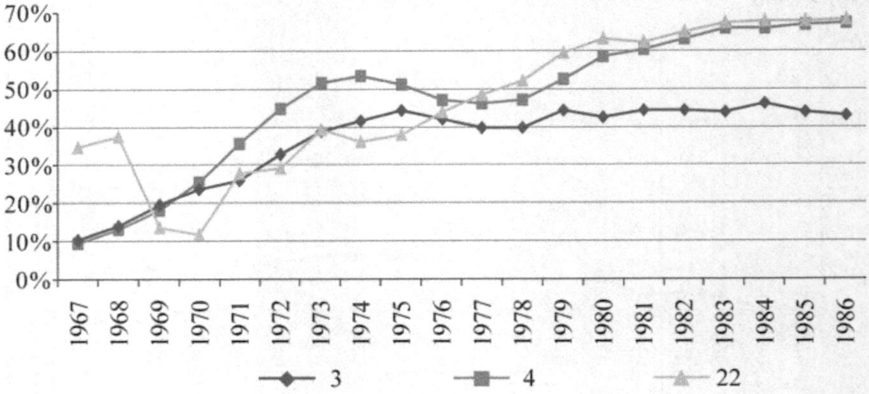

Grafik A/18: Beschäftigte in Rechenzentren nach Qualifikation und Geschlecht im Jahre 1971

Daten aus: Volks- und Berufszählung 1971, Bd. 5, S. 76

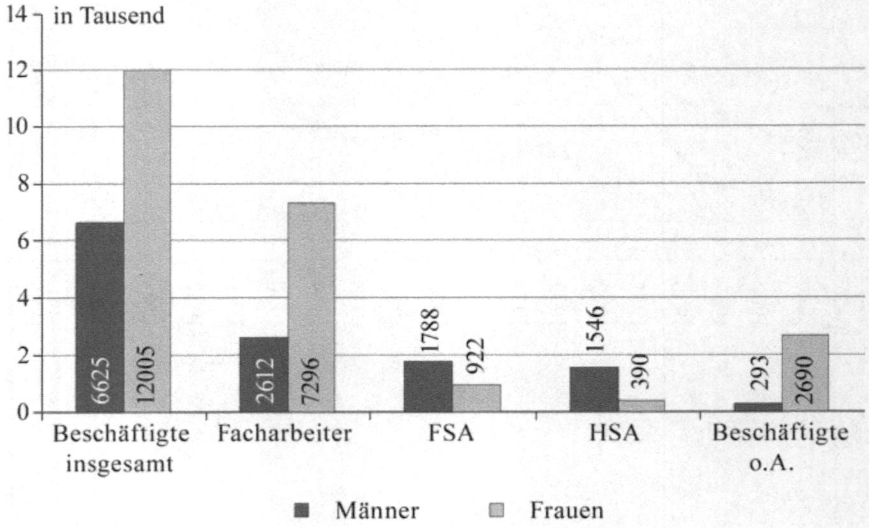

Grafik A/19: Erfolgreich abgeschlossene Promotionen A an DDR-Hochschulen und Akademien in den Technischen Wissenschaften – DDR Bürger

Quelle: Burkhardt, Scherer, Förderung wissenschaftlicher Nachwuchs, S. 72

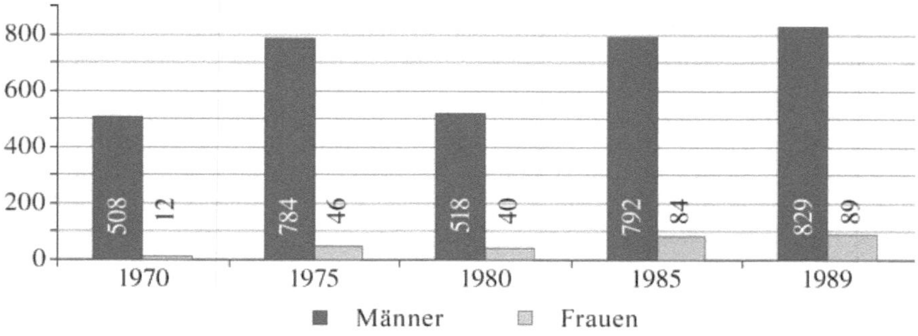

Grafik A/20: Erfolgreich abgeschlossene Promotionen A (alle Fakultäten) an der TU Dresden von 1945 - 1985, aufgeschlüsselt nach Geschlecht der Promovenden

Quelle: Hochschulschriftenverzeichnis und Datenbank der Promovendinnen der TU Dresden

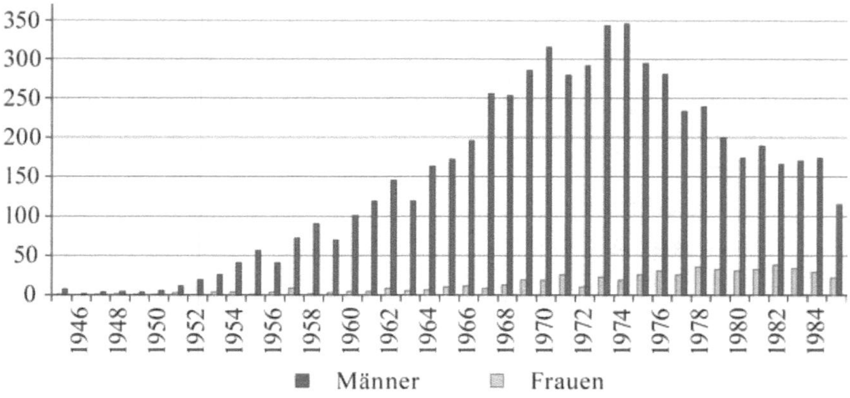

Grafik A/21: Promotionen (A) von Frauen an der TU Dresden von 1919 - 1985, aufgeschlüsselt nach Wissenschaftsbereichen

Quelle: Datenbank der Promovendinnen der TU Dresden

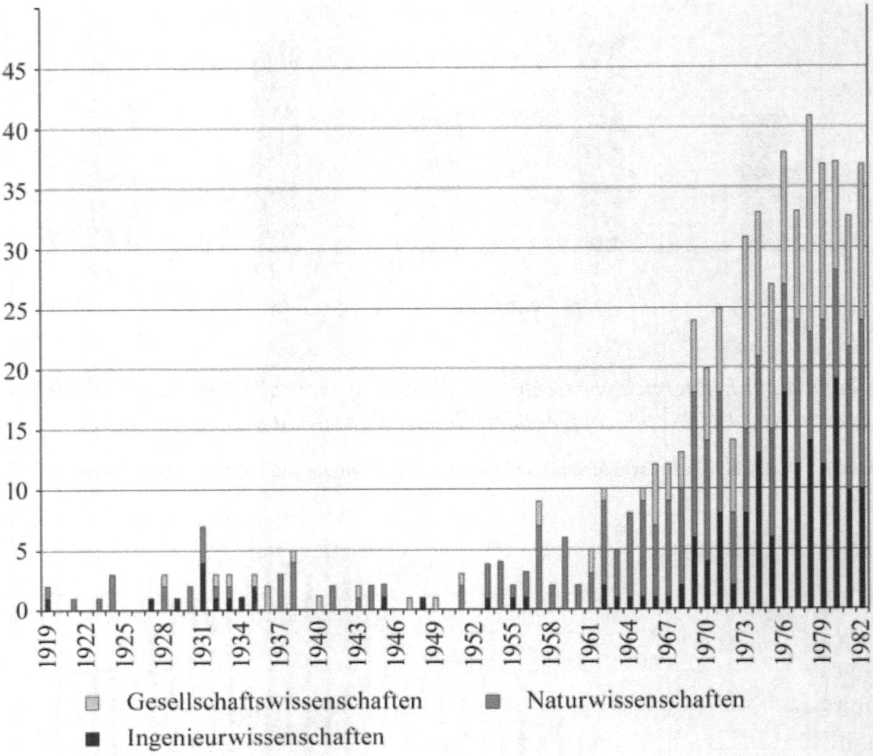

Verzeichnis der Grafiken und Tabellen im Text

Grafik I/1: Erst- und Höherberufungen von Ingenieurwissenschaftlerinnen an Universitäten, Technischen Hochschulen und Ingenieurhochschulen der DDR von 1957 bis 1988 103

Grafik III/1: Studierende im Hochschuldirektstudium in den Technischen Wissenschaften in der DDR von 1953-1960 184

Grafik III/2: Männliche und weibliche Direktstudenten in den Technischen Wissenschaften in der DDR 1960-1986 184

Grafik III/3: Studierende im Direktstudium an Technischen Hochschulen (TH), Spezialhochschulen (SHS) und Ingenieurhochschulen (IHS) in ausgewählten Jahren (1948, 1953, 1963, 1973, 1983) 186

Grafik III/4: Absolventen des Fachschul- und des Hochschulstudiums in den Technischen Wissenschaften im Vergleich, ausgewählte Jahre von 1960-1978 186

Tabelle III/5: Absolventen des Fern- und Abendstudiums in den Technischen Wissenschaften 1960-1985, ausgewählte Jahre 187

Grafik III/6: Männliche Direktstudenten an den Technischen und Spezialhochschulen im Vergleich zu den Direktstudenten an allen Hochschulen und Universitäten 188

Grafik III/7: Weibliche Direktstudenten an den Technischen und Spezialhochschulen im Vergleich zu den Direktstudenten an allen Hochschulen und Universitäten 188

Grafik III/8: Neuzulassungen zum Direktstudium in allen Studienrichtungen und in den Technischen Wissenschaften in der DDR 1964-1986, aufgeschlüsselt nach Geschlecht 189

Grafik III/9: Anteile der männlichen resp. weiblichen Ingenieurstudenten an den Neuzulassungen von Männern bzw. Frauen zum Hochschuldirektstudium in allen Fachrichtungen von 1964 bis 1986. 190

Grafik III/10: Verteilung der Absolventinnen des Direktstudiums in den Technikwissenschaften in den Jahren 1967, 1977 und 1986 auf Fachrichtungen 192

Grafik III/11: Verteilung der männlichen Absolventen des Direktstudiums in den Technikwissenschaften in den Jahren 1967, 1977 und 1986 auf Fachrichtungen 192

Grafik III/12: Frauenanteil an den Direktstudenten in verschiedenen Technischen und Spezialhochschulen der DDR 1953-1963 208

Grafik III/13: Männliche und weibliche Direktstudenten an der TH Dresden 1946-1953 251

Grafik III/14: Anzahl der Personen der für die Neuzulassungen zum Direkt- und zum Fern- und Abendstudium „alterstypischen Jahrgänge" (ATJ) auf dem Gebiet der DDR von 1946 bis 1966 253

Grafik III/15: Die Anzahl der Neuzulassungen zum Direkt- und zum Fern- und Abendstudium an Hochschulen auf je 100 Personen der alterstypischen Jahrgänge nach dem Geschlechterverhältnis, ausgewählte Jahre 254

Grafik III/16: Anteil der Frauen an den Zulassungen zum Hochschuldirektstudium für die Studienjahre 1964/65 (Ist) und 1965/66 256

Grafik III/17: Anteil der Neuzulassungen in den technischen Fachrichtungen an den Neuzulassungen im Rahmen der Bildungsexpansion von 1968 bis 1970, aufgeteilt nach Geschlecht 269

Grafik IV/1: Frauenquote unter den Diplomingenieuren in ausgewählten Branchen der Industrie 1964 309

Grafik IV/2: Frauenquote unter den „Hochschulkadern" in ausgewählten Branchen der Industrie 1971 310

Grafik IV/3: Betriebliche Fachdirektoren nach Arbeitsbereichen im Bereich der Industriegewerkschaft Textil, Bekleidung, Leder, aufgeschlüsselt nach dem Geschlecht der Stelleninhaber, Stand vom 15.9.1977 317

Grafik IV/4: Hochschuldirektstudenten (Männer und Frauen) im Werkstoffingenieurwesen von 1967 bis 1986 321

Grafik IV/5: Beschäftigte in Forschungs- und Entwicklungszentren der wirtschaftsleitenden Organe nach Qualifikation und Geschlecht im Jahre 1971 330

Grafik IV/6: Beschäftigte in Projektierungs- und Anlagenbaubetrieben nach Qualifikation und Geschlecht im Jahre 1971 331

Grafik IV/7: Frauenanteil an den Direktstudenten in den technischen Fakultäten der TH/TU Dresden von 1953-1966 in Prozent 343

Grafik IV/8: Absolventen der Fachrichtung Verfahrenstechnik 1967 - 1986, Männer und Frauen 356

Grafik IV/9: Absolventen der Fachrichtung Verarbeitungstechnik 1973 - 1986, Männer und Frauen 356

Grafik IV/10: Absolventen der Fachrichtung Werkstoffingenieurwesen 1967 - 1986, Männer und Frauen 356

Abkürzungsverzeichnis

ABF	Arbeiter- und Bauernfakultät(en)
ABI	Arbeiter- und Bauerninspektion
AdW	Akademie der Wissenschaften der DDR
Anm.	Anmerkung
ATJ	Alterstypischer Jahrgang
AVA	Aerodynamische Versuchsanstalt Göttingen
BArch	Bundesarchiv Berlin
BDA	Bund Deutscher Architekten / Bund der Architekten der DDR
BEK	Betriebliches Entwicklungs- und Konstruktionsbüro
BGL	Betriebsgewerkschaftsleitung
BKV	Betriebskollektiv-Vertrag
BV	Bundesvorstand
DAW	Deutsche Akademie der Wissenschaften
DDR	Deutsche Demokratische Republik
DFD	Demokratischer Frauenbund Deutschlands
DVL	Deutsche Versuchsanstalt für Luftfahrt Berlin-Adlershof
DVO	Durchführungsverordnung
DWK	Deutsche Wirtschaftskommission
EAW	Elektro-Apparate-Werk
EKO	Eisenhüttenkombinat Ost
EOS	Erweiterte Oberschule
ET	Elektrotechnik
FDGB	Freier Deutscher Gewerkschaftsbund
FDJ	Freie Deutsche Jugend
FOB	Forschungsbericht
FR	Fachrichtung
GBL	Gesetzblatt
Gen./Genn.	Genosse/Genossin
GESIS	Gesellschaft Sozialwissenschaftlicher Infrastruktureinrichtungen
HABW	Hochschule für Architektur- und Bauwesen Weimar
HFW	Hoch- und Fachschulwesen
HV	Hauptverwaltung

HSW	Das Hochschulwesen
i. d. R.	in der Regel
IG	Industriegewerkschaft
IHS	Ingenieurhochschule
KDT	Kammer der Technik
KMS	Karl-Marx-Stadt
KWG	Kaiser Wilhelm Gesellschaft
KWI	Kaiser Wilhelm Institut
LDPD	Liberal-Demokratische Partei Deutschlands
LRS	Landesregierung Sachsen
M	Mark der DDR
MAS	Ministerium für Arbeit und Sozialfürsorge
MDN	Mark der Deutschen Notenbank
MfV	Ministerium für Volksbildung
MHF	Ministerium für Hoch- und Fachschulwesen
MRB	Ministerratsbeschluss
NÖS	Neues Ökonomisches System
NS	Nationalsozialismus
NSDAP	Nationalsozialistische Deutsche Arbeiterpartei
NTM	Naturwissenschaft, Technik und Medizin
NTO	Wissenschaftlich-Technologisches Büro
NVA	Nationale Volksarmee
PB	Politbüro
Rat.	Rationalisierung
RFT	Rundfunk- und Fernsehtechnik
RGW	Rat für Gegenseitige Wirtschaftshilfe
Sächs.HstA	Sächsisches Hauptstaatsarchiv Dresden
SAG	Sowjetische Aktiengesellschaft
SAPMO-BArch	Stiftung Archiv der Parteien und Massenorganisationen der DDR im Bundesarchiv
SBW	Sozialistische Betriebswirtschaft
SBZ	Sowjetische Besatzungszone
SED	Sozialistische Einheitspartei Deutschlands
SHS	Spezialhochschule
SMAD	Sowjetische Militäradministration
Sozialw.	Sozialwesen
SPK	Staatliche Plankommission
SU	Sowjetunion
Tebele	Textil – Bekleidung - Leder
TH	Technische Hochschule
TKO	Technische Kontrolle und Organisation

TU	Technische Universität
TW	Technikwissenschaften
UdSSR	Union der Sozialistischen Sowjetrepubliken
VDI	Verein Deutscher Ingenieure
VE	Volkseigen
VEB	Volkseigener Betrieb
Vgl.	Vergleiche
VO	Verordnung
VVB	Vereinigung Volkseigener Betriebe
WIB	Wissenschaftlicher Industriebetrieb
WTZ	Wissenschaftlich-Technisches Zentrum
ZEK	Zentrales Entwicklungs- und Konstruktionsbüro
ZfG	Zeitschrift für Geschichtswissenschaft
ZIHSB	Zentralinstitut für Hochschulbildung
ZK	Zentralkomitee der SED
ZVDI	Zeitschrift des Vereins Deutscher Ingenieure

Quellen- und Literaturverzeichnis

A: Archivalien

Bundesarchiv, Abt. Berlin (BArch)

DF4	Zentralamt für Forschung und Technik, später: Staatssekretariat / Ministerium für Wissenschaft und Technik
DG2	Ministerium für Schwerindustrie
DG3	Ministerium für Maschinenbau
DG4	Ministerium für Leichtindustrie
DH1	Ministerium für Bauwesen
DQ2	Ministerium für Arbeit und Berufsbildung
DR2	Deutsche Verwaltung für Volksbildung
DR3	Staatssekretariat / Ministerium für Hoch- und Fachschulwesen

Stiftung Archiv der Parteien und Massenorganisationen der DDR im Bundesarchiv (SAPMO-BArch)

DY 30/IV/2/17	Abteilung Frauen im ZK der SED
DY 30/IV/A2/17	Abteilung Frauen im ZK der SED
DY 30/IV/2/9.04	Abteilung Wissenschaft im ZK der SED
DY 30/IV/A2/9.04	Abteilung Wissenschaft im ZK der SED
DY 30/IV/2/2.029	Büro Erich Apel
DY 30/IV/2/2.101	Wirtschaftskommission des Politbüros der SED
DY 30/IV/2/604	Abteilung Maschinenbau und Metallurgie im ZK der SED
DY 30/IV/2/606	Abteilung Bauwesen im ZK der SED
DY 15	Bund deutscher Architekten bzw. Bund der Architekten der DDR
DY 61	Kammer der Technik
DY 34	Freier Deutscher Gewerkschaftsbund FDGB
DY 31	Demokratischer Frauenbund Deutschlands DFD

Sächsisches Hauptstaatsarchiv Dresden (Sächs.HstA)

Ministerium für Volksbildung vor 1945 (MfV)
Landesregierung Sachsen (LRS), Ministerium für Volksbildung nach 1945 (MfV)
Landesregierung Sachsen (LRS), Ministerium für Arbeit und Sozialfürsorge
SED Kreisleitung der TU Dresden

Universitätsarchiv der TU Dresden

Rektorat vor 1945
Rektorat ab 1945
Studentenakten vor 1945
Promotionsakten ab 1945
Professorenkatalog
Fakultät Maschinenwesen

Mündliche und schriftliche Auskünfte aus folgenden Archiven:
Universitäts- und Hochschularchive der Technischen Universitäten Chemnitz, Cottbus, Freiberg, Ilmenau, Magdeburg, Weimar, der Humboldt-Universität Berlin, der Friedrich-Schiller-Universität Jena und der Fachhochschulen für Technik und Wirtschaft Zittau, Zwickau und Wismar.

B: Veröffentlichte Quellen und Literatur

Abele, Johannes, Modernisierung der Industriegesellschaft. Hochschulpolitik in der DDR, in: Hänseroth, Wissenschaft, S. 171-187.

—, Reforms in the Innovation System. Changes in the relations between universities and the industry in the GDR, in: Wengenroth u. Wieland.

—, Regionalisierung in der DDR. Fragen zur Entwicklung des Hochschulwesens, in: Abele, Barkleit u. Hänseroth, S. 331-347.

—,„Wachhund des Atomzeitalters' – Geigerzähler in der Geschichte des Strahlenschutzes, München 2002.

Abele, Johannes, Gerhard Barkleit und Thomas Hänseroth (Hg.), Innovationskulturen und Fortschrittserwartungen im geteilten Deutschland, Köln 2001.

Adelmeyer, Dieter, Kurt Ernst und Helmut Kunze (Hg.), Erfahrungen und Ergebnisse des Frauensonderstudiums an den Ingenieur- und Fachschulen der DDR, Karl-Marx-Stadt 1977.

Ahlmann, Käthe, Ingenieurmangel und Ingenieurstudium für Frauen, in: Informationen für die Frau, Bad Godesberg, 1958, S. 17-19.

Akademie der Wissenschaften der DDR, Institut für Theorie, Geschichte und Organisation der Wissenschaft und Direktionsbereich Forschung und Entwicklung VEB Petrolchemisches Kombinat Schwedt, FE-Potential – Leistungsvermögen, Berlin 1988 (GESIS-Außenstelle Berlin, Bereich Zentralarchiv)

Albrecht, Helmuth, Technische Bildung zwischen Wissenschaft und Praxis. Die Technische Hochschule Braunschweig 1862-1914, Hildesheim 1987.

Albrecht, Ulrich, Andreas Heinemann-Gräder und Arend Wellmann (Hg.), Die Spezialisten: Deutsche Naturwissenschaftler und Techniker in der Sowjetunion nach 1945, Berlin 1992.

Albring, Werner, Gorodomlia: Deutsche Raketenforscher in Russland, Hamburg 1991.

—, Lenkung und Bewertung der schöpferischen Arbeit, in: Maschinenbautechnik 12, 1963, S. 337-345.

Ansorg, Leonore, ‚Irgendwie war da eben kein System 'drin' – Strukturwandel und Frauenerwerbsarbeit in der Ost-Prignitz (1968-1989), in: Thomas Lindenberger (Hg.), Herrschaft und Eigen-Sinn in der Diktatur. Studien zur Gesellschaftsgeschichte der DDR, Köln 1999, S. 75-117.

Arnhold, Carl, Der Ingenieur als nationalsozialistischer Führer im Betrieb, in: Heiss, S. 61-68.

—, Der Ingenieur in der Front der Arbeit, in: ZVDI 79, 1935, S. 507-508.

Arp, Jürgen, Das humanistische Studium für Ingenieure an der TU Berlin von 1948 – 1968, Berlin 2001.

Ash, Mitchell G., Mythos Humboldt, Vergangenheit und Zukunft der deutschen Universitäten, Wien 1999.

—, Verordnete Umbrüche – Konstruierte Kontinuitäten: Zur Entnazifizierung von Wissenschaftlern und Wissenschaften nach 1945, in: Zeitschrift für Geschichtswissenschaft 43, 1995, S. 903-923.

—, Wissenschaftswandel in Zeiten politischer Umwälzungen: Entwicklungen, Verwicklungen, Abwicklungen, in: NTM N.S. 3, 1995, S. 1-21.

Ash, Mitchell G. und American Institute for Contemporary German Studies (Hg.), German universities past and future: crisis or renewal? Providence 1997.

Ash, Mitchell G. und Alfons Söllner, Forced migration and scientific change: emigré German-speaking scientists and scholars after 1933, New York 1996.

Augustin, Emil, Aufbau und Arbeitsweise der technologischen Abteilung im VEB, in: Bericht über die 1. Tagung der Technologen vom 18. bis 20. Februar 1954 in Leipzig 1954, S. 5-12.

Augustine, Dolores L., Frustrierte Technokraten. Zur Sozialgeschichte des Ingenieurberufs in der Ulbricht-Ära, in: Bessel u. Jessen, S. 49-75.

Baar, Lothar, Uwe Müller und Frank Zschaler, Strukturveränderungen und Wachstumsschwankungen. Investitionen und Budget in der DDR 1949 bis 1989, in: Jahrbuch für Wirtschaftsgeschichte, Teil 2, 1995, S. 47-74.

Baar, Lothar, Simone Winkler, Horst Barthel, Waltraud Falk, Katrin Rheder, Jörg Roesler und Renate Woick, Die Gestaltung der Industriezweigstruktur der DDR durch die Wirtschaftspolitik der Partei der Arbeiterklasse und der staatlichen Organe, in: Jahrbuch für Wirtschaftsgeschichte, Sonderband, 1988, S. 7-46.

Badinter, Elisabeth, XY Die Identität des Mannes, München 1992.

Bähr, Johannes und Dietmar Petzina (Hg.), Innovationsverhalten und Entscheidungsstrukturen. Vergleichende Studien zur wirtschaftlichen Entwicklung im geteilten Deutschland, Berlin 1996.

Bailes, Kendall E., Technology and society under Lenin and Stalin: origins of the Soviet technical intelligentsia, 1917-1941, Princeton 1978.

Barck, Simone, Martina Langermann und Siegfried Lokatis, Die DDR – eine verhinderte Literaturgesellschaft? In: Kocka u. Sabrow, S. 153-158.

—, „Jedes Buch ein Abenteuer‘. Zensur-System und literarische Öffentlichkeit in der DDR bis Ende der sechziger Jahre, Berlin 1997.

Barth, Thomas und Thomas Topfstedt (Hg.), Vom Baukünstler zum Komplexprojektanten. Architekten in der DDR. Dokumentation eines IRS-Sammlungsbestandes biographischer Daten, Erkner 2000.

Baske, Siegfried, Allgemeinbildende Schulen, in: Führ u. Furck, S. 159-201.

Baske, Siegfried und Martha Engelbert (Hg.), Zwei Jahrzehnte Bildungspolitik in der Sowjetzone Deutschlands. Dokumente. Erster Teil 1945 bis 1958, Berlin 1966.

Baumgartner, Gabriele und Dieter Helbig (Hg.), Biographisches Handbuch der SBZ/DDR 1945 – 1990, 2 Bde., München 1997.

Baeumler, Alfred, Männerbund und Wissenschaft, Berlin (6. Auflage) 1940.

Baylis, Thomas A., The technical intelligentsia and the East German elite: Legitimacy and social change in mature communism, Berkeley 1974.

Bebel, August, Die Frau und der Sozialismus, Neuauflage der 50. Auflage von 1909, Berlin 1950.

Belitz-Demiriz, Hannelore und Dieter Voigt, Die Sozialstruktur der promovierten Intelligenz in der DDR und in der Bundesrepublik Deutschland 1950-1982: der Einfluss der politischen Systeme auf die unterschiedliche Entwicklung in den beiden deutschen Staaten, Bochum 1990.

Benad-Wagenhoff, Volker, Georg Schlesinger, in: Treue u. König, S. 111-124.

Bentley, Raymond, Research and technology in the former GDR, Boulder 1992.

Bernays, Marie, Die deutsche Frauenbewegung, Leipzig 1920.

Berner, Boel, Gendered practices: feminist studies of technology and society, Linköping 1997.

Bernholz, Dorothea, Historische Betrachtungen der Entwicklung des Frauenstudiums an der Technischen Universität Dresden von 1946 bis 1966, in: Zeitschrift der Technischen Universität Dresden 17, 1968, S. 541-552.

—, Probleme des Frauenstudiums an den technischen Hochschulen der Deutschen Demokratischen Republik. Ergebnisse einer historischen und einer hochschulpädagogischen Analyse des Frauenstudiums, Diss. A Technische Universität Dresden, 1968.

Bernold, Monika und Andrea Ellmeier, Konsum, Politik und Geschlecht. Zur Feminisierung von Öffentlichkeit als Strategie und Paradoxon, in: Hannes Siegrist, Hartmut Kaelble und Jürgen Kocka (Hg.), Europäische Konsumgeschichte, Frankfurt/M. 1997, S. 441-466.

Bessel, Richard und Ralph Jessen (Hg.), Die Grenzen der Diktatur. Staat und Gesellschaft in der DDR, Göttingen 1996

Beyerchen, Alan D., Emigration from Country and Discipline: The Journey of a German Physicist into American Photosynthesis Research, in: Ash, Söllner, S. 71-85.

Biess, Frank, ‚Pioneers of a New Germany': Returning POWs from the Soviet Union and the Making of East German Citizens, 1945-1950, in: Central European History 32, 1999, S. 143-180.

Bleker, Johanna (Hg.), Der Eintritt der Frauen in die Gelehrtenrepublik. Zur Geschlechterfrage im akademischen Selbstverständnis und in der wissenschaftlichen Praxis am Anfang des 20. Jahrhunderts, Husum 1998.

Bloch, Karola, Aus meinem Leben, Pfullingen 1981.

—, Mein Leben als Architektin, in: Anne Frommann und Wolf Schröter (Hg.), Ich geh zu jenen die mich brauchen. Zum 85. Geburtstag von Karola Bloch, Mössingen-Thalheim 1991.

Bluhm, Katharina, Vom gescheiterten zum nachholenden Fordismus, in: Eva Senghaas-Knobloch und Hellmuth Lange (Hg.), DDR-Gesellschaft von innen: Arbeit und Technik im Transformationsprozess, Bonn 1992.

Bock, Gisela, Ganz normale Frauen. Täter, Opfer, Mitläufer und Zuschauer im Nationalsozialismus, in: Kirsten Heinsohn, Barbara Vogel und Ulrike Weckel (Hg.), Zwischen Karriere und Verfolgung. Handlungsräume von Frauen im nationalsozialistischen Deutschland, Frankfurt 1997, S. 245-277.

Bolenz, Eckhard, Vom Baubeamten zum freiberuflichen Architekten. Technische Berufe im Bauwesen (Preußen/Deutschland, 1799-1931), Frankfurt/M. 1991.

Bourdieu, Pierre, Die männliche Herrschaft, in: Irene Dölling und Beate Krais (Hg.), Ein alltägliches Spiel. Geschlechterkonstruktion in der sozialen Praxis, Frankfurt/M. 1997, S. 153-217.

—, Praktische Vernunft: zur Theorie des Handelns, Frankfurt/M. 1998.

Boyer, Christoph, Konsumgüterproduktion in der späten DDR im Spannungsfeld von Industriepolitik und Herrschaftsstabilisierung, in: Abele, Barkleit u. Hänseroth, S. 131-144.

Bracke, Gerhard, Melitta Gräfin Stauffenberg. Das Leben einer Fliegerin, München 1990.

Brandes, Holger, ‚Held der Arbeit oder Workaholic?', in: Freitag 50 vom 2.12.2002, (http://www.freitag.de/2002/50/02501101.php)

—, Männerforschung und Männerpolitik, (= Der männliche Habitus, Bd. 2), Opladen 2002.

Brandt, Leo, Die zweite industrielle Revolution. Macht und Möglichkeiten von Technik und Wissenschaft, München 1957.

Brandt, Peter, Wiederaufbau und Reform. Die Technische Universität Berlin 1945-1950, in: Rürup, S. 495-522.

Braun, Hans-Joachim, Franz Reuleaux, in: Treue u. König, S. 279-292.

Braun, Volker, Tinka, in: Volker Braun, Texte in zeitlicher Folge, Halle 1990, S. 131-201.

Buchheim, Gisela und Rolf Sonnemann (Hg.), Geschichte der Technikwissenschaften, Leipzig 1990.

Budde, Gunilla-Friederike (Hg.), Frauen arbeiten. Weibliche Erwerbstätigkeit in Ost- und Westdeutschland nach 1945, Göttingen 1997.

—, Frauen der Intelligenz. Akademikerinnen in der DDR 1945 bis 1975, Göttingen 2003.

—, Paradefrauen. Akademikerinnen in Ost- und Westdeutschland, in: Budde, Frauen arbeiten, S. 183-211.

Burkhardt, Anke und Doris Scherer, Wissenschaftlicher Nachwuchs, in: Gertraude Buck-Bechler, Hans-Dieter Schaefer und Carl-Hellmut Wagemann (Hg.), Hochschulen in den neuen Ländern der Bundesrepublik Deutschland. Ein Handbuch zur Hochschulerneuerung, Weinheim 1997, S. 358-420.

Calvert, Monte A., The mechanical engineer in America, 1830-1910: Professional cultures in conflict, Baltimore 1967.

Canel, Annie, Ruth Oldenziel und Karin Zachmann, Crossing boundaries, building bridges: Comparing the history of women engineers, 1870s-1990s, Amsterdam 2000.

Canning, Kathleen, Languages of labor and gender: Female factory work in Germany, 1850-1914, Ithaca 1996.

Clemens, Petra, Die aus der Tuchbude. Alltag und Lebensgeschichten Forster Textilarbeiterinnen, Münster 1998.

—, Die Kehrseite der Clara-Zetkin-Medaille. Die Betriebsfrauenausschüsse der 50er Jahre in lebensgeschichtlicher Sicht, in: Feministische Studien 8, 1990, S. 20-34.

—, Frauen helfen sich selbst. Die Betriebsfrauenausschüsse der fünfziger Jahre in kulturhistorischer Sicht, in: Jahrbuch für Volkskunde und Kulturgeschichte 30, 1987, S. 107-142.

Cocks, Geoffrey und Konrad Jarausch (Hg.), German Professions, 1800-1950, Oxford 1990.

Connell, Robert W., Der gemachte Mann. Konstruktion und Krise von Männlichkeiten, Opladen 1999.

Connelly, John Francis, Captive University. The Sovietization of East German, Czech and Polish Higher Education 1945-1956, Chapel Hill 2000.

—, Stalinismus und Hochschulpolitik nach 1945, in: Geschichte und Gesellschaft 24, 1998, S. 5-23.

—, Zur ‚Republikflucht' von DDR-Wissenschaftlern in den fünfziger Jahren, in: ZfG 42, 1994, S. 331-352.

Costas, Ilse, Das Verhältnis von Profession, Professionalisierung und Geschlecht in historisch vergleichender Perspektive, in: Angelika Wetterer (Hg.), Profession und Geschlecht. Über die Marginalität von Frauen in hochqualifizierten Berufen, Frankfurt 1992, S. 51-82.

Cowan, Ruth Schwartz, Foreword: Musings About The Woman Engineer As Muse, in: Canel, Oldenziel, Zachmann, S. xiii-xvi.

Dahlem, Franz, Bildungspolitik erlebt und mitgestaltet, Berlin 1980.

—, Betriebsakademien und die Verantwortung der Gewerkschaften (Wiederabdruck von 1959), in: Dahlem, Bildungspolitik, S. 145-150.

—, Die Verantwortung der Arbeiterklasse für die Heranbildung einer sozialistischen Intelligenz, in: Dahlem, Bildungspolitik, S. 109-124.

Daniel, Ute, Kompendium Kulturgeschichte. Theorien, Praxis, Schlüsselwörter, Frankfurt/M. 2001.

Danyel, Jürgen (Hg.), Die geteilte Vergangenheit. Zum Umgang mit Nationalsozialismus und Widerstand in beiden deutschen Staaten, Berlin 1995.

De Witt, Nicholas, National Science Foundation (U.S.) und National Research Council (U.S.). Office of Scientific Personnel., Education and professional employment in the U. S. S. R, Washington 1961.

Der Einfluss wichtiger demographischer Prozesse auf die Entwicklung der Hoch- und Fachschulausbildung in der DDR, Berlin 1969.

Deters, Magdalena und Susanne Weigandt (Hg.), Fremdbestimmt – selbstbestimmt? Deutsch-deutsche Karrieremuster von Frauen im Beruf, Berlin 1987.

Deutsche Wirtschaftskommission für die SBZ, Statistisches Zentralamt (Hg.), Volks- und Berufszählung vom 29. Oktober 1946 in der sowjetischen Besatzungszone Deutschlands, Berlin 1949.

Die Frau, der Frieden und der Sozialismus, Berlin 1963.

Die Ingenieurtage am Bodensee. Das Bekenntnis der deutschen Ingenieure zur neuen Staatsführung, in: ZVDI 77, 1933, S. 725-729.

Die marxistisch-leninistische Philosophie und die technische Revolution, Thesen der Sektion Philosophie bei der Deutschen Akademie der Wissenschaften, in: Deutsche Zeitschrift für Philosophie, 1965, S. 11-28.

Die Technische Universität Dresden in Zahlen, Dresden 1964.

Diemer, Susanne, Patriarchalismus in der DDR. Strukturelle, kulturelle und subjektive Dimensionen der Geschlechterpolarisierung, Opladen 1994.

Dienel, Hans-Liudger, Herrschaft über die Natur? Naturvorstellungen deutscher Ingenieure 1871-1914, Stuttgart 1992.

Diesel, Eugen, Die Frau und die Technik, in: Die Frau 38, 1930, S. 8-14.

Dietz, Burkhard, Michael Fessner und Helmut Maier (Hg.), Technische Intelligenz und ‚Kulturfaktor Technik'. Kulturvorstellungen von Technikern und Ingenieuren zwischen Kaiserreich und früher Bundesrepublik Deutschland, Münster 1996.

Dölling, Irene, Aufschwung nach der Wende – Frauenforschung in der DDR und in den neuen Bundesländern, in: Helwig u. Nickel, S. 397-407.

—, Gespaltenes Bewußtsein – Frauen- und Männerbilder in der DDR, in: Helwig u. Nickel, S. 23-52.

—, Über den Patriarchalismus staatssozialistischer Gesellschaften und die Geschlechterfrage im gesellschaftlichen Umbruch, in: Utopie konkret, 1991, S. 25-32.

—, Zum Verhältnis von modernen und traditionalen Aspekten im Lebenszusammenhang von Frauen, in: INITIAL 5, 1994, S. 29-35.

Dormansky, Elisabeth, Militarization and Reproduction in World War I Germany, in: Geoff Eley (Hg.), Society, Culture, and the State in Germany, 1870-1930, Ann Arbor 1996, S. 427-463.

Draeger, Walter, Technologie im Blickfeld des Ingenieurs, Leipzig 1984.

Duden, Barbara und Hans Ebert, Die Anfänge des Frauenstudiums an der Technischen Hochschule Berlin, in: Rürup, S. 403-423.

Düwel, Jörn, Baukunst voran! Architektur und Städtebau im ersten Nachkriegsjahrzehnt in der SBZ/DDR, Berlin 1995.

Düwell, Kurt, Die Neugestaltung der Technischen Hochschulen nach dem Ersten Weltkrieg, in: Technikgeschichte 36, 1969, S. 220-244.

Dyballa, Erna, Erkennt die Rolle der Frauen in der Produktion, in: Die Technik 9, 1954, S. 132.

Ebert, Hans und Karin Hausen, Georg Schlesinger und die Rationalisierungsbewegung in Deutschland, in: Rürup, S. 315-334.

Eckert, Detlef, Die Volkswirtschaft der DDR im Spannungsfeld der Reformen, in: Günter Agde (Hg.), Kahlschlag. Das 11. Plenum des ZK der SED 1965. Studien und Dokumente, Berlin 1991.

Ehlert, Hans Gotthard, Die wirtschaftliche Zentralbehörde des deutschen Reiches 1914 bis 1919, Wiesbaden 1982.

Eichfeld, Rosemarie, Frauenerwerbstätigkeit, Qualifikation und Entlohnung in fünf Betrieben des Kreises Freiberg/Sachsen in den Jahren 1945 bis 1980, in: Hausen Krell (Hg.), S. 167-185.

Eisenkolb, Friedrich, Das Forschungsinstitut für metallische Spezialwerkstoffe der Deutschen Akademie der Wissenschaften zu Berlin in Dresden, in: Die Technik 17, 1962, S. 358-363.

—, Entwicklung und Stand der Pulvermetallurgie in der Deutschen Demokratischen Republik, in: Neue Hütte 4, 1959, S. 534-540.

Emmerich, Wolfgang, ‚Die Technik und die Kehre'. Affirmation, Protest, Regression im literarischen Technikdiskurs der DDR, in: Wolfgang Emmerich und Carl Wege (Hg.), Der Technikdiskurs in der Hitler-Stalin-Ära, Stuttgart 1995, S. 231-254.

Engels, Friedrich, Der Ursprung der Familie, des Privateigentums und des Staates, in: Karl Marx und Friedrich Engels, Ausgewählte Schriften in zwei Bänden, Berlin (O) 1971, S. 155-301.

Erhardt, G., I. Peter und S. Sallmon, Frauen in höheren Leitungsfunktionen der Industrie: Eine soziologische Untersuchung im Schwermaschinen- und Anlagenbau, Berlin 1989 (GESIS-Außenstelle Berlin, Bereich Zentralarchiv).

Erhardt, G., H. Preuß und U. Roth, Zu ausgewählten Aspekten der beruflichen Entwicklung von Frauen im Bereich der Mikroelektronik, Forschungsbericht ADW, Institut für Soziologie und Sozialpolitik, Bereich Frauen und Familie, Berlin 1988 (GESIS-Außenstelle Berlin, Bereich Zentralarchiv).

Ernst, Anna-Sabine, ‚Die beste Prophylaxe ist der Sozialismus‘: Ärzte und medizinische Hochschullehrer in der SBZ/DDR 1945-1961, Münster 1997.

Eyth, Max, Poesie und Technik, in: ZVDI 48, 1904, S. 1129-1134.

Fassbinder, Helga und Isabel Bauer (Hg.), ‚Wichtig war das Bewußtsein der Frauen, Einfluß zu haben ...‘. Erfahrungswelten von Frauen im Bau- und Planungswesen der DDR, Hamburg-Harburg 1996.

Ferguson, Eugene S., Engineering and the mind's eye, Cambridge/Mass. 1992.

Franck, Heinrich, Aufgaben der technischen Intelligenz im Rahmen der Wirtschaftsplanung, in: Die Technik 3, 1948, S. 329-334.

—, Die Neugestaltung der Technischen Universität in ihren allgemeinbildenden Fächern, in: Die Technik 3, 1948, S. 49-53.

Fratzscher, Wolfgang, Einführung, in: Fratzscher, Meinicke, S. 7-12.

Fratzscher, Wolfgang und Klaus-Peter Meinicke, Verfahrenstechnik, in: Kocka u. Mayntz, S. 303-359.

— (Hg.), Verfahrenstechnik und Wiedervereinigung, Berlin 1997.

Fraunholz, Uwe und Manuel Schramm, Between the Ivory Tower and the Industrial Laboratory. Universities in the West German Innovation System, 1945-1990, in: Wengenroth u. Wieland.

Freidson, Eliot, Professional powers: a study of the institutionalization of formal knowledge, Chicago 1986.

Freud, Sigmund, Jenseits des Lustprinzips, in: Dietrich Simon (Hg.), Sigmund Freud Essays: Auswahl 1920-1937, Berlin 1988 (1920), S. 1-73.

Frevert, Ute, ‚Wo du hingehst ... ‘ – Aufbrüche im Verhältnis der Geschlechter, in: August Nitschke, Gerhard A. Ritter, Detlev Peukert und Rüdiger vom Bruch (Hg.), Jahrhundertwende. Der Aufbruch in die Moderne 1880-1930, Bd. 2, Reinbeck 1990, S. 89-118.

Frison, Guido, Linnaeus, Beckmann, Marx and the foundation of technology. Between natural and social sciences: A hypothesis of an ideal type, in: History and Technology 10, 1993, S. 139-160.

Fritsch, Rainer, Soziale Herkunft von Fachschuldirekt- und Fernstudenten, Berlin 1987 (= Forschung für das Hochschulwesen Nr.1987/89, hg. v. Zentralinstitut für Hochschulbildung; GESIS-Außenstelle Berlin, Bereich Zentralarchiv, FOB-954).

Fritsch, Rainer und Erika Rommel, Die Praxis der Hochschulen bei der sozialen Zuordnung der Studienbewerber und Aspekte der sozialen Herkunft von Hochschuldirektstudenten und Hochschulfernstudenten, Berlin1987 (= Forschung über das Hochschulwesen, Nr. 49, hg. v. Zentralinstitut für Hochschulbildung; GESIS-Außenstelle Berlin, Bereich Zentralarchiv, FOB-955).

Fuchs, Margot, Like Fathers – Like Daughters. Professionalization Strategies of Women Students and Engineers in Germany 1890s to 1940s, in: History and Technology 14, 1997, S. 49-64.

—, Wie die Väter so die Töchter. Frauenstudium an der Technischen Hochschule München von 1899-1970, München 1994.

—, ‚Wir Fliegerinnen sind keine Sufragetten'. Die Versuchsingenieurin und Sturzkampfpilotin Melitta Schiller (1903-1945), in: Hiltrud Häntzschel und Hadumond Bußmann (Hg.), Bedrohlich gescheit. Ein Jahrhundert Frauen und Wissenschaft in Bayern, München 1997, S. 260-265.

Führ, Christoph und Carl-Ludwig Furck (Hg.), Handbuch der deutschen Bildungsgeschichte, 1945 bis zur Gegenwart, Deutsche Demokratische Republik und neue Bundesländer, München 1998.

Fulbrook, Mary, Approaches to German contemporary history since 1945: Politics and paradigms, in: Zeithistorische Forschungen, Online-Ausgabe 1, 2004, S. 1-16, (http://www.zeithistorische-forschungen.de/16126041-Fulbrook-1-2004).

Gaebel, Käte, Die Berufslage der Akademikerin, in: Die Frau 34, 1926/27, S. 218-224; 279-282.

Gelhoff, Kurt, Stand und Entwicklungstendenzen des deutschen Ingenieurschulwesens, in: IKIA, S. 366-377.

—, Technik und Kulturwissenschaften. Eine Aufgabenstellung für die technischen Hochschulen, in: Die Technik 2, 1947, S. 145-151.

Gerhard, Ute, Die staatlich institutionalisierte ‚Lösung' der Frauenfrage. Zur Geschichte der Geschlechterverhältnisse in der DDR, in: Kaelble, Kocka u. Zwahr, S. 383-403.

Germis, Carsten, ‚Und sogar ein bißchen rebellisch.', Der Tagesspiegel, 27. Januar (Nr. 16 232) 1998, S. 3.

Giessmann, Ernst-Joachim, Bemerkungen zu einigen Fragen der Methodik und den Formen der Organisation des Ingenieurstudiums, in: Die Technik 13, 1958, S. 601-604.

Gill, Ulrich, FDGB: Die DDR-Gewerkschaft von 1945 bis zu ihrer Auflösung 1990, Köln 1991.

Gilmore, David D., Mythos Mann. Rollen, Rituale, Leitbilder, München 1991.

Gispen, Kees, New profession, old order: engineers and German society, 1815-1914, Cambridge/England, 1989.

—, Selbstverständnis und Professionalisierung deutscher Ingenieure. Eine Analyse der Nachrufe, in: Technikgeschichte 50, 1983, S. 34-61.

Gluch, Rainer, Kurt Schwabe (1905-1983), in: Bedeutende Gelehrte der Technischen Universität Dresden, Dresden 1988, S. 73-101.

Goldstein, Carolyn M., From Service to Sales: Home Economics in Light and Power, 1920-1940, in: Technology & Culture 38, 1997, S. 121-152.

Gouzévitch, Dimitri und Irina, A Woman's Challenge: The Petersburg Polytechnic Institute for Women, 1905-1918, in: Canel, Oldenziel u. Zachmann, S. 103-126.

Graham, Loren R., Science in Russia and the Soviet Union: A short history, Cambridge 1993.

Grashof, Franz, Ueber die der Organisation von polytechnischen Schulen zu Grunde zu legenden Principien, in: ZVDI 8, 1864, S. 592-616.

Greven-Aschoff, Barbara, Die bürgerliche Frauenbewegung in Deutschland 1894-1933, Göttingen 1981.

Habermas, Jürgen, Der philosophische Diskurs der Moderne, Frankfurt/M. 1993.

Hacker, Sally, Dorothy E. Smith und Susan M. Turner, ‚Doing it the hard way": investigations of gender and technology, Boston 1990.

Hallion, Richard P., Irmgard Flügge-Lotz, in: Barbara Sicherman und Carol Hurd Green (Hg.), Notable American Women. The Modern Period. A Biographical Dictionary, Cambridge 1980, S. 241-242.

Handel, Kai, Innovationen in Bildung und Ausbildung an den bundesdeutschen Hochschulen? Hochschulgründungen und Studienreformen, in: Abele, Barkleit u. Hänseroth, S. 279-299.

Handke, Horst, Zur Entwicklung der wissenschaftlich-technischen Berufe seit Ende des 19. Jahrhunderts, in: Hefte zur Wirtschaftsgeschichte, 1991, S. 81-116.

Hannemann, Christine, Die Platte: Industrialisierter Wohnungsbau in der DDR, Braunschweig 1996.
Hänseroth, Thomas, Fachleute für alle Fälle? Zum Neubeginn an der TH Dresden nach dem Zweiten Weltkrieg, in: Abele, Barkleit u. Hänseroth, S. 301-330.
— (Hg.), Technik und Wissenschaft als produktive Kräfte in der Geschichte. Rolf Sonnemann zum 70. Geburtstag, Dresden 1998,
— (Hg.), Wissenschaft und Technik. Studien zur Geschichte der TU Dresden, Köln 2003.
Hård, Mikael, German Regulation: The Integration of Modern Technology into National Culture, in: Hård u. Jamison, S. 33-67.
Hård, Mikael und Andrew Jamison, Conceptual Framework: Technology Debates as Appropriation Processes, in: Hård u. Jamison, S. 1-15.
— (Hg.), The intellectual appropriation of technology: discourses on modernity, 1900-1939, Cambridge/Mass. 1998.
Hardensett, Heinrich, Der kapitalistische und der technische Mensch, München 1932.
—, Vom technisch-schöpferischen Menschen, in: Heiss, S. 12-18.
Harnisch-Niessing, Hildegard, Frauen in der Technik, in: Technik und Kultur 21, 1930, S. 146-147.
—, Frauen in der Technik, in: Die schaffende Frau 1, 1930, S. 448-449.
—, Weibliche Ingenieure, in: Die schaffende Frau 1, 1930, S. 14-15.
Hartmann, Erich, Begriffsbestimmung ‚Technologie', Aufgaben und Ausbildung des Technologen, in: Bericht über die 1. Tagung der Technologen vom 18. bis 20. Februar 1954 in Leipzig, Berlin 1954, S. 14-17.
Hausen, Karin, Die Polarisierung der Geschlechtscharaktere, in: Werner Conze (Hg.), Sozialgeschichte der Familie in der Neuzeit Europas. Neuere Forschungen, Stuttgart 1976.
—, Frauenerwerbstätigkeit und erwerbstätige Frauen. Anmerkungen zur historischen Forschung, in: Budde, Frauen arbeiten, S. 19-45.
— (Hg.), Geschlechterhierarchie und Arbeitsteilung. Zur Geschichte ungleicher Erwerbschancen von Männern und Frauen, Göttingen 1993.
—, Ingenieure, Technischer Fortschritt und Geschlechterbeziehungen. Historische Reflexionen., in: Wolfgang König und Marlene Landsch (Hg.), Kultur und Technik. Zu ihrer Theorie und Praxis in der modernen Lebenswelt, Frankfurt/M. 1993, S. 235-252.
—, Wirtschaften mit der Geschlechterordnung, in: Hausen, Geschlechterhierarchie, S. 40-67.
Hausen, Karin und Gertraude Krell (Hg.), Frauenerwerbsarbeit. Forschungen zu Geschichte und Gegenwart, München 1993.
—, Perspektiven einer Politik der Gleichstellung von Männern und Frauen, in: Hausen u. Krell, S. 9-24.
Heidebroek, Enno, Das Bildungsprogramm der technischen Hochschule, in: ZVDI 63, 1919, S. 1089-1093.
—, Das Weltbild der Technik, in: TH Stuttgart (Hg.), Das Weltbild der Naturwissenschaften. Vier Gastvorlesungen an der Technischen Hochschule Stuttgart im Sommersemester 1931, Stuttgart 1931, S. 113-135.
—, Die neue Hochschule, in: Die Technik 1, 1946, S. 257-260.
—, Die Verantwortlichkeit des Ingenieurs. Vortrag, gehalten bei der 125-Jahrfeier der Technischen Hochschule Dresden am 4.6.1953, in: Berichte über die Verhandlungen der Sächsischen Akademie der Wissenschaften zu Leipzig, Mathematisch-Naturwissenschaftliche Klasse 101, 1954, S. 3-22.
—, Problematik der Ingenieurarbeit und -erziehung, in: Die Technik 3, 1948, S. 1-3.

—, Technische Pionierleistungen als Träger industriellen Fortschritts, in: ZVDI 71, 1927, S. 809-815.

—, Technischer Fortschritt und Arbeitslosigkeit, in: Heiss, S. 38-43.

Heimann, Christian, Systembedingte Ursachen des Niedergangs der DDR-Wirtschaft: das Beispiel der Textil- und Bekleidungsindustrie 1945-1989, Frankfurt/M. 1997.

Heineman, Elizabeth D., What difference does a husband make? Women and marital status in Nazi and postwar Germany, Berkeley 1999.

Heinzel, Winfried, Staatliche Reformversuche und die Entwicklung der preußischen Technischen Hochschulen von 1918 bis 1933. Aspekte einer Kontinuitätsdebatte, Darmstadt 1986.

Heiss, Rudolf, Die Erziehung des Ingenieurs zur Totalität, in: Heiss, S. 125-134.

— (Hg.), Die Sendung des Ingenieurs im neuen Staat, Berlin 1934.

—, Umriß: Wird der Nationalsozialismus die technische Kulturkrise lösen? In: Heiss, S. 1-11.

Hellmich, Waldemar, Der geistige Aufbruch der deutschen Ingenieure, in: ZVDI 90, 1948, S. 2-7.

Helwig, Gisela und Hildegard Maria Nickel (Hg.), Frauen in Deutschland 1945-1992, Bonn 1993.

Herf, Jeffrey, Reactionary modernism: Technology, culture, and politics in Weimar and the Third Reich, Cambridge 1984.

—, Zweierlei Erinnerung: die NS-Vergangenheit im geteilten Deutschland, Berlin 1998.

Herforth, Lieselott, Diskussionsbeitrag, in: Zweiter Frauenkongress der DDR, Berlin 1969.

—, Erinnerungen an meinen ‚Diplom-Vater', in: spectrum 13, 1982, S. 28-29.

—, Erleben, Erfahren, Erkennen, in: spectrum 15, 1984, S. 14-17.

—, Frauen in Technik und Naturwissenschaften – aus dem Referat auf der Frauenkonferenz Technischer Hochschulen 1964, in: Das Hochschulwesen 12, 1964, S. 529-542.

—, ‚Technische Revolution und Frauenförderung.' Vortrag auf dem Frauenkongress der Deutschen Demokratischen Republik, Berlin 1964.

Herforth, Lieselott und Herbert M. Winter, Ultraschall: Grundlagen und Anwendungen in Physik, Technik, Industrie, Biologie u. Medizin, Leipzig 1958.

Heymann, Matthias, ‚Kunst' und Wissenschaft in der Technik des 20. Jahrhunderts. Zur Geschichte der Konstruktionswissenschaft, erscheint demnächst in Zürich.

Heymann, Matthias und Ulrich Wengenroth, Die Bedeutung von ‚tacit knowledge' bei der Gestaltung von Technik, in: Ulrich Beck und Wolfgang Bonß (Hg.), Die Modernisierung der Moderne, Frankfurt/M. 2001, S. 106-121.

Hildebrandt, Karin, Wissenschaftlerinnen im Hochschulwesen der DDR – Ergebnisse einer Befragung, in: Bericht und Informationen zur Hochschulentwicklung, Berlin 1989.

Hobsbawm, Eric, Das Erfinden von Traditionen, in: Christoph Conrad und Martina Kessel (Hg.), Kultur & Geschichte. Neue Einblicke in eine alte Beziehung, Stuttgart 1998, S. 97-118.

—, Das Zeitalter der Extreme. Weltgeschichte des 20. Jahrhunderts, München 1999.

Hockerts, Hans Günter (Hg.), Koordinaten deutscher Geschichte in der Epoche des Ost-West-Konflikts, München 2004

Hoerning, Erika M., Aufstieg und Fall der ‚neuen' Intelligenz, in: Berliner Debatte INITIAL, 1996, S. 21-32.

Hoffmann, Dierk, Sozialpolitische Neuordnung in der SBZ, DDR: der Umbau der Sozialversicherung 1945-1956, München 1996.

Hoffmann, Dieter und Kristie Macrakis (Hg.), Naturwissenschaft und Technik in der DDR, Berlin 1997.

Hoffmann, Elke, Das Alterssicherungssystem in der DDR: Zur Geschichte der Rentengesetzgebung 1946 bis 1990, Berlin 1995.

Hofmann, F., Zur Problematik der Begriffsbestimmung Technologie als Wissenschaft, in: Die Technik 20, 1965, S. 727-733.
Hortleder, Gerd, Das Gesellschaftsbild des Ingenieurs. Zum politischen Verhalten der Technischen Intelligenz in Deutschland, Frankfurt/M. 1971.
Hoscislawsky, Thomas, Bauen zwischen Macht und Ohnmacht. Architektur und Städtebau in der DDR, Berlin 1991.
Hübner, Peter, Arbeiterklasse als Inszenierung? Arbeiter und Gesellschaftspolitik in der SBZ/DDR, in: Bessel u. Jessen, S. 199-223.
— (Hg.), Eliten im Sozialismus. Beiträge zur Sozialgeschichte der DDR, Köln 1999.
—, Konsens, Konflikt und Kompromiss, Berlin 1995.
Hübner, Peter und Klaus Tenfelde (Hg.), Arbeiter in der SBZ/DDR, Essen 1999.
Huerkamp, Claudia, Bildungsbürgerinnen. Frauen im Studium und in akademischen Berufen 1900-1945, Göttingen 1996.
Hughes, Thomas Parke, Rescuing Prometheus, New York 1998.
Huinink, Johannes, Karl Ulrich Mayer u.a. (Hg.), Kollektiv und Eigensinn. Lebensläufe in der DDR und danach, Berlin 1995
Huinink, Johannes, Individuum und Gesellschaft in der DDR – Theoretische Ausgangspunkte einer Rekonstruktion der DDR-Gesellschaft in den Lebensverläufen ihrer Bürger, in: Huinink u. Mayer, S. 25-44.
Huinink, Johannes, Karl Ulrich Mayer und Heike Trappe, Staatliche Lenkung und individuelle Karrierechancen: Bildungs- und Berufsverläufe, in: Huinink u. Mayer, S. 89-143.
Huinink, Johannes und Michael Wagner, Partnerschaft, Ehe und Familie in der DDR, in: Huinink u. Mayer, S. 145-188.
Hunnecke, Volker, Der ‚Kampf ums Dasein' und die Reform der technischen Erziehung im Denken Alois Riedlers, in: Rürup, S. 301-313.
IKIA – Internationaler Kongress für Ingenieurausbildung. Ansprachen, Vorträge, Zusammenfassungen, Darmstadt 1949.
Jäger, Gerhard, Diskussion über die Hochschule der technischen Revolution, in: Das Hochschulwesen 3, 1956, S. 326-331.
Jahn, Ilse, Die Ehefrau in der Biographie des Gelehrten, in: Christoph Meinel und Monika Renneberg (Hg.), Geschlechterverhältnisse in Medizin, Naturwissenschaft und Technik, Bassum 1996, S. 110-116.
Jähnert, Gabi (Hg.), Unter Hammer und Zirkel. Frauenbiographien im Sozialismus, Pfaffenweiler 1994.
Janshen, Doris, Frauen und Technik – Facetten einer schwierigen Beziehung, in: Karin Hausen und Helga Nowotny (Hg.), Wie männlich ist die Wissenschaft, Frankfurt/M. 1986, S. 279-292.
Jarausch, Konrad Hugo, Die gescheiterte Gegengesellschaft. Überlegungen zu einer Sozialgeschichte der DDR, in: Archiv für Sozialgeschichte 39, 1999, S. 1-18.
—, Students, society, and politics in imperial Germany: The rise of academic illiberalism, Princeton 1982.
—, The unfree professions: German lawyers, teachers, and engineers, 1900-1950, New York 1990.
Jessen, Ralph, ‚Akademische Elite und kommunistische Diktatur', Habilschrift, Freie Universität, 1997.
—, Akademische Elite und kommunistische Diktatur. Die ostdeutsche Hochschullehrerschaft in der Ulbricht-Ära, Göttingen 1999.

—, Die Gesellschaft im Staatssozialismus. Probleme einer Sozialgeschichte der DDR, in: Geschichte und Gesellschaft 21, 1995, S. 96-110.
—, Professoren im Sozialismus. Aspekte des Strukturwandels der Hochschullehrerschaft in der Ulbricht-Ära, in: Kaelble, Kocka u. Zwahr, S. 217-253.
—, Vom Ordinarius zum sozialistischen Professor, in: Bessel u. Jessen, S. 76-107.
John, F. und D. Graichen, Das ingenieurökonomische Studium an den Hoch- und Fachschulen der DDR, in: Die Technik 20, 1965, S. 453-455.
Judt, Matthias, Zur Geschichte des Büro- und Datenverarbeitungsmaschinenbaus in der SBZ/DDR, in: Werner Plumpe und Christian Kleinschmidt (Hg.), Unternehmen zwischen Markt und Macht: Aspekte deutscher Unternehmens- und Industriegeschichte im 20. Jahrhundert, Essen 1992, S. 137-153.
Judt, Matthias und Burghard Ciesla (Hg.), Technology Transfer out of Germany after 1945, Amsterdam 1996.
Jünger, Ernst, In Stahlgewittern, Berlin 1920.
Kaelble, Hartmut, Jürgen Kocka und Hartmut Zwahr (Hg.), Sozialgeschichte der DDR, Stuttgart 1994.
Kaiser, Monika, Machtwechsel von Ulbricht zu Honecker. Funktionsmechanismen der SED-Diktatur in Konfliktsituationen 1962 bis 1972, Berlin 1997.
Kamenizer, S. E., Organisation und Planung des sozialistischen Industriebetriebes. Zugelassen vom Ministerium für Hochschulbildung der UdSSR als Lehrbuch für Wirtschaftshochschulen, Berlin 1953 (Moskau 1950).
Karlsch, Rainer, Allein bezahlt? Die Reparationsleistungen der SBZ/DDR 1945-1953, Berlin 1993.
Kassel, Brigitte, Das Geschlecht der Qualifikation ist männlich. Ausbildung und Qualifikation in der Metallindustrie vor 1930, in: Hausen, Geschlechterhierarchie, S. 125-143.
Kauffeldt, Alfons (Hg.), Industrie und Technik in der Deutschen Demokratischen Republik, 1945 bis 1955. Beiträge zur Entwicklung des Bergbaus, der Metallurgie und des Maschinenbaus, Berlin 1960.
Kirchberg, Peter, Entwicklung und Versuch in den Anfangsjahren der DDR-Automobilindustrie, in: Hänseroth, Technik, S. 119-128.
Kirchhoff, Arthur (Hg.), Die Akademische Frau, Berlin 1897.
Klein, Christian (Hg.), Grundlagen der Biographik. Theorie und Praxis des biographischen Schreibens, Stuttgart 2002.
Kleinau, Elke und Claudia Opitz (Hg.), Geschichte der Mädchen- und Frauenbildung, Bd. 2: Vom Vormärz bis zur Gegenwart, Frankfurt/M. 1996.
Kleßmann, Christoph, Relikte des Bildungsbürgertums in der DDR, in: Kaelble, Kocka u. Zwahr, S. 254-270.
Knauer, Arnold, Zur Nutzung der Bildung und Qualifikation der berufstätigen Frauen im gesellschaftlichen Arbeitsprozeß, in: Informationen des wissenschaftlichen Beirates ‚Die Frau in der sozialistischen Gesellschaft', 1980, S. 3-13.
Knott-Ter Meer, Ilse, Die Frau als Ingenieurin, in: VDI-Nachrichten, 1930, S. 3-4.
Kochan, Anita und Detlef Kochan, Zum Gegenstand der Technologie und der Begriffsbestimmung der Elemente des technologischen Prozesses, in: Technische Gemeinschaft 20, 1972, S. 43-47.
Kocka, Jürgen und Martin Sabrow (Hg.), Die DDR als Geschichte. Fragen – Hypothesen – Perspektiven, Berlin 1994
Kocka, Jürgen, Eine durchherrschte Gesellschaft, in: Kaelble, Kocka u. Zwahr, S. 547-553.
—, Wissenschaft und Politik in der DDR, in: Kocka u. Mayntz, S. 435-459.

Kocka, Jürgen und Renate Mayntz (Hg.), Wissenschaft und Wiedervereinigung. Disziplinen im Umbruch, Berlin 1998.

Köhler, Roland u.a., Geschichte des Hochschulwesens der Deutschen Demokratischen Republik (1961-1980) Überblick, Teil 1 (= Studien zur Hochschulentwicklung, hg. v. Zentralinstitut für Hochschulbildung), Berlin 1986.

Kohlstedt, Sally Gregory und Helen E. Longino (Hg.), Women, Gender, and Science. New Directions, Chicago 1997

König, Wolfgang, 100 Jahre ‚Dr.-Ing.' – ‚Ein Ritterschlag der Wissenschaft'. Das Promotionsrecht der Technischen Hochschulen und der VDI Verein Deutscher Ingenieure, Düsseldorf 1999.

—, Der Verein Deutscher Ingenieure und seine Berufspolitik, 1856-1930, in: Lundgreen u. Grelon, S. 304-315.

—, Die Akademie und die Technikwissenschaften, in: Jürgen Kocka (Hg.), Die Königlich Preußische Akademie der Wissenschaften zu Berlin im Kaiserreich, Berlin 1999, S. 381-398.

—, Die Ingenieure und der VDI als Großverein in der wilhelminischen Gesellschaft 1900 bis 1918, in: Ludwig u. König, S. 235-287.

—, Künstler und Strichezieher. Konstruktions- und Technikkulturen im deutschen, britischen, amerikanischen und französischen Maschinenbau zwischen 1850 und 1930, Frankfurt/M. 1999.

—, Technical education and industrial performance in Germany: a triumph of heterogeneity, in: Robert Fox und Anna Guagnini (Hg.), Education, technology and industrial performance in Europe, 1850-1939, Cambridge 1993, S. 65-87.

—, Technikwissenschaften: Die Entstehung der Elektrotechnik aus Industrie und Wissenschaft zwischen 1880 und 1914, Chur 1995.

Krais, Beate, Das soziale Feld Wissenschaft und die Geschlechterverhältnisse. Theoretische Sondierungen, in: Krais, 31-54.

—, Einleitung: Die Wissenschaft und die Frauen, in: Krais, S. 9-29.

— (Hg.), Wissenschaftskultur und Geschlechterordnung. Über die verborgenen Mechanismen männlicher Dominanz in der akademischen Welt, Frankfurt/M. 2000.

Krais, Beate und Gunter Gebauer, Habitus, Bielefeld 2002.

Kraul, Margret, Höhere Mädchenschulen, in: Christa Berg (Hg.), Handbuch der deutschen Bildungsgeschichte, München 1991, S. 279-303.

Krause, Werner, Zur Entwicklung der Feinwerktechnik, in: Thomas Hänseroth und Ralf Pulla (Hg.), Elektrotechnik und Informationstechnik an der Technischen Universität Dresden, Dresden 2000, S. 66-71.

Kühne, Thomas, ‚... aus diesem Krieg werden nicht nur harte Männer heimkehren.' Kriegskameradschaft und Männlichkeit im 20. Jahrhundert, in: Kühne (Hg.), S. 174-192.

— (Hg.), Männergeschichte – Geschlechtergeschichte. Männlichkeit im Wandel der Moderne, Frankfurt 1996.

Kundt, Marie, Die Frau als technische Assistentin, in: Ada Schmidt-Beil (Hg.), Die Kultur der Frau. Eine Lebenssymphonie der Frau des XX. Jahrhunderts, Berlin-Frohnau 1931, S. 228-232.

Künne, Hannelore, Frauen in Wolfsburg. Ein Blick in ihre Geschichte, Wolfsburg 1998.

Laatz, Wilfried, Ingenieure in der Bundesrepublik Deutschland: Gesellschaftliche Lage und politisches Bewusstsein, Frankfurt/M. 1979.

Laitko, Hubert, Das Reformpaket der sechziger Jahre – wissenschaftspolitisches Finale der Ulbricht-Ära., in: Hoffmann u. Macrakis, S. 35-57.

—, Umstrukturierung statt Neugründung: Die dritte Hochschulreform der DDR, in: Berichte zur Wissenschaftsgeschichte 21, 1998, S. 143-158.

Lange, Helene, Die Frauenbewegung in ihren modernen Problemen. Bd. 2., umgearbeitete Auflage, Leipzig 1914.
—, Intellektuelle Grenzlinien zwischen Mann und Frau, Berlin 1900.
Latour, Bruno, Die Hoffnung der Pandora. Untersuchungen zur Wirklichkeit der Wissenschaft, Frankfurt/M. 2000.
—, Wir sind nie modern gewesen. Versuch einer symmetrischen Anthropologie, Frankfurt/M. 1998.
Layton, Edwin T., The revolt of the engineers: Social responsibility and the American engineering profession, Cleveland 1971.
Lemke, Christiane, Frauen in leitenden Funktionen. Probleme der Frauenpolitik in der DDR, in: Deutschlandarchiv 14, 1981, S. 970-976.
—, Frauen, Technik und Fortschritt. Zur Bedeutung neuer Technologien für die Berufssituation von Frauen in der DDR, in: Gert-Joachim Glaeßner (Hg.), Die DDR in der Ära Honecker. Politik – Kultur – Gesellschaft, Opladen 1988, S. 481-498.
—, Ingenieurinnen in der DDR. Möglichkeiten und Grenzen staatlicher Förderpolitik, in: Doris Janshen und Hedwig Rudolph (Hg.), Frauen gestalten Technik, Pfaffenweiler 1988, S. 75-81.
Lenin, Wladimir Iljitsch, Die große Initiative, in: Wladimir Iljitsch Lenin Werke, Berlin 1978, S. 397-424.
—, Die nächsten Aufgaben der Sowjetmacht, in: Wladimir Iljitsch Lenin Werke, Berlin 1978, S. 225-268.
Lerman, Nina E., Arwen Mohun Palmer und Ruth Oldenziel, The Shoulders We Stand On and the View From Here: Historiography and Directions for Research, in: Technology and Culture 38, 1997, S. 9-30.
Levy-Rathenau, Josephine, Die Frau als technische Angestellte, in: Schriften des Frauenberufsamtes des Bundes deutscher Frauenvereine, Leipzig 1914.
—, Krieg und industrielle Frauenarbeit, in: Technik und Wirtschaft 8, 1915, S. 173-178.
Ley, Herrmann, Zum Verhältnis von Philosophie und Technik, in: Die Technik 13, 1958, S. 587-593.
Leyer, Albert, Integration als letzte Möglichkeit einer Hochschulreform – Aus der Sicht des Maschinenbauers, in: Verfahrenstechnik 1, 1967, S. 183-190.
Lindenberg, Bernd M., Das Technikverständnis in der Philosophie der DDR, Frankfurt/M. 1979.
Lischka, Irene und Gerold Schneider, Zum Studienwahlverhalten Jugendlicher – Spezialbericht in Auswertung von SIL A und B, in: ZIHSB, Wiss. Ab 6/85 RA 85/17993a, Berlin 1984.
Lorenz, Charlotte (Bearbeiterin), Abschlussprüfungen mit einer synoptischen Übersicht der fachlichen Studien- und Prüfungsbedingungen, in: Erziehung und Volksbildung Reichsminister für Wissenschaft (Hg.), Zehnjahresstatistik des Hochschulbesuchs und der Abschlussprüfungen, Berlin 1943.
—, Die Entwicklung des Fachstudiums während des Krieges, in: Reichsminister für Wissenschaft und Volksbildung (Hg.), Zehnjahresstatistik des Hochschulbesuchs und der Abschlussprüfungen, Beilage, Berlin 1944.
Lötsch, Manfred (Hg.), Ingenieure in der DDR. Soziologische Studien, Berlin 1988.
Luda, Claus-Dieter und Alfred Scholz, Einheit von Technologie und Arbeitsnormung, in: Technische Gemeinschaft 12, 1964, S. 538-539.
Lüdtke, Alf und Peter Becker (Hg.), Akten. Eingaben. Schaufenster. Die DDR und ihre Texte, Berlin 1997.
Ludwig, Karl-Heinz, Der VDI als Gegenstand der Parteipolitik 1933 bis 1945, in: Ludwig u. König, S. 407-427.

— und Wolfgang König (Hg.), Technik, Ingenieure und Gesellschaft: Geschichte des Vereins Deutscher Ingenieure 1856-1981, Düsseldorf 1981

—, Technik und Ingenieure im Dritten Reich, Königstein/Ts 1979.

—, Vereinsarbeit im Dritten Reich, in: Ludwig u. König, S. 429-454.

Ludz, Peter Christian, Parteielite im Wandel. Funktionsaufbau, Sozialstruktur und Ideologie der SED-Führung. Eine empirische Untersuchung, Köln 1968.

Luhmann, Niklas, Die Gesellschaft der Gesellschaft, Frankfurt/M. 1998.

Lundgreen, Peter, Die Ausbildung von Ingenieuren an Fachschulen und Hochschulen in Deutschland, 1770-1990, in: Lundgreen und Grelon, S. 13-77.

—, The Rise of Dominance of School Culture and the Engineering Professions, in: Annals of Science 47, 1990, S. 33-75.

—, Techniker in Preussen während der frühen Industrialisierung: Ausbildung und Berufsfeld einer entstehenden sozialen Gruppe, Berlin 1975.

Lundgreen, Peter und André Grelon (Hg.), Ingenieure in Deutschland, 1770-1990, Frankfurt/M. 1994.

Maier, Charles S., Das Verschwinden der DDR und der Untergang des Kommunismus, Frankfurt/M. 1999.

—, Zwischen Taylorismus und Technokratie: Gesellschaftspolitik im Zeichen industrieller Rationalität in den zwanziger Jahren in Europa, in: Michael Stürmer (Hg.), Die Weimarer Republik. Belagerte Civitas, Königstein 1985, S. 188-213.

Maier, Helmut, Nationalsozialistische Technikideologie und die Politisierung des ‚Technikerstandes': Fritz Todt und die Zeitschrift ‚Deutsche Technik', in: Dietz, Fessner u. Maier, S. 253-268.

— (Hg.), Rüstungsforschung im Nationalsozialismus. Organisation, Mobilisierung und Entgrenzung der Technikwissenschaften, Göttingen 2002.

Manegold, Karl-Heinz, Alois Riedler, in: Treue u. König, S. 293-308.

—, Universität, Technische Hochschule und Industrie. Ein Beitrag zur Emanzipation der Technik im 19. Jahrhundert unter besonderer Berücksichtigung der Bestrebungen Felix Kleins, Berlin 1970.

Marsch, Ulrich, Zwischen Wissenschaft und Wirtschaft. Industrieforschung in Deutschland und Großbritannien 1880-1936, Paderborn 2000.

Matschoß, Conrad, Adolph Nägel (Nachruf), in: ZVDI 83, 1939, S. 1113-1114.

Maul, Bärbel, Akademikerinnen in der Nachkriegszeit im deutsch-deutschen Vergleich, Frankfurt/M. 2002.

Mayntz, Renate, Die Folgen der Politik für die Wissenschaft der DDR, in: Kocka, Mayntz, S. 461-483.

McAdams, Kay L., ‚Ersatzmänner'. Trümmerfrauen and Women in ‚Men's Work' in Berlin and in the Soviet Zone, 1945-1950, in: Hübner u. Tenfelde, S. 151-167.

Mehrtens, Herbert, Die Hochschule im Netz des Ideologischen 1933-1945, in: Walter Kertz (Hg.), Technische Universität Braunschweig. Vom Collegium Carolinum zur Technischen Universität 1745-1995, Hildensheim 1995, S. 479-507.

—, Kollaborationsverhältnisse: Natur- und Technikwissenschaften im NS-Staat und ihre Historie, in: Christoph Meinel und Peter Vosswinckel (Hg.), Medizin, Naturwissenschaft, Technik und Nationalsozialismus. Kontinuitäten und Diskontinuitäten, Bassum 1993.

—, ‚Missbrauch'. Die rhetorische Konstruktion der Technik in Deutschland nach 1945, in: Walter Kertz (Hg.), Technische Hochschule und Studentenschaft in der Nachkriegszeit, Braunschweig 1995, S. 33-50.

Meiksins, Peter und Chris Smith (Hg.), Engineering Labour. Technical Workers in Comparative Perspective, London 1996.
Meinel, Christoph und Monika Rennerberg (Hg.), Geschlechterverhältnisse in Medizin, Naturwissenschaft und Technik, Bassum 1996
Meinicke, Klaus-Peter, Verfahrenstechnik an den ostdeutschen Hochschulen – eine Bestandsaufnahme zum Einfluss der Wiedervereinigung, in: Fratzscher u. Meinicke, S. 29-78.
Merkel, Ina, Leitbilder und Lebensweisen von Frauen in der DDR, in: Kaelble, Kocka u. Zwahr, S. 359-382.
—, Utopie und Bedürfnis. Die Geschichte der Konsumkultur in der DDR, Köln 1999.
Meuschel, Sigrid, Legitimation und Parteiherrschaft in der DDR, Frankfurt/M. 1992.
—, Machtmonopol und homogenisierte Gesellschaft, in: Geschichte und Gesellschaft 26, 2000, S. 171-183.
—, Überlegungen zu einer Herrschafts- und Gesellschaftsgeschichte der DDR, in: Geschichte und Gesellschaft 19, 1993, S. 5-14.
Meyer, Hansgünter (Hg.), Intelligenz, Wissenschaft und Forschung in der DDR, Berlin 1990.
—, Wissenschaftspolitik, Intelligenzpolitik – Das Personal für Wissenschaft, Forschung und Technik in der DDR, in: Meyer, S. 1-51.
Meyer, Hansgünter u.a., Forschungsbericht über Hauptergebnisse einer soziologischen Untersuchung von wissenschaftlichen Mitarbeitern in Forschungs- und Entwicklungseinrichtungen. Durchgeführt in 28 Instituten mit naturwissenschaftlichen und technischen Forschungsaufgaben 1970-1972. Abt. Soziologie im ZI für Philosophie der ADW, Lehrbereich Soziologie in der Sektion Wirtschaftswissenschaften an der TH Karl-Marx-Stadt, Berlin 1972 (GESIS-Außenstelle Berlin, Bereich Zentralarchiv).
Mikoletzky, Juliane, Precarious Victories: The Entry of Women into Engineering Studies in Austria, 1900-1945, in: Canel, Oldenziel u. Zachmann, S. 159-187.
Mikoletzky, Juliane, Ute Georgeacopol-Winischhofer und Margit Pohl (Hg.), ‚Dem Zuge der Zeit entsprechend ... ‘ Zur Geschichte des Frauenstudiums in Österreich am Beispiel der Technischen Universität Wien, Wien 1997.
Minks, Karl-Heinz und Gustav-Wilhelm Bathke, Berufliche Integration und Weiterbildung von Ingenieurinnen aus den neuen Ländern. Ergebnisse einer Befragung, Bonn 1993.
Mittelstraß, Jürgen, Wissenschaft als Kultur, in: Heidelberger Jahrbücher 30, 1986, S. 51-71.
Mock, Wolfgang, Technische Intelligenz im Exil. Vertreibung und Emigration deutschsprachiger Ingenieure nach Großbritannien 1933 bis 1945, Düsseldorf 1986.
Mocker, Elke, Der Demokratische Frauenbund Deutschlands 1947-1989. Historisch systematische Analyse einer DDR-Massenorganisation, Diss. Freie Universität Berlin 1991.
Moeller, Robert G., Forum: The ‚Remasculinization‘ of Germany in the 1950s, Introduction, in: Signs: Journal of Women in Culture and Society 24, 1998, S. 100-106.
—, 'The Last Soldiers of the Great War‘ and Tales of Family Reunions in the Federal Republic of Germany, in: Signs: Journal of Women in Culture and Society 24, 1998, S. 129-145.
Mommsen, Hans, Noch einmal: Nationalsozialismus und Modernisierung, in: Geschichte und Gesellschaft 21, 1995, S. 391-402.
Morgner, Irmtraud, Gauklerlegende, 1. Auflage 1970, München 1994.
Mühlfriedel, Wolfgang, Einige Bemerkungen zu den Technischen Kommissionen und den Technischen Büros sowjetischer Volkskommissariate in der Ostzone, in: Christoph Buchheim (Hg.), Wirtschaftliche Folgelasten in der SBZ/DDR, Baden-Baden 1995, S. 131-140.

—, Zur technischen Entwicklung in der Industrie der DDR in den 50er Jahren, in: Schildt u. Sywottek, S. 155-169.

Mühlfriedel, Wolfgang und Klaus Wießner, Die Geschichte der Industrie der DDR, Berlin 1989.

Müller, Heiner, Weiberkomödie, in: Heiner Müller, Stücke, Berlin 1975, S. 221-271.

Müller-Hartmann, Irene, Sozialstrukturelle Probleme der Entwicklung der natur- und technikwissenschaftlichen Intelligenz unter den Bedingungen der Intensivierung, Diss. B, Akademie für Gesellschaftswissenschaften Berlin 1989.

Müller-Rolli, Sebastian, Lehrerbildung, in: Führ u. Furck, S. 254-256.

Nägel, Adolph, Nationalsozialismus und Forschung, in: Heiss, S. 19-25.

—, Zur Reform der Technischen Hochschule, in: ZVDI 63, 1919, S. 1189-1194.

Naumann, Friedrich, Computer in Ost und West: Wurzeln, Konzepte und Industrien zwischen 1945 und 1990, in: Technikgeschichte 64, 1997, S. 125-144.

Naumann, Friedrich, Die Frau im Maschinenzeitalter. Vortrag gehalten am 21. November 1903 in München, München 1903.

Neef, Wolfgang, Ingenieure. Entwicklung und Funktion einer Berufsgruppe, Köln 1982.

Neufeldt, Ingemarie, Die wissenschaftlich-technische Intelligenz in der Entwicklung der sowjetischen Gesellschaft, Wiesbaden 1979.

Neutsch, Erik, Akte Nora S. und Drei Tage unseres Lebens, Berlin 1976.

Nickel, Hildegard Maria, ‚Mitgestalterinnen des Sozialismus' – Frauenarbeit in der DDR, in: Helwig u. Nickel, S. 233-256.

Nienhaus, Ursula, Vater Staat und seine Gehilfinnen. Die Politik mit der Frauenarbeit bei der deutschen Post 1846-1945, Frankfurt/M. 1995.

Niese, S., The discovery of organic solid and liquid scintillators by H. Kallmann and L. Herforth 50 years ago, in: Journal of Radioanalytical and Nuclear Chemistry 241, 1999, S. 499-501.

Noble, David F., America by design: Science, technology, and the rise of corporate capitalism, New York 1977.

—, Forces of production: a social history of industrial automation, New York 1984.

—, A world without women: The Christian clerical culture of Western science, New York 1992.

Nolan, Mary, Das Deutsche Institut für technische Arbeitsschulung und die Schaffung des ‚neuen' Arbeiters, in: Dagmar Reese, Eve Rosenhaft, Carola Sachse und Tilla Siegel (Hg.), Rationale Beziehungen? Geschlechterverhältnisse im Rationalisierungsprozess, Frankfurt/M. 1993, S. 189-221.

Offen, Karen, Defining Feminism: A Comparative Historical Approach, in: Signs: Journal of Women in Culture and Society 14, 1988, S. 119-157.

Oldenziel, Ruth, Making technology masculine: Men, women, and modern machines in America, 1870-1945, Amsterdam 1999.

Orland, Barbara, Der Zwiespalt zwischen Politik und Technik. Ein kulturelles Phänomen in der Vergangenheitsbewältigung Albert Speers und seiner Rezipienten, in: Dietz, Fessner u. Maier, S. 269-295.

Osietzki, Maria, Technik und Körper: Kritische Überlegungen zum ‚Linguistic Turn' in der Geschichtswissenschaft, in: Blätter für Technikgeschichte, 1995/96, S. 99-110.

—, ‚... unser Ohr dem Nichtgesagten öffnen ...' Anmerkungen zu einer kulturhistorischen Ingenieurbiographik, in: Wilhelm Füßl und Stefan Ittner (Hg.), Biographie und Technikgeschichte, BIOS Sonderheft 1998, S. 112-126.

Pässler, E., Zu den Gesetzmäßigkeiten der Wissenschaft Technologie, in: Technische Gemeinschaft 21, 1973, S. 34-35.

Pauwels, Jacques R., Women, Nazis, and Universities. Female University Students in the Third Reich, 1933-1945, Westport 1984.

Pawlowski, Rita, Der Demokratische Frauenbund Deutschlands (DFD), in: Renate Genth (Hg.), Frauenpolitik und politisches Wirken von Frauen im Berlin der Nachkriegszeit 1945-1949, Berlin 1996.

Peschel, Hans, Produktionsaufgebot, neue Technik, sozialistische Gemeinschaftsarbeit – Die nächsten Aufgaben der KDT, in: Technische Gemeinschaft 10, 1962, S. 209-219.

Pfister, Gertrud, Die Grenzen der Emanzipation – Aufstiegsbarrieren für Frauen in der DDR, in: Dieter Voigt (Hg.), Elite in Wissenschaft und Politik, Berlin 1987, S. 211-237.

Pieper, Christine, New Disciplines as Motors of Innovation? The emergence of ‚computer science' in the East and West German higher education systems in the 1960s and 70s, in: Wengenroth u. Wieland.

Piorkowsky, Michael-Burkhard, Sozialistische Warenproduktion und Betriebswirtschaftslehre. Zur Entwicklung der Unternehmen und der Unternehmenstheorie im Sozialismus sowjetischen Typs, Berlin 1980.

Planert, Ute, Antifeminismus im Kaiserreich. Diskurs, soziale Formation und politische Mentalität, Göttingen 1998.

Plank, Rudolf, Der naturwissenschaftliche Humanismus als philosophische Grundhaltung des Ingenieurs, in: ZVDI 93, 1951, S. 145-152.

—, Die Stellung der Technik im Rahmen moderner Kultur. Versuch einer Synthese der Wissenschaften vom Standpunkt des Ingenieurs, in: ZVDI 75, 1931, S. 641-648.

—, Spezialistentum und allgemeine Bildung, in: IKIA, S. 278-288.

Pollack, Detlef, Das Ende einer Organisationsgesellschaft. Systemtheoretische Überlegungen zum gesellschaftlichen Umbruch in der Zeit, in: Zeitschrift für Soziologie 19, 1990, S. 292-307.

—, Die konstitutive Widersprüchlichkeit der DDR, in: Geschichte und Gesellschaft 24, 1998, S. 110-131.

—, Die offene Gesellschaft und ihre Freunde, in: Geschichte und Gesellschaft 26, 2000, S. 184-196.

—, Wie modern war die DDR? In: Hockerts, S. 175-205.

Pommerin, Reiner, Geschichte der TU Dresden 1828-2003, Köln 2003.

Prast, H.-J., Vergeßt nicht die Ingenieurökonomen, in: Technische Gemeinschaft 10, 1962, S. 60.

Prey, Günther, Schlüsselproblem für Pionier- und Spitzenleistungen – Sozialistische Wissenschaftsorganisation, in: Technische Gemeinschaft 18, 1970, S. 26.

Prokop, Siegfried, Die Intelligenz der DDR im Zeitraum der Übergangsperiode vom Kapitalismus zum Sozialismus als Gegenstand der historischen Forschung, in: Wissenschaftliche Zeitschrift der Humboldt-Universität zu Berlin, Reihe Gesellschaftswissenschaften 39, 1990, S. 527-533.

—, Zur politischen und sozialen Entwicklung der Intelligenz in der DDR, in: Jahrbuch für Geschichte 31, 1984, S. 153-186.

Pulla, Ralf, Über die strukturelle Bedeutung der Hochschule in der institutionalisierten Großraketenforschung und -entwicklung des Dritten Reiches, in: Dresdener Beiträge zur Geschichte der Technikwissenschaften, 1998, S. 89-104.

Pursell, Carroll W., 'Am I a Lady or an Engineer?' The Origins of the Women's Engineering Society in Britain, 1918-1940, in: Canel, Oldenziel u. Zachmann, S. 51-73.

—, Domesticating modernity: the Electrical Association for Women, 1924-86., in: BJHS 32, 1999, S. 47-67.

Rabe-Kleberg, Ursula, Auf dem Weg zur Bildungsbiographie? Oder: Warum Frauen immer länger auf bessere Schulen gehen und doch als ‚ungelernt' gelten, in: Erika Hoerning und Michael

Corsten (Hg.), Institution und Biographie – Die Ordnung des Lebens, Pfaffenweiler 1995, S. 26-38.

Radkau, Joachim, Kontinuität und Wandel nach 1945 in West- und Ostdeutschland, in: Peter Frieß und Peter M. Steiner (Hg.), Forschung und Technik in Deutschland nach 1945, Bonn 1995.

—, Technik in Deutschland. Vom 18. Jahrhundert bis zur Gegenwart, Frankfurt/M. 1989.

—, ‚Wirtschaftswunder' ohne technologische Innovationen? Technische Modernität in den 50er Jahren, in: Schildt u. Sywottek, S. 129-154.

Raschka, Johannes, Innovation Through Sovietization? Reshaping East German Higher Education 1945-1958, in: Wengenroth u. Wieland.

Reiche, Karin, Wo sind sie geblieben? Ingenieurinnen und Naturwissenschaftlerinnen in Sachsen, in: Wechselwirkung, 1993, S. 33-36.

Reichert, Mike, Kernenergiewirtschaft in der DDR. Entwicklungsbedingungen, konzeptioneller Anspruch und Realisierungsgrad (1955 – 1990), St. Katharinen 1999.

Reimann, Brigitte, Franziska Linkerhand, Berlin 1974.

Renneberg, Monika und Mark Walker (Hg.), Science, technology and national socialism, Cambridge 1994.

Richter, Siegfried, Die Herausbildung und Konsolidierung des Lehr- und Forschungsgebietes Werkzeugmaschinen an der Technischen Hochschule Dresden bis 1945, in: Thomas Hänseroth und Carsten Krautz (Hg.), Beiträge zur Geschichte des sächsischen Werkzeugmaschinenbaus im Industriezeitalter, Tagung am 19. März 1998 in Dresden, Dresden 2000, S. 85-113.

Ricken, Herbert, Der Architekt. Geschichte eines Berufes, Berlin 1977.

Riede, Werner, Einleitung zur Tagung der Technologen, in: Bericht über die 1. Tagung der Technologen vom 18. bis 20. Februar 1954 in Leipzig, Berlin 1954, S. 12-13.

Riedel, Willy, Künftige Ingenieurausbildung, in: Kammer der Technik (Hg.), Vorträge der Kammer der Technik Sachsen, Landestagung 1949, Dresden 1949, S. 28-36.

Riedler, Alois, Die neue Technik, Berlin 1921.

—, Die Ziele der technischen Hochschulen, in: ZVDI 40, 1896, S. 301-309; 337-346; 374-382.

—, Zerfall und Neubau der Technischen Hochschulen, in: ZVDI 63, 1919, S. 302-337.

Ringer, Fritz, Die Gelehrten. Der Niedergang der deutschen Mandarine, Stuttgart 1983.

Ritschl, Albrecht, Aufstieg und Niedergang der Wirtschaft der DDR: Ein Zahlenbild 1945-1989, in: Jahrbuch für Wirtschaftsgeschichte, Teil 2, 1995, S. 11-46.

Rittig, Franz, Ingenieure aus Ilmenau. Historische Skizzen aus einem Jahrhundert technischer Bildung und Wissenschaftsentwicklung, Ilmenau 1994.

Rochlitz, M. et. al., Forschungsbericht SIL A – Teilpopulation Technikstudenten, Faktoren und Bedingungen der Studienwahl, Dresden 1986.

Rochlitz, Manfred, Probleme und Aufgaben der Individualisierung im Hochschulingenieurstudium, in: Zentralinstitut für Jugendforschung (Hg.), Leistungsentwicklung im Studium, Leipzig 1989, S. 161-167.

Röckelein, Hedwig (Hg.), Biographie als Geschichte, Tübingen 1993.

Rockstroh, Wolfgang (Hg.), Betriebswissenschaften. Produktionstechnik an der Technischen Universität Dresden, Dresden 1996.

Roesler, Jörg, Die Herausbildung der sozialistischen Planwirtschaft in der DDR, Berlin 1978.

—, Kombinate in der Geschichte der DDR. Von den ersten VVB bis zur durchgängigen Kombinatsbildung, in: Jahrbuch für Geschichte 31, 1984, S. 221-271.

Roesler, Jörg, Veronika Siedt und Michael Elle, Wirtschaftswachstum in der Industrie der DDR 1945-1970, Berlin 1987.

Rohkrämer, Thomas, Eine andere Moderne? Zivilisationskritik, Natur und Technik in Deutschland 1880-1933, Paderborn 1999.

Roloff, Christine, Frauen in Naturwissenschaft und Technik – Netzwerk und Professionalisierung, in: Frauen untereinander. Dokumentation der 1. offenen Frauenhochschule in Wuppertal, vom 18. bis 20. Mai 1989, Wuppertal 1989, S. 163-181.

—, Von der Schmiegsamkeit zur Einmischung – Professionalisierung der Chemikerinnen und Informatikerinnen, Pfaffenweiler 1989.

Ropohl, Günther, Der Paradigmenwechsel in den Technikwissenschaften, in: Jürgen Mittelstraß und Heinz Duddeck (Hg.), Die Sprachlosigkeit der Ingenieure, Opladen 1999, S. 19-32.

—, Die Grundlagenkrise der Technikwissenschaften oder: Die neue Aktualität des Johann Beckmann, in: Ulrich Troitzsch und Hans-Peter Müller (Hg.), Technologie zwischen Fortschritt und Tradition, Frankfurt/M. 1992.

Rossiter, Margaret W., Which Science? Which Women? In: Kohlstedt u. Longino, S. 169-185.

—, Women scientists in America: Before affirmative action, 1940-1972, Baltimore 1995.

—, Women scientists in America: Struggles and strategies to 1940, Baltimore 1982.

Rouette, Susanne, Sozialpolitik als Geschlechterpolitik. Die Regulierung der Frauenarbeit nach dem Ersten Weltkrieg, Frankfurt/M. 1993.

Rürup, Reinhard (Hg.), Wissenschaft und Gesellschaft. Beiträge zur Geschichte der Technischen Universität Berlin 1879-1979. 2 Bde, Berlin 1979.

Rusinek, Bernd-A., Das Forschungszentrum. Eine Geschichte der KFA Jülich von ihrer Gründung bis 1980, Frankfurt/M. 1996.

Ruske, Walter, 100 Jahre Materialprüfung in Berlin. Ein Beitrag zur Technikgeschichte, Berlin 1971.

Rytlewski, Ralf, Organisation und Planung der Forschung und Entwicklung in der DDR. Ein Beitrag zum Verhältnis von Forschung, Produktion und Politik in einem sozialistisch verfaßten Industriestaat, Inauguraldissertation, Ludwig-Maximilians-Universität München 1976.

Sabrow, Martin, Die Diktatur des Paradoxons, in: Hockerts, S. 153-174.

Sachse, Carola, Der Hausarbeitstag. Gerechtigkeit und Gleichberechtigung in Ost und West 1939-1994, Göttingen 2002.

Satzinger, Helga, Die Geschichte der genetisch orientierten Hirnforschung. Cecile und Oskar Vogt in der Zeit von 1895 bis ca. 1927, Stuttgart 1998.

—, Weiblichkeit und Wissenschaft. Das Beispiel der Hirnforscherin Cécile Vogt (1875-1962), in: Bleker, S. 75-93.

Schaser, Angelika, Helene Lange und Gertrud Bäumer. Eine politische Lebensgemeinschaft, Köln 2000.

Schattenberg, Susanne, Stalins Ingenieure. Lebenswelten zwischen Technik und Terror in den 1930er Jahren, München 2002.

Scheich, Elvira, Science, Politics, and Morality. The Relationship of Lise Meitner and Elisabeth Schiemann, in: Kohlstedt u. Longino, S. 143-168.

Scheler, Werner, Von der Deutschen Akademie der Wissenschaften zu Berlin zur Akademie der Wissenschaften der DDR. Abriss der Genese und Transformation der Akademie, Berlin 2000.

Schildt, Axel und Arnold Sywottek (Hg.), Modernisierung im Wiederaufbau. Die westdeutsche Gesellschaft der 50er Jahre, Bonn 1993,

Schlösser, Franz-Josef, Der VDI in der Demokratie 1947 bis 1981, in: Ludwig u. König, S. 513-557.

Schlüter, Anne, Neue Hüte – alte Hüte? Gewerbliche Berufsbildung für Mädchen zu Beginn des 20. Jahrhunderts – Zur Geschichte ihrer Institutionalisierung, Düsseldorf 1987.

Schneider, Ute, Der deutsche Einheitsjurist in der frühen DDR. Elitenbildung beim Aufbau der DDR-Justiz, in: Archiv für Sozialgeschichte 39, 1999, S. 235-264.
Schoenbaum, David, Die braune Revolution: Eine Sozialgeschichte des Dritten Reiches, Köln, 1968.
Scholz, Sylka. Die biographische Konstruktion von Männlichkeit oder: Männlichkeit erzählen, AIM-Gender 2002, (http://www.ruendal.de/aim/pdfs02/scholz.pdf.)
Schröder, Wilhelm Heinz, Die Lehrkörperstruktur der Technischen Hochschule Berlin 1879-1945, in: Rürup, S. 51-114.
Schröter, Harm G., Perspektiven der Forschung: Amerikanisierung und Sowjetisierung als Interpretationsmuster der Integration, Freiberg 1995.
Schüle, Annegret, ‚Die Spinne': Die Erfahrungsgeschichte weiblicher Industriearbeit im VEB Leipziger Baumwollspinnerei, Leipzig 2001.
Schultz, Helga, Die sozialistische Industrialisierung – toter Hund oder Erkenntnismittel, in: Jahrbuch für Wirtschaftsgeschichte, Teil 2, 1999, S. 105-130.
Schwab, Otto, Der Ingenieur beim Aufbau einer neuzeitlichen Landesverteidigung, in: Heiss, S. 105-116.
Schwiglewski, Katja, Erzählte Technik. Die literarische Selbstdarstellung des Ingenieurs seit dem 19. Jahrhundert, Weimar 1995, S. 39-43.
Scott, Joan Wallach, Gender: A Useful Category of Historical Analysis, in: Joan Wallach Scott, Gender and the Politics of History, New York 1988, S. 28-50.
Seebauer, Georg, Gegenwartsziele der Ingenieurarbeit in deutschen Betrieben, in: ZVDI 83, 1939, S. 477-483.
Selbmann, Fritz, Ein Zeitalter stellt sich vor, Berlin 1957.
Selbmann, Fritz und Gerhart Ziller, Die neue Epoche der technischen Entwicklung, Berlin 1956.
Siegrist, Hannes, Lebensläufe von Angestellten: Die Schweizer Techniker im 19. und 20. Jahrhundert, in: Wilhelm Schröder (Hg.), Lebenslauf und Gesellschaft. Zum Einsatz von kollektiven Biographien in der historischen Sozialforschung, Stuttgart 1985, S. 241-276.
—, Wie bürgerlich war die Bundesrepublik, wie entbürgerlicht die DDR? In: Hockerts, S. 207-243.
Sobeslavsky, Erich und Nikolaus Joachim Lehmann, Zur Geschichte von Rechentechnik und Datenverarbeitung in der DDR 1946-1968, Dresden 1996.
Solga, Heike, Die Etablierung einer Klassengesellschaft in der DDR: Anspruch und Wirklichkeit des Postulats sozialer Gleichheit, in: Huinink u. Mayer, S. 45-88.
Sombart, Nicolaus, Männerbund und Politische Kultur in Deutschland, in: Kühne, S. 136-155.
Sonnemann, Rolf u.a. (Hg.), Geschichte der Technischen Universität Dresden 1828-1978, Berlin 1978.
Sorensen, Annemette und Heike Trappe, Frauen und Männer: Gleichberechtigung – Gleichstellung – Gleichheit?, in: Huinink u. Mayer, S. 189-222.
Speigner, Wulfram, Bildung für die Frauen und Mädchen, in: Hertha Kuhrig und Wulfram Speigner (Hg.), Zur gesellschaftlichen Stellung der Frau in der DDR, Leipzig 1978, S. 183-228.
Staatliche Dokumente zur Förderung der Frau in der Deutschen Demokratischen Republik. Gesetzesdokumentation, Berlin 1975.
Staatliche Zentralverwaltung für Statistik (Hg.), Wirtschaftlich Tätige nach Berufen und Hoch- bzw. Fachschulabschluss, Berlin 1967 (= Schriftenreihe der Volks- und Berufszählung am 31.12.1964. Bd. 10/11).
Staatliche Zentralverwaltung für Statistik (Hg.), Wirtschaftlich tätige und nicht wirtschaftlich tätige Wohnbevölkerung, Berlin 1972 (= Volks-, Berufs-, Wohnraum- und Gebäudezählung am 1.Januar 1971. Bd. 5).

Staatssekretariat für Hoch- und Fachschulwesen (Hg.), Das Hochschulfernstudium in der Deutschen Demokratischen Republik, o.O. 1957.

Staatssekretariat für Hoch- und Fachschulwesen (Hg.), Zur Entwicklung der Ingenieurausbildung an den Technischen Hochschulen der Deutschen Demokratischen Republik. Thesen zur Neugestaltung des Studiums in den Fachrichtungen der Ingenieurwissenschaften, o. O. 1962.

Stallmann, Herbert, Hochschulzugang in der SBZ/DDR 1945-1959, St. Augustin 1980.

Staritz, Dietrich, Geschichte der DDR 1949-1985, Frankfurt/M. 1985.

Stehr, Nico, Arbeit, Eigentum und Wissen: Zur Theorie der Wissensgesellschaften, Frankfurt/M. 1994.

—, Wissen und Wirtschaften. Die gesellschaftlichen Grundlagen der modernen Ökonomie, Frankfurt/M. 2001.

Stein, Heidi, Absolventen von Hochschulen der DDR 1970 bis 1990. Statistische Analyse, Berlin 1993.

Steiner, André, Beständigkeit oder Wandel? Zur Entwicklung der Industriestruktur der DDR in den sechziger Jahren, in: Jahrbuch für Wirtschaftsgeschichte, Teil 2, 1995, S. 101-118.

—, Die DDR-Wirtschaftsreform der sechziger Jahre. Konflikt zwischen Effizienz und Machtkalkül, Berlin 1999.

Stelzner, Egon, Die Herausbildung und Entwicklung der Kammer der Technik 1945/46-1955, Diss. B, Bergakademie Freiberg, 1985.

Stephenson, Jill, Women and Professions in Germany, in: Cocks u. Jarausch, S. 270-288.

Stoehr, Irene, ‚Organisierte Mütterlichkeit'. Zur Politik der deutschen Frauenbewegung um 1900, in: Karin Hausen (Hg.), Frauen suchen ihre Geschichte. Historische Studien zum 19. und 20. Jahrhundert., München 1983, S. 221-249.

Stokes, Raymond G., Constructing socialism: technology and change in East Germany 1945-1990, Baltimore 2000.

Stüssel, Kerstin, Vom Ende des ‚starken Mannes' und vom Anfang der DDR. Nationalstaat und Gender in Film und Literatur, AIM-Gender 2002, (http://www.ruendal.de/aim/pdfs02/stuessel.pdf.).

Swinne, Edgar und Hans Geiger, Spuren aus einem Leben für Physik, Berlin 1988.

Sywottek, Arnold, Zwei Wege in die ‚Konsumgesellschaft', in: Schildt u. Sywottek, S. 269-274.

Szöllösi-Janze, Margit, Fritz Haber 1868-1934. Eine Biographie, München 1998.

—, Wissenschaftsgesellschaft – ein neues Konzept zur Erschließung der deutschen Zeitgeschichte? In: Hockerts, S. 277-305.

—, Wissensgesellschaft in Deutschland: Überlegungen zur Neubestimmung der deutschen Zeitgeschichte über Verwissenschaftlichungsprozesse, in: Geschichte und Gesellschaft 30, 2004, S. 277-313.

Szöllösi-Janze, Margit und Helmuth Trischler (Hg.), Großforschung in Deutschland, Frankfurt/M. 1990.

Tandler, Agnes Charlotte, Geplante Zukunft: Wissenschaftler und Wissenschaftspolitik in der DDR 1955-1971, Freiberg 2000.

—, Visionen einer sozialistischen Großforschung in der DDR 1968-1971, in: Gerhard A. Ritter, Margit Szöllösi-Janze und Helmuth Trischler (Hg.), Antworten auf die amerikanische Herausforderung. Forschungen in der Bundesrepublik und der DDR in den ‚langen' siebziger Jahren, Frankfurt/M. 1999, S. 361-375.

Technik als Kultur- und Wirtschaftsgestalter, in: ZVDI 79, 1935, S. 987.

Technik ist Dienst am Volke! Rückblick auf die 73. Hauptversammlung des VDI, in: ZVDI 79, 1935, S. 819-830.

Thaa, Winfried, Iris Häuser, Michael Schenkel und Gerd Meyer, Gesellschaftliche Differenzierung und Legitimitätsverfall des DDR-Sozialismus, Tübingen 1992.

Thießen, Peter Adolph, Die Perspektiven der Technik in der DDR in den nächsten Jahren, in: Die Technik 16, 1961, S. 1-6.

Thöns, Kerstin, Zur politischen und sozialen Entwicklung der Intelligenz des Landes Sachsen von 1945-1949, in: Jahrbuch für Regionalgeschichte 17, 1990, S. 143-167.

Titze, Hartmut, Bildungskrisen und sozialer Wandel 1780-2000, in: Geschichte und Gesellschaft 30, 2004, S. 339-372.

—, Lehrerbildung und Professionalisierung, in: Christa Berg (Hg.), Handbuch der deutschen Bildungsgeschichte, München 1991, S. 345-370.

Titze, Hartmut u.a., Das Hochschulstudium in Preußen und Deutschland 1820-1944 (= Datenhandbuch zur deutschen Bildungsgeschichte. Bd. 1), Göttingen 1987.

Tosh, John, Was soll die Geschichtswissenschaft mit Männlichkeit anfangen? Betrachtungen zum 19. Jahrhundert in Großbritannien, in: Christoph Conrad und Martina Kessel (Hg.), Kultur & Geschichte. Neue Einblicke in eine alte Beziehung, Stuttgart 1998, S. 160-206.

Trappe, Heike, Emanzipation oder Zwang? Frauen in der DDR zwischen Beruf, Familie und Sozialpolitik, Berlin 1995.

Treue, Wilhelm und Wolfgang König (Hg.), Berlinische Lebensbilder Techniker, Berlin 1990

Trischler, Helmuth, Luft- und Raumfahrtforschung in Deutschland 1900-1970: Politische Geschichte einer Wissenschaft, Frankfurt 1992.

Trischler, Helmuth und Rüdiger vom Bruch, Forschung für den Markt: Geschichte der Fraunhofer-Gesellschaft, München 1999.

Twellmann, Margrit, Die deutsche Frauenbewegung im Spiegel repräsentativer Frauenzeitschriften. Ihre Anfänge und erste Entwicklung 1843-1889, Meisenheim am Glan 1972.

Ulbricht, G., KdT – auch Organisation der Ökonomen?, in: Technische Gemeinschaft 9, 1961, S. 435-437.

Ulbricht, Walter, Probleme der Technischen Hochschule Dresden. Auszug aus der Rede zur Eröffnung der ABF am 29.10.1949, in: Die Technik 4, 1949, S. 559.

—, ‚Überholen ohne einzuholen' – ein wichtiger Grundsatz unserer Wissenschaftspolitik. Rede Ulbrichts auf dem Empfang der Kammer der Technik am 23.2.1970, in: Technische Gemeinschaft 18, 1970, S. 18.

Vogt, Annette, Women in Army Research: Ambivalent Careers in Nazi Germany, in: Canel, Oldenziel u. Zachmann, S. 189-210.

Voigt, Dieter (Hg.), Qualifikationsprozesse und Arbeitssituationen von Frauen in der Bundesrepublik Deutschland und in der DDR, Berlin 1989.

Vollnhals, Clemens, Entnazifizierung. Politische Säuberung und Rehabilitierung in den vier Besatzungszonen 1945-1949, München 1991.

Volprich, Eleonor, Frauen im Technikstudium, in: Das Hochschulwesen 39, 1991, S. 197-201.

vom Bruch, Rüdiger, A Slow Farewell to Humboldt? Stages in the History of German Universities, 1810-1945, in: Ash, German Universities, S. 3-27.

vom Bruch, Rüdiger und Brigitte Kaderas (Hg.), Wissenschaften und Wissenschaftspolitik. Bestandsaufnahme zu Formationen, Brüchen und Kontinuitäten im Deutschland des 20. Jahrhunderts, Stuttgart 2002.

von Braun, Christina, Der Mythos der ‚Unversehrtheit' in der Moderne. Zur Geschichte des Begriffs ‚Die Intellektuellen', in: Rudolf Maresch (Hg.), Zukunft oder Ende, München 1993, S. 421-437.

von Weber, Max Maria, Was eine schöne Frau für das Eisenbahnwesen that, in: Max Maria von Weber, Werke und Tage. Gesammelte Aufsätze, Weimar 1869, S. 83-100.

Wagener, Hans-Jürgen, Anlage oder Umwelt? Überlegungen zur Innovationsschwäche der DDR-Wirtschaft, in: Berliner Debatte INITIAL, 1995, S. 67-82.

Wagner, Matthias, Der Forschungsrat der DDR. Im Spannungsfeld von Sachkompetenz und Ideologieanspruch 1954 bis April 1962, Dissertation, Humboldt-Universität, 1992.

—–, Gerüst der Macht. Das Kadernomenklatursystem als Ausdruck der führenden Rolle der SED, in: Arnd Bauerkämper, Jürgen Danyel, Peter Hübner und Sabine Roß (Hg.), Gesellschaft ohne Eliten? Führungsgruppen in der DDR, Berlin 1997, S. 87-108.

Wagner, Willy, Naturwissenschaft, Technik und Religion, in: IKIA, S. 78-91.

Wagner-Kyora, Georg, Loyalität auf Zeit – zur Identität der Management-Elite der DDR-Chemieindustrie in den fünfziger Jahren, in: Hübner, S. 299-308.

Wajcman, Judy, Technik und Geschlecht. Die feministische Technikdebatte, Frankfurt/M. 1994.

Waterkamp, Dietmar, Berufsbildung, in: Führ u. Furck, S. 257-279.

—–, Das Einheitsprinzip im Bildungswesen der DDR, Köln 1985.

Weber, Marianne, Die Beteiligung der Frau an der Wissenschaft 1904, in: Marianne Weber, Frauenfragen und Frauengedanken. Gesammelte Aufsätze, Tübingen 1919, S. 1-9.

Weber, Wolfhard, Kulturgeschichte der Technik? Versuch einer Annäherung an Friedrich Klemm, in: Dietz, Fessner u. Maier, S. 155-176.

Wefeld, Hans Joachim, Ingenieure aus Berlin: 300 Jahre technisches Schulwesen, Berlin 1988.

Weichert, Brigitte, Entwicklung von Frauen für Leitungsfunktionen. Ergebnisse aus empirischen soziologischen Untersuchungen, die im Bereich des Ministeriums für Allgemeinen Maschinen-, Landmaschinen- und Fahrzeugbau (1979) und der VVB Süß- und Dauerbackwaren (1978) durchgeführt wurden, Berlin 1980 (GESIS-Außenstelle Berlin, Bereich Zentralarchiv).

Weingart, Peter, Die Stunde der Wahrheit? Zum Verhältnis der Wissenschaft zu Politik, Wirtschaft und Medien in der Wissensgesellschaft, Weilerswist 2001.

—–, Wissenschaftssoziologie, Bielefeld 2003.

Weisbrod, Bernd (Hg.), Akademische Vergangenheitspolitik. Beiträge zur Wissenschaftskultur der Nachkriegszeit, Göttingen 2002.

—–, Dem wandelbaren Geist. Akademisches Ideal und wissenschaftliche Transformation in der Nachkriegszeit, in: Weisbrod, S. 11-35.

Wengenroth, Ulrich, Der aufhaltsame Weg von der klassischen zur reflexiven Moderne in der Technik, in: Hänseroth, Technik, S. 129-140.

—–, Der Beitrag des Staates zu Forschung und Entwicklung in Deutschland seit der Reichsgründung) unveröffentlichtes Manuskript 1999.

—–, Soziokulturelle Anforderungen an den Ingenieur, in: Frieder Meyer-Krahmer und Siegfried Lange (Hg.), Geisteswissenschaften und Innovationen, Heidelberg 1999, S. 203-216.

—–, Vom Innovationssystem zur Innovationskultur. Perspektivwechsel in der Innovationsforschung, in: Abele, Barkleit u. Hänseroth, S. 23-32.

Wengenroth, Ulrich und Thomas Wieland (Hg.), Two Systems, One Culture, erscheint demnächst.

West, H., Kammer der Technik als selbständige Fachorganisation, in: Technische Gemeinschaft 3, 1955, S. 419-423.

Wienke, Peter, Die promovierte naturwissenschaftlich-technische Intelligenz in der DDR: eine empirische Untersuchung ihrer Karrieremuster im Vergleich mit denen von promovierten Naturwissenschaftlern und Ingenieuren aus der Bundesrepublik Deutschland, Bochum 1989.

Willeke, Stefan, Die Technokratiebewegung in Deutschland zwischen den Weltkriegen, in: Technikgeschichte 62, 1995, S. 221-246.

Wobbe, Theresa, Instabile Beziehungen. Die kulturelle Dynamik von Wissenschaft und Geschlecht, in: Theresa Wobbe (Hg.), Zwischen Vorderbühne und Hinterbühne. Beiträge zum Wandel der Geschlechterbeziehungen in der Wissenschaft vom 17. Jahrhundert bis zur Gegenwart, Bielefeld 2003, S. 13-38.

—, Von Marianne Weber zu Edith Stein: Historische Koordinaten des Zugangs zur Wissenschaft, in: Theresa Wobbe und Gesa Lindemann (Hg.), Denkachsen. Zur theoretischen und institutionellen Rede vom Geschlecht, Frankfurt/M. 1994, S. 15-68.

Wolffgramm, Horst, Allgemeine Technologie, Leipzig 1978.

Wolter, Werner, Ingenieurausbildung in der DDR und der BRD 1960-1985. Ein Vergleich des Umfangs, Berlin 1987.

—, Wissenschaftlich-technische Bildung und personelles Forschungspotential in der DDR, in: Meyer, Intelligenz, S. 85-96.

Wunderlich, Alfred, Die Bedeutung der Technologie für die Entwicklung der volkseigenen Industrie im Rahmen des neuen Kurses der Deutschen Demokratischen Republik, in: Bericht über die 1. Tagung der Technologen vom 18. bis 20. Februar 1954 in Leipzig, Berlin 1954, S. 5-12.

Zachmann, Karin, Deutsche Ingenieurinnen im 20. Jahrhundert – drei biographische Skizzen, in: Meinel u. Rennerberg, S. 314-324.

—, Die produktive Kraft der Arbeit und die Geschlechterdifferenz – Deutsche Nationalökonomen zum Konflikt zwischen Arbeits- und Geschlechterordnung im 19. Jahrhundert, in: Hänseroth, Technik, S. 185-196.

—, Typisch Mann, typisch Frau – geschlechtsspezifische Arbeitsteilung und technischer Wandel, in: FERRUM, Nachrichten aus der Eisenbibliothek, 1993, S. 50-58.

—, Wirkungsgrad contra Wertgrad. Zur Entstehung des Konflikts zwischen der technischen und der ökonomischen Auffassung vom Wirtschaften, in: Technikgeschichte 62, 1995, S. 103-131.

Zank, Wolfgang, Wirtschaft und Arbeit in Ostdeutschland 1945-1949, München 1987.

Zentralstelle für das Hochschulfernstudium des Ministeriums für Hoch- und Fachschulwesen (Hg.), Das Hochschulfernstudium der Natur- und technischen Wissenschaften für Fachschulingenieure, Dresden 1970.

Zimmermann, Hartmut, Politische Aspekte in der Herausbildung, dem Wandel und der Verwendung des Konzepts ‚Wissenschaftlich-technische Revolution' in der DDR, in: Deutschlandarchiv, 1976, S. 17-51.

—, Wissenschaftlich-technische Revolution in der DDR. Studien zur Entwicklungs- und Problemgeschichte des gesellschaftspolitischen Konzepts der SED seit Mitte der 50er Jahre, Dissertation, Freie Universität Berlin 1981.

Zweiling, Klaus, Die große Zukunft der technischen Intelligenz, in: Die Technik 6, 1951, S. 289-290.